Stuart Warren・Paul Wyatt

ウォーレン 有機合成

—逆合成からのアプローチ—

柴﨑正勝・橋本俊一 監訳

金 井 求・木越英夫
高須清誠・松永茂樹 訳

東京化学同人

Organic Synthesis:
The Disconnection Approach

Second Edition

STUART WARREN
Chemistry Department, Cambridge University, UK

PAUL WYATT
School of Chemistry, University of Bristol, UK

第1版は，2007年に他界されたDenis Marrian博士の多大なご尽力を得て上梓された．この第2版を，偉大な恩師であり，友人であったDenis Haigh Marrian博士（1920～2007）に捧げる．

序

著者の一人 Stuart Warren による原書 “Organic Synthesis: The Disconnection Approach” が Wiley 社から出版されてから 26 年が経過した．今日では，有機合成を逆合成の考え方に基づいて学ぶというやり方は広く一般的なものとなっている．2007 年には，“Organic Synthesis: Strategy and Control” を Paul Wyatt と Stuart Warren の共著で Wiley 社から出版した．この 900 ページを超える本は，大学 4 年生や大学および企業の研究者向けに書いた上級者用の有機合成化学の専門書であり，2008 年には対応する演習書も出版した．これらの本を見ると，前書の内容や書き方はさすがに時代遅れとなってしまった感がある．また，1980 年代に学生が理解しなければならなかった内容と，現代の学生に期待される内容との間には大きなギャップがあることがわかる．本書第 2 版はそのギャップを埋めることを意図して企画したものである．

第 1 版の執筆方針は第 2 版にも引継がれている．新しい考え方を説明する章と，新しく学んだ内容を全体の合成計画に活かすための戦略について説明する章を交互に並べてある．全 40 章のタイトルは第 2 版でも同じである．第 1 版の内容をほとんど変えていない章もあるが，多くの章では最近の合成例を盛込み，内容を大幅に改訂した．

新たに取上げた内容の一部は，われわれが製薬企業で行っている基礎コース “The Disconnection Approach” で使用したものである．このコースのために集めた題材・資料を活用することで，さまざまな化合物がなぜ合成されたのか，またどのように工夫して合成されたのかを説得力をもって説明できるようになった．このことが第 2 版に躍動感をもたらせ，学生にとってますます興味をひくものになったと確信している．演習書の第 2 版についても，本書の出版後すぐに完成させたいと考えている（2009 年原著刊行済）．

本書の第 1 版は, Stuart Warren が Wiley 社から出版した有機化学書シリーズの第 3 作目にあたる．1974 年に出版された第 1 作 “The Carbonyl Group: an Introduction to Organic Mechanisms” は，学生が自習できるようにつくられたもので，問題を解きながら内容が理解できる，いわゆるプログラム学習形式をとっている．現在ではコンピューターを利用して対話形式で読者とのやりとりができるインタラクティブ学習が主流となったため，プログラム学習という手法はほとんど利用されなくなった. そこで, 著者の一人 Paul Wyatt が前書に代わる新版として電子書籍および同じ形式の冊子体と演習書を執筆中である．これらの教材が革新的な学習法として成功を収め，有機化学を専攻する学生にとって，将来，創造的な仕事を展開するうえでの一助となることを期待している.

2008 年 3 月

Stuart Warren
Paul Wyatt

訳 者 序

有機化学の最も重要な使命の一つは，新しい機能性分子の創出にある．その根幹をなす有機合成化学は, 分子レベルでの“ものづくり”に挑戦する学問である．

どうすれば標的分子を効率よくつくることができるのだろうか．合成の立案はただの当て推量ではなく，実際の合成とは逆方向に標的分子の結合を段階的に切断して，生成物側から入手容易な出発物へと合成経路をたどる“逆合成解析”とよばれる考え方を必要とする．標的分子を必要な量かつ純粋につくるためには，逆合成解析に基づく柔軟な合成計画の立案が肝要となる．1960 年代に E. J. Corey（1990 年度ノーベル化学賞受賞者）により考案された“逆合成”の概念なくしては，現代の有機合成は存立しえない．

有機合成に関しては数多くの優れた成書があるが，そのほとんどは複雑な天然物の全合成を取扱ったものである．本書は，他にあまり例を見ない本格的な逆合成入門書である．有機合成を目指す学生がその基本原理と考え方を習得した暁には自分自身の合成計画を立てられるようになることをねらいの一つとしている．また，革新的な教科書の一つとして定評のある“ウォーレン有機化学”の姉妹書でもある．逆合成解析を行うためにはさまざまな有機反応に関する知識が必要となるが，本書の各章のはじめには“ウォーレン有機化学（第 1 版)”に関連する章の一覧が記載されているので，特に心配する必要はない．

本書の特徴は，基本的かつ汎用性の高いさまざまな戦略的結合切断を取上げるとともに，合成反応の特性と合成戦略の立案がバランスよく解説されている点にある．標的化合物は，合成報告例のある医薬品，農薬，生物活性天然物，香料，染料，高分子の単量体など多岐にわたる．なかでも，臨床試験段階でドロップアウトした医薬品候補物質まで含めると医薬品にかかわる合成例は突出して多い．ある程度複雑な化合物になると，合成工程のすべてではなく，各章の主題を理解するのに最適と考えられる鍵反応を含む一連の変換工程だけが取上げられている．そのため，実際の合成中間体が標的分子となることが多い．それぞれの標的分子について，どの箇所でどの順序でどのように結合切断を行ったらよいのか，それに対応する信頼性の高い反応を選択することがいかに重要であるかがきわめて論理的かつ明解に述べられている．また，さまざまな逆合成のノウハウが随所にちりばめられている．まさしく，本書は逆合成の“文法書”ということができる．特に注目したいのは，決して難易度が低くはないこれらの標的分子が，緻密な合成計画に基づくと，“ウォーレン有機化学”で学んだ反応だけを活用して実際に効率よく合成できることである．有機合成は創造の化学であり，ある分子の“正しい”合成は存在しない．定石にとらわれない逆合成を案出するためには，定石をよく学ばなければならない．学生だけでなく，創造の化学を推進されている企業の若手研究者にもぜひお奨めしたい一冊である．

原著には少なからぬ誤りがあった．該当箇所は適宜加筆・削除して訂正し，また不適切な図式は修正した．なお，説明が不足していると思われる箇所には訳注をつけた．また，できるだけ必要な文献を補足した．十分留意したつもりではあるが，原著の真意を正確に伝えていない点があるのではないかと心配している．ご意見・ご教示を賜れば幸いである．

最後に，本書出版を企画された東京化学同人編集部の橋本純子氏，ならびに終始温かくそして忍耐強く完訳へと導いてくれた内藤みどり氏に感謝の意を表する．

2014 年 2 月

訳　者　一　同

目　　次

参 考 図 書

J. Clayden, *Organolithiums*: *Selectivity for Synthesis*, Pergamon, 2002.

J. Clayden, N. Greeves, S. Warren and P. Wothers, *Organic Chemistry*, Oxford University Press, Oxford, 2001; Second Edition, 2012. [邦訳: "ウォーレン有機化学(上・下)", 野依良治, 奥山 格, 柴﨑正勝, 檜山爲次郎 監訳, 東京化学同人(2003)]

eds. B. M. Trost and I. Fleming, *Comprehensive Organic Synthesis*, Pergamon, Oxford, 1991, 8 volumes.

E. J. Corey and X.-M. Cheng, *The Logic of Chemical Synthesis*, Wiley, New York, 1995.

L. Fieser and M. Fieser, *Reagents for Organic Synthesis*, Wiley, New York, 27 volumes, 1967～2013. (18巻以降はT.-L. Ho著)

I. Fleming, *Frontier Orbitals and Organic Chemical Reactions*, Wiley, London, 1976.

I. Fleming, *Selected Organic Syntheses*, Wiley, London, 1973.

Methoden der Organischen Chemie (*Houben-Weyl Methods of Organic Chemistry*), Thieme, Stuttgart, 160 volumes, 1909～2003.

H. O. House, *Modern Synthetic Reactions*, Second Edition, Benjamin, Menlo Park, 1972.

K. C. Nicolaou and E. Sorensen, *Classics in Total Synthesis*: *Targets*, *Strategies*, *Methods*, VCH, Weinheim, 1996. 〔つづいてⅡ巻(2003), Ⅲ巻(2011)が刊行されている〕

J. Saunders, *Top Drugs*: *Top Synthetic Routes*, Oxford University Press, Oxford, 2000.

P. Wyatt and S. Warren, *Organic Synthesis*: *Strategy and Control*, Wiley, Chichester, 2007およびWorkbook, 2008.

B. S. Furniss, A. J. Hannaford, P. W. G. Smith and A. R. Tatchell, *Vogel's Textbook of Practical Organic Chemistry*, Fifth Edition, Longman, Harlow, 1989.

1 逆合成の考え方

本書は，分子をどのようにつくればよいかについて学び，論理的かつ適切な判断に基づき自分自身の合成計画を立てることができるようになるためのものである．合成の立案はただの当て推量ではなく，逆方向に合成をたどっていく**結合切断法**（disconnection approach）*とよばれる考え方を必要とする．

分子の合成を計画するとき，明確に決まっているのは合成しようとしている分子の構造だけである．分子は原子から構成されているが，標的分子を原子から合成するのではなく，より小さな分子から合成する．しかし，どのようにしてその小さな分子を選べばよいだろうか．たとえば組手をつくる場合，日曜大工の本に目を通し，必要な部品とそれぞれの組立て方を説明している“分解組立図”を探すだろう．

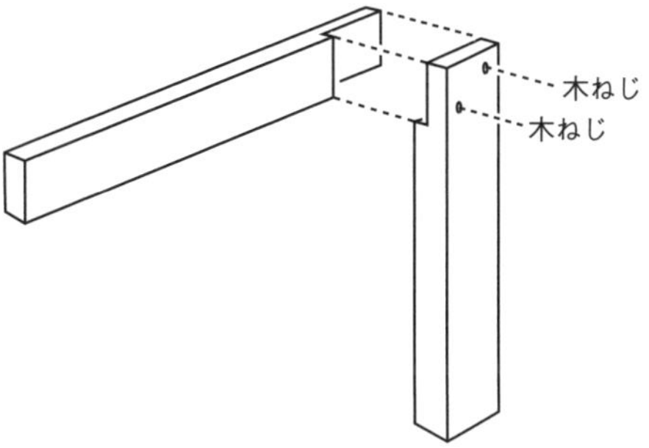

合成を立案するときの結合切断法も本質的には同じで，紙の上で分子をより小さな出発物に‘分解’し，化学反応によってこれらを結合する．しかし，化学的知識に基づく考え方によって出発物を選ばなくてはならないため，組手をつくるように簡単にはいかない．最初にこの考え方を提唱した化学者は，1917 年にかの有名なトロピノン（tropinone）の合成を報告した Robert Robinson である[1]．Robinson は‘仮想の加水分解’を行うためにトロピノンの構造に破線を引いた．

---

*（訳注） より一般的には**逆合成解析**とよばれる．

トロピノン：Robinson の逆合成解析

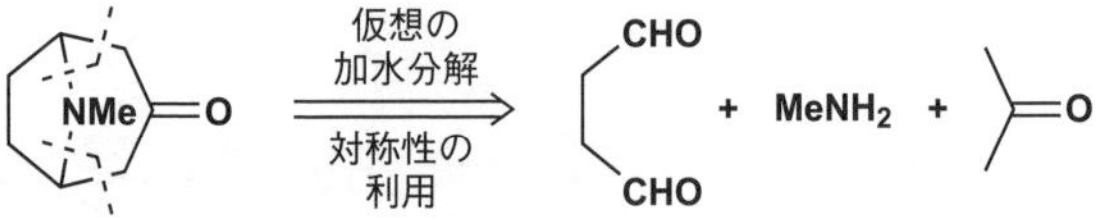

このトロピノンの合成は，非常に工程数が少なく簡単であることに加え，天然物の生合成経路を模倣した合成経路であることで有名である．反応は pH 7 の水中で行われる．実際には，Robinson は‘仮想の加水分解’で提示したアセトンの代わりにアセトンジカルボン酸を用いた．1935 年に Schöpf が改良した合成法を下に示す[2]．

トロピノン：合成

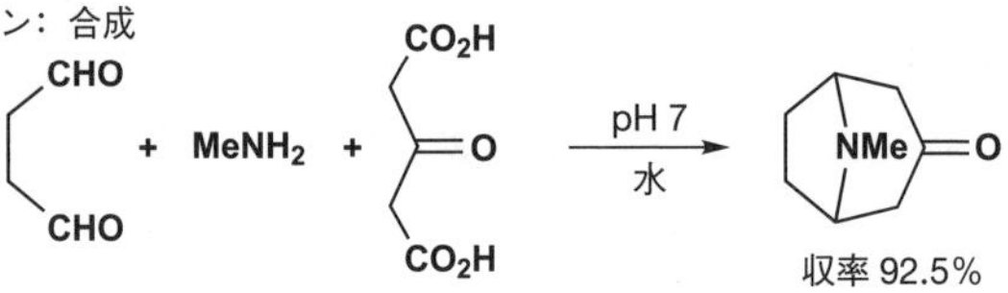

驚くべきことに，この考え方はハーバード大学の E. J. Corey が有機合成を立案するコンピュータープログラムをどのようにして作成するかを検討していた 1960 年代まで注目されることがなかった[3]．Corey は系統的な考え方の必要性から，**逆合成解析**（retrosynthetic analysis）とよばれる結合切断法に行きついた．本書で述べる内容はすべて Corey の仕事に基づいている．Corey の開発したコンピュータープログラムは“LHASA（Logic and Heuristics Applied to Synthetic Analysis）”とよばれており，今でもほとんどの有機化学者が，この考え方に基づいて合成計画を立てている．もちろん，結合切断法はコンピューターよりも人間にとって有用な考え方である．

1・1　ムルチストリアチンの合成

ムルチストリアチン（multistriatin）**1** はニレキクイムシのフェロモンである．このキクイムシはオランダ立枯病の原因となる菌をまき散らすため，合成ムルチストリア

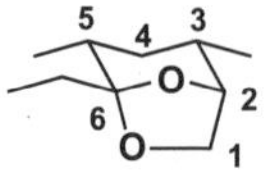

1
ムルチストリアチン

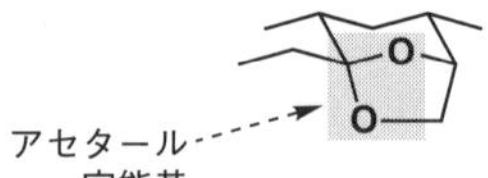

チンがこの虫をひきつけ，立枯病の蔓延を予防すると期待された．ムルチストリアチンは同じ炭素原子（**1** の C-6）に二つの酸素原子が結合した環状化合物であり，このようなエーテルはアセタールとよばれる．

アセタールをつくるよい方法がある．2分子のアルコールやジオールとアルデヒドまたはケトンから酸触媒を用いてアセタールを合成する反応は信頼性の高い反応である．

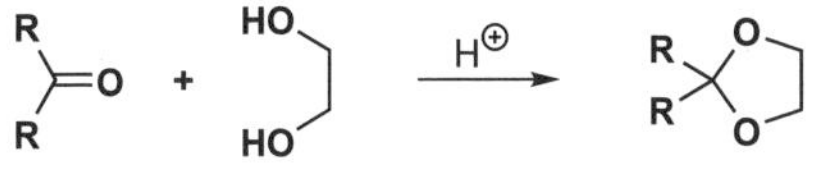

この信頼できる反応でアセタールをつくるために C6 位で二つの C−O 結合を切断すると，出発物 **2** が得られる．まず **2** を **1** と同じように書き，次にもっと自然に見えるように直鎖構造で書くと **2a** のようになる．炭素原子に番号をつけると，確かに **2** と **2a** が同じ化合物であることがわかる．

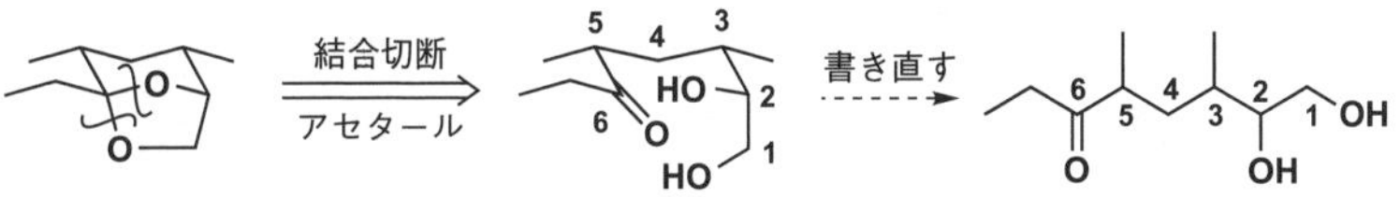

2 **2a**

2a は二つの OH 基とケトンをもつ連続した炭素骨格である．おそらく，この分子は C−C 結合形成によって合成できるだろう．しかし，どの結合を切断すればよいだろうか．ケトンは求核性エノラートを生成するので，C4−C5 結合を切断すれば，一方の出発物 **3** が対称構造となるのでよさそうである．エノラートを用いるためには **3** を求核剤とする必要があるので，**4** は求電子剤となる．**3** に負電荷を，**4** に正電荷をつける．

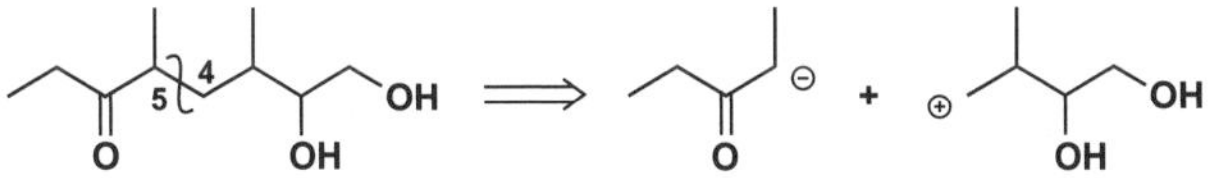

2b **3** **4**

アニオン **3** は入手可能なケトン **5** からつくることができるが，**4** を求電子剤とするにはハロゲンなどの脱離基 X を導入する必要がある．X として何を用いるかは後で決めればよい．

5 **3**

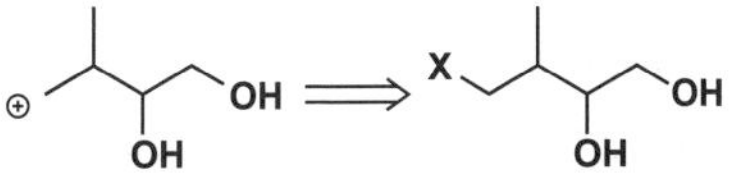

4 **6**（X = 脱離基）

化合物**6**には三つの官能基がある．一つはまだ決まっていないが，残る二つは隣接する炭素原子上のアルコールである．このようなジオールを合成する優れた反応として，OsO_4のような反応剤を用いるアルケンのジヒドロキシ化が知られている．したがって，適切な出発物は既知の不飽和アルコール**7a**となる．

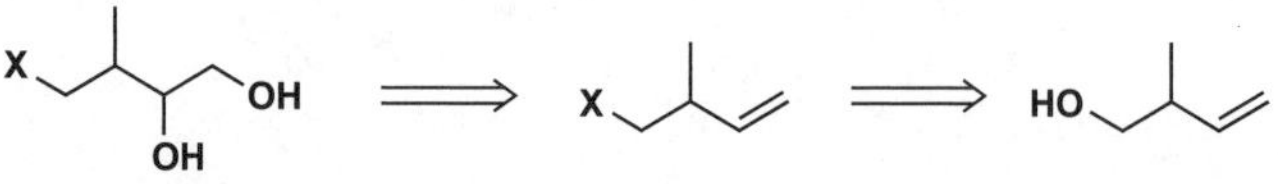

6a（X = 脱離基）　**7**　**7a**

下に示す合成では，入手可能なカルボン酸**8**からアルコール**7a**を合成し，**6**の脱離基Xとしてトシラート（tosylate, OTs；toluene-*p*-sulfonate）が用いられている[4]．

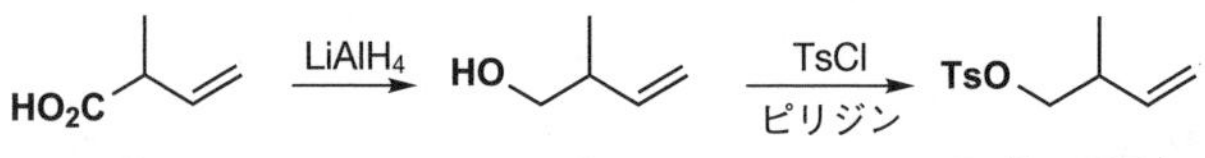

8　**7a**　**7**（X = OTs）

5から生成するエノラートと**7**（X = OTs）を反応させることで二つの断片を結合することができる．得られた不飽和ケトン**9**を過酸で酸化してエポキシド**10**とした後，Lewis（ルイス）酸として$SnCl_4$を用いて環化反応を行うと，標的分子（target molecule, TM）ムルチストリアチン**1**が得られる．

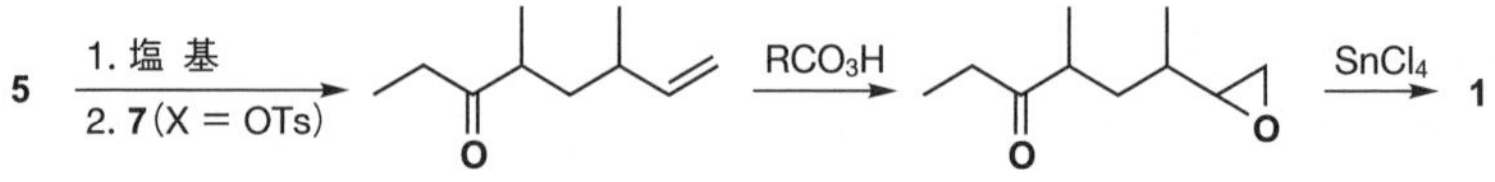

9　**10**

実際の合成は逆合成解析をそのままたどるわけではないことに気づいただろう．ケト−ジオール**2b**を用いる計画であったが，実際にはケト−エポキシド**10**と比べて**2b**は実用性に乏しい中間体であった．実験室での経験が，もとの合成計画よりも優れた合成法を生み出すことがしばしばある．しかし，基本的な考え方である合成戦略は同じである．

1・2　まとめ：合成計画の手順

1. 逆合成解析
   (a) 標的分子に含まれる官能基を認知する．
   (b) 結合切断は既知で信頼性の高い反応に対応していなければならない．

(c) 入手可能な出発物にたどり着くまで逆合成解析を繰返す.

2. 合　成

(a) 合成計画を書き, 反応剤と条件を付け加える.

(b) 実験室での予期しなかった失敗例や成功例に従って合成計画を修正する.

本書を通じてこの手順を詳しく説明し, 繰返し使用する.

1・3 補　　足

上で述べたムルチストリアチンの合成には一つ重大な問題がある. それは, 四つの立体中心 (**11** の黒丸) の立体化学の制御を行わなかった点にある. 天然物と同一の立体配置をもつ分子だけがキクイムシをひきつけるため, 今日ではムルチストリアチンの立体選択的合成法が開発されている.

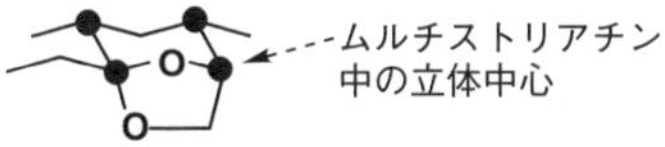

11

効率のよい合成計画を立てるためには, 立体化学も必須の知識として習得しなければならない. その一覧を以下に示す.

1. 反応機構の理解
2. 信頼性の高い反応についての実用的な知識
3. 容易に入手できる化合物についての知識
4. 立体化学の理解

これらのいずれかについて知識が不十分だと感じても心配する必要はない. 本書を読み進めるうちに理解が深まるだろう. 各章は上記の四つのポイントが関連した構成となっている. 基礎的な化学の理解が必要なときには, 各章のはじめに "ウォーレン有機化学"* の関連する章の一覧を載せているので, 復習に役立つだろう. 他の有機化学の教科書にも同様の内容を説明した章があるだろう.

ニレキクイムシのフェロモンには, ムルチストリアチン, アルコール **12** および α-クベベン (α-cubebene) **13** の三つの化合物が含まれている. はじめはアルコール **12** のような簡単な分子について考えるが, 本書の終盤では少なくともムルチストリアチ

---

* J. Clayden, N. Greeves, S. Warren and P. Wothers, *Organic Chemistry*, Oxford University Press, Oxford, 2001; Second Edition, 2012. [邦訳: "ウォーレン有機化学 (上・下)", 野依良治, 奥山 格, 柴﨑正勝, 檜山爲次郎 監訳, 東京化学同人 (2003)]

ンや α-クベベンと同じくらいに複雑な分子を取上げる.

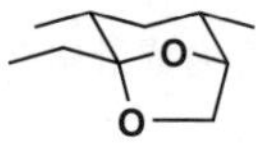

1
ムルチストリアチン

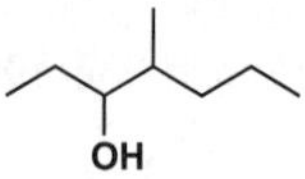

12

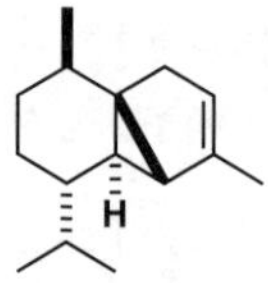

13
α-クベベン

ムルチストリアチンはさまざまな合成戦略により何度も合成されてきた．合成は創造の科学であり，ある分子の‘正しい’合成は存在しない．本書では，通常それぞれの標的分子に対して合成例を一つだけ示すが，もっと短工程で立体化学を制御した，高収率で汎用性の高い，すでに報告されている合成よりも優れた合成計画を立てることができるかもしれない．このようなことができれば，本書を有効に使っているといえるであろう．

文　献

1. R. Robinson, *J. Chem. Soc.*, 1917, **111**, 762.
2. C. Schöpf and G. Lehmann, *Liebig's Annalen*, 1935, **518**, 1.
3. E. J. Corey, *Quart. Rev.*, 1971, **25**, 455; E. J. Corey and X.-M. Cheng, *The Logic of Chemical Synthesis*, Wiley, New York, 1989.
4. G. T. Pearce, W. E. Gore and R. M. Silverstein, *J. Org. Chem.*, 1976, **41**, 2797.

2 基本原理：シントンと反応剤 芳香族化合物の合成

本章に必要な基礎知識（“ウォーレン有機化学” の以下の章参照）

22 章 芳香族求電子置換反応　　23 章 求電子性アルケン

24 章 官能基選択性：選択的反応と保護

2・1 芳香族化合物の合成

ベンゼン環は非常に安定な構造単位である．通常，芳香族化合物はベンゼン環に置換基を導入して合成する．そのため，逆合成ではたいてい側鎖とベンゼン環をつなぐ結合を切断する．重要なのは，どの順序で結合を切断し，どのような反応剤を使うかを決めることである．本章では**シントン**（synthon）や**官能基相互変換**（functional group interconversion, FGI）について述べる．

2・2 結合切断と官能基相互変換

逆合成では既知で信頼性の高い反応過程を逆に考えなければならないことをすでに学んだ．したがって，信頼できる反応が思いつかないときには，結合切断を行ってはいけない．局所麻酔薬として用いられているベンゾカイン（benzocaine）**1** の合成を計画するときには，エステルに着目する．エステルはカルボン酸誘導体（ここでは **2**）とアルコール（ここではエタノール）から確実に合成できる．したがって，エステルの C−O 結合を切断する（切断箇所を波印 ∽ で示す）．これからは，逆合成の矢印⟹の上に結合を切断した根拠や反応名を書く．

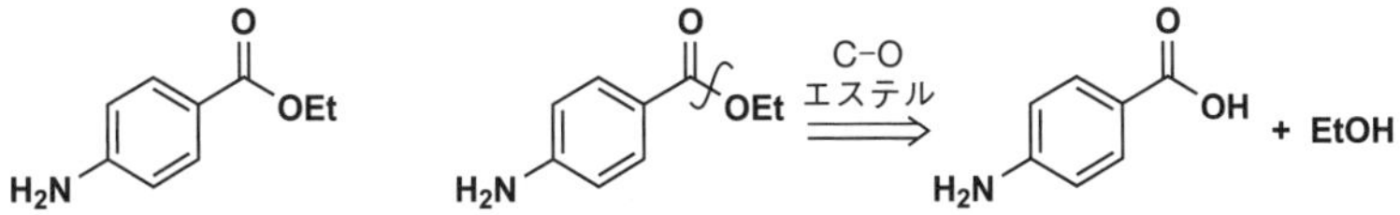

1 ベンゾカイン　　**1a**　　**2**

分子の切断箇所を表す記号は，切断する結合を横切る波線で示した．常識の範囲であれば，この波線はどのように書いてもよい．‘逆合成の矢印’ は論理学における ‘包含’ の矢印に由来する．この矢印はエステルの存在がその化合物をカルボン酸とアルコールから合成できることを意味している．

次に示す化合物 **2** の NH_2 基と CO_2H 基のどちらかを切断する場合，それぞれに対応するよい反応がない．したがって，両方の置換基を既知で信頼できる反応でベンゼン環に導入できる何か別の置換基に変換する必要がある．この過程を**官能基相互変換**(functional group interconversion)，略して **FGI** とよぶ．FGI は結合切断と同様に仮想の過程であり，実際の反応過程の逆である．アミノ基はニトロ基の還元によって，芳香族カルボン酸はアルキル基の酸化によって合成できるので，ここでの FGI はこれらの反応過程の逆となる．

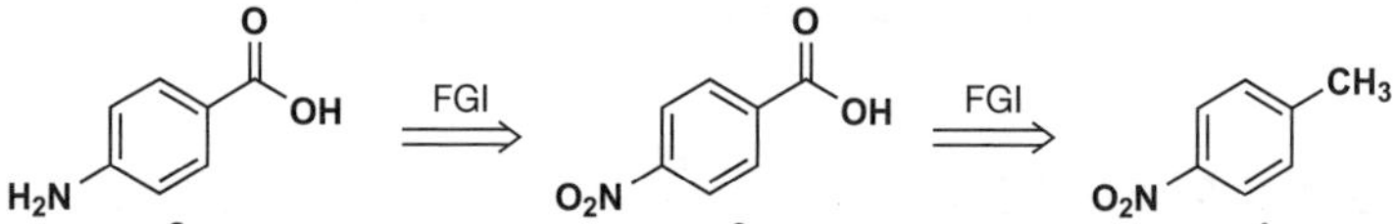

2　**3**　**4**

化合物 **2** の逆合成では，最初にアミノ基を ‘酸化’ し，次にカルボン酸を ‘還元’ した．ここでの順序は重要ではないが，実際の反応では意味をもつ．合成法が知られている出発物 **4** に行き着いたということが重要である．**4a** に示すように，ニトロ基を切断するとトルエン **5** となり，トルエンは濃硝酸と濃硫酸の混合物を用いてパラ位をニトロ化できる．

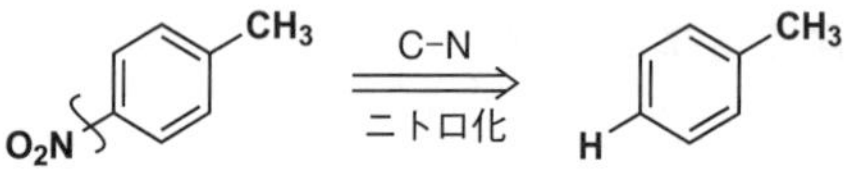

4a　**5** トルエン

ここで，合成経路を書くことにする．適切な反応剤や反応条件を正確に予測することはできないので，関連する文献を調査しなくてはならないが，合成経路を書くときには必要な反応剤の種類を提示するだけでよい．通常，すでに報告されている仕事で使用された反応剤や重要と思われる反応条件を書く．ここで重要なのは，望みとする置換様式を得るために最初にニトロ化し，次に酸化することである[1)]．

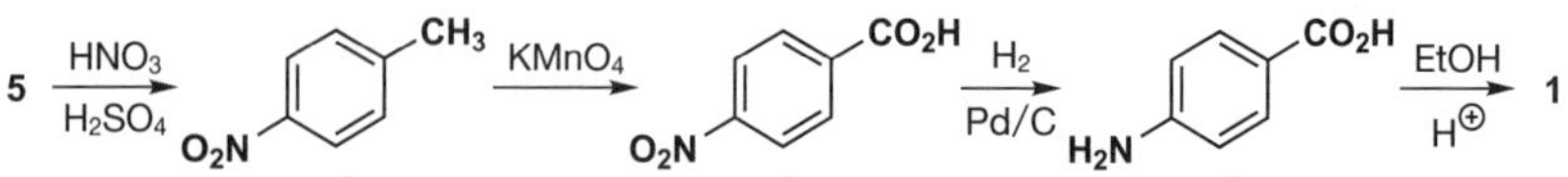

4　**3**　**2**

2・3　Friedel–Crafts アシル化のシントン

サンザシの香りに含まれるケトン **6** の逆合成は一目瞭然であり, **6a** に示すように芳香環の Friedel–Crafts（フリーデル クラフツ）アシル化に対応する結合切断が適切である．MeCOCl と $AlCl_3$ を用いたエーテル **7** のアシル化反応は，94〜96%の収率で **6** を生成する[2)]．実によい反応である．

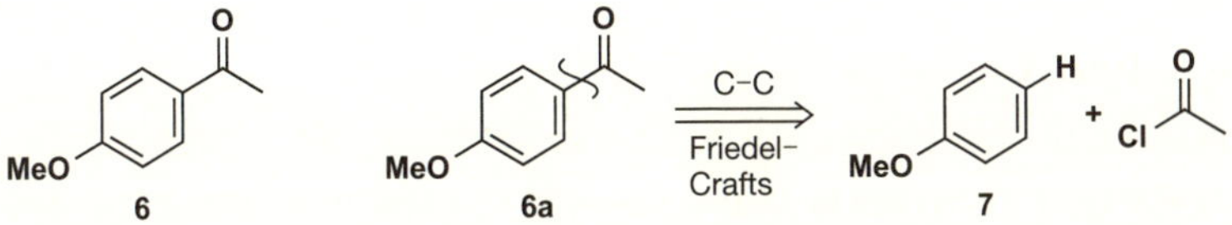

この反応とベンゾカイン合成で用いたトルエンのニトロ化における反応剤はいずれもカチオンである．Friedel–Crafts アシル化では $MeCO^+$，ニトロ化では NO_2^+ である．ベンゼン環につながる結合を切断する際に最初に行うことは，芳香族求電子置換反応を利用できるようにカチオン性反応剤を見つけることである．どの結合を切断するかだけでなく，電子的にも理にかなった結合切断を行う．原理的には同じ箇所での結合切断からどちらに電荷をもたせてもよさそうだが，実際に選択するのは ***a*** であり ***b*** ではない．

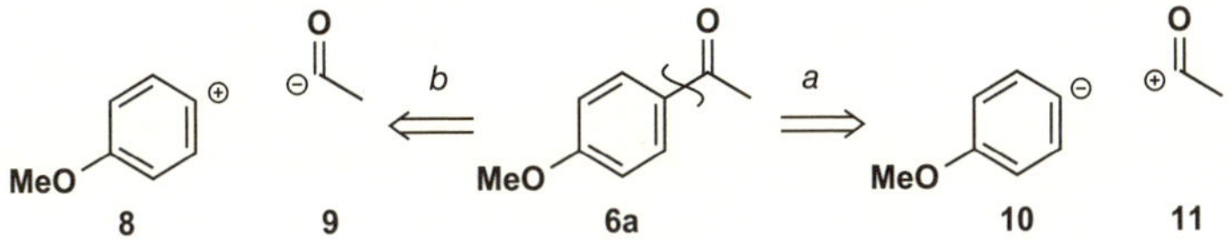

四つの断片 **8**〜**11** は**シントン**（synthon）である．シントンは実際の反応に関与するとは限らない仮想的イオンであるが，反応剤を選ぶのに役立つ．たまたまシントン **11** は実在する中間体であるが，他のシントンは中間体ではない．**10** のようなアニオ

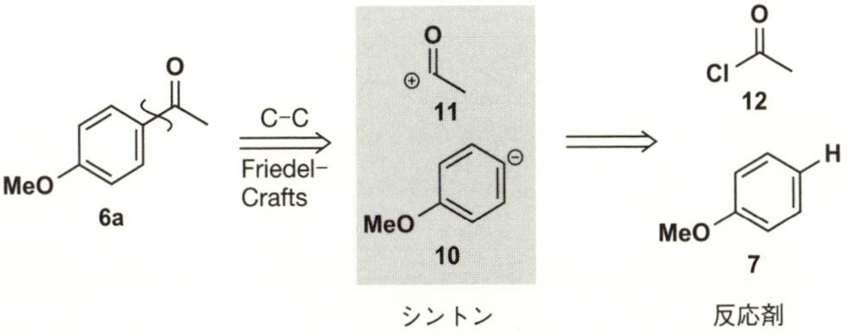

ン性シントンに対応する反応剤は，しばしば反応中に脱プロトン化する芳香族炭化水素である．**11** のようなカチオン性シントンの場合，反応剤はしばしば対応するハロゲン化アシルであり，反応中にハロゲン化物イオンが脱離する．逆合成計画を立てる際，シントンを書くか直接反応剤を書くかは個人の好みである．逆合成解析に熟達すると，シントンを書くことが不必要となり煩わしくなるだろう．

2・4 Friedel–Crafts アルキル化のシントン

Friedel–Crafts アルキル化もアシル化よりは信頼性が低いが有用である．これを念頭においた BHT（butylated hydroxytoluene）**13** の逆合成では，切断 ***a*** によって二つの *t*-ブチル基を除去できるし，切断 ***b*** によってメチル基を除去することもできるだろう．以下に述べるいろいろな理由から切断 ***a*** が選ばれた．*p*-クレゾール **15** は販売されているが **14** は購入できない．また，*t*-ブチルカチオンはメチルカチオンよりもはるかに安定な中間体である．*t*-アルキル化は最も信頼できる反応の一つである．さらに，OH 基はメチル基よりも強力なオルト配向基である．

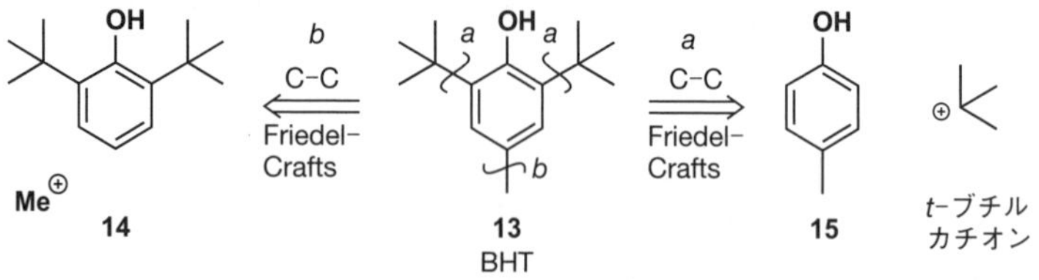

t-ブチルカチオンに対応する優れた反応剤は，Lewis（ルイス）酸触媒共存下のハロゲン化物やプロトン酸触媒共存下の *t*-ブチルアルコールまたはイソブテンである．最も無駄のない反応剤は，余分な廃棄物が生じないアルケンである．プロトン化によって *t*-ブチルカチオンが生成し，1 工程で二つの *t*-ブチル基が導入される[3)].

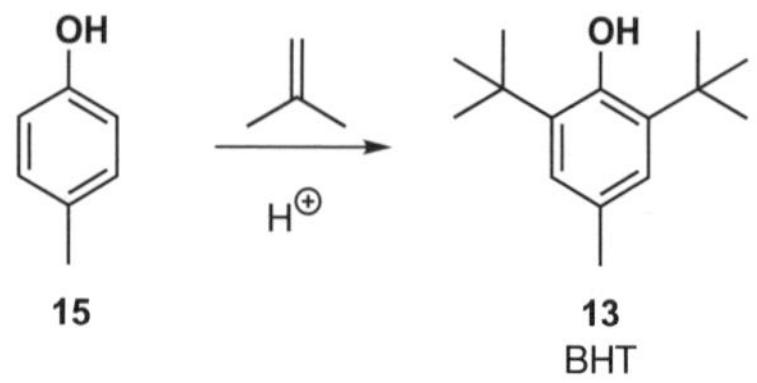

2・5 Friedel-Crafts アルキル化による官能基導入

第一級ハロゲン化物を用いる Friedel-Crafts アルキル化では，しばしば中間体カチオンの転位により，'望みとしない' 生成物が得られる．たとえば，イソブチルベンゼン **16** を合成する場合，ハロゲン化イソブチル **18** と塩化アルミニウムを用いてベンゼンをアルキル化すればよさそうに思われる．

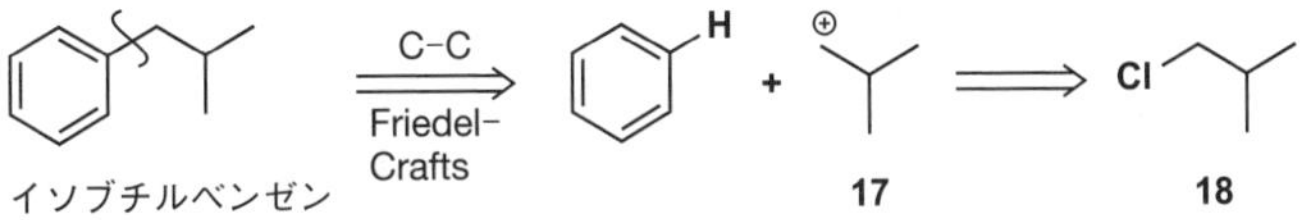

16 イソブチルベンゼン　**17**　**18**

この反応では二つの生成物 **21** および **22** が得られるが，いずれもイソブチル基をもたない．その代わりに *t*-ブチル基をもつ．第一級カチオン **17** は非常に不安定であるため，中間複合体は **19** に示すようにヒドリド移動により転位して *t*-ブチルカチオン **20** を生じる．

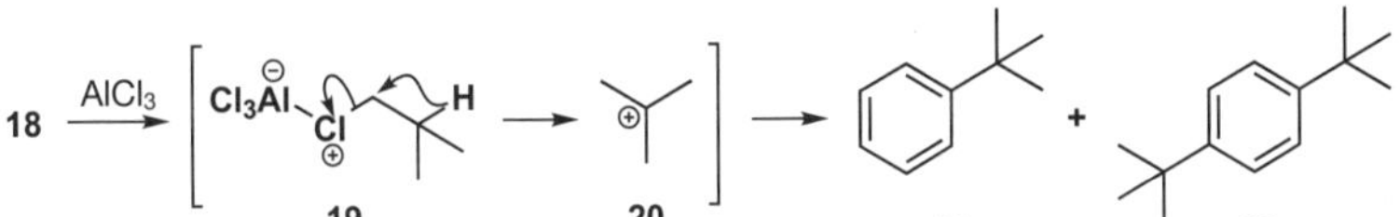

19　**20**　**21**　**22**

多重アルキル化は困った副反応であるが，BHT **13** の合成では利点であった．ここでは転位も問題となる．Friedel-Crafts アシル化は両方の問題を回避する．アシル基は転位せず，かつ生成物は電子求引性のカルボニル基により過度の求電子攻撃に対して不活性化される．ただし，カルボニル基をメチレン基に還元する余分な工程が必要になる．これにはさまざまな方法があるが（24 章参照），次の例では Clemmensen（クレメンゼン）還元が良好な結果を与える[4]．

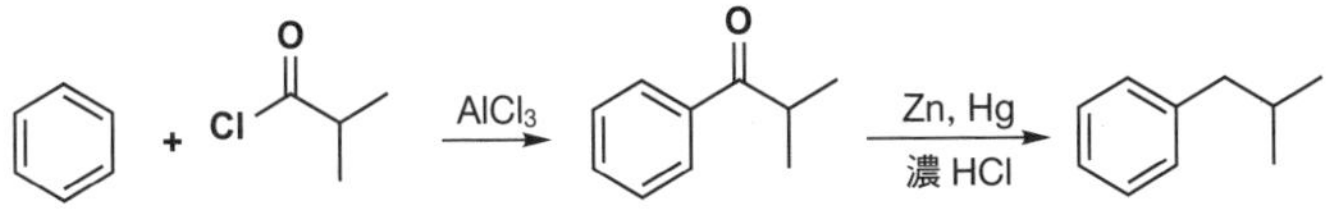

23　**24**　**16**

結合切断に先立ち，標的分子にはない官能基の '仮想的付加' を行うことがある．この過程を**官能基付加**（functional group addition, **FGA**）とよぶ．対応する既知で信頼できる反応によりこの官能基は除去できる．カルボニル基の付加はどこにでもできそうだが，ベンゼン環に隣接する位置に付加すると信頼性の高い結合切断が可能となる．

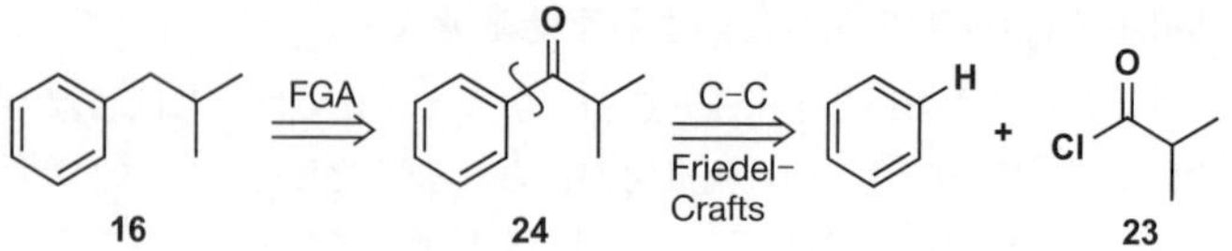

16　24　23

2・6 芳香族求電子置換反応に対して信頼性の高い反応剤

これまでに述べてきたさまざまな反応剤を表 2・1 にまとめた（いくつかはまだ述べていない）．反応機構，配向性，実施例の詳細は，“ウォーレン有機化学” の 22 章に記述してある．

表 2・1 芳香族求電子置換反応の反応剤

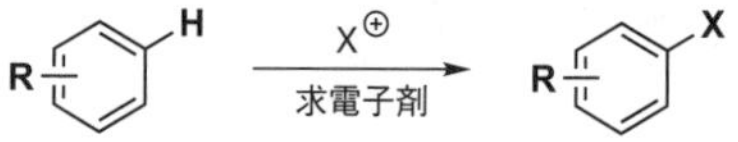

シントン	反応剤	反 応	コメント
R^+	RBr + $AlCl_3$ ROH または アルケン＋H^+	Friedel–Crafts アルキル化[5)]	第三級アルキル基はうまくいく．第二級アルキル基も可能
RCO^+	RCOCl＋$AlCl_3$	Friedel–Crafts アシル化	非常に一般性が高い
NO_2^+	HNO_3＋H_2SO_4	ニトロ化	非常に反応性が高い
Cl^+	Cl_2＋$FeCl_3$	塩素化	他の Lewis 酸も用いられる
Br^+	Br_2＋Fe（＝$FeBr_3$）	臭素化	他の Lewis 酸も用いられる
$^+SO_2OH$	H_2SO_4	スルホン化	発煙 H_2SO_4 が必要なことがある
$^+SO_2Cl$	$ClSO_2OH$＋H_2SO_4	クロロスルホン化	非常に反応性が高い
ArN_2^+	$ArNH_2$＋HONO	ジアゾカップリング	生成物は $Ar^1N=NAr^2$ である

2・7 電荷を取替える: 芳香族求核置換反応

電荷を取替えて **25** および **27** の逆合成をこれまでと同様に行うと，求電子的な芳香環化合物と求核剤に導かれる．そのため芳香環上に脱離基 X（通常はハロゲン）をもつ **26** と反応剤としてアルコキシドまたはアミンが必要となる．

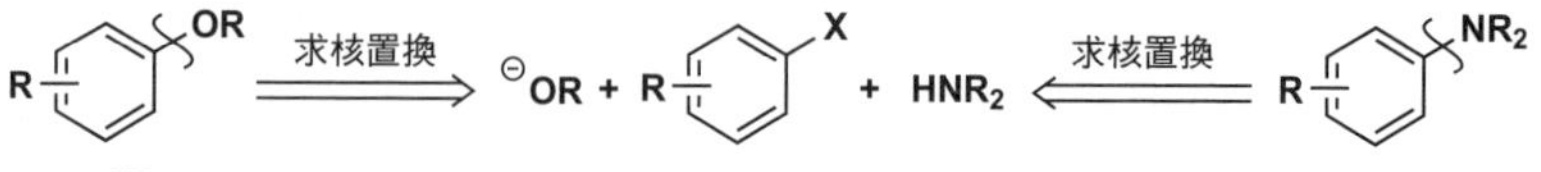

25　26　27

アルコールやアミンは普通に求核剤として用いることができるが，芳香族化合物を求電子剤とすると問題が生じる．ベンゼン環は弱い求核性を示すが，求電子性は全くない．芳香族ハロゲン化物の S_N2 反応は知られていない．望みとする反応を進行させるには，**28** に示すように求核剤が付加して **29** を形成するので，オルト位またはパラ位に負電荷を受け入れるニトロ基やカルボニル基などの電子求引基が必要となる．

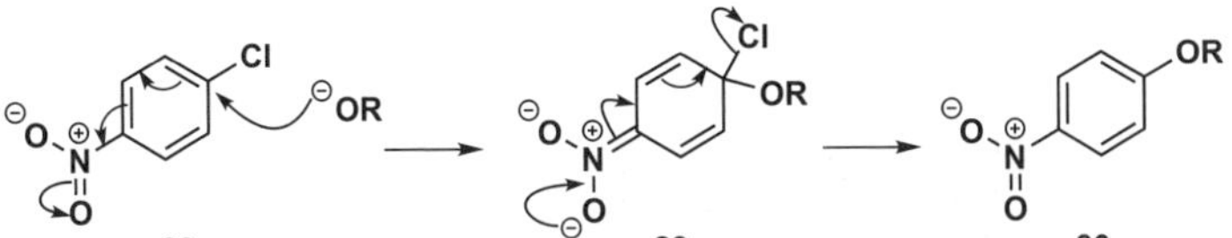

28　**29**　**30**

幸いなことに，たとえばクロロベンゼンのニトロ化ではニトロ基は望みとする位置（メタ位ではなくオルト位とパラ位）に導入される．したがって，これらの標的分子の性質に合わせてシントンの電荷を逆転した結合切断を行うことができる．Lilly 社の発芽前除草剤トリフルラリン B（trifluralin B）**31** は三つの電子求引基をもつ．アミンのオルト位に二つのニトロ基とパラ位に CF_3 基をもつので，**32** の求核置換反応を行うのに理想的である．二つのニトロ基は Cl がオルト-パラ配向性，CF_3 がメタ配向性なので，**33** のニトロ化で導入できる．

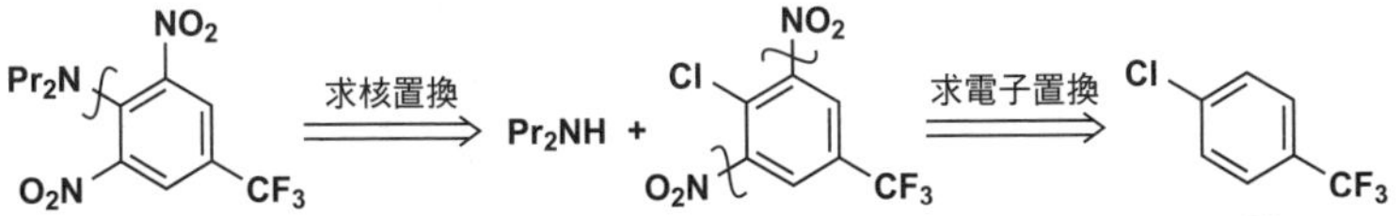

31　**32**　**33**

その合成は，他のどの農薬の合成と比較しても簡単そのものである[5]．2 工程目で用いる塩基は，反応中に発生する HCl の除去を行うのであって，アミンのプロトンを引抜くのではない．

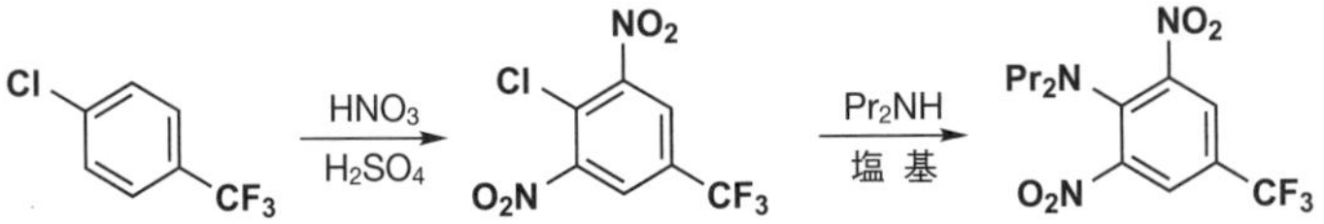

33　**32**　**31**

2・8 反応機構を考える

求核置換反応と求電子置換反応のどちらを選ぶかは，反応機構に基づいて行わなければならないのは明白である．このことは，すべての結合切断，シントンおよび反応剤の選択にも一般にあてはまる．トリフルラリン B **31** の合成は塩化アリールが三つの官能基によって活性化されているため容易であった．抗うつ薬として広く用いられているフルオキセチン（fluoxetine，プロザック Prozac®）の合成において，アリールエーテル **34** はきわめて重要な中間体である[6]．切断 ***b*** は，単純な S_N2 反応がうまくいきそうなので魅力的であるが，**34** は単一エナンチオマーであること，さらに光学的に純粋なアルコール **36** が入手可能なことから切断 ***a*** が選ばれた．

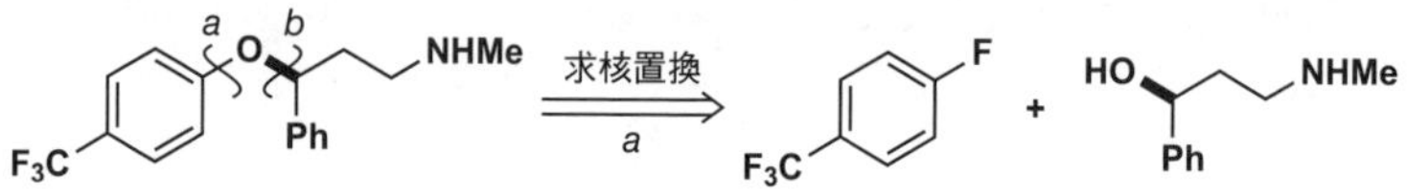

34 **35** **36**

実際の反応を示すが，フッ化物イオンが脱離基となっていることに注意してほしい．C−F 結合が非常に強いため，フッ化物イオンはハロゲン化物イオンのなかで最も脱離能が低い．そのため，フッ化物イオンを脱離基とする S_N2 反応はまれである．しかし，芳香族求核置換反応では，この例のようにたった一つの CF_3 基によって芳香環が少しでも活性化されているときには，フッ化物イオンを脱離基とするのが最良の選択である．この 2 段階反応で困難な段階は，求核剤の付加である．求核付加によって芳香族性が失われ，不安定なアニオン中間体が生成する．**38** に示す第 2 段階は第 1 段階よりも速い．電気陰性度の大きいフッ素は第 1 段階を加速するが，第 2 段階では妨げとなる．しかし，第 2 段階はとにかく速いのでフッ化物イオンの脱離能は問題とならない．

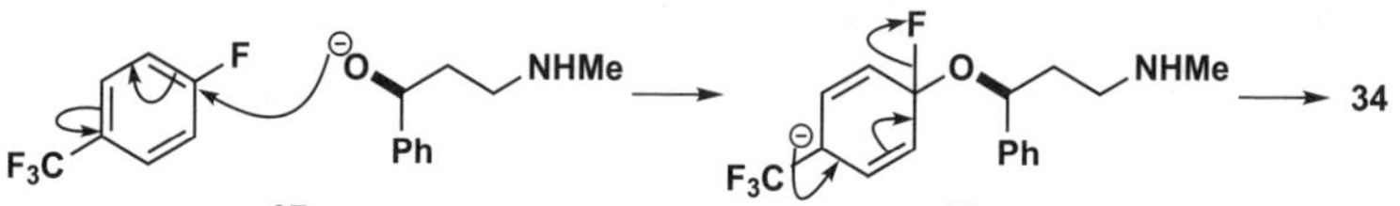

37 **38**

ほかに何か気づいただろうか．トリフルラリン **31** の合成は，芳香族求核置換反応においてアミンがよい求核剤であることを示した．ここでの求核剤はアミノアルコール **36** である．**36** を用いる直接的な反応では，エーテルではなくアミンが生成するかもしれない．これを避けるために，最初に **36** を NaH で処理して酸素アニオンとした後，**35** に加えた．アルコールの求核性はアミンよりも低いが，酸素アニオンはアミンよりも求核性が高い．なぜ反応機構を理解しておくことが合成計画を立てるのに不可欠なのかをわかってほしい．

2・9　電荷を取替える：S_N1 機構による芳香族求核置換反応

芳香族求核置換反応は S_N2 機構で起こらないが，最良の脱離基を用いることで S_N1 機構は可能である．穏やかな加熱によってジアゾニウム塩 **42** から脱離する窒素分子は，その最たる例である．典型的な合成法を以下に述べる．芳香族化合物 **39** をニトロ化して得られる **40** を還元してアミン **41** に導き，$NaNO_2$ と HCl を用いてジアゾ化することでジアゾニウム塩 **42** が生成する．実際の反応剤は亜硝酸（HONO）であり，このものから生成する NO^+ が窒素原子を攻撃する．

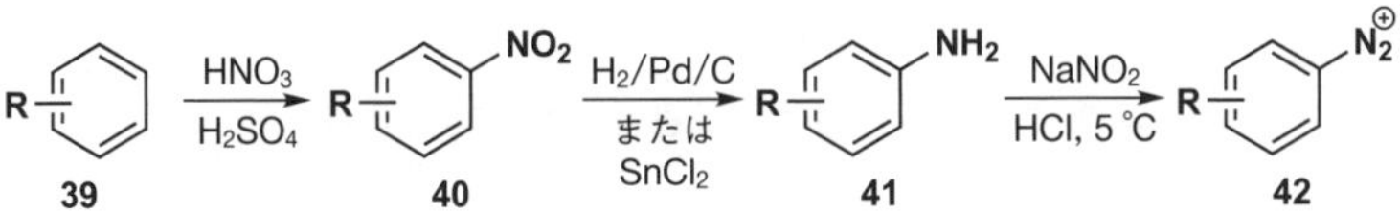

39　**40**　**41**　**42**

ジアゾニウム塩 **42** は 0 °C から 5 °C で安定であるが，室温まで昇温すると窒素分子と不安定なアリールカチオン **43** に分解する．**43** の空の軌道は **20** のようなカチオンの通常の p 軌道とは全く異なり，芳香環と同一平面上にある sp^2 軌道である．**43** はどんな求核剤とも反応する．実際，水とも反応し，この経路でフェノール **45** を合成することができる．

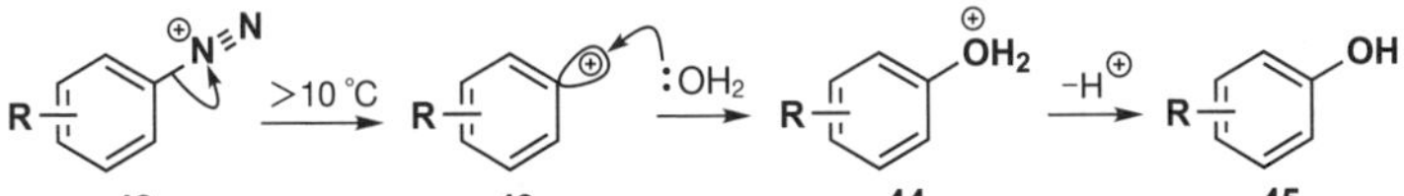

42a　**43**　**44**　**45**

この合成経路は，求電子置換反応では困難な OH や CN などの置換基を導入したいときに特に有用である．表 2・2 に代表的な反応剤を示す．CN，Cl や Br を導入するときは，通常それらの銅(I)塩を用いるとうまくいく．たとえば，シアン化アリール **46** はアミン **47** からジアゾニウム塩を経由して合成できるので，型どおりの逆合成を行うとトルエン **5** が出発物となる．

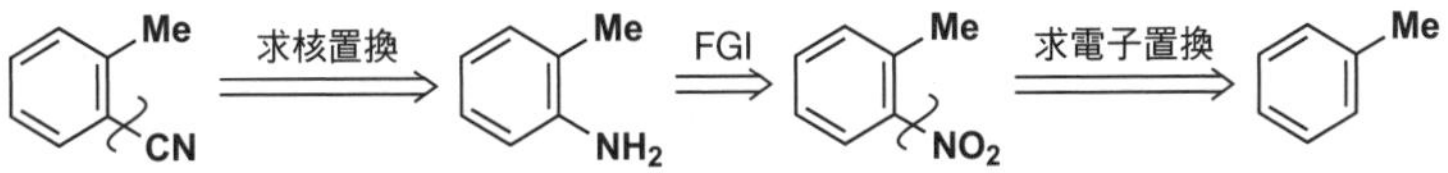

46　**47**　**48**　**5** トルエン

次ページに示すように，この合成は簡単である[7]．アミン **47** は購入できるので，実験室では最初の 2 工程は行う必要がない．**47** はこの経路で工業的に大量に製造されている．ジアゾニウム塩が書かれていないことに注目してほしい．書いてもかまわないが，通常中間体を単離しないで行われる2段階の反応は，1. 反応剤A，2. 反応剤Bのような形式で書く．この書き方は，すべての反応剤を一緒に混合していないことを示す．別の書き方として，表2・2に示す反応中間体を角括弧で囲む方法がある．温度制御が重要なジアゾ化の場合，この表記法は反応条件を示すのに役立つ．

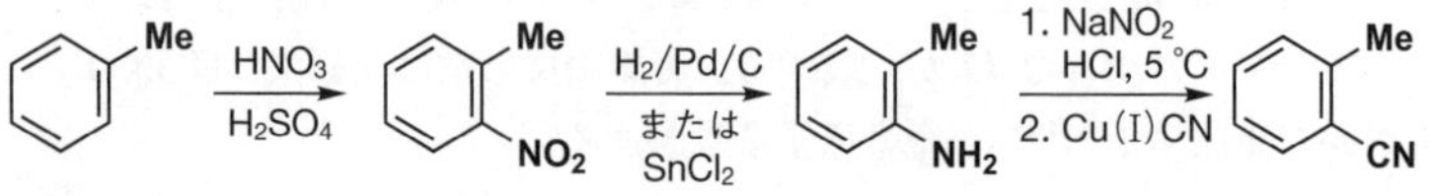

5 トルエン　**48**　**47**　**46**

表 2・2　ArN_2^+ に対する芳香族求核置換反応の反応剤

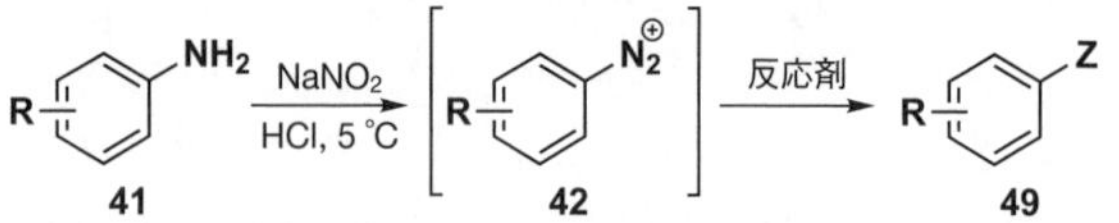

41　**42**　**49**

シントン	反応剤	コメント
–OH	水	おそらく S_N1
–OR	アルコール ROH	おそらく S_N1
–CN	Cu(I)CN	ラジカル反応の可能性
–Cl	Cu(I)Cl	ラジカル反応の可能性
–Br	Cu(I)Br	ラジカル反応の可能性
–I	KI	ヨウ素を導入する最良の方法
–Ar	ArH	Friedel–Crafts アリール化
–H	H_3PO_2 または $EtOH/H^+$	ArN_2^+の還元

オルトおよびパラ生成物の混合物

これまで，*p*-ニトロ化合物**4**と*o*-ニトロ化合物**48**を合成するのにトルエンのニトロ化を用いていた．実際にはこの反応では混合物が得られる．しかし，**4**と**48**は分離することができるので，この反応は実用性に優れ，工業的大規模での製造に利用されている．甘味料サッカリン（saccharine）の合成は好例である．サッカリン**50**は環状イミドである．一つの窒素原子と二つの酸からなる二重アミドである点に特徴がある．C−N 結合および S−N 結合を切断すると，カルボン酸とスルホン酸の二つの酸をもつ**51**が得られる．いずれの官能基もメタ配向性なので，FGIを行い，どちらかの官能基をオルト-パラ配向性の置換基に変換しなくてはならない．それには，本章の冒頭で取上げた**4**から**3**への酸化反応を利用できる．化合物**52**はトルエン**5**のスルホン化により合成できる．

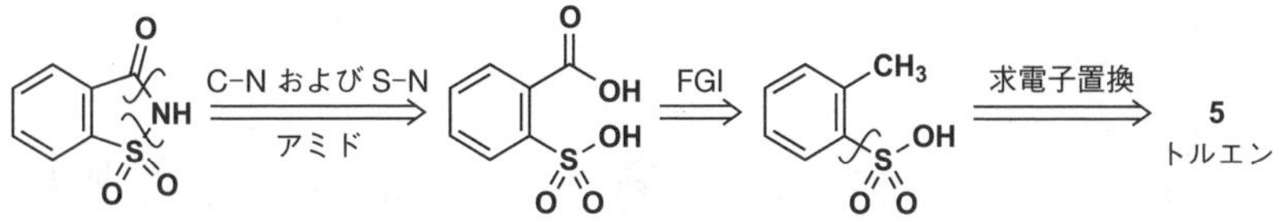

実際の反応では，クロロ硫酸を用いることで直接塩化スルホニルを得ることができる．Cl が優れた脱離基であることを考えると驚くかもしれないが，この反応では Lewis 酸を用いていない．その代わりに，非常に強力なクロロ硫酸が自身をプロトン化し，水分子が脱離基となる．

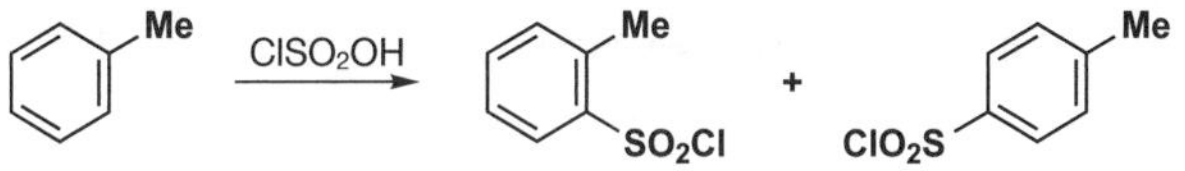

この反応ではオルト生成物 **53** とパラ生成物 **54** の混合物が得られる．オルト生成物はアンモニアとの反応，酸化を経てサッカリンへと変換される．一方，パラ生成物は *p*-トルエンスルホニルクロリド **54**，いわゆるトシルクロリドであり，アルコールをよい脱離基へ変換する反応剤として販売されている．

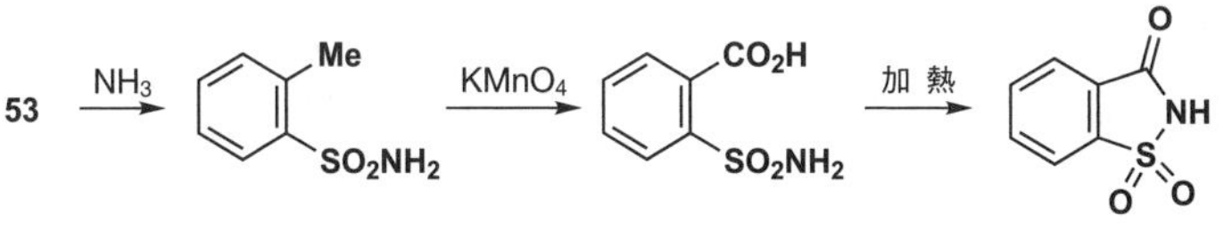

文　　献

1. D. Lednicer and L. A. Mitscher, *Organic Chemistry of Drug Synthesis*, vol. 1, John Wiley & Sons, 1977, p. 9；H. Salkowski, *Ber*., 1895, **28**, 1917.
2. P. H. Gore in *Friedel–Crafts and Related Reactions*, ed. G. A. Olah, vol. Ⅲ, part 1, Interscience, New York, 1964, p. 180.
3. W. Weinrich, *Ind. Eng. Chem*., 1943, **35**, 264；S. H. Patinkin and B. S. Friedman in *Friedel–Crafts and Related Reactions*, ed. G. A. Olah, vol. Ⅱ, part 1, Interscience, New York, 1964, p. 81.
4. E. L. Martin, *Org. React*., 1942, **1**, 155.
5. *Pesticides*, p. 154；*Pesticide Manual*, p. 537.
6. J. Saunders, *Top Drugs*：*Top Synthetic Routes*, Oxford University Press, Oxford, 2000, p. 44.
7. H. T. Clarke and R. R. Read, *Org. Synth. Coll*., 1932, **1**, 514.

3 合成戦略 I：反応を行う順序

本章に必要な基礎知識

“ウォーレン有機化学” 22 章 芳香族求電子置換反応 を参照

本章のように合成戦略に関する章ではそれぞれの合成経路を選んだ理由を述べる．言いかえると，一つひとつの段階よりも全体的な合成計画について述べる．本章では芳香族化合物の合成を例として，置換基を導入する順序について考察する．それぞれの合成に特有の内容もあるが，指針は普遍的である．

指針 1：それぞれの官能基が他の官能基に与える影響をよく考えること．反応性の向上に役立つ官能基を最初に導入する（結合切断は最後に行う）．芳香族化合物の場合には，反応性や配向性によって他の置換基の導入に役立つ官能基を最初に導入する．

香料として使われている化合物 **1** の逆合成解析では，最初の結合切断として二通りが考えられる．切断 ***a*** の場合，Friedel–Crafts（フリーデル クラフツ）アルキル化は第二級ハロゲン化アルキルを用いるのでうまくいくが，**3** のケトンがメタ配向性なので，望みとしない生成物が得られるだろう．切断 ***b*** の場合，Friedel–Crafts アシル化は **4** のアルキル基がオルト–パラ配向性なので，望みとする化合物が得られるだろう．さらに，**4** のアルキル基は芳香環を活性化するのに対して，**3** のケトンは芳香環を不活性化する．

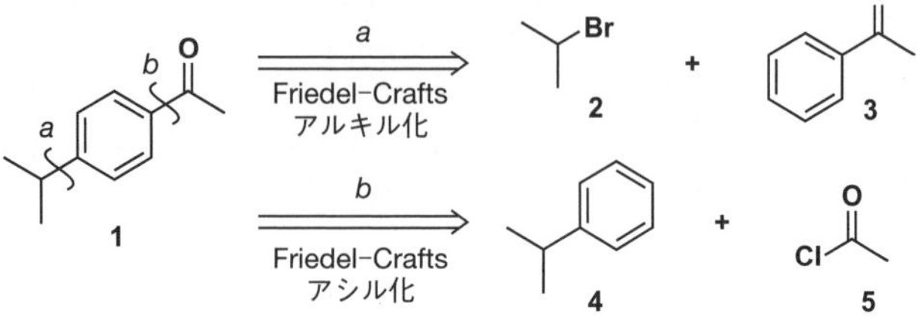

その合成は簡単である．最初にアルキル化を行い，次にアシル化する[1)]．**4** の枝分か

れしたアルキル基の立体障害により，パラ体のケトン **1** が主生成物として得られる．

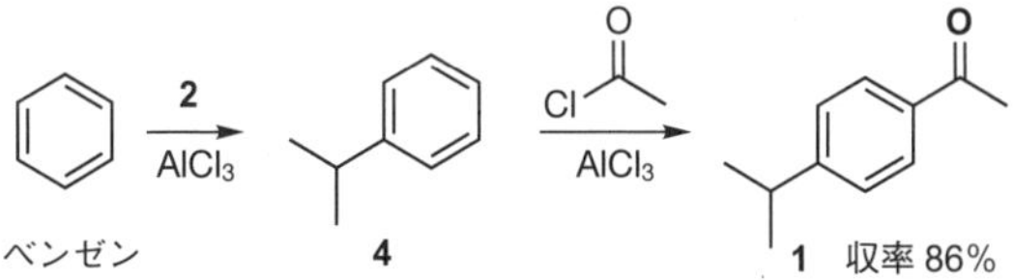

次の例は**指針 1** のある一面を浮き彫りにする．いくつかの官能基は芳香環を強力に不活性化するため，それらをいったん導入するとさらなる置換基導入が困難となる．一方，芳香環が活性化基をもつ場合には，多重の置換反応が進行することが懸念される．香水の素材として重要なムスクアンブレット（musk ambrette）**6** は合成ジャコウである．このものは香りを強め，長く持続させる効果がある．**6** のベンゼン環上には五つの置換基がある．二つのニトロ基は強力に芳香環を不活性化するため，最後に導入する．したがって，最初にニトロ基の切断を行う．

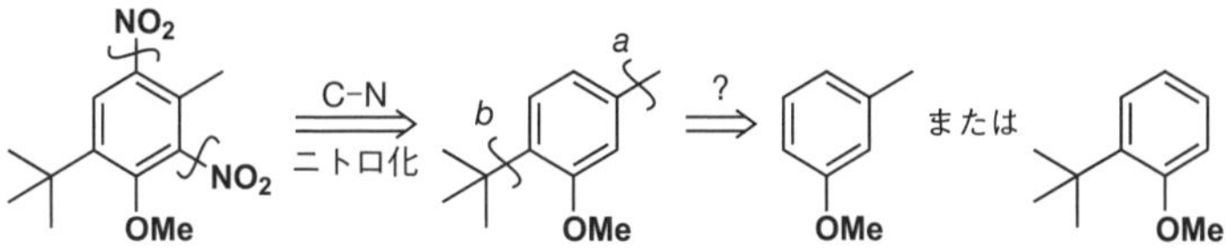

6 ムスクアンブレット　　**7**　　**8**　　**9**

次に **7** の逆合成を考える．Friedel–Crafts アルキル化をふまえて考えると，メチル基（切断 ***a***）または *t*-ブチル基（切断 ***b***）を除去することができる．しかし，以下に述べる多くの理由から切断 ***b*** のほうが適切である．**8** と **9** のメトキシ基およびアルキル基はいずれもオルト-パラ配向性であるが，メトキシ基は酸素原子の非共有電子対が芳香環に非局在化するためアルキル基よりも強力な配向基である．したがって，**9** は望みとしない生成物を与えるが，**8** は目的物 **7** を生成すると考えられる．また，*t*-ブチル基はアルキル化（S_N1 機構）によりうまく導入できるが，メチル基の導入は至難である．出発物 **8** は市販の *m*-クレゾール **10** のメチルエーテルであり，フェノールをメチル化することで容易につくることができる．**8** のアルキル化がメトキシ基のパラ位ではなくオルト位で進行することは，経験だけが教えてくれる[2)]．

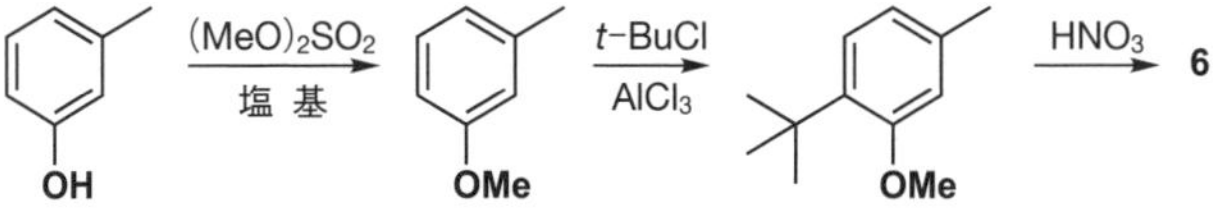

10　　**8**　　**7**

指針 2: ある官能基を別の官能基に変えると，反応性が劇的に変わることがある．アルコールまたはフェノールを *t*-ブチルエーテルに変換すると立体障害が増大する．アルコールとアルデヒドまたはケトンは，酸化還元反応により容易に相互変換できる．カルボニル基は電子求引性であり，フェノール性 OH 基は弱い電子供与性を示す．極めつけはニトロ基とアミノ基である．ニトロ基は強力な電子求引基であるため芳香環を不活性化し，メタ配向性である．一方，多くの場合ニトロ基の還元で得られるアミノ基は強い電子供与基であるため芳香環を活性化し，オルト-パラ配向性である．FGI を活用して逆合成解析を行う場合，どの段階でほかの反応を行うかに注意を払う必要がある．

簡単な例として，テトラクロロ化合物 **11** の合成を取上げる．このものは明らかにトルエンからある種の塩素化によって合成できる．**11** の逆合成では，Ar−Cl 結合を切断する前に，メタ配向性の CCl_3 基をオルト-パラ配向性のメチル基に変えなくてはならない．

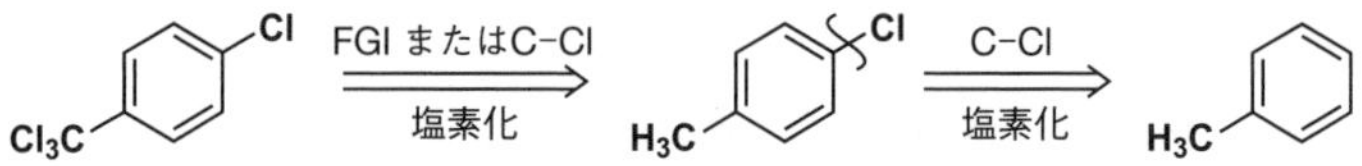

11 **12** トルエン

この化合物 **11** はトリフルオロ化合物 **13** を合成するのに実際に用いられた[3]．Lewis 酸触媒を用いるトルエンの塩素化により **12** が主生成物として得られ，塩素ガスと五塩化リンにより，おそらくラジカル反応によりメチル基が塩素化されて **11** が生成する．

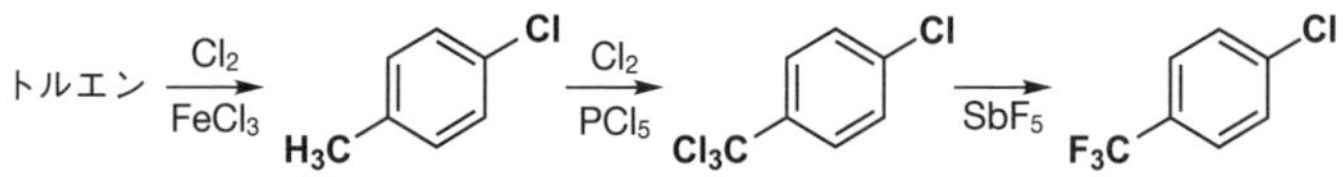

12 **11** 収率 93% **13** 収率 95%

指針 3: 導入することが困難な置換基がある場合には，それらがあらかじめ置換されている化合物を出発物とするのが最善である．すべての芳香族化合物の合成を必ずしもベンゼンから始める必要はない．試薬会社のカタログを一読すれば，さまざまな芳香族化合物が販売されていることがわかる．導入が困難な置換基をもつ化合物の代表的な例として，フェノール類やそれらから誘導されるエーテル類があげられる．これは求電子性酸素に相当する適切な反応剤が存在しないことに起因している．また，一般にメチル基や第一級アルキル基の導入は困難である．第一級ハロゲン化アルキルを用いる Friedel-Crafts アルキル化では，転位生成物が得られる[4]．

三置換ベンゼン **14** は，Woodward による天然物レセルピン（reserpine）合成の出発物として用いられた[5)]．**14** も合成しなければならないが，出発物のアニソール（メトキシベンゼン）は購入できるので，MeO 基を導入する必要はない．ところで，ニトロ化により二つの窒素原子を導入する場合，どの順序が適切であろうか．

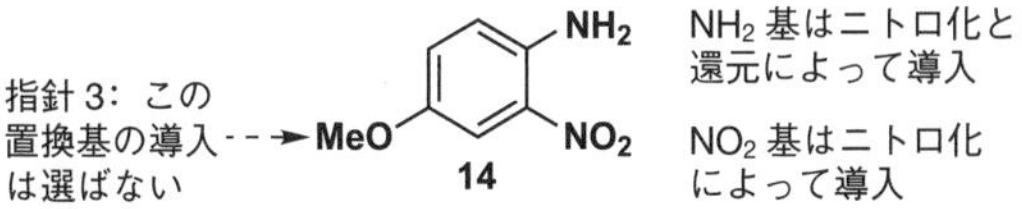

アニソール **15** のニトロ化は，MeO 基がオルト-パラ配向性であることと立体障害により，おもにパラ生成物 **16** を生成する．この反応では濃硝酸を単独で使用する必要がある．濃硝酸と濃硫酸の混合物を用いて反応を行うと，MeO 基が芳香環を活性化しているので 2,4-ジニトロアニソールが生成する[6)]．これは **16** の 2 回目のニトロ化が望みとする位置で進行しないことも示している．しかし，ニトロ基を還元してアミン **17** に変換すると（さまざまな反応剤を用いることができるが，Ti(Ⅲ)塩が良好な結果を与える[7)]），NH_2 基は MeO 基よりも強力に芳香環を活性化するため，望みとする位置でニトロ化が起こるだろう（**指針 2**）．

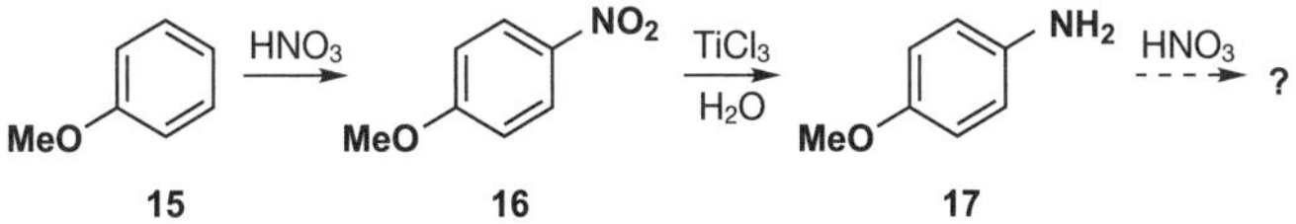

実際には，**17** の芳香環はあまりにも活性化されているため，ニトロ化を試みると分子が酸化されてしまう．まずアミンをアセチル化して **18** とした後，単離することなく濃硝酸だけを用いてニトロ化すると **19** が得られる．アミド **19** を加水分解すると，きわめて高い収率で **14** が得られる[8)]．

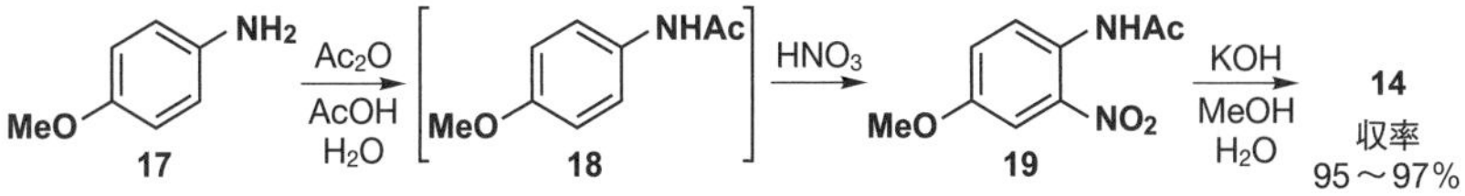

指針 4: 二置換芳香族化合物にも容易に入手できるものがあり，求電子置換反応で合成が困難な置換様式（特にオルト）をもつ化合物が含まれている．ここにいくつか例を示す．試薬会社のカタログには，さらに多くの化合物が載っている．

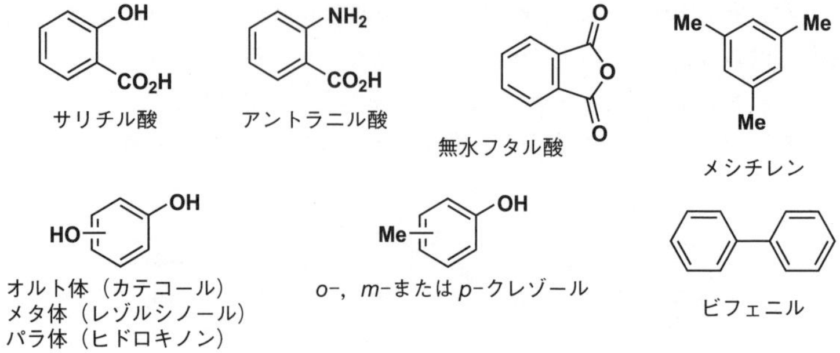

次に示す化合物 **21** の合成は好例である．**21** は GSK 社の気管支喘息治療薬サルブタモール（salbutamol）**20** の合成中間体である．このケトン **21** はサリチル酸 **22** から塩化アセチルを用いる Friedel–Crafts アシル化により合成できる．

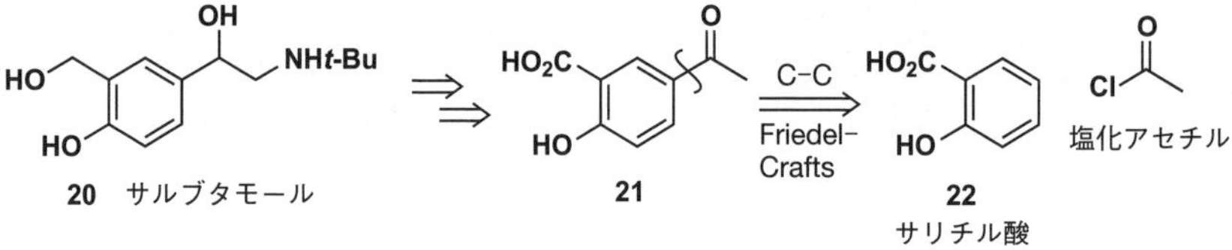

この合成は見かけよりも簡単である．フェノール性 OH 基は反応を妨げることなくアセチル化されてエステル **23** を生成し，**23** は $AlCl_3$ との反応により転位して一挙に **21** を生成する[9]．さらに，中間体 **23** は安価に購入できるアスピリン（aspirin）である．

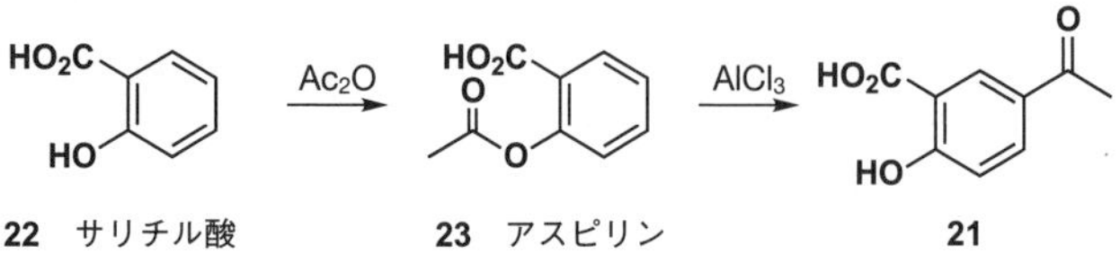

指針 5: いくつかの官能基は芳香族求核置換反応により導入できる．この反応は機構的に芳香族求電子置換反応よりも困難である．通常ハロゲンのような脱離基のオルトまたはパラ位にニトロ基やカルボニル基などの電子求引性の活性化基を必要とする（2 章参照）．幸いなことに，芳香族ハロゲン化物のニトロ化や Friedel–Crafts アシル化により，求核置換反応を行うのに適切な位置に活性化基を導入できる．たとえば，フルオロベンゼン **24** の Friedel–Crafts アシル化はケトン **25** を生成し，付加脱離機構によりフッ素が置換されてアミン **26** が得られる[10]．

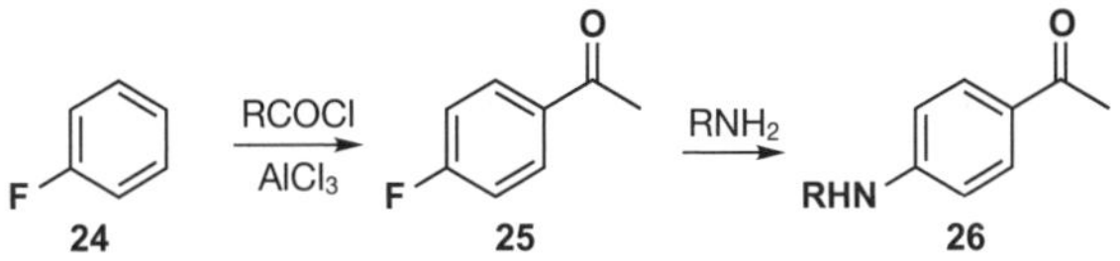

このような活性化が利用できないときには，ジアゾニウム塩から S_N1 機構により窒素を置換することができる．たとえば，カルボン酸 **27** はハル大学で液晶の研究に必要とされた化合物である[11]．骨格構造は，求電子剤とパラ位で反応するビフェニルカルボン酸である（**指針 4**）．望みの位置での塩素化は難しいので，CO_2H 基をフェニル基よりも電子供与性の強い官能基に変換する必要がある．正解はアミン **28** である．このものは容易にビフェニルまで逆合成できる．

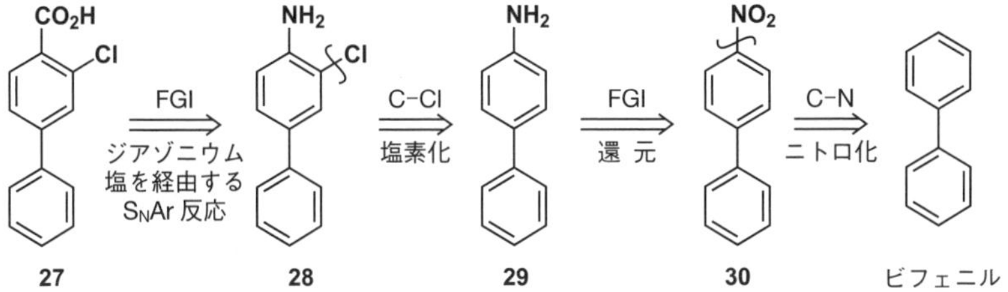

CO_2H 基を導入するための求核剤は銅(I)塩として用いられるシアン化物イオンである．過度の塩素化を防ぐため，**29** のアミノ基はアセチル化しなくてはならない（化合物 **18** の合成と同様である）．

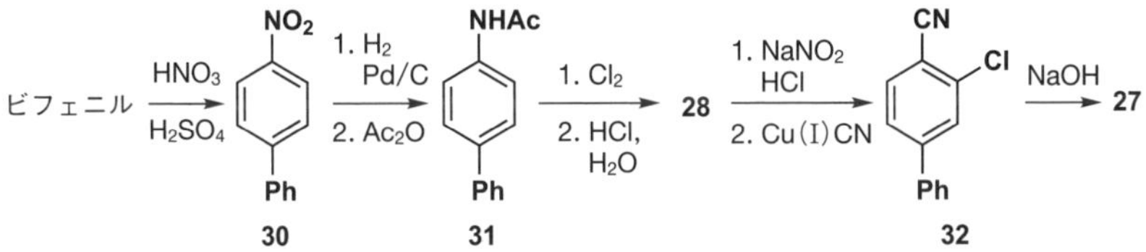

指針 6: 連続して反応を行わなければならないときは，明らかに単一の生成物が得られる反応から開始し，混合物を与える反応からは行わない．芳香族化合物のオルト位とパラ位の両方に置換基を導入する場合，パラ位の置換基を先に導入するほうが逆の順序で始めるよりも確実である．

化合物 **33** は抗マラリア薬を合成するのに必要とされた化合物である[12]．OEt 基を切断するのは適切ではない（**指針 3**）．よい反応がある．ニトロ化およびクロロメチル化は，活性化基である OEt 基に対して適切な位置（オルト位とパラ位）で進行する．したがって，最初の切断箇所としては切断 ***a*** または切断 ***b*** の二通りが考えられる．

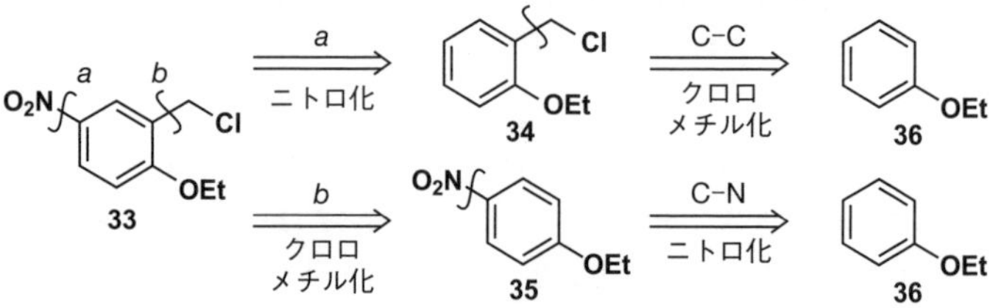

エーテル **36** の反応では，いずれからも立体障害によりパラ生成物が主生成物となることが予想されるため，最初にニトロ化を行うほうが理にかなっている．また，**34** のニトロ化では，CH_2Cl 基が CHO 基あるいは CO_2H 基にまで酸化される危険がある．ニトロ化を先に行えば，この合成はうまくいく[12]．

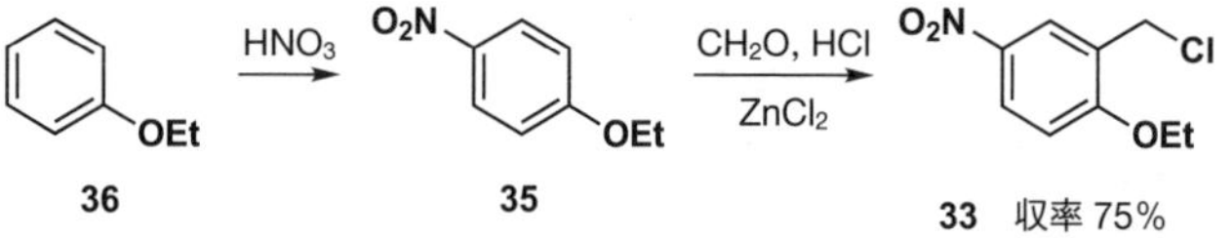

これら六つの指針のすべてが，あらゆる合成に関わっているわけではないことは明白である．実際，互いに矛盾することさえありうる．重要なのは状況に応じて合成戦略を評価し，よい合成経路を選ぶために実験していくことである．たいていの場合，成功する合成戦略は一つだけではないだろう．

文　献

1. G. Baddeley, G. Holt and W. Pickles, *J. Chem. Soc.*, 1952, 4162.
2. M. S. Carpenter, W. M. Easter and T. F. Wood, *J. Org. Chem.*, 1951, **16**, 586.
3. H. S. Booth, H. M. Elsey and P. E. Burchfield, *J. Am. Chem. Soc.*, 1935, **57**, 2066.
4. J. Clayden, N. Greeves, S. Warren and P. Wothers, *Organic Chemistry*, Oxford University Press, Oxford, 2001, p. 573.
5. R. B. Woodward, F. E. Bader, H. Bichel, A. J. Frey and R. W. Kierstead, *Tetrahedron*, 1958, **2**,1.
6. B. S. Furniss, A. J. Hannaford, P. W. G. Smith and A. R. Tatchell, *Vogel's Textbook of Practical Organic Chemistry*, Fifth Edition, Longman, Harlow, 1989, p. 1256.
7. T.-L. Ho and C. M. Wong, *Synthesis*, 1974, 45.
8. P. E. Fanta and D. S. Tarbell, *Org. Synth.*, 1945, **25**, 78.
9. D. T. Collin, D. Hartley, D. Jack, L. H. C. Lunts, J. C. Press, A. C. Ritchie and P. Toon, *J. Med. Chem.*, 1970, **13**, 674.
10. J. Clayden, N. Greeves, S. Warren and P. Wothers, *Organic Chemistry*, Oxford University Press, Oxford, 2001, chapter 23.
11. D. J. Byron, G. W. Gray, A. Ibbotson and B. M. Worral, *J. Chem. Soc.*, 1963, 2253; D. J. Byron, G. W. Gray, and R. C. Wilson, *J. Chem. Soc.* (*C*), 1966, 840.
12. J. H. Burckhalter, F. H. Tendick, E. M. Jones, P. A. Jones, W. F. Holcomb and A. L. Rawlins, *J. Am. Chem. Soc.*, 1948, **70**, 1363.

4 一官能基 C−X 結合切断

本章に必要な基礎知識（“ウォーレン有機化学” の以下の章参照）
12 章 カルボニル基での求核置換反応　　17 章 飽和炭素での求核置換反応

2 章と 3 章でまず，芳香族化合物の逆合成を取上げた．切断箇所を決めるまでもなかったからである．同様に切断箇所を簡単に決めることができるエーテルやアミドなどについて続けて述べる．これらの化合物の逆合成では，ヘテロ原子（X）と残りの分子をつなぐ C−O 結合，C−N 結合または C−S 結合を切断する．一つの官能基（エステル，エーテル，アミドなど）に気づくだけで逆合成できるので，これを‘一官能基’ C−X 結合切断とよぶ．

対応する反応は多くの場合イオン反応であり，S_N1 や S_N2 の求核置換反応，あるいはアミン，アルコールまたはチオールと炭素求電子剤とのカルボニル基での置換反応などがある．シントンが通常の電荷をもつように **1** を結合切断すると，カチオン性炭素シントン **2** とアニオン性ヘテロ原子シントン **3** が得られる．これらのシントンに対応する代表的な反応剤は，それぞれハロゲン化アシルまたはハロゲン化アルキル **4** などの求電子剤とアミン，アルコールまたはチオール **5** などの求核剤である．

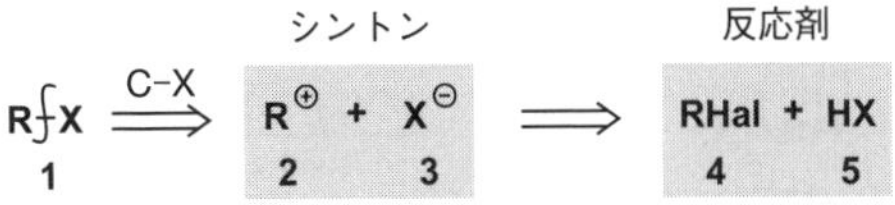

求核性炭素シントン **6** と求電子性ヘテロ原子シントン **7** を用いて電荷を逆転した結合切断を行うことができる．しかしこの場合には，S，Si，P または Se などの第 3 周期または第 4 周期元素を用いなければならない．これらのシントンに対応する代表的な反応剤は，有機金属化合物 **8** または **9** や RSCl，Me_3SiCl または Ph_2PCl のような化合物 **10** である．これらの反応剤については後で述べる．

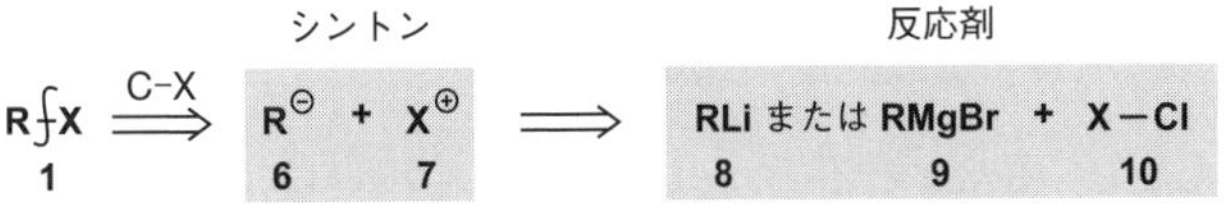

4・1　カルボン酸誘導体 RCO−X

最初にカルボン酸誘導体について述べる．カルボン酸誘導体の逆合成では，通常ヘテロ原子とカルボニル基の結合を切断するからである．実際，エステル **11** やアミド **13** は，酸塩化物 **12** とアルコールまたはアミンから合成される．

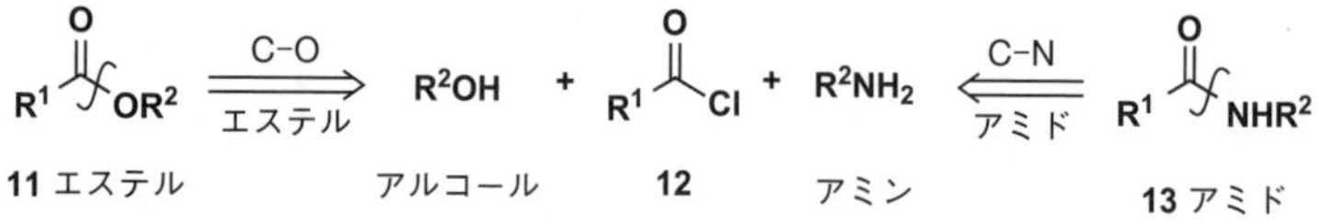

防虫剤や香水の溶剤として用いられるエステル **14** は，この方法で容易に合成できる．**14** を逆合成すると，二つの入手可能な化合物，ベンジルアルコール **15** と塩化ベンゾイル **16** に導くことができる．溶媒と触媒を兼ねたピリジンを用いて二つの化合物を反応させるとエステル **14** が得られる．

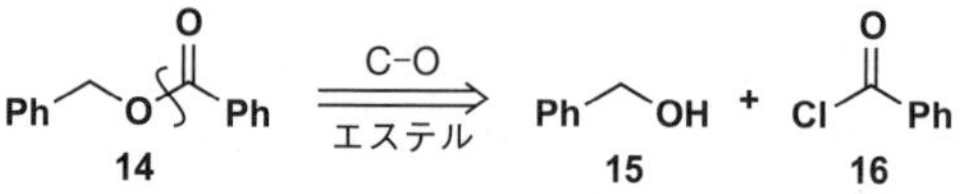

酸塩化物はエステルやアミドの合成でしばしば用いられる．酸塩化物はカルボン酸誘導体のなかで最も求電子性が高く，また PCl_5 や $SOCl_2$ を用いてカルボン酸自身からつくることができるからである．ほかの重要なカルボン酸誘導体はすべて，酸塩化物または反応性の序列を示す下の図中のそれぞれ上位に位置する化合物から合成できる．すなわち，アミドは酸塩化物，酸無水物またはエステルから合成できる．しかし，アミドから他のカルボン酸誘導体をつくるのは非常に困難である．アミド以外のすべてのカルボン酸誘導体はカルボン酸自身から容易に合成できる．

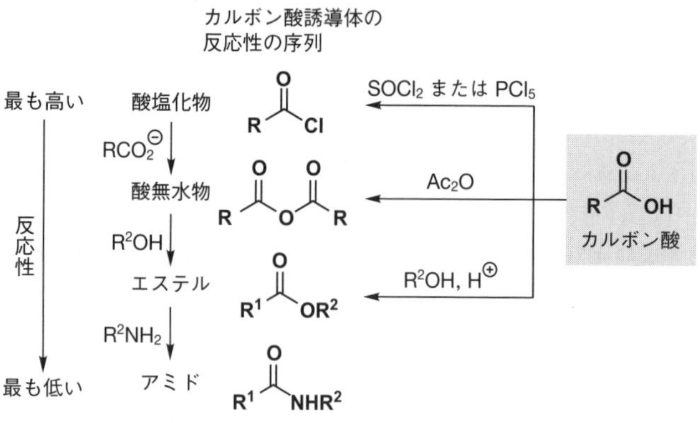

簡単な例として，田んぼで用いられている除草剤プロパニル（propanil）**17** の合成

をあげる．**17** のアミドを切断するとアミン **18** が得られる．**18** の合成は一目瞭然であり，*o*-ジクロロベンゼン **20** をニトロ化した後，還元すればよい．**20** の芳香環上のすべての位置は電子的にほぼ等価であるが，立体障害から **19** が主生成物となるだろう．

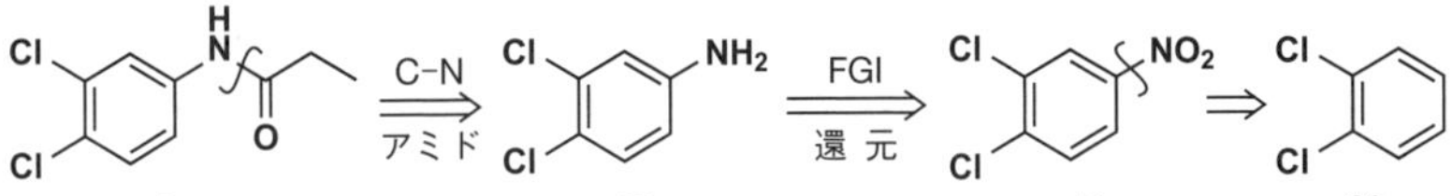

17 プロパニル **18** **19** **20**

その合成は非常に簡単である[1]．特筆に値する点は，取扱いにくいスズと HCl を用いることなく，接触水素化によって還元を行っていることである．工業的には，有毒な副生成物が生じない触媒反応が最優先される．

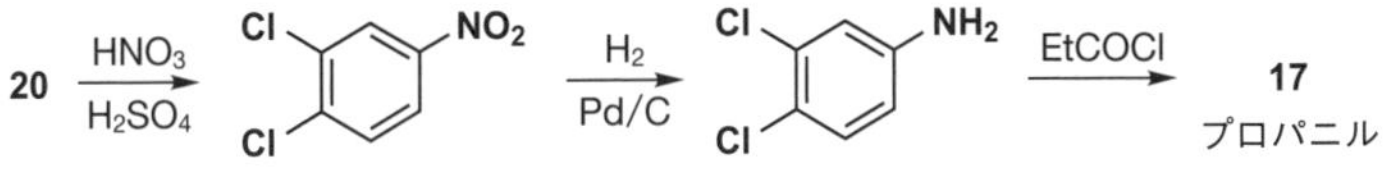

19 **18**

もう一つの逆合成解析として，**21** に示すアルキル基とヘテロ原子間の結合切断が可能である．しかし，この合成ではカルボキシラートイオン **22** とハロゲン化アルキルとの S_N2 反応を行う必要がある．カルボニル基での求核置換反応は S_N2 反応よりもはるかに信頼性が高いので，カルボニル基での置換反応のほうがよい．エステル **23** の合成のように，S_N2 反応が特別にうまく進行する場合にだけこの経路が選ばれる．

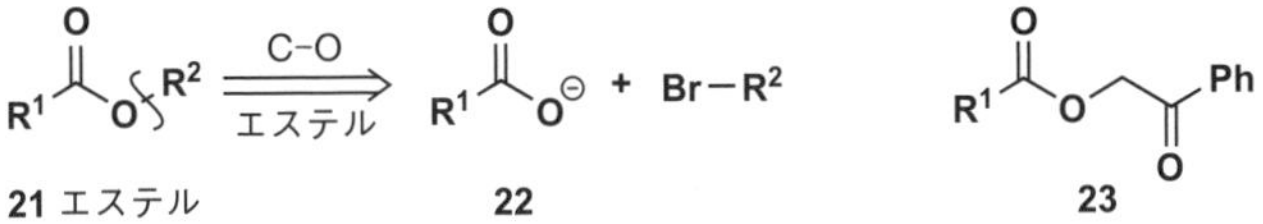

21 エステル **22** **23**

4・2 エーテルの合成

エーテルを合成する場合には，どちらの結合を切断するかという問題がより重要となる．次に示すクチナシの香料化合物 **24** を逆合成すると，アルコール **26** または **27** とハロゲン化アルキル **25** または **28** が出発物となる．

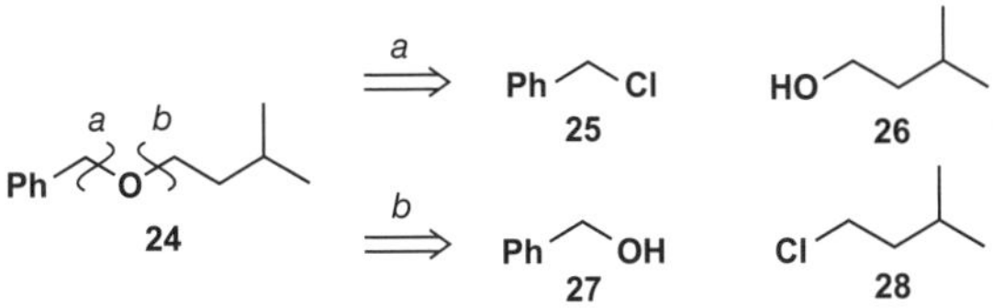

その反応はアルコキシドアニオンを生成するのに十分に強い塩基でアルコールを処理して行う．水素化ナトリウムがよく用いられるが，ヒドリドイオン（H^-）は非常に硬く，求核剤としてではなく塩基としてのみ働く．どちらのアルコールも入手可能であり，いずれも求核性アニオンを生じる．また，どちらの塩化物も入手可能であり，いずれも S_N2 反応はうまくいく．しかし，塩化ベンジル **25** は **28** よりも反応性が高く，**28** を用いた場合に懸念される脱離反応が起こらないことから，経路 ***b*** ではなく経路 ***a*** が選ばれる[2]．

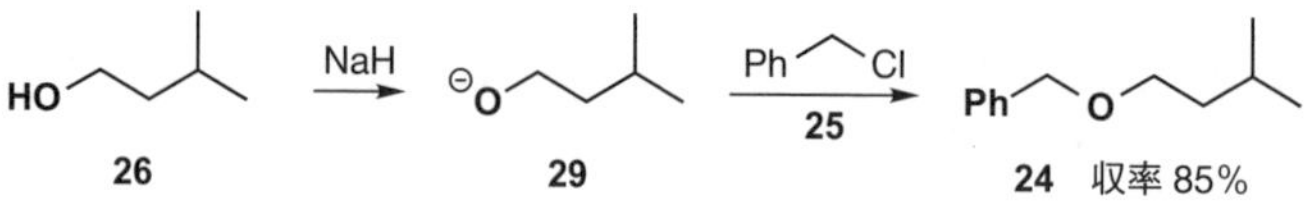

反応機構に基づく合成経路の選択

またある場合には，二つの S_N2 反応のうち一方だけがうまくいくことから合成経路が選ばれる．アリルフェニルエーテル **32** を逆合成すると，ブロモベンゼン **30** とアリルアルコール **31** あるいはフェノール **33** と臭化アリル **34** に導くことができる．

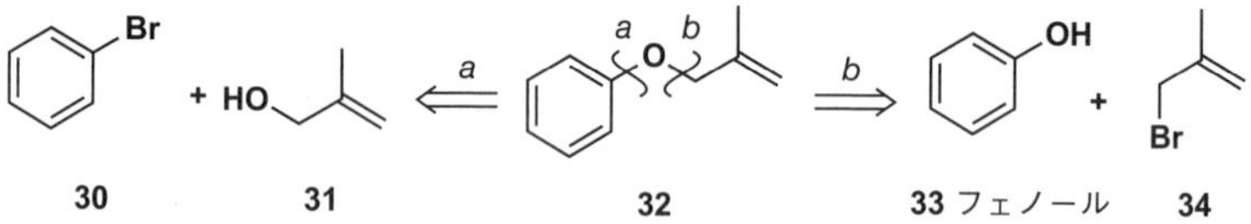

フェノール（pK_a 10）はアルコール **31**（pK_a 約 15）よりも強い酸であり，NaOH などの弱い塩基を用いることができるので，経路 ***b*** が選ばれるだろう．しかし，経路 ***b*** を選んだおもな理由は，経路 ***a*** による合成がうまくいかないからである．ブロモベンゼンの求核置換反応が進行しないのに対し[3]，**34** のような臭化アリルを用いる S_N2 反応は本当にうまくいく[4]（2 章，3 章）．

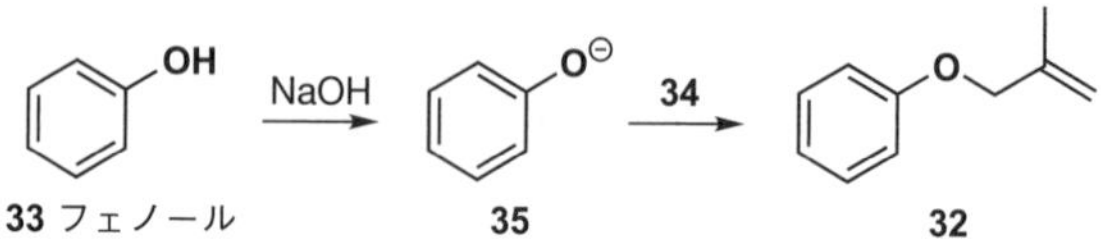

これまでに述べた逆合成では，C−O 結合について極性の反転をまったく考慮しなかったことに気づいてほしい．経路 ***a*** での合成を実現しようとすると，全く申し分のない求核性のフェニル種 **36** と明らかに不適切な求電子性の次亜塩素酸エステル **37** のような酸素反応剤にたどり着くだろう．**37** が存在したら，爆発の危険性が高い．

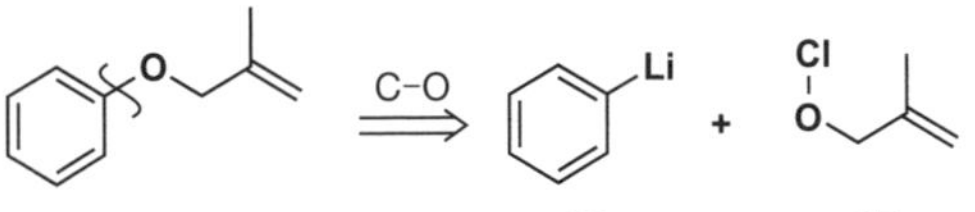

32　36　37

危　険！
反応剤 **37** は
爆発性が高い

ハロゲン化アルキルはアルコールを PBr_3 などの反応剤または HCl と Lewis 酸を用いてつくるので，エーテルの合成計画を立てるときには，最初に出発物として二つのアルコールを書き，次にどちらを求電子剤に変換するかを決めるとよい．エーテル **24** の場合には，二つのアルコールは **27** と **26** である．

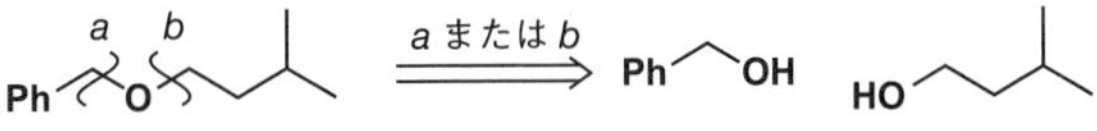

24　27　26

アルコール **27** と **26** はどちらも対応する塩化物または臭化物に変換できる．塩化ベンジル **25** は，**27** のベンジル位で S_N1 反応と S_N2 反応のどちらもうまくいくので，簡単に合成できる．第一級臭化アルキル **38** は，より過酷な条件を必要とするが，収率83%で得られる[5]．実際には，**25** と **38** はいずれも安価に購入できる．

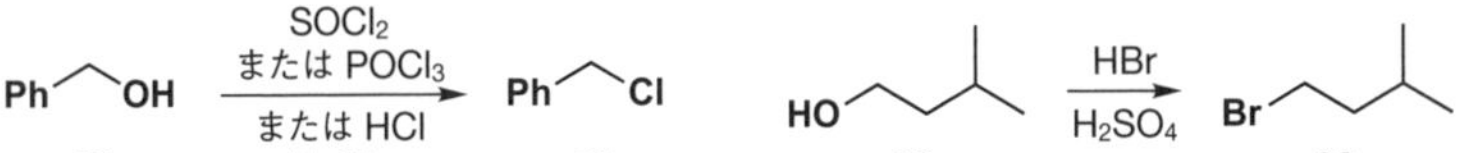

27　25　26　38

対称エーテル ROR は，アルコール ROH を酸で処理するだけでつくることができる．しかし，この方法は対称エーテルの合成だけに用いられることに注意してほしい．**27** と **26** の混合物を酸で処理しても，良好な収率でエーテル **24** を得ることはできない．交差生成物だけでなく，それぞれのアルコールの二量体が生成する．これら三つの生成物の分離は非常に困難である．この問題に関しては次章で述べる．

4・3　スルフィドの合成

非対称スルフィド **39** の逆合成は，エーテルで用いたものと全く同じである．チオール **42** のアニオン **41** はハロゲン化アルキル **40** と反応して新しい C−S 結合を形成する．硫化水素が水よりも強い酸であるように，チオールはアルコールよりも強い酸である．スルフィドアニオン **41** はアルコキシドよりも飽和炭素上での求核置換反応に優れ，脱離反応の危険が少ない．

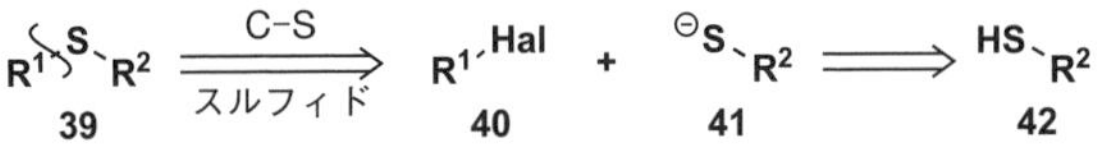

39　40　41　42

ダニ駆除薬や殺鼠剤として用いられるクロルベンシド（chlorbenside）**43** を逆合成すると，酸性のチオフェノール **44** と反応性の高い塩化ベンジル **25** に導くことができる．その合成は，塩基として NaOEt を用いてエタノール中，これら二つの化合物をただ反応させるだけである[6]．

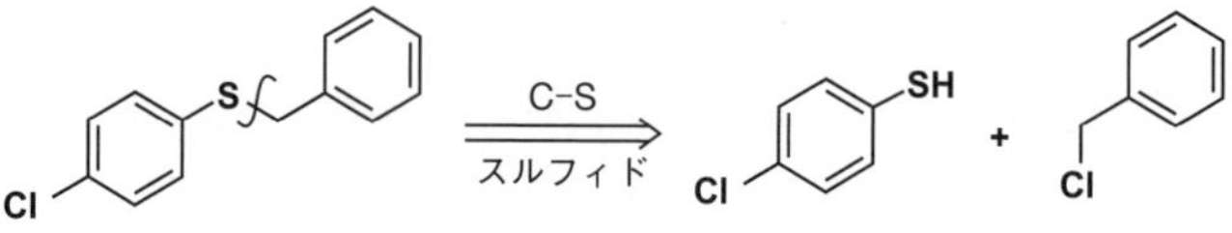

43 クロルベンシド　**44**　**25**

対称スルフィドはハロゲン化アルキルと Na_2S から合成できる．1 回目の反応で得られる生成物はモノアニオンであり，2 回目の C−S 結合を形成する．実際の合成は，エタノール中で臭化アルキルと Na_2S を反応させるだけである[7]．ジプロピルスルフィド **45**（R = Et）は臭化プロピルから収率 91%で得られ，ジベンジルスルフィド **45**（R = Ph）は塩化ベンジル **25** から収率 83%で合成できる．

45　**46**　**46**

4・4 アルコールから合成される化合物のまとめ

以上述べてきた反応には，さまざまな求核剤を用いることができる．どの場合にも，求核性を示すヘテロ原子はアルコールから合成した化合物の脱離基を置換する．

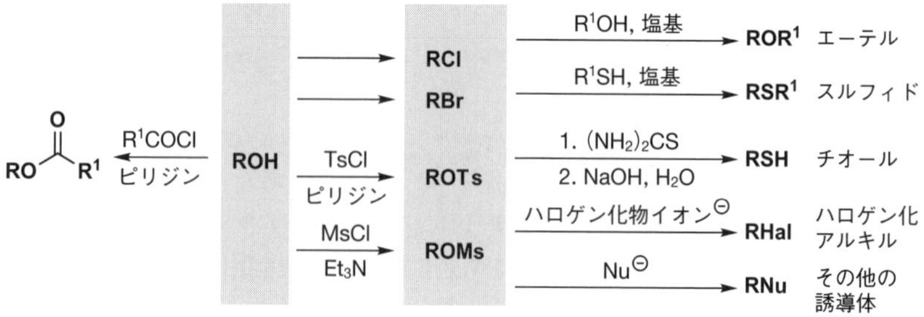

ここまでハロゲン化アルキルに注目してきたが，アルコールと TsCl または MsCl から合成されるトシラートやメシラートも求核置換反応に用いることができる．本章の

後半で，アルコールから塩化アルキルや臭化アルキルへの変換を取上げた．次章ではチオールの合成に用いる反応剤の組合わせについて述べる．

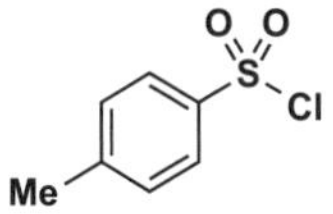

TsCl = *p*-トルエンスルホニルクロリド

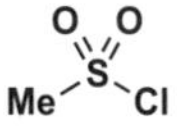

MsCl = メタンスルホニルクロリド

文　献

1. *Pesticides*, p.152; *Pesticide Manual*, p.446; W. Schäfer, L., Eue and P. Wegler, *Ger. Pat.*, 1958, 1039779; *Chem. Abstr.*, 1960, **54**, 20060i.
2. *Perfumes*, p. 226; G. Errera, *Gazz. Chim. Ital.*, 1887, **17**, 197.
3. J. Clayden, N. Greeves, S. Warren and P. Wothers, *Organic Chemistry*, Oxford University Press, Oxford, 2001, chapter 23.
4. J. Clayden, N. Greeves, S. Warren and P. Wothers, *Organic Chemistry*, Oxford University Press, Oxford, 2001, chapter 17.
5. B. S. Furniss, A. J. Hannaford, P. W. G. Smith and A. R. Tatchell, *Vogel's Textbook of Practical Organic Chemistry*, Fifth Edition, Longman, Harlow, 1989, p.562.
6. J. E. Cranham, D. J. Higgons and H. A. Stevenson, *Chem. Ind.* (*London*), 1953, 1206; H. A. Stevenson, R. F. Brookes, D. J. Higgons and J. E. Cranham, *Brit. Pat.*, 1955, 738170; *Chem. Abstr.*, 1956, **50**, 10334b.
7. B. S. Furniss, A. J. Hannaford, P. W. G. Smith and A. R. Tatchell, *Vogel's Textbook of Practical Organic Chemistry*, Fifth Edition, Longman, Harlow, 1989, p.790.

5　合成戦略 II：官能基選択性

本章に必要な基礎知識（"ウォーレン有機化学" の以下の章参照）
8 章 酸性度と塩基性度　　24 章 官能基選択性：選択的反応と保護

分子が二つの官能基をもち，一方だけで反応を行い，もう一方では反応が起こらないようにしたい場合には，**官能基選択性**（chemoselectivity）を考慮する必要がある．官能基選択性では以下の 3 点について考える．

1. NH_2 基と OH 基など，二つの異なる官能基の相対的な反応性

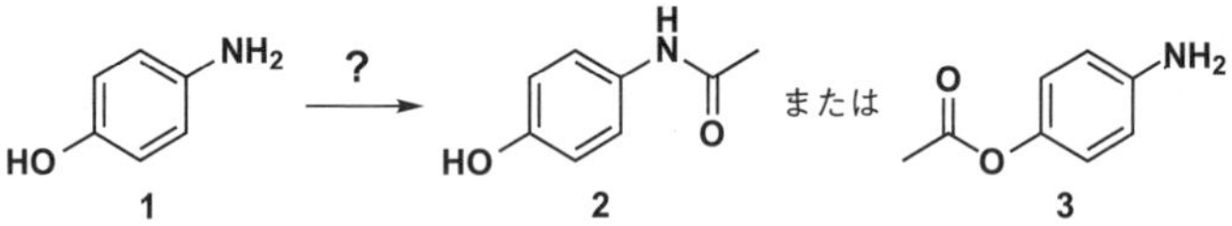

2. 二つの同一官能基のうち一つだけを反応させてモノエーテル **5** を合成する．

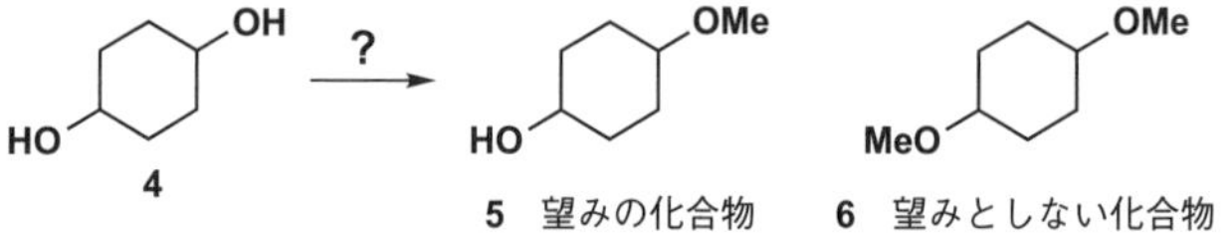

3. チオールの合成のように，一つの官能基が 2 回反応できるときに 1 回で反応を停止する．

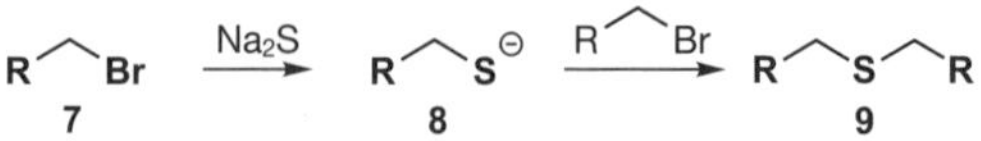

指針 1：二つの官能基が示す反応性に差があるときは，反応性の高いほうの官能基だけを反応させることができる．

アミド **2** は広く用いられている鎮痛剤パラセタモール（paracetamol）である．アミノフェノール **1** はアミド **2** の合成前駆体である．アミンはフェノールよりもはるかに

求核性が高いため（アンモニアと水の塩基性度を比較せよ），**1** と無水酢酸との反応はエステル **3** の副生を伴うことなく望みのアミド **2** を生成する．アミノフェノール **1** は 2 章で述べた方法で合成できる．

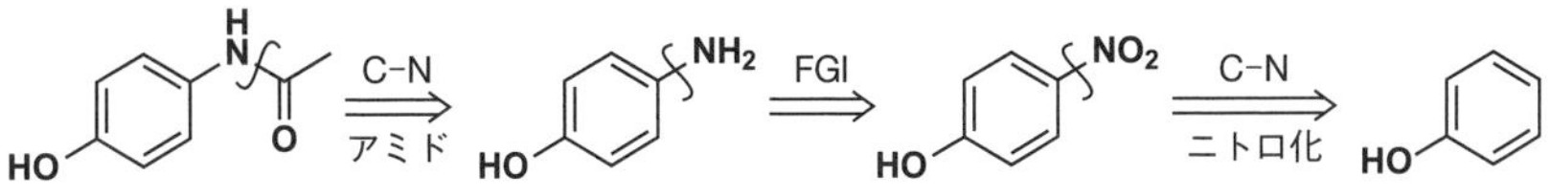

2 パラセタモール　**1**　**10**　**11** フェノール

その合成は簡単である．フェノールのニトロ化は希硝酸だけを必要とし，還元は接触水素化が最もうまくいく[1]．

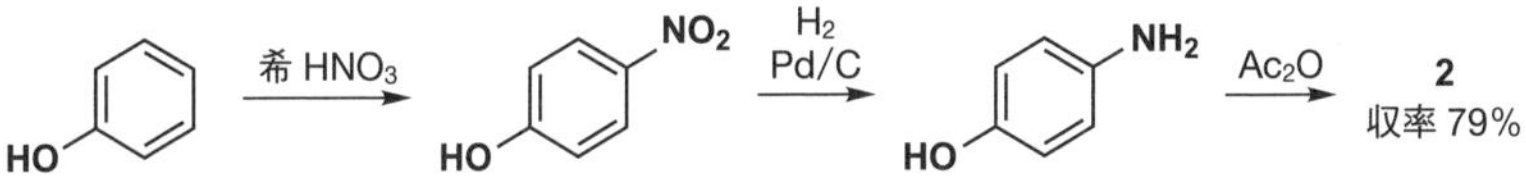

11 フェノール　**10**　**1**

シクロメチカインの合成

2 種類の酸素求核剤の間で選択性を得ることはもっと難しそうに思われるが，一方がアルコールでもう一方がカルボン酸であるときには問題を生じない．次に示す局所麻酔薬シクロメチカイン（cyclomethycaine）**12** がカルボン酸 **13** とアミノアルコールから合成されるのは明白である．ここで問題となるのはカルボン酸 **13** の合成である．**13a** に示すように，エーテル結合を S_N2 反応が起こるようにアルキル基側で切断すると，**15** は OH 基と CO_2H 基をもつので官能基選択性の問題が生じる．どちらが求核剤として働くだろうか．

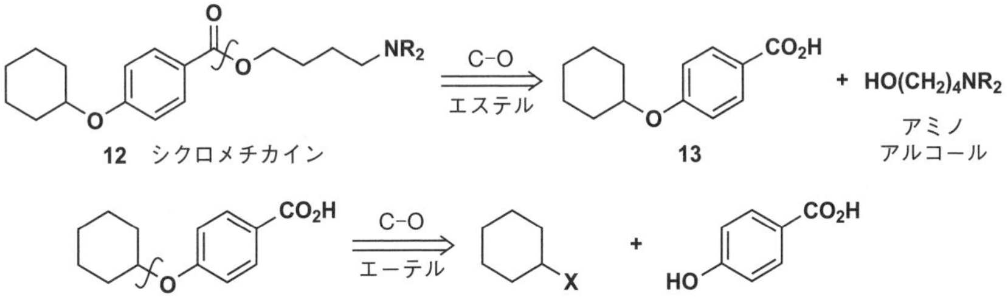

12 シクロメチカイン　**13**

13a　**14**　**15**

pH に依存するというのがその答えである．**15** は pH 約 5 以下では電荷をもたない化合物である．OH 基は電子が非局在化した CO_2H 基よりも求核性が高いが，その求核性はハロゲン化アルキルと反応するのに十分ではない．塩基を加えることで反応性を向上させることができる．pH 約 5～10 ではカルボキシラートイオン **16** となるが，CO_2^- は OH よりも反応性が高いため不都合である．しかし，pH が 10 以上ではジアニオン **17** となり，最終的にはフェノキシドイオンが CO_2^- よりも高い求核性を示す．

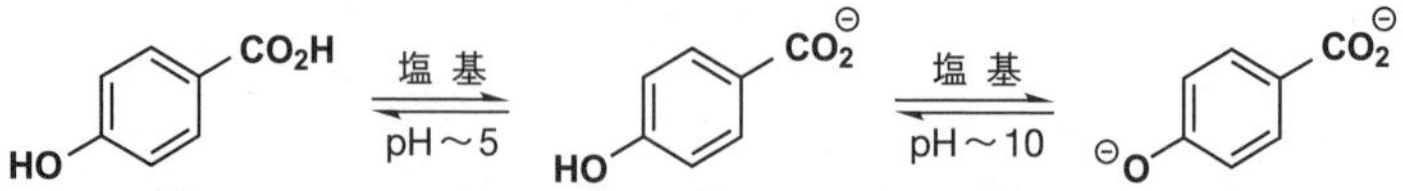

15 **16** **17**

2 当量の十分に強い塩基と適切なハロゲン化アルキルを用いるだけで，望みとするエーテルを合成できる．**14** はかなり反応性の低い第二級ハロゲン化アルキルなので，ヨウ化物のようなよい脱離基が必要となる[2]．

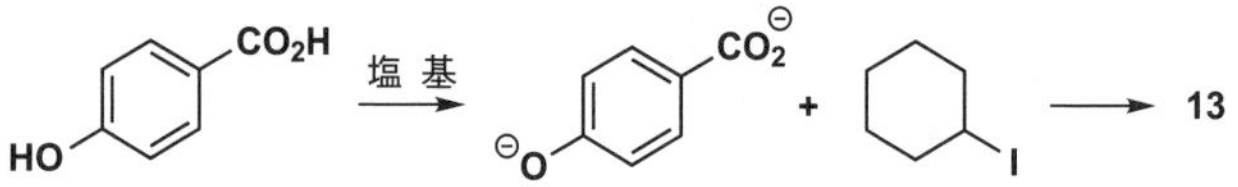

15 **17** **14** (X = I)

指針 2：一つの官能基が 2 回反応できるときには，1 回目の反応の生成物は出発物と競争する．出発物が生成物よりも反応性が高い場合にだけ，反応は 1 回できれいに停止する．

実際，ハロゲン化アルキルと NaSH または Na_2S との反応は，1 回目の反応の生成物のアニオンが HS^- や S^{2-} と少なくとも同程度の求核性を示すことから，通常 1 回のアルキル化で反応を止めることはできない．これは Na_2S を用いる反応では明白である．NaSH を用いた場合にはそれほど明確ではないが，**18** に示す 1 回目の反応で得られるチオール（RSH）**19** は RS^- と平衡であり，**20** に示す 2 回目の置換反応によってスルフィド **21** が生成する．この問題を回避する方法はすぐ後で述べる．また，もっと重要な例として，アンモニアのアルキル化の失敗がきっかけとなった有用なアミンの合成法を 8 章で取上げる．

18 **19** **20** **21**

しかし，なかにはこの種の反応で成功例がある．アルコールとホスゲンまたはホスゲン等価体からのクロロギ酸誘導体の合成は有用な例である．クロロギ酸ベンジル **22** は次節で重要な保護基を導入するために必要となる．**22** はエステルなので，ベンジルアルコールとホスゲン **23** に逆合成するのがよさそうである．しかし，生成物 **22** はそのもの自身も酸塩化物なので，さらに反応して炭酸ジベンジルを生成してしまうかもしれない．ところがこの場合，生成物 **22** の電子は **24a** に示すように非局在化しているが，ホスゲンにはこの非局在化はない．そのため，**22** のカルボニル基はホスゲンのカルボニル基よりも求電子性が著しく低い．実際，この合成はうまくいく[3]．酸性溶液中でのケトンのハロゲン化（7 章）は，反応が 1 回しか起こらないもう一つの例である．

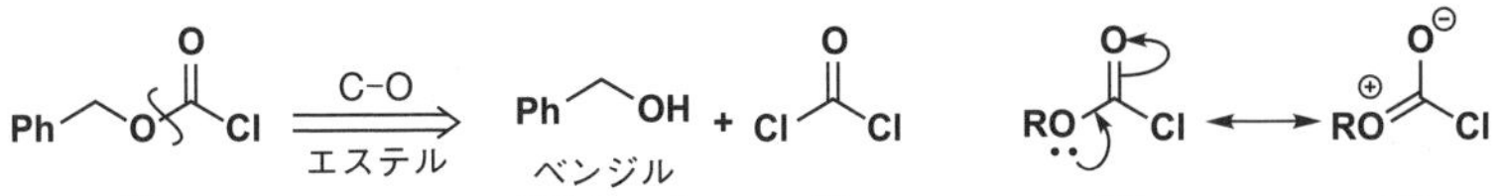

22　**23**　**24a**　**24b**

指針 3: 指針 1 および指針 2 の条件に合わない問題は保護基によって解決できるだろう．

二つの官能基のうち反応性の低いほうの官能基を反応させたい場合には，反応性の高いほうの官能基を保護すればよい．2 回反応が起こってしまう反応剤を用いて 1 回で反応を止める場合には，反応剤を保護すればよい．保護基とは，望みとしない反応性を下げたり，または消去するために官能基に導入するものである．合成が 2 工程増えるので，保護基は容易に導入・除去できるものでなければならない．理想的には保護基を使用しないのが望ましい．しかし，ある程度複雑な分子の最近の合成の報告例を見るとわかるように，例外なくいくつもの保護基が使われている．保護基については 9 章で述べる．

古典的な例としてアミノ酸の化学をあげる．アミンはカルボキシ基よりも求核性が高いので，カルボキシ基を求核剤として用いるときにはアミノ基を保護しなければならない．クロロギ酸ベンジル **22** はこのためにしばしば用いられる．**22** はアミノ基をすっかりアシル化してカルバミン酸エステル **26** を生成する．**27** に示す共役によって **26** の窒素原子の求核性は **25** のアミノ基よりもずっと低くなっている．**23**，**22** および **26** を比較すると，カルボニル基の求電子性がだんだん低くなっているのがわかるだろう．塩基性溶液中で **26** のアニオン（CO_2^-）は酸素原子で求電子剤と反応する．

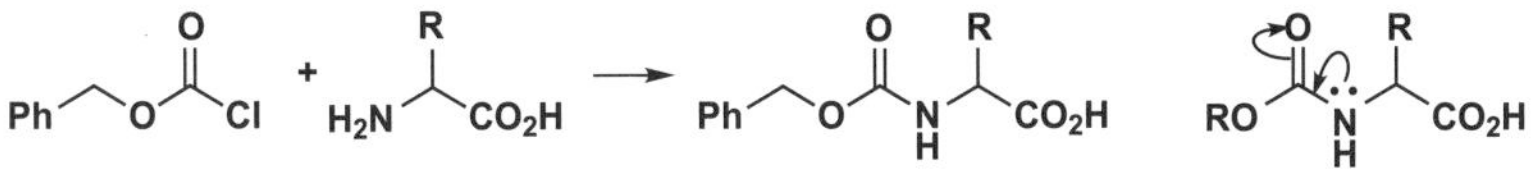
22　**25**　**26**　**27**

チオール **19** の合成は，求核剤として NaSH や Na_2S の代わりにチオ尿素 **28** を用いるとうまくいく．チオ尿素の電子は高度に非局在化しているが，**29** に示すように **28** の硫黄原子は飽和炭素に対してなおよい求核剤である．生成物はチオウロニウム塩 **30** である．**30** はカチオンであり，求核性を全く示さない．塩基性水溶液を用いる加水分解により，尿素 **31** が遊離してチオール **19** が得られる．

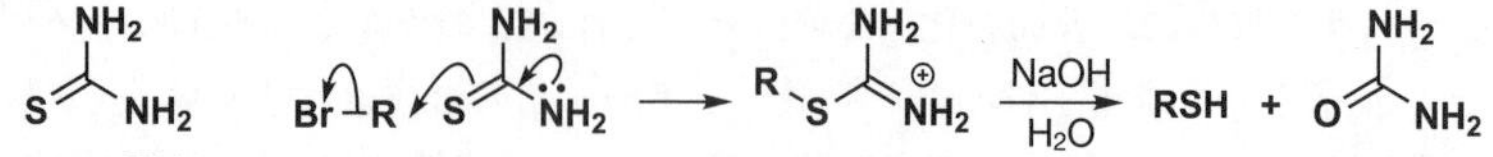

28 チオ尿素　29　30　19　31 尿素

鎮静剤や精神安定剤として用いられるカプトジアミン（captodiamine）**32** は二つのスルフィドと四つの C−S 結合をもつ．**32** は中央の硫黄原子の隣のどちらの C−S 結合でも切断することができる．その一方を選ぶと，入手可能であるが不快臭のするアミン **34** とチオール **33** に導くことができる．

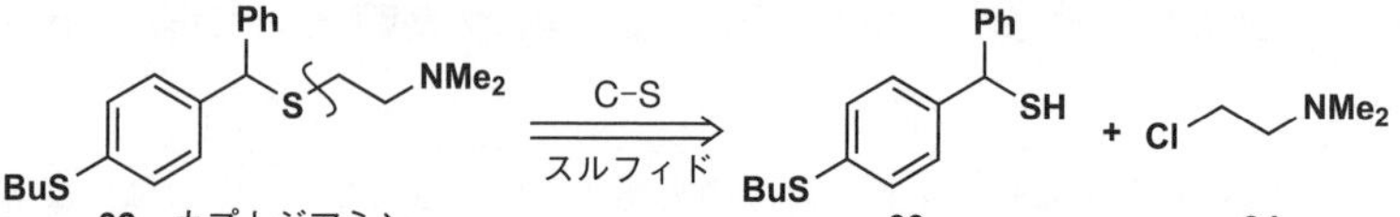

32 カプトジアミン　33　34

チオール **33** はチオ尿素を用いる方法で **35** から合成できる．これまでの章で述べた方法で **35** を逆合成すると入手可能なチオフェノール **39** にたどり着く．

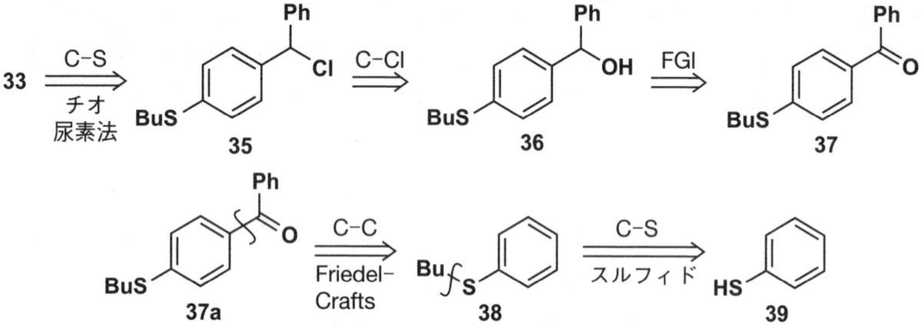

35　36　37　37a　38　39

最初のスルフィドの合成はチオフェノールが酸性であるのでごく弱い塩基だけを必要とし，また電子供与性の BuS 基はパラ配向性を示す．以降の合成は簡単である[4]．

$$\underset{\mathbf{39}}{\mathbf{PhSH}} \xrightarrow[\text{Na}_2\text{CO}_3]{\text{BuCl}} \underset{\mathbf{38}}{\mathbf{PhSBu}} \xrightarrow[\text{AlCl}_3]{\text{PhCOCl}} \mathbf{37} \xrightarrow[\text{2. SOCl}_2]{\text{1. NaBH}_4} \mathbf{35} \xrightarrow[\text{2. NaOH, H}_2\text{O}]{\text{1. (H}_2\text{N)}_2\text{CS}} \mathbf{33} \xrightarrow[\text{塩基}]{\mathbf{34}} \mathbf{32}$$

指針 4: さまざまな方法により，二つの同一官能基のうちの一つを良好な収率で変換できる．

(a) 指針 2 と同様，1 回目の反応の生成物が出発物よりも反応性が低いときには，2 回目の反応を回避できる．

例として *m*-ジニトロベンゼンの部分的還元をあげる．ニトロベンゼン **40** のニトロ化は困難であるが，発煙硝酸（約 90% HNO_3）の硫酸溶液を用いるとうまくいき，不活性化基であるニトロ基から予測されるメタ生成物 **41** が単一生成物として得られる[5]. NaHS を用いた還元は, 二つのニトロ基のうち一つだけが還元された *m*-ニトロアニリンを生成する[6]. なぜなら, 還元は電子供与の反応であり, 強力な電子求引性のニトロ基が還元を促進するからである. したがって, 生成物 **42** は出発物 **41** よりも還元されにくい.

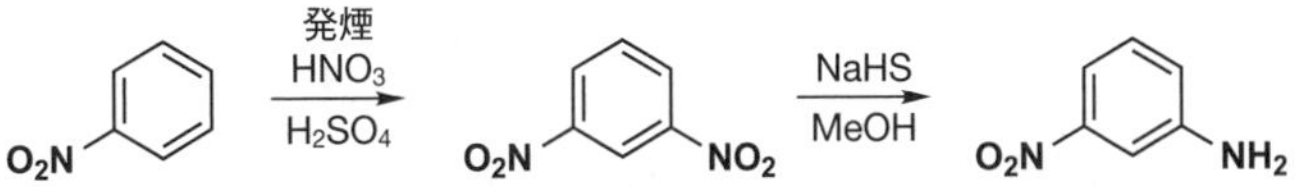

40 **41** 収率 85% **42** 収率 90%

(b) 出発物と 1 回目の反応の生成物の反応性がほぼ同程度である場合, 1 当量の反応剤を用いることで統計的に中程度の収率が得られる.

対称ジオール **43** を 1 当量の強塩基で処理すると, モノアニオン **44**, 出発物 **43** およびジアニオンの混合物が得られる. 完全に統計学に基づいて脱プロトン化が起こるとすると, **44** が 50%, **43** とジアニオンがそれぞれ 25%ずつ得られると考えられる. また, 各化学種の求核性が等しく, かつ反応が完全に進行するとすると, それぞれに対応した生成物が得られるだろう. しかし, よく考えてみると出発物は臭化エチルと反応せず, ジアニオンは二つの負電荷が近すぎて不安定となることから, ジアニオンの割合はずっと少ないことがわかる. ビタミン E の合成[7] に用いられるモノエーテル **45** の収率は 62%であり, 実際に 50%を上回る.

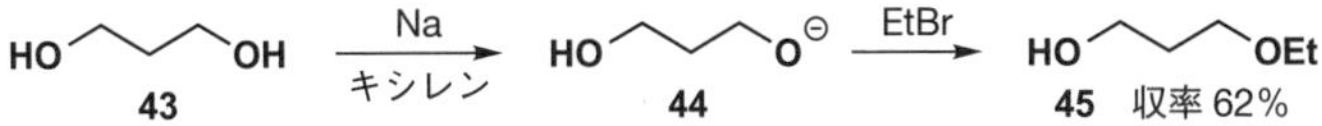

43 **44** **45** 収率 62%

(c) 最良の方法は, 二つの同一官能基を合体して 1 回目の反応で得られる生成物が出発物よりもはるかに反応性が低くなるような一つの官能基にすることである. いつもこの方法を使えるとは限らないが, **48** のような環状酸無水物は非常に有用な反応剤である. **47** と **48** はいずれも酸性溶液中でメタノールと反応させるとジエステル **46** を生成する. しかし, 塩基性溶液中ではモノエステル **49** のアニオンが生成物となる. たとえば, 残ったカルボキシ基は酸塩化物 **50** に変換することができるので, **47** のそれぞれのカルボン酸を異なる方法で活性化できたことになる.

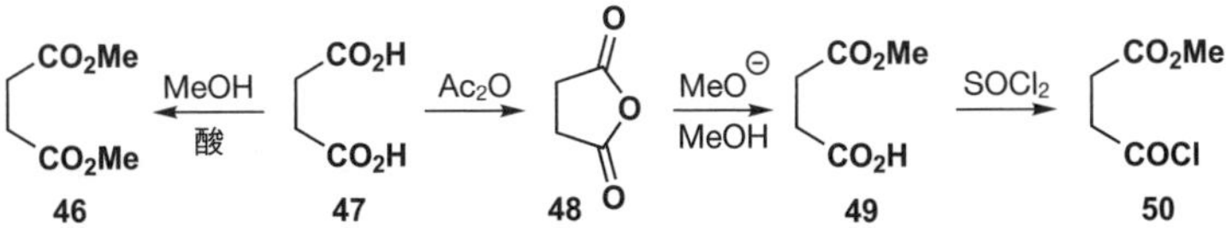

46 **47** **48** **49** **50**

この方法がうまくいくのは，**51** に示すようにメトキシドイオンがどちらか一方のカルボニル基を攻撃してカルボキシラートイオンと置き換わるからである．この反応条件での生成物は **52** なので，メトキシドイオンがカルボキシラートイオンを攻撃してジエステルを生じることはない．中和するとモノエステル **49** が得られる[8]．

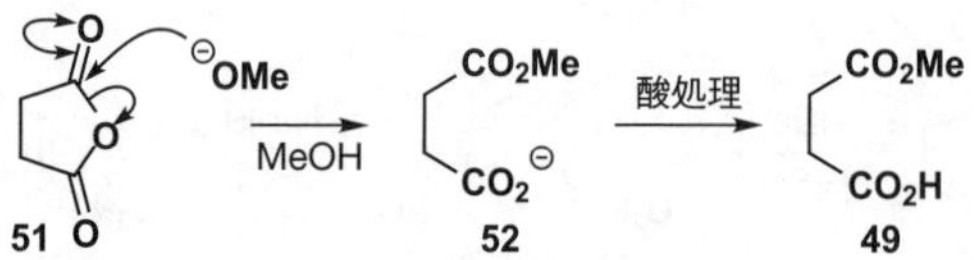

51　**52**　**49**

環状酸無水物は Friedel-Crafts 反応にも用いることができる．**53** のアシル化がメチル基のパラ位ではなく塩素のパラ位で進行し，アシル化は 1 回しか起こらないことに注意してほしい．生成物 **54** は殺菌剤の合成に用いられている[9]．

これらの方法のうち，特に（a）と（b）では，出発物と 1 回目，2 回目の反応の生成物が効率よく分離できなくてはいけない．分離が困難な場合には，もっとよい方法を探さなければいけない．

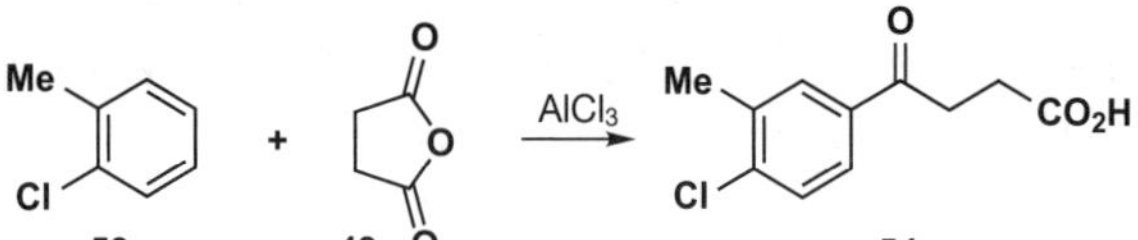

53　**48**　**54**

注 意 事 項

二つの官能基がおかれた環境が全くではないがほぼ同一である場合には，どちらか一方の官能基をねらいとした反応を試みてはいけない．たとえば，ジオール **55** や **56** の一つ余分なメチル基の存在は反応性に大きな差を生じるには十分ではない．モノエーテルの選択的合成を試みても，どちらも失敗に終わるだろう．

55　**56**

文　献

1. L. Spiegler, *U. S. Pat.*, 1960, 2947781; *Chem. Abstr.*, 1961, **55**, 7353f; M. Freifelder, *J. Org. Chem.*, 1962, **27**, 1092.

2. S. P. McElvain and T. P. Carney, *J. Am. Chem. Soc.*, 1946, **68**, 2592.
3. M. Bergmann and L. Zervas, *Ber.*, 1932, **65**, 1192.
4. D. Lednicer and L. A. Mitscher, *Organic Chemistry of Drug Synthesis*, vol. 1, John Wiley & Sons, 1977, p. 44; O. H. Hubner and P. V. Petersen, *U. S. Pat.*, 1958, 2830088; *Chem. Abstr.*, 1958, **52**, 14690i.
5. B. S. Furniss, A. J. Hannaford, P. W. G. Smith and A. R. Tatchell, *Vogel's Textbook of Practical Organic Chemistry*, Fifth Edition, Longman, Harlow, 1989, p.855.
6. B. S. Furniss, A. J. Hannaford, P. W. G. Smith and A. R. Tatchell, *Vogel's Textbook of Practical Organic Chemistry*, Fifth Edition, Longman, Harlow, 1989, p.895; H. H. Hodgson and E. R. Ward, *J. Chem. Soc.*, 1949, 1316.
7. L. I. Smith and J. A. Sprung, *J. Am. Chem. Soc.*, 1943, **65**, 1276.
8. P. Ruggli and A. Maeder, *Helv. Chim. Acta*, 1942, **25**, 936.
9. T. Tojima, H. Takeshiba and T. Kinoto, *Bull. Chem. Soc. Jpn.*, 1979, **52**, 2441.

6 二官能基 C−X 結合切断

本章に必要な基礎知識（“ウォーレン有機化学” の以下の章参照）
10 章 共 役 付 加　　21 章 エノールおよびエノラートの生成と反応

6・1 一官能基および二官能基 C−X 結合切断

スルフィド **1** の逆合成では，迷うことなく C−S 結合を切断するだろう．その際，S_N2 反応が確実に進行するように硫黄と分子の脂肪族部分の間の C−S 結合を選ぶ．標的分子 **1** には官能基が一つしかないので，一官能基 C−X 結合切断を行わなければならない．

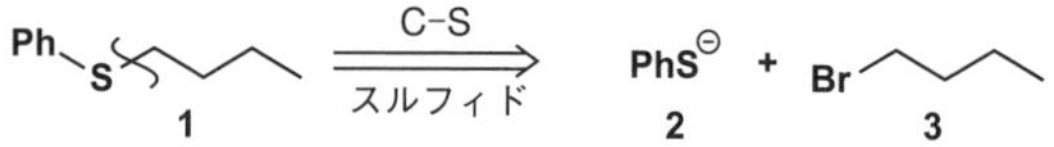

スルフィド **4** を合成する場合も，当然のように同じ逆合成を行うだろう．そうすると，求核剤として同じ硫黄化合物 **2** と求電子剤として臭化アルキル **5** が得られる．

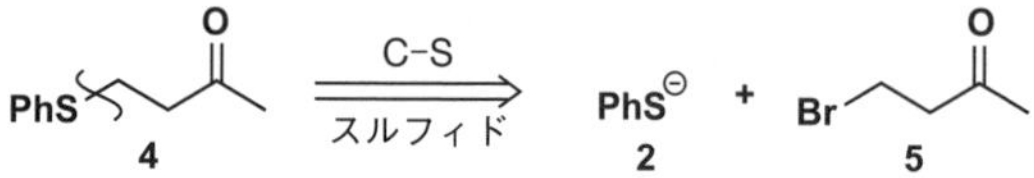

標的分子 **4** がもう一つの官能基としてケトンをもつことを考慮していないことを除けばこの逆合成は間違っていないが，そのために二官能基結合切断の機会を失っている．本章の主旨は，二官能基結合切断が一官能基結合切断よりも優れているということを強調する点にある．少しシントンに立返って考えてみると，硫黄シントン **2** は反応剤そのものに対応するが，炭素シントン **6** については **5** と異なる反応剤を考えなくてはいけない．

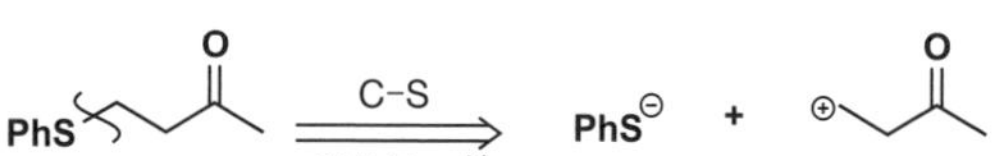

二官能基結合切断に基づくこの考え方では，より適切な反応剤を見つけるのに役立つもう一つの官能基を利用する．ここでは，シントン **6** に二重結合を導入するだけで，カルボニル基は **6** のカチオン中心に対応する求電子剤を生み出すことができる．

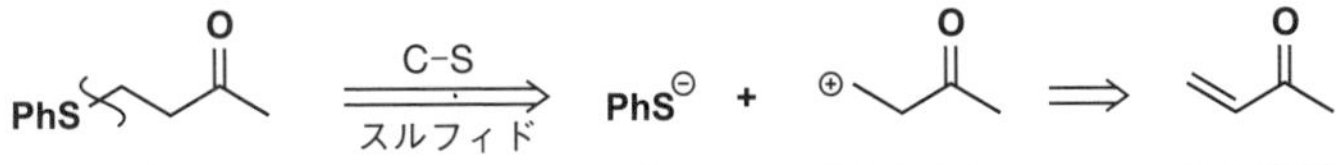

この反応では，チオラートイオン **2** がエノン **7** に対して共役付加してエノラート中間体を形成し，**8** に示すように PhSH からプロトンを捕捉して標的分子 **4** が生成し，求核剤 **2** が再生する．

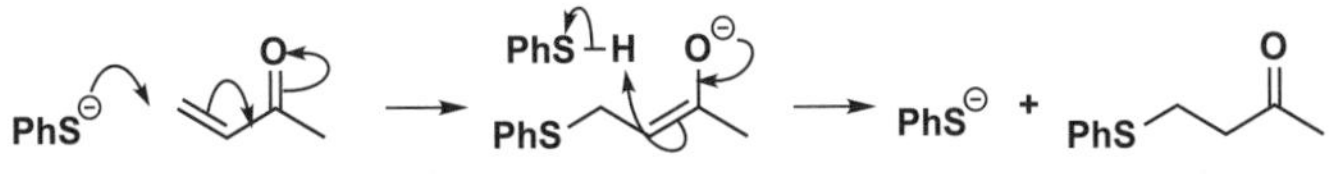

エノン **7** を用いるこの合成経路は，以下に述べるいくつもの理由から，最初に示した **5** を用いる経路よりも優れている．

1. 脱離基となる臭素原子を無駄にする必要がない．エノン **7** は望みとする炭素原子で本来の求電子性を示す．
2. 標的分子中の二つの官能基が協同して新たな C−S 結合をつくる．
3. エノラート中間体が反応剤 **2** を再生するので，強酸や強塩基を用いたり，高温で反応を行う必要はなく，触媒量の弱塩基を用いるだけでよい．
4. いずれにせよ，臭化物 **5** はこの反応条件で脱離して **7** を生成する．

6・2 二官能基 C−X 結合切断を見つける

最も重要なのは，二つの官能基の間の位置関係に気づくことである．そのために，官能基が結合する炭素原子に番号を付ける．位置関係だけが重要なので，どちらに 1 を番号付けしてもよい．**4a** の場合には 1,3-diX の関係とよぶ．これは二つの官能基化された炭素原子が 1,3 の関係にあることを示す．この位置関係がわかると，反応に共役付加を選ぶことができる．すでに行った **4b** に示す結合切断によって **2** と **7** が反応剤となる．

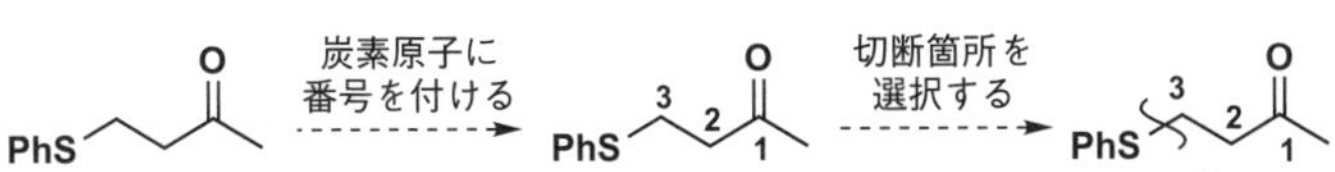

まず最初にシントンを書き出すとよい．次に炭素シントンを注意深く調べてどのような求電子剤を用いるか決定する．本章を読み進めるうちに，たとえば 1,3 の関係が共役付加を示唆するように，それぞれの異なる位置関係をつくるのに特有の化学があることがわかるだろう．そのうちにシントンを書くのが煩わしくなり，直接反応剤を書くようになるかもしれない．これは個人の好みである．

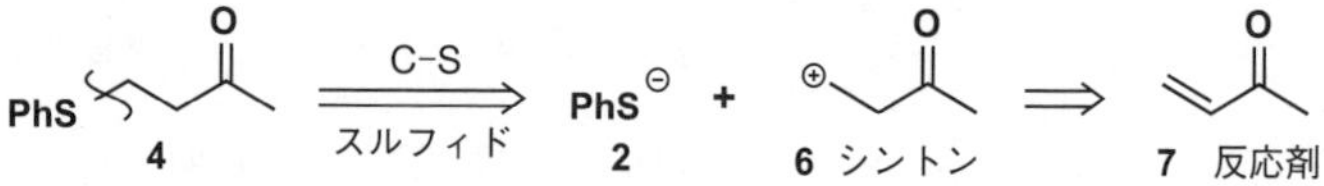

6・3 1,3－diX の関係

共役付加を用いるので，標的分子は電子求引基（通常はカルボニル基であるが，たとえば CN 基でもよい）を適切な位置にもたなくてはいけない．一般的な結合切断を下に示す．

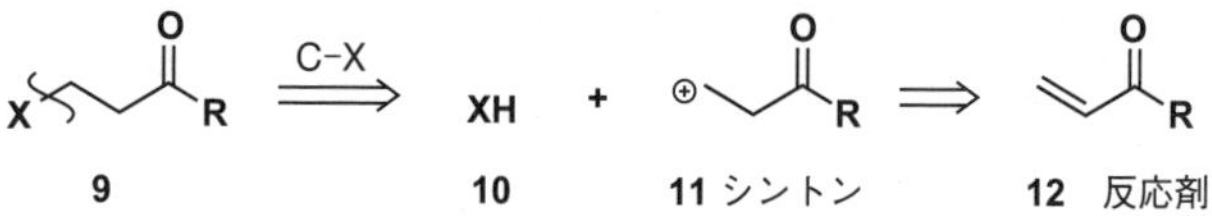

実際に用いる求核剤はヘテロ原子の性質によって決まる．X が O または S であるならば，おそらく塩基が必要となる．しかし，X が N である場合には，アミン自身が共役付加に十分な求核性を示す．例としてアミノエステル **13** の合成をあげる．**13a** のように炭素原子に番号を付けると，1,3 の関係であることがわかり，C－N 結合を切断すると反応剤として第二級アミン **14** とアクリル酸エチル **15** が得られる．

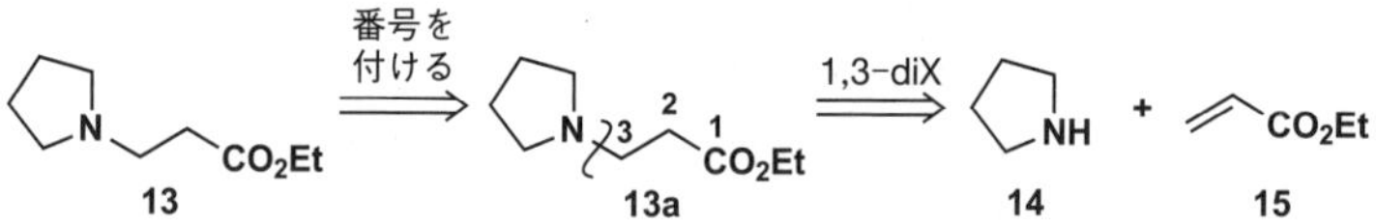

ここで潜在的問題について述べる．上で示した例のように，α,β–不飽和エステルを用いると共役付加が起こり，アミノエステル **16** が生成する．しかし，アミド **18** を合成したい場合には，**17** に示すように二つの可能性がある．求核剤がカルボニル基に直接付加するか共役付加するかをどのように制御すればよいだろうか．一般的に求電子剤の反応性が重要である．酸塩化物やアルデヒドなどの非常に高い求電子性を示す化合物は直接付加を優先し，エステルやケトンなどの求電子性が低い化合物は共役付加を受ける傾向がある．

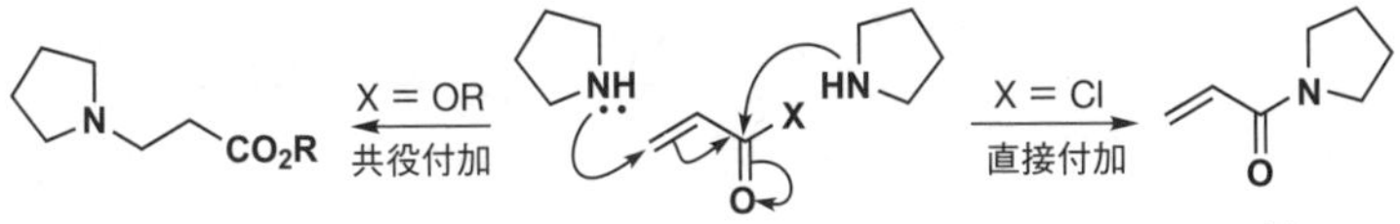

16　17　18

カルボニル基がない場合にはどうすればよいか

アミノアルコール **19** は 1,3-diX の関係をもつが，カルボニル基はない．そこで，FGI を行ってカルボニル基を導入すると，エステルまたはアルデヒドが得られる．アルデヒドはエステルよりも容易に還元できるが，直接付加の危険がある．したがって，エステルを選ぶ．ただし，どのようなエステルを用いるかは重要ではない．

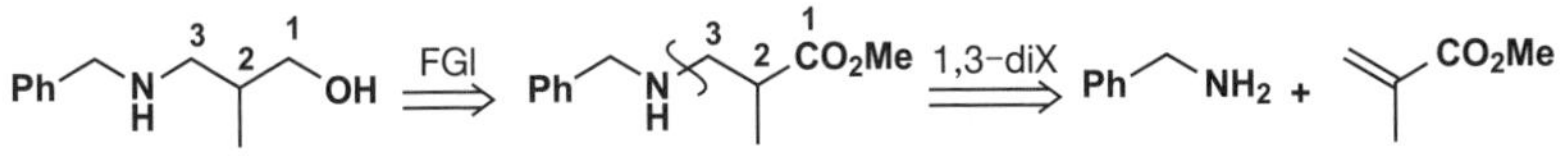

19　20　21　22

その合成は簡単である．エステルを還元するためには $LiAlH_4$ を用いる必要がある．

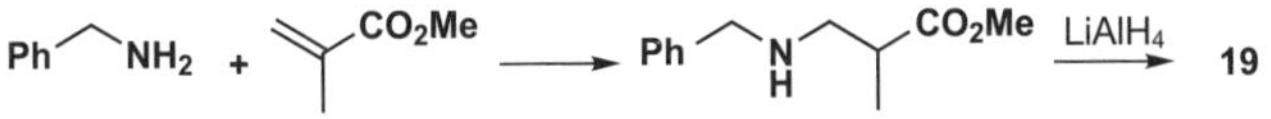

21　22　20

ジアミン **23** のように酸素官能基が全くないときにはどうすればよいだろうか．共役付加において必ずしもカルボニル基は必要ではない．実際には，ニトリルのほうがずっとよい．そこで，第一級アミンの FGI を行い，**24** に示す結合切断を行うと第二級アミン（Et_2NH）とアクリロニトリル **25** が得られる．その合成は，これら二つの化合物を混合して得られる **24** を接触水素化または $LiAlH_4$ を用いて還元する．

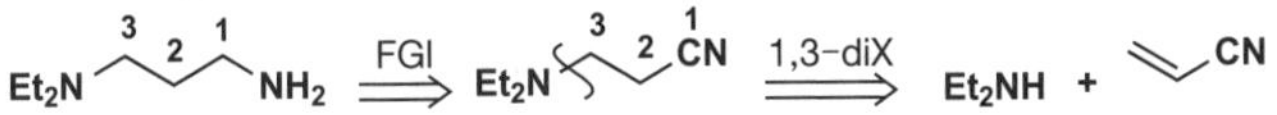

23　24　25

1,3-二官能性化合物の例

単一エナンチオマーのクロロエステル **26** は Friedel-Crafts（フリーデル クラフツ）反応の立体化学の研究で必要とされた化合物である．エステルを切断するとひとつながりの炭素骨格 **27** が得られ，このものは 1,3-diX の関係にあることがわかる．しかし，カルボニル基が必要である．**28** のエステルの存在は，塩化物イオンの **29** への共役付加を確実なものにする．

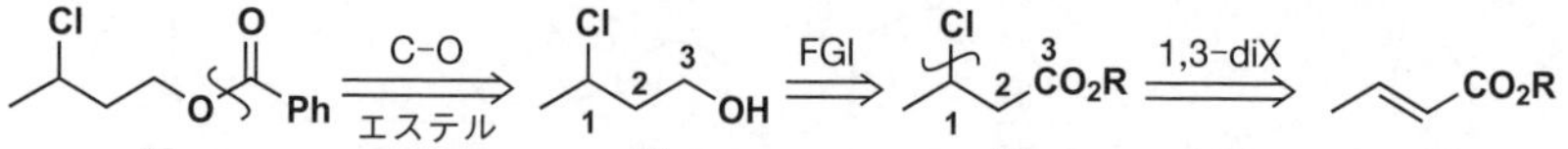

26 27 28 29

実際の合成では，中間体 **28** がキニン塩の再結晶によって光学分割できるので，共役付加の基質としてエステルではなく **29** のカルボン酸そのものが選ばれた．HCl の共役付加はうまくいき，$LiAlH_4$ を用いてカルボン酸 (＋)-**28** をアルコールへと還元後，常法によりエステル化することで (＋)-**26** が得られた[1]．

29 (R＝H) **28** (R＝H) (＋)-**28** (R＝H)

7 員環をもつアミノエーテル **30** は二つの官能基が 1,3 の関係にあるが，カルボニル基はない．C3 位にカルボニル基を導入することもできるが，ニトリル **31** を用いるとアクリロニトリル **25** へアルコール **32** がそのまま付加するので，もっと短工程で合成できるだろう．

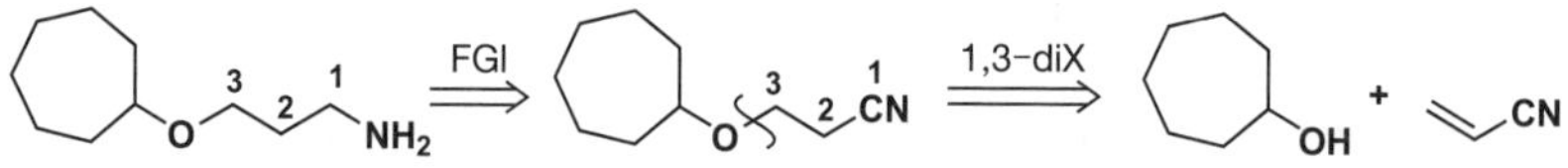

30 31 32 25

実際，その合成は接触水素化によるニトリルの還元を含む簡単な 2 工程である[2]．

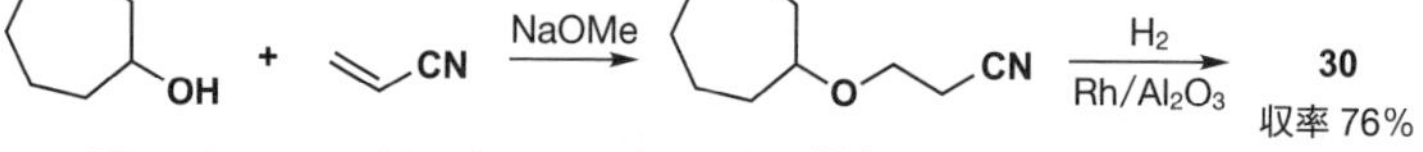

32 25 31 収率 76%

6・4 1,2-diX の関係

1,2-diX の関係は，1,3-diX の関係とは異なる二官能基結合切断の機会を与える．1,2-diX 結合切断 を行うときには，望みとする位置の炭素原子が求電子性を示すように第二の官能基を利用する．アミノアルコール **33**，チオアルコール **34** またはアルコキシアルコール **35** はすべて **36** に示す結合切断の様式にあてはまり，通常のヘテロ原子求核剤とシントン **37** に導くことができる．

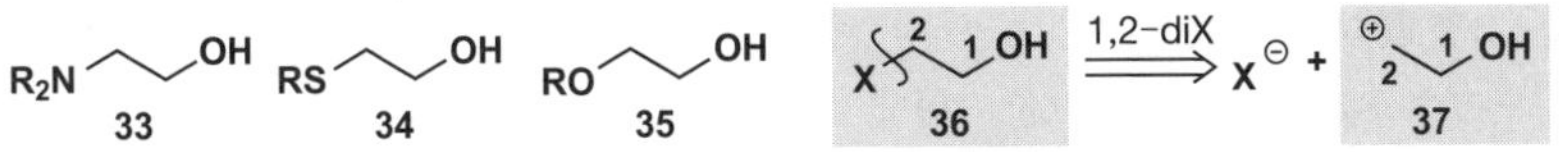

どのような反応剤がシントン **37** に対応するかすぐにわからなくても，心配はいらない．C1 位にある OH 基を利用して C2 位が求電子性を示すようにするにはどうすればよいだろうか．その答えを知る方法の一つは，実際にカチオン **37** が生じた場合に何が起こるかを考えることである．**38** に示すようにカチオンはただちに環化して 3 員環 **39** となり，プロトンを失ってエポキシド **40** を生成する．エポキシドは 3 員環の環ひずみをもつエーテルであり，**41** に示すようにアミン求核剤と反応し，**42** を経てアミノアルコール **33** を生成する．

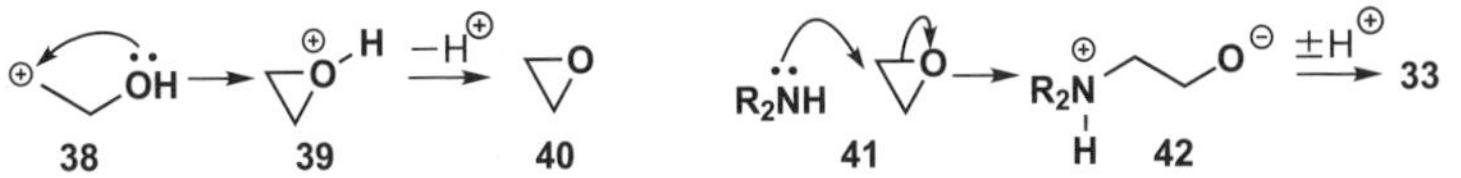

対称なエポキシドの場合，どちらの炭素原子が求核剤による攻撃を受けるかは問題ではなく，同一の生成物 **42** が得られる．どちらか一方に置換基をもつ分子 **43** や **45** も 1,2-diX 切断できるが，いずれからも同一のエポキシド **44** が得られる．これは明らかに問題である．実際には，**46** に示すように求核剤は 3 員環の置換基の少ないほうの炭素原子を攻撃しやすい．したがって，この方法で **45** をつくることはできるが，**43** は合成できない．

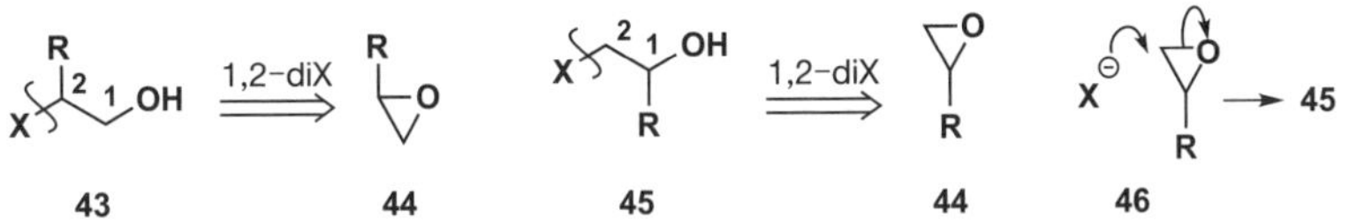

化合物 **47** の逆合成では，上とは異なりカルボニルの酸化度をもつシントン **48** が得られる．ここで，**48** に対応する最良の反応剤は α-ハロカルボニル化合物 **49** である．一見すると，一官能基結合切断に見えるが，そうではない理由が二つある．第一にカルボニル基の存在によりハロゲン化物の S_N2 反応は著しく加速される．第二に α-ハロカルボニル化合物 **49** は，ケトン **51** から酸触媒 を用いるエノール **50** のハロゲン化によって合成できる．

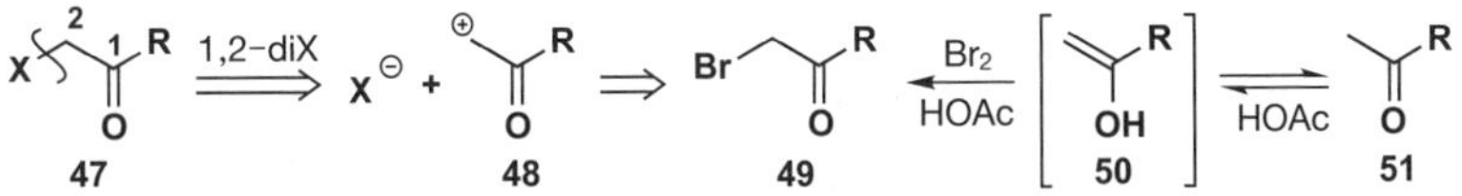

1,2-二官能性化合物の例

エーテル **52** は，Claisen 転位の研究で必要とされた化合物である．このものは 1,2-diX 結合切断を利用して逆合成できる．エポキシド **54** は立体障害のより小さい炭素原子で **53** のアニオンの攻撃を受けるだろう．

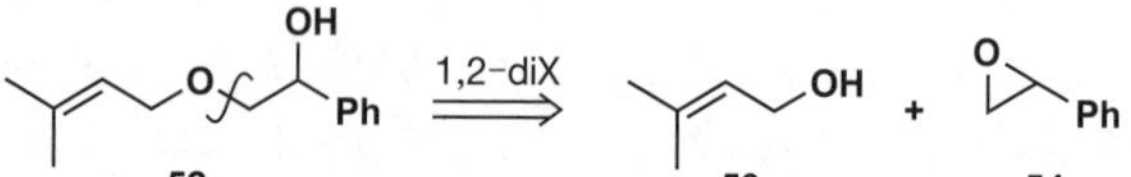

52　**53**　**54**

実際の合成では，アリルアルコール **53** を NaH で処理してアニオン **55** とし，スチレンから容易につくることができるエポキシド **54** と反応させる[3]．

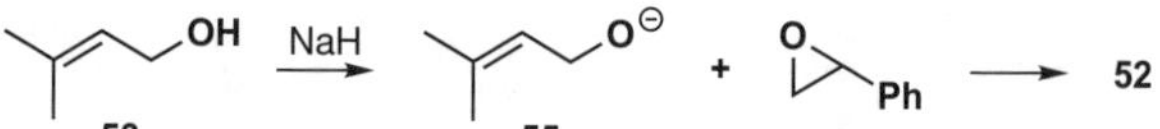

53　**55**　**54**

エステル **56** のような化合物については 4 章で簡単に述べたが，ここでようやく二官能基切断によってどのように合成できるかを示すことができる．求電子剤は α-ハロカルボニル化合物 **57**，求核剤はカルボキシラートイオンとなる．

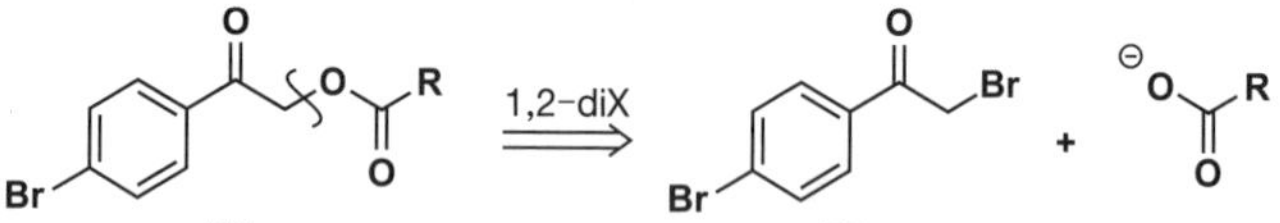

56　**57**　**58**

臭化物 **57** はケトン **59** の臭素化によって合成できる．また，カルボキシラートイオン **58** の生成には弱塩基である $NaHCO_3$ を用いるだけでよい．カルボキシラートイオンの求核性が非常に低いことを考慮すると，この反応で α-ハロカルボニル化合物がいかに高い求電子性を示すかがわかる．化合物 **56** は，**58** からつくることができるのでカルボン酸誘導体である．このような化合物は結晶性が高く，カルボン酸の構造決定や精製に用いることができる[4]．

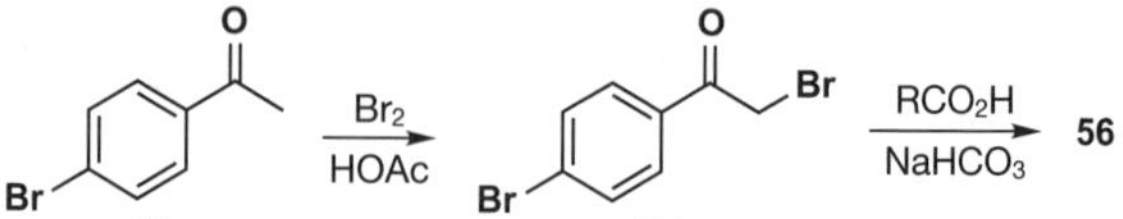

59　**57**

Pfizer 社の抗真菌薬フルコナゾール（fluconazole）**60** は，1,2-diX 結合切断を十二分に活用した例である[5]．**60** は窒素と OH 基の間に二つの同一な 1,2-diX の関係をもつ．どちらも同じ方法でつくれそうだが，そうではない．最初の結合切断は簡単である．芳香族アミンのトリアゾール **62** がエポキシド **61** の置換基の少ないほうの炭素原子を攻撃すればよい．

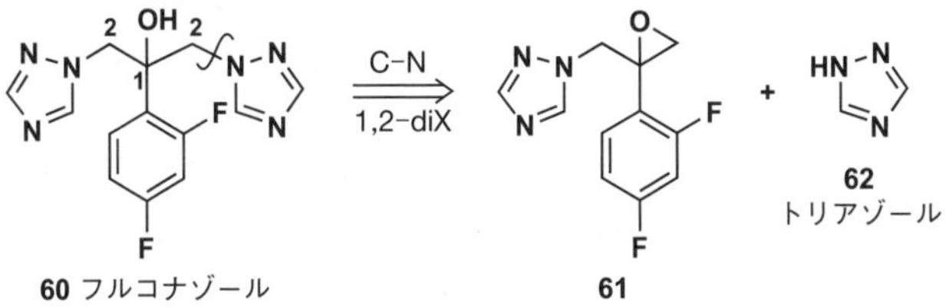

しかし，どのようにしてエポキシド **61** を合成すればよいだろうか．明白な合成経路はアルケン **63** のエポキシ化である．アルケン **63** はケトン **64** の Wittig（ウィッティッヒ）反応（15 章）で合成できる．また，硫黄イリドの化学（30 章）を利用すると **64** から直接エポキシド **61** を合成できる．

ケトン **64** はまだ 1,2-diX の関係をもつが，今度はカルボニルの酸化度を含む．したがって，**64** を逆合成するともう 1 分子のトリアゾール **62** と α-ハロケトン **65** に導くことができる．**65** は塩化クロロアセチルを用いた **66** の Friedel-Crafts 反応で容易に合成できる．ここでは，1,2-diX の関係は塩化クロロアセチルの形で購入できる．

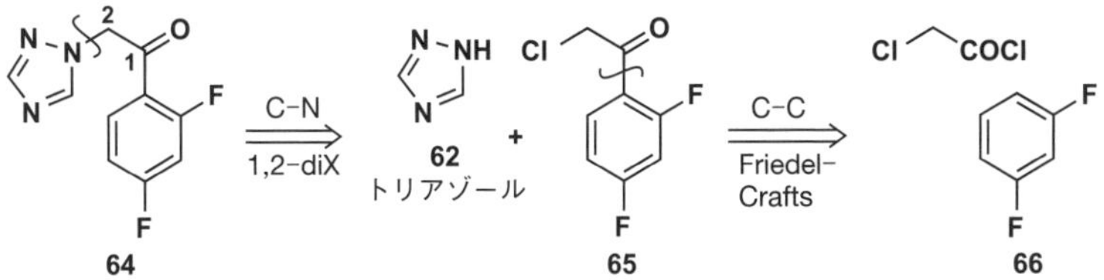

その合成はまさに逆合成解析どおりに行われ，入手可能な出発物から わずか 5 工程でフルコナゾール **60** が得られた．この合成は，重要な現代の医薬品が本書で述べる逆合成の考え方をふまえて合成されていることをはっきりと示している[6]．

6・5 1,1-diX の関係

1,1-diX という表記は奇妙に見えるかもしれないが，これは同一の炭素原子に二つの官能基が結合していることを示している．アセタールの合成法は知っているはずだ．**68** の合成は，アルデヒド **67** とたとえばメタノールのようなアルコールを酸性溶液中で反応させる．したがって，逆合成は **68a** に示すように両方の C−O 結合を切断する．このことは，重要な真理を示している．すなわち，同一の炭素原子に二つのヘテロ原子が結合するとカルボニルの酸化度になるので（**67** と **68** はどちらも同一の炭素原子に二つの C−O 結合がある），標的分子はおそらくカルボニル化合物から合成できる．

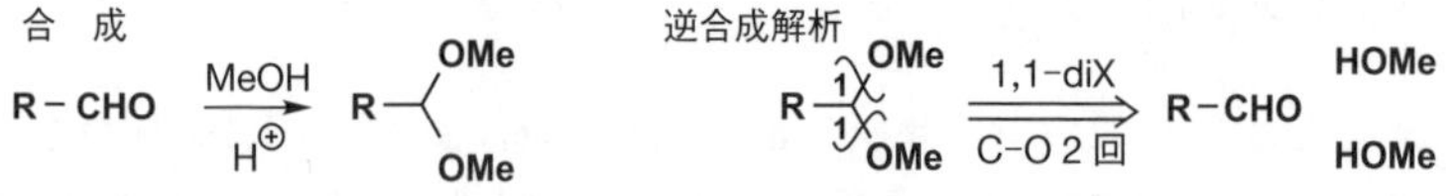

67 **68** **68a** **67**

二つの官能基を一緒に導入することはできないと思うかもしれないが，それは可能である．アセタールの形成と加水分解の鍵段階は，もう一つの酸素求核剤による OR 基の脱離である．アセタールの合成では，**70** に示すようにヘミアセタール **69** がプロトン化され，水分子が脱離することによって **71** に示すように，もう 1 分子のメタノールの付加が可能となる．加水分解では，これらの段階が逆に起こる．アセタールはただのエーテルではない．アセタールは同一の炭素原子に二つの RO 基が結合しているため反応性が高くなっている．

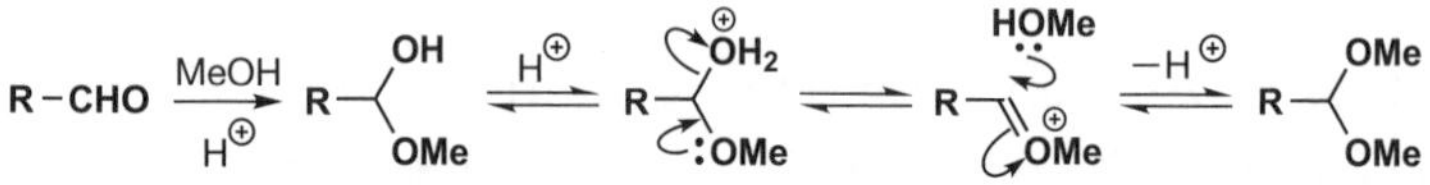

67 **69** **70** **71** **68**

二つのヘテロ原子が同一である場合には，通常両方の C−X 結合を同一の炭素原子の側で切断し，その炭素原子をカルボニル基とするのが最良である．ヘテロ環 **72** は同一の炭素原子に結合した二つの C−N 結合をもつ．両方の結合を切断すると，シクロヘキサノンと非常に不安定に見えるイミン **73** となる．イミンはカルボニル基とアミンとの反応でつくることができる．したがって，**73** の両方のイミンを結合切断するとジケトン **74** と 2 分子のアンモニアに導くことができる．

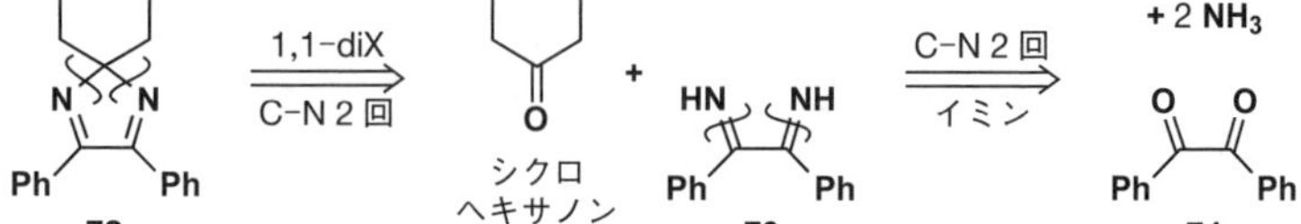

72 シクロヘキサノン **73** **74**

1,1-diX の関係に気づかず，イミンに注目した場合はどうなるだろうか．**72a** に示す結合切断により，直接ジケトン **74** と非常に不安定なジアミン **75** が得られる．この段階で，1,1-diX 結合切断を行わなくてはならないので，どちらの逆合成解析を行っても同一の出発物が得られる．

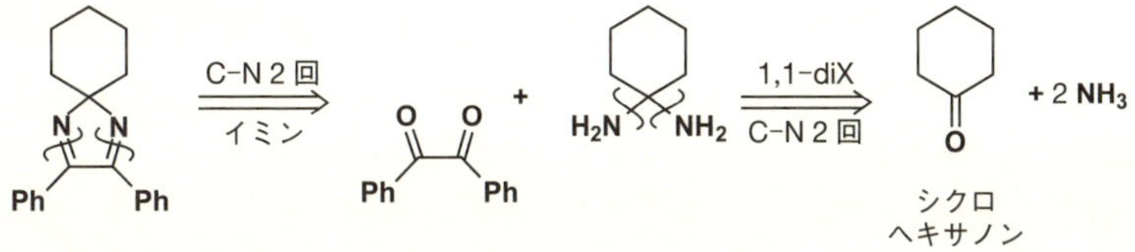

72a **74** **75**

しかし，その合成はどうすればよいだろうか．安定な 5 員環や 6 員環をつくる場合には，合成はしばしば非常にうまくいく．このことについては 29 章および 39 章で述べる．実際，二つのケトンをアンモニア源と酸触媒を兼ねた酢酸アンモニウムと混合するだけで標的分子 **72** が良好な収率で得られる[7]．

二つのヘテロ原子が異なり，一方が酸素原子である場合には，カルボニル基の酸素原子が残るように，もう一方を切断するほうが理にかなっている．例としてホスホン酸エステル **76** の合成をあげる．**76a** に示すように結合切断を行うと，アルデヒドと求核性のシントン **77** が得られる．**77** は **78** の脱プロトン化によってつくることができる．

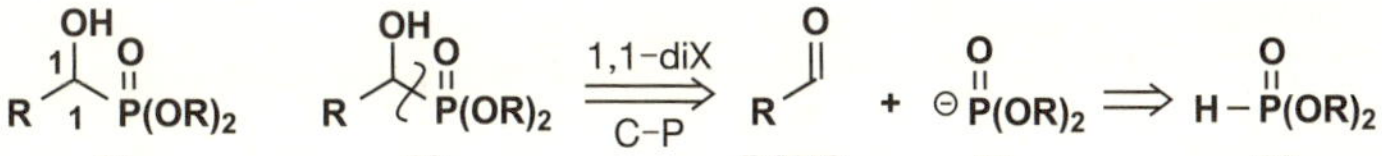

76 **76a** **RCHO** **77** **78**

この種の化学に不慣れでも，亜リン酸ジエチル **78**（R = Et）は知っているだろう．亜リン酸ジエチルは入手可能であり，塩基で処理するとアニオン **77** が生じるが，これは **79** のように書くほうがよい．**80** に示すように，このものがアルデヒドに付加すると標的分子のアニオン **81** が生成する．

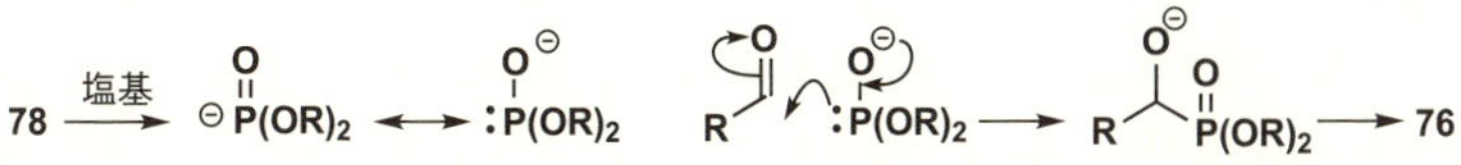

77 **79** **80** **81**

実際の例として，トリエチルアミンを弱塩基として用いたアルデヒド **82** と **78**（R = Et）の反応をあげる．この反応でもアニオン **79**（R = Et）が生成し，アンモニウム塩が標的分子のアニオンをプロトン化することで **83** がきわめて高い収率で得られる．

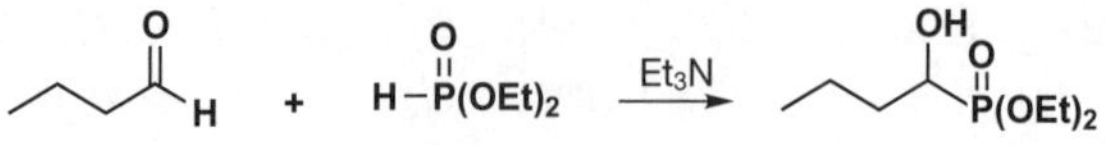

82 **78** (R = Et) **83** 収率 94%

6・6 完全な逆合成解析の第一歩となる二官能基 C−X 結合切断

一見すると，多環式かご形構造をもつ天然物サラセニン（sarracenin）**84** は，合成が一筋縄ではいかなそうな標的分子である．本書を読み進めていくにつれて，連続した炭素骨格の断片を見極めることがますます重要となるであろう．その第一歩はすべての C−X 結合の切断を行うことであり，二官能基結合切断を利用することが望ましい．サラセニン **84** の合成では，この戦略が非常にうまくいく．サラセニンはその骨格にいくつもの C−O 結合をもつ．明らかに 1,1-diO の関係にある部位の一つを **84** の黒丸で示した．この黒丸はアセタールが隠れたカルボニル基に対応することを示す．つまり，**84** の黒丸は **85** のアルデヒドに対応する．アセタールの結合切断により環が二つ少ない **85** が得られる．

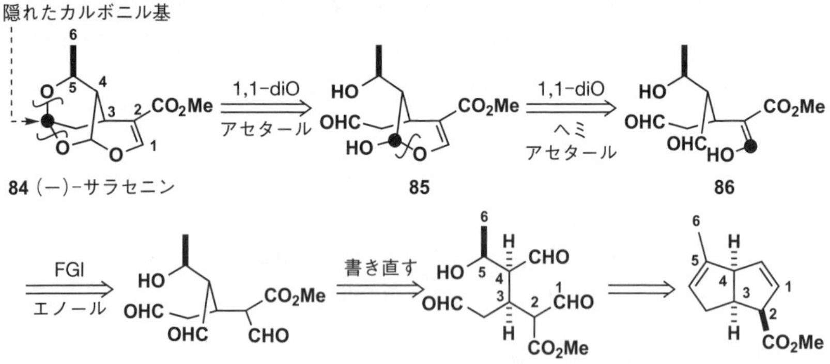

84 (−)-サラセニン **85** **86**

87 **88** **89**

85 の骨格にはもう一つ隠れたカルボニル基がアセタールではなくヘミアセタールとして保護されている．このヘミアセタールを逆合成するとエノール **86** が得られ，このエノールをアルデヒドに変換すると環構造を全くもたない最も単純な構造の **87** に導くことができる．実際，その構造をもっと自然に見えるように書き直すと，一つの連続した炭素骨格の断片 **88** となることがわかる．すでに報告されている合成例の一つでは，右側の二つのアルデヒドを再結合してアルケンとし，左側のアルデヒドとアルコールを再結合してもう一つのアルケンとすることで **89** に導いている[8]．この化合物はサラセニンよりもずっと単純な構造に見えるが，実際には全く同じ数の炭素原子をもっている．再結合の戦略については 27 章で述べる．

文　献

1. T. Nakajima, S. Masuda, S. Nakashima, T. Kondo, Y. Nakamoto and S. Suga, *Bull. Chem. Soc. Jpn.*, 1979, **52**, 2377.
2. M. Freifelder, *J. Am. Chem. Soc.*, 1960, **82**, 2386.
3. J. L. J. Kachinsky and R. G. Salomon, *Tetrahedron Lett.*, 1977, **18**, 3235.
4. J. B. Hendrickson and C. Kandall, *Tetrahedron Lett.*, 1970, **11**, 343； W. L. Judefind and E. E. Reid, *J. Am. Chem. Soc.*, 1920, **42**, 1043.
5. K. Richardson, *Contemporary Organic Synthesis*, 1996, **3**, 125.
6. *Sandwich Drug Discoveries*, Pfizer technical booklet, 1999.
7. E. J. Corey, R. Imwinkelried, S. Pikul and Y. B. Xiang, *J. Am. Chem. Soc.*, 1989, **111**, 5493； E. J. Corey, D.-H. Lee and S. Sarshar, *Tetrahedron*: *Asymmetry*, 1995, **6**,3； S. Pikul and E.J. Corey, *Org. Synth.*, 1993, **71**, 22.
8. M.-Y. Chang, C.-P. Chang, W.-K. Yin and N.-C. Chang, *J. Org. Chem.*, 1997, **62**, 641.

7 合成戦略 III: 極性の反転, 環化, 合成戦略のまとめ

本章では, 4 章から 6 章で述べた二つの C−X 結合切断に基づく合成戦略のポイントについてさらに詳しく述べる.

7・1 極性の反転: エポキシドと α-ハロカルボニル化合物の合成

6 章では, 標的分子中の二官能基 (diX) の位置関係によって三つのタイプのシントンが必要であった. 1,3-diX の関係では, ただ一つのシントン **2** を用いた. 1,2-diX の関係では同族のシントン **5** と **8** を用い, 1,1-diX の関係ではさらに二つのシントン **11** および **14** を用いた. 1,3-diX の関係または 1,1-diX の関係にあるときに用いたシントンは, 単純にカルボニル基本来の求電子性を利用することで反応剤 **3**, **12** または **15** に変換できた. 1,2-diX の関係にある標的分子から導かれたシントン **5** と **8** は, それほど簡単には反応剤に変換できなかった. 反応剤 **6** はシントン **5** に似ていないし, シントン **8** は非常に不安定そうである. 実際このような中間体 **5** と **8** をつくることはできない.

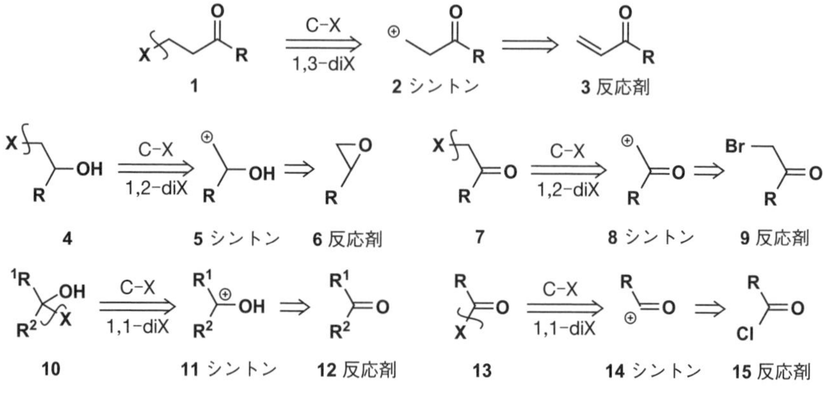

これらの問題は, シントン **5** に対応する反応剤としてエポキシド **6** を, シントン **8** に対応する反応剤として α-ハロケトン **9** を用いることで解決した. 二つの方法は異な

るように見えるが，実は同じ原理に基づいており，本章の主題となっている．このことはシントン **8** について考えるとわかりやすい．シントン **8** の極性を単純に反転してアニオン **16** に変換すると，カルボニル基本来の反応性を利用できるシントンを見いだすことができる．言うまでもないが，互変異性によりエノール **17**（またはエノラート）とケトン **18** は平衡にある[1]．酸性溶液中でケトン **18** に臭素を作用させると，求電子性炭素原子をもつ α-ハロケトン **9** が得られる．

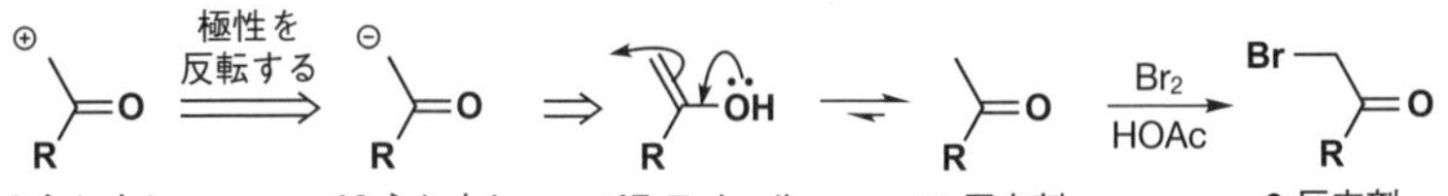

8 シントン　**16** シントン　**17** エノール　**18** 反応剤　**9** 反応剤

エポキシド **6** は本来求電子性を示す．しかし，エポキシドはどのように合成すればよいだろうか．エポキシドの最も重要な合成法は，アルケン **19** を過酸 RCO_3H **21** で処理するものである．アルケンは本来求核性を示す[2]．アルケンを臭素と反応させると二臭化物 **20** が得られ，求電子性の過酸 **21** と反応させるとエポキシド **6** が生成する．したがって，これらの反応は求核性のアルケンを求電子性を示す誘導体に変換している．エポキシ化でよく用いられている反応剤は MCPBA（*m*-chloroperbenzoic acid, R＝3-クロロフェニル）**21** であるが，他にもさまざまな反応剤が用いられている．

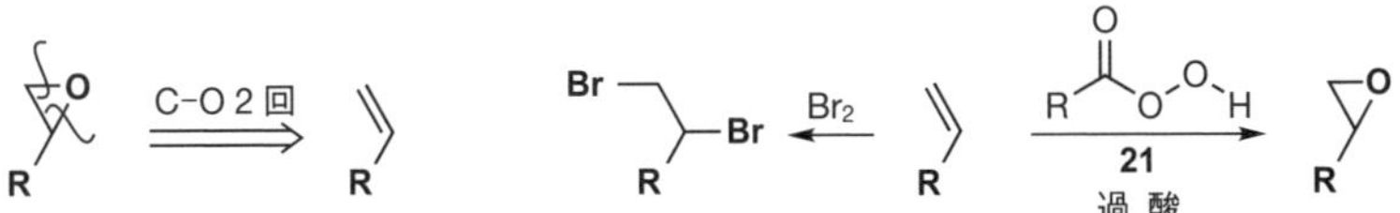

6 エポキシド　**19** アルケン　**20**　**19** アルケン　**6** エポキシド

7・2 ケトンのハロゲン化

ケトンのハロゲン化は，多重ハロゲン化を避けるために酸性溶液中で行わなければならない[1]．6 章でカルボン酸誘導体をつくるのに用いた反応剤 **22** の合成は簡単である．前駆体 **23** の芳香環上の二つの官能基の配向性に注目し，Friedel-Crafts アシル化をふまえた逆合成を行えばよい．

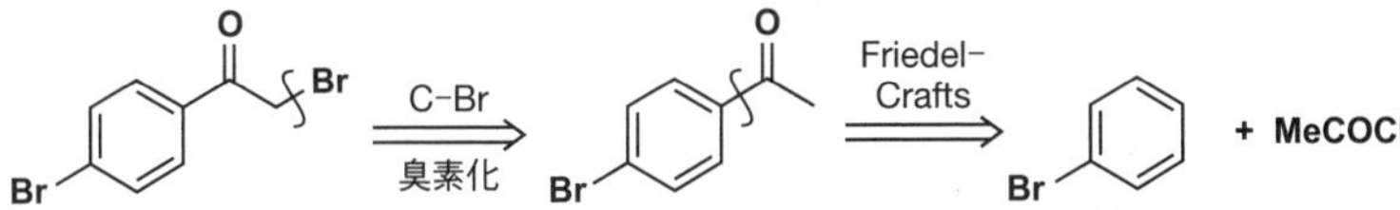

22　**23**　**24**

その合成は非常に簡単である．Lewis 酸が存在しなければ，予想どおり芳香環上での臭素化は起こらない．エノール形互変異性体は触媒を必要とすることなく臭素と反応する[3)]．

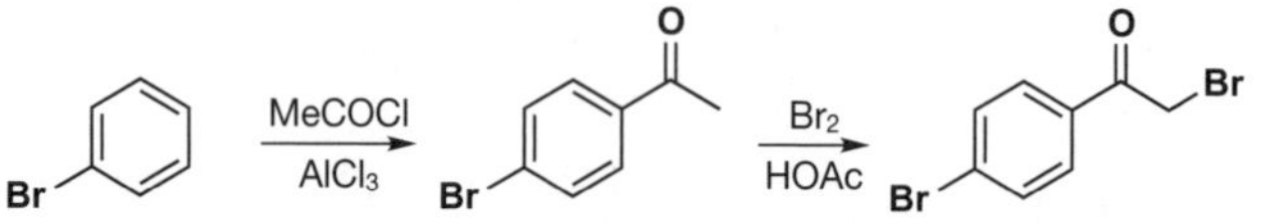

24　　**23** 収率 79%　　**22** 収率 72%

この臭素化がうまくいくのは，ケトンの片側だけがエノール化できるので明白であった．一般的にこの反応は対称ケトン[4)]（たとえば **25**），片側がエノール化できないケトン[5)]（たとえば **23** または **27**），あるいは位置選択的にエノール化するケトン[6)]（たとえば **29**）を用いた場合にだけ適している．

25　**26**　**27**　**28**　**29**　**30**

7・3 カルボン酸のハロゲン化

カルボン酸のエノール化は片側だけしか起こらないので，下に示すハロゲン化がうまくいくのは明白である．信頼できる方法は PCl_3 と臭素または赤リンと臭素を用いる臭素化である．カルボン酸は PCl_3 を用いて酸塩化物，または赤リンと臭素から生成する PBr_3 によって酸臭化物に変換される．反応混合物を水で後処理すると，2-ブロモヘキサン酸 **34** が良好な収率で得られる[7)]．

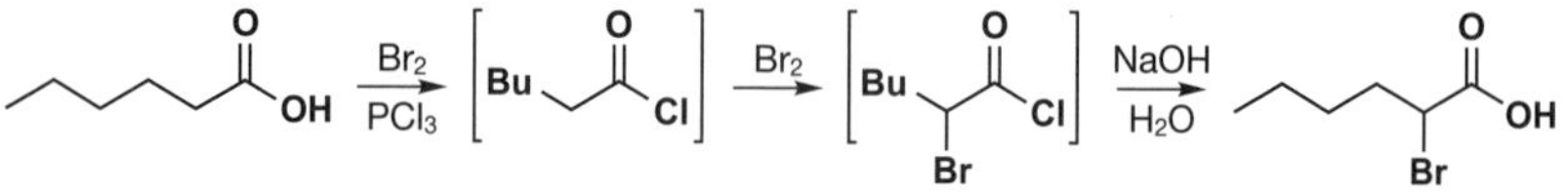

31　**32**　**33**　**34** 収率 86%

アルコールでこの反応の後処理を行うと，水の場合と同様にハロゲン化アシルだけが反応する．これは α-ブロモエステル **38** の簡便な合成法である．もう一つ可能な生成物 **39** は生成しない．水やアルコールは S_N2 反応を起こすには求核性に乏しいが，カルボニル基を攻撃するのに適した求核性を示す．

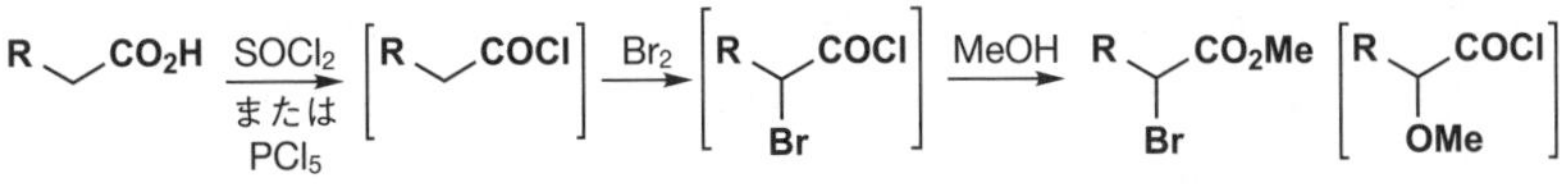

35　36　37　38　39

さまざまなα-クロロカルボン酸が販売されている(クロロ酢酸やクロロプロパン酸など). 塩化クロロアセチル **41** は工業的に大量に製造されている[8]. ある種の興奮薬テトラゾールの合成に必要なα-クロロアミド **40** の逆合成は, **41** が安価なのでアミドを切断するのが最もよい[9].

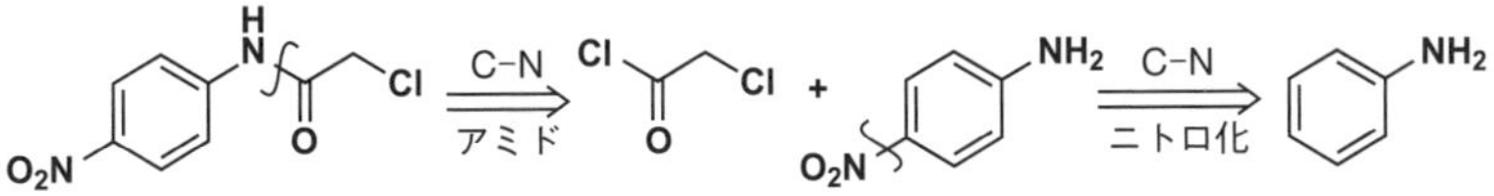

40　41　42　43 アニリン

実際の合成では, ニトロ化に先立ち, アニリン **43** をアシル化する必要がある. アシル基が酸化や多重ニトロ化を防止し, またオルト位でのニトロ化の割合を軽減するからである. 下に示す化合物 **45** の収率はオルト異性体を分離した後のものである[10]. 合成の最終工程で, 酸素原子と同様に窒素原子が塩化アルキルではなくアシル基を攻撃することに注目してほしい.

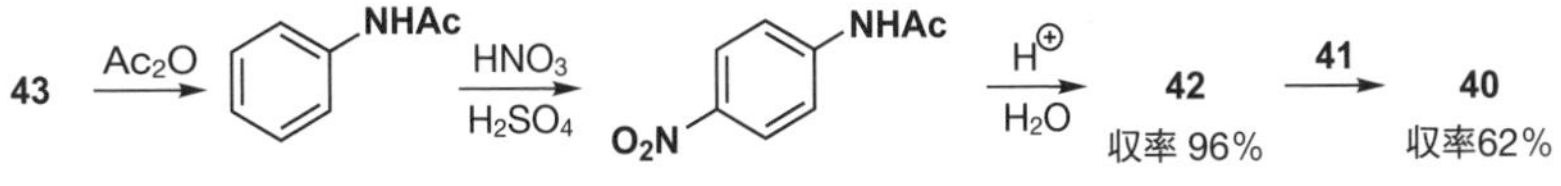

44 収率 80%　45 収率 60%

7・4 環 化 反 応

一般的に分子内反応は分子間反応よりも有利である. エントロピーがおもな要因である. ケトンからアセタールを合成するときには (6 章), ジオール **47** を用いるほうが, たとえばメタノールを用いるよりも優れている. **47** を用いると平衡は環状アセタール **48** に偏るが, メタノールを用いた場合には平衡はメチルアセタール **46** には偏らない. 前者では 2 分子が反応して **48** となるのに対して, 後者では 3 分子 (2 分子のアルコールと 1 分子のケトン) が **46** となる. エントロピーは熱力学的要因である.

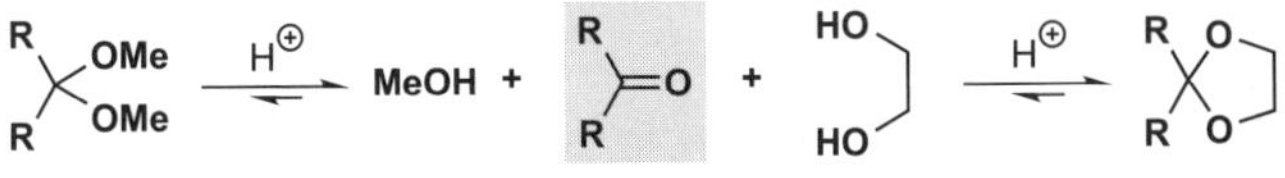

46　47　48

3 員環，5 員環，6 員環または 7 員環をつくる環化反応の速度は，対応する 2 分子間の反応よりも速い．分子内反応は分子間反応よりもエントロピーの損失が少なく（環化により失われる自由度が少ない），速度論的により有利である．酸触媒による 2 分子のアルコールを用いるエーテル合成では良好な収率は得られない．反応が進行したとしても，交差エーテル **51** だけでなく，それぞれのアルコールの二量体も生成する．

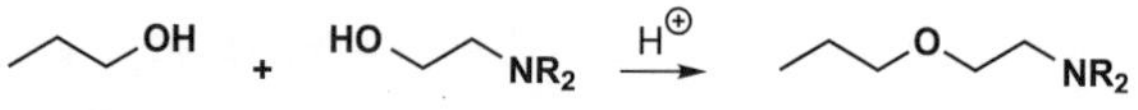

しかし，反応がジオールの環化反応であるときには，状況は全く異なる．環化反応の速度は非常に速く，2 分子間では望みがなさそうな反応でさえもうまくいく．さらに，選択性の問題が生じない．たとえば窒素原子に結合する側鎖が異なる化合物 **52** を用いた場合でも，どちらの OH 基がプロトン化され，どちらが求核剤として働くかにかかわらず同一の生成物 **53** が得られる．母体化合物 **54** はモルホリンであり，この構造単位は鎮痛剤フェナドキソン（phenadoxone）**55** などさまざまな医薬品に含まれている[11]．

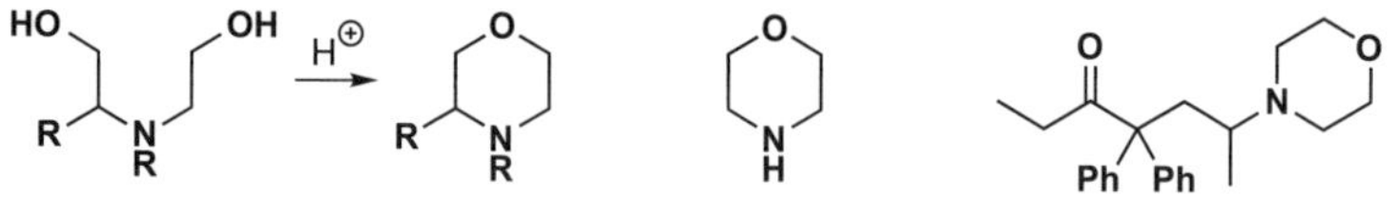

52　**53**　**54** モルホリン　**55** フェナドキソン

このような化合物の合成に必要なジオール **56** は，二つの 1,2-diX 結合切断を行うとアミン RNH_2 と 2 分子のエチレンオキシドに導くことができる．実際の合成は，アミンを 2 度反応させるためにエポキシドを過剰に用いて行う．得られたジオール **56** を酸性溶液中で環化すると目的物が得られる[12]．

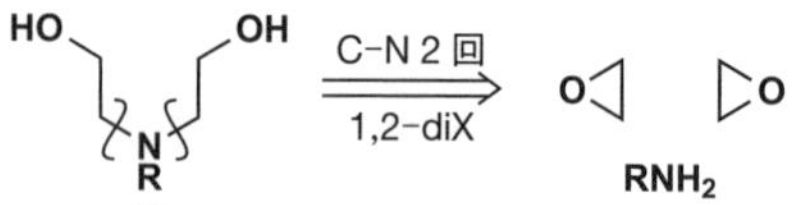

56

環化反応を選択することで，2 分子反応を用いた場合には確実に避けたほうがよい合成が可能となる．**58b** に示すエーテルに注目した結合切断を行うと，望みとする環化反応を起こすのに最適なジオール **59** が得られる．しかし，オルト置換体 **59** の合成では，おそらく望みとしないパラ置換体の生成が優先してしまうだろう．

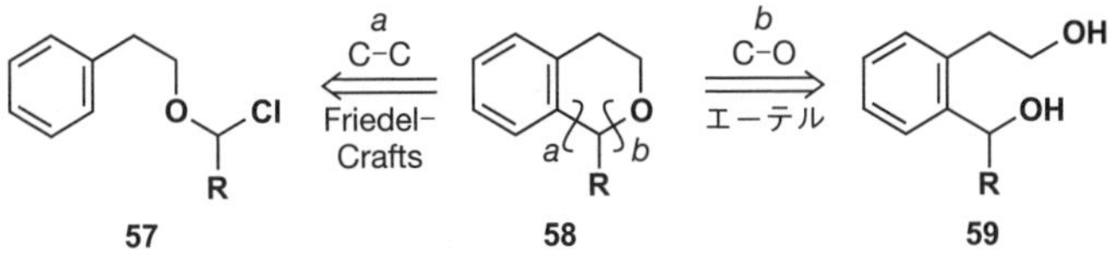

58a に示す Friedel–Crafts 反応をふまえた結合切断は，中間体 **61** が不安定であるため，通常考慮すべきではない．しかし，このことは **61** が速やかに環化して **58** となることを意味している．実際，**61** は 35 ℃ でさえ **58** を生成するので，このものを単離するのは困難である[13]．

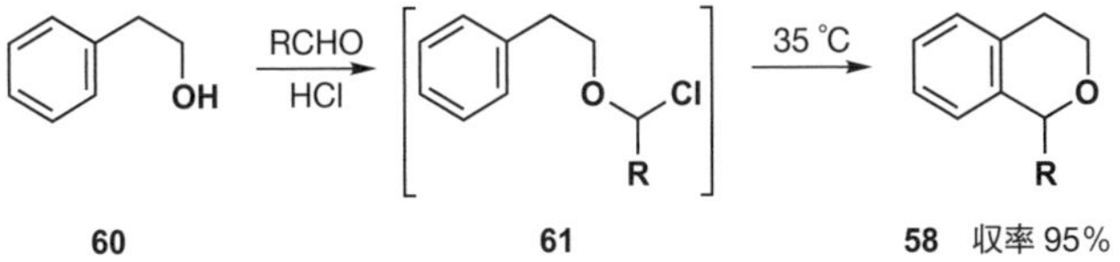

分子内反応の劇的な例として，シルデナフィル（sildenafil）**63** 合成の最終工程を取上げる．**63** は Pfizer 社の勃起不全治療薬であり，むしろバイアグラ（Viagra™）という商品名で知られている．ジアミド **62** の環化反応では，一方のアミドの窒素原子がもう一方のアミドのカルボニル炭素原子を攻撃しなくてはならない（最初の段階を矢印で示す）．これはとてつもなく困難な反応である．アミドの求核性はきわめて低く，かつ求電子性も非常に低い．それにもかかわらず，この反応は 90%以上の収率で **63** を生成する[14]．なぜなら，この反応は分子内反応だからである*．

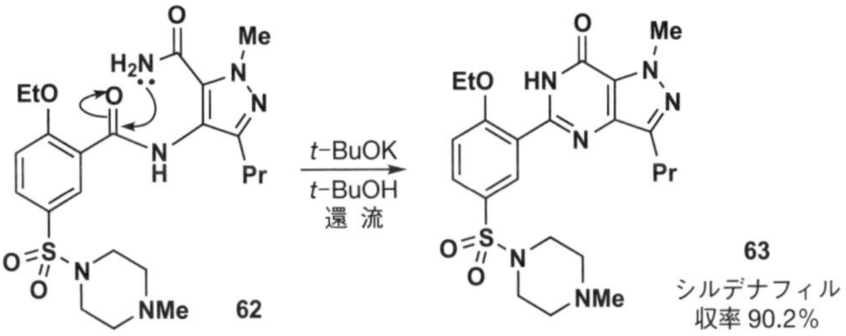

実際の反応は触媒量の *t*-BuOK を塩基として用い，ジアミド **62** を *t*-ブチルアルコール中で数時間加熱還流する．この反応では，求核性の高いアミドのアニオンが生じているだろう．反応終了後，水で希釈し，塩酸で pH 7.5 に中和すると純粋な **63** が得られる．

＊(訳注) 芳香族ヘテロ環を生成することも駆動力となっている．

7・5　合成戦略のまとめ

1章では合成戦略の骨子を述べた．2章から7章で述べた要点を加えることによって，実践的な合成戦略に近づく．本書を読み進めるうちに，全容がみえてくるだろう．

逆合成解析：

1. 標的分子に含まれる官能基を認知する．
2. 結合切断は既知で信頼性の高い反応に対応していなければならない．適当な官能基の導入が必要なときにはFGIを活用する．
   切断箇所：
   (a) 芳香環と残りの分子をつなぐ結合．Ar－X または Ar－C（2章，3章）．
   (b) すべての C－X 結合（4章）．特に下に示す結合．
      i. カルボニル基の隣の結合 RCO－X（4章）．
      ii. 二官能基結合切断が利用できる結合（6章）．
      iii. 環化反応が利用できる飽和環内の結合（7章）．
3. 入手可能な出発物にたどり着くまで逆合成解析を繰返す．

合　成：

1. 標的化合物に向けた合成計画を書き，反応剤と条件を付け加える．
2. 反応を行う順序が理にかなっているか確かめる（3章）．
3. 望みとする官能基選択性が得られるか確かめる（5章）．必要ならば官能基を保護する（9章）．
4. ポイント2および3をふまえて合成計画を修正する．また後に，実験室での予期しなかった失敗や成功例に基づいて合成計画を修正する．

7・6　例：サルブタモール

GSK社のベントリン（Ventolin™）という商品名でよく知られる気管支拡張薬サルブタモール（salbutamol）**64** は，アドレナリン（adrenaline）**65** と密接に関連している．サルブタモールは，**64** の黒丸で示すアドレナリンよりも一つ増やした炭素原子によって心臓に対する危険な副作用を防ぎ，窒素原子上の *t*-ブチル基によって効果を長時間持続させる．

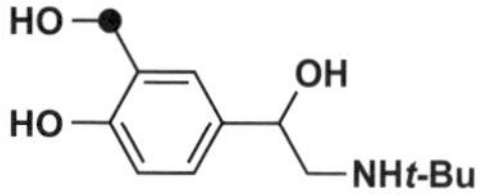

64　サルブタモール

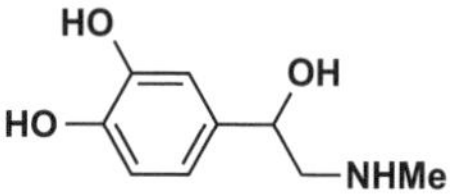

65　アドレナリン

サルブタモールは三つのOH基とアミンをもつが，二官能基C−X結合切断を利用できるのは1箇所だけである．**64a**に示すようにC−N結合を切断すると，出発物はエポキシド**66**となる．この合成はうまくいく．しかし，これには30章で学ぶ化学が含まれているので，そこで述べる．

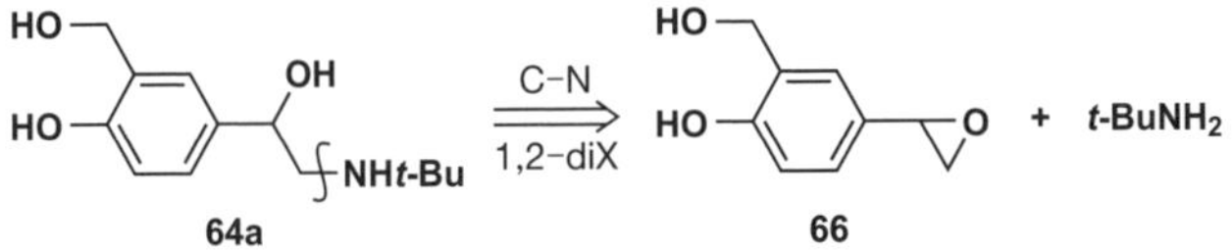

その代わりに**64**のFGIを行いケトン**67**に変換すると，本章の前半で述べた方法によってケトン**69**から合成可能なα-ブロモケトン**68**に導くことができる．ケトン**69**が，ある種のFriedel−Craftsアシル化でつくれるのは明白である．しかし，ジオール**70**はどのようにして合成すればよいだろうか．3章でオルト二置換芳香族化合物をつくるのに優れた戦略は，望みの置換様式をすでにもつ入手容易な化合物から始めることであると述べた．ここで明らかな候補はサリチル酸（salicylic acid）**71**である．

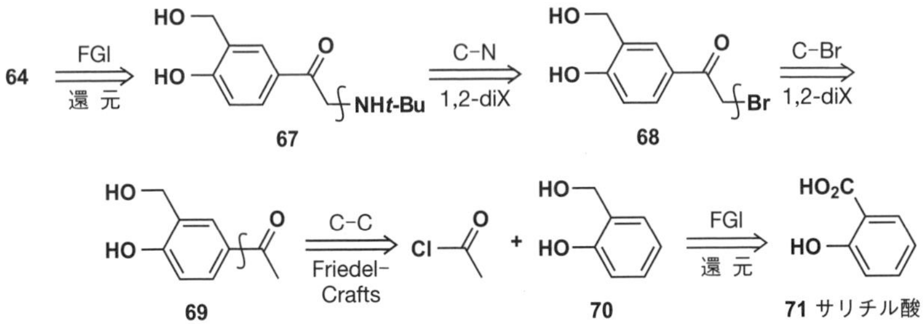

3章の内容をもう一度調べると，アスピリン（aspirin）**72**のFriedel−Crafts型の反応によって望みの置換様式をもつケトン**73**（3章，**21**）がすでに合成されていることがわかる．カルボン酸とケトンの二つを還元する必要があるが，合成の最後に両方をまとめて還元するのが理にかなっている．合成計画を下に示す．

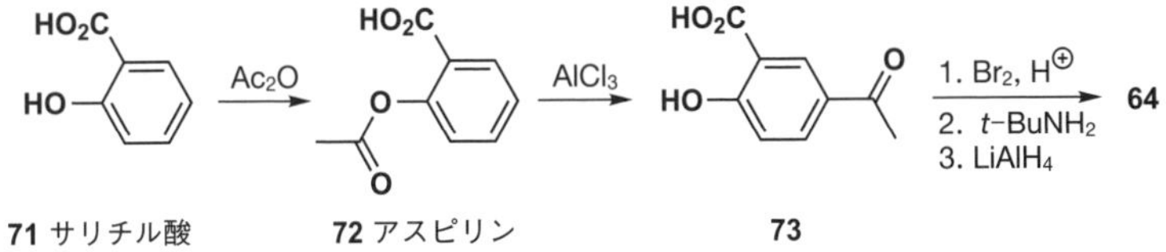

官能基選択性の問題を調べてみると，アミンが非常に反応性の高い α-ブロモケトン **74** によって 2 回アルキル化されてしまうことに気づくだろう．そのため，窒素原子をベンジル基で保護する．ベンジル基は接触水素化によって除去できる．また，実験室で **73** の臭素化は酸性溶液中よりも中性条件で行うほうがよいことがわかった．最終的な合成経路を下に示す．

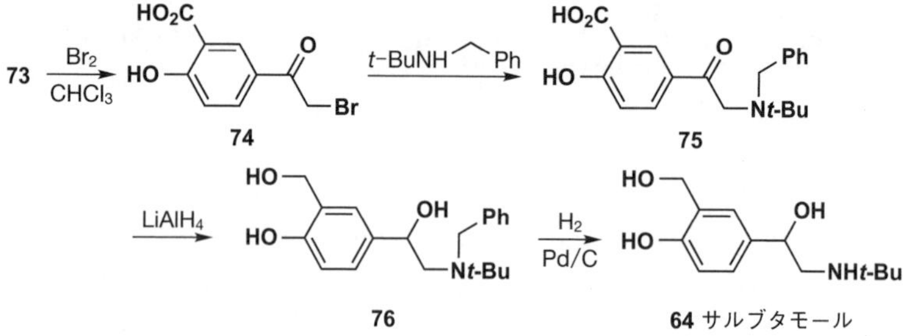

この合成は短工程かつ高収率である．この合成では，本書でこれまで述べた合成戦略のポイントが活用されている．また，次の二つの章の主題であるアミンの合成と保護基の利用が取入れられている．

文　献

1. J. Clayden, N. Greeves, S. Warren and P. Wothers, *Organic Chemistry*, Oxford University Press, Oxford, 2001, chapter 21.
2. J. Clayden, N. Greeves, S. Warren and P. Wothers, *Organic Chemistry*, Oxford University Press, Oxford, 2001, chapter 20.
3. R. Adams and C. R. Noller, *Org. Synth. Coll.*, 1932, **1**, 109；W. D. Langley, *Ibid.*, 127.
4. P. A. Levene, *Org. Synth. Coll.*, 1943, **2**, 88.
5. O. Widman and E. Wahlberg, *Ber.*, **44**, 2065.
6. E. M. Schultz and S. Mickey, *Org. Synth. Coll.*, 1955, **3**, 343.
7. B. S. Furniss, A. J. Hannaford, P. W. G. Smith and A. R. Tatchell, *Vogel's Textbook of Practical Organic Chemistry*, Fifth Edition, Longman, Harlow, 1989, p.722.
8. G. F. MacKenzie and E. K. Morris, *U. S. Pat.*, 1858, 2848491；*Chem. Abstr.*, 1959, **53**, 1151b.
9. E. K. Harvill, R. M. Herbst and E. G. Schreiner, *J. Org. Chem.*, 1952, **17**, 1597.
10. B. S. Furniss, A. J. Hannaford, P. W. G. Smith and A. R. Tatchell, *Vogel's Textbook of Practical Organic Chemistry*, Fifth Edition, Longman, Harlow, 1989, p.919.
11. M. Bockmühl and G. Ehrhardt, *Liebig's Ann. Chem.*, 1948, **561**, 52.
12. N. H. Cromwell in *Heterocyclic Compounds*, ed. R. C. Elderfield, vol.6, 1957, Wiley, New York, pp. 502～517.
13. A. Reiche and E. Schmitz, *Chem. Ber.*, 1956, **89**, 1254.
14. D. J. Dale, P. J. Dunn, C. Golightly, M. L. Hughes, P. C. Levett, A. K. Pearce, P. M. Searle, G. Ward and A. S. Wood, *Org. Process Res. Dev.*, 2000, **4**, 17.

8　アミンの合成

本章に必要な基礎知識（“ウォーレン有機化学”の以下の章参照）
　14 章　カルボニル酸素の消失を伴うカルボニル基での求核置換反応

4 章で述べたエーテル，スルフィドや類似化合物の合成に用いた **1a** に示す C−X 結合の切断はアミンの合成には適用できないので，アミンの合成については本章で改めて述べる必要がある．問題は 1 回目のアルキル化生成物が少なくとも出発物 **2** と同じくらい（または各アルキル基の電子供与性のため，それ以上に）求核性をもち，多重アルキル化が起こり第三級アミン **3**，さらには第四級アンモニウム塩 **4** さえも生じることである．MeI をちょうど 1 当量加えたとしても効果がない．生成物 **1** は MeI に対して出発物 **2** と競争するからである．

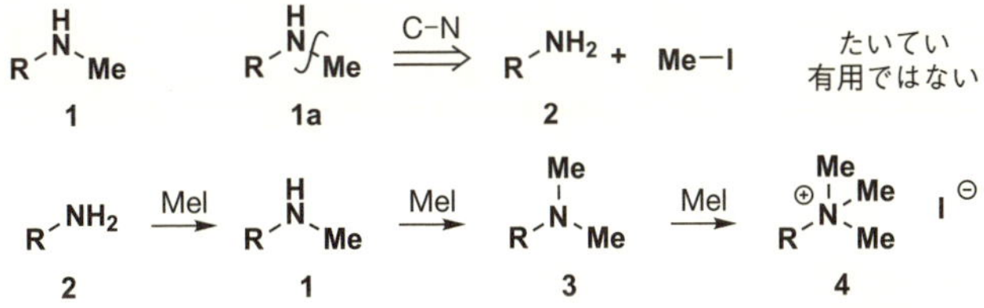

ハロゲン化アルキルを用いたアミンの単純なアルキル化は，生成物が出発物よりも求核性が低いときに限り利用できる．グリシン **6** はアンモニアとクロロ酢酸 **5** との反応によって合成できるが，これは電子的な理由によるものである．グリシンはほとんどが窒素原子が求核性をもたない双性イオン **7** として存在しているからである．ある場合には立体的な理由によることもある．7 章の終わりで述べた α-ブロモケトン **8** を用いた嵩高いアミン **9** のアルキル化では，さらに嵩高いアミン **10** が良好な収率で生

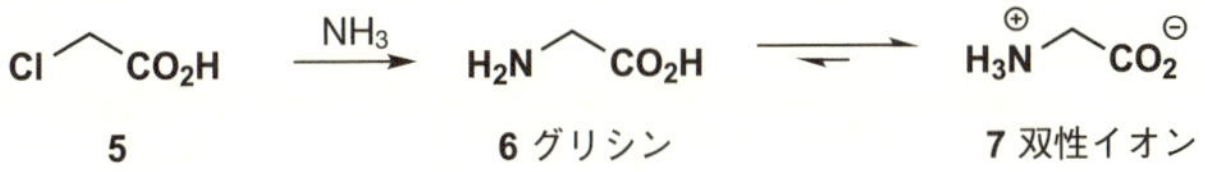

成し，第四級アンモニウム塩は生成しない．環化反応（7 章）の場合も，うまくいくだろう．

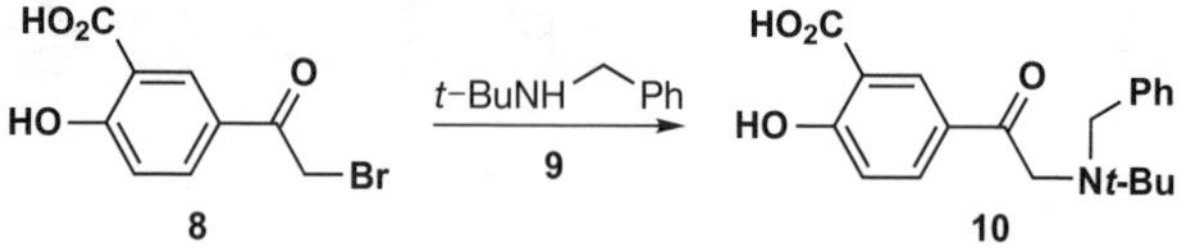

より一般的な解決法は，アルキル化をカルボニル化合物との反応に置き換えることである．それらの反応による生成物（たとえばアミド **12** またはイミン **15**）は出発物のアミンよりも求核性がきわめて低いため，通常それらの反応は 1 回だけ起こり，多くの場合 2 回は起こらない．これらの生成物を還元することにより標的のアミンが得られる．アミドを経る経路は窒素原子に隣接した CH_2 基をもつアミン **13** の合成に限定されるが，イミンを経る経路はきわめて一般性があり，還元的アミノ化として知られている[1]．この方法はアミン合成の最も重要な方法であり，最近の調査により製薬企業では大半のアミンが還元的アミノ化で合成されていることがわかった．

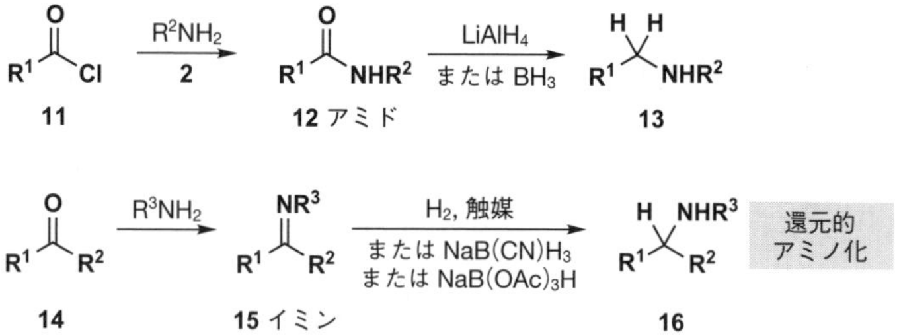

これらの反応をふまえて C−N 結合を切断する際は，あらかじめ FGI を行っておく必要がある．アミン **17** はアミド **18** またはイミン **21** から，すなわち二つの異なる第一級アミン **20** または **22** と二つの異なるカルボニル化合物 **19** または **23** から合成できる．これらの方法はきわめて汎用性が高い．

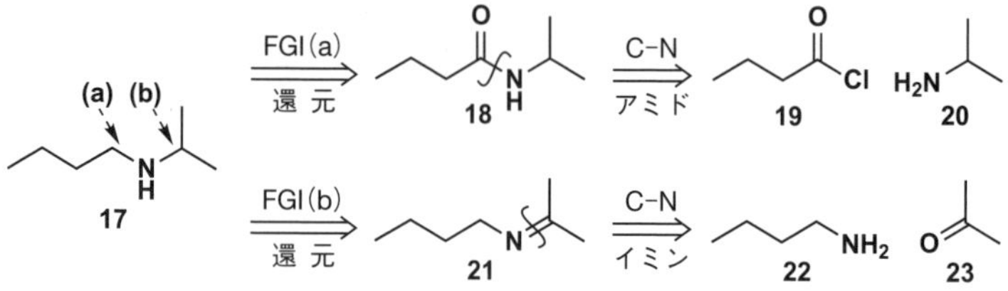

アミン **17** の合成例の一つは，還元的アミノ化によるものである[2]．$NaB(CN)H_3$ または $NaB(OAc)_3H$ を用いたイミンの還元はイミン形成条件下で起こる[3]ので，通常行いたくない幾分不安定なイミンの単離は必要がないことに注目してほしい．イミンと出発物は平衡にあるので，イミンがプロトン化されてアルデヒドやケトンよりも速く還元されるように弱酸性条件下で反応を行わなくてはならない．これら二つの還元剤は pH 5 程度まで安定である．

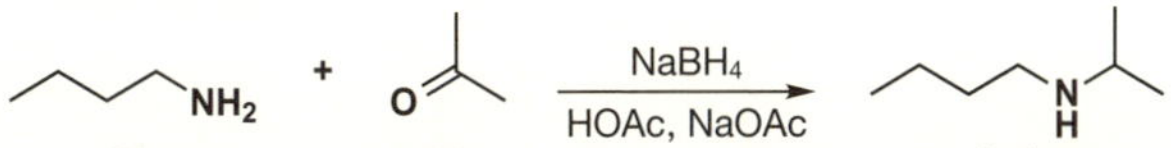

22 **23** **17** 収率 63%

アミドを経る合成の例として，環状アミン **24** の合成をあげる．アミン **24** の側鎖にカルボニル基を付加してアミド **25** に変換すると，入手容易なピペリジン **26** を出発物とすればよいことがわかる．実際の合成[4]では，アミド **25** の接触還元により **24** を収率 92%で得ている．

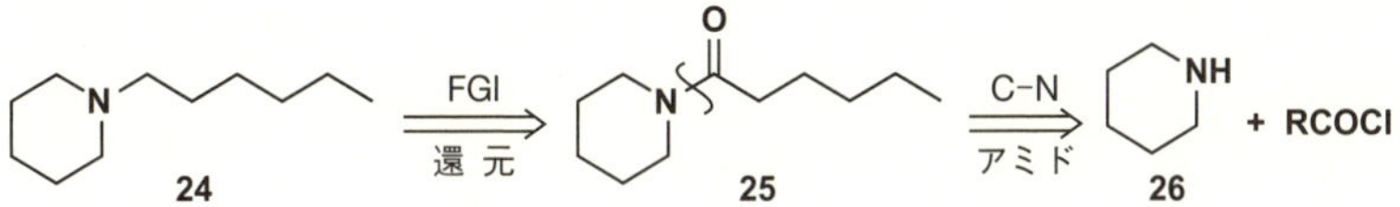

24 **25** **26**

8・1 還元的アミノ化

この最も汎用性の高いアミン合成法は，アルデヒドまたはケトンとの反応によりイミンを生成させることができさえすれば，第一級，第二級または第三級アミンの合成に適用可能である．イミン **28** の選択的還元に基づくこの方法は，アルデヒド **27** またはケトンの共存下でもうまくいく．イミンの C=N 結合はアルデヒドやケトンの C=O 結合よりも弱いので，接触水素化はイミン **28** を優先して還元する．

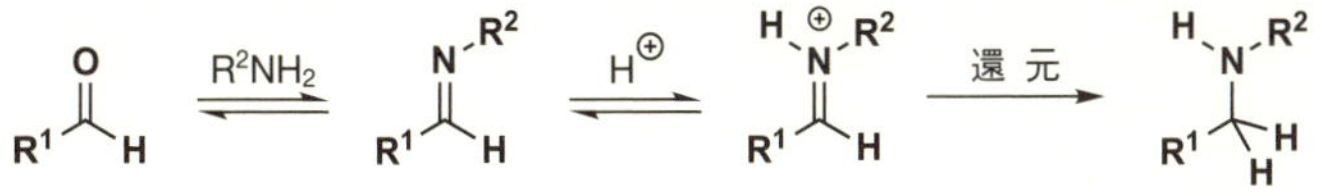

27 **28** **29** **30**

$NaBH_4$ のような典型的な求核性の還元剤は，イミン **28** よりも求電子性の高いアルデヒド **27** を優先して還元する．プロトン化によって求電子性が高められたイミニウム塩 **29** が優先して還元されるように，この反応は弱酸性溶液中（pH 5～6）で行わなくてはいけない．しかし，$NaBH_4$ のような還元剤は酸性溶液中では不安定であり，分解しながら水素ガスを発生する．$NaB(CN)H_3$ または $NaB(OAc)_3H$ のような修飾した水素化ホウ素反応剤が用いられる理由がここにある．電子求引性の CN または OAc 基はホウ素上のヒドリドの求核性を低下させ，反応剤のイミニウム塩 **29** への選択性および酸性溶液中における安定性を向上させている．

ジアリールイミン **32** や立体的に混み合った脂肪族アミン由来のイミン **35** のようにイミンが十分安定で単離できる場合[5]には，未反応のアルデヒドとの競争がないため $NaBH_4$ を還元剤として利用できる．

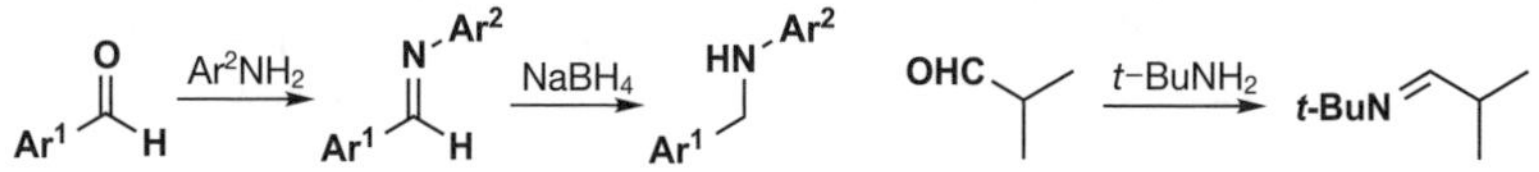

31　**32**　**33**　**34**　**35**

還元的アミノ化による第一級アミンの合成

この場合に必要なアミンはアンモニアであるが，置換基のないイミン **36** はきわめて不安定である．通常，アンモニア源として酢酸アンモニウム，還元剤として $NaB(CN)H_3$ または $NaB(OAc)_3H$ を用い，pH を調整して還元的アミノ化を行う．アルデヒド（**37**, R^2＝H），ケトン **37** のいずれも利用できる．

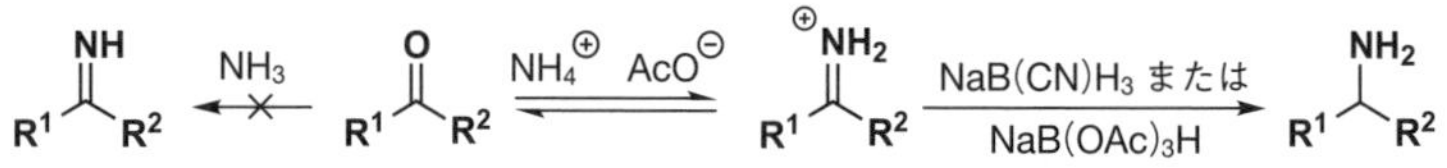

36　**37**　**38**　**39**

還元的アミノ化による第二級アミンの合成

還元的アミノ化によるアミン **30** および **33** の合成は，カルボニル化合物としてアルデヒドを用いるが，ケトンを用いれば **40** のようなアミンが得られる．いずれの出発物も **28a** や **41** に示す結合切断を行えばすぐに見いだすことができる．窒素原子に結合した二つの炭素原子のうち一方が還元によって構築できない第三級炭素の場合，窒素原子に隣接した第三級炭素をもつ置換基は **30** の R^2 基または **40** の R^3 基でなくてはならない．

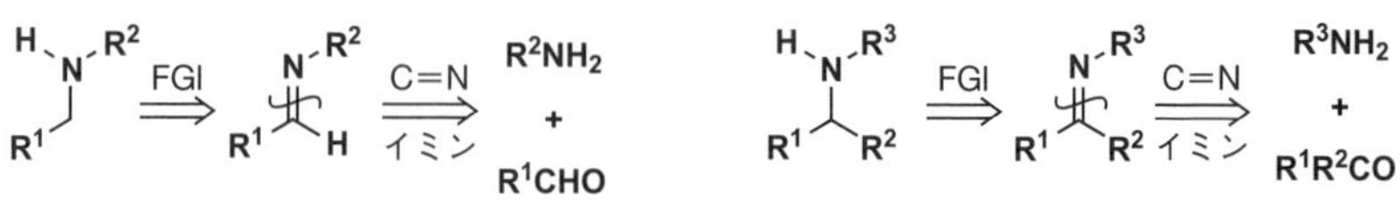

30　**28a**　**40**　**41**

還元的アミノ化による第三級アミンの合成

一見すると，還元的アミノ化による第三級アミンの合成は，対応するイミンが合成できないので実現できないように思われる．確かにピペリジン **42** のような第二級アミンがアルデヒドと反応した場合の生成物はイミンではなくエナミン **44** である．しかし，思い起こしてほしい．エナミン **44** はイミニウム塩 **45** の脱プロトン化によって生成するが，この **45** こそ望みの活性種であり，$NaB(CN)H_3$ または $NaB(OAc)_3H$ との反応によって第三級アミン **46** が生成する．したがって，問題はない．

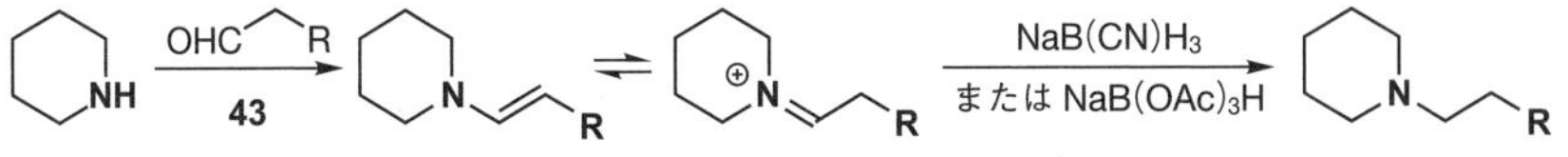

42 **44** エナミン **45** イミニウム塩 **46**

その逆合成は簡単である．第三級アミン **47** または **49** の FGI によりイミニウム塩 **48** または **50** を書き，これまでと同様に C=N 結合の切断を行えばよい．ただし，窒素原子上の置換基が第三級炭素の場合，その結合切断にこの方法は適用できない．この問題は少し後で取上げる．

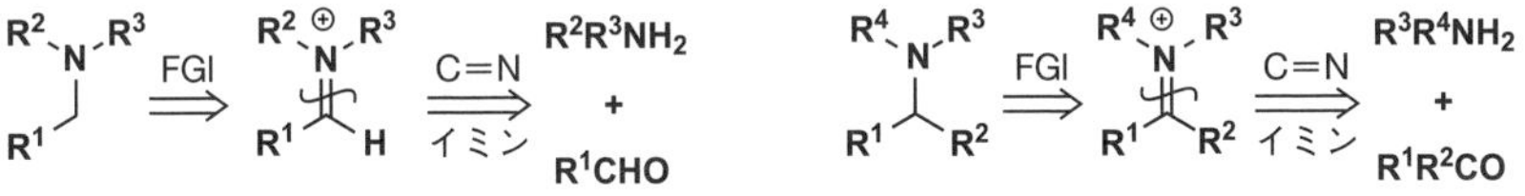

47 **48** **49** **50**

8・2 他の方法によるアミンの合成

ハロゲン化アルキルを用いたアルキル化による第一級アミンの合成

窒素求核剤の直接アルキル化による第一級アミンの合成法が一つある．あらかじめ FGI（再度還元を念頭におくように）によりアミン **51** をアルキルアジド **52** に変換すると，C−N 結合を切断することによってハロゲン化アルキルとアジドイオン **54** に導かれる．この興味深い活性種は直線状であり，あたかも小さなダーツ（投げ矢）のように混み合った分子の中にも滑り込んで行くことができる．しかしこの方法には欠点がある．すなわちすべてのアジド化合物は毒性が高く**爆発性**がある．

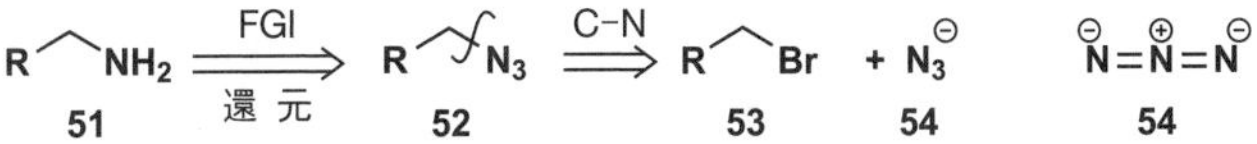

51 **52** **53** **54** **54**

この合成法では，アジ化ナトリウムのような塩が用いられ，アジドの還元には接触水素化，$NaBH_4$ またはプロトン性溶媒中 Ph_3P が用いられる．オクチルアミン **57** のような単純なアミンはこの方法で合成できる[6]．爆発の危険性を避けるため，アジド **56** は単離されることなくすべての工程は同じ水溶液中で行われる．

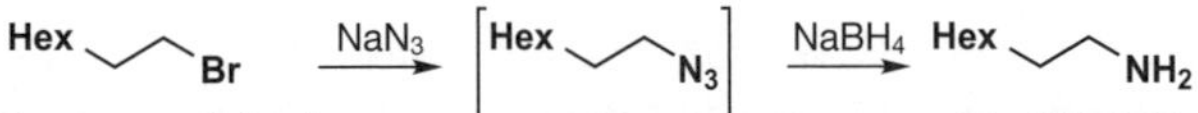

55（Hex = *n*-ヘキシル）　**56**　**57** 収率 88%

上とは異なる FGI（再度還元を用いる）によって，炭素一つ分深い位置での結合切断が可能となる．これはシアン化物イオン **61** を求核剤として用いるという考えに基づいている．この方法は C−N 結合ではなく C−C 結合を形成するが，逆合成では炭素と窒素を含む 2 原子の結合切断を行っている．シアン化物イオンは興味深い構造をもっている．すなわち直線状であり，窒素原子上に非共有電子対と炭素原子上に負電荷をもつ数少ない真正のカルボアニオンの一つである．この方法にも欠点がある．すなわちシアン化物イオンは毒性が大変高い．

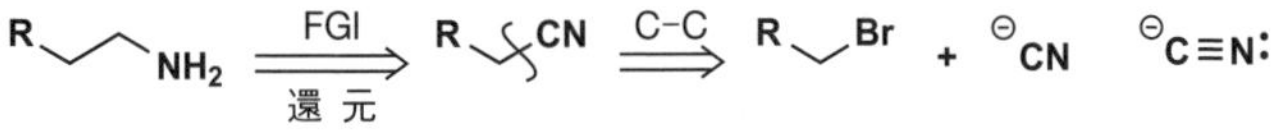

58　**59**　**60**　**61**　**61**

この方法は臭化ベンジル **62** のように，シアン化物イオンを求核剤とする S_N2 反応が起こりやすい場合には特に有用である．ニトリルの還元はさまざまな反応剤を用いて行うことができるが，この場合には Raney（ラネー）ニッケルを用いて水素化するとよい結果が得られる[7]．

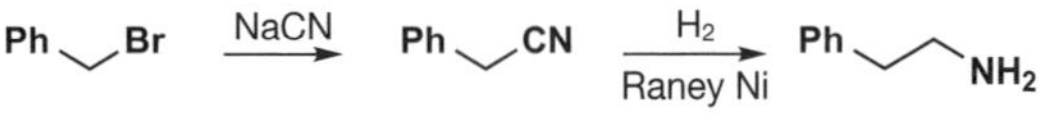

62　**63**　**64** 収率 90%

窒素原子への第三級炭素の導入

これを達成する方法の一つは脂肪族ニトロ化合物を用いるものであり，内容は 22 章で解説する．直接的な方法の一つは，Ritter（リッター）反応[8] を利用するものである．この反応は S_N1 機構を経るため，第三級アルキル基の場合のみうまくいく．窒素求核剤はニトリルである．その求核性はきわめて低く，反応の進行にはカルボカチオンの生成が必要である．*t*-ブチルアルコールとアセトニトリルを酸性溶液中で反応させると，**66** に示すようにニトリルが第三級カルボカチオンを攻撃してアミド **69** が生成する．アミドを加水分解すると *t*-ブチルアミンが，またアミドの還元により第二級アミン **70** が得られる．ニトリルは，必要に応じて他のアルキル基が置換したものが選ばれる．

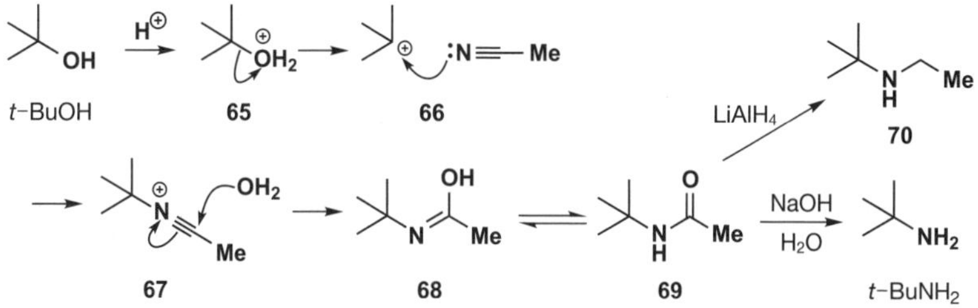

8・3 モノモリンⅠの合成

最後に本章で学んだ方法を利用した天然物の合成例を示す．モノモリンⅠ（monomorine Ⅰ）**71** はイエヒメアリ（*Monomorium pharaonis*）の道しるべフェロモンである．これらのアリは病院内で感染症をまき散らす害虫であり，モノモリンの跡を追いかけながら害を及ぼす．合成したモノモリンはアリを駆除用トラップに導く擬似餌として利用できる．モノモリンⅠは二環性アミンであり，還元的アミノ化をふまえてすべての C−N 結合を切断すると鎖状トリケトン **72** に導くことができる．このものの構造は，**72a** のようにもっときれいに書くことができる．

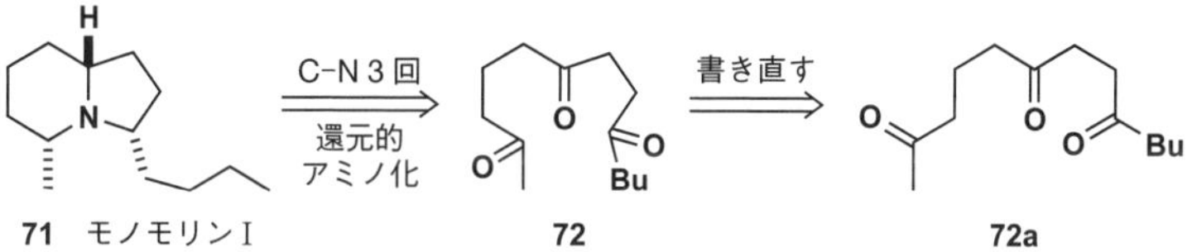

トリケトン **72** とアンモニアを反応させることはさすがに無理と判断されたので，出発物としてニトロ化合物 **73** が選ばれた[9]．ニトロ基は還元後に分子中央の窒素原子として機能するという着想である．22 章および 24 章で学ぶように，ニトロ基は隣接するカルボアニオンを安定化し，そのようなアニオンを用いた共役付加はうまくいく．したがって，**73** の逆合成は以下に示すようになる．ニトロペンタン **75** は切断 ***b*** の場合にはニトロメタンのアニオンのアルキル化，あるいは今回選択した切断 ***a*** の場合にはブロモペンタンと亜硝酸イオンとの S_N2 反応によって合成可能と考えられる．

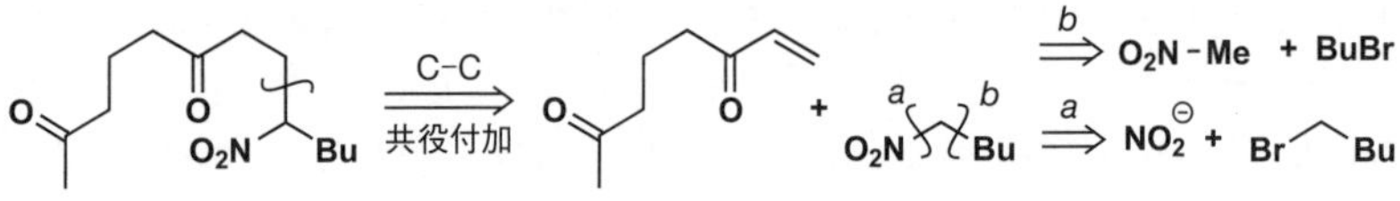

73　　74　　75

実際の合成を以下に示す．ニトロ化合物 **75** は S_N2 反応に有効な溶媒である DMSO 中，ブロモペンタンと亜硝酸イオンから合成された．つぎに，強塩基であるテトラメチルグアニジン **77** を触媒として用い，**75** をジケトン **74** から合成したアセタール誘導体 **76** へ共役付加することにより，**73** の一部保護体 **78** が得られた．これで各種還元のための準備がすべて整った．

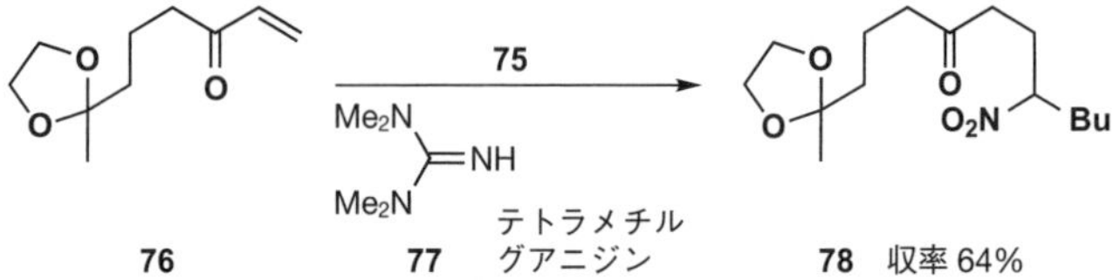

76　　77　　78　収率 64%

ニトロ基の接触還元はアミン **79** を生成するが，このものは直ちにイミン **80** へ環化した後（7 章参照），環状アミン **81** に還元される．ほぼ平面 5 員環構造であるイミンが Pd/C の表面に接近する際，触媒表面はイミンの水素原子のある面かブチル基が置換した面かどちらかを選択できる．より立体障害の小さい面が選択されるため，新しく加わる水素はもとからあった水素に対してシスとなり望みの立体化学が得られる（**81** と **71** の構造を比較せよ）．

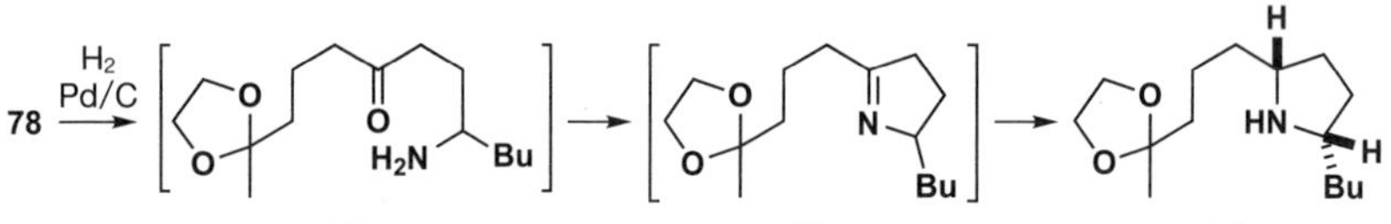

79　　80　　81

アセタールは加水分解されケトン **82** が生じるが，これは直ちに環化して安定な 6 員環構造をもつエナミン **83** となる．この環状エナミンは単離後，弱酸性溶液中 $NaB(CN)H_3$ で処理された．酸性条件下ではエナミンはイミニウム塩との間に平衡が存在し（**44** と **45** の関係と比較せよ），還元は再び分子のより立体障害の小さい側から，すなわち他の二つの水素とシスになるように起こる．

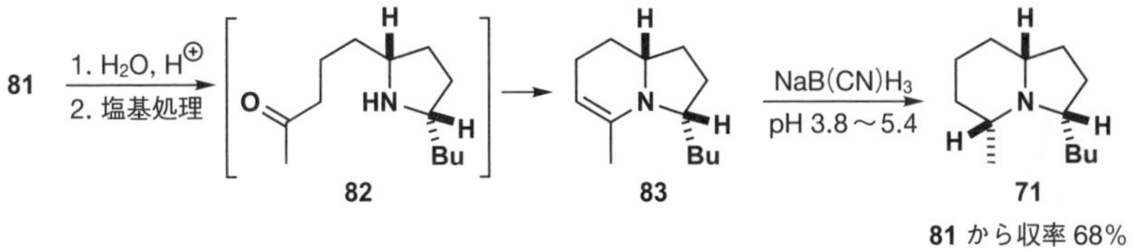

このエレガントな合成は本章で学んだアミンの合成法の一部と次章で学ぶ保護基，および後で述べるニトロ化合物の反応を利用している．

文　献

1. E. W. Baxter and A. B. Reitz, *Org. React.*, 2002, **59**, 1.
2. K. A. Schellenberg, *J. Org. Chem.*, 1963, **28**, 3259.
3. A. F. Abdel-Magid and S. J. Mehrman, *Org. Process Res. Dev.*, 2006, **10**, 971.
4. B. Wojcik and H. Adkins, *J. Am. Chem. Soc.*, 1934, **56**, 2419.
5. B. S. Furniss, A. J. Hannaford, P. W. G. Smith and A. R. Tatchell, *Vogel's Textbook of Practical Organic Chemistry*, Fifth Edition, Longman, Harlow, 1989, p.783.
6. B. S. Furniss, A. J. Hannaford, P. W. G. Smith and A. R. Tatchell, *Vogel's Textbook of Practical Organic Chemistry*, Fifth Edition, Longman, Harlow, 1989, p.772.
7. R. F. Nystrom, *J. Am. Chem. Soc.*, 1955, **77**, 2544；B. S. Furniss, A. J. Hannaford, P. W. G. Smith and A. R. Tatchell, *Vogel's Textbook of Practical Organic Chemistry*, Fifth Edition, Longman, Harlow, 1989, p.773.
8. L. I. Krimen and D. J. Cota, *Org. React.*, 1969, **17**, 213.
9. R. V. Stevens and A. W. M. Lee, *J. Chem. Soc., Chem. Commun.*, 1982, 102；R. V. Stevens, *Acc. Chem. Res.*, 1984, **17**, 289.

9 合成戦略 IV：保護基

本章に必要な基礎知識（"ウォーレン有機化学" の以下の章参照）
24 章 官能基選択性：選択的反応と保護

保護基（protecting group, PG）についてはこれまでときどき述べてきた．本章では保護基の利用の背景にある考え方を系統的に述べ，さまざまな官能基に適した保護基を表にまとめた．保護基は官能基選択性の問題を克服できる．ケトエステル **1** をアルコール **2** に還元することは容易である．$NaBH_4$ のような求核剤は，より求電子性の高いケトンだけを攻撃する．

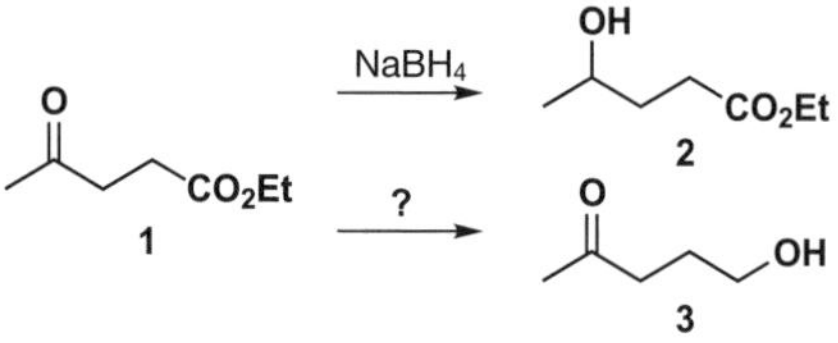

一方，より求電子性の低いエステルだけを還元してアルコール **3** を合成することはそれほど容易ではない．しかし，求核剤と反応しないアセタール **4** としてケトンを保護すれば，より求核性の高い $LiAlH_4$ を用いてエステルを還元できる．

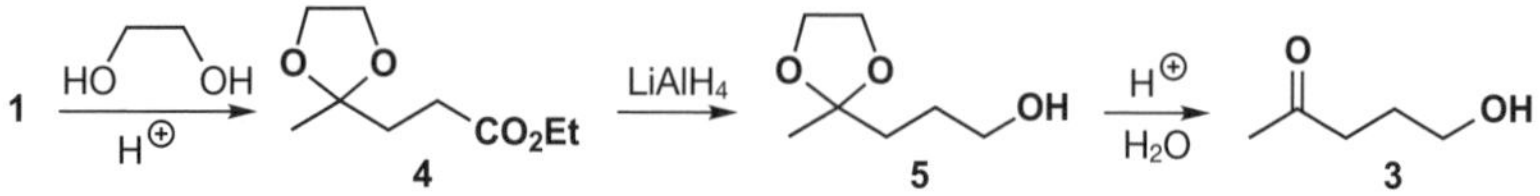

保護基のもう一つの重要な役割は，反応剤の自己分解を防ぐことである．8 章で述べた二環性アミンのモノモリンの合成では，保護されたエノン **12**（8 章の **76**）を用いたが，この化合物の合成法は述べなかった．まず初めに，ケトラクトン **6** を HCl と反応させることによって，クロロケトン **9** が収率 89～93%で合成される[1]．この反応では，塩化物イオンがプロトン化されたラクトン **7** を開環した後，この反応条件で生成物 **8** は脱炭酸して **9** を生成する．

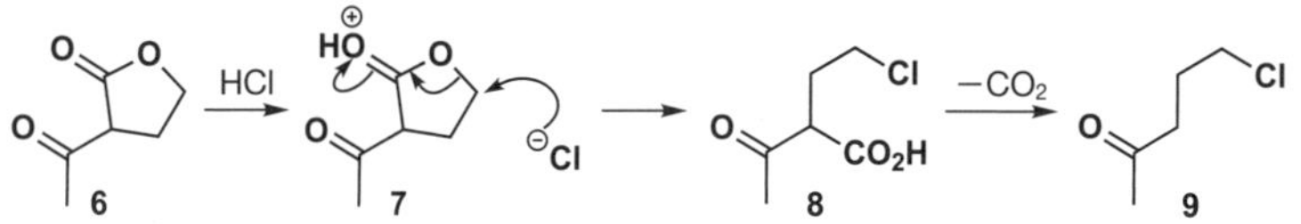

クロロケトン **9** からの Grignard（グリニャール）反応剤の調製はどのような試みもうまくいかない．求核性をもつ Grignard 反応剤は生成と同時にケトンを攻撃するからである．Grignard 反応剤による攻撃を受けず，かつ導入が容易な官能基でケトンを保護する必要があるが，アセタール **10** はその答えである．アセタール **10** から調製した Grignard 反応剤のアクロレイン（CH_2＝CHCHO）への付加によりアリルアルコール **11** が得られ，このものは二酸化マンガンを用いてエノン **12** に酸化される[2]．8 章を復習すれば，このアセタールは合成のほぼ最終段階まで保持され，その後容易に除去されたことがわかる．

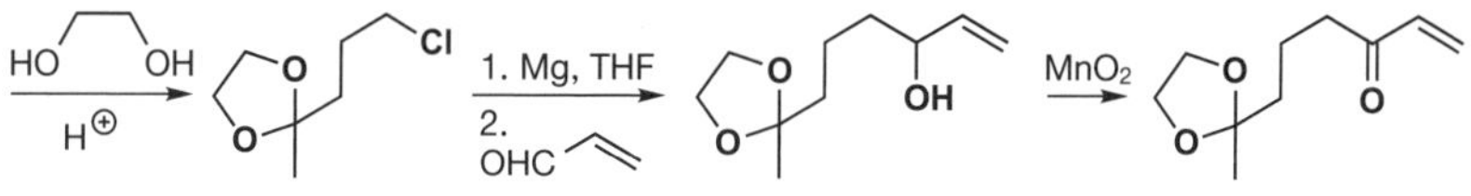

10　**11** 収率 61%　**12** 収率 75%

9・1 保護基に求められる特性

1. 容易に導入できなければならない．
2. 無保護の官能基を攻撃する反応剤に耐えなければならない．
3. 容易に除去できなければならない．

最後のポイントはあまり明白ではないかもしれないが，実は最も実現しにくいことである．多くの合成がまさに最終段階でつまずくのは，標的分子を分解することなく保護基を除去できないからである．次節では，保護基を簡単に除去する方法について述べる．

9・2 保護基としてのエーテルおよびアミド

アルコールやアミンの保護は簡単そうに見えるかもしれない．メチルエーテルや単純なアミドは容易に合成でき，さまざまな反応剤に十分耐えることができる．したがって，分子中の他の部位で必要な反応（たとえば，**13** や **17** の R^1 基を **16** や **20** の R^2 基に変換する）を行っても問題はない．しかし，残念ながらこれらの除去には極めて過酷な条件が必要であるので，保護基としてはほとんど有用性がない．すなわち，メチルエーテルの開裂は酸性条件下でよい求核剤を用いる必要があり，アミドの加水分解は 10% NaOH 水溶液中で還流するか，または封管中 100 ℃ で濃塩酸と終夜反応させる必要がある．

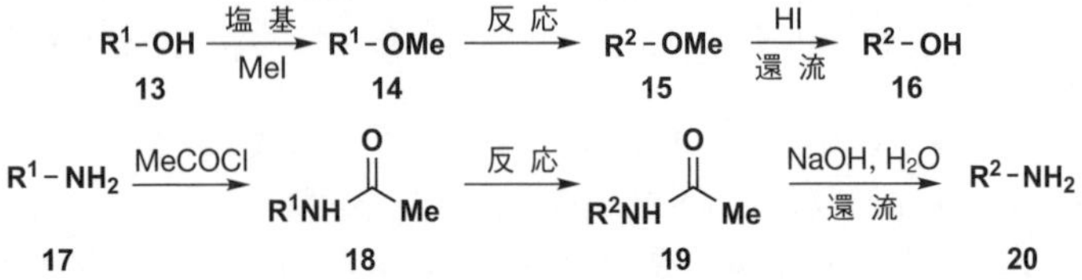

これらの保護基は，標的分子が脱保護条件で十分に安定な場合に用いられる．アニリン **21** を臭素化すると 2,4,6-三臭素化体 **22** が定量的に生成するが，臭素を一つだけ導入したいときには，過剰反応を避けるためにアミノ基の保護が必要となる．アミド **23** は容易に合成され，*N*-アセトアミド基は NH_2 基より大きいので臭素化はパラ位だけで起こり，アミドの加水分解はベンゼン環を壊すことはなく進行し目的物 **25** を生成する[3]．

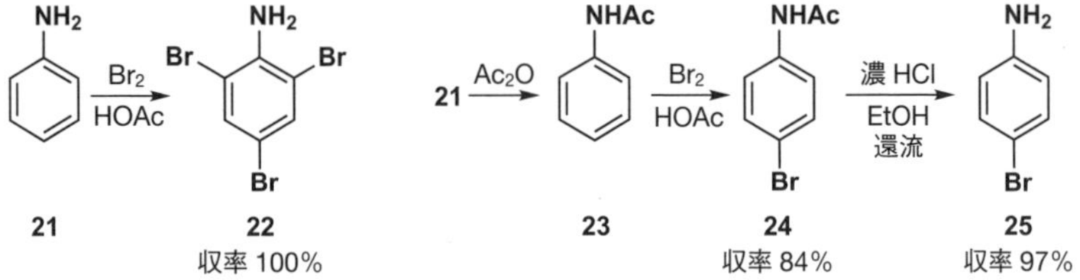

9・3 ‘アキレス腱’ を活用した戦略

脱保護の困難さを回避する方法は，過酷な除去条件を必要としないように，本来的な弱点をもつエーテルやアミドを用いることである．エーテルの ‘アキレス腱’ として一般に用いられているのは，エーテルをアセタールとした THP（テトラヒドロピラニル）基である．ジヒドロピラン（DHP，**26**）は，**27** に示すようにプロトン化されてカチオン **28** となり，このものがアルコールを捕捉して通常 ‘THP 誘導体’ とよばれる混合アセタール **29** を生成する．必要な変換を行った後の加水分解は，アセタールの除去に用いられる弱酸水溶液だけで十分である．この脱保護の秘訣は，強力なエーテル結合（**30** の ***a***）ではなく，弱いアセタール結合（**30** の ***b***）が切断されることにある[4]．

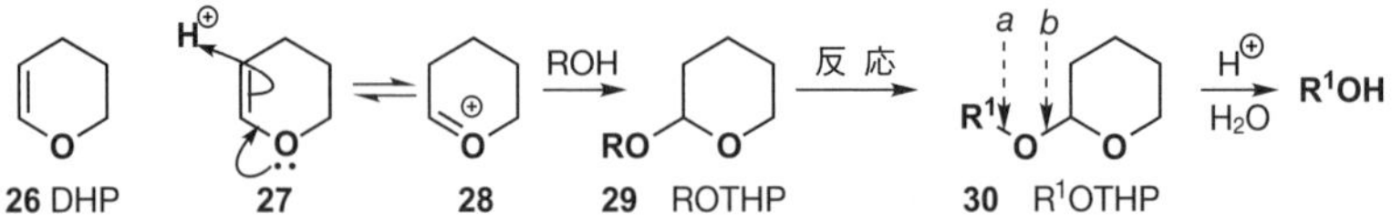

エーテルの除去を容易にするもう一つの方法はベンジルエーテル **31** とすることである．ベンジル位の C−O 結合はベンゼン環との σ 共役により弱められているので，さまざまな遷移金属触媒を用いた接触水素化により切断される[5]．

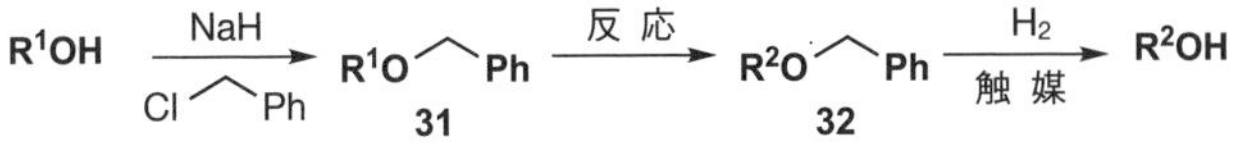

ベンジル基はアミンの保護基としてアミドを除去しやすくするための鍵にもなっている．アミン R^1NH_2 をクロロギ酸ベンジル **33**（5 章）を用いてアシル化すると，ウレタン **34** が得られる．この化合物の左側は依然アミドであるが，右側はベンジルエステルとなっている．**34** を用いた変換反応が行われた後，接触水素化により弱いベンジル C−O 結合が切断されて不安定なカルバミン酸 **36** が生成する．このものは **37** に示す脱炭酸を直ちに起こし，アミン R^2NH_2 を生成する．この過程では C−N 結合が切断されるが，カルボニル基への求核攻撃は必要としない．この保護基は広く用いられ，Cbz（ベンジルオキシカルボニル benzyloxycarbonyl）基またはただ単に Z 基という略号をもっている．

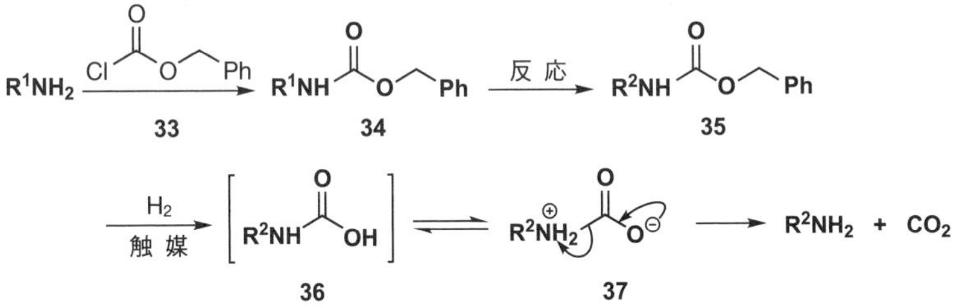

ベンジル基および Cbz 基はどちらもアスパルテーム（aspartame）**38** の合成に利用されている．アスパルテームは砂糖より 150 倍甘く，ニュートラスイート™（Nutrasweet™）という商品名で多くの清涼飲料水に用いられるジペプチドである．この化合物の理にかなった結合切断箇所は一つしかない．すなわち分子の中央にあるアミド結合は，購入可能なアスパラギン酸 **39** とフェニルアラニンのメチルエステル **40** を出発物にすればよいことを示している．

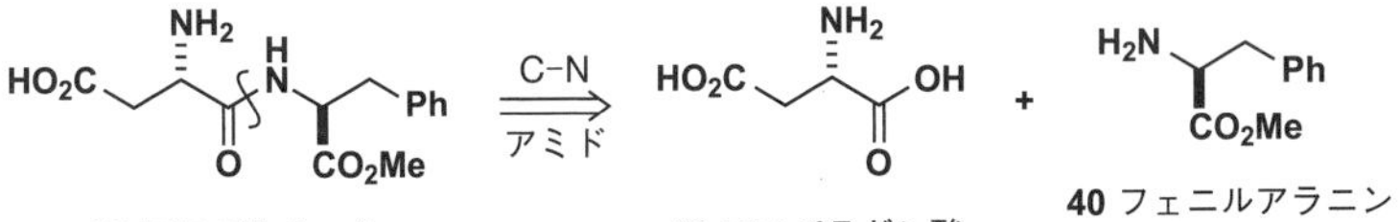

38 アスパルテーム　**39** アスパラギン酸　**40** フェニルアラニンメチルエステル

出発物 **40** をさらに保護する必要はないが，アスパラギン酸 **39** のアミノ基と一方のカルボン酸は保護し，残りのカルボン酸は活性化する必要がある．Cbz 基はアミノ基の保護に最適であり，**41** の両カルボン酸はベンジルアルコールを用いてエステル化できる．

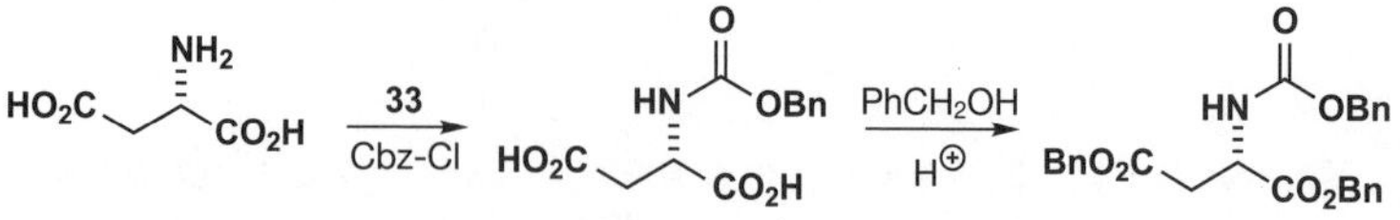

39 アスパラギン酸　**41** Cbz-Asp　**42**

次にベンジルエステルの一方だけを選択的に切断しなくてはならない．これは難しそうで，接触水素化では簡単に実現できそうにない．しかし，ペプチド化学の専門家は右側のエステルは塩基性条件で加水分解されて望みの中間体 **43** が得られることを知っていた．明らかにアミドはこのエステルの求電子性を高めているが，このことは経験によって見いだされたものである．つづいて，遊離のカルボン酸 **43** を求核攻撃を受けるために活性化しなければならないが，トリクロロフェニルエステル **44** とするのが最もよい[6)]．

42
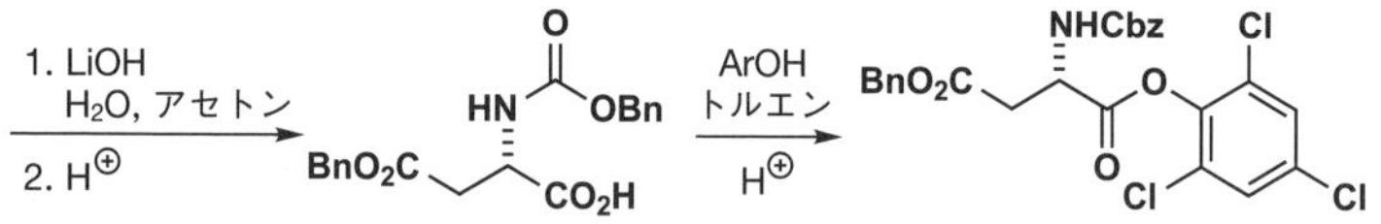

43　**44**

カップリング反応は弱い塩基を用いるだけで進行し，その後二つのベンジル基は水素化分解により除去される．この合成では，ベンジルエステルは保護のために用いられる．一方，**44** のトリクロロフェニルエステルは活性化のために用いられ，**44** のベンジルエステルや **40** のメチルエステルよりも求電子性が高くなっている．

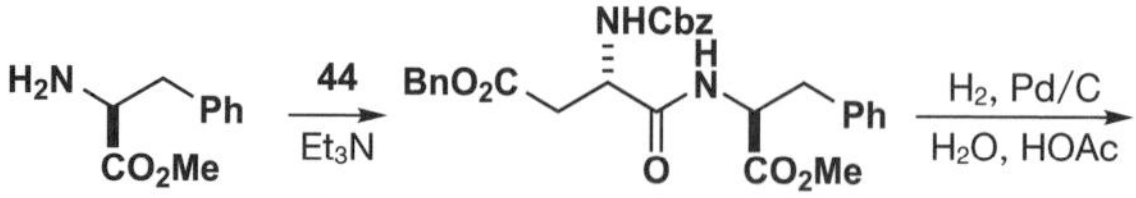

38 アスパルテーム
収率 87%

40 フェニルアラニン
メチルエステル

45　収率 96%

Cbz 基と密接に関連した保護基として Boc（*t*-ブトキシカルボニル *t*-butoxycarbonyl）基がある．このものは，エステルの加水分解を容易にするために別の方法を利用している．Boc 基はクロロギ酸 *t*-ブチル **46** によってアミンまたはアルコールに組込まれ，必要な変換が行われた後，酸によって‘加水分解’される*．この反応では，水を必要としない．このエステルはプロトン化された後に **49** に示す S_N1 機構によって *t*-Bu 基が脱離し，Cbz 基除去の際と同じ中間体 **36** が得られる．

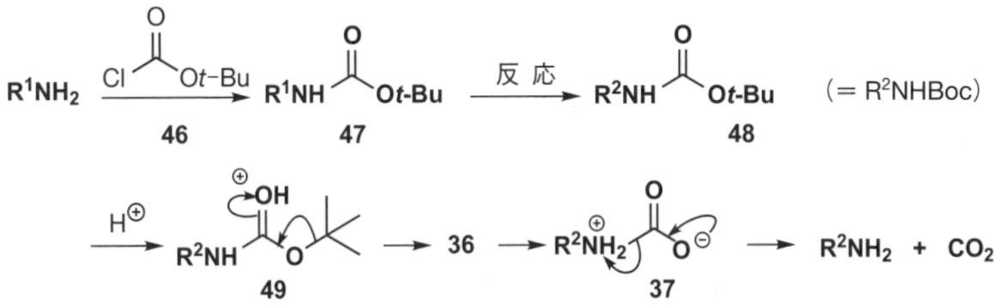

9・4 アルコールの保護

先に THP 基について説明したが，現在最も広く用いられているアルコールの保護基は種々のシリル基である．Me_3Si 基，通称 TMS（トリメチルシリル trimethylsilyl）基についてはすでによく知っていると思うが，TMS 基はきわめて容易に，しばしばクロマトグラフィー中でも脱落してしまうので保護基として使われることはほとんどない．より立体障害の大きいものとしてトリエチルシリル（TES）基，トリイソプロピルシリル（TIPS）基および *t*-ブチルジメチルシリル（TBDMS または TBS）基，そしてこれらのなかで最も立体障害の大きい *t*-ブチルジフェニルシリル基（*t*-$BuPh_2Si$）がある．これらは通常対応するクロロシランと弱塩基を用いて導入され（通常 DMF 中イミダゾール），酸素求核剤（通常酸性溶液中）またはたいていの炭素原子とほとんど反応しないフッ化物イオンを用いて除去される．特に TBAF（テトラブチルアンモニウムフルオリド tetrabutylammonium fluoride, Bu_4NF）は有用である．

Martin と Mulzer によるエポチロン B（epothilone B）の合成[7] において，出発物 **50** の一つのアルコールはすでに *p*-メトキシベンジル基で保護されている．もう一方を TBDMS 基で保護すると，二つの保護基は‘オルトゴナル（orthogonal）’な関係となる．すなわち，それぞれ一方の保護基を損なうことなくもう一方の保護基を除去できる．アルデヒド **52** へのイソプロペニル Grignard 反応剤の付加により **53** に示す第三のアルコールをつくり，続いて TBAF を用いて TBDMS 基を除去してジオール **54** とした後，アセタール **55** に変換する．各工程の収率は高く，最終的に PMB（*p*-メトキシベンジル）基はキノンを用いた酸化により除去される．

*（訳注） 実際の反応は加水分解の機構では進行していない．形式的なものであるので，‘加水分解’となっている．

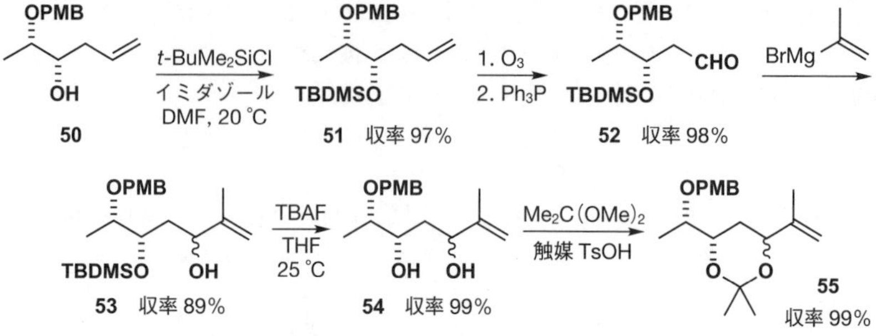

Davidson によるラウリマライド（laulimalide）合成[8]の中間体 **62** は，四つのアルコールに異なる保護基が使用された例である．出発物の **56** と **57** は，アルコールが TBDMS エーテルとして，ジオールがアセタールとしてそれぞれすでに保護されている．両者の反応により得られたアルコール **58** を PMB 基で保護した後，アセタール交換反応によりアセタールを‘加水分解’すると遊離のジオール **60** が得られる．第一級アルコールを嵩高いアシル基（ピバロイル基，*t*-BuCO-）基で選択的に保護して **61** とした後，第二級アルコールを TIPS 基で保護するとシリルエーテル **62** が得られる．最後にピバロイル基は DIBAL 還元により選択的に除去され，アルコールを一つもつ **63** が得られる．後にすべての保護基，すなわちシリル基はフッ化物イオンによって，PMB 基は Ce(IV) 反応剤を用いた酸化によって除去される．

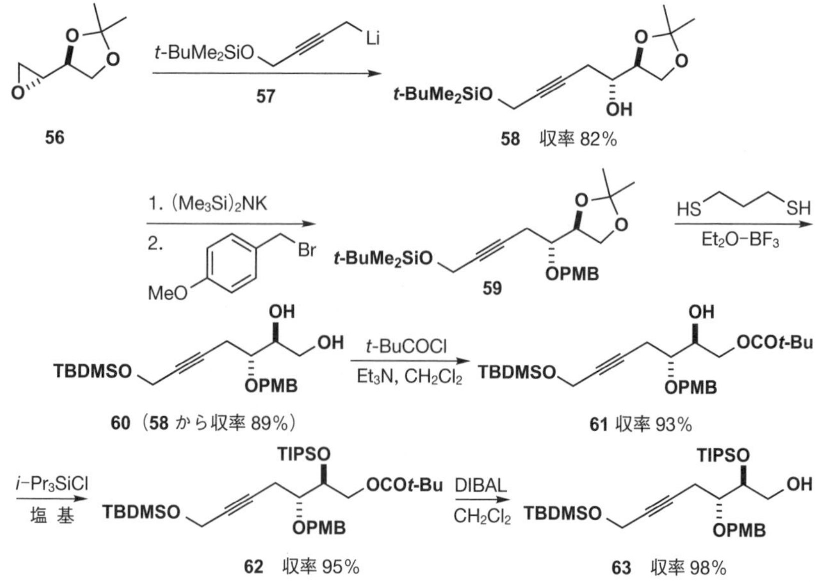

22年間に及ぶ多大な努力の末に最近完成したLeyらのアザジラクチン(azadirachtin) **64** の合成[9)] において，鍵中間体は **65** であった．ベンジルエーテル，アセタールおよびシリルエーテルが使われていることに気づくだろう．これがより現代的な，必要最低限だけと言ってもよい保護基の使用である．保護基を必要としない合成は理想的であるが，本書の残りの章からもわかるように，実際の合成ではほとんどの場面で保護基を必要とする．しかし，保護基の使用を最小限にする努力は継続すべきである．

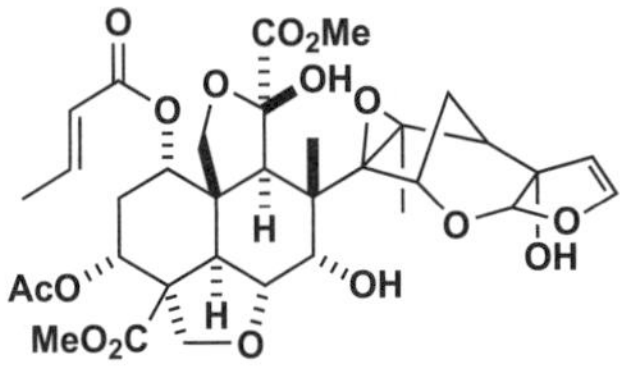

64 アザジラクチン

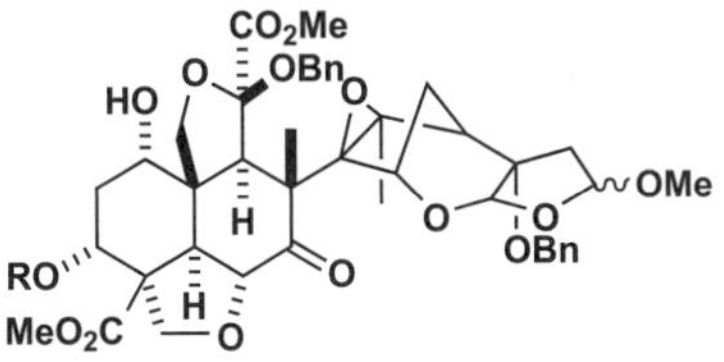

65 (R = t-$BuMe_2Si$)

9・5 保護基に関する文献

‘保護基’ は非常に大きなテーマである．主要な各官能基に対し，たくさんの異なる考え方に基づいた膨大な種類の保護基が存在する．特に重要なことは，合成では保護基を選択する前に文献を検索することである．このあまり面白くないテーマは，つまらないカタログのような教科書を数多く生み出すであろうという推測はもっともであるし, 実際そのとおりである. しかし, 幸いなことにすばらしい例外もある. Kocienski の “Protecting Groups” という教科書[10)] は対象範囲が極めて広いがとても面白い．もし疑問に思うのであれば，本書の 644 ページ（そう，これもまた分厚い本である）を読んでほしい．このテーマの範囲の広さは，本書のアルコールの保護に関する章だけでも 176 ページにわたり，686 報の参考文献とともに膨大な数の保護基が取上げられていることから明らかである．この章は第一級，第二級および第三級アルコールの選択的保護および脱保護について特によく書かれている．一例として，異なる反応剤を用いたビスシリルエーテル **67** からフェノールまたはアルコールへの選択的脱保護を示す[11)]．

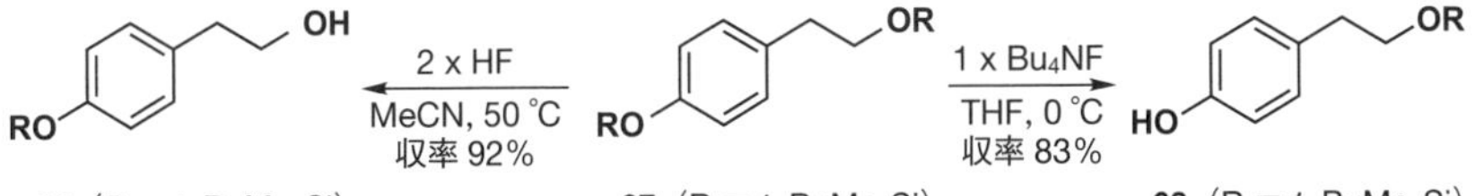

66 (R = t-$BuMe_2Si$) **67** (R = t-$BuMe_2Si$) **68** (R = t-$BuMe_2Si$)

9・6 保護基のまとめ

本書は大きな専門書に対抗することはできないが，以下に代表的な保護基についてまとめる．

表 9・1 よく使用される保護基（PG）

保護基	保護法	脱保護法	保護の対象	保護基が反応する条件
アルデヒド RCHO およびケトン R_2CO の保護				
アセタール（ケタール）	ROH または ジオール, H^+	H^+, H_2O	求核剤，塩基，還元剤	求電子剤，酸化剤
カルボン酸 RCO_2H の保護				
エステル: RCO_2Me	CH_2N_2	NaOH, H_2O	塩基，求電子剤	強塩基および求核剤
エステル: RCO_2Et	EtOH, H^+	NaOH, H_2O		
エステル: RCO_2Bn	BnOH, H^+	H_2, 触媒または HBr		
エステル: RCO_2*t*-Bu	*t*-BuOH, H^+	H^+		
アニオン: RCO_2^-	塩 基	酸	求核剤	求電子剤
アルコール ROH の保護				
エーテル: ROBn	$PhCH_2Br$, 塩基	H_2, 触媒または HBr	本文参照	求核剤
シリルエーテル	R_3SiCl, 塩基	F^- または H^+, H_2O	本文参照	求核剤
アセタール: THP	DHP, H^+	H^+, H_2O	塩 基	酸
エステル: ROCOR′	R′COCl, ピリジン	NH_3, MeOH	求電子剤	求核剤
フェノール ArOH の保護				
エーテル: ArOMe	Me_2CO_3, K_2CO_3	HI, HBr または BBr_3	塩 基	求電子剤
$ArOCH_2OMe$	$MeOCH_2Cl$, 塩基	HOAc, H_2O	塩 基	求電子剤
アミン RNH_2 の保護				
アミド: RNHCOR′	RCOCl	NaOH 水溶液または塩酸	求電子剤	塩基および求核剤
ウレタン: $RNHCO_2R'$	ROCOCl	本文参照	求電子剤	塩基および求核剤
チオール RSH の保護				
チオエステル: RSAc	AcCl, 塩基	NaOH 水溶液	求電子剤	酸化剤

文　献

1. G. W. Cannon, R. C. Ellis and J. R. Leal, *Org. Synth.*, 1951, **31**, 74.
2. R. V. Stevens and A. W. M. Lee, *J. Chem. Soc., Chem. Commun.*, 1982, 102; R. V. Stevens, *Acc. Chem. Res.*, 1984, **17**, 289.
3. B. S. Furniss, A. J. Hannaford, P. W. G. Smith and A. R. Tatchell, *Vogel's Textbook of Practical Organic Chemistry*, Fifth Edition, Longman, Harlow, 1989, pp.909, 918.
4. B. S. Furniss, A. J. Hannaford, P. W. G. Smith and A. R. Tatchell, *Vogel's Textbook of Practical Organic Chemistry*, Fifth Edition, Longman, Harlow, 1989, p.552.
5. W. H. Hartung and R. Simonoff, *Org. React.*, 1953, **7**, 263.
6. R. H. Mazur, J. M. Schlatter and A. H. Golgkamp, *J. Am. Chem. Soc.*, 1969, **91**, 2684.
7. H. J. Martin, P. Pojarliev, H. Kählig and J. Mulzer, *Chem. Eur. J.*, 2001, **7**, 2261.
8. A. Sivaramakrishnan, G. T. Nadolski, I. A. McAlexander and B. S. Davidson, *Tetrahedron Lett.*, 2002, **43**, 213.
9. G. E. Veitch, E. Beckmann, B. J. Burke, A. Boyer, S. L. Maslen and S. V. Ley, *Angew. Chem., Int. Ed.*, 2007, **46**, 7629.
10. P. J. Kocienski, *Protecting Groups*, 3rd Edition, Thieme, Stuttgart, 2004.
11. E. W. Collington, H. Finch and I. J. Smith, *Tetrahedron Lett.*, 1985, **26**, 681.

10 一官能基 C−C 結合切断 I: アルコール

本章に必要な基礎知識（“ウォーレン有機化学” の以下の章参照）
9 章 有機金属化合物を用いて炭素−炭素結合をつくる

本章では，前章まで取上げてきた炭素とヘテロ原子との結合の切断（C−X 結合切断）を離れ，もっと難しい C−C 結合の切断について述べる．C−C 結合切断がなぜ難しいかというと，有機化合物は多くの C−C 結合を含み，最初にどの結合を切断すればよいかが明白でないからである．幸いなことに，6 章の二官能基 C−X 結合切断で述べたシントンはこれから学ぶ一官能基 C−C 結合切断で用いるシントンである．まずそれらに対応するおもな三つの様式の紹介から始める．いずれの場合も，ヘテロ原子の一つを炭素単位 ‘R’ で置き換えている．

二つのヘテロ原子が同じ炭素に結合している化合物の場合には，**1** に示す 1,1-diX 結合切断によりヘテロ原子を一つ除去してカルボニル化合物（ここではアルデヒド）とヘテロ原子求核剤 **2** に導いた．ヘテロ原子を R^2 に置き替えると，アルコール **3** は同様の結合切断により同じアルデヒドと炭素求核剤 **4**（おそらく R^2Li または R^2MgBr）に導くことができる．

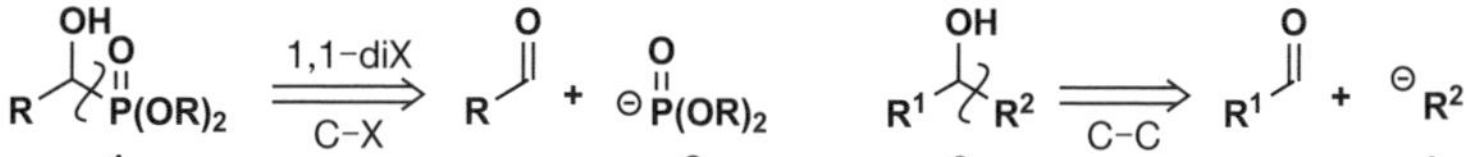

1　2　3　4

1,2-diX の関係をもつ化合物 **5** の場合には，アルコールの酸化度をもつエポキシド **6** とヘテロ原子求核剤との組合わせを用いた．アルコール **7** について対応する C−C 結合の切断を行うと，同じエポキシド **6** と RLi または RMgBr などの炭素求核剤に逆合成できる．

5　6　7　6

カルボニルの酸化度で同じ 1,2-diX の関係をもつ化合物 **8** は，同様な結合切断により炭素求電子剤 **9**（おそらく α-ブロモケトン）とヘテロ原子求核剤に導かれた．一般にC−X結合切断では求核性をもつヘテロ原子を選ぶが，幸いなことに対応するC−C結合の切断では求核性または求電子性の炭素原子どちらでも都合のよいほうを利用できる．**10** に示す結合切断では，もちろんエノラートである求核性の炭素シントン **11** を用いる．

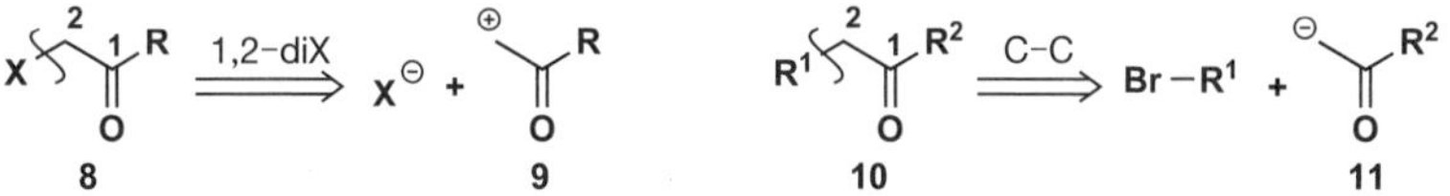

1,3-diX の関係をもつケトン **12** は，エノン **13** への共役付加を利用すると即座に逆合成できることを 6 章で学んだ．**14** に示す対応する C−C 結合切断では同じエノン **13** を用いるが，炭素求核剤には RCu，R_2CuLi または触媒量の Cu(I)Br/RMgBr などの有機銅反応剤を用いなくてはいけない．

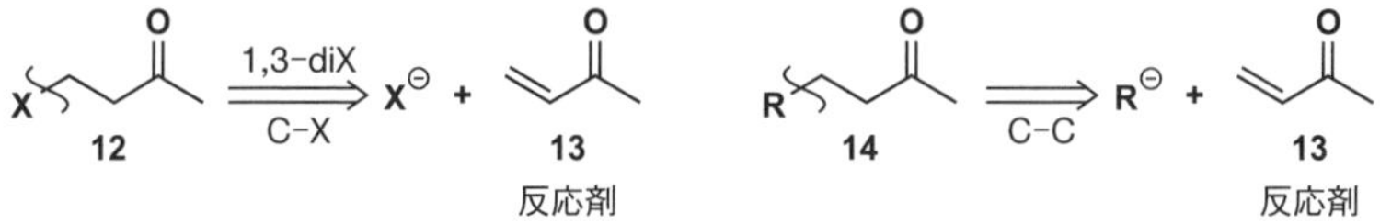

10・1 炭素求核剤

最も単純な官能基をもたない炭素求核剤（**15** および **17**）は，エーテルや THF（テトラヒドロフラン **16**）のような配位性の無水溶媒中，ハロゲン化アルキルと Li(0) や Mg(0) などのさまざまな金属との反応，またはブチルリチウム（BuLi）などの購入可能な有機金属化合物を用いたハロゲン-金属交換反応で調製される．エノラート **11** は非常に重要であり，後の章で詳しく述べる．

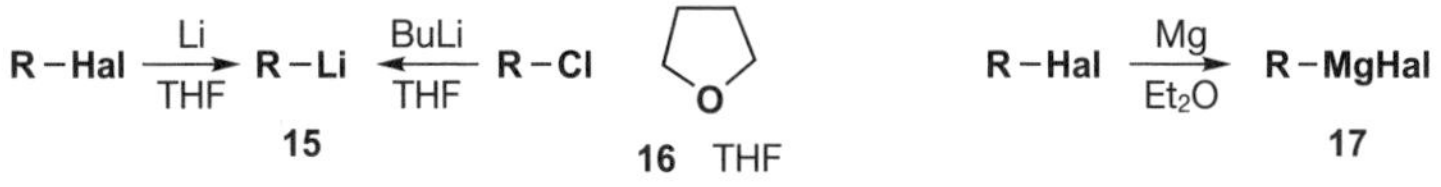

10・2 ‘1,1 C−C’ 結合切断：アルコールの合成

3 で示した結合切断は，どのアルコールも OH 基の隣で C−C 結合を切断できることを示している．異性体の関係にあるアルコール **18** と **20** はどちらもアセトンから合成できる．前者では Grignard 反応剤 **19**，後者では市販の BuLi を用いればよいだろう．

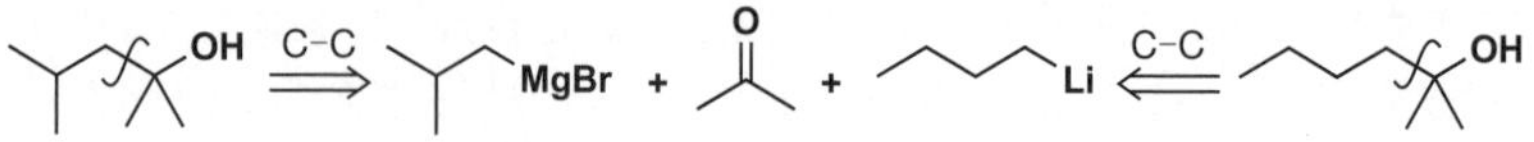

18　19　アセトン　BuLi　20

アルコール **18** の合成は Grignard 反応の典型的な例である．Grignard 反応剤 **19** は無水エーテル中ハロゲン化アルキル **21** と金属マグネシウムから調製され[1]，単離することなく求電子剤との反応に用いられる．これらの工程はすべて厳密な無水条件下で行われる．

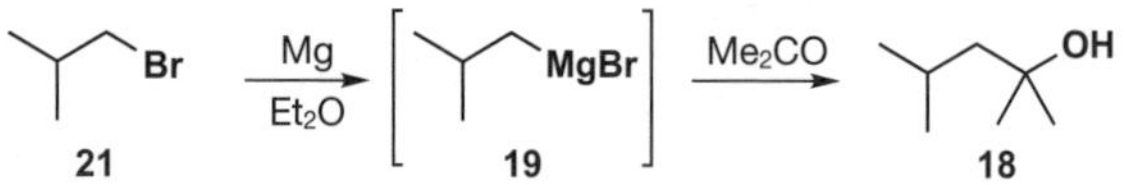

21　19　18

鎮痛剤の開発に必要とされたアミノエステル **22**[2] のように，C−C 結合の切断を行う前に C−X 結合の切断をしておく必要がある場合もある．エステルの C−O 結合を切断して第三級アルコール **23** とし，さらにフェニル基を除去して **24** に導くと，ケトンとアミノ基が 1,3-diX の関係にあることが明らかとなる．

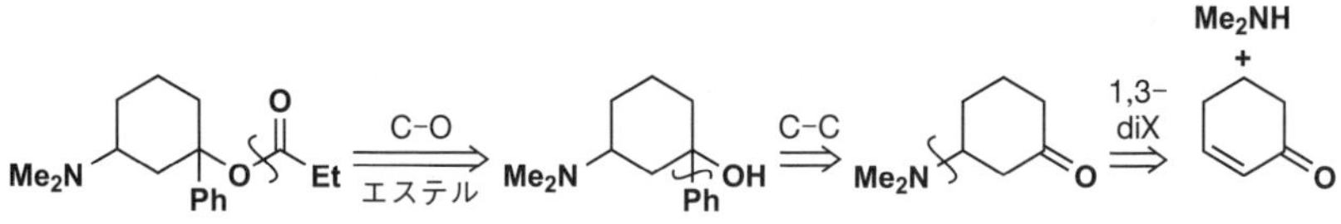

22　23　24　25

実際の合成は，Grignard 反応剤ではなく市販の PhLi を用いた簡単なものである．第三級ベンジルアルコール **23** のアシル化は，脱水を避けるために穏和な条件が必要である．

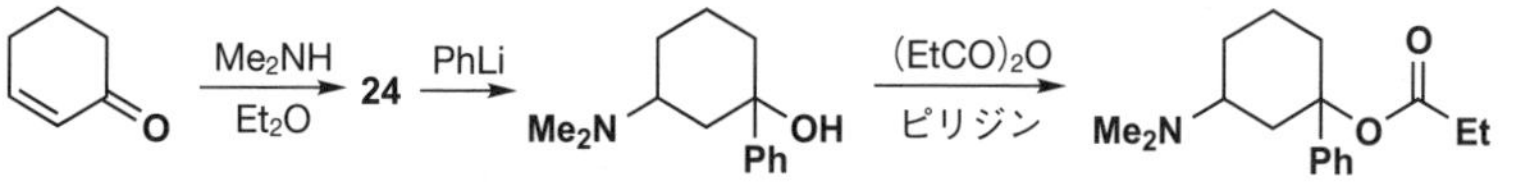

25　**23**（**25** からの収率 60%）　22

一般に切断可能な C−C 結合に選択の余地がある場合，入手可能な出発物に導くように結合切断するのがよい．たとえば，ヘテロ環アルコール **28** の芳香環の結合切断は行いたくないので，切断 ***a*** または切断 ***b*** のどちらかを選ぶことになる．

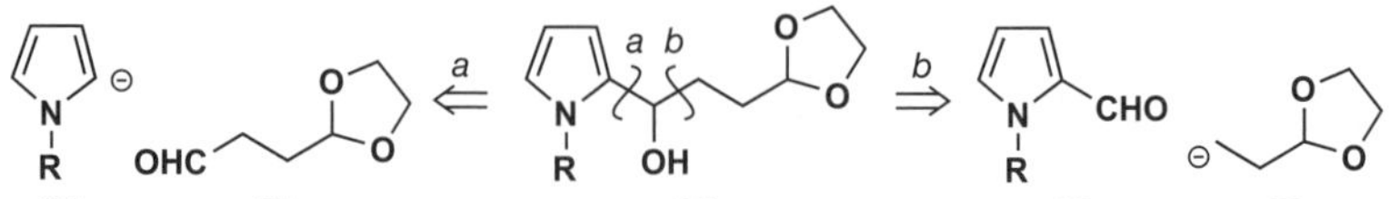

26　27　28　29　30

アルデヒド **29** およびブロモアセタール **32**（容易に合成できる）はいずれも市販さ

れていることがわかったので，実際の合成では保護された Grignard 反応剤 **33** を炭素求核剤とする経路 ***b*** が選ばれた（9 章の化合物 **10** と比較してみよう）[3]．

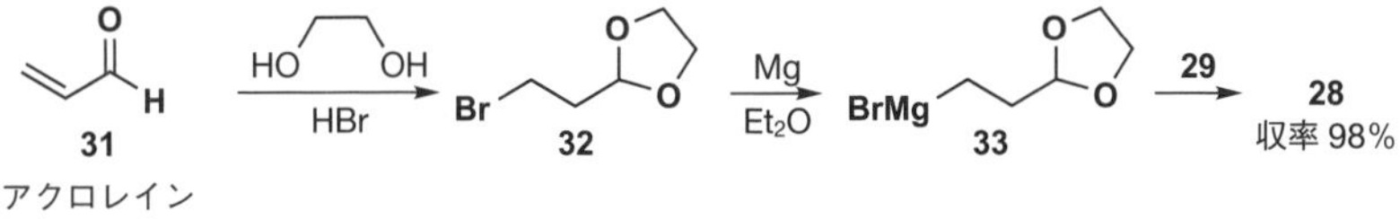

10・3 アルデヒドとケトン

同じ戦略を用いたアルデヒドとケトンの最も簡単な合成法は，アルコールの酸化である．したがって，これらの逆合成はアルコールに戻る官能基相互変換（FGI）と，OH 基に隣接するどちらか一方の C−C 結合の切断を含んでいる．Lythgoe は新たなアルキンの合成法を実証するために，さまざまな R 基をもつ一連のケトン **34** の合成を行った[4]．アルコール **35** の C−R 結合の切断は，すべてのケトンがアルデヒド **36** から合成できることを示している．なお，アルデヒド **36** も同じ戦略で合成できる．

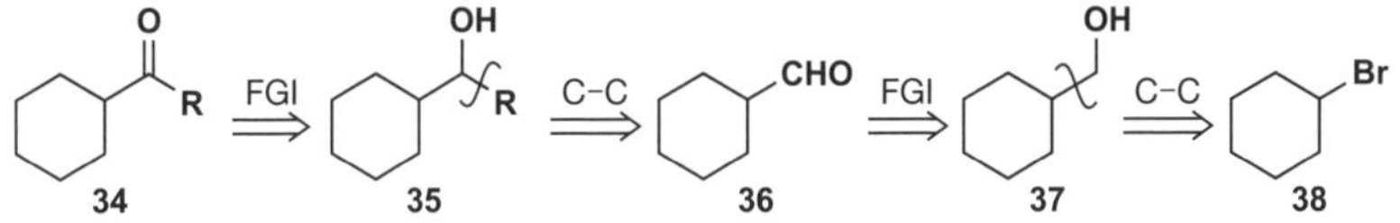

アルコール **35** の酸化は過剰酸化が起こらないので問題はない．しかし，アルデヒド **36** は対応するカルボン酸まで酸化される危険があるため注意が必要であった．実際には，PCC（pyridinium chlorochromate クロロクロム酸ピリジニウム；CrO_3 の塩酸溶液にピリジンを加えて調製する）を使用することで，第一級および第二級どちらのアルコールも収率よく酸化することができた[5]．

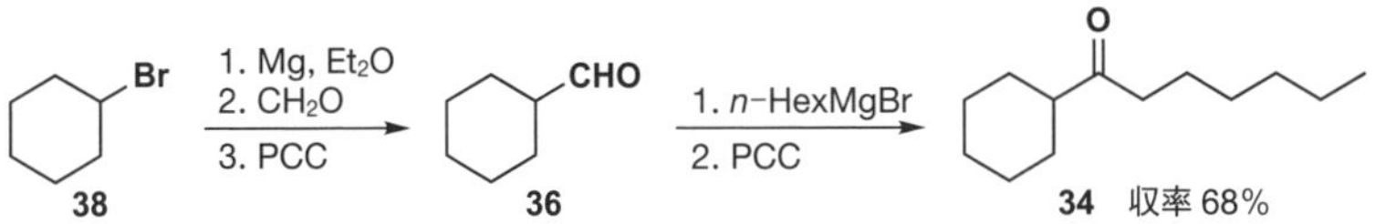

RMgBr や RLi を直接エステルへ付加してもケトンは得られないが（後述），ニトリルへの付加ではケトンが得られる（13 章）[6]．

10・4 アルコールをアルデヒドに変換する酸化剤

この方法の難題は過剰酸化にある．単純な解決法の一つは，一挙にカルボン酸まで酸化した後エステルを経由して，たとえば DIBAL（i-Bu_2AlH）を用いて選択的に還元することである．しかし，表 10・1 にまとめた酸化剤を使用すると，多くの場合満足のいく結果が得られる．また，いずれも第二級アルコールからケトンへの酸化に用いることができる[7]．詳細は Fieser の “Reagents for Organic Synthesis”[8] もしくは “Comprehensive Organic Synthesis” の ‘酸化’ の巻[9] に記載されている．

表 10・1　アルコールをアルデヒドに酸化する反応剤

反応剤の名称	反応条件	RCH_2OH を RCHO に酸化するための注意事項	文献
—	$Na_2Cr_2O_7$，H^+	生成した RCHO を留去する	10
Jones 反応剤	CrO_3，H_2SO_4，アセトン	生成した RCHO を留去する	
Collins 反応剤	CrO_3，ピリジン	CH_2Cl_2 溶液中で用いる	11
PCC（pyridinium chlorochromate）	CrO_3，ピリジン塩酸塩	特になし	12
PDC（pyridinium dichromate）	$(pyridine\cdot H)_2Cr_2O_7$	CH_2Cl_2 溶液中で用いる	12
Swern 反応剤	1. $(COCl)_2$, DMSO，2. Et_3N	特になし	13

10・5 カルボン酸

同様の C−C 結合切断により，カルボン酸 **41** が Grignard 反応剤 **40** と求電子剤 CO_2 との反応で合成できることがわかる．ドライアイス（固体の CO_2）はこれらの反応には特に便利である．FGI により極性を変換してニトリル **42** に導き同じ位置で結合切断すると，シアン化物イオンが求核剤となるが，求電子剤は Grignard 反応剤の調製に用いたものと同じハロゲン化アルキル **39** である．どちらの方法を選ぶかは，反応機構を考察して決定する．

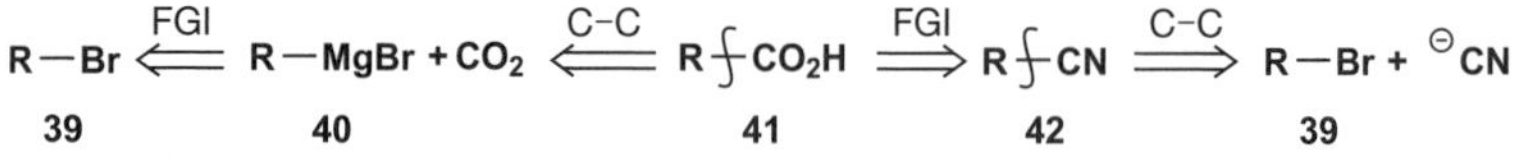

カルボキシ基が第三級炭素に置換している場合はもとより，第二級炭素に置換している場合でさえも，シアン化物イオンを用いた S_N2 反応はうまくいかないので，これらの場合には Grignard 反応剤を用いたカルボキシ化のほうが優れている．ピバル酸 **44** は購入できるが，t-BuCl から良好な収率で合成できる[14]．カルボン酸 **46** の合成法を記載した文献[15] には，合成したカルボン酸をエーテル層から NaOH 水溶液を用いて抽出し，塩酸で中和して水層から分離後，蒸留するまでの方法が詳しく述べられて

いる．

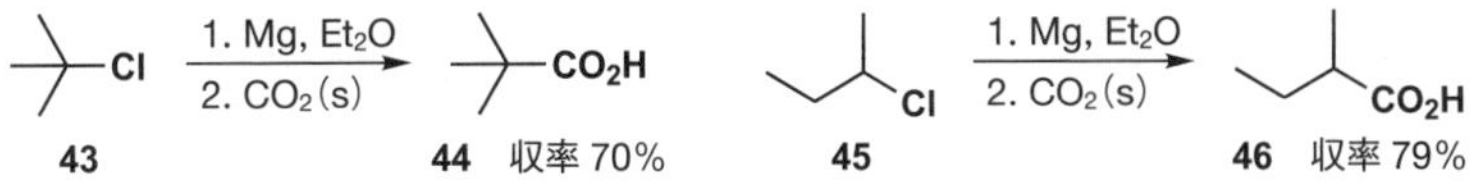

一方，ハロゲン化アリル **47** またはハロゲン化ベンジル **50** のようにシアン化物イオンを用いた S_N2 反応が有利な場合にはニトリルを用いた合成法のほうが優れている[16]．ニトリル **48** を加水分解するとカルボン酸 **49** が得られるが，酸性溶液中アルコールと反応させると直接エステル **52** を得ることができる[17]．

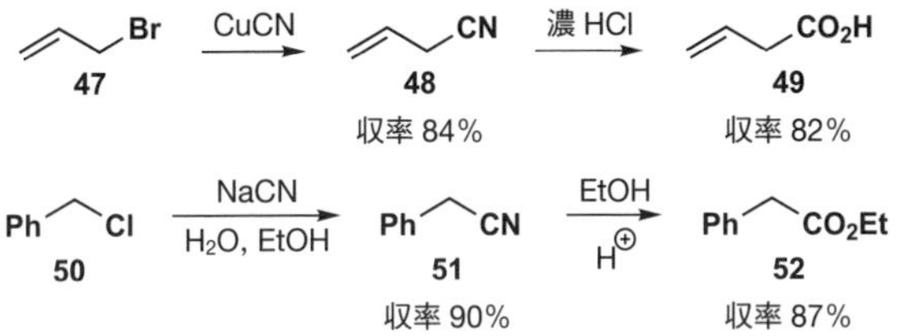

カルボン酸は第一級アルコールの酸化によっても合成できる．カルボン酸誘導体はカルボン酸から酸塩化物を経て合成できる．また，カルボン酸は第一級アルコールに還元できるので，これらのすべての方法の間には多くの互換性がある．一官能基 C−C 結合切断によるカルボニル化合物の合成については 13 章でもっと詳しく述べる．

10・6 '1,2 C−C' 結合切断：アルコールの合成

この形式の C−C 結合切断と 1,2-diX 結合切断との類似性は，本章の冒頭で化合物 **5**，**6** および **7** を用いて説明した．一置換エポキシドを用いた合成は，炭素求核剤との反応が位置選択的に起こるので特にうまくいく．香料として用いられているアルコール **53** の逆合成では，1-ブテンから合成できるエポキシド **54** を利用しようと考えれば，**53a** に示すように OH 基から一つ離れた炭素で C−C 結合を切断できる．

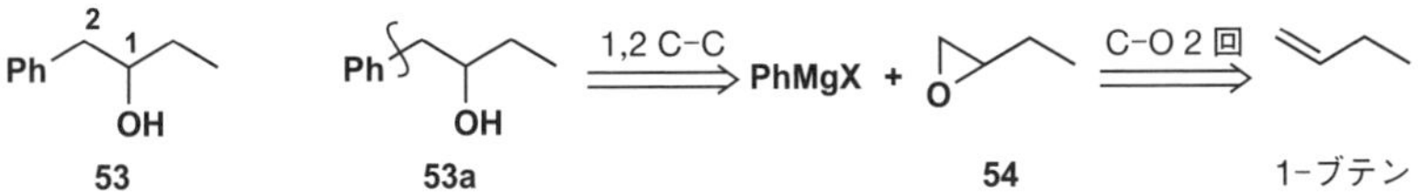

Grignard 反応剤または有機リチウム反応剤はエポキシドの立体障害のより小さい炭素原子を攻撃する．アルコール **53** の合成では，Grignard 反応剤が用いられている．12 章で，この反応が立体特異的であることを学ぶ．

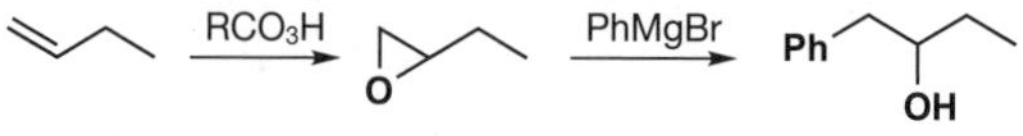

1-ブテン　**54**　**53**

この様式の 1,2 C−C 結合切断，特にカルボニルの酸化度のものに関しては後に詳しく取上げるので，本章ではこれ以上述べない．表 10・2 に，これまでに述べたアルコールから合成可能な多くの誘導体について簡単にまとめた．いずれの場合も逆合成では，最初に FGI によってアルコールに変換した後，適切な C−C 結合切断が選ばれる．

表 10・2　アルコールからつくられる化合物

反応形式	生成物	章	さらなる変換による生成物	章
酸　化	アルデヒド，ケトン，カルボン酸	10 章	アミン：還元的アミノ化またはアミドの還元	8 章
エステル化	エステル	4 章	アミン：アミドの還元	8 章
トシル化	ROTs	4 章	他の置換反応（後述）	4 章
求核置換反応（HBr または PBr_3）	臭化アルキル	4 章	エーテル，スルフィド，チオール	4 章および 5 章
求核置換反応（$SOCl_2$）	塩化アルキル	4 章	ニトリル	10 章

10・7　アルコールおよび関連化合物の合成例

アルコール **55** は二環性アミンの合成のために必要とされた化合物である．アルコールのどちらの側で C−C 結合切断を行ってもアルデヒド **57** と Grignard 反応剤 **56** が出発物となる[18]．では，もう一方の側でも同じように C−C 結合を切断できないだろうか．

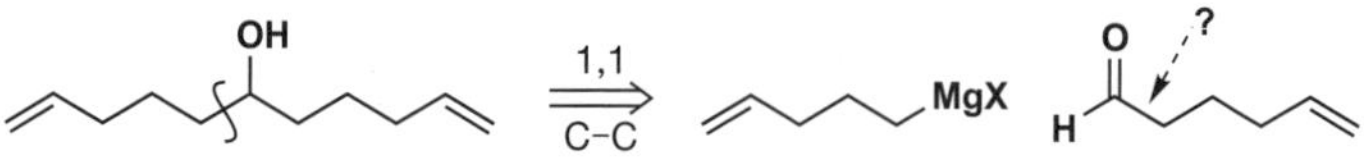

55　**56**　**57**

実際，対称なアルコールは Grignard 反応剤とエステルから 1 工程で合成できる[18]．最初の生成物がエステルよりも求電子性の高いアルデヒド **57** であり，反応がさらに進行するからである．ここで特に注意してもらいたいことがある．それは，アルデヒドはギ酸エステルを用いた Grignard 反応剤のアシル化では合成できないことである．しかし，もしこの 2 回の反応で合成されるアルコールが必要であれば，これはよい方法である．

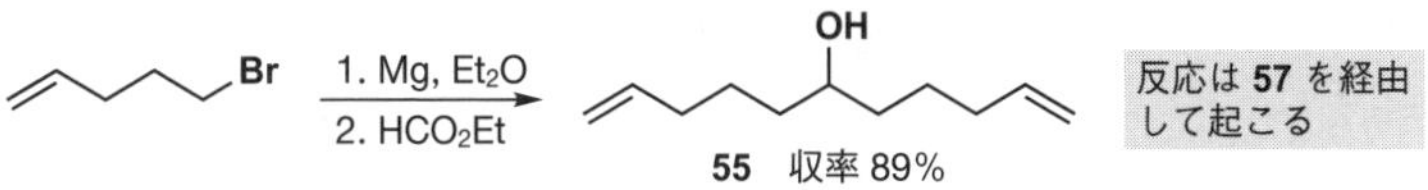

55 収率 89%

第三級塩化アルキル **58** は S_N1 反応に及ぼす電子求引基の影響を検討するために必要とされた化合物である．FGI によりアルコール **59** に変換すると，C−C 結合切断により Grignard 反応剤 **60** とアセトンに逆合成できることがわかる．

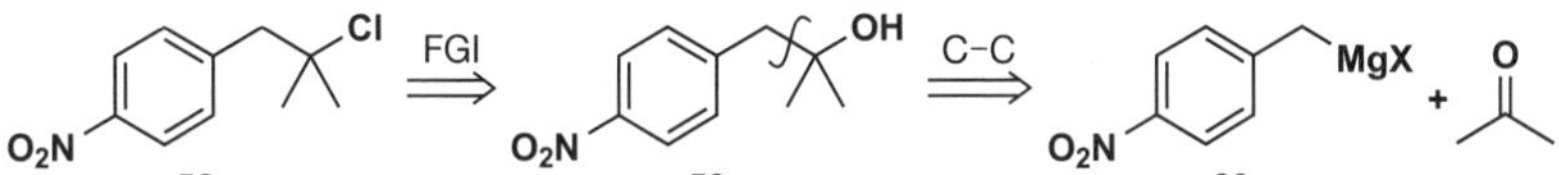

58 **59** **60**

ニトロ基をどこかの段階で導入しなければならないが，ベンゼン環上のアルキル基は常に嵩高く，かつオルト-パラ配向性を示すので，ニトロ化はどの段階で行っても問題なさそうである．この研究ではベンゼン環上に電子求引基をもつ一連の化合物が必要とされたので，共通中間体として **62** を合成し，最後にニトロ化を行った[19]．

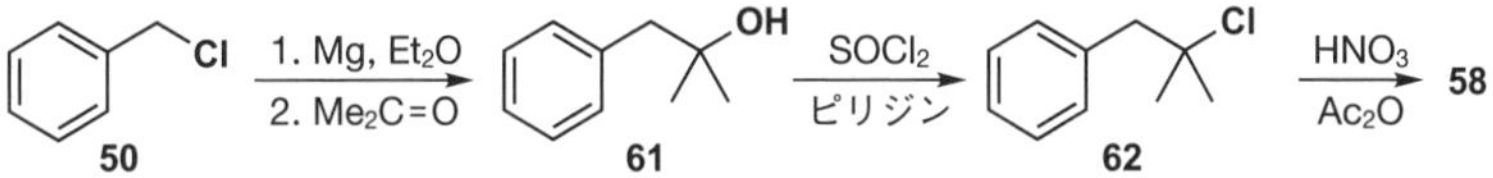

50 **61** **62**

ダリフェナシン（darifenacin）**63** は，Pfizer 社が開発した切迫性尿失禁治療薬である．アミンの合成法（8 章）を念頭においてC−N 結合を切断するとずっと小さなヘテロ環 **64** が得られる．**64** はアルコール **66** の誘導体を用いたエノラート **65** のアルキル化を思いつくと，分子の中央でさらに切断できる．**66** はアミノ酸であるヒドロキシプロリン由来の単一エナンチオマーとして安価に入手できるので，この逆合成は魅力的である[20]．

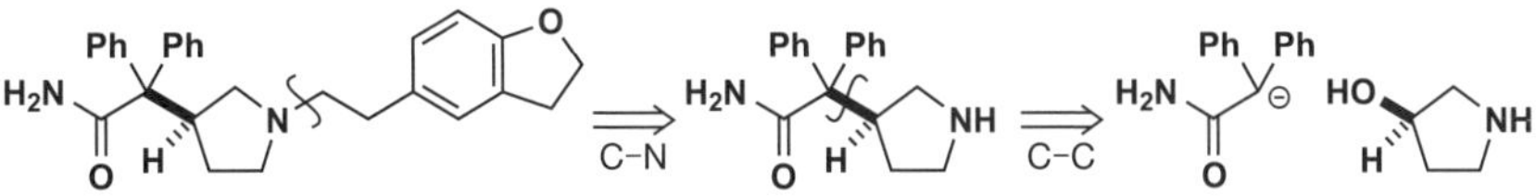

63 ダリフェナシン **64** **65** **66**

しかし，この逆合成には二つの問題がある．一つはアミド NH の水素が CH の水素よりも酸性度が大きいので，第一級アミド由来のエノラートはあまり実用的ではないことである．この問題の解決法はニトリルを用いてアルキル化を行い，あとでアミドに加水分解することである．もっと深刻な問題は，アルキル化による 2 分子のカップリングは S_N2 反応なので立体配置の反転を伴い，生物活性をもたないダリフェナシンのエナンチオマーが得られてしまうことである．この問題の解決法は二重反転を用いることである．すなわちアミン **66** の窒素原子をトシル基で保護した後，光延型の反応を利用するとアルコールの立体配置が反転したトシラート **68** に変換できる．この独特なエステル化は確実に立体配置の反転を伴って進行する[21]．

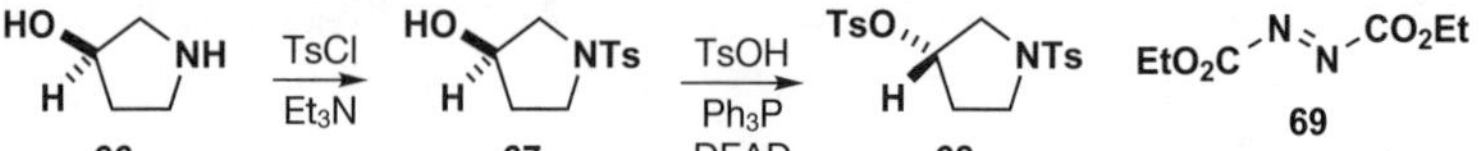

66　　**67**　　**68**　　**69**

DEAD（アゾジカルボン酸ジエチル）

ニトリル **70** は NaH を用いて脱プロトン化するとシアノ基により安定化されたアニオンとなり，予想どおりトシラート **68** と立体配置の反転を伴って反応する．フェノール中 HBr を用いた少し変わった条件でスルホンアミドの脱保護を行うとアミン **72** が得られ，次に標的分子に必要な残りの部分をアミドとして導入した．アミドを還元してアミンとした後，最後にニトリルをアミドへ加水分解することによりダリフェナシン **63** が得られた．

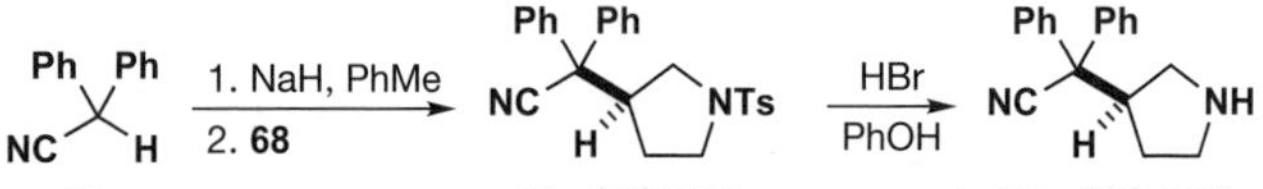

70　　**71**　収率 70%　　**72**　収率 85%

10・8　他の一官能基 C−C 結合切断

他にも一つの官能基を認知しただけで適切な C−C 結合切断を誘導してくれる数多くの C−C 結合形成反応がある．これらのなかでも特に重要なものとして，アルキル化によるアルキン **73** の合成（16 章），Wittig 反応によるアルケン **74** の合成（15 章）およびアルキル化によるニトロ化合物 **75** の合成（22 章）があげられる．アルケン **76** の二重結合に隣接した C−C 結合切断，および特にジエン **77** の二つの二重結合間の C−C 結合切断は，パラジウム触媒を用いたクロスカップリング反応が開発されて実現したものである．これらの内容は別書 “Strategy and Control” で詳しく述べられている．

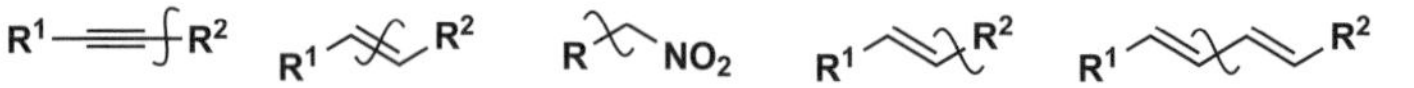

73　　**74**　　**75**　　**76**　　**77**

10・9　避けたい C−C 結合切断

これまで述べてきたすべての C−C 結合切断は，それらを適切に導く官能基を利用したものである．官能基をまったくもたない化合物 **78** から二つのアルキル基間の結合を切断するような例はどこにもなかったはずである．Grignard 反応剤 **79** とハロゲン化アルキル **80** との反応を行うと **78** が合成できるように思われるし，それは実際に起こるかもしれない．しかし，これの化学種は **81** と **82** との平衡混合物となる．したがって，たとえカップリング反応が進行したとしても望みとする **78** だけでなくそれぞれの自己二量化生成物も得られてしまうだろう．FGA を活用して結合切断を行ったほうがずっとよい結果が得られる．

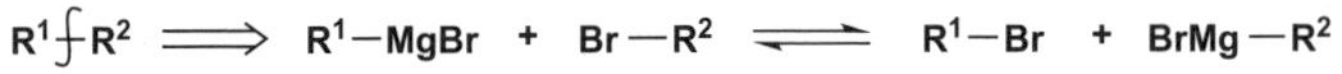

78　**79**　**80**　**81**　**82**

文　献

1. B. S. Furniss, A. J. Hannaford, P. W. G. Smith and A. R. Tatchell, *Vogel's Textbook of Practical Organic Chemistry*, Fifth Edition, Longman, Harlow, 1989, pp.537～541.
2. M. G. Mertes, P. Hanna and A. A. Ramsey, *J. Med. Chem.*, 1970, **13**, 125.
3. H. Muratake and M. Natsume, *Heterocycles*, 1989, **29**, 783.
4. B. Lythgoe and I. Waterhouse, *J. Chem. Soc., Perkin Trans. 1*, 1979, 2429.
5. E. J. Corey and J. W. Suggs, *Tetrahedron Lett.*, 1975, **16**, 2647.
6. M. S. Kharasch and O. Reinmuth, *Grignard Reactions of Non-Metallic Substances*, Prentice-Hall, New York, 1954, pp.767～845.
7. B. S. Furniss, A. J. Hannaford, P. W. G. Smith and A. R. Tatchell, *Vogel's Textbook of Practical Organic Chemistry*, Fifth Edition, Longman, Harlow, 1989, pp.607～611.
8. L. Fieser and M. Fieser, *Reagents for Organic Synthesis*, Wiley, New York, 27 volumes, 1967～2013, later volumes by T.-L. Ho.
9. *Comprehensive Organic Synthesis*, eds. B. M. Trost and I. Fleming, Pergamon, Oxford, 1991, vol. 7, Oxidation, ed. S. V. Ley.
10. B. S. Furniss, A. J. Hannaford, P. W. G. Smith and A. R. Tatchell, *Vogel's Textbook of Practical Organic Chemistry*, Fifth Edition, Longman, Harlow, 1989, p.588.
11. J. C. Collins, W. W. Hes and F. J. Franck, *Tetrahedron Lett.*, 1968, **9**, 3363.
12. E. J. Corey and G. Schmidt, *Tetrahedron Lett.*, 1979, **20**, 399.
13. A. J. Mancuso and D. Swern, *Synthesis*, 1981, 165.
14. M. S. Kharasch and O. Reinmuth, *Grignard Reactions of Non-Metallic Substances*, Prentice-Hall, New York, 1954, pp.913～960.
15. B. S. Furniss, A. J. Hannaford, P. W. G. Smith and A. R. Tatchell, *Vogel's Textbook of Practical Organic Chemistry*, Fifth Edition, Longman, Harlow, 1989, p.674.
16. K. Friedrich and K. Wallenfels in *The Chemistry of the Cyano Group*, ed. Z, Rappoport, Interscience, London, 1970, pp. 67～110；F. C. Schaeffer, *Ibid.*, pp.256～262.
17. R. Adams and A. F. Thal, *Org. Synth. Coll.*, 1932, **1**, 107, 270；J. V. Supniewsky and P. L. Salzberg, *Ibid.*, 46；E. Reitz, *Ibid.*, 1955, **3**, 851.
18. M. Rejzek and R. A. Stockman, *Tetrahedron Lett.*, 2002, **43**, 6505.
19. J. F. Bunnett and S. Sridharan, *J. Org. Chem.*, 1979, **44**, 1458.
20. *Drugs of the Future*, 1996, **21**, 1105.
21. J. Clayden, N. Greeves, S. Warren and P. Wothers, *Organic Chemistry*, Oxford University Press, Oxford, 2001, p.431.

11　一般的な戦略 A：結合切断の選択

本章は，ある特定の標的分子についてではなく，さまざまな標的分子の合成計画に適用可能な一般的な合成戦略の要点を述べる四つの章のうちの最初の章である．本章では，いくつものC−C結合切断のうちから最も適切な切断を選ぶのに役立つ一般的な原理を取上げる．たとえば，1章で紹介したニレキクイムシのフェロモン成分であるアルコール **1** のような簡単な分子でさえ，波線で示した5箇所のC−C結合のうちどの結合でも切断することができる．

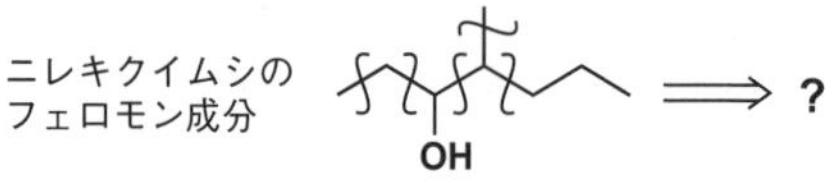

1

11・1　最大限の単純化

この場合，**1a** に示す結合切断だけが以下に述べる二つの理由から適切である．逆合成解析の目標は，標的分子の構造を最大限に単純化し，素早く簡単な出発物に戻すことである．そうすれば合成は可能な限り短工程になる．そこで次のように結合切断を行う．

(a) 分子の中央付近で切断する．この結合切断は標的分子を二つのほぼ同じ大きさの断片に分ける．これは末端から原子を単純に一つずつ切断していくよりもずっとよい．

(b) 分子の枝分かれ部で切断する．この結合切断により簡単な直鎖状の出発物に導けるだろう．ここでは，**1a** に示す結合切断によりアルデヒド **2** と直鎖状のハロゲン化アルキル **4** から調製される Grignard 反応剤 **3** に導くことができる．**2** と **4** はどちらも市販されている．

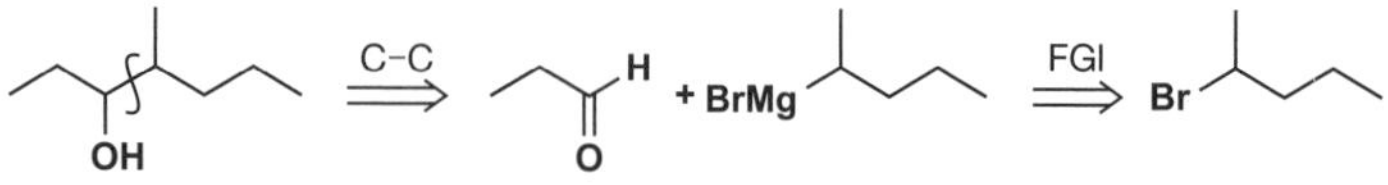

1a　**2**　**3**　**4**

実際の合成は，前章で述べた Grignard 反応を利用した 1 工程である[1)].

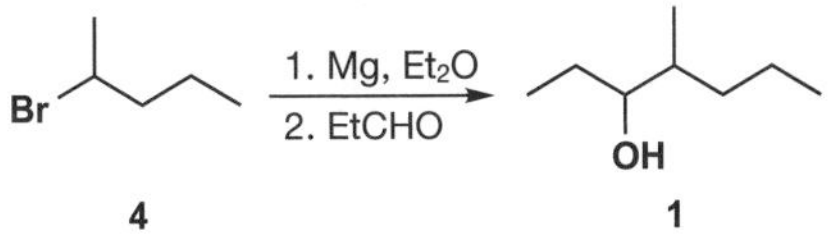

環と側鎖，さらには二つの環の接合点が常に枝分かれ部であることに気づけば，上記の指針を拡張できる．たとえば二つの環構造 **5** を基本骨格にもつ一連の薬物は，環と環の間に優れた結合切断箇所をもっている．

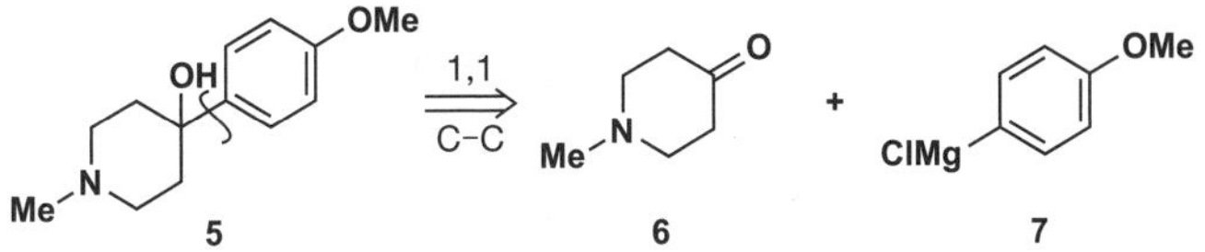

Grignard 反応剤 **7** はフェノールの塩素化とメチル化を経て合成したハロゲン化物 **9** から調製される[2)]．**6** のようなケトンの合成法は 19 章で述べる．

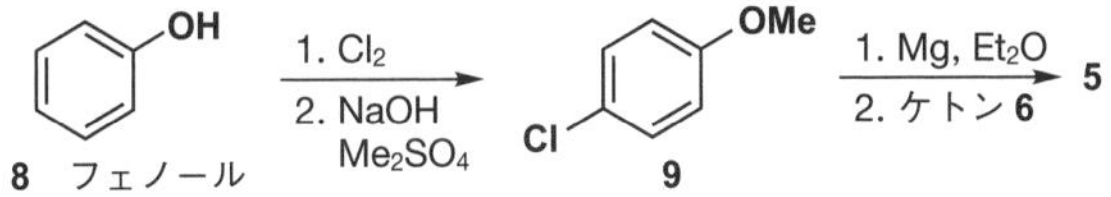

11・2 対　称　性

前章の終わりで対称性を活用した合成を示した．対称性を認知することは大変有用であり，二つの同じ結合の切断を一度に行うことができる．たとえば，対称な第三級アルコール **10** は，2 分子の Grignard 反応剤 **11** と 1 分子の酢酸エチルから合成できる．官能基相互変換（FGI）により **11** をアルコール **12** に戻し，枝分かれ部で結合切断を行うと Grignard 反応剤 **13** とエポキシド **14** が出発物となることがわかる．

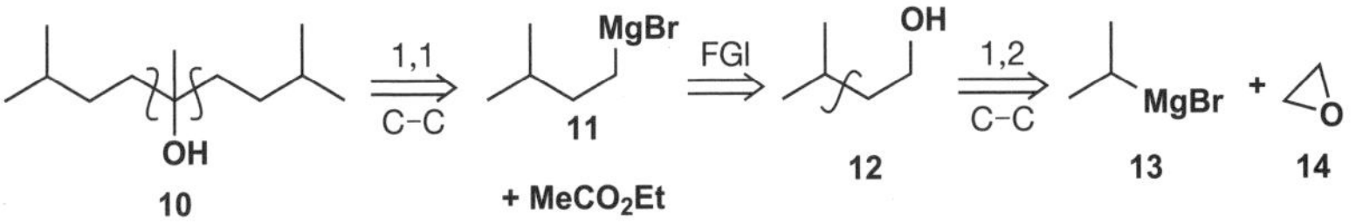

この合成は Grignard 自身によって行われたものである[3)]．臭化アルキル **16** はアルコール **12** と PBr_3（S_N2 反応による臭素化が必要とされる場合の優れた反応剤）との反応によって合成された．

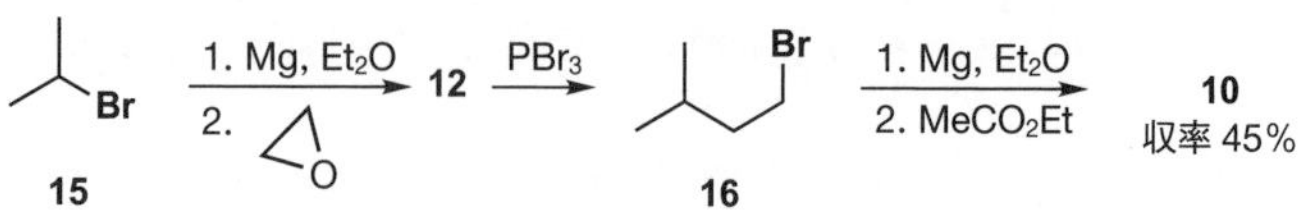

11・3 出発物を探す

非常に有用な指針は，購入可能な出発物を探すことである．しかし，そのような化合物の一覧表をつくることは，いくら頑張っても多少の簡単な化合物についてまでが関の山で，明らかに不可能である．おまけに購入可能な化合物は年によって，また時には週ごとに変わってしまう．さらに，通常グラム単位の化合物さえあれば十分な研究所の化学者，キログラム単位の化合物が必要なプロセス化学者やトン単位の化合物を必要とする生産工場の化学者からの要求は実際大きく異なる．特にそれぞれの場合の価格が問題となる．この問題の解決法は試薬会社のカタログを参照することである．Aldrich や Fluka などの大手試薬会社のカタログは請求すると無料で入手できる．

また対称性を利用した合成であるが，第三級アルコール **17** の合成にはブチルアニオンとメタクリル酸エステルが必要である[4]．この場合，必要とあればブチルリチウムはタンク車を満タンにして購入できるし，メタクリル酸エステルは高分子合成のために莫大な量が生産されている．しかし，いつもこのように幸運とは限らない．

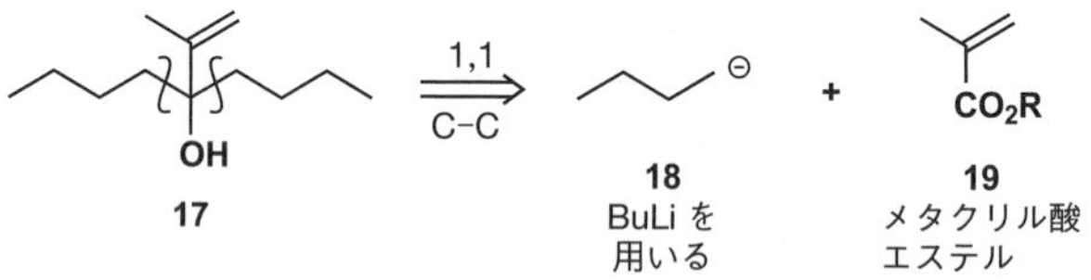

出発物が購入できない場合には，簡単に合成できる出発物を探せばよい．ヒドロキシアルデヒド **20** は Büchi による天然物ヌシフェラール（nuciferal）**21** の合成で必要とされた中間体である[5]．

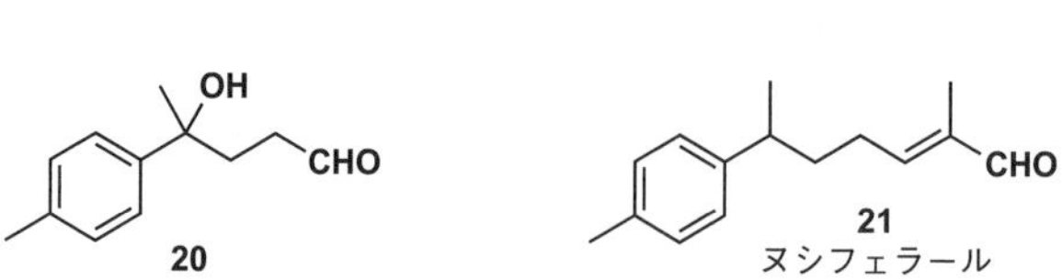

第三級アルコールが結合切断箇所となるのは一目瞭然である．炭素原子一つだけを切り離す好ましくない切断 ***a*** を除外すると，切断 ***b*** または ***c*** のどちらかを選択することになる．切断 ***b*** ではケトン **23** とハロゲン化アリール **22** から調製される Grignard 反応剤に，切断 ***c*** ではケトン **24** とハロゲン化アルキル **25** 由来の Grignard 反応剤に

導かれる．ハロゲン化アリール **22** およびケトン **24** は，それぞれトルエンのハロゲン化または Friedel–Crafts アシル化によって容易に合成できる．しかし **23** と **25** はどうだろうか．

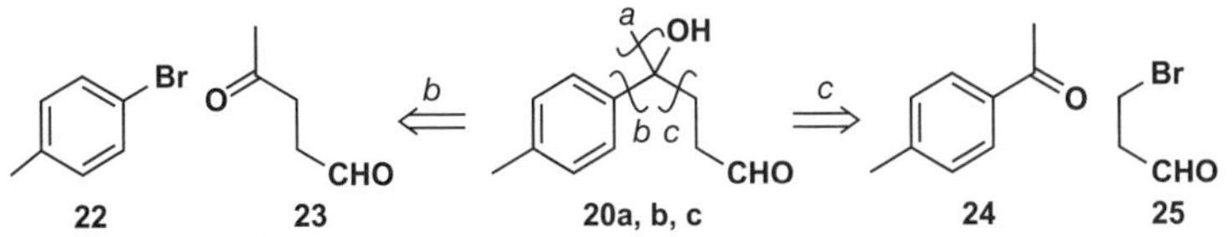

経路 ***b*** ではケトアルデヒド **23** を合成できたとしても，アルデヒドの存在下に Grignard 反応剤をより反応性の低いケトンへ攻撃させなくてはいけないという絶望的な官能基選択性の問題が生じる．Büchi は Grignard 反応剤の調製に必要な **25** の保護体 **27** の合成法を知っていたので経路 ***c*** を選んだ．覚えているだろうか．臭化物 **27** は 10 章の化合物 **32** である．**27** から調製した Grignard 反応剤とケトン **24** との反応により，中間体 **20** の保護体 **28** が得られた．Büchi は **28** のアセタール部分を合成の終盤までそのままにしておくことにした．

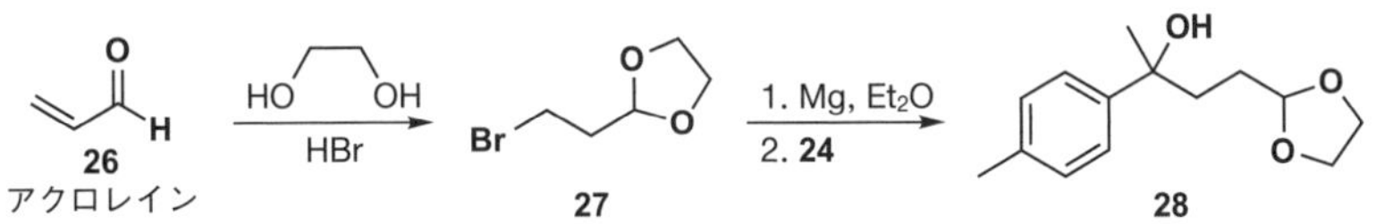

前章で述べた一連の第三級塩化アルキルの合成に戻る．Bunnett と Sridharan は第三級塩化アルキルの誘導体の一つである **29** を 10 章とは異なる経路で合成した．彼らは先の逆合成解析と同様にアルコール **30** に戻したが，この場合には **30** の二つのメチル基を切断した．理由の一つはベンゼン環へのメトキシ基の導入が難しかったことだが，おもな理由はメチルエステル **31** が市販されていたからである．

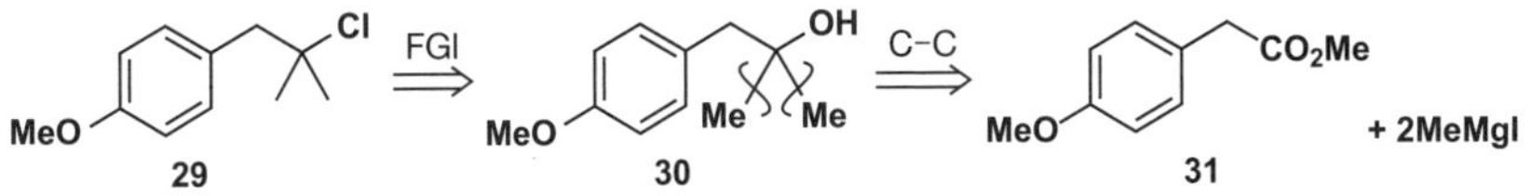

化合物 **29** の合成は簡単であるが，論文中に収率は記載されていない[6]．

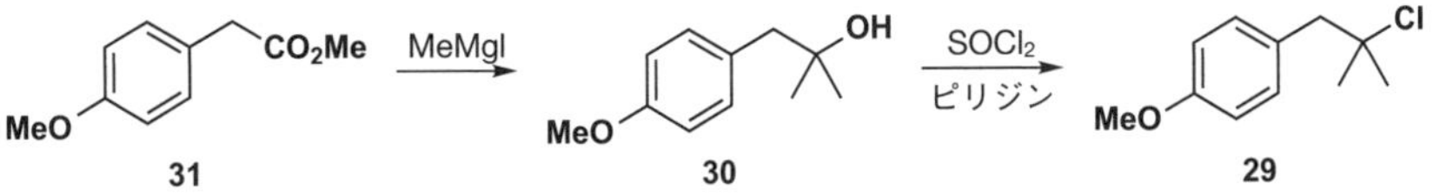

11・4 購入可能な化合物

以下のリストによく用いられる化合物をまとめたが，Aldrich のカタログには 34,000 以上の化合物が記載されている．

1）直鎖状化合物：C_1 からおよそ C_{10}, また多くの場合にはそれ以上の炭素鎖をもつ各種化合物．アルコール，ハロゲン化アルキル，カルボン酸，アルデヒド，アミン，ニトリル，ケトン

2）分枝した鎖状化合物：以下の骨格構造（それ以外も）をもつ上記の各種化合物

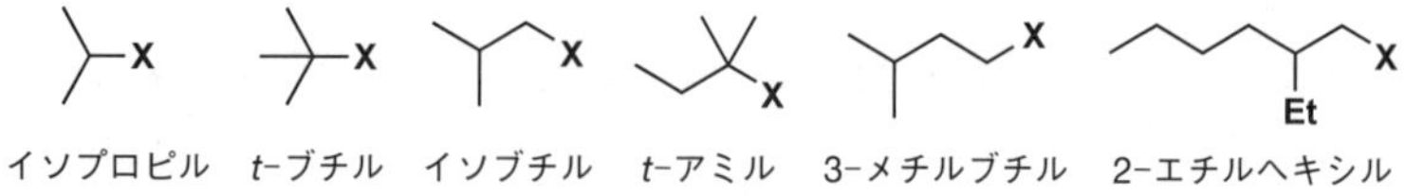

3）環状化合物：C_4 から C_{10} およびさまざまな骨格構造をもつ各種化合物, ケトン, アルコール，アルケン，ハロゲン化物，アミン

4）芳香族化合物：多種多様な化合物（カタログを参照）

5）ヘテロ環化合物：多種多様な飽和および不飽和化合物

6）高分子合成のための単量体：ブタジエン，イソプレン，スチレン，アクリル酸誘導体，メタクリル酸誘導体，不飽和のニトリル，塩化物およびアルデヒド

11・5 よい結合切断を行うための指針のまとめ

1. 合成をできるだけ短工程にする．
2. 結合切断は既知で信頼性の高い反応に対応していなければならない．
3. まず C−X 結合の切断を行い，続いて二官能基結合切断の利用を試みる．
4. 標的分子に含まれる官能基を利用して C−C 結合を切断する．
   (a) 最大限の単純化をめざす．もし可能なら
      ① 分子の中央付近で結合切断する．
      ② 分子の枝分かれ部で結合切断する．
      ③ 環と側鎖の結合を切断する．
   (b)（もしあれば）対称性を利用する．
5. 結合切断を容易にするために FGI を利用する．
6. 購入可能な，または容易に合成可能な出発物へ逆合成する．

ある標的分子にはこれらの指針のうちのいくつかだけがあてはまり，またそれらは互いに矛盾しているかもしれない．よい結合切断を選べるようになるには練習あるのみである．ある程度複雑な標的分子には多くの異なる合成経路があり，‘正しい’ 合成

は存在しない.

文　献

1. R. M. Einterz, J. W. Ponder and R. S. Lenox, *J. Chem. Ed.*, 1977, **54**, 382.
2. G. M. Badger, H. C. Carrington and J. A. Hendry, *Brit. Pat.*, 1946, 576962; *Chem. Abstr.*, 1948, **42**, 3782g.
3. V. Grignard, *Ann. Chim.* (*Paris*), 1901(7), **24**, 475.
4. P. J. Pearce, D. H. Richards and N. F. Scilly, *J. Chem. Soc., Chem. Commun.*, 1970, 1160.
5. G. Büchi and H. Wüest, *J. Org. Chem.*, 1969, **34**, 1122.
6. J. F. Bunnett and S. Sridharan, *J. Org. Chem.*, 1979, **44**, 1458.

12 合成戦略 V：立体選択性 A

本章に必要な基礎知識（“ウォーレン有機化学”の以下の章参照）

16 章 立 体 化 学
18 章 立体配座解析
32 章 分光法による立体化学の決定
33 章 環状化合物の立体選択的反応
34 章 ジアステレオ選択性

有機分子の生物学的性質はその立体化学に依存する．このことは医薬品，殺虫剤，昆虫フェロモン，植物成長調整剤，香料や香味料，さらにいえば生物活性をもつすべての化合物にあてはまる．*cis*-ヒドロキシアルデヒド **1** が濃厚で心地よい香りを示し，“リリー オブ ザ バレー”という香水に用いられているのに対して，トランス異性体 **2** にはほとんど香りがない．**1** と **2** はジアステレオマーであるが，いずれもアキラルな化合物であることに注意しよう．実用的な合成は，純粋な **1** が得られ，**1** よりも安定な **2** との混合物を生じないものでなくてはならない．平衡では，二つの置換基がともにエクアトリアル位にある **2** が 92%存在し，**1** はたった 8%である．

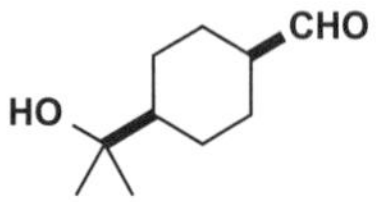

1

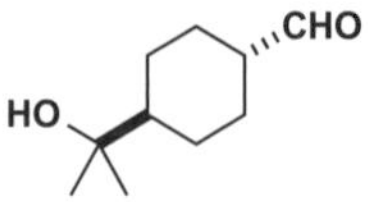

2

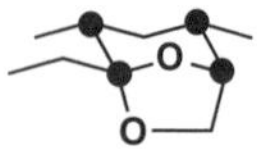

3
ムルチストリアチン
の立体中心

ニレキクイムシのフェロモンであるムルチストリアチン（multistriatin）**3** の合成はもっと複雑な例である．1 章で，ただ一つの異性体だけが虫を惹きつけると述べたことを思い出してほしい．したがって，望みのジアステレオマーを立体選択的に合成するだけでは十分ではない．さらに，合成した **3** は単一エナンチオマーでなければならない．本章では，まず単一エナンチオマーの合成法について述べる．次に，いくつもの立体中心をもつ化合物のうち，望みとするジアステレオマーだけを合成する方法について考える．ここでは簡単な説明にとどめるので，詳細については“Strategy and Control”を参照してほしい[1]．

12・1　光学的に純粋なエナンチオマー

単一エナンチオマーをつくる二つの戦略について述べる．一つは合成のどこかの段階でラセミ体を分割する方法であり，もう一つは出発物として単一エナンチオマーを用いる方法である．他の戦略については “Strategy and Control” で詳しく述べられている．

分　割

二つのエナンチオマーは再結晶，蒸留またはクロマトグラフィーなどの通常の精製法では分離できない．しかし，ジアステレオマーは分離できる．分割は，ラセミ体を通常の精製法で分離できるジアステレオマーの混合物に変換するため，光学的に純粋な‘分割剤’を必要とする．Cram は脱離反応の立体化学の研究過程で，置換反応を起こさない光学的に純粋な強塩基を必要とした[2]．すなわち LDA を不斉塩基としてつくり変えたものである．Cram は **4** を選んだが，このものがアミン **5** と BuLi から合成できるのは明白である．**5** は通常の FGI によってアミド **6** とした後，C−N 結合の切断を行うと入手可能なピバル酸（*t*-$BuCO_2H$）の酸塩化物 **7** とアミン **8** に導くことができる．

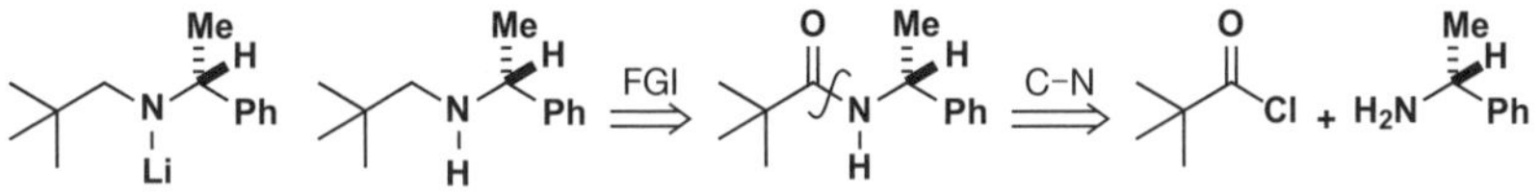

4　**5**　**6**　**7**　**8**

Cram は，ケトン **9** から一種の還元的アミノ化によって *N*-ホルミルアミン **10** を経てラセミ体のアミン **8** を合成し，安価で光学的に純粋なリンゴ酸 **11** を用いた分割によって単一エナンチオマーを得た[3]．

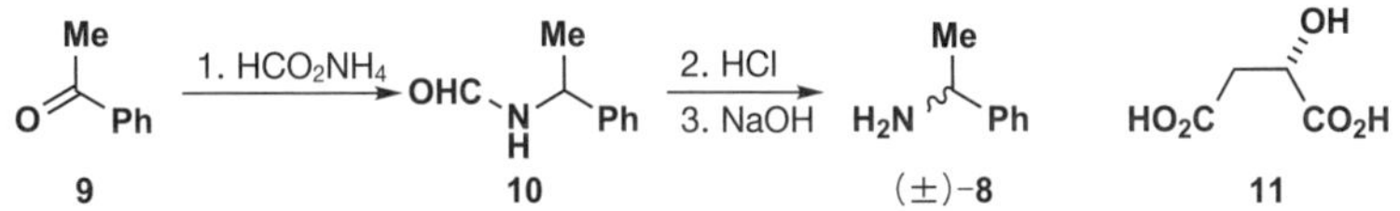

9　**10**　(±)-**8**　**11**
(*S*)-(−)-リンゴ酸

上で述べたアミン **8** の合成と分割は学部学生の実験となっているが，この方法は今日では必ずしも必要ではない[4]．ケトン **9** からもっと普通の還元的アミノ化によって得られるラセミ体 **8** の酒石酸塩 **12** をメタノールから再結晶した後，中和することで光学的に純粋な（*R*）-(+)-**8** を合成できる．実際には，このほぼ完璧な分割によって **8** の両エナンチオマーが得られる．一方のエナンチオマーの酒石酸塩はメタノールから結晶化し，もう一方の酒石酸塩は溶液中に残る．これらの酒石酸塩はジアステレオマーであり，異なる物理的性質を示す．酒石酸塩 **12** をつくるのに共有結合を形成していないことから，NaOH を用いた簡単な中和操作でアミン **8** が単一エナンチオマーとして得られ，酒石酸はナトリウム塩として溶液中に残る．

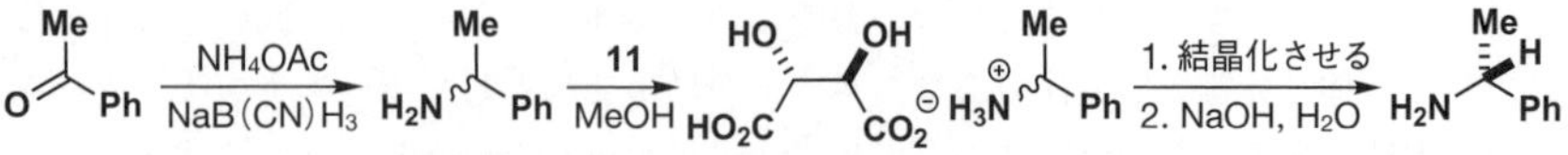

9　(±)-8　12 (8 の酒石酸塩)　(R)-(+)-8

Cram はアミド **6** に導いた後，還元してアミン **5** の合成を終えた．どちらの段階もきわめて高い収率で進行する．もっと重要なのは，ラセミ化を伴わないことである．いずれの反応も立体中心には影響しないからである．これらの原理は，すべての典型的な分割に含まれている．

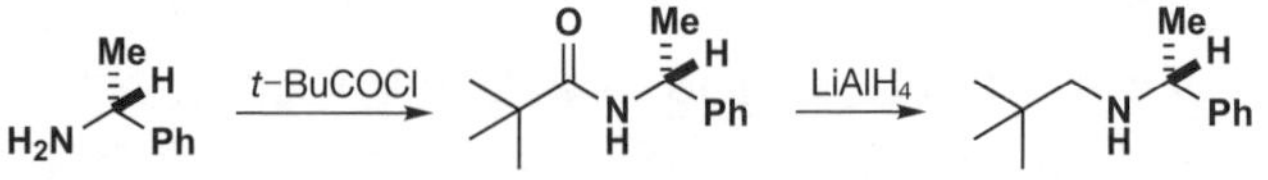

(R)-(+)-8　(+)-6 収率 90%　(+)-5 収率 97%

出発物として光学的に純粋なエナンチオマーを用いる

出発物として，非常に多くの光学的に純粋なエナンチオマーが自然界から安価に入手できる．アミノ酸は多様な構造をもち，またリンゴ酸 **11** や乳酸 **13** などのヒドロキシ酸は別の供給源となる．次に単一エナンチオマーを出発物とする合成の一例をあげる．乳酸エチル **14** をメシラート（トシラートのような脱離基）**15** に変換し，$LiAlH_4$ と濃硫酸から調製したアラン AlH_3 を用いて還元すると第一級アルコール **16** が生成する．**16** を単離することなく塩基で処理するとエポキシド **17** が得られる．分子内 S_N2 反応によって，立体中心は立体特異的に反転する[5)]．

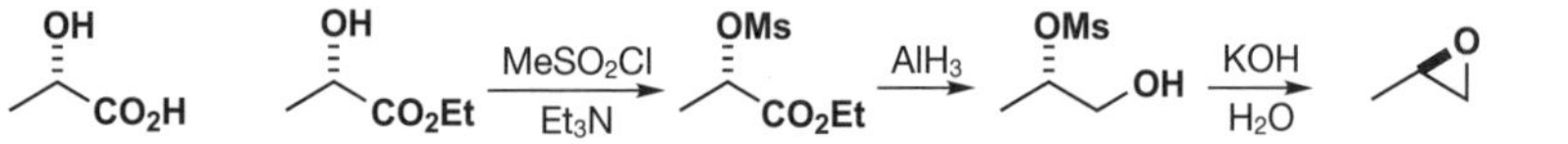

13　14 (S)-(+)-乳酸エチル　(S)-(+)-15 収率 98%　(S)-16　(R)-(+)-17 15 から収率 72%

12・2　立体特異的反応と立体選択的反応

立体特異的反応

単一エナンチオマーあるいはラセミ体のどちらにせよ，最初の立体中心（または複数の立体中心）が適切な位置にあれば，新たな立体中心を導入できるに違いない．立体特異的反応では，特定の立体化学的な反応機構で進行する必要があるので，立体化学の結果を予測できる．すべての S_N2 反応は必ず反転を伴うので，上で述べた **16** か

ら **17** への変換では，求核性酸素アニオンが立体中心に背面から接近し（反転），図示したエナンチオマーが生成した．出発物として単一エナンチオマーを用いると，トシラート **18** のそれぞれのエナンチオマーは S_N2 反応によって，立体配置の反転した酢酸エステル **19** を生成する．立体特異的な反転によって (*R*)-**18** からは (*S*)-**19** が得られ，(*S*)-**18** からは (*R*)-**19** が得られる．

(*R*)-**18** (*S*)-**19** (*S*)-**18** (*R*)-**19**

ジアステレオマーについても同じことがあてはまる．化合物 **20** はキラルではないのでエナンチオマーの問題は生じないが，ジアステレオマーであるアンチ体 **20** とシン体 **20** の S_N2 反応を行うと，それぞれ立体配置の反転したシン体 **21** とアンチ体 **21** が生成する．

anti-**20** *syn*-**21** *syn*-**20** *anti*-**21**

OsO_4 を用いるアルケンのジヒドロキシ化は立体特異的な反応でありシン付加で進行する．二つの OH 基がアルケンの二重結合の同じ面から付加する．したがって，シン付加によって *E* 配置のアルケン **22** からはシン形ジオール **23** が得られるのに対して，*Z* 配置のアルケン **22** からは生成物の C−C 結合を回転して書き直すとわかるようにアンチ形ジオール **23** が得られる．

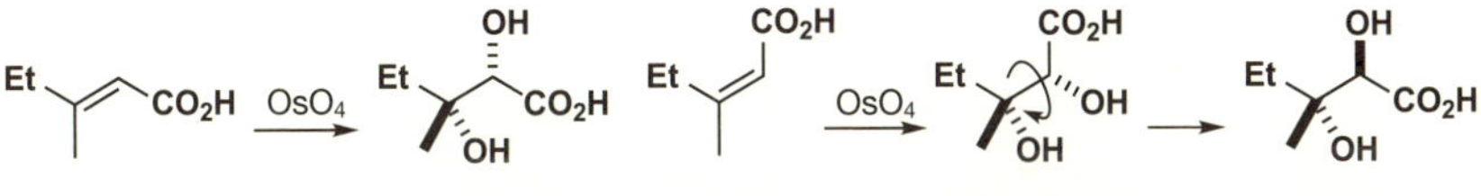

(*E*)-**22** *syn*-**23** (*Z*)-**22** *anti*-**23**

しかし，シクロペンテン **25** のようなただ一つの異性体（*E* 体または *Z* 体）しかつくることができないアルケンからシン形およびアンチ形のジオールの両方をつくるときには，別の方法が必要となる．エポキシ化も立体特異的な反応でありシン付加で進行するが，S_N2 反応によってエポキシドを開環すると，一方の立体配置が反転して二つの置換基がアンチの関係にある生成物が得られる．この開環反応には，求核剤として酢酸イオンを用いることができるので，塩基性の強い反応剤の使用を避けるべきである．エステル **27** をメタノール中アンモニアで処理するとカルボニル基だけが攻撃を受けてアセチル基を除去できる．

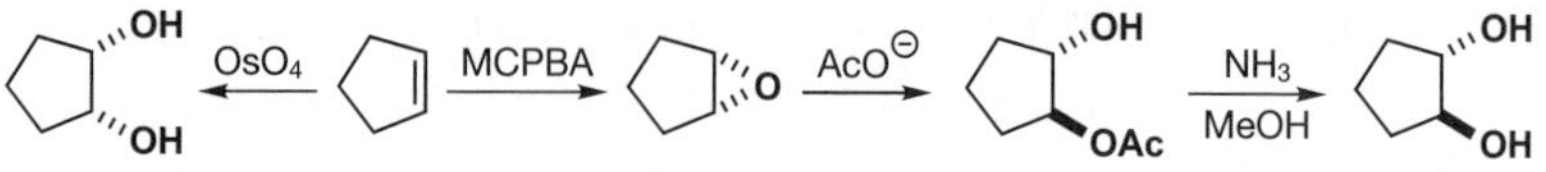

syn-**24**　**25**　**26**　**27**　*anti*-**24**

いくつかの立体特異的反応を表 12・1 に示す．合成に利用しようとするすべての反応の機構を理解することは，望みとする立体化学の結果を得るために不可欠である．

表 12・1　立体特異的反応

反　応	化学反応	結　果
S_N2 反応	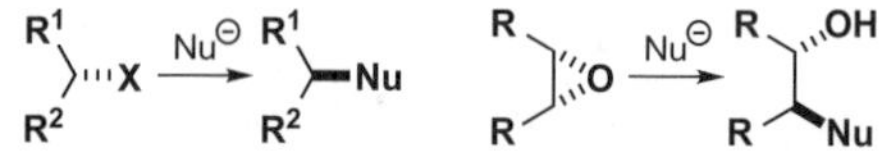	立体配置は反転
E2 脱離	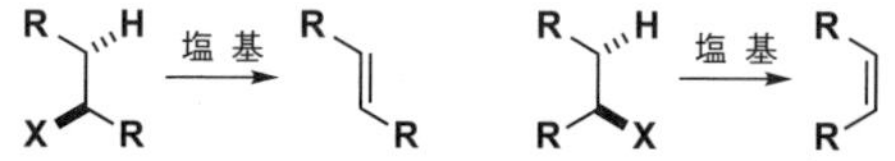	H と X がアンチペリプラナー
アルケンに対する求電子付加反応		シン付加
アルケンに対する求電子付加反応	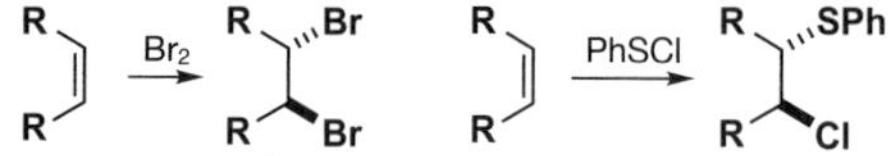	アンチ付加
アルケンやアルキンの接触水素化	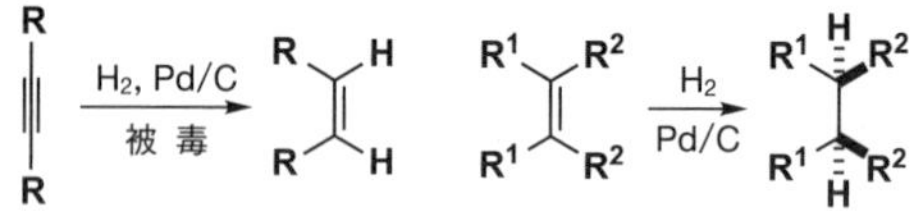	シン付加
転位反応	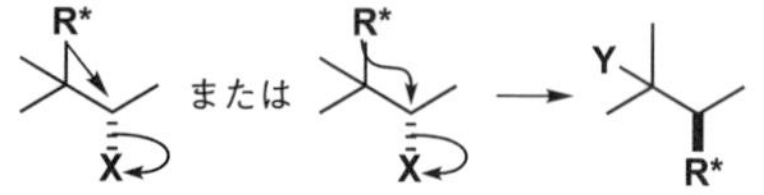	R*の立体配置は保持． 移動終点の立体配置は反転
立体中心を含まない反応		立体配置は保持

表に‘転位反応’が入っているのを意外に思うかもしれないが，転位反応はアミン **8** を別途合成するときに非常に役に立つ[6]．光学的に純粋なカルボン酸 **28** をアジド **29** に変換すると，窒素を放出してナイトレンが生成する．ナイトレンの窒素原子は価電子を 6 個しかもたず，空の軌道をもつ．**30** に示すようにこの空の軌道に側鎖がそっくりそのまま移動する．この転位は少なくとも 99.6%の立体保持で起こり，イソシアナート **31** を生成する．**31** は水と反応して不安定なカルバミン酸 **32** を生じ，ただちに CO_2 を放出してアミン **8** を生成する．現在，光学的に純粋なカルボン酸 **28** は入手で

きないので，酒石酸を用いた分割のほうがよい．アミン **8** の両エナンチオマーは入手可能であり，今日ではおそらくカルボン酸 **28** を分割するのに用いることができる．

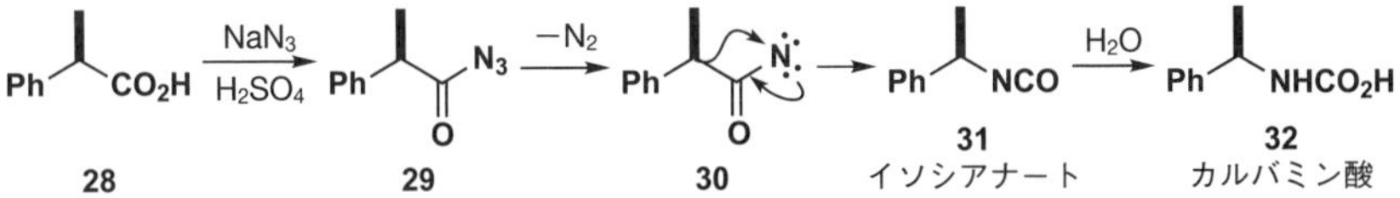

ムルチストリアチンのジアステレオ選択的合成

ここで，1 章で述べたニレキクイムシのフェロモンであるムルチストリアチン **3** の合成をあげる．**3** は四つの立体中心をもつが，そのうちの一つ（黒丸で示す隠れたカルボニル基）は重要ではない．**3** のアセタールを切断するとケト-ジオール **33** が得られる．**33** を合成すれば，環化して **3** だけを生成する．この際，他の立体化学をもつ異性体は得られない．さらにエノラートのアルキル化をふまえて C−C 結合切断を行うと，対称ケトン **34** と末端に脱離基（X）をもち，かつ白丸で示す二つの隣接した立体中心をもつジオール **35** に導くことができる．

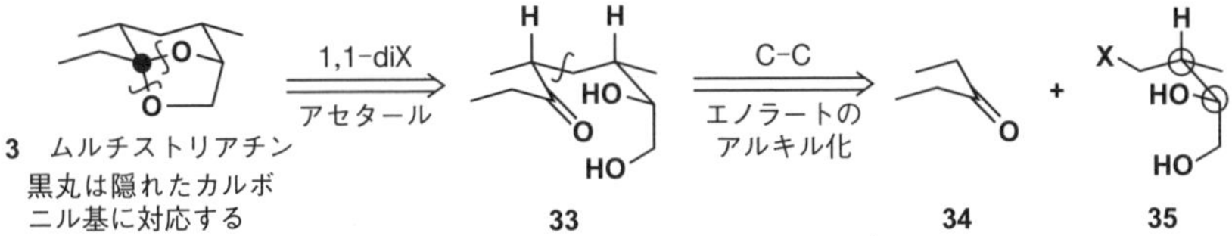

脱離基はアルコールからつくることができるので，基本骨格はほぼ対称な 1,2,3-トリオール **36** である．**36** は C−C 結合切断によって対称なエポキシド **37** に導くことができる．出発物 **34** と **37** はどちらも対称な化合物である．**34** は購入できるので，**37** を合成するだけでよい．エポキシド **37** は（*Z*)-アルケン **38** から合成可能であり，このものはアルキン **39** を Lindlar（リンドラー）還元することによって合成できる．

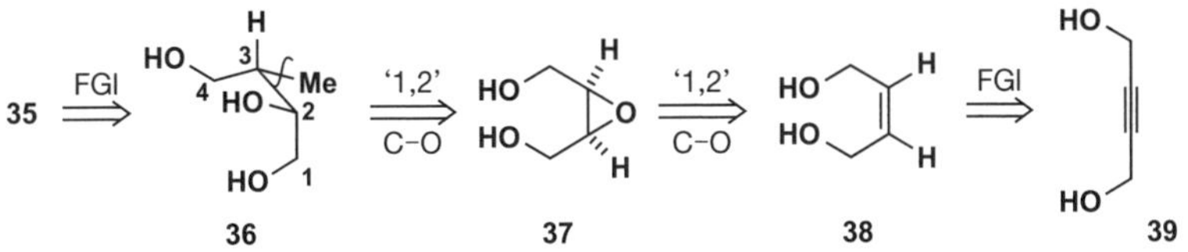

アルキン **39** は入手可能であり，アセチレンとホルムアルデヒドから簡単に合成できる．ここで二つの決断が残っている．一つは **36** の三つのアルコールをどのようにして識別するかであり，もう一つは Me^- としてどのような反応剤を用いてエポキシドの開環反応を行うかである．実際の合成では，**38** のジオールを環状アセタールとして保護した **40** を用いるとエポキシ化が容易となり，エポキシド **41** の開環では Me_2CuLi

が最も優れた反応剤であることがわかった．**42** の二つの OH 基が保護されているが，それらは保護する必要がある二つの OH 基ではない．

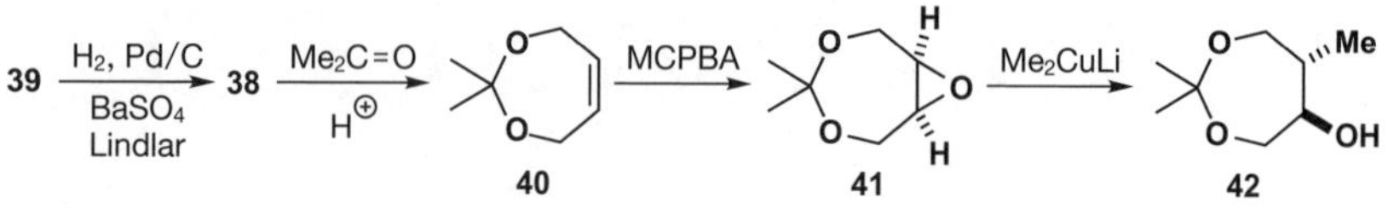

アセタールの形成は熱力学支配の反応であり，5 員環は 7 員環よりも安定である．したがって，巧妙な解決策は **42** を酸で処理してアセタール交換反応を行って **43** を合成することであった．この段階で望みとする OH 基が脱保護されるので，ヨウ化物 **44** に変換することができる．**44** を用いてケトン **34** のリチウムエノラートをアルキル化すると **45** が生成する．酸で処理すると，アセトンの除去を伴ってアセタール **45** の異性化が起こり，ムルチストリアチン **3** が生成した．この合成では，**45** のカルボニル基の隣の立体中心は制御しなかった．この環化では，混合物を用いても 85：15 の生成比でメチル基がエクアトリアル位にある **3** ともう一つのジアステレオマーが得られるからである[7]．

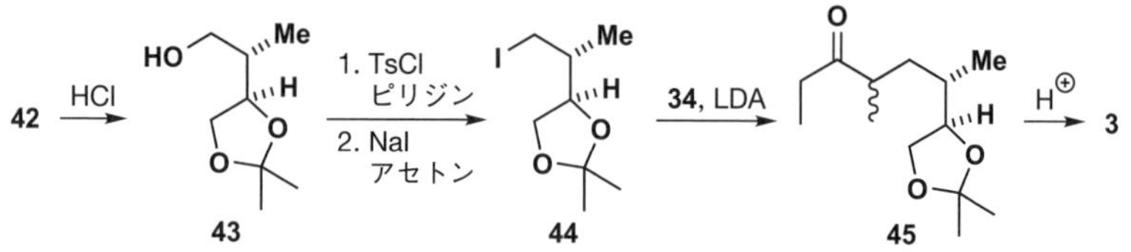

しかし，ムルチストリアチンは単一ジアステレオマーとしてだけでなく，単一エナンチオマーとしても合成することが重要である．合成を振り返ると，最初のキラルな中間体はアルコール **42** である．幾度かの失敗を経て，ラセミ体の **42** をイソシアナート (*R*)-(+)-**46** と反応させるとウレタンのジアステレオマー混合物 **47** が得られ，このものが再結晶によって分離できることがわかった．$LiAlH_4$ を用いた還元によってウレタンを除去すると，光学的に純粋なアルコール **42** が得られた．このものから上で述べた合成法によって，ムルチストリアチン **3** を単一エナンチオマー（>99%）としてつくることができた．

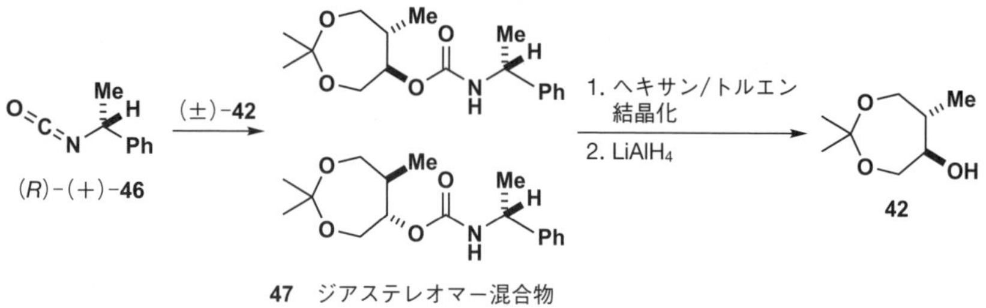

立体選択的反応

反応機構的に許容であるが立体化学的に異なる経路があり，一方の立体異性体が他方よりも優先して生成する反応を立体選択的反応とよぶ．立体選択的反応では，より有利な経路，すなわちより速い経路（速度支配）またはより安定な生成物を生成する経路（熱力学支配）が選択される．これらの反応は，一般にすでに立体中心をもっている化合物に新たな立体中心を一つ以上生みだすものである．

ケトン **48** はアルコール **49** または **50** のどちらか一方に還元できる．エクアトリアルアルコール **49** は **50** よりも安定である．したがって，*i*-PrOH 中で $(i\text{-PrO})_3Al$ のような平衡を伴う還元剤を用いると主生成物として **49** が得られる[8]．一方，**51** に示す還元剤のエクアトリアル攻撃は，速度論的に有利である．図に示した二つのアキシアル水素が還元剤のアキシアル攻撃を妨げるからである．$LiAlH(Ot\text{-}Bu)_3$ のような嵩高い還元剤を用いると，主生成物としてアキシアルアルコール **50** が得られる[9]．

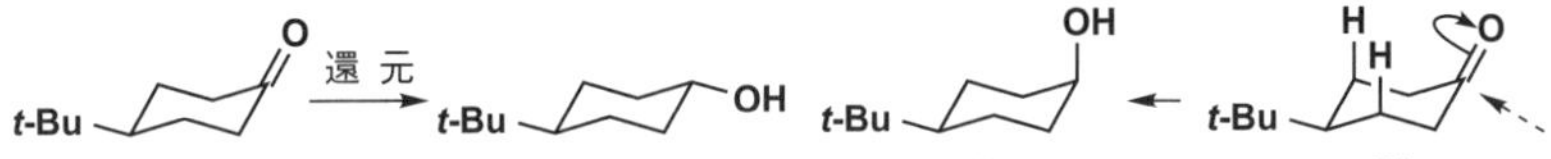

48　49　50　51

ときには化合物の両ジアステレオマーが必要となる．そのときにはジアステレオ選択性に乏しい反応が好ましい．シン形およびアンチ形のトシラート **55** の両方はある反応の立体化学の研究で必要とされた化合物である[10]．ケトエステル **52**（合成法は 19 章および 21 章で述べる）を 2 段階で還元するとシン形およびアンチ形のジオール **54** の混合物が得られ，これらはカラムクロマトグラフィーによって分離できた．

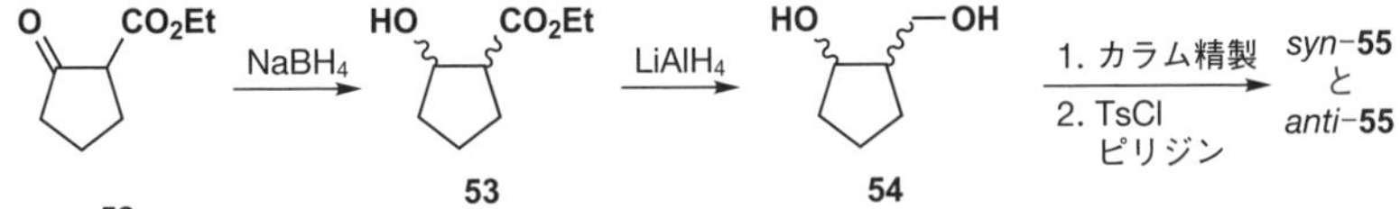

52

53
アンチ体/シン体
63：37

54
アンチ体/シン体
58：42

どちらのジオールも第一級アルコールが選択的にトシル化され，シン形およびアンチ形のトシラート **55** が得られた．塩基［DMSO のアニオン：$MeS(O)CH_2^-$］で処理すると，シン体 **55** は環化して二環性エーテル **56** を良好な収率で生成したが，アンチ体 **55** は 5 員環の C−C 結合が開裂して揮発性のヘキセナール **57** を生成した．

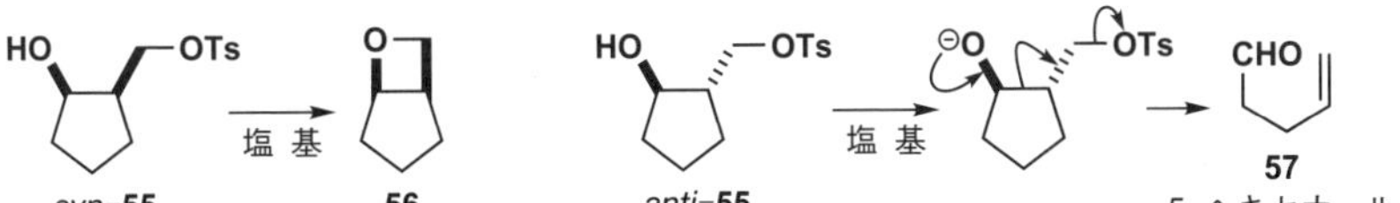

syn-**55**　**56** 収率 85%　*anti*-**55**　**57** 5-ヘキセナール

6 員環における立体配座制御

飽和 6 員環に新たな立体中心をつくるときには, 立体配座による制御が可能である. ケトン **48** の還元で立体配座の効果についてすでに述べたが, このことは炭素求核剤によるケトンへの攻撃にもあてはまる. 鎮痛剤 **58** の合成に必要とされたアルコール **59** がケトン **60** から合成できるのは明白である. **60** は Me_2NH のシクロヘキセノン **61** への共役付加によって合成できる[11].

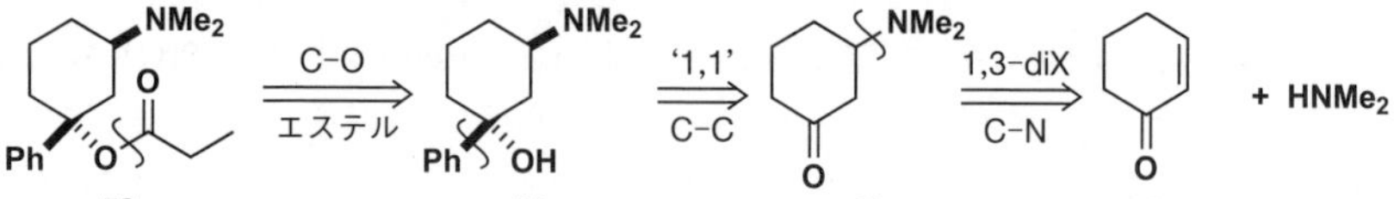

実際の合成では, Me_2NH のシクロヘキセノンへの共役付加に続いて, **60** を単離することなく PhLi と反応させると **59** が総収率 60%で得られる. 予想どおり, PhLi のような嵩高い求核剤を用いるとエクアトリアル攻撃が優先する. **60** への付加が Me_2N 基と同じ側で進行することに注目してほしい. Me_2N 基が立体障害となっていないのは明白である. Me_2N 基は **60** の立体配座を固定し, PhLi はエクアトリアル攻撃する. 酸無水物を用いて **59** をアシル化すると医薬品 **58** が得られる.

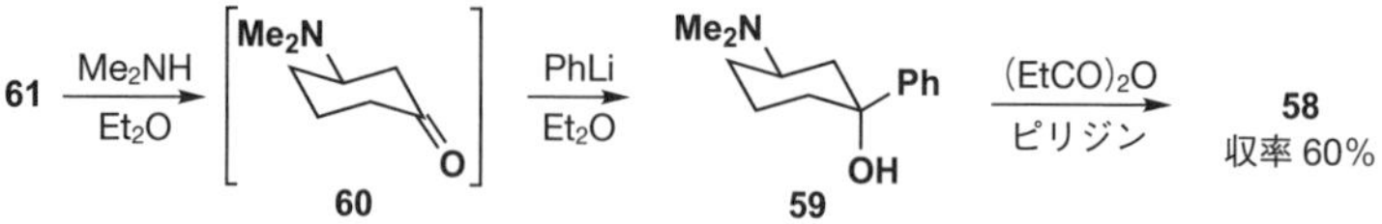

いす形配座を生じるアキシアル攻撃

出発物がいす形配座ではなく半いす形配座をとる場合には, 本来のいす形配座をとる生成物が最優先で得られる. 不思議に思うかもしれないが, これは求核剤がシクロヘキセノン **62**, エポキシド **65** またはブロモニウムイオン **68** などの求電子剤にアキシ

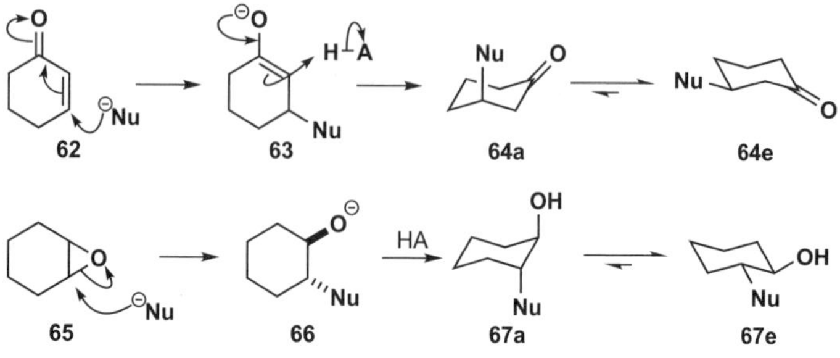

アル攻撃することを意味する．生成物は平衡によって素早くすべての置換基がエクアトリアル位にある配座異性体 **64e**，**67e** または **69e** となるが，これらの反応で最初に生成するのはそれぞれアキシアル配座異性体 **64a** あるいはトランス-ジアキシアル配座異性体 **67a** または **69a** である．

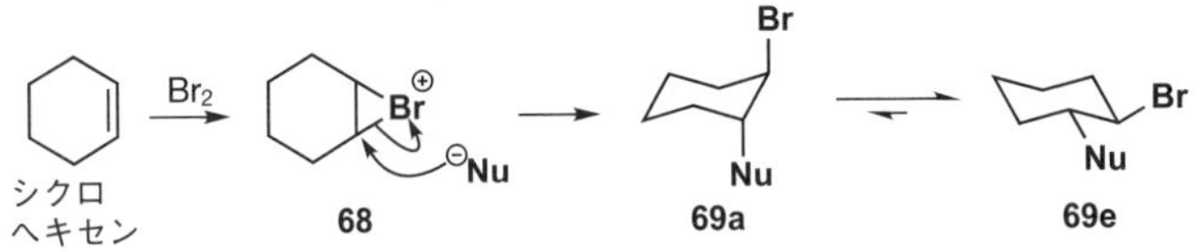

折れ曲がった分子における立体化学制御

二つの小員環（3 員環，4 員環または 5 員環）が二つの隣接する原子を共有して縮合しているときには，環縮合部の立体化学はシスであり，半分開いた本のような折れ曲がった立体配座をとらざるをえない．すでに述べたように，**70** はシス縮合環である．ひょっとするとトランス縮合環が生成したかもしれないアンチ体 **55** は，代わりに C−C 結合の開裂を起こした．**70a** に示すように，この化合物は折れ曲がった立体配座をとる．折れ曲がった立体配座については 38 章でもっと詳しく述べる．ここでは **70a** や **72a** が ‘外側’（本の表紙に相当する）と ‘内側’（本の中身のページに相当する）の関係をもつことに注目してほしい．下に示す **71** のエポキシ化は折れ曲がった分子の外側で起こり，**72** が得られる．

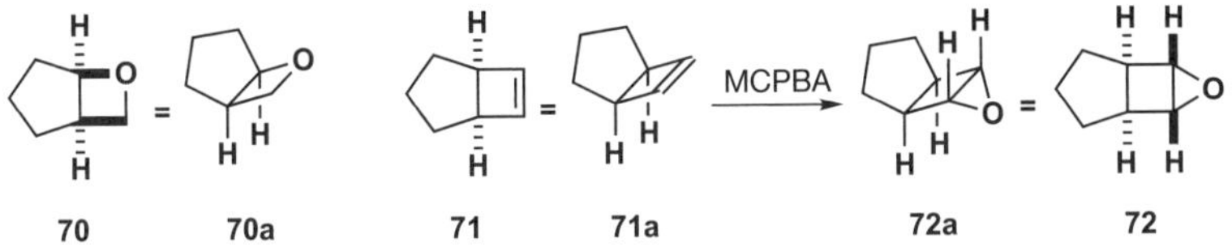

置換基をもつ小員環のエポキシ化反応の立体化学制御は容易に理解できる．環がほぼ平面であり，置換基がアキシアル位あるいはエクアトリアル位のどちらにあるかを気にしなくてよいからである．したがって，環に嵩高い置換基（R = t-BuMe$_2$Si）をもつ単純な（アキラルな）シクロペンテン **73** は立体障害によってアンチ形エポキシド **74** を生成する．しかし，アルコールが保護されていない **75** は OH 基と同じ側からエポキシ化され，**76** が得られる．OH 基が水素結合によって反応剤を同じ側に運搬したと考えるのが理にかなっている[12]．

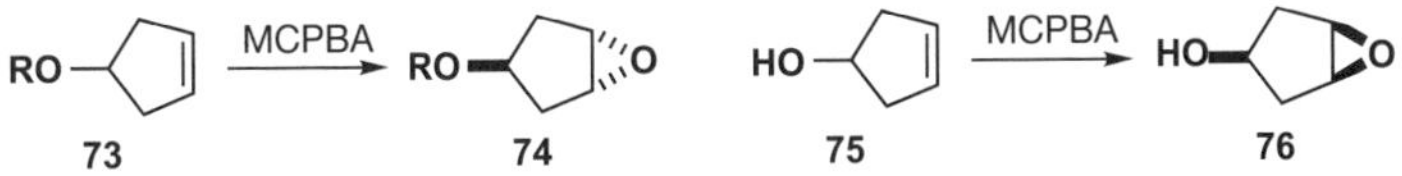

文　献

1. P. Wyatt and S. Warren, *Organic Synthesis*: *Strategy and Control*, Wiley, Chichester, 2007.
2. D. J. Cram and F. A. A. Elhafez, *J. Am. Chem. Soc.*, 1952, **74**, 5851.
3. A. W. Ingersoll, *Org. Synth. Coll.*, 1943, **2**, 503, 506.
4. A. Ault, *J. Chem. Ed.*, 1965, **42**, 269.
5. B. T. Golding, D. R. Hall and S. Sakrikar, *J. Chem. Soc.*, *Perkin Trans 1*, 1973, 1214.
6. A. Campbell and J. Kenyon, *J. Chem. Soc.*, 1946, 25.
7. W. J. Elliott and J. Fried, *J. Org. Chem.*, 1976, **41**, 2469, 2475.
8. E. L. Eliel and R. S. Ro, *J. Am. Chem. Soc.*, 1957, **79**, 5995.
9. J. Klein, E. Dunkelblum, E. L. Eliel and Y. Senda, *Tetrahedron Lett.*, 1968, **9**, 6127; P. Wyatt and S. Warren, *Organic Synthesis*: *Strategy and Control*, Wiley, Chichester, 2007, 21 章も参照せよ.
10. G. Kinast and L.-F. Tietze, *Chem. Ber.*, 1976, **109**, 3626.
11. M. P. Mertes, P. E. Hanna and A. A. Ramsey, *J. Med. Chem.*, 1970, **13**, 125.
12. M. Asami, *Bull. Chim. Soc. Jpn.*, 1990, **63**, 1402.

13 一官能基 C−C 結合切断 II：カルボニル化合物

本章に必要な基礎知識（“ウォーレン有機化学”の以下の章参照）
9 章 有機金属化合物を用いて炭素－炭素結合をつくる
26 章 エノラートのアルキル化

10 章では，おもにアルコールを官能基としてもつ化合物の C−C 結合の切断を，関連する二官能基 C−X 結合切断と比較して考えた．本章では，カルボニル化合物，おもにアルデヒドやケトンについてもっと詳しく述べる．まず 10 章と同じように，C−C 結合切断を対応する C−X 結合切断と比較してみよう．エステルのようなカルボン酸誘導体を用いたヘテロ原子のアシル化（**1** に示す 1,1-diX 結合切断は一官能基 C−X 結合切断ともいいかえることができる）をもとに，ヘテロ原子を炭素求核剤に置き換えると，**2a** に示す炭素求核剤のアシル化をふまえた C−C 結合切断が可能となる．次に，**3** に示す 1,2-diX 結合切断と，**5** に示すエノラート **6** のアルキル化をふまえた C−C 結合切断を比較してみよう．この場合には極性の反転を行った．なお，アルキル化における位置選択性については 14 章で述べることとし，本章では議論しない．

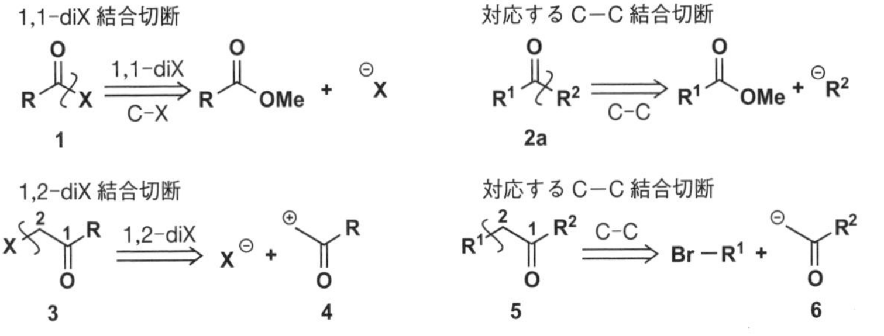

13・1 炭素アシル化によるアルデヒドおよびケトンの合成

2a に示した C−C 結合切断によるエステルへの逆合成は実際には有効ではない．た

しかに MeO^- は四面体中間体 **7** からの脱離基としては最適であるが，生成したケトン **2** は出発物のエステルよりも求電子性が高いため，さらに炭素求核剤と反応して第三級アルコール **8** が生成してしまうからである.

7　**2**　**8**

この問題の解決策の一つとして，アシル化剤にケトンよりも求電子性の高い酸塩化物を用いる方法がある．しかし，有機リチウム化合物や Grignard（グリニャール）反応剤を用いるとどちらも反応性の高い求核剤と求電子剤を用いることとなり，反応の制御が困難となる．一方，反応性がずっと低く選択性の高い有機銅反応剤を用いるとアシル化がうまく進行することが知られている．有機リチウム化合物を無水 THF 中 −78 ℃ でヨウ化銅(I) と反応させると，ジアルキル銅リチウムまたはクプラート[1] とよばれる R_2CuLi が得られる．R_2CuLi は，同じく低温で酸塩化物ときれいに反応してケトンを生成する[2].

9　**2**

R_2CuLi の官能基選択性を示す別の反応例として，ケトン **12**（R＝Et または Pr）の合成をあげる．酸塩化物 **11** に適切なアルキル基をもつ R_2CuLi（R＝Et または Pr）を反応させると，臭化アルキル鎖との置換反応は起こらずブロモケトン **12** だけが得られる．ブロモカルボン酸 **10** は入手可能であり，酸塩化物 **11** を経るこの方法によりさまざまなブロモケトンを合成できる[3].

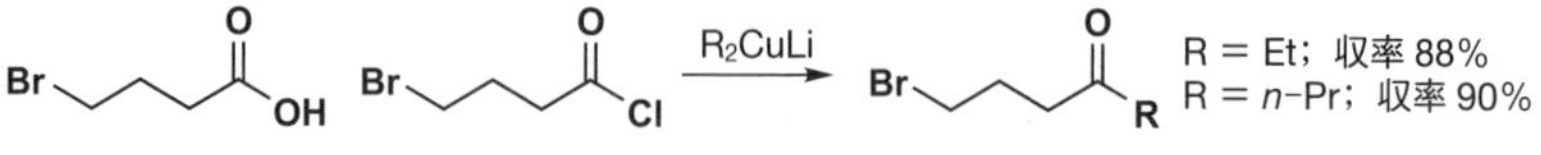

10　**11**　**12**

R_2CuLi を用いると二つのアルキル基のうち一つしか反応しないため，もう一つのアルキル基が無駄になってしまう．これを避けるためにヘテロ有機銅アート錯体を用いる方法がある．Posner[4] は PhS 基を用いることで *t*-Bu 基を一つだけもつ有機銅反応剤 **14** を安定化させ，酸塩化物との反応において *t*-Bu 基のみをきれいに反応させることに成功した．ケトン **15** の合成法として，*t*-BuCOCl を用いた Friedel–Crafts（フリーデル クラフツ）反応では脱カルボニル化に悩まされるため，この方法のほうが優れている．

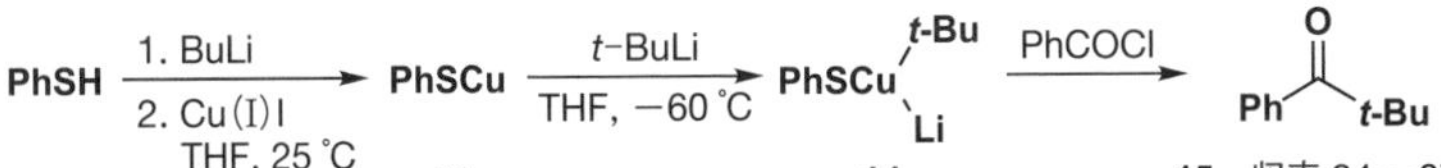

13 **14** **15** 収率 84～87％

Paquette による［4.4.4］プロペラン（propellane）**19** の合成において，ジエステル **16** は容易に合成できたが，**16** からモノメチルケトン **18** への選択的な変換が問題となった．**16** の一方のエステルのみを加水分解してモノカルボン酸 **17** へ変換した後，塩化オキサリルを用いて酸塩化物を合成し，Me_2CuLi と反応させると高収率でケトン **18** が得られた[5]．

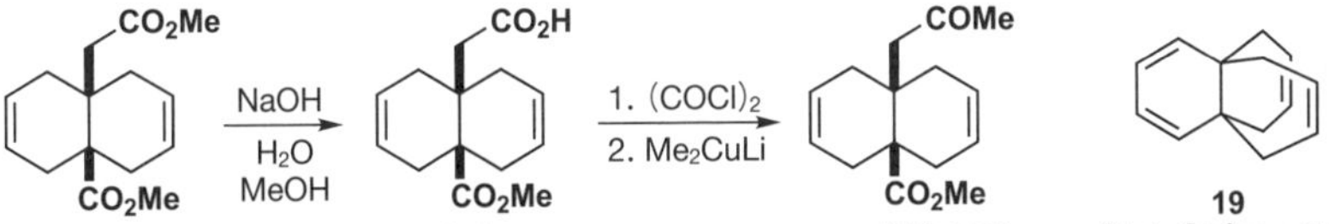

16 **17** 収率 88％ **18** 収率 92％ **19** ［4.4.4］プロペラン

DMF を用いた有機リチウム化合物の直接的ホルミル化

アシル化を制御する別の解決法として，エステルよりもずっと求電子性の低いアシル化剤を用いる方法がある．これは少し奇異に思われるかもしれないが，実際に DMF **20** を有機リチウム化合物と反応させると良好な収率でアルデヒド **23** が得られる．この反応条件で四面体中間体 **21** が安定に存在するのは，Me_2N^- の脱離能が低いからである．酸性水溶液で後処理する段階で **22** を経てアルデヒド **23** が生成する．

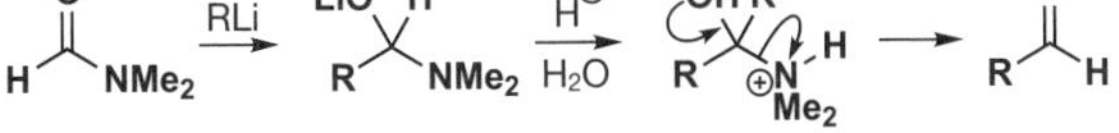

20 DMF **21** **22** **23**

有機リチウム化合物はハロゲン–リチウム交換反応または脱プロトン化によって調製できる．たとえば，ジヨード化合物 **24** を 1 当量の BuLi と反応させ，さらに DMF と反応させるとアルデヒド **25** が得られる[6]．また，芳香族ヘテロ環化合物であるイソチアゾール **26** は図に示す硫黄原子の隣の水素が最も酸性度が高く，同様の反応を行うとアルデヒド **27** が良好な収率で得られる[7]．

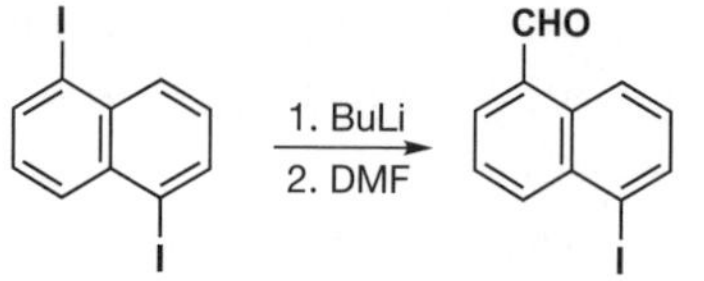

24　　25 収率 55%

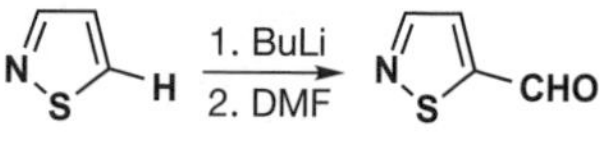

26　　27 収率 75%

ケトンの合成にはDMFよりも反応性の高いニトリル**28**を用いることができる. **28**にGrignard反応剤を付加させると, 先の**21**の場合と同様, この反応条件では安定な中間体**29**が生成する. このものを酸性条件で加水分解するとケトン**2**が得られる. DMFにきわめて類似した反応剤として, ホルミル基の水素をアルキル基に置き換えた第三級アミドが考えられるが, 第三級アミドは反応性がきわめて低いためケトンの合成には利用できない[8].

28　　29　　2　　第三級アミド

これらの反応では, 有機リチウム化合物よりもGrignard反応剤を用いた場合によい結果が得られる[9]. 触媒量の銅(I)塩を用いる方法はもっと優れている. ケトン**32**の合成は好例である. **30**から調製したGrignard反応剤をトリメチルシリル基で保護したニトリル**31**と反応させると, 高収率で**32**が得られる. 特にこの反応では, 後処理の段階で保護基を除去できる[10].

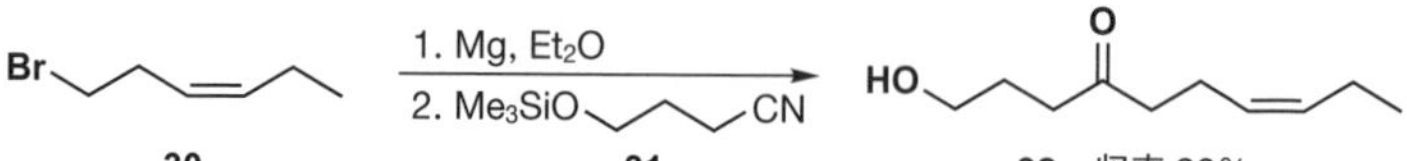

30　　31　　32 収率 90%

Grignard反応剤を用いるケトン合成は, 分子内で5員環や6員環を形成する反応においても有効である. たとえば, **34**のようなスピロ環化合物（一つの原子を共有して二つの環構造をもつ化合物）や**36**のような立体的に込み合ったシクロヘキサノンを合成することができる[11].

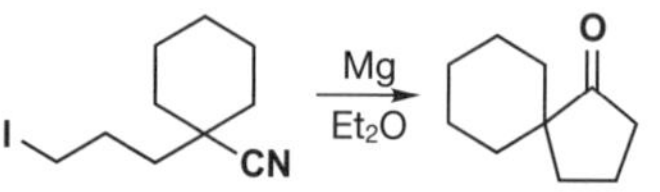

33　　34 収率 65%

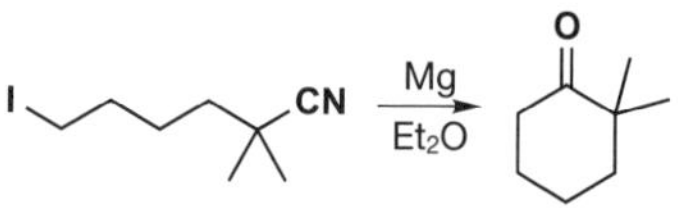

35　　36 収率 71%

これまで **2** に示すカルボニル基と隣の炭素間の C−C 結合切断について学んだ．反応剤についてまとめると，求核剤として Li，Cu または Mg の有機金属化合物を利用し，求電子剤としては酸塩化物，DMF またはニトリルを用いた．次節ではカルボニル基の隣の炭素での C−C 結合切断について述べる．

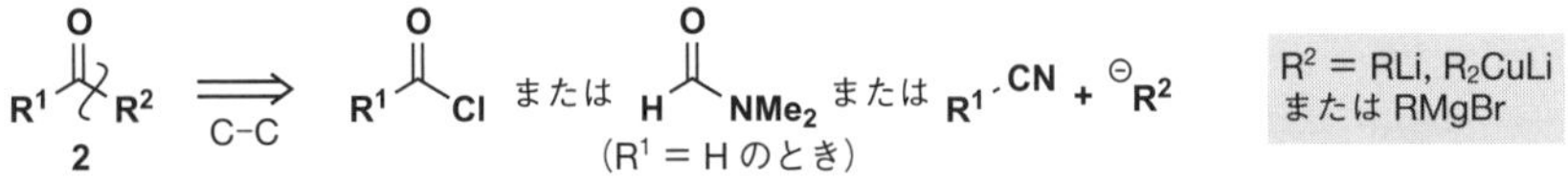

13・2 エノラートのアルキル化によるカルボニル化合物の合成

37 に示すカルボニル基の隣の炭素での C−C 結合切断では，カルボニル基本来の極性を利用してエノラート **38** のアルキル化を行う．しかし，ケトン **39** を単純にハロゲン化アルキルと塩基と混合するだけで **37** を得ることができると思ってはいけない．ケトン自身が求電子性を示すので，アルドール反応（19 章）による自己縮合がアルキル化よりも優先してしまうことが問題となるからである．

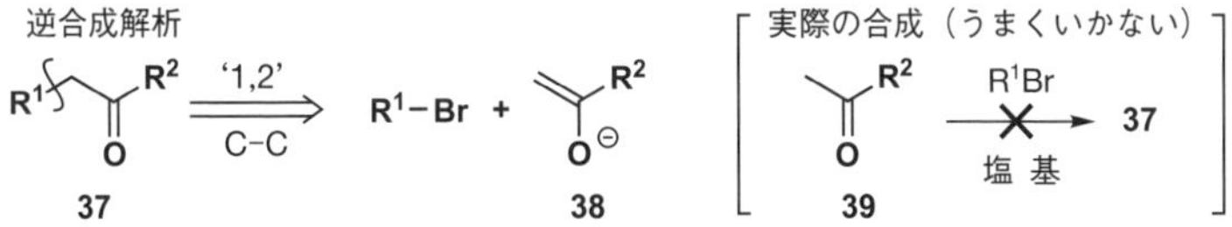

ケトン **39** の自己縮合を避けるためには，まず第一にすべてのケトン **39** を完全になんらかのエノラートに変換しておく必要がある．本章では，エノラートとしてリチウムエノラート **40** と 1,3−ジカルボニル化合物 **41** のアニオン **42** のみを取扱うことにする．これらはアセトンのエノラート **38**（R^2＝Me）の等価体として働く．

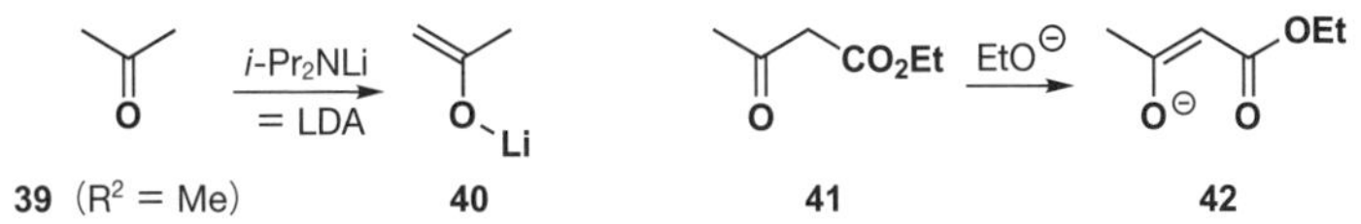

単純なカルボニル化合物のリチウムエノラート

リチウムエノラート **40** は通常塩基として LDA（リチウムジイソプロピルアミド，lithium diisopropylamide）を用いて調製する．ケトンを瞬時にリチウムエノラートに変換するためには強い塩基を用いなければならない．BuLi は十分な塩基性を示すが，塩基としてよりも求核剤として働きカルボニル基に付加してしまう．そのため，BuLi

を用いて LDA を調製する．LDA は非常に嵩高くカルボニル基への付加を起こさない強塩基である．無水 THF 中低温で調製した LDA[12] に，同じく低温でケトンの THF 溶液をシリンジを用いて滴下するとエノラート **40** が得られる．**43** に示すようにリチウムにカルボニル酸素原子が配位すると，アミドの塩基性窒素が α 水素をプロトンとして引抜くのに最適な位置にくる．

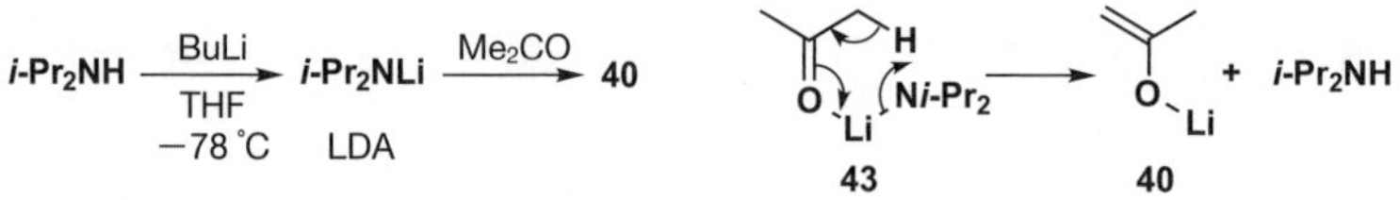

アセトンの例のようにケトンが対称であったり，片側だけにしかエノラートが生成しないケトンの場合や，出発物としてエステルを用いる場合には，エノラートの生成およびアルキル化は位置選択性の問題なく進行する．Corey によるコーヒー豆由来の抗炎症剤カフェストール（cafestol）の全合成では，片側にだけエノラートが生成するケトン **44** をメチル化して **45** を合成し，その後アルキル化剤 **46** への変換を行っている[13]．

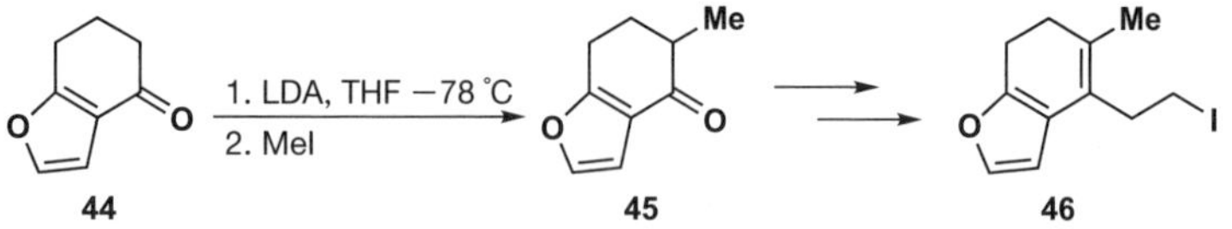

次に Corey は，図に示す水素原子だけがプロトンとして引抜かれる不飽和エステル **47** からリチウムエノラート **48** を調製し，**46** を用いたアルキル化によって **49** を合成した．カフェストールのほぼすべての骨格は，このアルキル化の段階で構築されている．

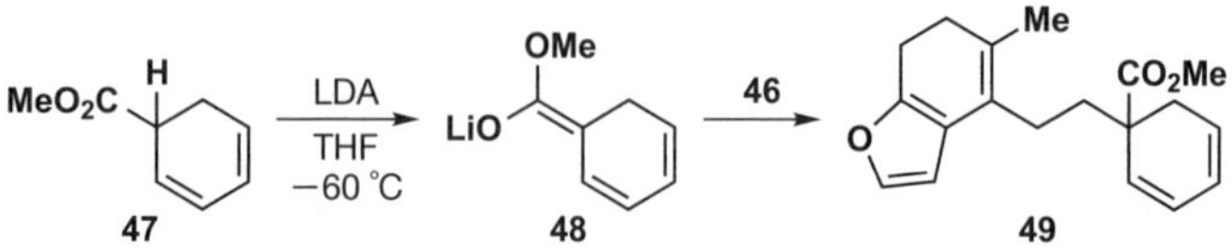

1,3-ジカルボニル化合物のエノラート

厳密な無水条件下，反応温度を −78 ℃ に保ちながら，シリンジ操作で実験を行うのはそれほど容易ではないと思うだろう．強塩基を用いる方法の代わりにケトンの構

造を修飾すると，ずっと容易にエノラートが生成するようになる．FGA によってアセトンにエステル基を導入して **41** とすると，エノラート **42** は共役し，負電荷が二つの酸素原子で共有されるようになる．その結果，比較的弱い塩基でもエノラート **42** を生成することができる．通常はエステルのアルコキシドが塩基として用いられる．アルキル化は二つのカルボニル基の間の炭素で起こる．生成物 **50** のエステルを加水分解し，得られるカルボン酸を加熱すると脱炭酸が起こる．

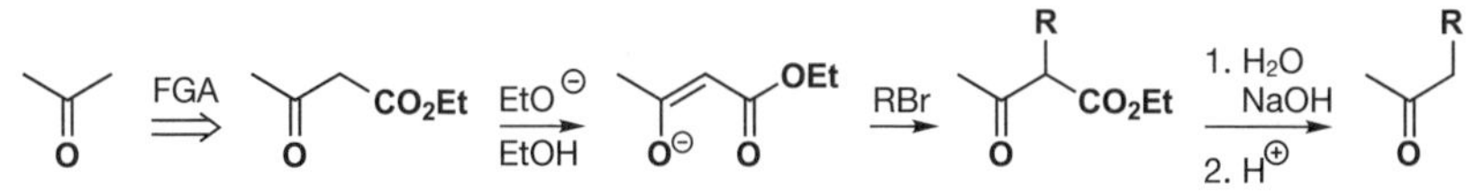

アセトン **41** **42** **50** **51**

少し解説を加える．**50** を塩基性条件で加水分解するとアニオン **52** となり，酸処理するとケト酸 **53** が得られる．**53** を加熱すると，**54** に示す 6 員環遷移状態を経由して脱炭酸が起こり，エノール **55** を経てアルキル化されたケトン **51** が得られる．

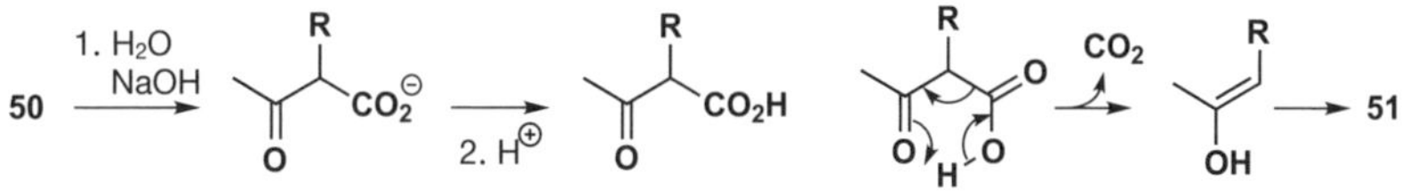

52 **53** **54** **55**

あらかじめ合成したケトンに対して，アルキル化を行うために後からエステル基を導入することはあまりない．ケトエステルとしてアセト酢酸エチル **41**，ジエステルとしてマロン酸ジエチル **59** などが容易に入手できるからである．1,3-ジカルボニル化合物をつくりたい場合には，19 章および 20 章で述べる方法で合成できる．カルボン酸 **56** は枝分かれ部で C−C 結合を切断するとハロゲン化アルキル **57** とシントン **58** に導くことができる．**58** に対応する反応剤としてはマロン酸ジエチル **59** のアニオンまたは酢酸エチルのリチウムエノラート **60** が考えられる．

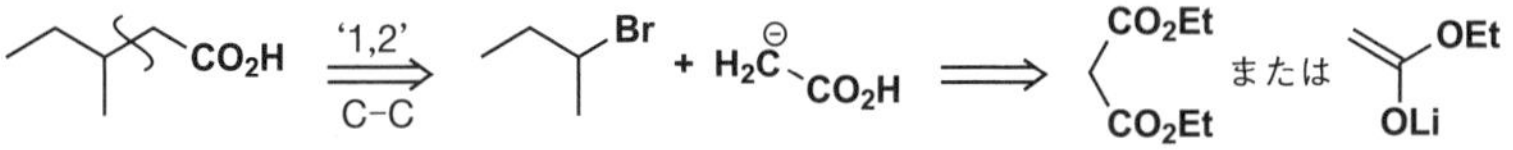

56 **57** **58** **59** **60**

マロン酸エステルを用いた合成の報告例を次ページに示す[14]．なお，この合成では塩基としてエトキシドを用いることで，エトキシドがエステルを求核攻撃しても問題が生じないように工夫されている．

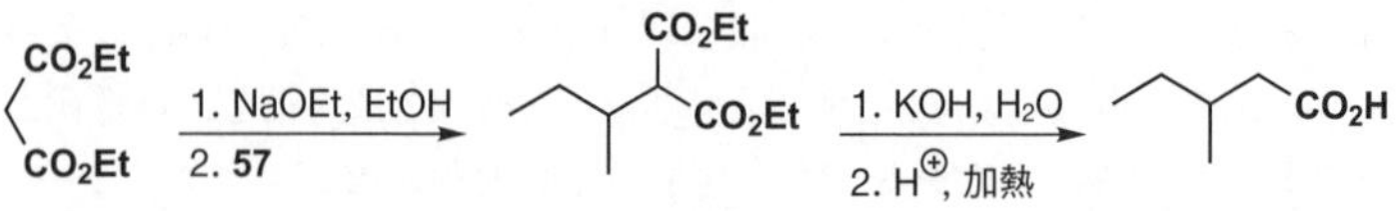

59　　61 収率 84%　　56 収率 65%

1,3-ジカルボニル化合物を用いたケトンの合成法は，テルペン類の合成で広く利用されている．'1,2' C−C 結合切断によって **62** の逆合成を行うと，臭化プレニル **63** とエノラート **64** となり，さらに FGA によって **64** にエステル基を導入するとアセト酢酸エチル **41** に導くことができる．

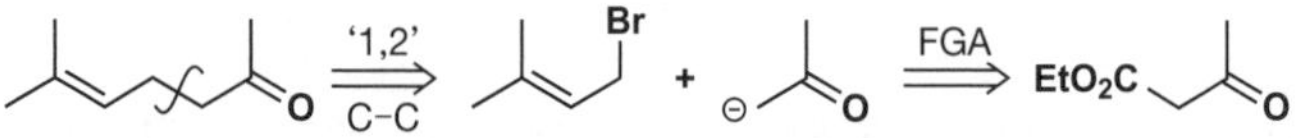

62　　63　　64　　41

'臭化プレニル' **63** は反応性が高いハロゲン化アリルなのでアルキル化はうまくいく．その後の加水分解と脱炭酸も問題なく進行する[15]．

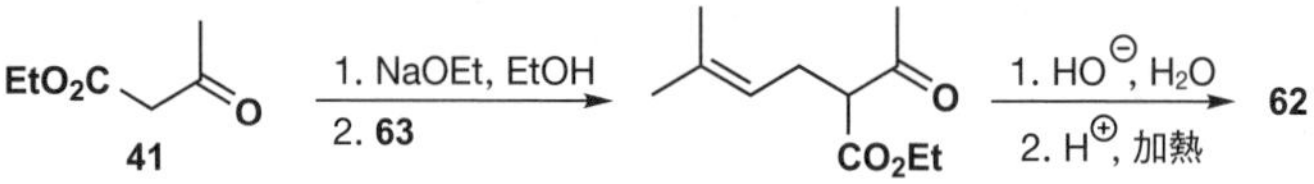

41

13・3　共役付加によるカルボニル化合物の合成

最後に，一官能基 C−C 結合切断の三つ目の方法として，共役付加について述べる．ここでもカルボニル基の本来の極性を利用する．ヘテロ原子のエノン **66** への共役付加では，カルボニル基とヘテロ原子が 1,3 の関係をもつ化合物 **65** が得られる．同様にして，ヘテロ原子を炭素求核剤に置き換えると **67** が得られる．

1,3-diX 結合切断　　　　対応する C−C 結合切断

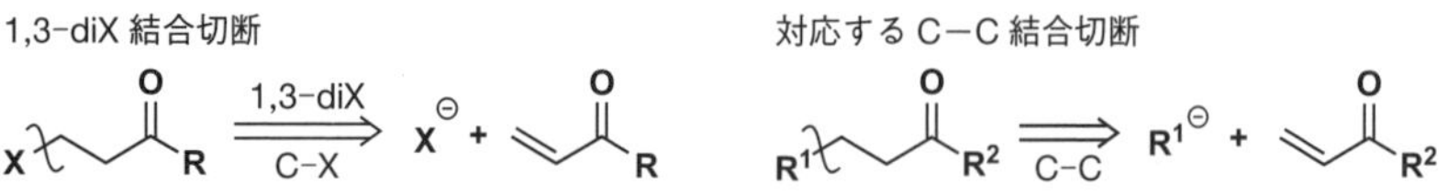

65　　66　　67　　66

炭素求核剤として Grignard 反応剤を用いることができるが，共役付加を確実に進行させるには触媒量の銅(I)塩が必要である．銅(I)塩を用いないと，カルボニル基への直接付加が優先するからである．また，本章の冒頭でケトンの合成に利用した有機銅反応剤を用いることができる．

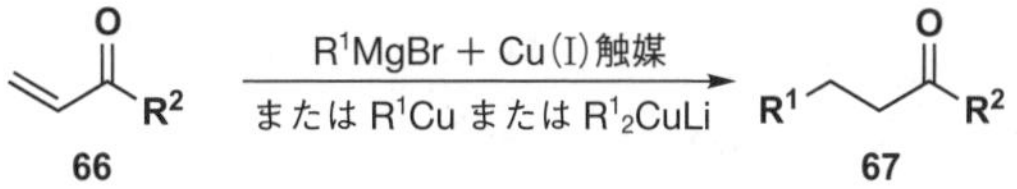

環状ケトン **68** は，Corey による海洋性アロモンの合成[16] で必要とされた中間体である．Friedel–Crafts 反応をふまえて **68** の逆合成を行うと，カルボン酸 **69** が得られる．さらに **69** を枝分かれ部で C–C 結合切断すると不飽和カルボン酸 **70** に導くことができる（二重結合は消失するので *E* と *Z* どちらの異性体でもよい）．

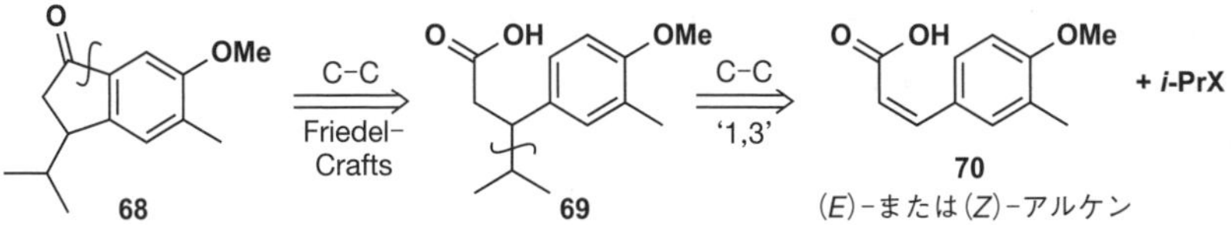

実際には，合成の容易な *E* 体の不飽和エステル **71** が用いられた．触媒量の CuSPh（化合物 **13**）とイソプロピル Grignard 反応剤を用いた共役付加はきれいに進行した．エステル **72** をポリリン酸で処理すると，加水分解工程を経ずに環化が進行し目的物 **68** が得られた．この反応がうまくいったのは，5 員環を形成する分子内反応だからである．

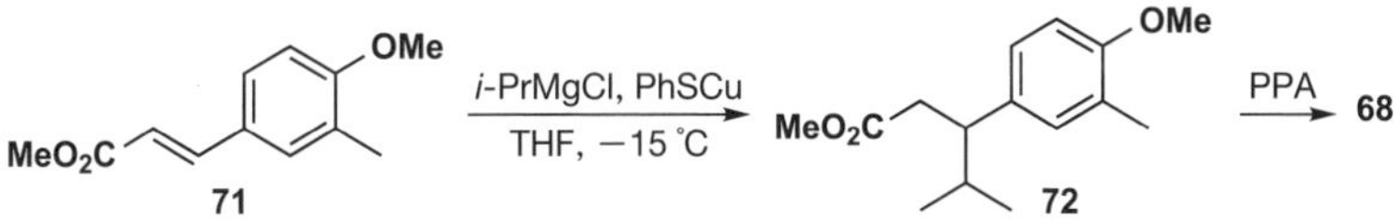

芳香族化合物は Friedel–Crafts 反応の条件で共役付加を起こすのに十分な求核性を示すので，有機金属反応剤を用いる必要はない．触媒として $AlCl_3$ を用いるとベンゼンのケイ皮酸 **74** への共役付加が起こり，**73** が 1 工程で得られる[17]．

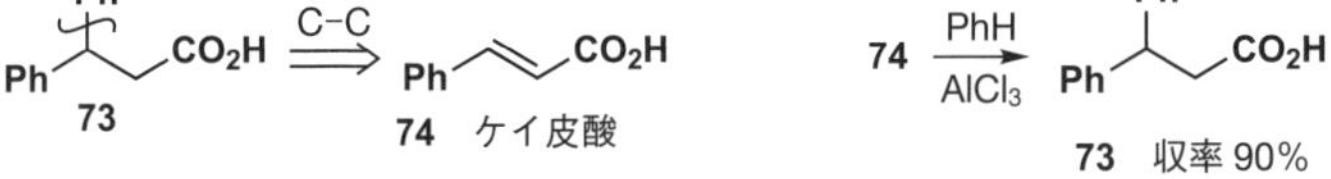

ジオール **75** の合成では立体化学の制御が重要である．**75** は 6 員環上の OH 基がアキシアル位にあるので，適切な還元剤を用いた立体選択的な還元（12 章参照）によってケトエステル **76** から合成できる[18]．

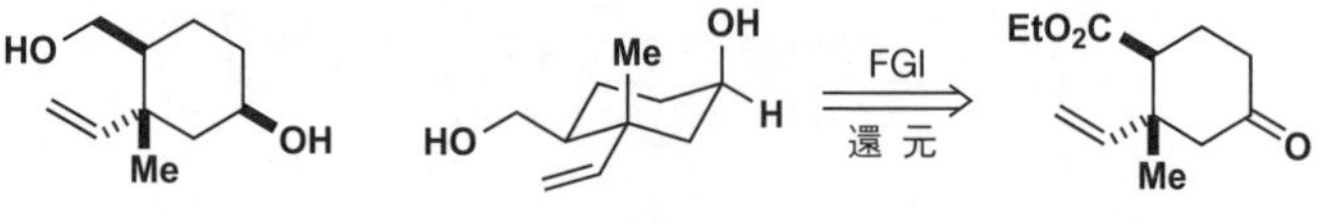

75　　75 の配座　　76

共役付加をふまえてケトン **76** の逆合成を行うと，ビニル基を除去する切断 ***a*** またはメチル基を除去する切断 ***b*** の二通りが考えられるが，以下に述べる二つの理由から切断 ***a*** のほうがよい．立体障害を避けるために共役付加は CO_2Et 基の反対側から起こると考えられるので，ビニル基を立体選択的に導入するのに都合がよい．切断 ***b*** によって導かれる **78** を出発物とした場合には，β 位での反応だけでなく立体障害の小さい δ 位での反応が競争してしまう可能性がある．なお，出発物 **77** は入手可能な Hagemann（ハーゲマン）エステルである．

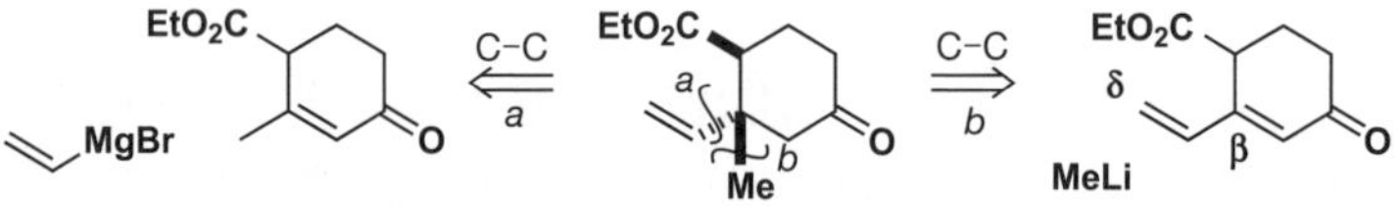

77　　76　　78

実際の合成では，触媒量の銅(I)塩とビニル Grignard 反応剤を用いて **77** への共役付加を行った後，$LiAlH_4$ を用いてエステルおよびケトンを還元した．立体選択性はきわめて高く，ジオール **75** は少量副生するエクアトリアルアルコールと容易に分離できた．共役付加の位置選択性や立体選択性の問題を解決するうえでの銅の活用法については，次章でも述べる．

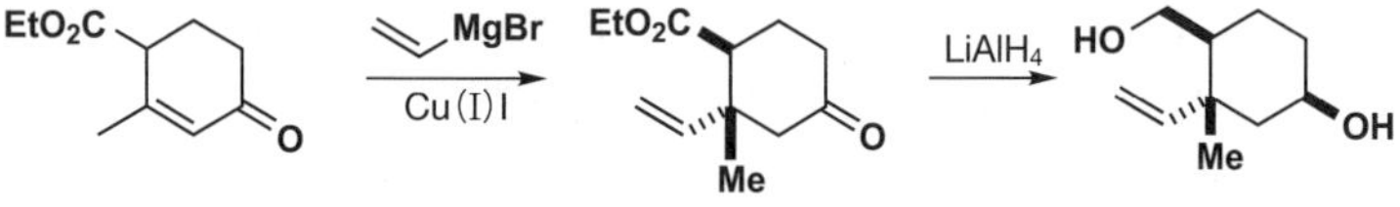

77　　76　　75

文　献

1. B. S. Furniss, A. J. Hannaford, P. W. G. Smith and A. R. Tatchell, *Vogel's Textbook of Practical Organic Chemistry*, Fifth Edition, Longman, Harlow, 1989, p.483.
2. B. S. Furniss, A. J. Hannaford, P. W. G. Smith and A. R. Tatchell, *Vogel's Textbook of Practical Organic Chemistry*, Fifth Edition, Longman, Harlow, 1989, p.616.
3. J. A. Bajgrowicz, A. El Hallaoui, R. Jacquier, C. Rigieri and P. Viallefont, *Tetrahedron*, 1985, **41**, 1833.

4. G. H. Posner and C. E. Whitten, *Org. Synth.*, 1976, **55**, 122.
5. H. Jendralla, K. Jelich, G. de Lucca and L. A. Paquette, *J. Am. Chem. Soc.*, 1986, **108**, 3731.
6. J. Clayden, *Organolithiums*: *Selectivity for Synthesis*, Pergamon, 2002, p.124.
7. M. P. L. Caton, D. Jones, R. Slack and K. R. H. Wooldridge, *J. Chem. Soc.*, 1964, 446.
8. M.S. Kharasch, O. Reinmuth, *Grignard Reagents of Nonmetallic Substances*, Prentice-Hall, Inc, New York, 1954, pp.767～845.
9. F. J. Weiberth and S. S. Hall, *J. Org. Chem.*, 1987, **52**, 3901.
10. I. Matsuda, S. Murata and Y. Izumi, *J. Org. Chem.*, 1980, **45**, 237.
11. M. Larcheveque, A. Debal and T. Cuvigny, *J. Organomet. Chem.*, 1975, **87**, 25.
12. B. S. Furniss, A. J. Hannaford, P. W. G. Smith and A. R. Tatchell, *Vogel's Textbook of Practical Organic Chemistry*, Fifth Edition, Longman, Harlow, 1989, p.603.
13. E. J. Corey, G. Wess, Y. B. Xiang and A. K. Singh, *J. Am. Chem. Soc.*, 1987, **109**, 4717.
14. E. B. Vliet, C. S. Marvel and C. M. Hsueh, *Org. Synth. Coll.*, 1943, **2**, 416.
15. J. Weichet, L. Novak, J. Stribrny and L. Blaha, *Czech Pat.*, 1964, 112243; *Chem. Abstr.*, 1965, **62**, 13049e.
16. E. J. Corey, M. Behforouz and M. Ishiguro, *J. Am. Chem. Soc.*, 1979, **101**, 1608.
17. P. Pfeiffer and H. L. de Waal, *Liebig's Ann. Chem.*, 1935, **520**, 185.
18. T. Kametani and H. Nemoto, *Tetrahedron Lett.*, 1979, **20**, 3309.

14　合成戦略 VI：位置選択性

本章に必要な基礎知識（“ウォーレン有機化学” の以下の章参照）
10 章 共 役 付 加　　26 章 エノラートのアルキル化

5 章では官能基選択性の問題，すなわち二つの官能基がある場合に一方の官能基を優先的に反応させるにはどうしたらよいかについて述べた．本章では，より微妙で難しい問題に取組む．ある官能基に対して特定の位置で優先的に反応を行い，他の位置では反応を起こさないようにするには，どうすればよいだろうか．これは**位置選択性**（regioselectivity）の問題である．たとえば，フェノールのアニオン **2** が酸素でアルキル化されて **3** を生成するのに対し，エノラートアニオン **5** は炭素でアルキル化され，新しい C−C 結合を形成して **6** が得られることはすでに学んだ．

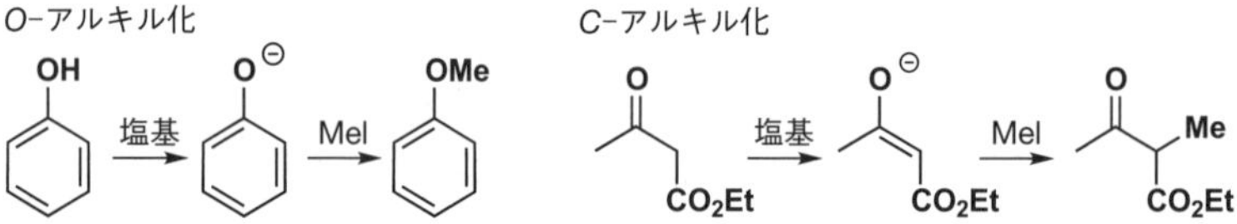

1　2　3　4　5　6

上に示したこれら二つの反応では通常，得られる生成物は目的物である．次に位置選択性を学ぶうえで重要な二つの課題について述べる．この場合には，考えられる二つの生成物をそれぞれ選択的に合成するのが目標である．すなわち，非対称ケトン **8**

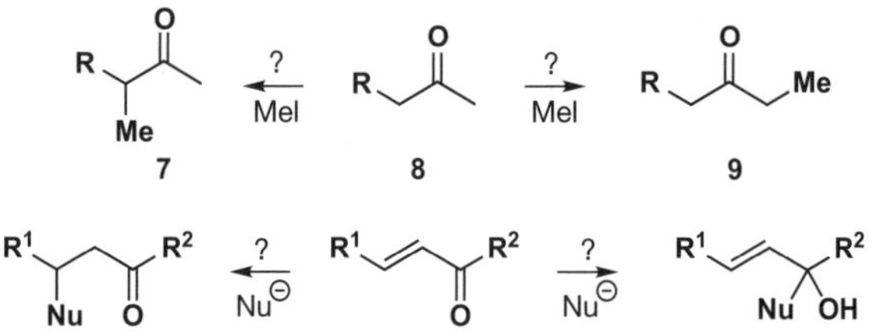

7　8　9
10　11　12

のアルキル化では **7** または **9** を選択的に合成したい. エノン **11** への求核付加では, カルボニル基への直接付加によって **12** を, あるいは前章で述べた共役付加によって **10** をそれぞれ選択的に合成したい.

14・1 ケトンの位置選択的アルキル化

13 章では二つのエノラート等価体, すなわちリチウムエノラートと 1,3-ジカルボニル化合物のアニオンを用いてアルキル化を行った. この二つのエノラート等価体は非対称ケトンのアルキル化における位置選択性の問題を解決するのに有効である. 非対称ケトン **13** を合成する場合, 一見するとより置換基の多い側でアルキル化しなくてはいけないように思われる. しかし, **13** のベンジル基を除去し, さらに活性化のために CO_2Et 基を導入すると **14** が得られる. **14** はアセト酢酸エチル **4** のアルキル化で合成可能であり, CO_2Et 基の導入は 2 度のアルキル化反応を促進する.

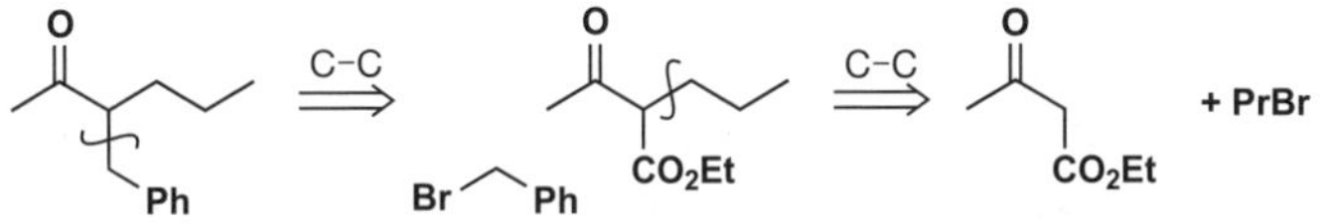

13 14 4

第四級炭素を構築するのは困難である. したがって, 臭化プロピルよりも反応性の高い臭化ベンジルを最後の段階で用いるのが理にかなっている. 実際の合成もこの順序で行われた[1].

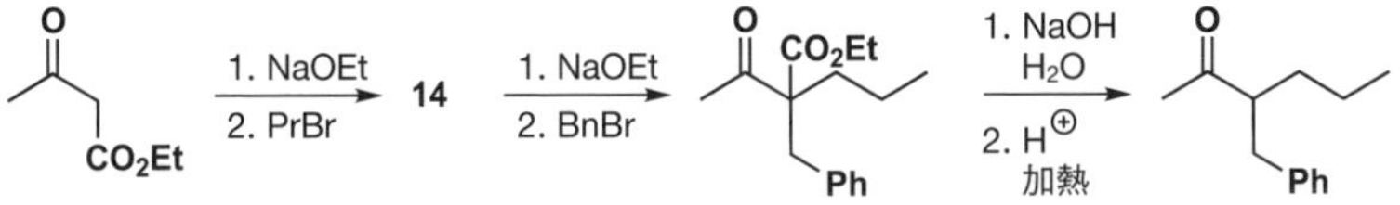

4 15 13

ベンジル基のつく位置がケトン **13** とは異なる異性体 **19** を合成したい場合には, これまで述べてこなかったリチウムエノラートのある特性を利用すればよい. LDA によるエノラート生成は立体障害の小さいアルキル鎖側で進行し, 特にメチル基の場合はその傾向が著しい. アセトン **16** の片側を PrBr でアルキル化すると **17** が得られる. **17** を再度 LDA で処理すると, 速度支配のリチウムエノラート **18** だけが生成し (単離はしない), ベンジル化によって **19** が得られる. 13 章の **43** に図示した環状機構で脱プロトン化が起こるとすると, この位置選択性はわかりやすい. 脱プロトン化を起こさない炭素についているアルキル基が立体障害となっているのは明白である.

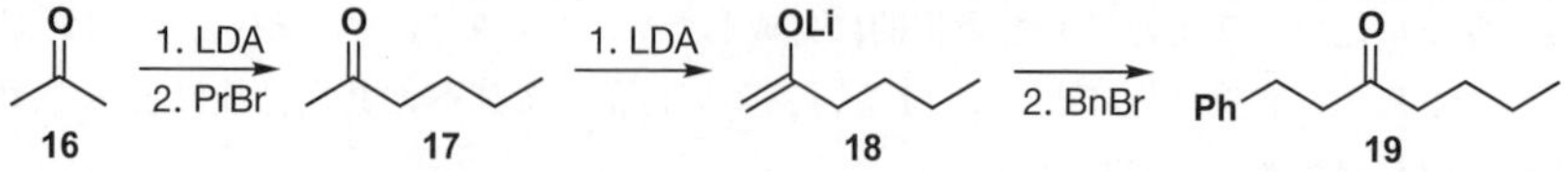

この反応はきれいに進行するように見える．しかし，構造が類似した非対称ケトン **20** を用いた注意深い研究[2] の結果，置換基の少ないほうのエノラート **21** と置換基の多いほうのエノラート **23** の生成比は 87：13 であり，必然的に生成物 **22** は **24** との混合物として得られることがわかった．

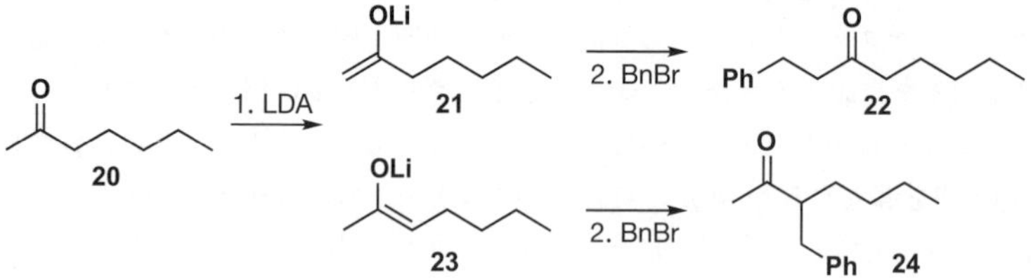

二つの反応位置がそれぞれ第二級炭素と第三級炭素の場合には，位置選択性が向上する．たとえば，6 員環ケトン **25** からは，ジメトキシエタン中，より置換基の少ないリチウムエノラート **26** だけがほぼ完璧な選択性（99：1）で生成する[3]．

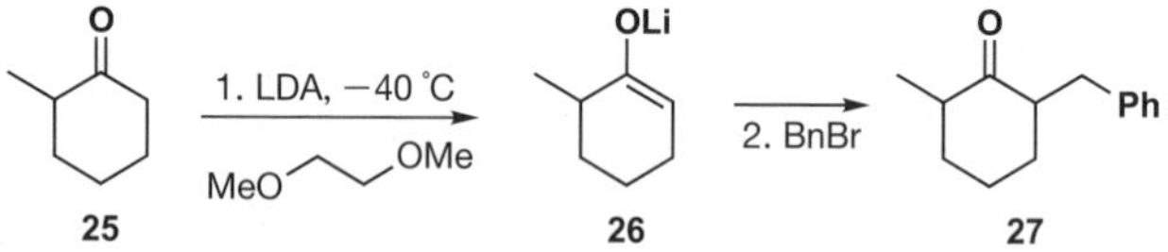

カルボニル基の両側にそれぞれ第二級炭素と第三級炭素をもつ枝分かれした鎖状ケトンは，1,3-ジカルボニル化合物を出発物とすると収率よく合成できる．**13** や **19** のもう一つの異性体は枝分かれしたケトン **28** である．13 章で述べた一官能基 C−C 結合切断を行うと，**28** はカルボン酸誘導体 **29** に導くことができる．**29** はマロン酸エステル **31** から 2 度アルキル化して得られる **30** を経て合成できる．

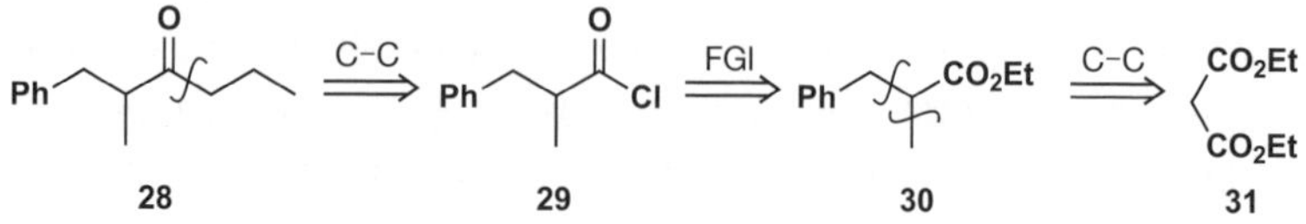

すでに報告されている合成[4] ではカドミウム反応剤を用いているが，現在では銅反応剤を用いるべきである．マロン酸エステル **31** のアルキル化を，反応性を考慮してメチル化，ベンジル化の順に行うと **33** が得られる．**33** は加水分解と脱炭酸によりカ

ルボン酸 **34** となり，容易に酸塩化物 **29** へと変換される．続いて，Pr_2Cd 反応剤，あるいはより好ましくは Pr_2CuLi と反応させると標的分子 **28** が得られる．

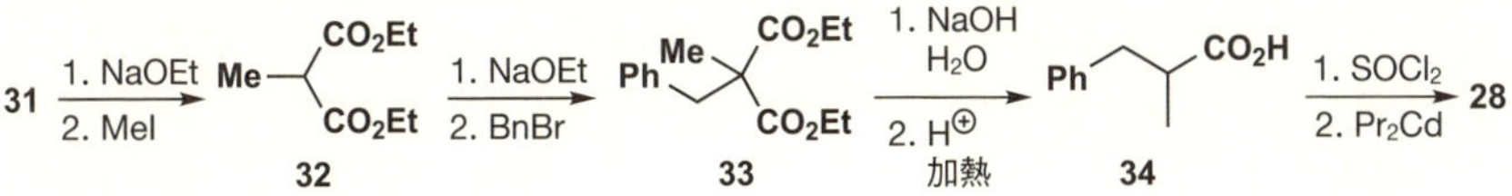

14・2　エノンへの求核付加における位置選択性

エノン **11** のような α,β-不飽和カルボニル化合物への求核付加において，直接付加（1,2-付加）と共役付加（1,4-または Michael（マイケル）付加）の両反応を選択的に行うのは特に難しい問題ではなく，適切な反応剤を選択することで解決できる．

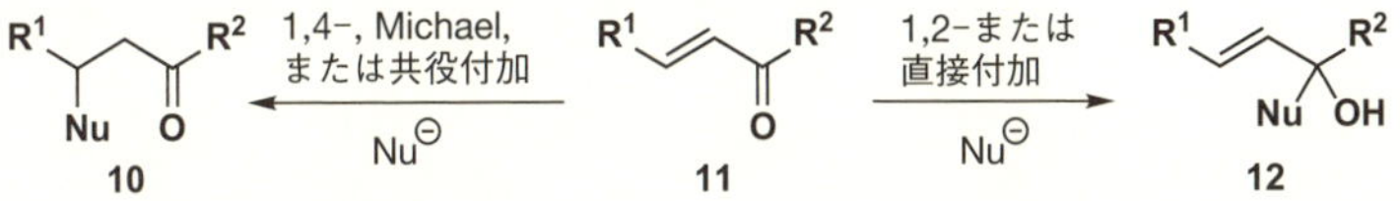

一般則は以下のとおりである：

1. 共役付加体 **10** の生成は，弱い C=C 結合が消失して強い C=O 結合が保持されるため熱力学的に有利である．一方，直接付加体 **12** は速度論的に有利である．
2. 直接付加は共役付加よりも逆反応を起こしやすい．そのため，求核剤が安定であればあるほど，直接付加は可逆的となり，結果として共役付加が優先する．
3. カルボニル炭素は‘硬い’求電子中心であり，共役付加を受ける β 炭素は‘軟らかい’求電子中心である．そのため，塩基性が強く硬い求核剤は直接付加を起こし，より塩基性が弱く軟らかい求核剤は共役付加を起こしやすい．

6 章で，α,β-不飽和化合物の求電子性が高いほど，ヘテロ原子が直接付加しやすいことを学んだ．このことは炭素求核剤の場合にもあてはまる．Grignard 反応剤は，**35** のような α,β-不飽和アルデヒドに対しては通常，直接付加を起こすが[5)]，α,β-不飽和エステルに対しては共役付加を起こしやすい[6)]．特に，**37** の *s*-ブチル基のようにエステル基が嵩高い場合にはその傾向が強くなる．

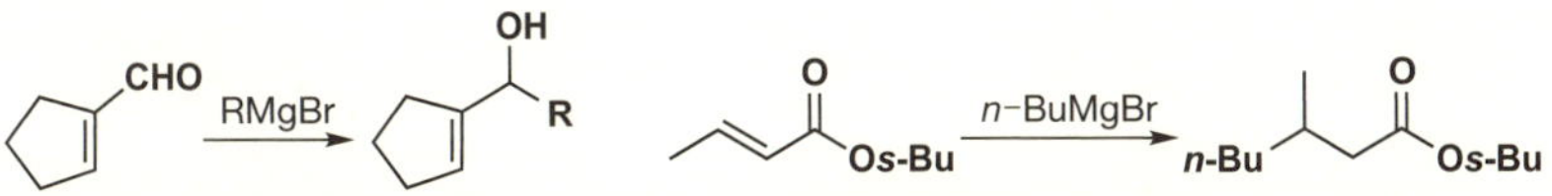

35　**36**　収率 85～90%　**37**　**38**　収率 60%

6 章では求核剤の性質についても学んだが，硫黄のような塩基性が弱く軟らかい求核剤は共役付加を起こしやすく，ヒドリド還元剤やアルコキシドイオンは直接付加を起こしやすい．一方，アミンはその中間に位置する．このことは，α,β-不飽和アルデヒド，ケトンやエステルはいずれもヒドリド還元剤によりカルボニル基が還元されることを意味している[7]．アルデヒドやケトンは $NaBH_4$ により*，**40** のようなエステルは $LiAlH_4$ によりカルボニル基が還元される．一方，接触水素化はイオン反応ではないため，C=O 結合よりも弱い C=C 結合が還元される[8]．

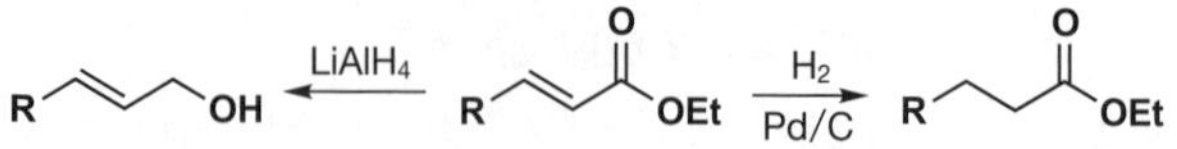

39 40 41

例として不飽和アルコール **42** の合成をあげる．**42** のベンジルエーテルは Diels-Alder 反応のジエンとして有用である．**42** はジエンエステル **43** を $LiAlH_4$ で還元することにより収率 85%で得られる．なお，出発物 **43** は 15 章と 19 章で述べる方法で容易に合成できる[9]．

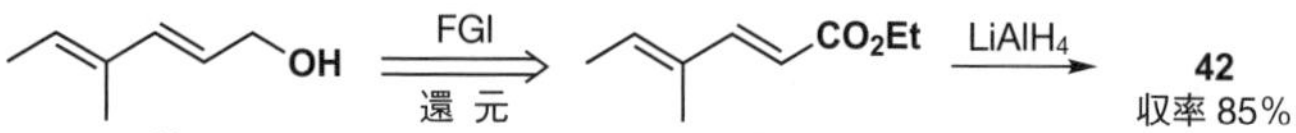

42 43

炭素求核剤を用いる共役付加

非常に塩基性が強く求核性も高い有機リチウム化合物は，すべての α,β-不飽和カルボニル化合物に対して直接付加を起こす傾向がある．一方，有機リチウム化合物よりも塩基性の低い Grignard 反応剤の場合には，**35** や **37** で例示したように，カルボニル基の求電子性によって位置選択性が変化する．13 章で，有機リチウム化合物や Grignard 反応剤を用いて共役付加を確実に進行させるのに銅が重要な役割を果たすことを述べた[10]．触媒量の銅(I)塩を用いて **11** を Grignard 反応剤と反応させると共役付加体 **44** が得られる．一方，**11** を R_2CuLi と反応させた場合は，最初に得られる生成物は実際にはリチウムエノラート **45** であり，さらに求電子剤と反応させると **46** を合成することができる．もちろん，求電子剤がプロトンであれば生成物は **44** となる．

---

*（訳注） α,β-不飽和ケトンの C=O 結合の選択的還元には，$CeCl_3$ 共存下に $NaBH_4$ を用いる．

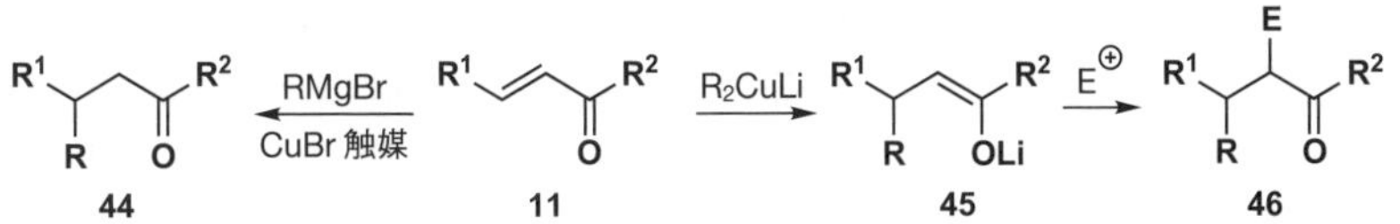

13 章で述べたように，**47** のような環状エノンにクプラートを付加させ，さらに求電子剤と反応させると，アンチの立体化学をもつ **48** が得られる．

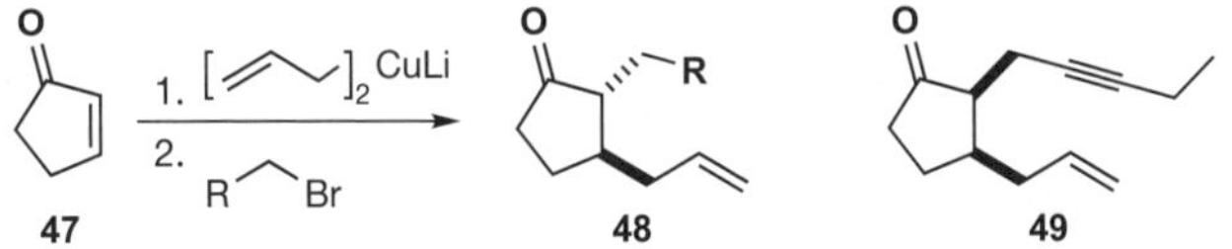

そのため，ドルトムント工科大の Krause らがシン体 **49** を合成しようとした際には，異なる合成手順が必要であった．彼らは，あらかじめ α 位に側鎖を導入したエノン **50** に対してジアリル銅リチウムを付加させる方法を選んだ[11]．共役付加でリチウムエノラート **51** を生成し，プロトン化するとシン体 **49** が得られた．シン選択性の発現にはプロトン化に用いる酸の選択が重要であった．フェノール類，なかでも **52** を用いると最良の結果が得られた．

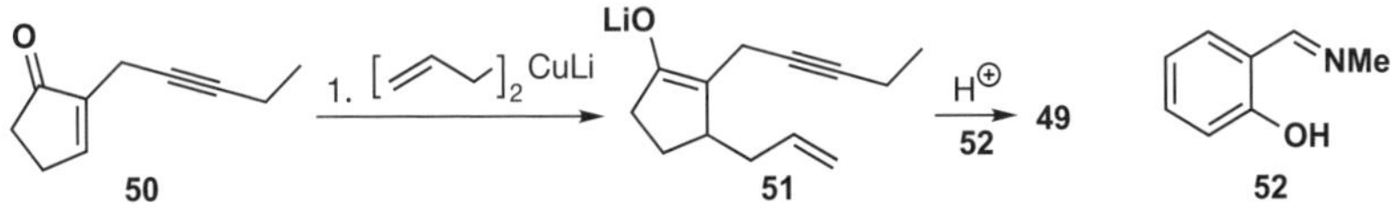

化合物 **55** に見られる平面状の 5 員環と 6 員環の縮合部のようにシス縮合がトランス縮合よりも安定であるときには，熱力学支配の生成物が得られる．リチウムエノラート **54** に対する可逆的な条件でのプロトン化は分子の外側，すなわちメチル基と同じ側で起こり（12 章および 38 章），より安定な折れ曲がった構造の生成物 **55** が得られる．

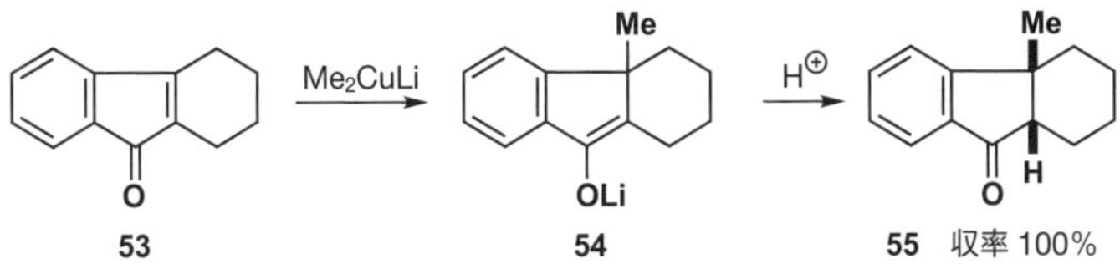

次に示す **57** や **59** の合成に見られるように，共役付加の段階で立体化学が決まる場合もある．クプラートの **56** への付加では，**57** のアンチ形とシン形が 98：2 の比率で生成する[12]．PhLi と CuI から調製した PhCu を **58** に付加させると **59** のアンチ形とシン形が 96：4 の比率で得られる（おそらく Ph_2CuLi を用いても同じ結果が得られる

だろう)[13]．どちらの反応でも，クプラートは置換基の反対側から付加する．**59** の両方の置換基がともにエクアトリアル位にあるのに対して，**56** の反応ではいす形配座の生成物を直接生じるようにアキシアル攻撃が優先するため，**57** の二つのメチル基はそれぞれアキシアル位とエクアトリアル位を占める（12 章）．

56　**57** 収率 98%　**58**　**59** 収率 100%

これまではおもに炭素求核剤を共役付加させることだけに注目してきたが，不飽和ケトン **62** の合成ではさらに二つのポイントが見えてくる．ハロゲン化ビニルに対して S_N2 反応を行うことはできないが，ハロゲン化ビニルから合成上有用な有機リチウム化合物や銅反応剤を調製することはできる．また，シクロヘキセノンへの共役付加では，臭化プロペンからクプラートを調製する段階および付加段階のいずれにおいても，アルケンの立体化学は保持されている[14]．アルケンの立体化学については次章で述べる．

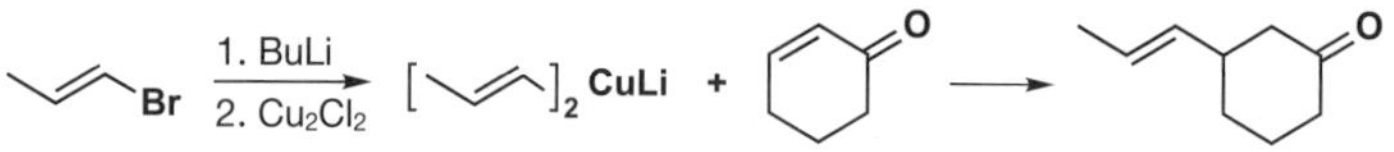

60　**61**　**62**

文　献

1. J. Cason, *Chem. Rev*., 1947, **40**, 15；D. A. Shirley, *Org. React*., 1954, **8**, 28.
2. C. L. Liotta and T. C. Caruso, *Tetrahedron Lett*., 1985, **26**, 1599.
3. H. O. House, M. Gall and H. D. Olmstead, *J. Org. Chem*., 1971, **36**, 2361；M. Gall and H. O. House, *Org. Synth*., 1972, **52**, 39.
4. L. Clarke, *J. Am. Chem. Soc*., 1911, **33**, 520；W. B. Renfrow, *Ibid*., 1944, **66**, 144；C. S. Marvel and F. D. Hager, *Org. Synth. Coll*., 1941, **1**, 248；J. R. Johnson and F. D. Hager, *Ibid*., 351.
5. M. Urion, *Compt. Rend*., 1932, **194**, 2311；*Chem. Abstr*., 1932, **26**, 5079.
6. J. Munch-Petersen, *Org. Syn. Coll*., 1973, **5**, 762.
7. W. G. Brown, *Org. React*., 1951, **6**, 469.
8. H. O. House, *Modern Synthetic Reactions*, Benjamin, Menlo Park, Second Edition, 1972, pp.1～34.
9. J. Auerbach and S. M. Weinreb, *J. Org. Chem*., 1975, **40**, 3311.
10. G. H. Posner, *Org. React*., 1972, **19**, 1；1975, **22**, 253；H. O. House, *Acc. Chem. Res*., 1976, **9**, 59；J. F. Normant, *Synthesis*, 1972, 63.
11. N. Krause and S. Ebert, *Eur. J. Org. Chem*., 2001, 3837.
12. H. O. House and W. F. Fischer, *J. Org. Chem*., 1968, **33**, 949.
13. N. T. Luong-Thi and H. Riviere, *Compt. Rend*., 1968, **267**, 776.
14. C. P. Casey and R. A. Boggs, *Tetrahedron Lett*., 1971, **12**, 2455.

15 アルケン合成

本章に必要な基礎知識（“ウォーレン有機化学” の以下の章参照）
19 章 脱 離 反 応　　31 章 二重結合の立体化学制御

15・1 脱離反応によるアルケン合成

アルケンは通常の方法で合成したアルコール **2** を酸性条件下で脱水して合成できる．この方法は，環状アルケン **3** の合成や，E1 機構で脱水反応がうまくいく第三級アルコールやベンジルアルコール類からアルケンをつくるのに特に優れている．**2** からはどちらの側で脱水が起こっても同じアルケンが生成するが，**4** からは収率 76%で **5** と **6** がそれぞれ 80：20 の生成比で得られる[1]．

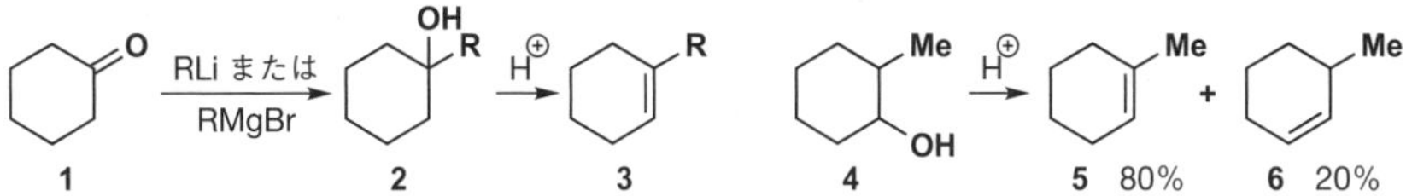

1　2　3　4　5 80%　6 20%

この脱水反応には酸はかなり強力なものが必要で，また置換反応を起こさないように求核性のない対イオンをもつものでなければならない．よく使われる酸は $KHSO_4$ や TsOH（結晶性で，H_2SO_4 や H_3PO_4 よりも扱いやすい）である．また，より弱い酸性条件下で実施できるピリジン中で $POCl_3$ という条件も一般的である．脱水反応では，二重結合の生成する位置や立体化学を制御することはほとんどできないが，**2** のような単純な分子の場合には，このことは問題とならない．R がアルキル基の場合には，環外の二重結合をもつアルケンは生成してもごくわずかであることに注目しよう．

Zimmermann と Keck は，**7** に示す一般構造をもつアルケンの光化学反応を研究しようとした[2]．**7** を逆合成すると，二重結合のどちらの末端炭素原子に OH 基を導入してもよさそうだが，**8** に示すように枝分かれしたほうが選ばれた．第三級ベンジルアルコールの脱水が非常に容易であり，かつ R がどのような置換基であっても二重結合の生成する位置が 1 種類しかないからである．彼らは Grignard 反応によって **8** をつくった後，ピリジン中 $POCl_3$ を用いて脱水して **7** を合成した．

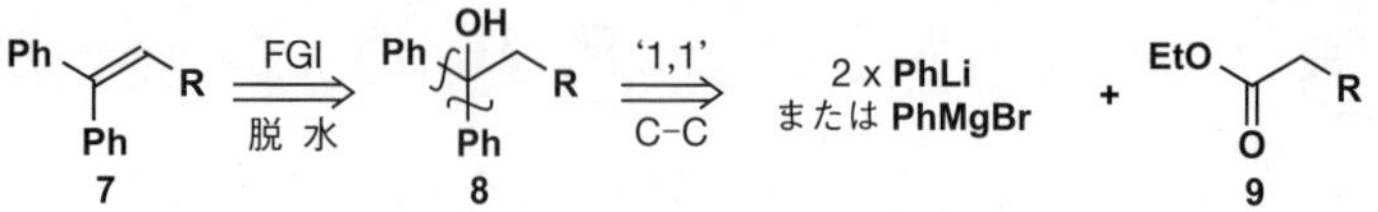

ハロゲン化アルキルの脱離反応によるアルケン合成法の考え方は，S_N2 反応を起こさない嵩高い強塩基を用いて E2 機構で行うこと以外は，基本的に上で述べた方法と同じである．この方法は，第一級ハロゲン化物の脱離反応がうまくいくことから，末端アルケン **10** をつくるのに優れている．出発物となるアルコール **12** はさまざまな方法で合成できる（10 章参照）．

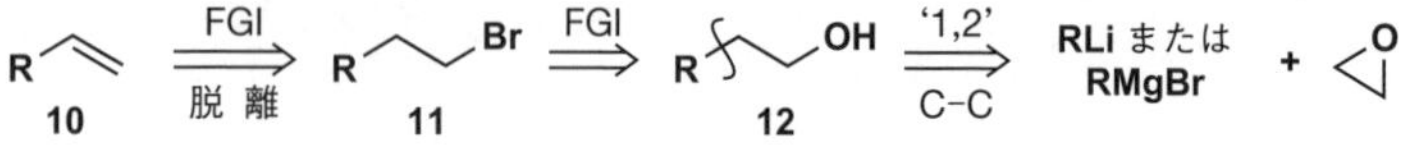

典型的な合成は，アルコール **12** を PBr_3 で処理して臭化物 **11** とした後，*t*-BuOK を用いて脱離反応を行うものである．この脱離反応ではもちろん，二重結合の生成する位置は 1 種類しかない．

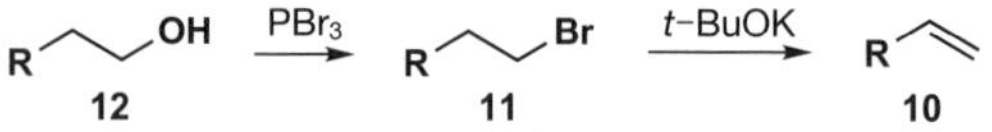

ビニル Grignard 反応剤を用いた後，脱離反応によってジエンを合成できる．ビニル基によって E1 反応の中間体がアリルカチオンとして安定化されるように脱離の方向が決定される．4 員環 **13** の逆合成は興味深い[3)]．アリルアルコール **14** の結合切断を経てシクロブタノン **15** に導くことができる．

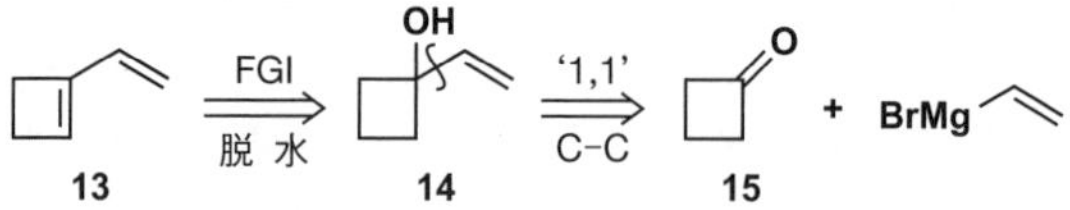

シクロブタノン **15** は入手可能であり，また非常に高い求電子性を示す．ビニル Grignard 反応剤を付加させた後，少し変わった方法であるがヨウ素を用いて脱水反応を行うとジエン **13** が得られる．このジエンは 17 章で述べる Diels–Alder 反応に用いられる．

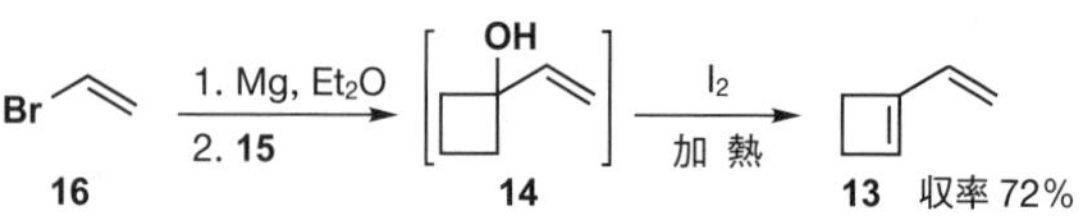

15・2 Wittig 反応によるアルケン合成

Wittig 反応は最も重要なアルケンの合成法であり，この反応を用いると二重結合の位置を完全に制御でき，立体化学もある程度制御できる[4]．ホスフィン（通常トリフェニルホスフィン Ph_3P）はハロゲン化アルキルとの S_N2 反応によってホスホニウム塩 **18** を生成する．塩基（通常 BuLi）で **18** を処理すると，ホスホニウムイリド **19** が生成する．**イリド**（ylide）とは，隣り合った原子がそれぞれ正電荷と負電荷をもつ化学種のことである．R^1 がアルキル基の場合，イリドはアルデヒドと反応して通常（Z)-アルケン **20** とトリフェニルホスフィンオキシド **21** を生成する．

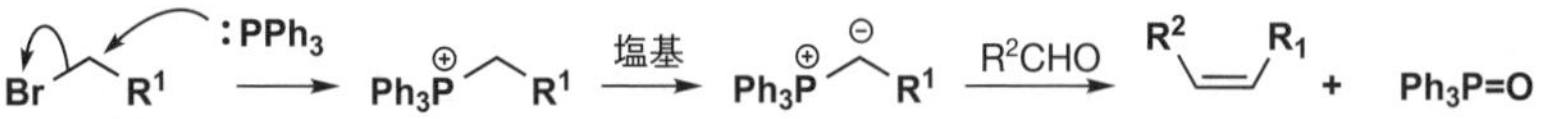

17 **18** ホスホニウム塩 **19** ホスホニウムイリド **20** (Z)-アルケン **21** ホスフィンオキシド

アルケンの生成機構は，特に立体選択性発現の要因を含めて議論が分かれるところである[5]．ここでは，**22** に示すようにイリドのカルボアニオンがアルデヒドに付加して‘ベタイン **23**’が生じ，これが環化して 4 員環 **24** となった後に開裂して（Z)-アルケン **20** とホスフィンオキシド **21** が生成するものと考える*．オキサホスフェタン **24** の生成とこの開裂が立体特異的であることについては，疑問の余地がない．したがって，（Z)-アルケン **20** は *cis*-オキサホスフェタン **24** から生成する．

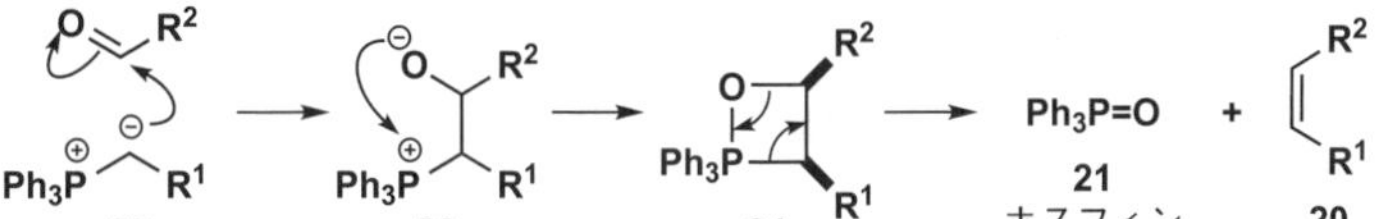

22 **23** **24** **21** ホスフィンオキシド **20** (Z)-アルケン

Wittig 反応は π 結合と σ 結合の両方を生成するので，二重結合の真ん中を結合切断した出発物が考えられる．たとえば環外の二重結合をもつアルケン **26** は，脱離反応によって合成するのは極めて困難であるが，カルボニル化合物としてホルムアルデヒドまたはシクロヘキサノンを用い，ホスホニウム塩 **25** または **28** とそれぞれ反応させることで合成が可能となる．合成計画を立てる際，出発物としてイリドを書くか，ホスホニウム塩あるいはハロゲン化アルキルを書くかは個人の好みである．

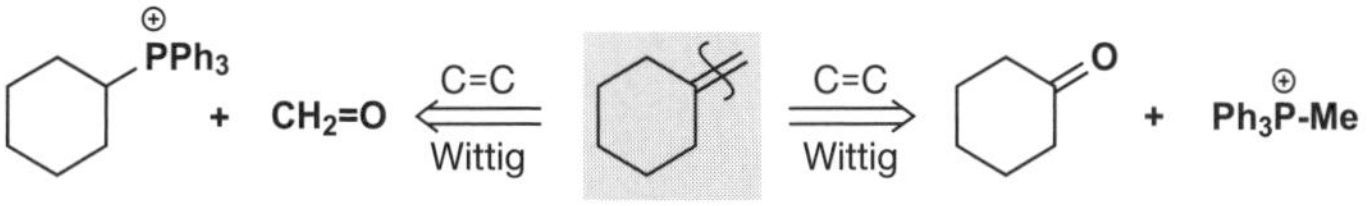

25 **26** **27** **28**

*（訳注） オキサホスフェタン **24** は観測されているが，ベタイン中間体 **23** の生成はこれまで確認されていない．したがって，**23** が介在するかは不明である．文献 5 を参照のこと．

Wittig は彼自身が合成したヨウ素体 **29** を用いて **26** を低収率 (46%) で得たが[6]，今日ではもっと高い収率で **26** が得られている．Vogel は，市販の臭素体 **30** から塩基として DMSO のナトリウム塩を用いて **26** が 64%の収率で得られることを報告している[7]．

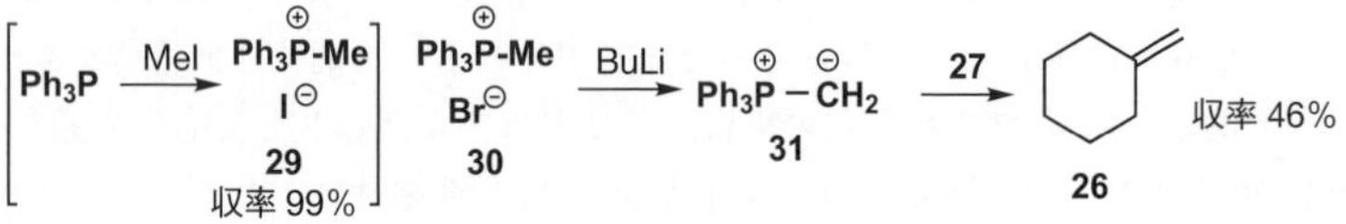

三置換アルケン **32** も，第二級ハロゲン化アルキル **35** または相当するケトンを用いることで，問題なく逆合成できる．アルデヒド **33** と **35** がいずれも入手可能であるので，これらが出発物として選ばれる．

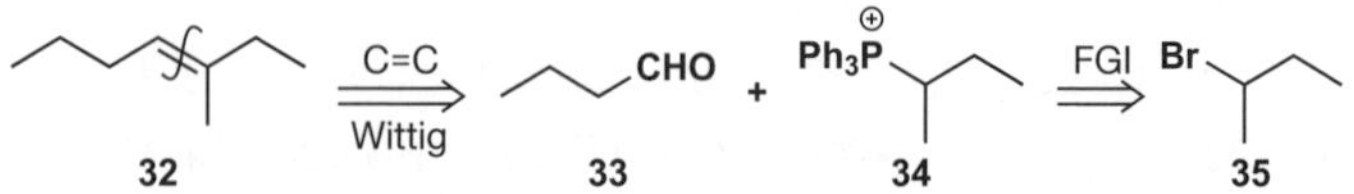

その合成は簡単であるが，立体異性体の混合物が得られる[8]．一方，第三級アルコール **36** からの脱水反応を用いると，位置異性体と立体異性体の混合物が生成するだろう．

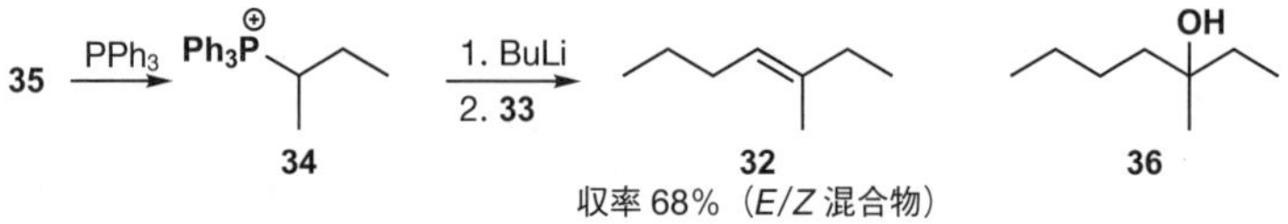

安定イリドを用いた Wittig 反応

イリドの不安定な性質はカルボアニオンに起因する．ホスホニウム塩は安定な化合物であり，アニオンを安定化する置換基があるとイリドも安定化される．安定イリドを用いると，Wittig 反応の立体選択性が逆転して (*E*)-アルケンの生成が優先する．ベンジルイリドを用いた場合でさえ，アントラセン由来のアルデヒド **37** と反応させる

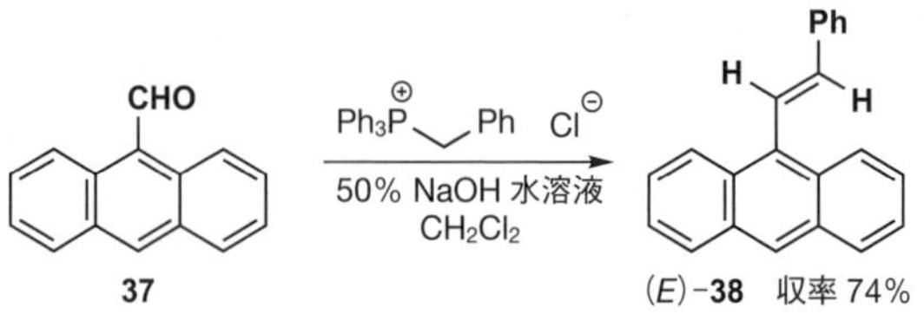

と，結晶性の (*E*)-アルケン **38** が良好な収率で得られる[9]．図に示した二つの H の結合定数は 17 Hz である．(*E*)-アルケンが生成するのは，イリドが安定化されると後期遷移状態でイリドのカルボニル化合物への付加が進行し，熱力学的に有利なトランス配置のオキサホスフェタンが優先的に生じて，これからシン脱離が進行するためと考えられる．

Wittig 反応の応用

安定イリドと不安定イリドの違いを活用した優れた例として，ロイコトリエン拮抗薬の合成があげられる[10]．この合成で必要とされた中間体 **39** (R は 6, 11, 16 炭素をもつ飽和アルキル基) の (*Z*)-アルケン部分を通常の Wittig 反応をふまえて切断した後，エポキシドを除去すると *E* 配置のアルケン **41** に導くことができる．**41** はアルデヒド **43** と安定イリド **42** に逆合成できる．

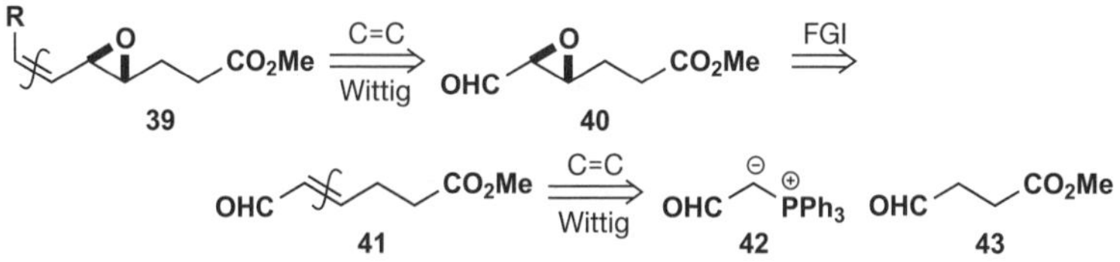

このイリド **42** は非常に安定なため市販されている．**42** は **43** ときれいに反応して (*E*)-アルケン **41** だけを生成する．**41** を塩基性条件下でエポキシ化すると *trans*-エポキシド **40** が生成し，不安定イリドとの Wittig 反応によって **39** が得られる．収率は R の種類に依存する．

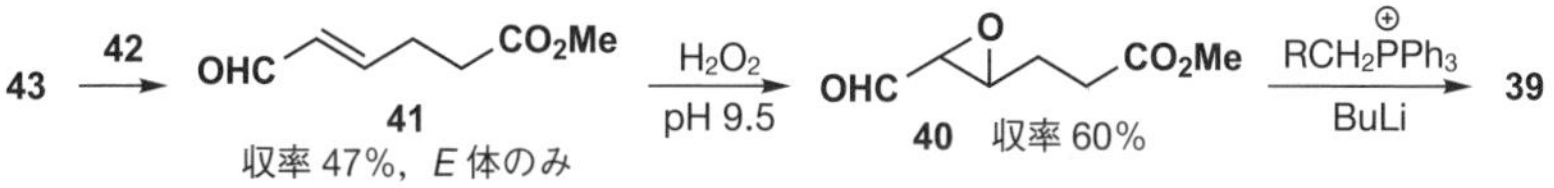

42 のように置換基によってアニオンが非常に安定化されていると，イリドはケトンと反応できなくなる．このような場合には，ホスホン酸エステルのアニオンを用いる Horner（ホーナー）–Wadsworth（ワズワース）–Emmons（エモンス）(HWE) 法が優れている[11]．反応剤であるホスホノアセテート **46** は，ホスフィンの代わりにホスファイト $(EtO)_3P$ をブロモ酢酸エチルと反応させると合成できる．臭化物 **44** の置換反応によってホスホニウムイオン **45** が生じ，

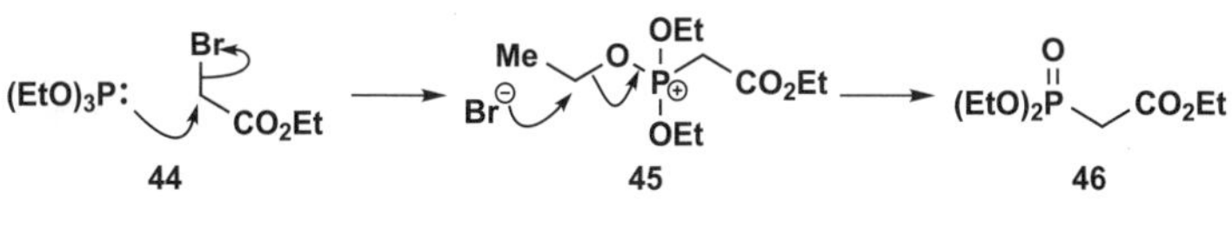

これが臭化物イオンにより脱アルキル化されて **46** が生成する．

Barrett は，抗生物質 FR-900848 の合成の最初の工程でこの反応を用いた[12)]．**46** と (*E*)-エナール **47** との HWE 反応によって（*E*,*E*)-ジエンエステル **48** を合成した後，DIBAL を用いて還元すると（*E*,*E*)-ジエノール **49** が得られる．

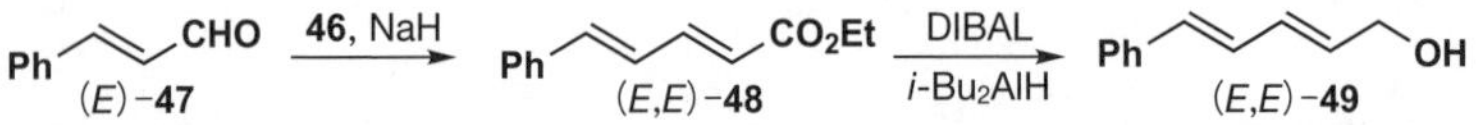

衣類に蛍光能をもたせて‘白をより白く見せる蛍光染料’パラニル（Palanil™）**50** は，Wittig 反応をふまえた逆合成によって 2 分子のホスホニウムイリド **51** と 1 分子のジアルデヒド **52** に導くことができる．ジアルデヒド **52** がテリレン（terylene）の工業的合成に用いられ入手容易なことから，この合成経路が選ばれている．

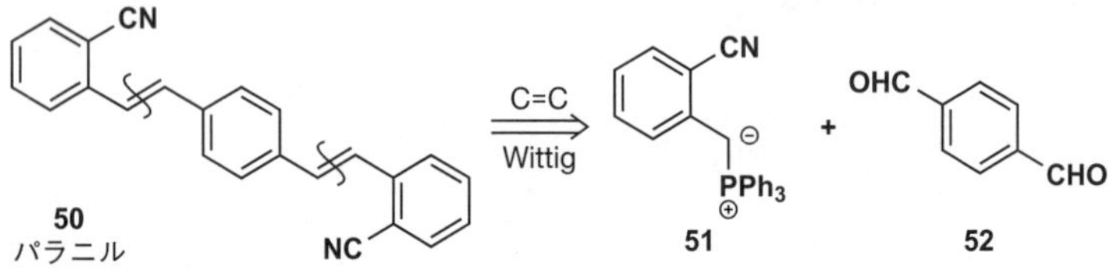

イリド **51** はベンゼン環だけでなくシアノ基によっても安定化されているので，Wittig 反応はほぼトランス選択的に進行する[13)]．しかし，以下の理由から工業的合成にはホスホン酸エステル **54** を用いる HWE 反応のほうが優れている．**54** を用いた場合の副生成物はリン酸ジメチルのアニオン **55** であり，これは水溶性であるために目的物 **50** との分離が容易である．それに対して，トリフェニルホスフィンオキシドは水に不溶で，生成物アルケンとの分離が困難である．

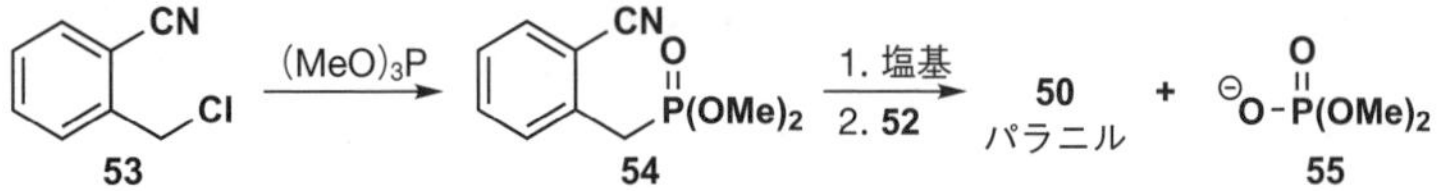

多くの昆虫ホルモンは，単純なアルケンの誘導体である．マイマイガの誘引物質であるディスパールア（disparlure）**56** は，立体特異的なエポキシ化をふまえた逆合成によって（Z)-アルケン **57** に導くことができる．**57** にはイリドのアニオンを安定化

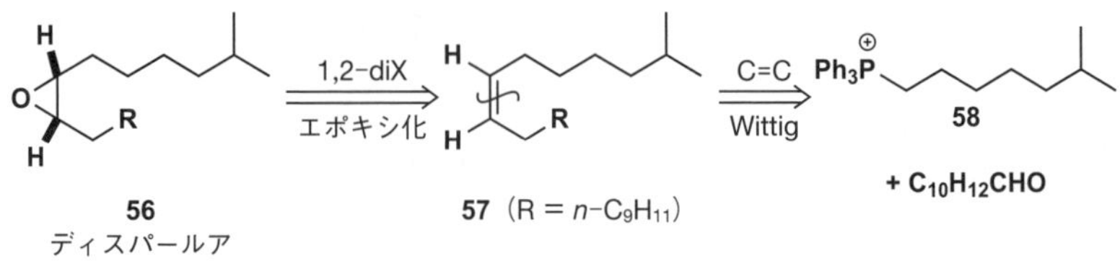

する置換基がないので，単純なWittig反応によって望みとする立体異性体が得られるはずである．

その合成は逆合成解析どおりに行われたが[14)]，もう一つの組合わせでも合成はうまくいくだろう．合成品も天然のフェロモンと同様の誘引効果をもっている．

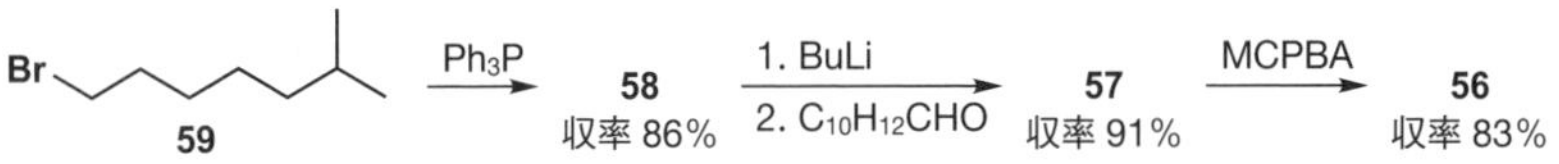

Wittig反応によるジエン合成

共役ジエンはDiels–Alder反応に用いられる（17章）．**61**に示すWittig反応をふまえた結合切断では，切断**61*a***と切断**61*b***のどちらを選択するかが非常に重要である．容易に合成できる（*E*)-エナール**62**は不安定イリド**63**と反応して（*Z*)-アルケンを生成するが，共役アリルイリド**60**からは（*E*)-アルケンが生成するだろう．

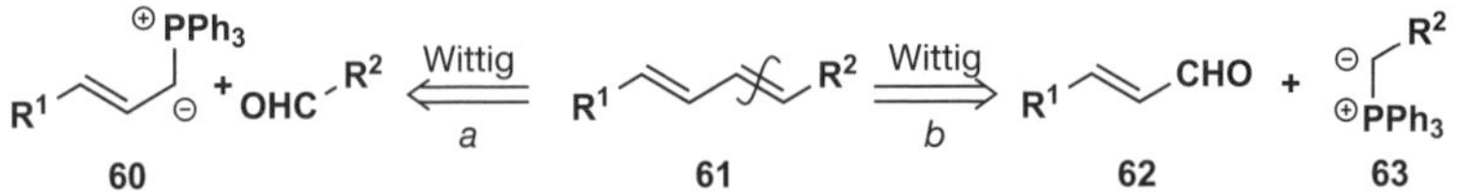

一置換ブタジエン**66**は，中央に*E*配置の二重結合をもつ．したがって，切断**61*a***がよさそうである．実際，アリルホスホニウム塩**65**から低収率ではあるが（*E*)-**66**が得られる．**66**のような低分子量の炭化水素は揮発性であるので，単離が困難である．

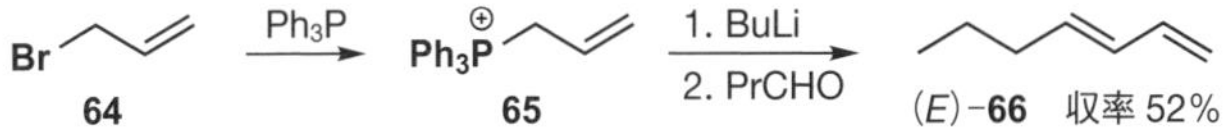

ジアリールブタジエン**69**をつくるときには切断**61*b***を選ぶ．**68**から生成するイリドが共役型であり，（*E*)-アルケンが得られるからである．相手の（*E*)-エナールは，アルドール反応を用いて合成できる（19章）[15)]．

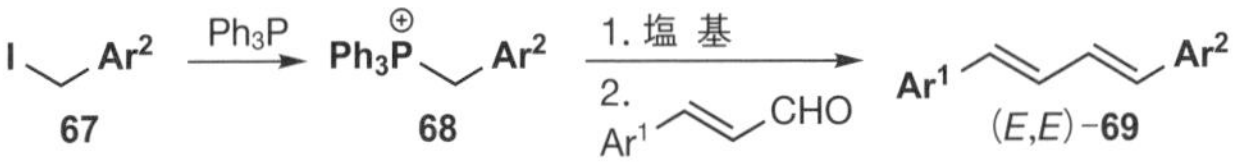

Wittig反応は最も重要なアルケン合成法であるが，周期表のさまざまな元素を利用した他のアルケン合成法によっても同様に二重結合の結合切断を行うことができる[16)]．

文 献

1. B. S. Furniss, A. J. Hannaford, P. W. G. Smith and A. R. Tatchell, *Vogel's Textbook of Practical Organic Chemistry*, Fifth Edition, Longman, Harlow, 1989, p.491.
2. H. E. Zimmermann, T. P. Gannett and G. E. Keck, *J. Org. Chem.*, 1979, **44**, 1982.
3. R. P. Thummel, *J. Am. Chem. Soc.*, 1976, **98**, 628.
4. A. Maercker, *Org. React.*, 1965, **14**, 270; B. E. Maryanoff and A. B. Reitz, *Chem. Rev.*, 1989, **89**, 863.
5. E. Vedejs, *J. Org. Chem.*, 2004, **69**, 5159; R. Robiette, J. Richardson, V. K. Aggarwal and J.N. Harvey, *J. Am. Chem. Soc.*, 2006, **128**, 2394.
6. G. Wittig and U. Schöllkopf, *Org. Synth. Coll.*, 1973, **5**, 751.
7. B. S. Furniss, A. J. Hannaford, P. W. G. Smith and A. R. Tatchell, *Vogel's Textbook of Practical Organic Chemistry*, Fifth Edition, Longman, Harlow, 1989, p.498.
8. C. F. Hauser, T. W. Brooks, M. L. Miles, M. A. Raymond and G. B. Butler, *J. Org. Chem.*, 1963, **28**, 372.
9. E. F. Silversmith, *J. Chem. Ed.*, 1986, **63**, 645; B. S. Furniss, A. J. Hannaford, P. W. G. Smith, and A. R. Tatchell, *Vogel's Textbook of Practical Organic Chemistry*, Fifth Edition, Longman, Harlow, 1989, p.500.
10. T. W. Ku, M. E. McCarthy, B. M. Weichman and J. G. Gleason, *J. Med. Chem.*, 1985, **28**, 1847.
11. W. S. Wadsworth and W. D. Emmons, *J. Am. Chem. Soc.*, 1961, **83**, 1733; *Org. Synth. Coll.*, 1973, **5**, 547.
12. A. G. M. Barrett and G. J. Tustin, *J. Chem. Soc., Chem. Commun.*, 1995, 355.
13. H. Pommer and A. Nürrenbach, *Pure Appl. Chem.*, 1975, **43**, 527; *Angew. Chem., Int. Ed. Engl.*, 1977, **16**, 423.
14. C. A. Henrick, *Tetrahedron*, 1977, **33**, 1845; B. A. Bierl, M. Beroza and C. W. Collier, *Science*, 1970, **170**, 87.
15. R. N. McDonald and T. W. Campbell, *J. Org. Chem.*, 1959, **24**, 1969.
16. S. E. Kelly in *Comprehensive Organic Synthesis*, eds. B. M. Trost and I. Fleming, Pergamon, Oxford, vol.1, 1991, p.729.

16　合成戦略 VII：アルキンの利用

本章に必要な基礎知識（"ウォーレン有機化学"の以下の章参照）
9 章　有機金属化合物を用いて炭素−炭素結合をつくる

他の合成戦略に関する章とは異なり，本章では出発物としてアルキンを選択し，これらが合成上どのように利用できるかを述べる．特に，これまで取上げたいくつかの問題が，アルキンを用いることでどのように解決できるかを述べる．アセチレン **3** そのものは容易に入手可能である．アセチレンの最も重要な性質は，三重結合に結合した水素の酸性度が大概の C−H 結合の水素よりもずっと高いことである．アセチレンを液体アンモニア中で $NaNH_2$ を用いて脱プロトン化するとアニオン **4** が生成する．また，BuLi と反応させると有機リチウム化合物 **1** が生じ，EtMgX などの単純なアルキル Grignard 反応剤と反応させると Grignard 反応剤 **2** が生成する．

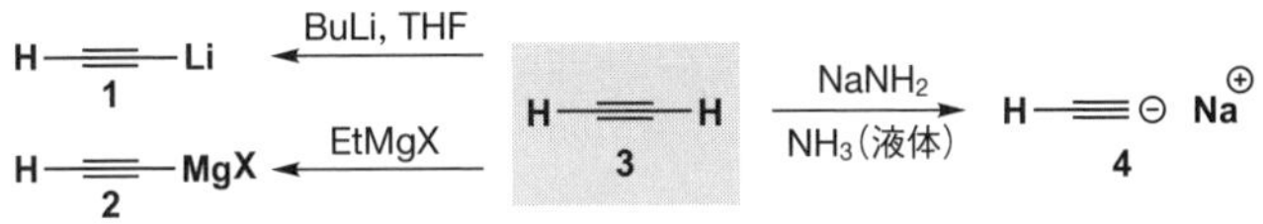

これらの反応剤は，ハロゲン化アルキル，アルデヒドやケトン，エポキシドなどの炭素求電子剤と反応して，それぞれ **5**，**6** または **7** を生成する．

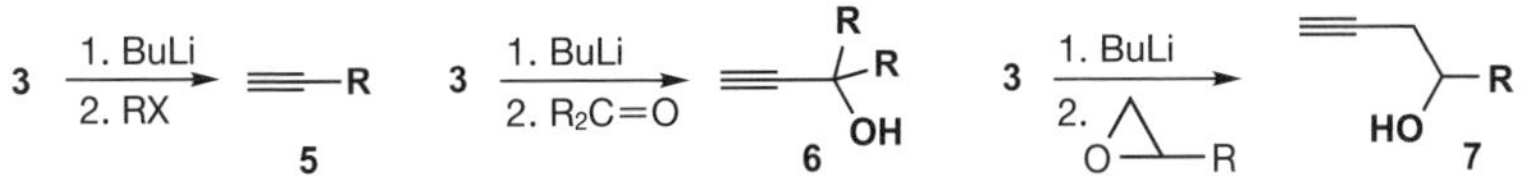

オブリボン（oblivon）**8** は明らかにアセチレン **3** とケトン **9** の付加生成物であり，その合成は簡単である．この例と次に示す例は特許[1]に報告されているもので，詳細は推測するしかなく，収率も不明である．

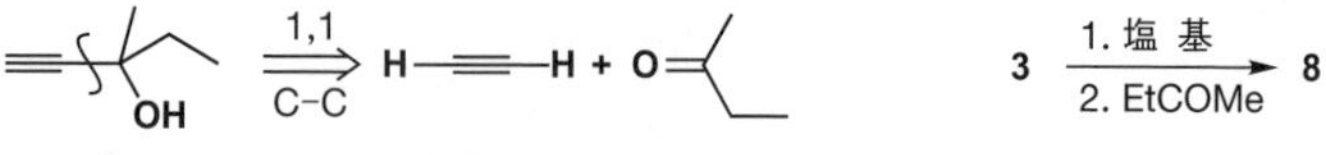

8　　3　　9

これらの生成物はまだ酸性度の高いアルキニル水素をもつので，塩基と求電子剤を加えるとさらに反応が起こる．サーフィノール（Surfynol®）**10** がアセチレンと 2 分子のケトン **11** の付加生成物であるのは明白である[2]．

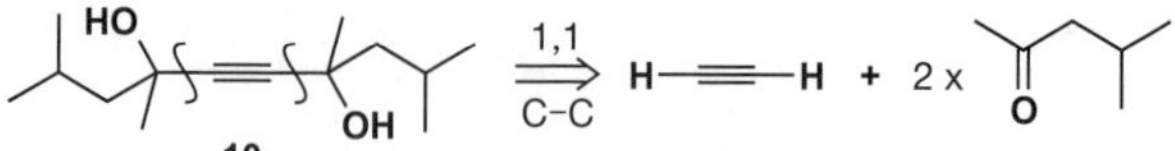

10　　3　　11

この場合，アニオン生成が 2 回必要なので塩基を 2 回加える．OH の水素（pK_a 約 16）はアルキンの水素（pK_a 約 25）よりも酸性度が高いので，2 回目の脱プロトン化では **12** に対して 2 当量の塩基が必要である．生成するジアニオン **13** は，アルコキシド部位よりも反応性の高いアルキニルアニオン部位で反応する．

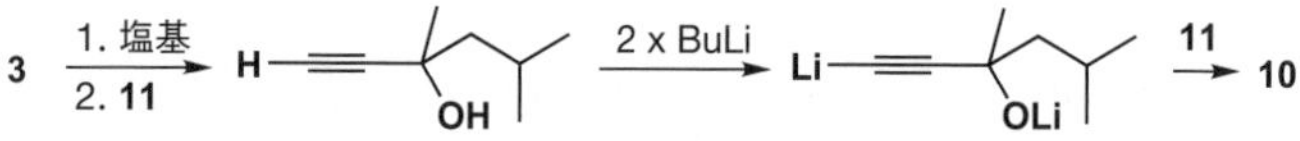

12　　13

16・1　アルキンからアルケンへの還元

アセチレン付加体そのもの自身が重要になることはあまりないが，二置換アルキン **15** はきわめて有用な中間体であり，適切な還元剤と反応して立体選択的に（*E*）-アルケンまたは（*Z*）-アルケンを生成する．アルカンまで還元されないように Lindlar 触媒を用いて接触水素化を行うと，1 分子の水素が三重結合にシン付加して（*Z*）-**14** が生成する．一方，液体アンモニア中で金属ナトリウムから生じる溶媒和電子がアルキンに付加するとラジカルアニオン **16** を生じ，アンモニアによるプロトン化および 2 回目の 1 電子移動を経てトランス配置のアルケニルアニオンが生成する．再度プロトン化が起こり，最終的により安定な（*E*）-**14** が生成する．

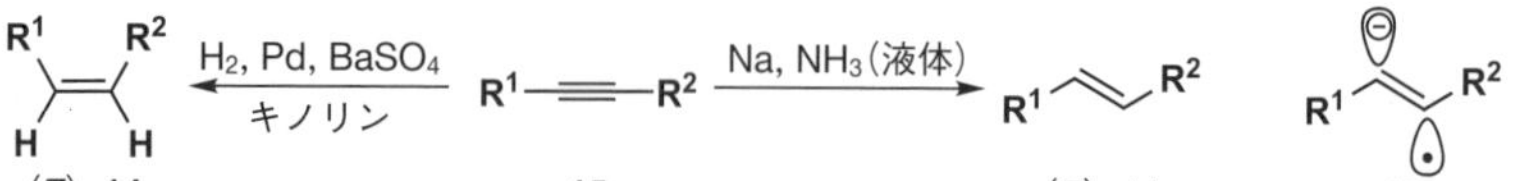

(*Z*)-**14**　　**15**　　(*E*)-**14**　　**16**

Z 選択的還元による（*Z*）-ブテンジオール **18** の合成については 12 章で述べた（12 章の化合物 **38**）．その出発物 **17** は Reppe（レッペ）反応[3] によって容易に合成できる．第二次世界大戦後，Reppe が不本意と思いつつも詳細を同盟国に漏らすことがなかったという逸話が明らかにされた[4]．

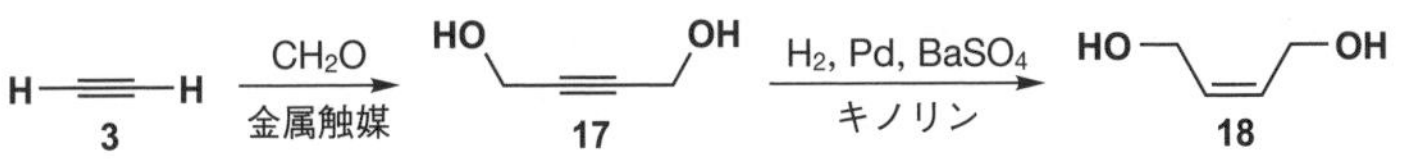

非対称ハロゲン化アリル **19** は，*cis*-ジャスモン（*cis*-jasmone；**52**）の合成で必要とされた化合物である．逆合成は一目瞭然であり，FGI によって **19** を **21** に導くと，このものは簡単な 3 成分に結合切断できる．

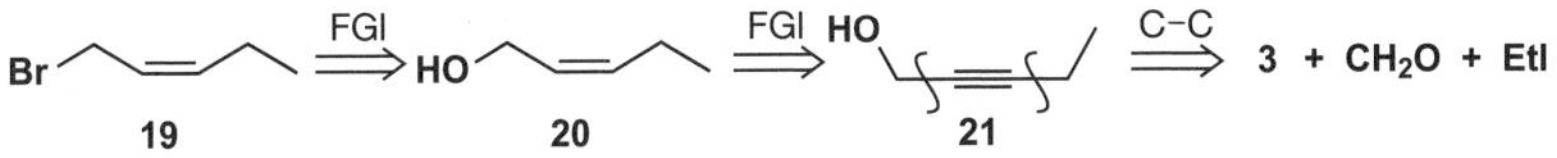

アルコール **22** は入手できるので，これにエチル基を導入すれば **21** を合成できる．あるいは，エチル基が導入された 1-ブチンに対してヒドロキシメチル基を導入するほうが簡単かもしれない．(Z)-アルケンへの還元は *cis*-ジャスモン骨格に組込む前でも後でも可能であるので，**22** は臭化プロパルギル **24** に変換された[5]．

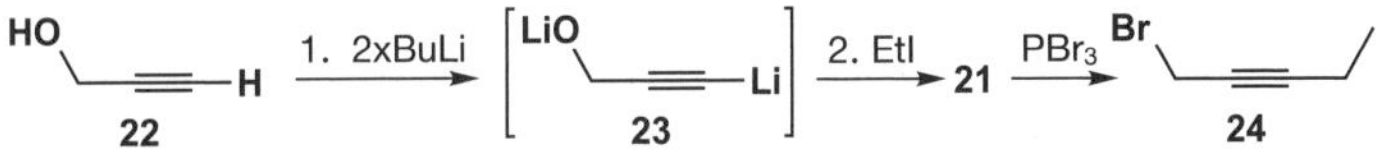

E 配置の二重結合をもつ酢酸エステル **25** は，エンドウ蛾を呼び寄せるフェロモンである[6]．FGI によって (*E*)-アルケンをアルキンに逆合成すると，二重結合の隣の結合を切断すればよいことがわかるだろう．唯一の問題は，対称ジオール **30** から一臭化物 **29** をどのように合成するかである．

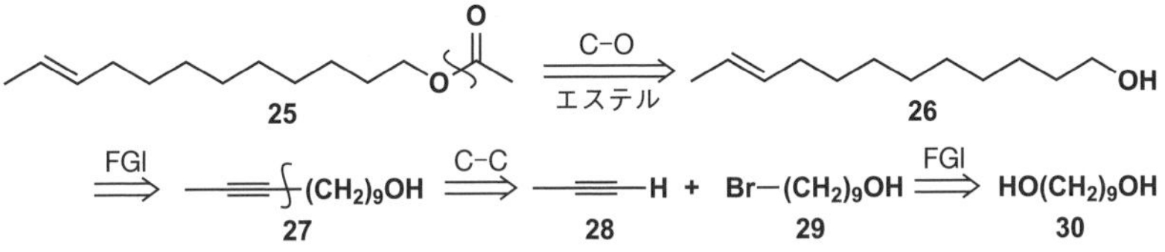

実験を行うと，ジオール **30** から一方の末端 OH 基を THP 基で保護した化合物 **31**（9 章）が良好な収率で得られることがわかった．**31** から調製した一臭化物 **32** を用いてアセチレン **3** をアルキル化して **33** とし，つづいてメチル基を導入すると **34** が得られ

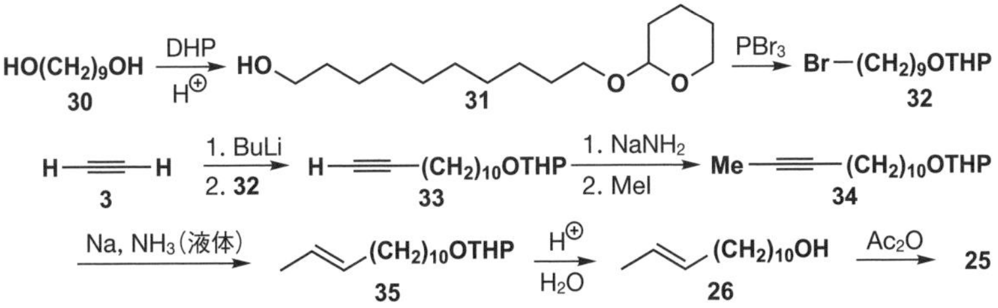

た. **34** を液体アンモニア中で金属ナトリウムを用いて還元した後, THP 基を除去すると (*E*)-アルコール **26** が得られ, 最後にアセチル化してフェロモン **25** が合成できた.

ジエンの合成

15 章でジエンの合成を取上げた. Wittig 反応, あるいはビニルリチウムまたはビニル Grignard 反応剤のケトンへの付加により得られるアリル型アルコールの脱水反応によってジエンを合成できる. アセチレン誘導体からも後者に類似した方法によってジエンを合成できる. 最初の結合切断は同じだが, ビニル金属反応剤の代わりにシントン **40** に対応する反応剤を用いる.

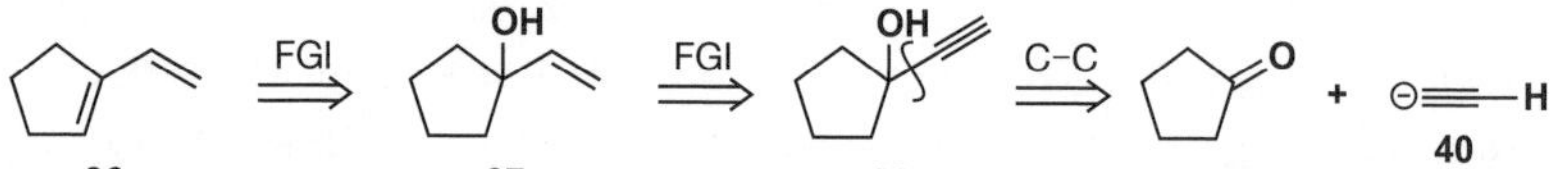

36　**37**　**38**　**39**

すでに報告されている **36** の合成[7] では, アセチレンのナトリウム塩を **39** と反応させて **38** とした後, このものを還元するときわめて高い収率で **37** が得られた. 唯一低収率の工程は, $KHSO_4$ を用いた **37** の脱水であった.

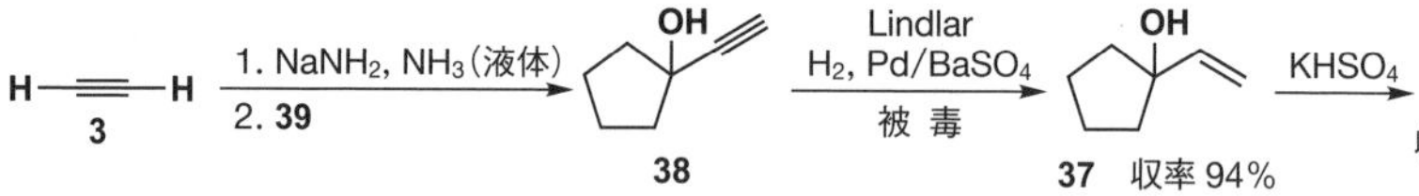

16・2　アルキンの水和によるケトンの合成

これまで述べてきた反応以外にも重要なアルキンの反応がある. アルキンの水和は通常 Hg(II) によって触媒されケトンを生成する. 末端アルキン **41** からは位置選択的にメチルケトン **44** が得られる. 中間体ビニルカチオン **42** がより安定な第二級カルボカチオンとなるからである. 水がカチオン **42** に付加してエノール **43** となり, 異性化と $Hg(OAc)_2$ の再生を伴ってケトン **44** が生成する.

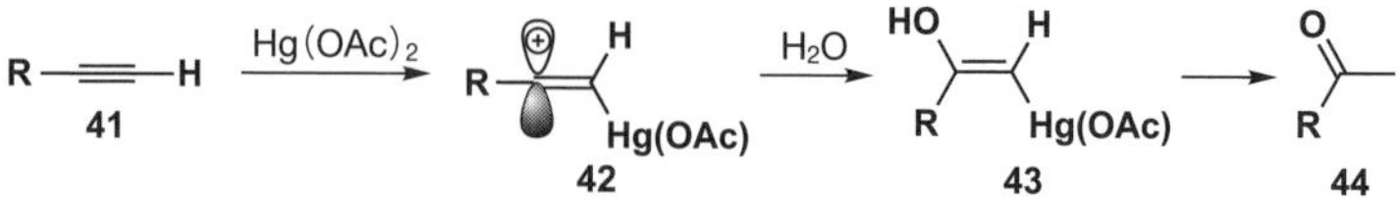

対称アルキンの水和では, 三重結合のどちらの炭素に OH が結合しても同じものができるので, 単一のケトンが生成する. ジオール **45** の水和は興味深い例で, おそら

くまず **46** が生じる．この反応条件下で，**46** から環状エーテル **47** の生成は **45** の水和よりも速いので，**46** は単離できない[8]．

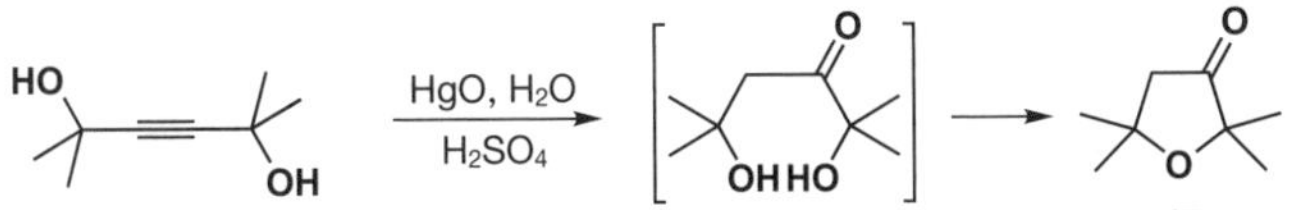

45　**46**　**47**
収率 76～82%

三重結合の両側にそれぞれケトンと (Z)-アルケンをもつ非対称アルキン **48** の水和は完璧な位置選択性で進行し[9]，ジケトン **49** を生成する．

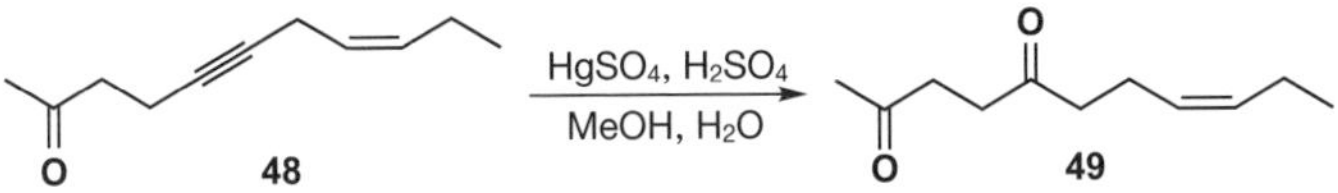

48　**49**

ケトンが関与する中間体 **50** を考えると，この水和反応の位置選択性発現がよくわかる．Z 配置の二重結合はアルキンから合成できることをすでに学んでいるので，**49** の合成にはアルキンの 2 種類の重要な用途が含まれていることがわかる．

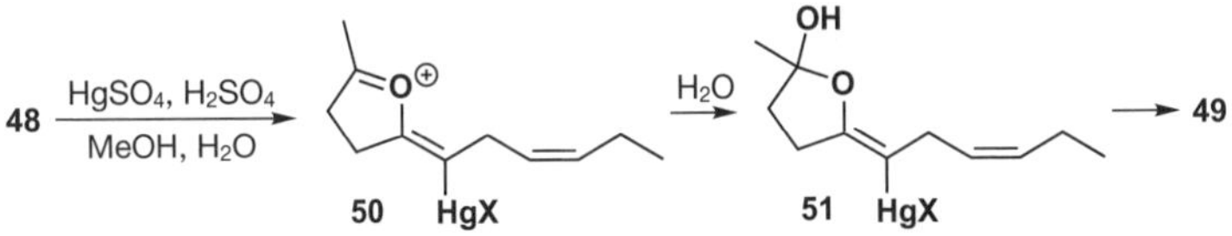

50　**51**

実際にはジケトン **49** を単離することなく，塩基性水溶液を用いて環化すると *cis*-ジャスモン **52** がきわめて高い収率で得られた．この種の反応については 18～28 章で取上げる．

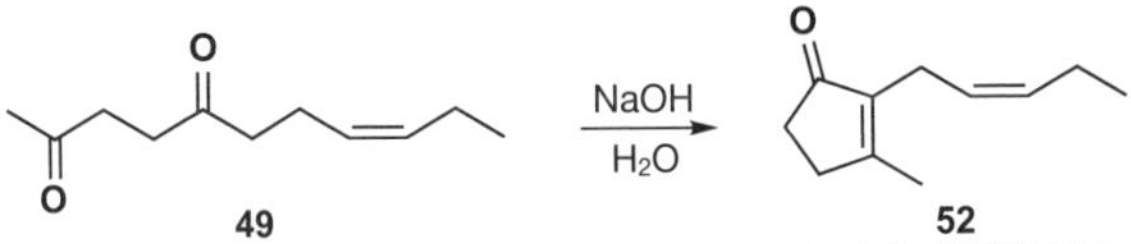

49　**52**
48 からの収率 75%

16・3 三重結合をもつ抗 HIV 薬

Merck 社の逆転写酵素阻害剤エファビレンツ（efavirenz）**53** は，新しい抗 HIV 薬の一つである[10]．**53** の C−O 結合と C−N 結合を切断すると **54** に導くことができる．**54** は明らかにアルキン **56** とケトン **55** の付加生成物である．問題はどのように **56** を合成するかである．

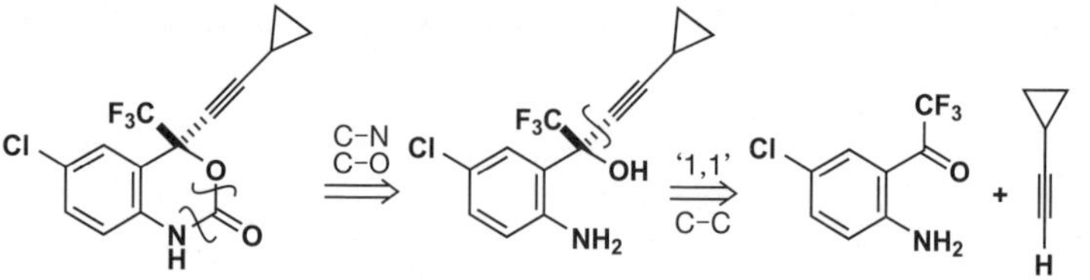

53　エファビレンツ　　54　　55　　56

3 員環形成についてはまだ述べていないが，脱離基（**57** の X）をもつメチレン基に炭素求核剤を反応させれば環化はうまくいく．したがって，次の問題はペンチノール **58** をどのように合成するかとなる．

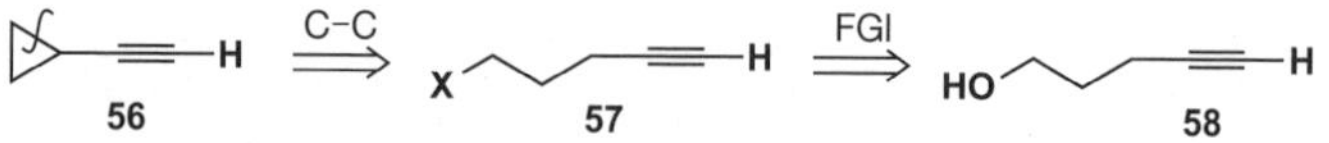

56　　57　　58

その答えは，出発物としてややかけ離れたものを使うことである．必要とされるのは，ある程度酸素化されていて不飽和結合をもつ 5 炭素からなる化合物である．フルフラール **59** は，この要求に見合う非常に安価で豊富に存在する化合物である．フルフラールは朝食に食べるシリアルの製造工程で大量に副生する化合物である．Quaker Oats 社はフルフラール製造の特許をもっている．しかし，化学者ならば，1.5 kg の擦りつぶしたトウモロコシの穂先から 165～200 g のフルフラールを簡単に単離することができる[11]．フルフラールを NaOH 水溶液中で反応させると不均化が進行し[12]，カルボン酸 **60** とアルコール **61** の等量混合物が得られる．**59** から **61** への変換には，水素化ホウ素ナトリウムを用いた方がもっとよい結果が得られるだろう．**61** を接触水素化すると，飽和アルコール **62** が収率 85%で得られる[13]．

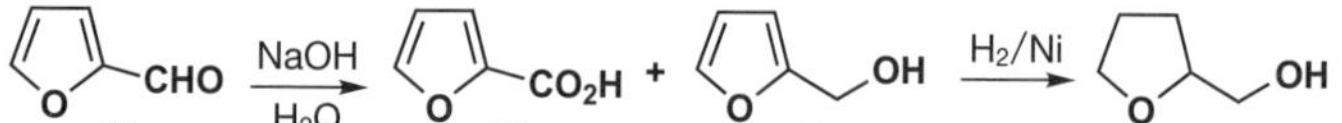

59　　60　　61　　62

ペンチノール **58** には近づいていないようにみえるが，**62** を脱水すれば **58** は得られるはずである．実際には，アルコール **62** を塩化物 **63** に変換し，3 当量の $NaNH_2$ を用いて 2 回脱離反応を行った後に酸性にすると **58** が得られる[14]．15 章で脱離反応によるアルケン合成を取上げたが，アルキン合成について述べたのはこれが初めてである．

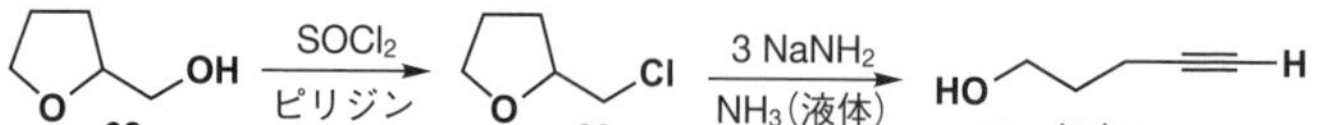

62　　63　　58　収率 75～85%

ペンチノール **58** の OH 基を Cl 基に変換した後，2 当量のブチルリチウムで処理すると 3 員環が形成できる．最初にアルキニル水素が引抜かれ，環化はジリチウム化合

物 **64** から進行する[15]．

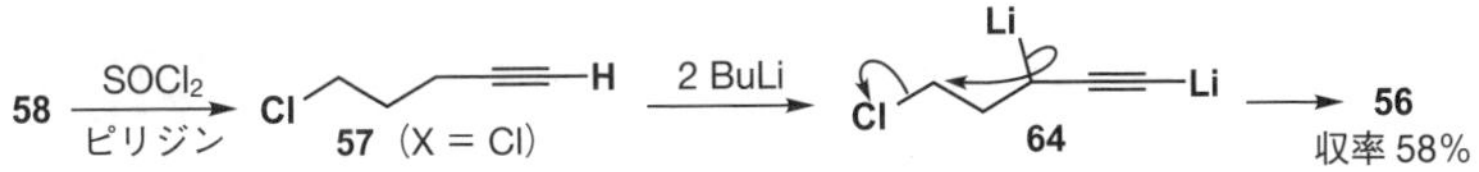

環化後に後処理をしなければ，生成物はアルキニルリチウム **65** であり，直接 **55** を加えるとアルコール **54** が得られる．Merck 社のエファビレンツ合成では，光学的に純粋なエフェドリン由来のリチウムアルコキシド共存下でこの反応が行われ，望みの絶対配置をもつ **54** が単一エナンチオマーとして得られている[10]．この方法については “Strategy and Control” で詳しく述べる[16]．

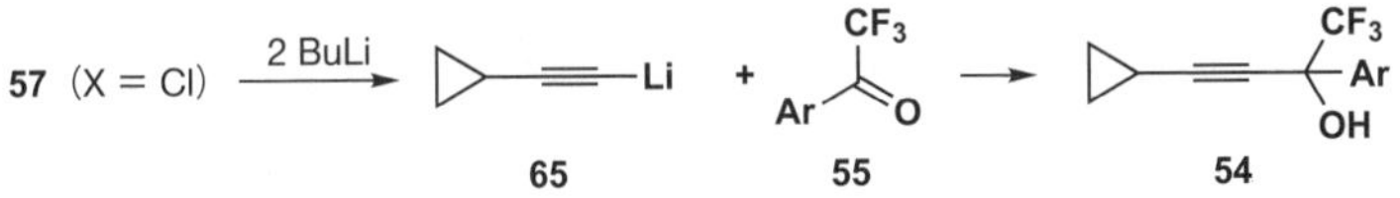

アルキンを利用すると，13 章や 15 章で学んだ方法とは異なる位置で結合切断が可能となり，アルケンやケトンの新たな合成戦略が生み出される．

文　　献

1. G. H. Whitfield, *Brit. Pat.*, 1955, 735188； *Chem. Abstr.*, 1956, **50**, 8721f.
2. H. Pasedach, *Ger. Offen.*, 1972, 2047446； *Chem. Abstr.*, 1972, **77**, 4876.
3. A. W. Johnson, *J. Chem. Soc.*, 1946, 1014.
4. J. W. Copenhaver and M. H. Bigelow, *Acetylene and Carbon Monoxide Chemistry*, Reinhold, New York, 1949, pp. 130～142.
5. G. Büchi and B. Egger, *J. Org. Chem.*, 1971, **36**, 2021.
6. C. A. Henrick, *Tetrahedron*, 1977, **33**, 1845; B. A. Bierl, M. Beroza and C. W. Collier, *Science*, 1970, **170**, 87.
7. A. A. Kraevskii, I. K. Sarycheva and N. A. Preobrazhenskii, *Zh. Obsch. Khim.*, 1963, **33**, 1831; *Chem. Abstr.*, 1964, **61**, 14518f.
8. M. S. Newman and W. R. Reichle, *Org. Synth. Coll.*, 1973, **5**, 1024.
9. G. Stork and R. Borch, *J. Am. Chem. Soc.*, 1964, **86**, 935； 936.
10. A. S. Thompson, E. G. Corley, M. F. Huntington and E. J. J. Grabowski, *Tetrahedron Lett.*, 1995, **36**, 8937； A. Thompson, E. G. Corley, M. F. Huntington, E. J. J. Grabowski, J. F. Remenar and D. B. Collum, *J. Am. Chem. Soc.*, 1998, **120**, 2028.
11. R. Adams and A. Voorhees, *Org. Synth. Coll.*, 1941, **1**, 280.
12. W. C. Wilson, *Org. Synth. Coll.*, 1941, **1**, 276.
13. H. E. Burdick and H. Adkins, *J. Am. Chem. Soc.*, 1934, **56**, 438.
14. E. R. H. Jones, G. Eglinton and M. C. Whiting, *J. Chem. Soc.*, 1952, 2873； *Org. Synth. Coll.*, 1963, **4**, 755.
15. E. G. Corley, A. S. Thompson and M. Huntington, *Org. Synth.*, 2000, **77**, 231.
16. P. Wyatt and S. Warren, *Organic Synthesis*： *Strategy and Control*, Wiley, Chichester, 2007, pp. 515, 591.

17 二官能基 C−C 結合切断 I: Diels−Alder 反応

本章に必要な基礎知識
"ウォーレン有機化学" 35 章 ペリ環状反応 I: 付加環化 を参照

Diels−Alder（ディールス アルダー）反応[1]（たとえば **1** と **2** の反応）は，有機合成において最も重要な反応の一つで，1 工程で二つの C−C 結合を位置および立体選択的に形成する．この反応は共役ジエン **1** と電子求引基 Z が共役したアルケン **2** または **4**（求ジエン体）とのペリ環状反応で，シクロヘキセン **3** または **5** を生成する．

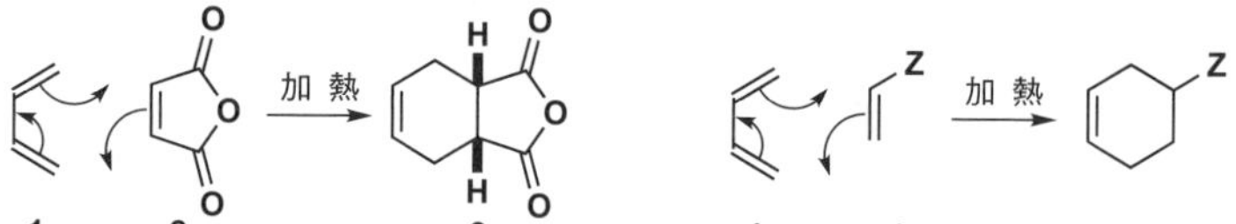

1 **2** **3** **1** **4** **5**

反応機構を逆に書くと逆合成を理解しやすい．三つの矢印を時計回りに書いても反時計回りに書いてもよいが，矢印の一つは必ず二重結合から出発する．二重結合からの矢印を最初に書くとわかりやすい．一般例として **5a**，具体例として **6** に示すように逆合成すると，それぞれジエン **1** と求ジエン体 **4** またはジエン **7** と求ジエン体 **8** に導くことができる．出発物 **7** と **8** を封管中で（どちらも揮発性であるため）一緒に加熱するだけで **6** が合成できる[2]．

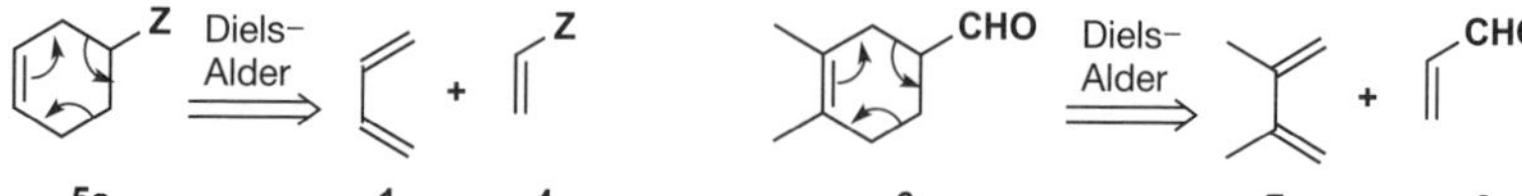

5a **1** **4** **6** **7** **8**

これは二官能基結合切断であり，標的分子がシクロヘキセン環をもち，かつその二重結合の向かい側の環外側に電子求引基があるときにのみ実施できる．逆合成では，これら二つの構造的特徴の位置関係に気がつく必要がある．非常に複雑な標的分子であってもこれら二つの特徴をもつ場合には，Diels−Alder 反応を第一選択肢とするのがよい．たとえば，化合物**9**では二つの4員環が存在するなどの構造的特徴に惑わされてはいけない．ジエン**10**の合成は15章ですでに説明した．求ジエン体**11**の合成については後で述べる．**10**と**11**を反応させると**9**が得られ，**9**を用いて非常にひずんだベンゼン類縁体**12**が合成されている[3]．

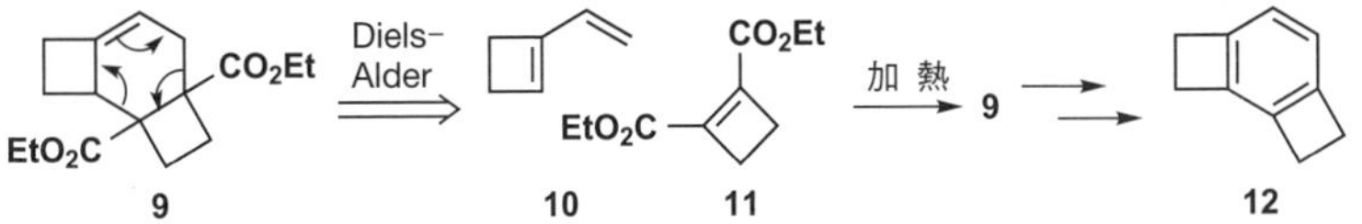

17・1 立体特異性

反応が協奏的に進行するため，ジエンや求ジエン体の結合が回転する余地はなく，それぞれの出発物の立体化学が忠実に生成物に反映される[4]．たとえば生成物**3**の二つのHはシスの関係にあるが，これは出発物の酸無水物**2**の二つのHがシスであることに起因する．同様に，**14**の二つのHはトランスの関係にあるが，これはジエステル**13**がトランス配置であることに起因する．

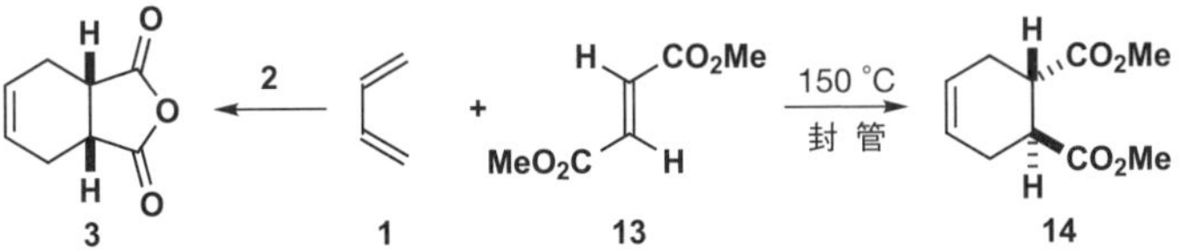

チチュウカイミバエの合成誘引物質として用いられるシグルール（siglure）**15**には，Diels–Alder生成物としての構造的特徴がすべて備わっており，求ジエン体は*E*配置の不飽和エステル**16**である[5]．

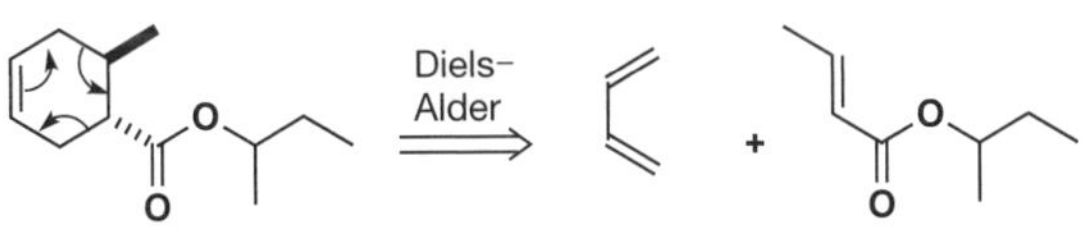

実際の製造工程では安価なメチルエステルを用い，Diels–Alder反応の後にエステル交換を行う．

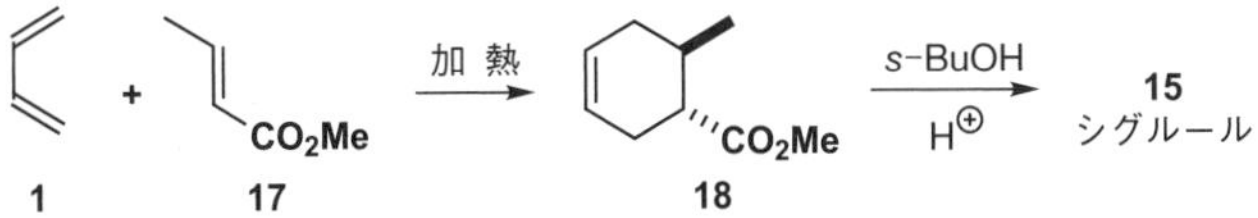

ジエンの立体特異性

ジエンの立体化学も忠実に生成物に反映されるが，これはそれほどわかりやすくない．二つの *E* 配置の二重結合をもつジエン **19** がアルキン **20** に付加すると，二つのフェニル基がシスの関係にある生成物 **21** が得られる．**22** に示すように基質の平面どうしが平行になって反応が進行するためである．以下に述べる二つの考え方があるが，どちらも平面を上から見た図 **23** に基づいている．二つの H がシスで存在するため二つの Ph 基もシスになると考えてもよいし，二つの基質が **23** に破線で示す対称面をもつため生成物も同じ対称性を保持すると考えてもよい．これらの問題に対するもっと詳しい解説は，Ian Fleming の参考書[6] を参照してほしい．

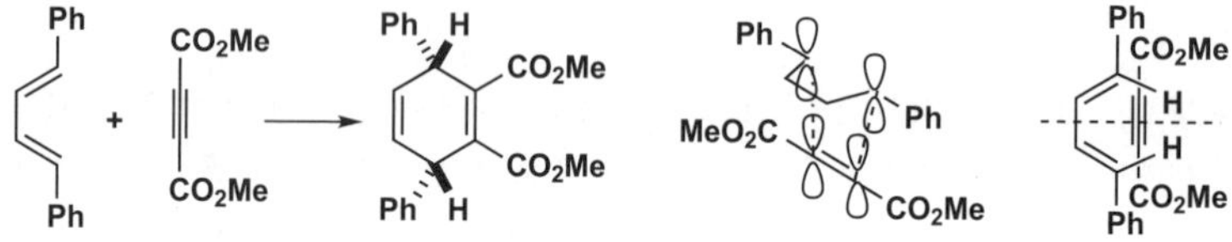

19　**20**　**21**　**22**　**23**

これら二つの特徴から Diels–Alder 反応は立体特異的（stereospecific）である．すなわち，生成物の立体化学は，反応経路が有利か不利かにかかわらず，出発物の立体化学のみによって決定される．上の例では，立体化学の問題が生じないように，わざとアルキン **20** を求ジエン体として用いた．一方で，ジエンと求ジエン体の両方の立体化学が問題となる場合には，両方の立体化学が保持される 2 種類の反応経路の可能性があるため，立体選択性（stereoselectivity）を考慮する必要がある．

17・2　エンド選択性

典型的な Diels–Alder 反応としてシクロペンタジエン **24** と無水マレイン酸 **2** の反応を取上げる．この反応は，完全に立体特異的に進行しても，2 種類の異性体 **25** と **26** を生成する可能性がある．シスの関係にある **2** の二つの H は，**25** と **26** でもシス配置を保持する．**25** と **26** をそれぞれエンド体とエキソ体とよぶ．この名称は，ジエン由来の二重結合と求ジエン体のカルボニル基との位置関係を表している．エンド体 **25** はエキソ体 **26** よりも二つの部位がずっと近くにある*．二つの基質が環状の場合は，この位置関係を把握するのが容易である．

*（訳注）　Diels–Alder 反応の場合にはこの説明がわかりやすいが，本来この名称は架橋系における置換基の位置を表すものである．より短い架橋と同じ側をエキソ，長い架橋と同じ側をエンドとよぶ．

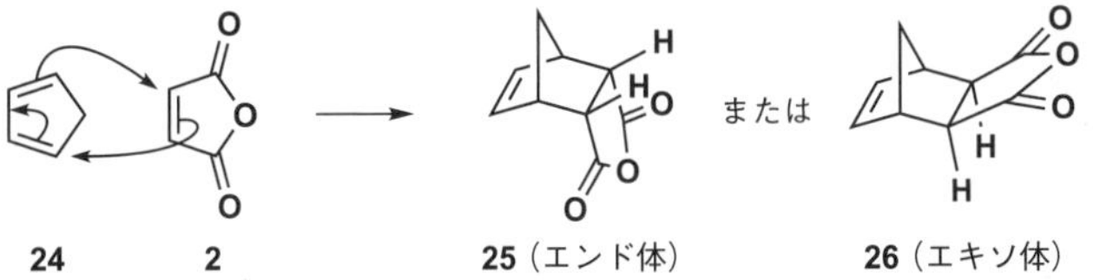

実験結果によれば，エンド体 **25** は速度論的に有利な生成物であり，エキソ体 **26** はより安定な生成物である．この結果から，カルボニル基とジエン中央部位との間に親和性相互作用が存在することが示唆される．実際，求ジエン体の電子求引基の一つの役割は，空間を通してジエンを引きつけることである．しかし，この相互作用によりカルボニル基とジエン中央部位との間に結合が生成するわけではないため，この相互作用を**二次軌道相互作用**とよぶ．三次元表示の図 **27** や **28**，あるいは平面図 **29** で見るとわかりやすい．**27** の破線で示したのが二次軌道相互作用である．

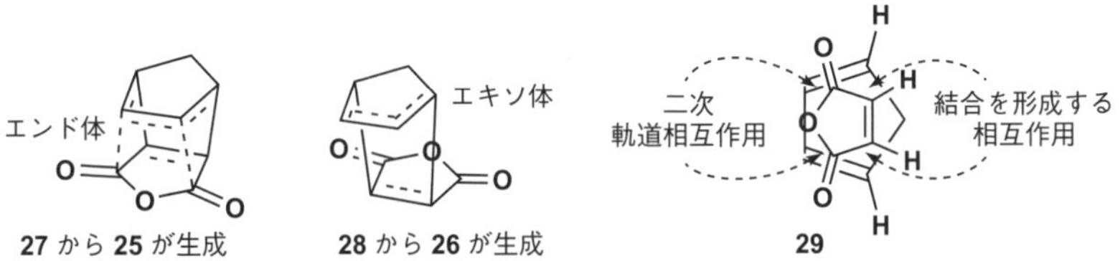

鎖状基質の場合，通常は **23** や **29** のような平面図のほうが三次元表示の図よりもわかりやすいが，どちらを選ぶかは個人の好みである．ジエン **30** とアクロレインとの反応の生成物は明らかに **31** である（まず最初に反応機構を書くことが一つ目の秘訣である）．しかし，白丸で囲んだ炭素の立体化学はどうなるだろうか．**32** のようにジエンが手前にくるように書くと（新たな立体中心を生み出す炭素に水素原子を書くことが二つ目の秘訣である），三つの H がすべて同じ側（**32** の右側）を向くことがわかるだろう．生じる 6 員環を平らに書くと **31a** に示すように三つの H は紙面の手前側を向く．したがって，他のすべての置換基（二つのメチル基とアルデヒド）は，**31b** のように紙面の向こう側を向く．ここにも Diels–Alder 反応の価値がある．Diels–Alder 反応では一般により不安定なジアステレオマーが生成する．

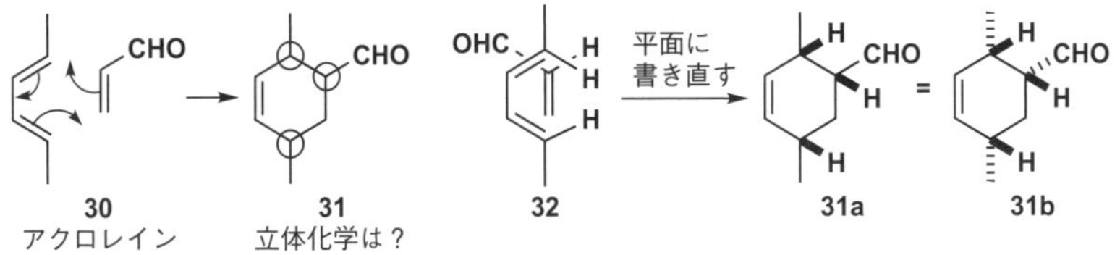

Diels–Alder 反応を用いて逆合成を行う場合，ジエンや求ジエン体のどういった立

体異性体が必要かを考える必要がある. Weinreb によるサイトカラシン (cytochalasin) 合成[7] で必要とされたイミド **33** は, 容易にイミド **34** とジエン **35** に逆合成できる. 二つの置換基が 6 員環上で同じ側を向くためには, *E,E*−または *Z,Z*−のどちらか一方のジエンが必要である. どちらが必要だろうか. すべての H が同じ側に存在するので, **36** に示すように反応は進行しなければならず, したがって (*E,E*)−ジエン **35** が用いられた.

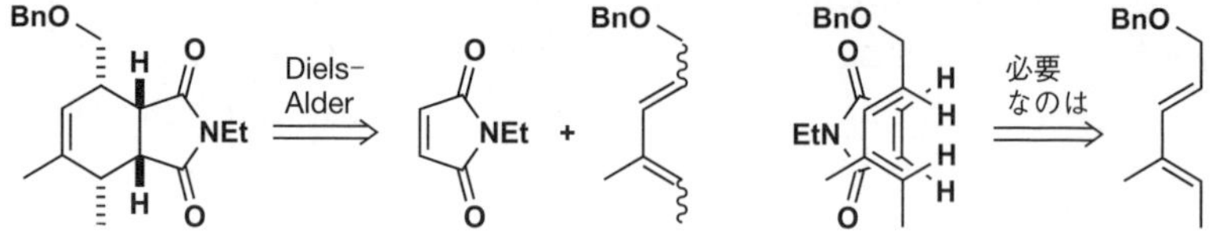

33 **34** **35** **36** (*E,E*)−**35**

17・3 位置選択性

これまでは少なくとも一方の基質が対称な場合を述べてきたが, 両方の基質が非対称な場合には位置選択性が問題となる. 詳しい説明は本書の範囲外である. Ian Fleming の参考書[6] や "ウォーレン有機化学" の 35 章を参照してほしい. 非対称なジエンと求ジエン体との反応でどの位置異性体が生じるかを予測する最も簡単な方法は, Diels−Alder 反応は 'オルト−パラ配向性' の芳香族遷移状態を経て進行する (実際, 非局在化した 6π 電子が関与する) と記憶することである. 1 位で置換したブタジエン **37** の反応では, 'オルト体' **39** が生成する. 一方, 2 位で置換したブタジエン **41** の反応では, 'パラ体' **42** が生成する. どちらの反応も 'メタ体' **40** は生成しない. これらの反応が, Lewis 酸である $SnCl_4$ で触媒されることに注目してほしい. ケトンの酸素が Lewis 酸に配位してエノンの分極が増大し, 位置選択性が向上する.

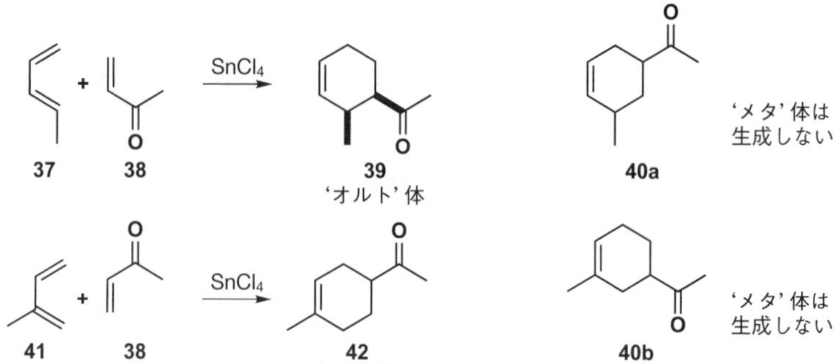

37 **38** **39** 'オルト' 体 **40a**

41 **38** **42** 'パラ' 体 **40b**

もう少し論理的に説明するには，どちらの基質の HOMO が反応し（‘求核剤’ として），どちらの基質の LUMO が反応するか（‘求電子剤’ として）を理解する必要がある．エノン **38** はそれ自体が求電子的で，**43** や **45** に示すように Lewis 酸に配位すればこの傾向はさらに強まる．ジエン **37** や **41** が求核剤として働く場合，**44** や **46** のようなより置換基の多いアリルカチオンを生成するのが有利である．Diels−Alder 反応はイオン反応ではないため，**44** や **46** を中間体として進行するわけではない．それでも，**43** や **45** に示す仮想的なイオン反応の位置選択性を決定する HOMO−LUMO 相互作用が，ペリ環状反応の位置選択性も決定する．

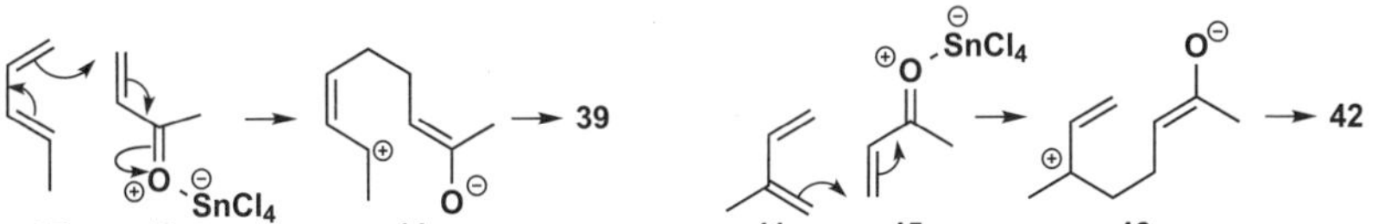

37　**43**　**44**　**41**　**45**　**46**

立体特異性，立体選択性および位置選択性が高度に制御される Diels−Alder 反応は，合成的に非常に有用である．強い痛み止め効果をもつ鎮痛薬チリジン（tilidine）**47** が Diels−Alder 生成物であるのは一目瞭然である[8]．完璧な位置選択性でシス配置の ‘オルト体’ が生成するように **51** に示すエンド形遷移状態を想定すると，トランスエナミン **49** が出発物となることがわかる．エナール **50** と Me_2NH から常法でエナミンを合成すれば，トランス体が生成する．

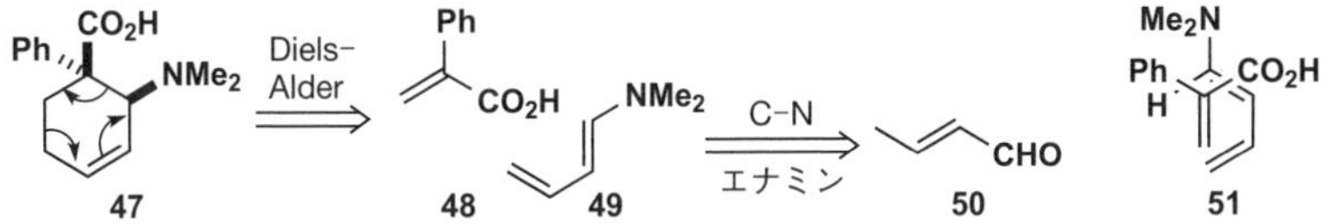

47　**48**　**49**　**50**　**51**

17・4　Diels−Alder 生成物への FGI

環状エーテル **52** はジオール **53** から合成でき，**53** は酸無水物 **54** のような Diels−Alder 生成物の還元によって合成できる．

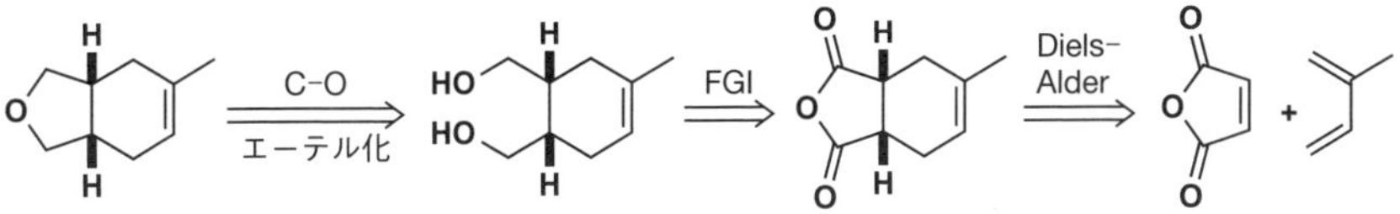

52　**53**　**54**　**2**　**41**

52a から直接 Diels−Alder 反応を用いて逆合成しようとしてはいけない．不飽和エーテル **55** は肝腎のカルボニル基をもたないため，**41** と反応しない．一方，無水マレイ

ン酸 **2** は **41** と反応し, $LiAlH_4$ による還元でジオール **53** とした後に TsCl と NaOH で処理すると環化が進行する[9]. モノトシラートが生成すると, 間違いなくこれは素早く環化する.

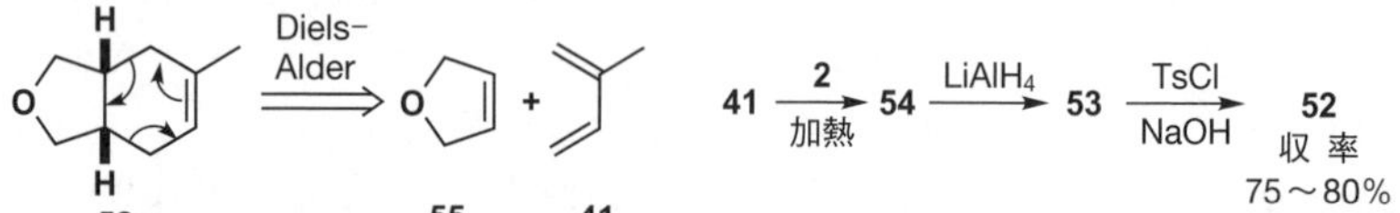

52a　　**55**　　**41**

17・5　分子内 Diels−Alder 反応

一般に分子内 Diels−Alder 反応は分子間 Diels−Alder 反応に比べて容易であり, 通常の法則に従わないこともある. カルボニル基を必要としない場合や, エンド選択性ではなくエキソ選択性で進行する場合があり, **56** の環化のように ‘メタ体’ 体 **58** が生成する場合もある. **57** に示す反応機構から, ‘パラ体’ (**42** 参照) が生成しえないことは明らかである. この例は, ひずみのかかった ‘橋頭位’ アルケン **58** を生成することから特に優れている[10]. このアルケンは 6 員環ではシスであるが, 10 員環から見るとトランスである.

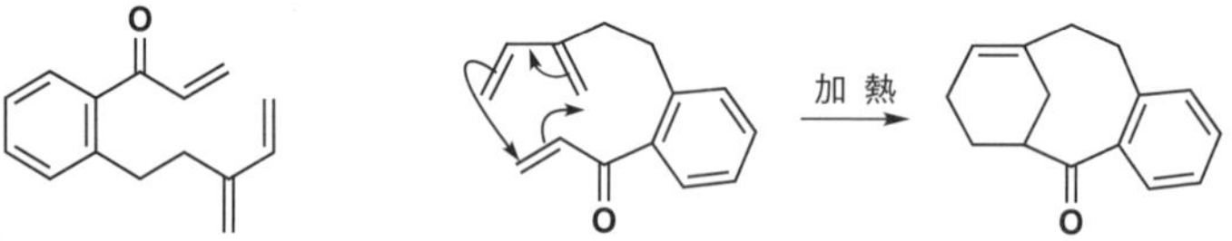

56　　**57**　　**58**　収率 70%

17・6　水中での Diels−Alder 反応

すべての化学反応において, 溶媒は主要な副産物で, 再利用も困難である. そのため, 水を反応溶媒とするのが理想である. しかし, 反応剤や触媒が水に不安定であったり不溶であったりして, 多くの反応で水を溶媒として用いることは事実上不可能である. ところが, 基質が水に溶けなくても, Diels−Alder 反応は水中で行ったほうが反応速度が増し立体選択性も高くなる[11]. たとえば, シクロペンタジエン **24** とアクリル酸メチル **59** の反応をシクロペンタジエンを溶媒として行った場合のエンド選択

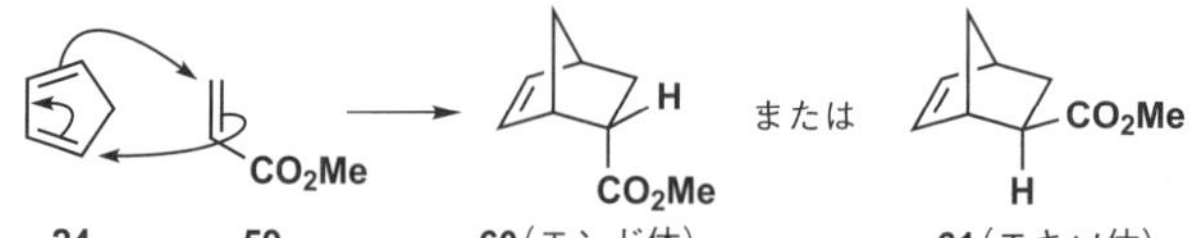

24　　**59**　　**60** (エンド体)　　**61** (エキソ体)

溶媒中での エンド：エキソ比	
24	3.9：1
EtOH	8.5：1
水	21.4：1

性は低いが，エタノール中では選択性が向上し，さらに水中ではきわめて高い選択性が得られる[12]．これは，水中で二つの基質が微小な油滴となって会合し，有機溶媒に溶けているときよりも近接して存在するためであると考えられている．

文　献

1. M. C. Kloetzel, *Org. React.*, 1948, **4**, 1；H. L. Holmes, *Ibid.*, 60；L. W. Butz, *Ibid.*, 136；J. Sauer, *Angew. Chem., Int. Ed. Engl.*, 1966, **5**, 211.
2. O. Diels and K. Alder, *Liebig's Ann. Chem.*, 1929, **470**, 62.
3. R. P. Thummel, *J. Am. Chem. Soc.*, 1976, **98**, 628；J. G. Martin and R. K. Hill, *Chem. Rev.*, 1961, **61**, 537.
4. F. V. Brutcher and D. D. Rosenfeld, *J. Org. Chem.*, 1964, **29**, 3154.
5. N. Green, M. Beroza and S. A. Hall, *Adv. Pest Control Res.*, 1960, **3**, 129.
6. Ian Fleming, *Frontier Orbitals and Organic Chemical Reactions*, Wiley, London, 1976.；Ian Fleming, *Pericyclic Reactions*, Oxford University Press, 1999.
7. M. Y. Kim and S. M. Weinreb, *Tetrahedron Lett.*, 1979, **20**, 579.
8. G. Satzinger, *Liebig's Ann. Chem.*, 1969, **728**, 64.
9. N. L. Wendler and H. L. Slates, *J. Am. Chem. Soc.*, 1958, **80**, 3937.
10. K. J. Shea and P. D. Davis, *Angew. Chem., Int. Ed. Engl.*, 1983, **22**, 419.
11. H. C. Hailes, *Org. Process Res. Dev.*, 2007, **11**, 115.
12. R. Breslow, U. Maitra and D. Rideout, *Tetrahedron Lett.*, 1983, **24**, 1901.

18 合成戦略 VIII：カルボニル縮合の基礎

これから 10 章にわたって，二つの官能基をもつ炭素骨格の合成法について述べる．**1**～**3** の化合物はすべて 1,3-二官能性化合物として扱う．重要なのは，官能基の種類ではなく二つの官能基の間の位置関係である．すべての官能基はアルコール，ケトン（またはアルデヒド），あるいはカルボン酸から置換反応によって合成でき，さらにこれら 3 種類の官能基も酸化や還元によって相互変換（FGI）できるからである．

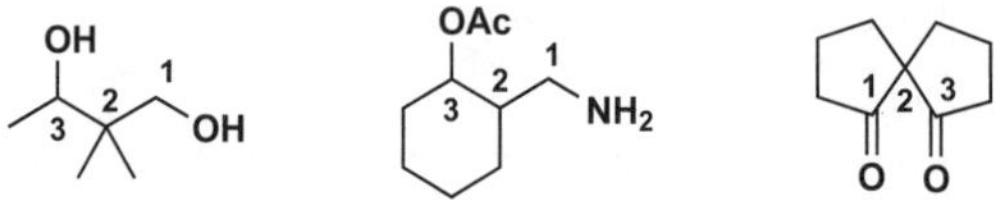

1　　2　　3

逆合成解析では，FGI によって酸素を含む官能基を適切な酸化度に変換し，その後に官能基どうしの位置関係を考慮して C−C 結合を切断する．したがって，以下の章では一貫して二官能基結合切断を行う．ここで用いる炭素シントンは，6 章で述べた二官能基 C−X 結合切断に用いたものと同じである．多くの反応がカルボニル基を中心に起こるので，カルボニル基が分子の反応性にどのような影響を与えるかをまず考える必要がある．

カルボニル化合物は求電子的な炭素と求核的な炭素をもつことから，有機合成において最も重要である．いうまでもなく，**4** や **5** に示すようにカルボニル炭素は求電子的であり，**6** のように求核剤と反応する．脱離基 X が存在する場合には，**7** のように四面体中間体から X が脱離し，カルボニル基が再生する．生成物 **8** は，炭素求核剤がアシル化されたものである．

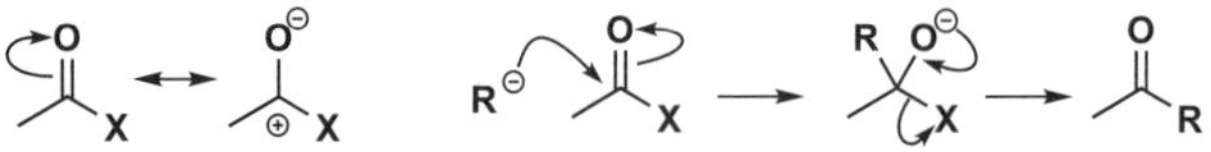

4　　5　　6　　7　　8

これに対応する逆合成は，**8a** に示すように新しく形成された C−C 結合を切断するものである．シントンはアシルカチオンと求核性炭素種である．求核性炭素種に対応する反応剤として有機金属化合物 RM（13 章）があるが，以下の 10 章ではおもにエノラートを用いる．エノラート形成により，カルボニル化合物が求核的になる．

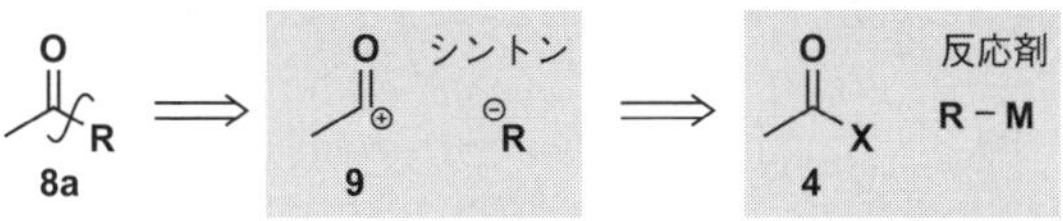

アセトン **10** のようなカルボニル化合物は，おもにケト形 **10** として存在するが，これはエノール形 **11** と平衡にある．ここでは，**12** に示す塩基によるエノラートアニオン **13** の生成と，その α 位炭素での炭素求電子剤との反応に焦点を絞る．

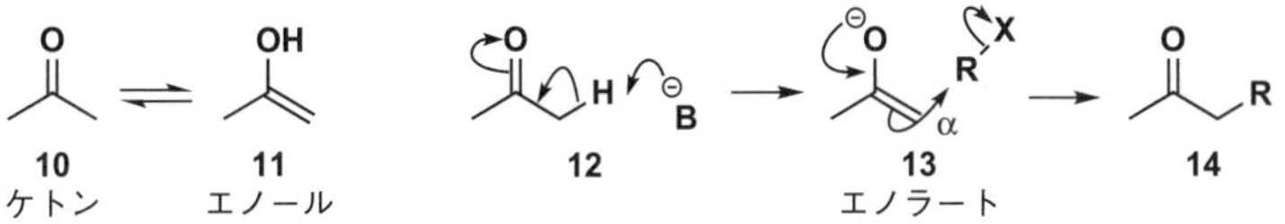

14a に示す C−C 結合切断は **8a** とは異なる位置での結合切断である．エノラートアニオンと炭素求電子剤がシントンになる．13 章ではハロゲン化アルキルが炭素求電子剤になることを述べたが，以下の 10 章ではエノールおよびエノラート等価体とカルボニル化合物との反応について述べる．

求核的シントンと求電子的シントン

シントン **9**, **15** および **17** が本来の極性をもつことを確認しておく必要がある．**9** と **15** については上で，**17** については α,β-不飽和ケトン **18** を求電子剤として用いた 6 章と 13 章で述べた．結合形成におけるシントンの重要性を理解するのに Seebach が提唱した表記法は有用である[1)]．a や d といった文字は，それぞれ受容体（acceptor，求電子的）と供与体（donor，求核的）シントンを表し，上付き数字は官能基のヘテロ原子から数えた反応部位の番号を示す．カルボニル炭素は常に 1 番である．したがって，エノラートは d^2 シントンであり，**9** と **17** はそれぞれ a^1 と a^3 シントンである．もしもこの表記法が気に入らなければ，無視してもよい．選択はまったく自由である．

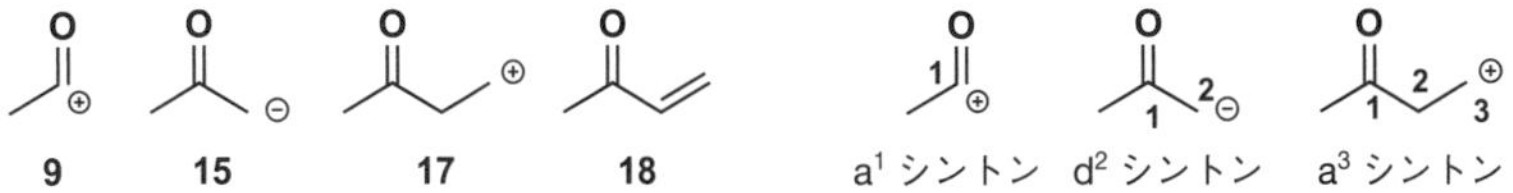

化合物 **19** を逆合成する場合，波線で示すように C−C 結合を切断すると，d^2 シン

トン **20** と a^1 シントン **21** が現れる．**20** はケトン **22** のエノラートであり，**21** に対応する反応剤はアルデヒド **23** である．これはアルドール反応を再発見したことになる．

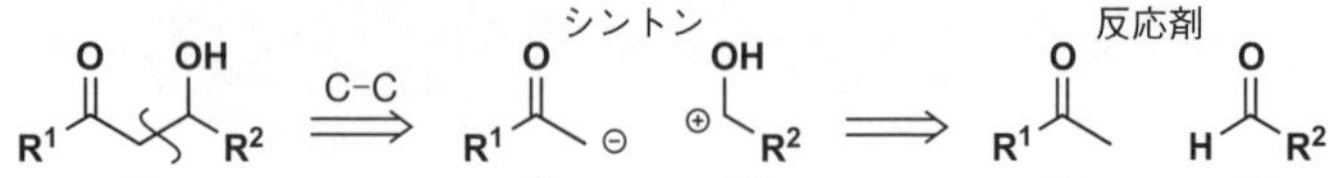

19　20　21　22　23

ジケトン **24** を逆合成するとエノラート **20** と a^3 シントン **25** に導くことができる．すでに述べたように **25** に対応する反応剤はエノン **26** である．これら二つの合成は，ケトン **22** のエノラートアニオンと，アルデヒド **23** または共役エノン **26** を用いている．これらはいずれも本来の極性をもつシントンに対応した反応剤であり，理にかなっている．

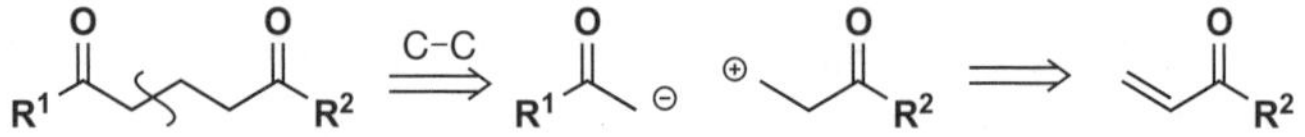

24　20　25　26

そのため二官能基 C−C 結合切断を扱う章を，やや変則的な順番で取上げる．まず二つの官能基が奇数の位置関係にあり，シントンが本来の極性をもつ 1,3-diO 化合物 **19a**（19 章）と 1,5-diCO 化合物 **24a**（21 章）について説明し，次に二つの官能基が偶数の位置関係にあり，シントンが不自然な極性をもつ 1,2-diCO 化合物 **27**（23 章）と 1,4-diCO 化合物 **28**（25 章）について説明する．最後に，まったく異なる戦略を用いる 1,6-diCO の関係をもつ化合物について述べる（27 章）．

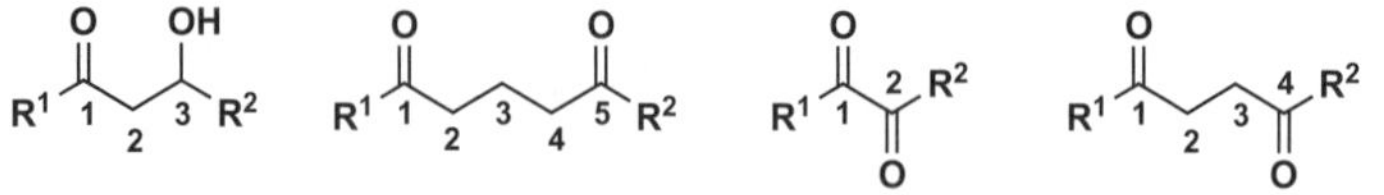

19a　24a　27　28

これは以下の三つのポイントにまとめることができる．

1. 二つの官能基が奇数の位置関係にある化合物の合成は，本来の極性をもつシントンだけを必要とする．
2. 二つの官能基が偶数の位置関係にある化合物の合成には，不自然な極性をもつシントンが必要である．
3. 奇数の番号をもつ受容体シントン（a^1 や a^3）と偶数の番号をもつ供与体シントン（d^2 や d^4）はすべて本来の極性をもつ．

標語は，**"C−C 結合切断を行う前に官能基の位置関係を数えよう"** である．

これから述べる合成法はすべてカルボニル基に依存するもので，それぞれに関連した戦略の章を挟みながら説明し，最後に一般的な戦略の章で総括する．

20 章 合成戦略 IX：カルボニル縮合の制御
22 章 合成戦略 X：脂肪族ニトロ化合物の利用
24 章 合成戦略 XI：ラジカル反応の利用
26 章 合成戦略 XII：再結合
28 章 一般的な戦略 B：カルボニル基が導く結合切断

18・1 炭素酸とこれを脱プロトン化する塩基

以下の章で，エノラートアニオンを生成するためにさまざまな塩基を用いるが，塩基の強さを知っていると理解しやすい．表 18・1 に代表的な炭素酸と塩基を示すが，

表 18・1 炭素酸とこれを脱プロトン化する塩基

炭素酸[†]	pK_a	塩基 B	BH の pK_a	合成法
Alk–*H*	～42	BuLi RMgBr	42	入手可 RBr ＋ Mg
Ar–*H*	～40	ArLi	～40	PhLi 入手可
$CH_2{=}CHCH_3$ (H of CH_3 italic)	38			
$PhCH_3$	37	NaH *i*-Pr_2NLi(LDA)	～37	入手可 *i*-Pr_2NH ＋ BuLi
MeSO–CH_3(DMSO)	35	MeSO–$CH_2^{\ominus}$ $^{\ominus}NH_2$	35 35	DMSO ＋ NaH Na ＋ NH_3(液体)
Ph_3CH	30	$Ph_3C^{\ominus}$	30	
HC≡C*H*	25			
CH_3CN	25			
CH_3CO_2Et	25			
CH_3COR	20			
CH_3COAr	19	*t*-BuOK	19	入手可
Ph_3P^+–CH_3	18	$EtO^{\ominus}$，$MeO^{\ominus}$	18	ROH ＋ Na(0)
$ClCH_2COR$	17			
$PhCH_2COPh$	16	$HO^{\ominus}$	16	入手可
$MeCOCH_2CO_2Et$	11			
CH_3NO_2	10	$PhO^{\ominus}$ Na_2CO_3 アミン：R_3N など	10	PhOH ＋ NaOH 入手可
EtO_2CCH_2CN	9			
Ph_3P^+ CH_2CO_2Et	6	$NaHCO_3$ $AcO^{\ominus}$ ピリジン	6	入手可 入手可 入手可

† 斜体で示した H が塩基で脱プロトン化される．

どの塩基もそれよりも下位にある炭素酸を脱プロトン化できる．言いかえると，塩基の共役酸の pK_a は脱プロトン化される炭素酸の pK_a よりも大きくなければならない．これらすべての数値を暗記する必要はなく，大体の目安がわかっていればよい．基本的なことについては，“ウォーレン有機化学”の 8 章を参照してほしい．炭素酸の斜体で示した H が塩基で脱プロトン化される．水のとりうる pH（0～15）の範囲外にある pK_a は間接的に求められたもので，正確な数値はわからない．

文　献

1. D. Seebach, *Angew. Chem., Int. Ed. Engl.*, 1979, **18**, 239.

19 二官能基 C−C 結合切断 II: 1,3-二官能性化合物

本章に必要な基礎知識（“ウォーレン有機化学” の以下の章参照）
　27 章 アルドール反応　　　28 章 炭素アシル化

本章では，ヒドロキシケトン **1** と 1,3-ジケトン（β-ジケトン）**4** の 2 種類の標的分子をおもに取上げる．**1** と **4** はいずれも，官能基をもつ二つの炭素原子の間に 1,3 の位置関係をもつ．どちらの化合物も二つの官能基の間の C−C 結合の一方を切断することができ，同一カルボニル化合物のエノラート **2** とアルデヒド **3** またはエステルなどのカルボン酸誘導体 **5** にそれぞれ導くことができる．

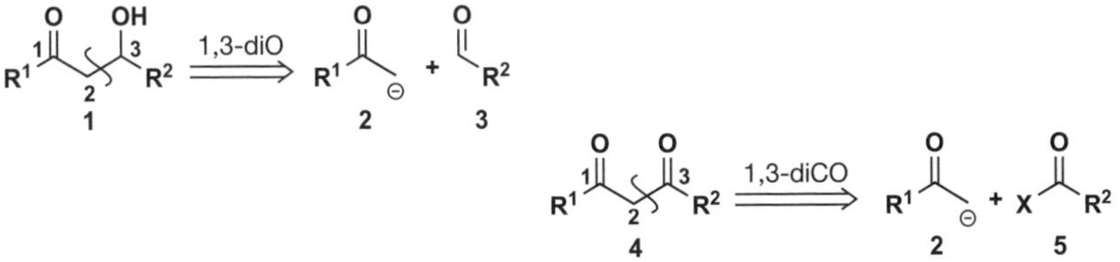

アルデヒド，ケトン，エステルからエノール（またはエノラート）の生成を理解し，これら 3 種類の化合物の求電子性がこの順番に低下すること，逆にこれらの化合物由来のエノラートはこの順番に求核性が向上することを学ぼう．これらのエノラートは，いずれのカルボニル化合物とも反応する．

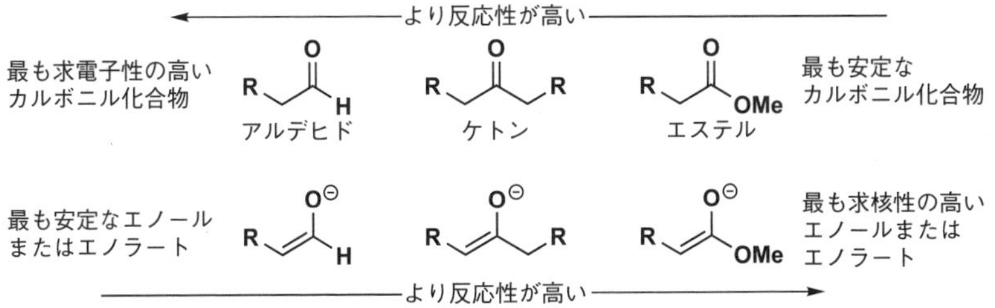

19・1　β-ヒドロキシカルボニル化合物：アルドール反応

ヒドロキシケトン **1** の逆合成では，二つのC−C結合のうち切断に値するのはOH基の結合した炭素の隣のC−C結合である．ケトン **6** の逆合成は選択性を考える必要のない簡単な例であり，エノラート **7** とケトン **8** に導くことができる．いうまでもなく **7** は **8** のエノラートであり，この反応は‘自己縮合’である．大量にあるエノール化していないケトン **8** 存在下，微量のエノラート **7** を生成させるだけで反応が起こる．

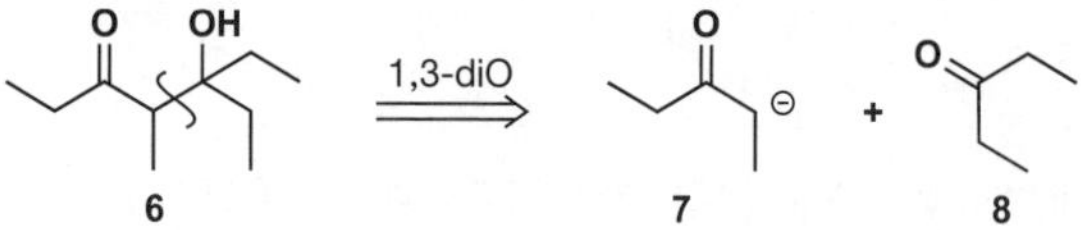

6　　**7**　　**8**

水酸化物イオンやアルコキシドがこの反応を進行させる塩基としてちょうどよい強さであり，水酸化バリウムがしばしば用いられる[1]．わずかに生成したエノラート **7** は大過剰のケトン **8** に速やかに付加して生成物 **6** のアニオン **9** を生じ，**9** が水またはアルコールからプロトンを引抜いて塩基を再生する[2]．

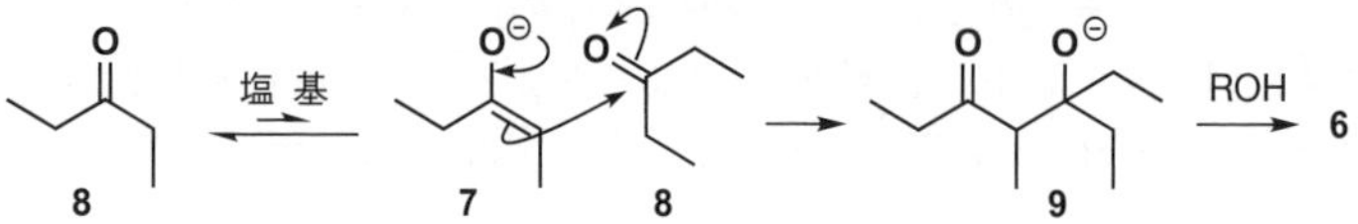

8　　**7**　　**8**　　**9**

生成物 **6** がOH基とCHO基をもつ‘アルドール’の類縁体であることから，この反応はアルドール反応とよばれる．Meyersのヘテロ環[3] **10** の合成に用いられたジオール **11** はアルドールではないが，官能基相互変換（FGI）によって一方のアルコールをケトンに変換するとアルドール生成物に導くことができる．このアルドール生成物はアセトンの二量体である．

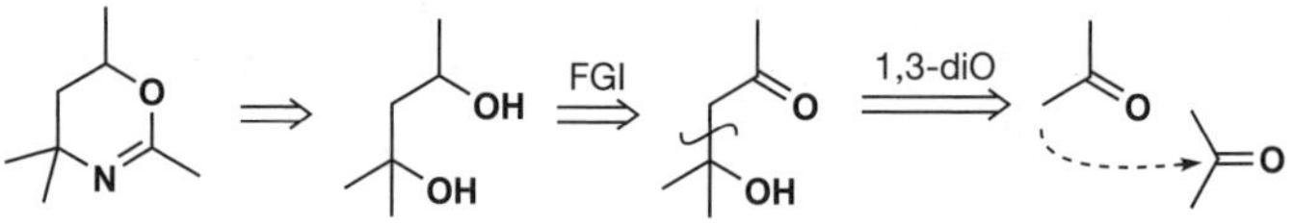

10　　**11**　　**12**

実際のアルドール反応では塩基として水酸化バリウムが用いられている．アルドール生成物 **12** の還元にはさまざまな還元剤を用いることができるが，接触還元もうまくいく[4]．

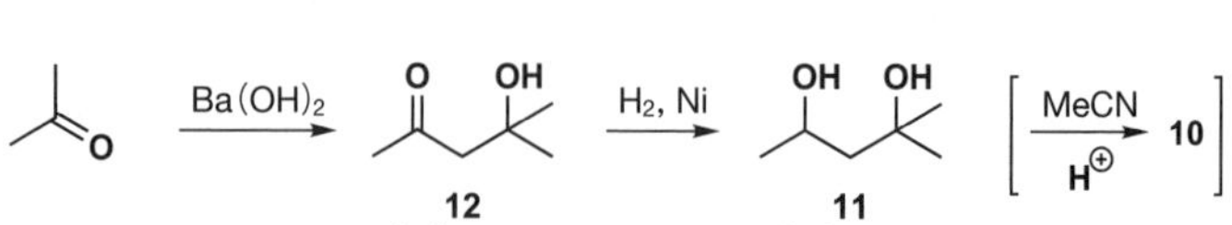

12　収率 75%　　**11**　収率 71%

エノン **13** は，共役ケトンに異性化できない β,γ-不飽和ケトンの光化学反応を研究するために必要とされた化合物である[5]．Wittig 反応をふまえて **13** を逆合成するのは一目瞭然であり，ケトアルデヒド **14** が得られる．炭素骨格の対称性と二つの官能基が 1,3 の関係にあることに気がつくと，FGI によってケトンをアルコールに変換した後，アルドール反応をふまえた逆合成によって 2 分子のアルデヒド **16** に導くことができる．

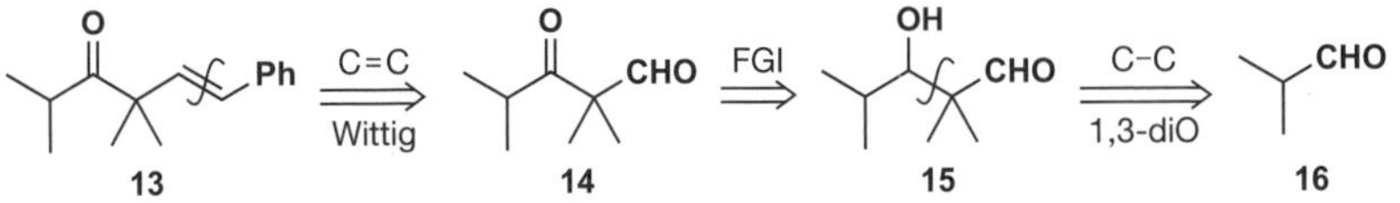

このアルドール反応を起こすには，少量の水酸化ナトリウムで十分であり，アルコール **15** の酸化はピリジン中 CrO_3 を用いると官能基選択的に進行する．安定イリドを用いた Wittig 反応は（*E*）-アルケン **13** を選択的に生成すると予想されるが，実際には（*E*）-**13** と（*Z*）-**13** の混合物が 50：50 の生成比で得られた．しかし，これらの異性体は分離可能であり，かつ両方の異性体が光化学反応の研究で必要とされたので，混合物が得られても問題はなかった．

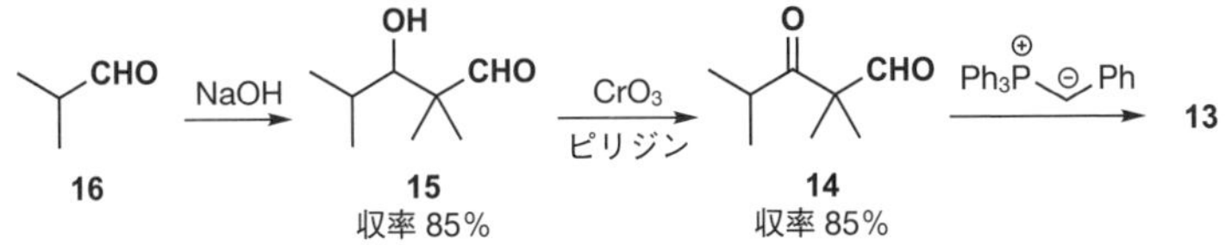

19・2 α,β-不飽和カルボニル化合物の合成

共役アルケンに変換できない **15** のような例は，アルデヒドのアルドール反応生成物としては特別である．α 位に分岐鎖をもたないアルデヒドを用いると，通常共役エナールが生成する[6]．たとえば，**16** の異性体である直鎖の **17** を上の例と同様に水酸化ナトリウムを用いて反応させると，エナール **18** が良好な収率で得られる[7]．**17** の二量化における最初の生成物はアニオン **19** であるが，このものはエノラート **20** と平衡にあり，**20** から E1cB 反応が起こり HO^- が脱離してエナール **18** が生成する．

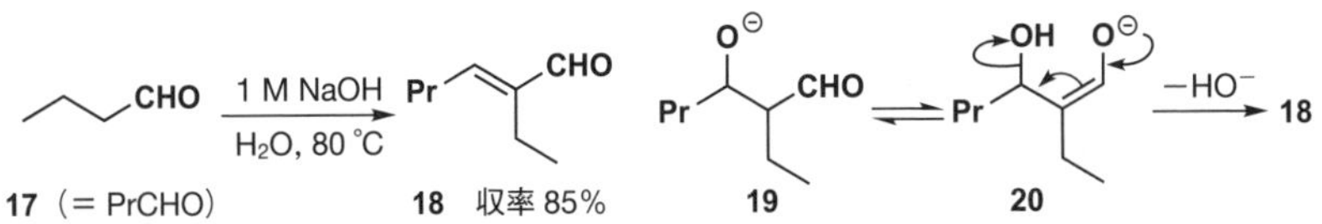

したがって，α,β-不飽和カルボニル化合物 **21** の最初の逆合成では，脱水反応とは逆の FGI を行う．出発物となるアルコールとして **22** と **25** の二つが考えられるが，1,3-

diOの関係をもつ**22**のほうが1,2-diOの関係をもつ**25**よりも断然よい．二つの官能基が奇数の位置関係にある化合物は，本来の極性をもつシントンだけから合成できるからである（18章）．

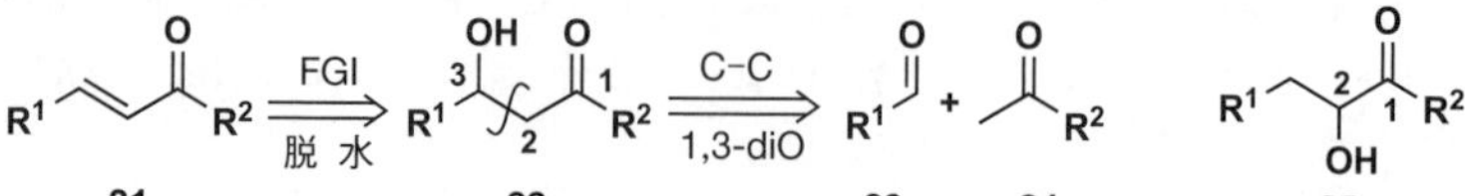

21 **22** **23** **24** **25**

この一連の反応は，2分子が小分子（この場合は水）の放出を伴って反応する典型的な‘縮合’である．しかし，今日では脱水反応を伴わなくても，カルボニルが関与するこの種の反応のほとんどが縮合とよばれる．もう一つの例として，**26**のような共役ラクトンをあげる．**26**を逆合成すると，単純なラクトン**28**に導くことができる．実際，**28**をMeOH中NaOMeを用いて縮合させると，66%以上の収率で**26**が得られる[8]．

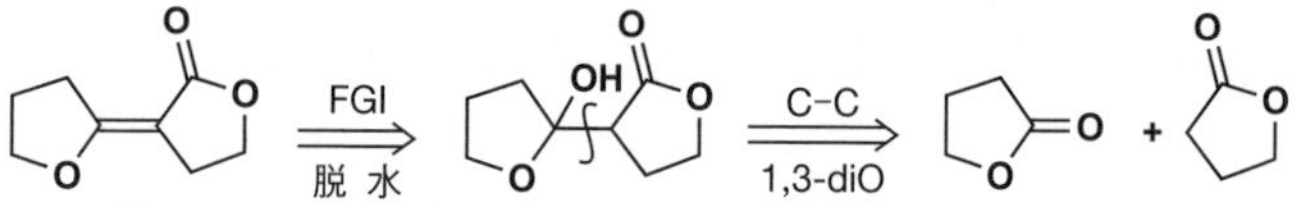

26 **27** **28** **28**

縮合反応をふまえた逆合成に熟達すると，脱水反応とは逆のFGIを行うことが煩わしくなるかもしれない．**26**の二重結合が隠れたカルボニル基に対応することを見つけるのは簡単であり，カルボニル基をもつ部分は**28**のエノラートに対応することがわかるからである．ふつうは，二重結合を切断して，二つの出発物を一段階の反応式で書く．すなわち，共役ラクトン**26**の逆合成では**26a**に示す結合切断を行って直接**28**に導く．より一般的なα,β-不飽和ケトンの場合には，**21a**に示す切断を行う．しかしこの場合も，どのような書き方をするかは個人の好みである．

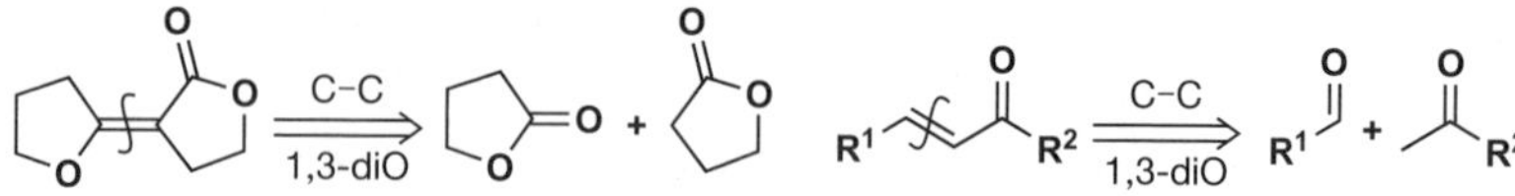

26a **28** **28** **21a** **23** **24**

分子内アルドール反応

5員環や6員環は他の環よりも形成しやすく，対称ジアルデヒドやジケトンから完全な位置選択性で環化反応が進行する．たとえば鎖状ジケトン**29**は環化してシクロヘキセン**30**を生成する．図に示した2箇所のケトンα位は等価なのでどちらがエノール化するかは問題にならず，常にもう一方のケトンを攻撃する[9]．シクロデカジオン

31 の環化はさらに印象的である．**31** のエノール化できる α 位は 4 箇所あるが，どこがエノール化しても同じ生成物 **32** が得られる[10]．

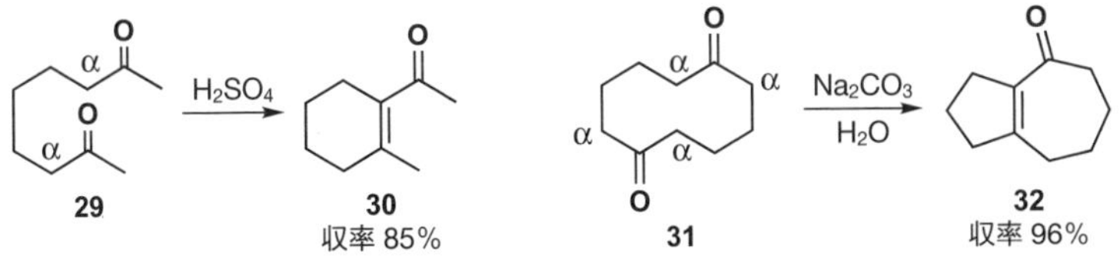

19・3　1,3-ジカルボニル化合物

1,3-ジカルボニル化合物 **4** の逆合成も原理的には同じであるが，2 通りの結合切断が考えられる．ケトエステル **35** は切断 ***b*** によってアセトンのエノラート **36** と炭酸ジエチル **37** に導くことができ，これらを用いて合成できるだろう．しかし，切断 ***a*** のほうが優れている．切断 ***a*** によって酢酸エチルのエノラート **34** と酢酸エチル **33** そのものが得られ，自己縮合を行うことができるからである．

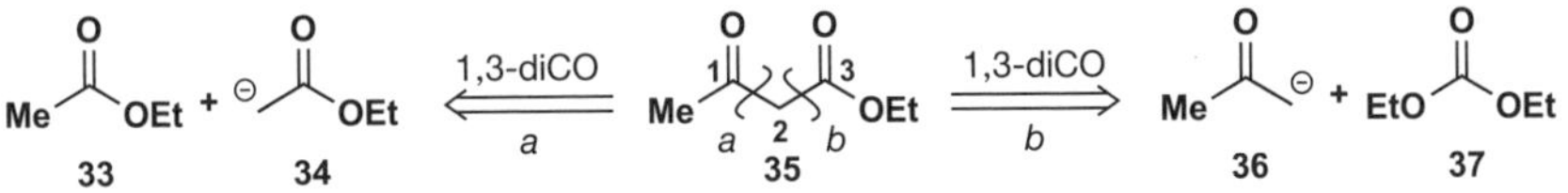

この反応には，特に塩基としてエトキシドイオンを選ぶ必要がある．この塩基が少量のエノラート **34** を生じ, **40** に示すように **34** がエノール化していないエステルと反応して生成物 **35** が得られると同時に，塩基であるエトキシドイオンが再生する．エトキシドイオンは塩基として有用であるが, エステルのアルコール部位と同じ塩基(つまり，エチルエステルの反応の場合にはエトキシド）を用いる本当の理由は，エトキシドイオンが **39** のように塩基としてではなく **38** のように求核剤としてエステルのカルボニル炭素を攻撃したとしても，酢酸エチルを再生するからである．実際，酢酸エチルをエタノール中でナトリウムエトキシドと反応させると, アセト酢酸エチル **35** が収率 60%で得られる[11]．そのためこのケトエステルは安価に入手でき，多くの合成の出発物として用いられる（13 章).

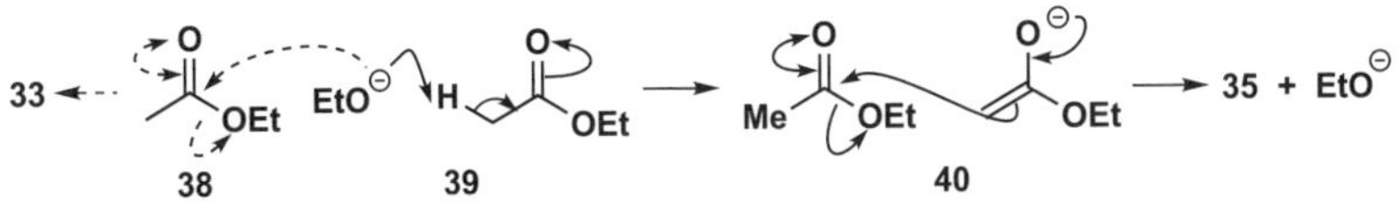

他でも述べたように，分子内反応は速やかに進行する．したがって，環状ケトエステル **41** は対称ジエステル **42** に導くことができる．実際，この環化はうまくいく[12]．

生成物 **41** の二つのカルボニル基に挟まれた水素が反応中に生じるエトキシドによって引抜かれ，安定エノラート **43** が生じる．反応の後処理の段階でハロゲン化アルキルを加えると **44** が生成することから，**43** の生成が確かめられる．

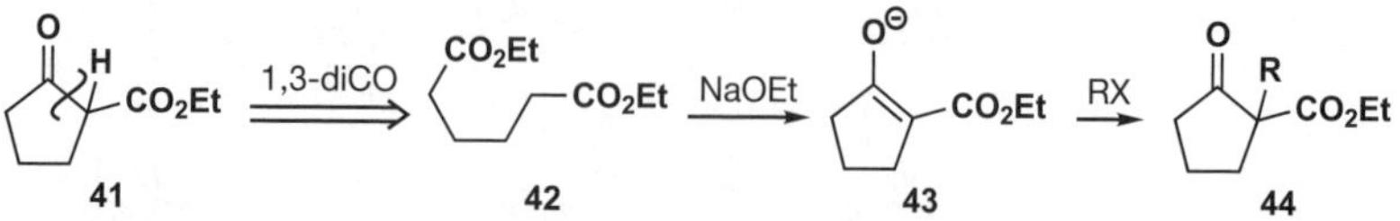

41 や **44** の β-ケトエステルからは容易に脱炭酸が起こるので，使えるときはいつでもこの効率のよい環化反応を用いるとよい．環状ケトン **46** の逆合成は一見すると $MeNH_2$ とジビニルケトン **45** に導けそうだが，**45** はかなり不安定そうな化合物である．官能基付加（FGA）によって **46** に CO_2Et 基を導入すると，1,3-diCO 結合切断によって対称ジエステル **48** が得られ，このものは 1,3-diX 結合切断によって **49** に示す入手可能な 2 種類の出発物に導くことができる．

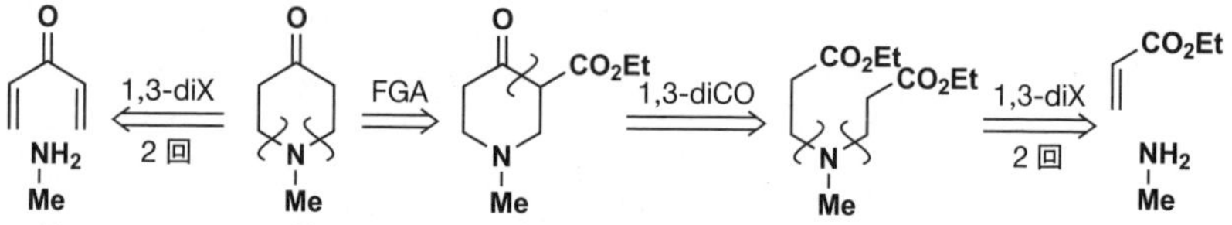

実際，環状ケトン **46** はこの経路で合成されており[12]，環化に NaH を用い，エステルを加水分解した後に 20% HCl 中で加熱することで脱炭酸を行っている．

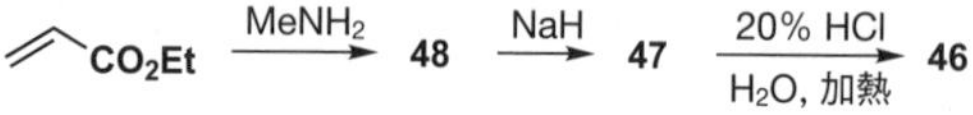

次章を学ぶ前に

本章で述べた多くの例は，選択性を考慮する必要のない反応ばかりであった．実際，反応はすべて自己縮合であった．自己縮合をふまえた逆合成の基本的な考え方は理解できたと思うので，次に選択性が必要な例を取上げよう．ケトン **46** と芳香族アルデヒドとのアルドール反応を考えてみよう[13]．酸性または塩基性条件下で，エノン **52** が主生成物になることがわかっており，エタノール中 HCl を用いると最もよい収率が得

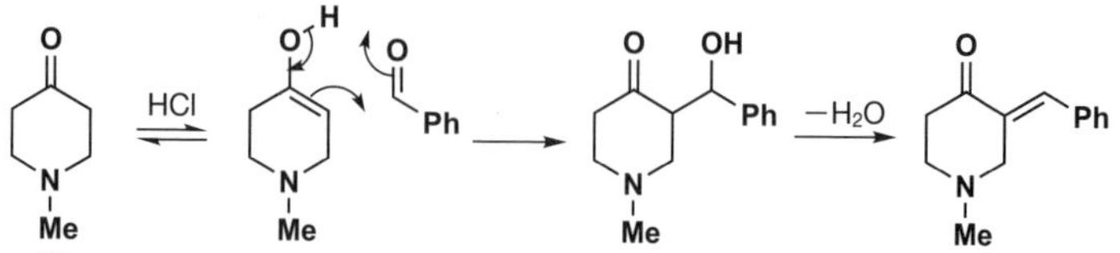

られる．**52** は塩酸塩として単離される．この場合には，ケトンだけがエノール化できること，アルデヒドはケトンよりも求電子性が高いこと，**52** に示したトランス体がより安定であることが，簡単に理解できる．次章では，このような考え方をもとに話を進める．

文　献

1. B. S. Furniss, A. J. Hannaford, P. W. G. Smith and A. R. Tatchell, *Vogel's Textbook of Practical Organic Chemistry*, Fifth Edition, Longman, Harlow, 1989, p.798.
2. A. T. Nielsen and W. J. Houlihan, *Org. React.*, 1968, **16**, 1；p.115 も参照せよ．
3. A. I. Meyers, *Heterocycles in Organic Synthesis*, Wiley, 1974.
4. J. B. Conant and N. Tuttle, *Org. Synth. Coll.*, 1932, **1**, 199；H. Adkins and H. I. Cramer, *J. Am. Chem. Soc.*, 1930, **52**, 4349.
5. W. G. Dauben, M. S. Kellogg, J. I. Seeman and W. A. Spitzer, *J. Am. Chem. Soc.*, 1970, **92**, 1786.
6. A. T. Nielsen and W. J. Houlihan, *Org. React.*, 1968, **16**, 1, table Ⅱ, pp.86～93.
7. B. S. Furniss, A. J. Hannaford, P. W. G. Smith and A. R. Tatchell, *Vogel's Textbook of Practical Organic Chemistry*, Fifth Edition, Longman, Harlow, 1989, p.802；J. Clayden, N. Greeves, S. Warren and P. Wothers, *Organic Chemistry*, Oxford University Press, Oxford, 2001, chapter 19.
8. O. E. Curtis, J. M. Sandri, R. E. Crocker and H. Hart, *Org. Synth. Coll.*, 1963, **4**, 278；H. Hart and O. E. Curtis, *J. Am. Chem. Soc.*, 1956, **78**, 112.
9. E. E. Blaise, *Bull. Chim. Soc. Fr.*, 1910, **7**, 655.
10. A. T. Nielsen and W. J. Houlihan, *Org. React.*, 1968, **16**, 1, table Ⅵ, p.125.
11. J. H. Inglis and K. C. Roberts, *Org. Synth. Coll.*, 1932, **1**, 235.
12. P. S. Pinkney, *Org. Synth. Coll.*, 1943, **2**, 116；W. Dieckmann, *Ber.*, 1894, **27**, 102；J. P. Schaefer and J. J. Blomfield, *Org. React.*, 1967, **15**, 1.
13. S. M. McElvain and K. Rorig, *J. Am. Chem. Soc.*, 1948, **70**, 1820.

20 合成戦略 IX：カルボニル縮合の制御

本章に必要な基礎知識（“ウォーレン有機化学”の以下の章参照）
27 章 アルドール反応　　28 章 炭素アシル化

19 章では，カルボニル化合物を求核剤や求電子剤として利用した逆合成について述べた．その際，官能基選択性や位置選択性の問題についてはまったく触れなかったが，19 章で学んだ反応は非常に重要であるので，官能基選択性や位置選択性をどのように制御するかについて理解しておく必要がある．これらの選択性に関するおもな問題点は，共役エノン **1** の合成に集約されている．

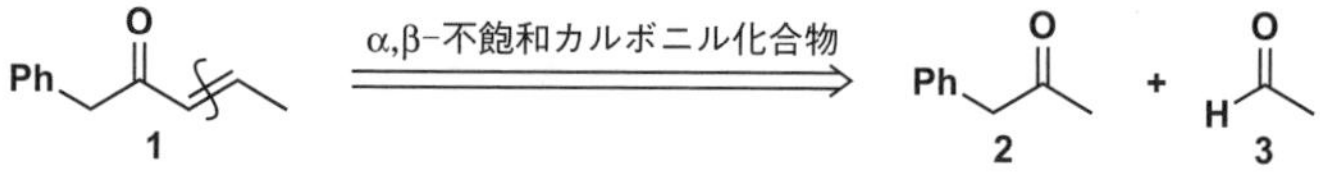

共役エノン **1** は 19 章で述べた例と同じように問題なく合成できるように思われる．ケトン **2** からエノラート **4** を生成させ，エノラート **4** をアルデヒド **3** に付加させてアルドール生成物のアルコキシドアニオン **5** を得ることができれば，**5** からの脱水反応はほぼ確実に進行し，標的分子 **1** が得られるはずである．

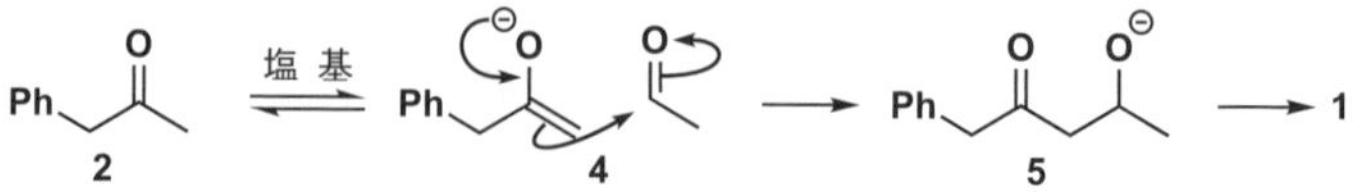

しかし，この一連の反応は本当に予想どおりに起こるのだろうか．ケトン **2** からエノラートを生成しようとしているが，アルデヒド **3** のほうがエノラートを生成しやすいのではないだろうか．ケトンの置換基の少ない側にエノラートを生成しようとしているが，ベンゼン環と共役したエノラートのほうが安定ではないだろうか．エノラート **4** をアルデヒドに攻撃させようとしているが，もう 1 分子のケトン **2** と反応して自己縮合を起こしてしまう可能性はないだろうか．二つの異なるカルボニル化合物間の交差縮合を狙いどおりに実現するためには，これらの三つの問題を解決する必要がある．

20・1 交差縮合を成功させる鍵となる三つの問題

1. どちらのカルボニル化合物からエノラートが生成するのか.
2. 非対称なケトンの場合には，ケトンのどちら側でエノラートが生成するのか.
3. どちらのカルボニル化合物が求電子剤として働くのか.

幸い上記の三つすべてが重大な問題となる反応はまれである. また, たとえそうなったとしても，最も困難なケースを除けば，すべての問題を解決する方法がある．一般に, これらの問題はカルボニル化合物の相対的な反応性の違いから生じる. 次の図は, 19 章のカルボニル化合物の反応性に関する図とまったく同じというわけではない. すべてのカルボン酸誘導体を加えることにより，これらの反応性が少しずつ異なることを強調している.

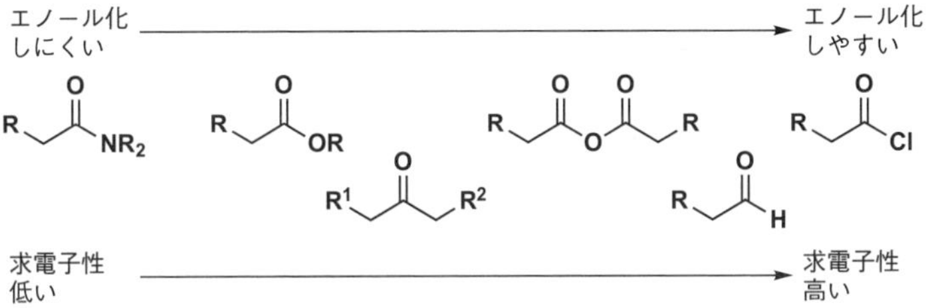

エノール化しやすい化合物ほど求電子性も高くなる．したがって，2 種類のカルボニル化合物のうちエノール化しやすい化合物は，他方と反応するよりも自己縮合を起こす傾向がある．そのため，平衡条件下での **2** と **3** の反応では，アルデヒド **3** から生じるエノラートは反応性のより低いケトンとは反応せず，自己縮合するであろう．本章ではこの問題を解決する方法について述べる. 19 章では自己縮合について学んだので，ここではそれ以外の反応例について見ていこう.

20・2 分子内反応

5 員環や 6 員環の形成は圧倒的に有利なので，分子内反応は最も制御しやすい．もし 5 員環や 6 員環が標的分子ならば，これまでに学んだ平衡条件での反応を行うことで最も安定な生成物を得ることができる．たとえば，ジケトン **10** からは 4 箇所の異なる水素が引抜かれることによって 4 種類のエノラート **7, 8, 12** および **13** が生成する可能性がある. それぞれのエノラートは分子内のもう一方のカルボニル基を攻撃して, 3 員環 **9** や **11**，または 5 員環 **6** や **14** を形成すると考えられる．これら 4 種類のアルコキシドは, すべてエノラートを経由することで **10** と平衡状態にあり, 不安定な 3 員

環 **9** や **11** はすぐに **10** に戻ってしまう．では，**6** と **14** のうち，どちらの生成が優先するだろうか．

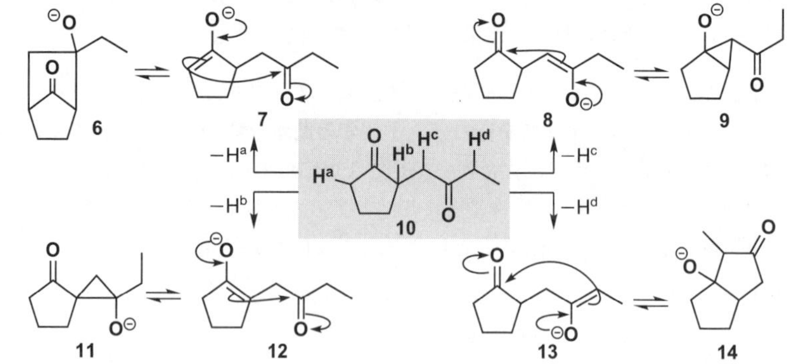

実際には，**14** を中間体とした生成物 **16** のみが得られる[1]．この結果が得られる理由の一つは，**14** がほぼひずみのない縮環した二つの 5 員環を含むのに対して，**6** はひずみのある架橋した環（これが決して不可能ではないことは 17 章で学んだ）をもつからである．しかし，**16** のみが得られるおもな理由は，19 章で述べた E1cB 脱離が **14** でのみ起こるからである．**6** から脱水反応が起こると，平面構造をとれない橋頭位アルケンを生成するため，この反応は起こりえない．**16** が得られる反応機構は，エノラートを **13a** のように書くことで実際に進行するように示すことができる．

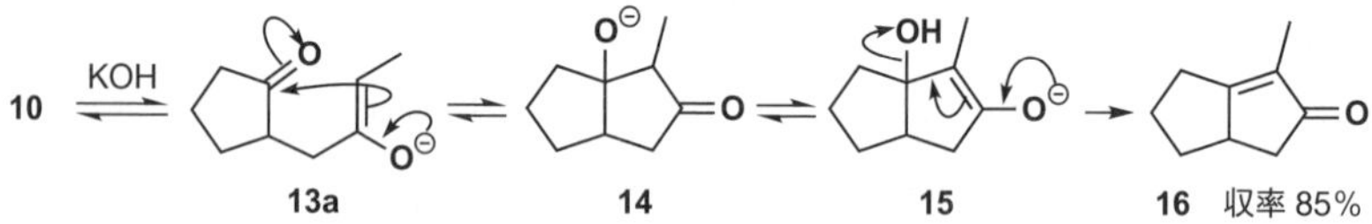

以上をまとめると，分子内反応ではひずみのある 3 員環や 4 員環は通常出発物に戻りやすく，安定な 5 員環や 6 員環の形成が優先して起こる．さらに，脱水反応によって安定な共役化合物が得られる場合には，特に有利となる．

20・3　交差縮合 I: エノール化できない化合物

α 炭素に水素がなくエノール化できないカルボニル化合物は，縮合反応において求電子剤としてのみ反応する．そのような化合物は，他方のカルボニル化合物の自己縮合を避けるために，求電子性が格段に高い場合にのみ有用であるので（前述した 3 番目の問題を参照），下記のリストにはおもにアルデヒドや酸塩化物をあげた．

炭酸エステル　クロロギ酸エステル　芳香族アルデヒド　ギ酸誘導体　*t*-アルキル誘導体　シュウ酸エステル

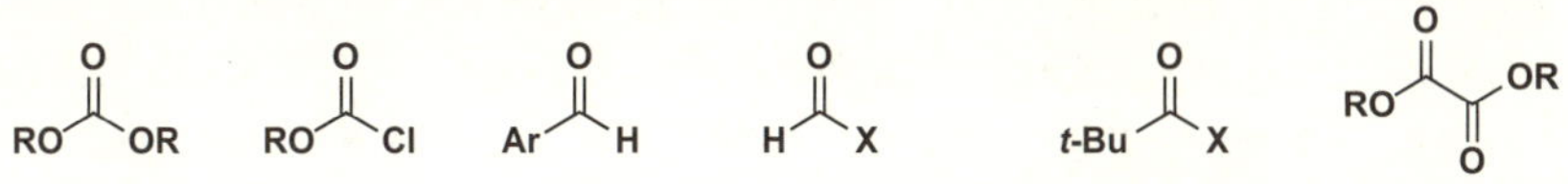

17　**18**　**19**　**20** (X = OR, Cl)　**21** (X = H, OR, Cl)　**22**

炭酸ジエチルは CO_2Et 基を導入して安定なエノラートを生成するのに有用である（13 章）．1,3-ジカルボニル化合物 **23** からエステル基を切断すると，入手可能な出発物 **24** が得られる．エノラートを生成できるのはケトン **24** だけであり，炭酸ジエチルはケトンよりも求電子性が高い．理想的な塩基はエトキシドイオンであるが（エステル交換を避けるため），NaH のようなもっと強い塩基でも反応はうまくいく[2]．

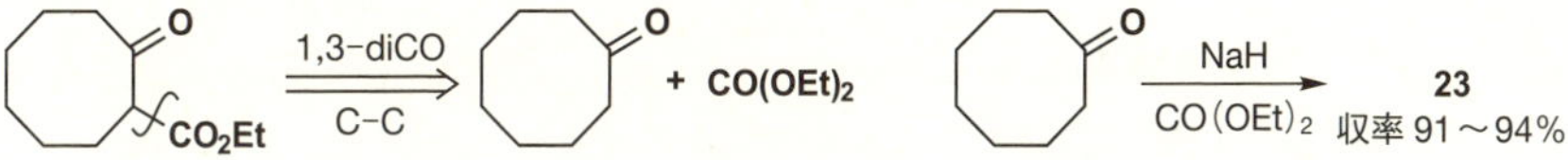

23　**24**　炭酸ジエチル　**25**

この方法はアリール基が置換したマロン酸エステル **27** の合成に有用である．不活性な芳香族ハロゲン化物では S_N2 反応が起こらないため，マロン酸エステルのアニオン **26** を使った通常のアルキル化は適用できない．Ar が Ph 基である場合，**28** に NaH を作用させ，続いて炭酸ジエチルと反応させると **27** が収率 86%で得られる[3]．

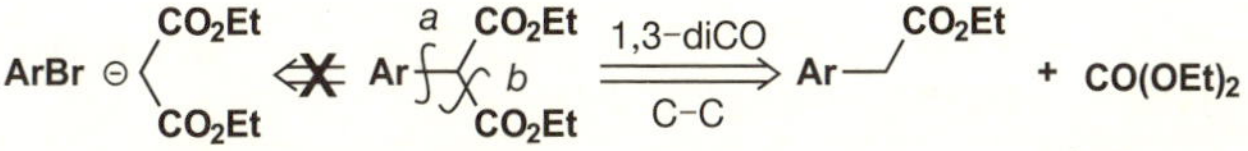

26　**27**　**28**　炭酸ジエチル

芳香族アルデヒドは脂肪族ケトンとうまく縮合させることができる．たとえば，ベンズアルデヒドとアセトン **30** とのアルドール反応では，反応条件に応じて **29** または **31** が得られる[4]．アセトンを過剰に用いると，アセトンが 1 回だけ縮合した **31** が主生成物となる．一方，エタノール中で 2 当量のベンズアルデヒドを用いると，アセトンが 2 回縮合した **29** だけが生成する．ここで得られた **29** はジベンジリデンアセトン（<u>di</u><u>b</u>enzylidene <u>a</u>cetone, dba）であり，パラジウムの重要な配位子である．

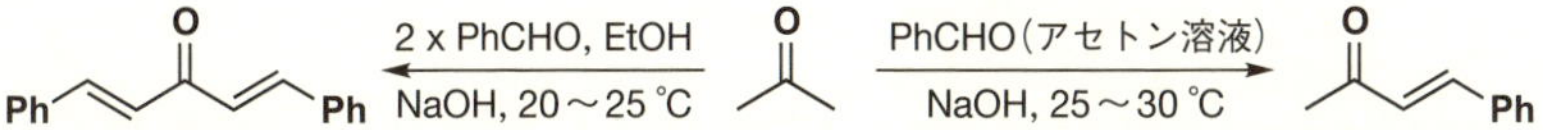

29　収率 93%　**30**　**31**　収率 77%

非対称ケトンのエノール化では，位置選択性の問題が生じる．酸を用いるか，塩基を用いるかで位置選択性の問題を解決することができる．酸を用いると置換基の多いほうのエノールが優先して生成する．一方，塩基を用いると置換基の少ない側で速度支配エノラートの生成が優先する．カルボン酸 **32** は，Woodward と Eschenmoser によるビタミン B_{12} の全合成の非常に初期の段階で用いられた化合物である[5]．**32** は通例の共役エノン合成を想定することで，非対称ケトン **33** とグリオキシル酸 **34** に導くことができる．グリオキシル酸 **34** は水和物で入手可能であり，エノール化できないが非常に求電子性が高い．実際，酸性溶液中でこの反応は非常に高い位置選択性で進行し，**32** が得られた．

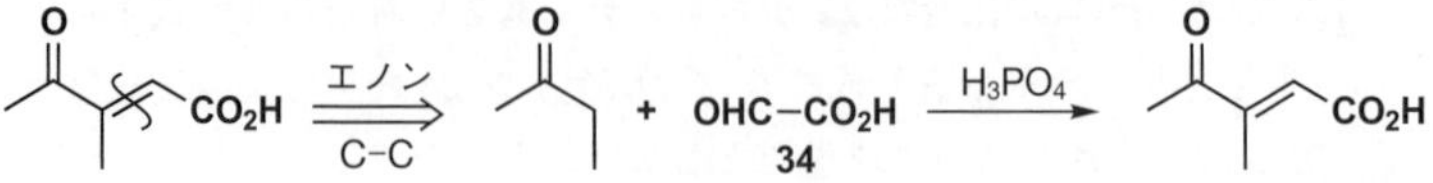

32　　**33**　グリオキシル酸　　**32**　収率 82%

対照的な例として，同じく Woodward の抗生物質パツリン（patulin）の合成をあげる[6]．当初パツリンの構造は **36** だと考えられており，中間体として **37** が必要であった（下式では **37** は **36** に似せた形と通常の形の両方で示してある）．なお，後にパツリンの正しい構造は **36** の構造異性体である **35** であることがわかり，Woodward は正しい構造のパツリン **35** も合成している．

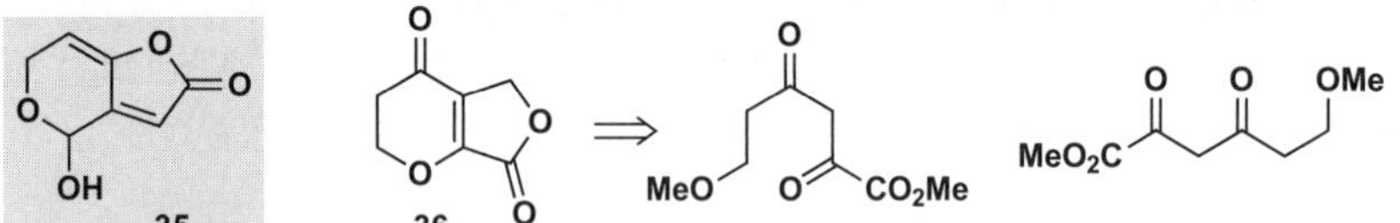

35 パツリンの正しい構造　　**36** パツリンの推定構造　　**37**　　**37** を書き直したもの

37 は 1,3-diCO の関係をもつため，その様式に従って逆合成すると，非対称ケトン **38** とシュウ酸ジメチル **22**（R = Me）に導くことができる．シュウ酸エステルはエノール化できず，対称性をもち，カルボニル基が二つ並んでいるためとりわけ求電子性が高い．ここでは，**38** の置換基の少ないメチル基側でエノラートを生成させる必要がある．正解は塩基を用いることである．

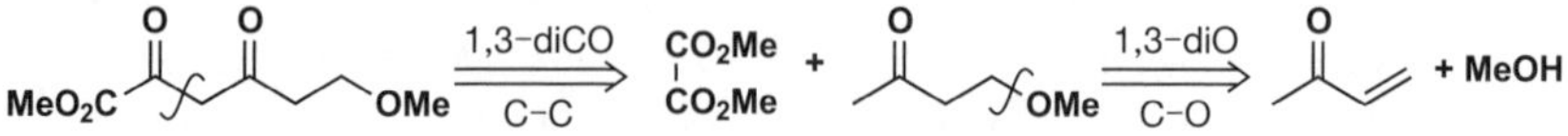

37a　　**22**（R = Me）　　**38**　　**39**

この反応は速度支配ではなく，熱力学支配である．最初に生じる生成物 **37** と **41** は脱離したメトキシドによってプロトンが引抜かれ，それぞれ安定なエノラート **40** と **42** となる．この場合には，立体障害から置換基の少ないエノラート **40** のほうが置換基の多いエノラート **42** よりも安定である．

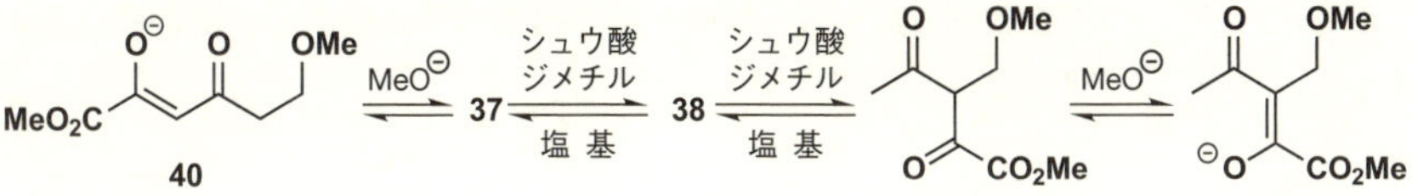

40 41 42

ホルムアルデヒド：Mannich（マンニッヒ）反応

求電子性が高く，しかもエノール化しない化合物の候補として，一見ホルムアルデヒド $CH_2=O$ は優れているように思われる．しかし，ホルムアルデヒドはあまりに求電子性が高すぎるため反応を制御するのが難しい．一例として，NaOH を触媒に用いたアセトアルデヒドとの反応をあげる．最初のアルドール反応は予期した生成物 **43** を生じるが，反応はここで終わらず，2 回目の反応で **44** を生成し，さらに 3 回目と続く．この反応の最後には，水酸化物イオンがホルムアルデヒドに付加した中間体から，**45** に示すように 3 回目のアルドール生成物のアルデヒドにヒドリド移動が起こる．この反応は Cannizzaro（カニッツァロ）反応とよばれているもので，ペンタエリトリトール（pentaerythritol）**46** とギ酸イオンが生成する．**46** はポリマーの架橋剤として大変有用である．したがって，一炭素求電子剤であるホルムアルデヒドを利用するためには，高すぎる反応性を適度に抑える必要がある．

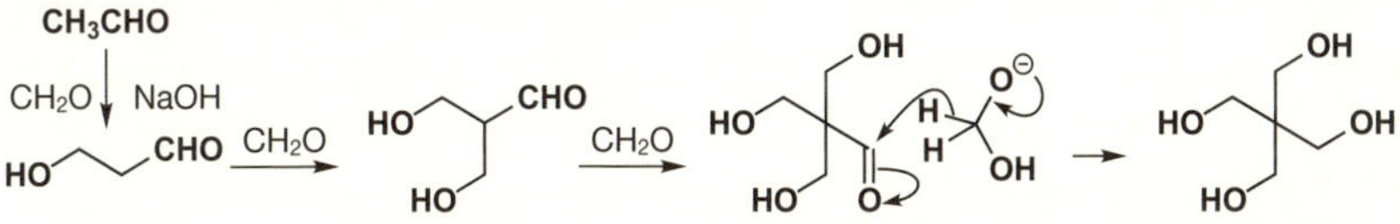

43 44 45 46

この問題は，ホルムアルデヒドよりも求電子性が低く，1 回しかエノールまたはエノラートと反応しないようなホルムアルデヒド等価体があれば解決できる．その解決法が Mannich 反応である[7]．ホルムアルデヒドを第二級アミンと反応させて得られるイミニウム塩がその等価体である．イミニウム塩は酸触媒によりアルデヒドやケトンから生成したエノールと **47** に示すように反応して，‘Mannich 塩基’ とよばれるアミノケトン **48** を生成する．アルドール生成物 **50** を合成したい場合には，**48** の窒素をアルキル化するとアミノ基がよい脱離基となり，塩基を作用させると E1cB 脱離によってエノン **50** が得られる．

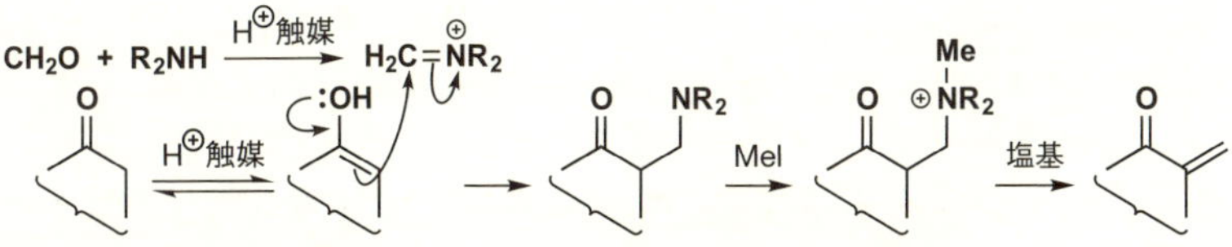

47 48 49 50

Mannich 塩基の塩酸塩を加熱すると脱離反応が起こる場合がある．次の例のように，ビニルケトン **53** はこの方法で合成できる[8]．

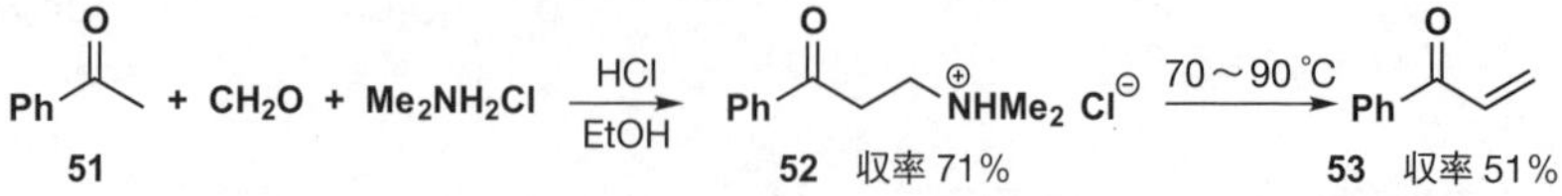

脱離反応に塩基を用いる場合，炭酸水素ナトリウム $NaHCO_3$ 程度の塩基性でも十分である．例として，Whiting によるアセタール **54** の合成をあげる[9]．アセタール **54** は 1,1-diX 結合切断によりジオール **55** に，さらに 1,2-diX 結合切断によりエノン **56** に導くことができる．**56** がケトン **57** から Mannich 反応で合成できるのは明白である．

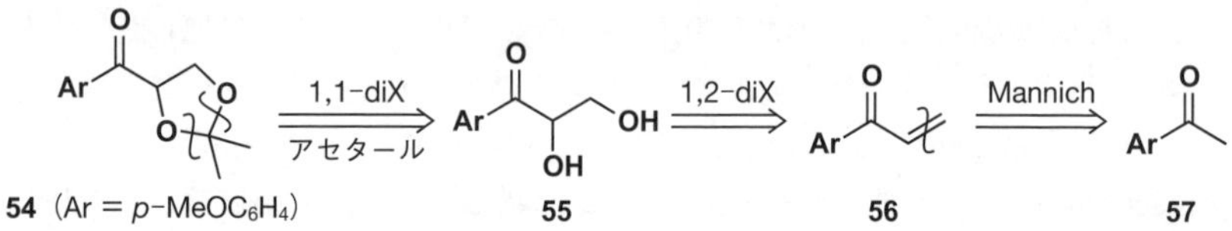

57 から Mannich 反応を行い，単離することなくメチル化すると **58** が得られた．Mannich 塩 **58** に $NaHCO_3$ を作用させると，脱離反応が起こりエノン **56** が得られた．続いて HO_2^- を用いた求核的エポキシ化によってエポキシド **59** を得た後，加水分解するとジオール **55** が収率 62%で得られた．最後に，酸性条件でアセトンと反応させるとアセタール **54** が合成された．

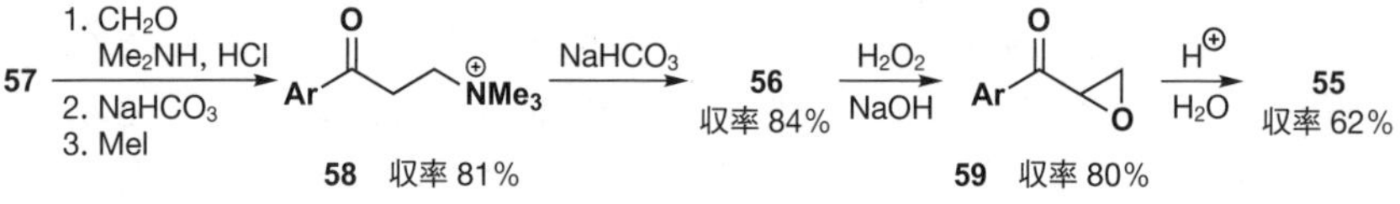

20・4　交差縮合 II：エノールおよびエノラート等価体

ここまでは 2 種類のカルボニル化合物のうち一方だけしかエノール化できない反応に限定して述べてきた．これからは，両方のカルボニル化合物がエノール化できる場合の反応について述べる．どちらか一方の化合物だけを官能基選択的にエノール化させる際に，エノールおよびエノラート等価体は非常に有効な手段となる．なお，非対称ケトンから位置選択的にエノラートを生成させる方法については，後で述べる．さて，ここで鍵となるのが，13 章で学んだ 2 種類のエノラート等価体，1,3-ジカルボニル化合物のアニオンとリチウムエノラートである．

1,3-ジカルボニル化合物からのエノール等価体を用いる交差縮合

平衡条件下でエステルのエノラートを脂肪族アルデヒドと反応させようとしても，アルデヒドが自己縮合を起こしてしまうだけでうまくいかない．一方，エステルをマロン酸エステル **60** に置き換えると，1,3-ジカルボニル化合物は大部分がエノール化しているため，反応がうまくいくようになる．このようなアルドール反応は，Knoevenagel（クネベナーゲル）反応[10] とよばれ，アミンとカルボン酸からなる緩衝剤を用いるだけで反応が起こる．マロン酸エステル **60** のエノールは **61** に示すようにアルデヒドに求核付加する．中間体 **62** は反応条件下でエノールを経由して脱水反応を起こし，**63** が得られる．

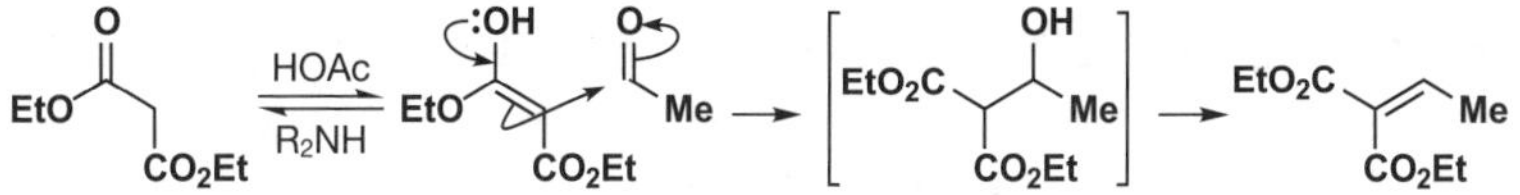

60 61 62 63

63 を加水分解した後，酸性条件で加熱すると，脱炭酸が起こり不飽和カルボン酸が得られる．最後にエステル化を行うと **66** が得られる．**66** は酢酸エチルとアセトアルデヒドとの平衡条件下での縮合からは得られない生成物に相当する．

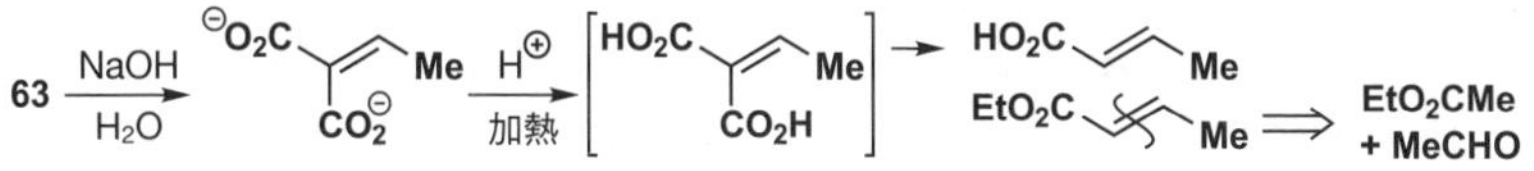

64 65 66

マロン酸 **67** をもっと強い条件下でアルデヒドと反応させると，反応中に脱炭酸が起こり，1 工程で不飽和カルボン酸が得られる．これはケイ皮酸誘導体 **68** を合成する簡便な方法である[11]．

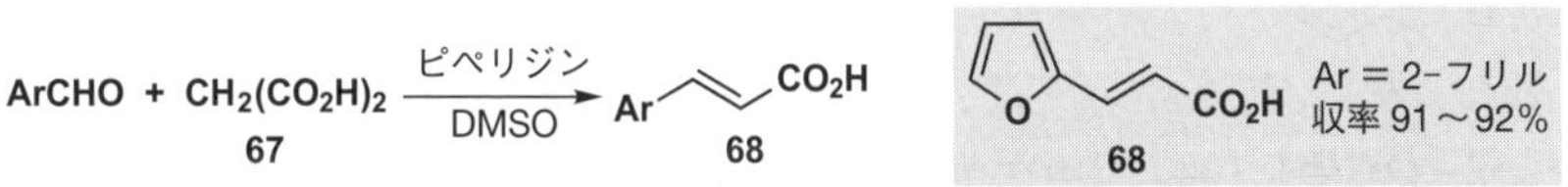

67 68 68

カルボニル基または他の電子求引基を二つもつ化合物を用いると，二つがどのような組合わせであっても，同じような交差縮合が起こる．化合物 **69** はバルビツール酸誘導体の合成で必要となったものである．シアノ基は隣接するアニオンを安定化する能力が高いので，**69** はケトン **70** とニトリル **71** に逆合成できる．実際，この合成は最適な反応条件が見つかると実に簡単であった[12]．なお，ケトン **70** の合成については 30 章で述べる．

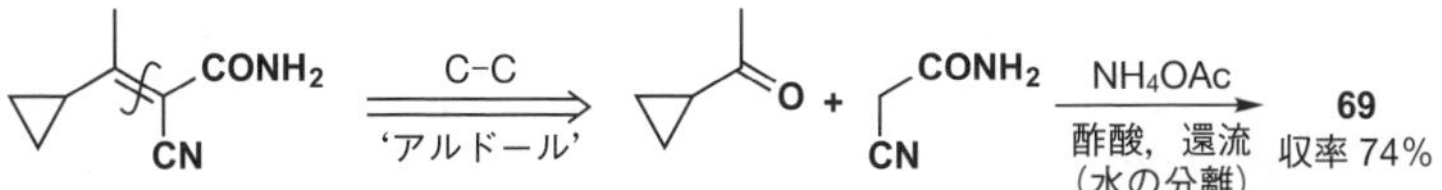

69 70 71

リチウムエノラート

リチウムエノラート **73** は，嵩高い強塩基である LDA や LHMDS [$(Me_3Si)_2NLi$] を用いることでエステル **72** から直接調製できる．**73** はエノール化できるアルデヒドやケトンともきれいに反応する．たとえば，**73** はケトン **74** と反応して，アルドール **75** を収率 93％で生成する[13]．

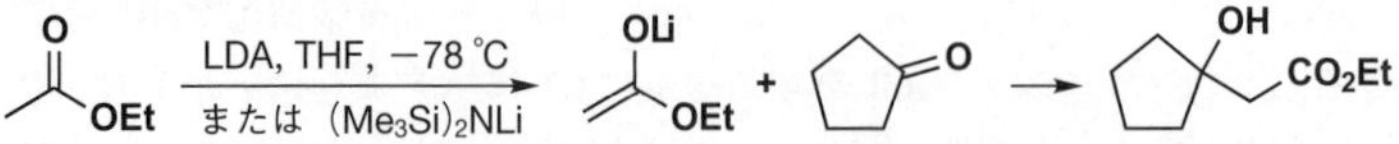

72　**73**　**74**　**75** 収率 93%

この方法と先に述べたマロン酸エステルを用いる方法には違いがある．リチウムエノラート **73** が α,β-不飽和アルデヒド **76** のカルボニル基に直接付加するのに対して，マロン酸エステルは共役付加を起こす．さらに，**62** のようなマロン酸エステル付加体では，通常，反応条件下で脱水反応まで起こるが，リチウムエノラートを用いると，脱水反応は起こらず，アルドール生成物 **77** が得られる．

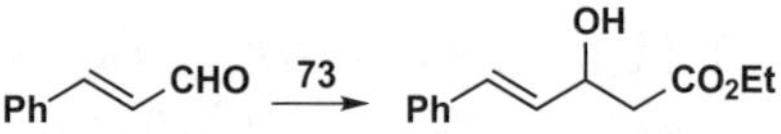

76　**77** 収率 94%

リチウムエノラートの最も重要な役割の一つは，立体選択性を制御できる点にある．たとえば，非常に嵩高いエステル **78** からは '*trans*' エノラート **79** が立体選択的に生成し，アルデヒドと反応してアンチ形アルドール **80** を優先的に生成する[14]．この立体選択的アルドール反応については "Strategy and Control" で詳しく述べられている．

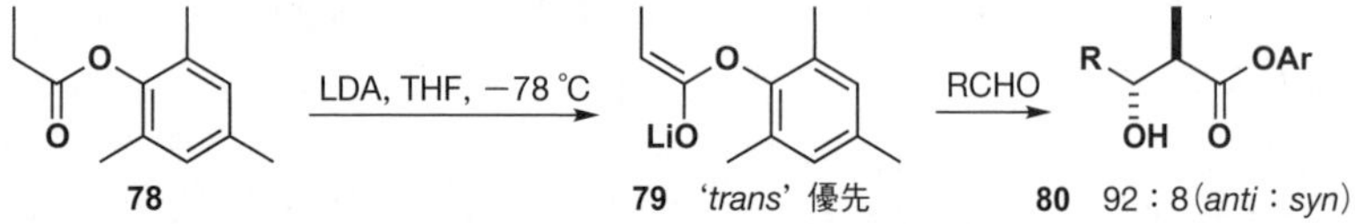

78　**79** '*trans*' 優先　**80** 92：8 (*anti*：*syn*)

もう一つ重要なのは，リチウムエノラートが非対称ケトンから位置選択的に生成する点である．14 章ですでに学んだように，特にメチルケトンからは，置換基の少ないほうのリチウムエノラートが優先的に生成する．このリチウムエノラートはエノール化できるアルデヒドともうまくアルドール反応を起こす[15]．Whiting は熱力学支配および速度支配条件下でのアルドール反応を利用して，ショウガの風味成分であるギンゲロール（gingerol）の合成を達成している[16]．

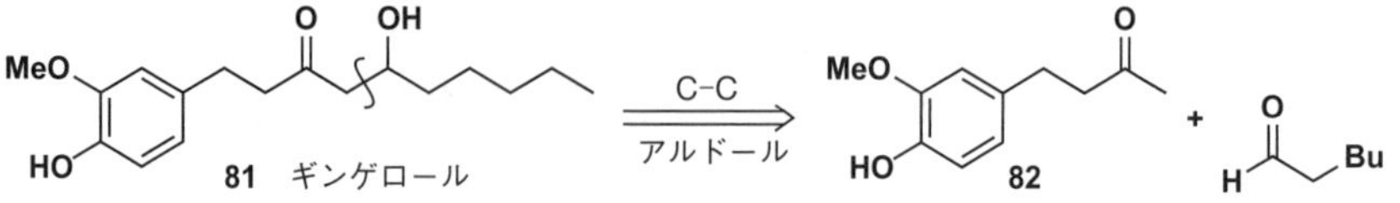

81 ギンゲロール　**82**　**83**

ギンゲロール（**81**）がアルドール生成物であるのは一目瞭然である．したがって，非対称ケトン **82** とエノール化できるアルデヒド **83** に逆合成される．このアルドール反応は，本章の冒頭で述べた交差縮合の選択性に関する三つの問題すべてをもつまれな例である．制御法を創意工夫する必要がある．ケトン **82** はさまざまな方法で合成できるが，FGA によって二重結合を導入してエノン **84** として，2 回目のアルドール反応を利用した逆合成を行うと，非常に安価なバニリン（vanillin）**85** とアセトンに導くことができる．

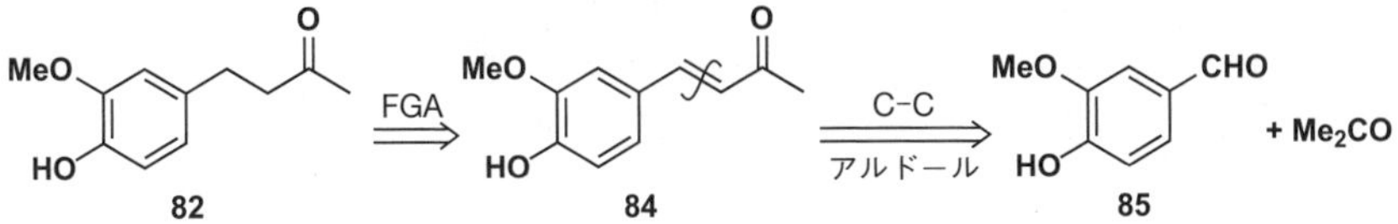

最初のアルドール反応は何も制御する必要がない．アセトンだけしかエノール化できないし，芳香族アルデヒド **85** はアセトンよりも求電子性が高い．したがって，平衡条件下でのアルドール反応によりエノン **84** が良好な収率で得られ，二重結合は接触水素化によって還元することができる．ケトン **82** は酸性のフェノール性 OH 基をもつため，次のアルドール反応を行う前に **86** のようにシリル基で保護しておく必要がある．

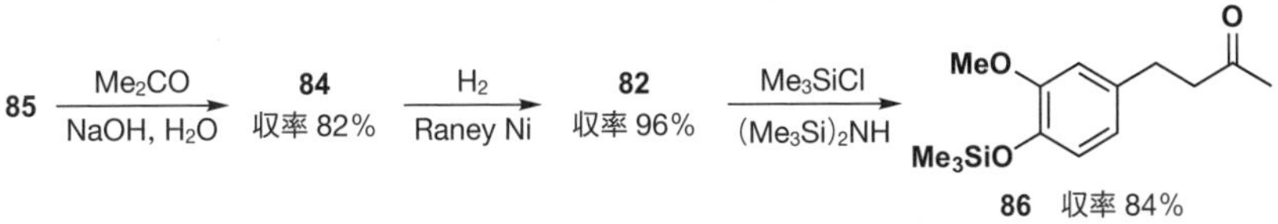

LDA を用いたケトン **86** からのエノラートの生成は，ほぼ完全にメチル基側で起こりリチウムエノラート **87** が得られる（4%以下の位置異性体しか検出されない）．アルデヒド **83** とのアルドール反応を行った後，酸性条件で脱保護すると，ギンゲロール **81** が得られる．

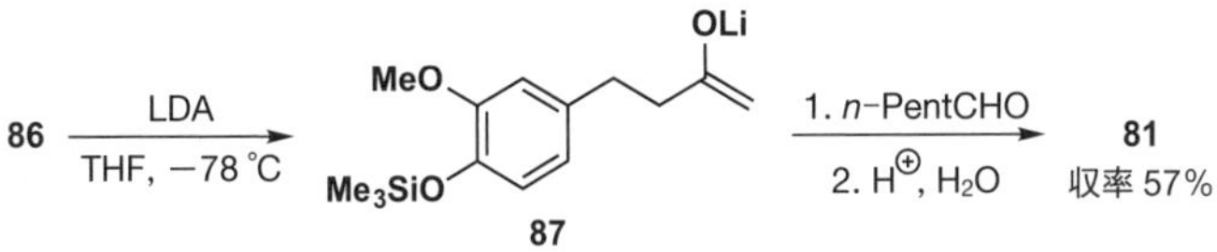

エノラート等価体としての Wittig 反応剤

不飽和カルボニル化合物のさまざまな合成法のなかで，最も簡単な方法は，安定イリドやホスホン酸エステルを用いた Wittig 反応である（15 章参照）. Corey はロイコトリエンの合成[17]で，安定イリド **90** をデオキシリボース **88** との反応に用いている. ヘミアセタール構造をもつ **88** はアルデヒド **89** との平衡状態にあり，イリドを **90** のようにエノラートとして書くと，生成物 **91** が水の代わりに Ph_3PO が脱離したアルドール縮合物であることがはっきりとわかる. イリド **90** は非常に安定であるため，ギンゲロールの例とは異なり，三つの OH 基を保護する必要がないという利点をもつ.

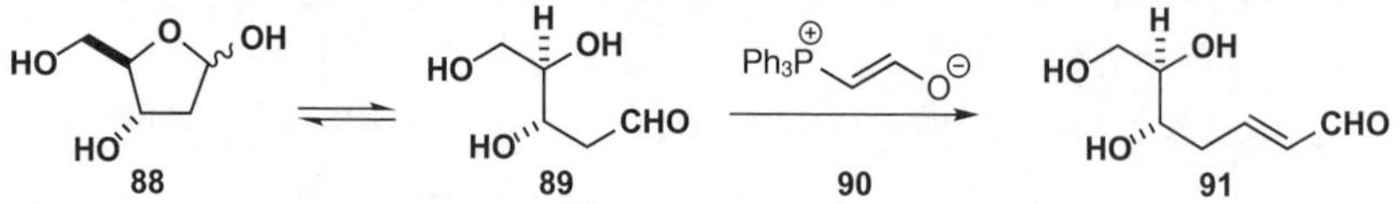

Wittig 反応剤は非対称ケトンからのエノラート等価体としての役割を果たす. Corey はアラキドン酸代謝物の合成[18]で，アルデヒド **92** とホスホニウム塩 **93** とのカップリング反応を利用している. この反応例は，両方の基質が多様な官能基をもち，さらに Wittig 反応が NaOH 水溶液中で行われているにもかかわらず，立体化学が保持されているという点で非常に優れている.

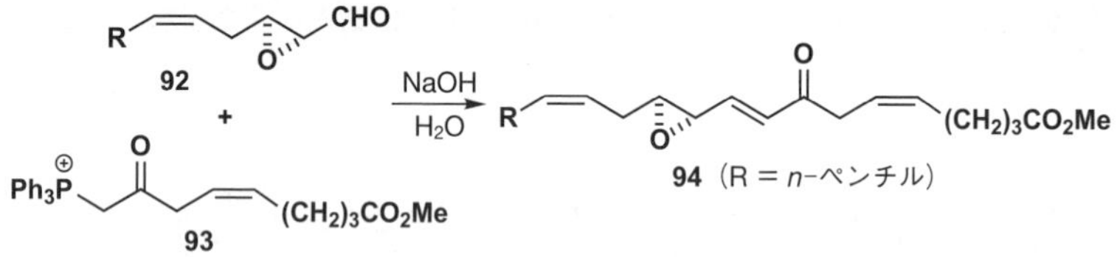

エノール等価体としてのエナミン

アルデヒドのエノール等価体のなかでエナミンは最も有用である[19]. エナミンは安定であり，アルデヒド **95** と第二級アミンから容易に合成できる. エナミンは **96** に示すようにエノールと同じ形式で求電子剤と反応し，イミニウム塩 **97** を生成する. **97** を加水分解するとアルデヒド **98** が得られる.

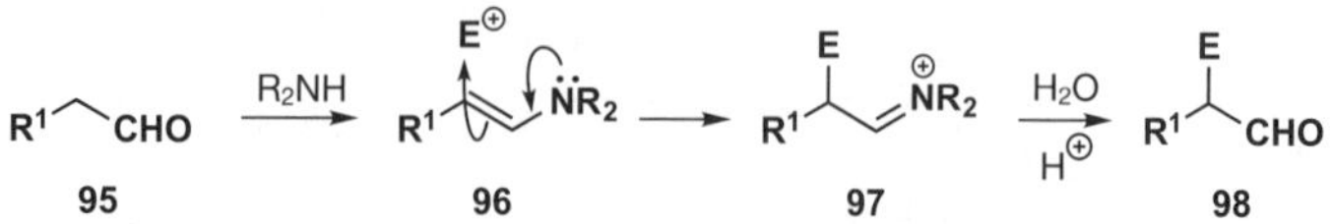

ケトンから合成されるエナミンも同様に有用である. エノン **99** はアルドール反応をふまえた逆合成により，シクロペンタノン **74** とエノール化できるアルデヒド **100** に導くことができるが，アルデヒドの自己縮合を抑える必要がある.

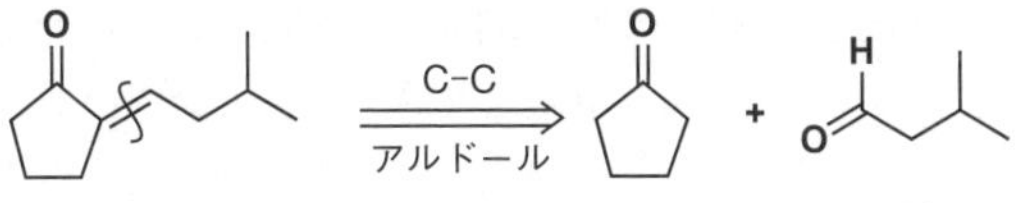

環状第二級アミンであるモルホリン **101** とケトン **74** から合成されるエナミン **102** を用いると，アルデヒド **100** との反応が非常にうまくいく[20]．初期生成物としてイミンではなく共役エナミン **103** が得られるが，**103** は酸性条件で容易に加水分解されエノン **99** が得られる．

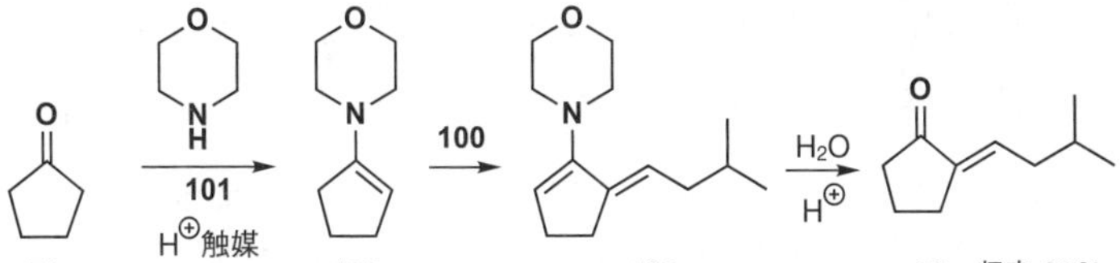

アシル化は 1,3-ジカルボニル化合物の優れた合成法である．例として，アルデヒドを含む 1,3-ジカルボニル化合物 **104** の合成を取上げる．**104** は 1,3-diCO 結合切断により，アルデヒド **105** と **106** のようなアシル化剤に導くことができるが，アルデヒドをエノールまたはエノラート等価体に変換しなくてはならない．

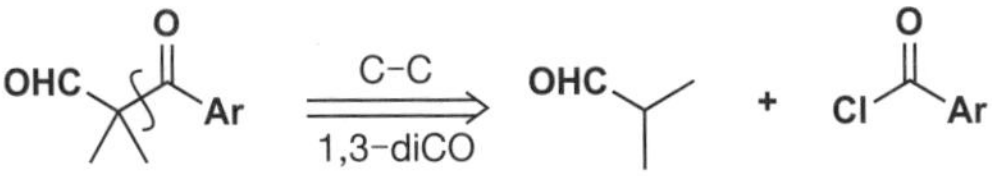

ここでは別の環状アミンであるピロリジンとアルデヒド **105** から合成したエナミン **107** が用いられている．エナミン **107** のアシル化は立体障害の大きな第四級炭素を構築するにもかかわらずきれいに進行し，さまざまな Ar 基をもつ **104** が収率 59%から 96%で得られた[21]．この反応の中間体であるイミニウム塩 **108** は単離することができる．なお，この反応では先に 1,3-ジカルボニル化合物の合成で用いた平衡による方法は適用できない．生成物 **104** から安定なエノラートが生成しないからである．

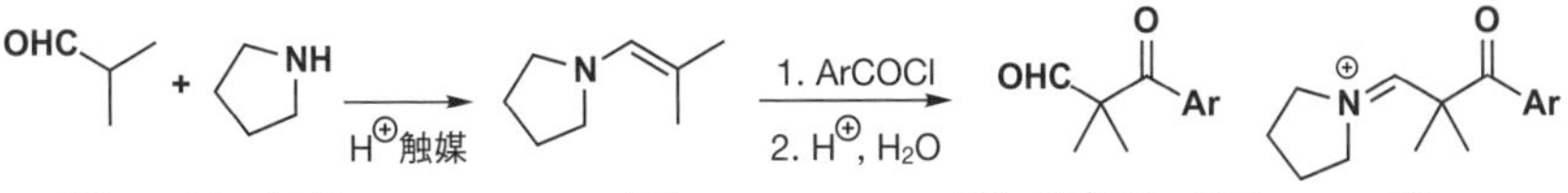

20・5　交差縮合 III：平衡状態からの生成物の離脱

生成物が平衡状態から離脱する例についてはすでに，脱水反応による **16** の生成や安定なエノラート形成による **37** の生成を紹介した．これが一般的な戦略であることを明確にするために，もういくつかの例を見てみよう．非対称ケトン **110** はどちら側でもエノラートを生成できるため，一見するとアルドール反応を位置選択的に行うためには，エノラート等価体を利用しなくてはいけないように思われる．しかし，生成物 **109** が脱水反応を起こせないのに対して，もう一方の生成物 **111** からは脱水反応が起こる．そのため，平衡条件下で反応を行うと，**112** が唯一の生成物として得られる[22]．

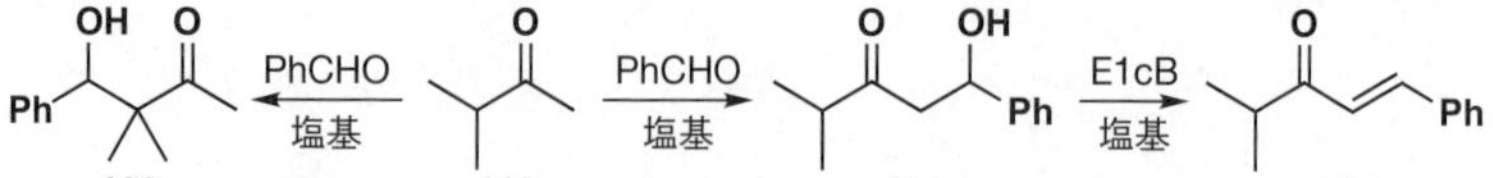

109　**110**　**111**　**112**

トリカルボニル化合物 **113** はホルムアルデヒドときれいに反応してラクトン **115** を生成する．最初に生成するアルドール **114** がすぐに環化して 5 員環を形成するからである．反応条件は弱塩基とピペリジンである．この反応は，分子内反応，安定なエノラートの生成，そして立体障害の三つの要因で制御されている[23]．なお，ピペリジンは，先に述べたモルホリン，ピロリジンと並び最もよく用いられる環状アミンの一つである．

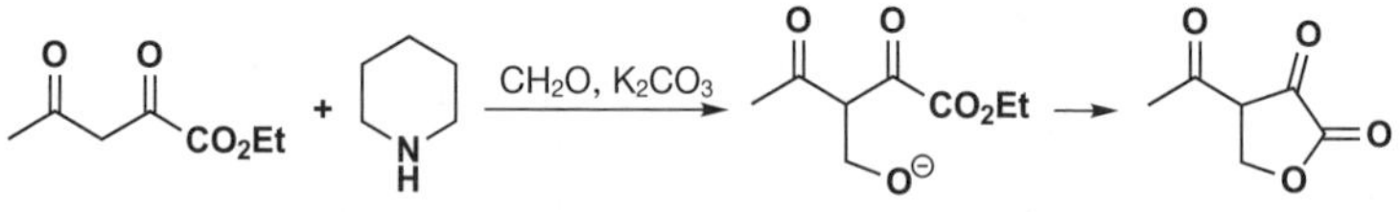

113　ピペリジン　**114**　**115**

ラクトン **115** は酸性溶液中，ベンズアルデヒドと位置選択的にメチル基側で反応する．安定なエノールと反応した **116** が初期に生成するかもしれないが，**116** からは脱水反応が起こらない．一方，メチル基側で反応した **117** からは脱水反応が起こり，エノン **118** が唯一の生成物となる．なお，**118** はパツリン **35** の別の経路での合成に用いられた．

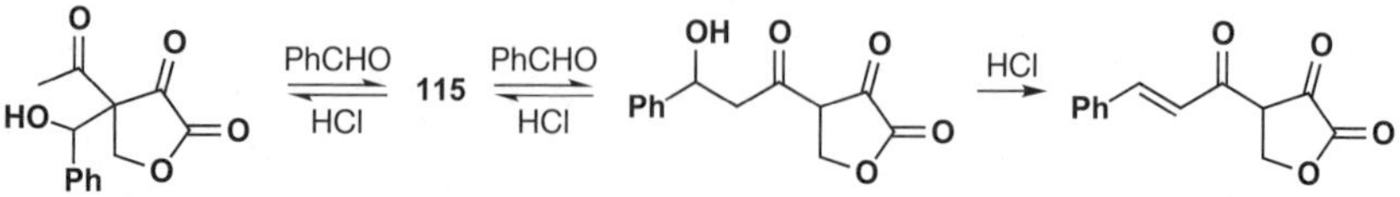

116　**117**　**118**

今日では，2 種類のカルボニル化合物間の縮合反応を制御するのにさまざまな方法が利用できる．本章でそのすべてを紹介したわけではないが，これでほとんどどのようなカルボニル縮合反応であっても制御できるはずである．最も重要なのは，想定外の反応に陥ることを避けるために，本章の冒頭で取上げた三つの問題に留意して逆合成を行うことである．

文　献

1. H. Paul and I. Wendel, *Chem. Ber.*, 1957, **90**, 1342.
2. H. R. Snyder, L. A. Brooks and S. H. Shapiro, *Org. Synth. Coll.*, 1943, **2**, 531；A. P. Krapcho, J. Diamanti, C. Cayen and R. Bingham, *Ibid.*, 1973, **5**, 198.
3. P. A. Levene and G. M. Meyer, *Org. Synth. Coll.*, 1943, **2**, 288；G. R. Zellars and R. Levine, *J. Org. Chem.*, 1948, **13**, 160.
4. B. S. Furniss, A. J. Hannaford, P. W. G. Smith and A. R. Tatchell, *Vogel's Textbook of Practical Organic Chemistry*, Fifth Edition, Longman, Harlow, 1989, p.1033.
5. A. Eschenmoser and C. E. Wintner, *Science*, 1977, **196**, 1418.
6. R. B. Woodward and G. Singh, *J. Am. Chem. Soc.*, 1949, **71**, 758；1950, **72**, 1428；B. Puetzer, C. H. Nield and R. H. Barry, *J. Am. Chem. Soc.*, 1945, **67**, 832.
7. M. Tramontini, *Synthesis*, 1973, 303.
8. B. S. Furniss, A. J. Hannaford, P. W. G. Smith and A. R. Tatchell, *Vogel's Textbook of Practical Organic Chemistry*, Fifth Edition, Longman, Harlow, 1989, p. 1053.
9. A. P. Barcierta and D. A. Whiting, *J. Chem. Soc.*, *Perkin Trans. 1*, 1978, 1257.
10. G. Jones, *Org. React.*, 1967, **15**, 204.
11. C. A. Kingsbury and G. Max, *J. Org. Chem.*, 1978, **43**, 3131；S. Rajagopalan and P. V. A. Raman, *Org. Synth. Coll.*, 1955, **3**, 425；J. Koo, G. N. Walker and J. Blake, *Ibid.*, 1963, **4**, 327, D. F. DeTar, *Ibid.*, 1963, **4**, 731.
12. J. W. Opie, J. Seifter, W. F. Bruce and G. Mueller, *U. S. Pat.*, 1951, 2538322；*Chem. Abstr.*, 1951, **45**, 6657c.
13. J. Clayden, *Organolithiums: Selectivity for Synthesis*, Pergamon, 2002；M. W. Rathke, *J. Am. Chem. Soc.*, 1970, **92**, 3223.
14. C. H. Heathcock, C. T. Buse, W. A. Kleschick, M. C. Pirrung, J. E. Sohn and J. Lampe, *J. Org. Chem.*, 1980, **45**, 1066.
15. G. Stork, G. A. Kraus and G. A. Garcia, *J. Org. Chem.*, 1974, **39**, 3459.
16. P. Deniff, I. Macleod and D. A. Whiting, *J. Chem. Soc.*, *Perkin Trans. 1* , 1981, 82.
17. E. J. Corey, A. Marfat, G. Goto and F. Brion, *J. Am. Chem. Soc.*, 1980, **102**, 7984；E. J. Corey, A. Marfat, J. E. Munroe, K. S. Kim, P. B. Hopkins and F. Brion, *Tetrahedron Lett.*, 1981, **22**, 1077.
18. E. J. Corey, A. Marfat and B. G. Laguzza, *Tetrahedron Lett.*, 1981, **22**, 3339；E. J. Corey and W.-G. Su, *Tetrahedron Lett.*, 1984, **25**, 5119.
19. G. Stork, A. Brizzolara, H. Landesman, J. Szmuszkovicz and R. Terrell, *J. Am. Chem. Soc.*, 1963, **85**, 207.
20. L. Birkofer, S. Kim and H. D. Engels, *Chem. Ber.*, 1962, **95**, 1495.
21. S.-R. Kuhlmey, H. Adolph, K. Rieth and G. Opitz, *Liebig's Ann. Chem.*, 1979, 617；L. Nilsson, *Acta Chem. Scand.* (*B*), 1979, **33**, 203.
22. A. T. Nielsen and W. J. Houlihan, *Org. React.*, 1968, **16**, 115, p.211 も参照せよ．
23. E. T. Borrows and B. A. Hems, *J. Chem. Soc.*, 1945, 577.

21 二官能基 C−C 結合切断 III：1,5-二官能性化合物

共役付加（Michael 付加）と Robinson 環化

本章に必要な基礎知識
"ウォーレン有機化学" 29 章 エノラートの共役付加 を参照

19 章で述べた 1,3-二官能性化合物の場合と同様に，二つの官能基が奇数の位置関係にある場合には本来の極性をもつシントンを用いることができる．1,5-ジケトン **1** は，d^2 シントンであるエノラートと a^3 シントン **2** に逆合成できる．覚えていると思うが，**2** に対応する反応剤はエノン **3** である（6 章）．エノンの二重結合がカルボニル基と共役することで末端炭素原子が求電子性をもつ．

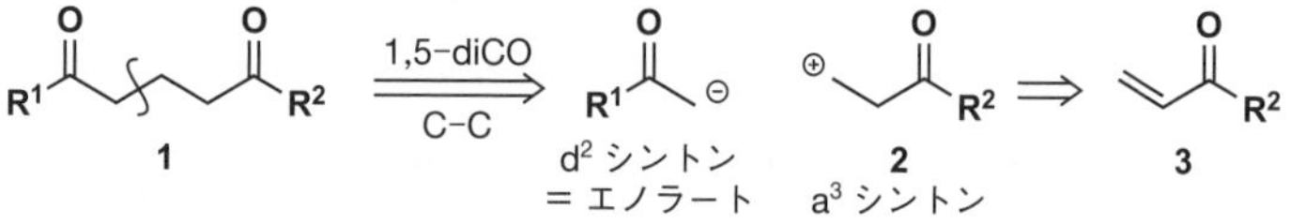

本章で新たに述べるのは，これら二つの反応剤，エノラートとエノンとの反応についてである．エノラート **5** のエノン **3** への共役付加によって C−C 結合が形成され，生じたエノラート **6** がプロトン化されることで 1,5-ジケトン **1** が得られる．

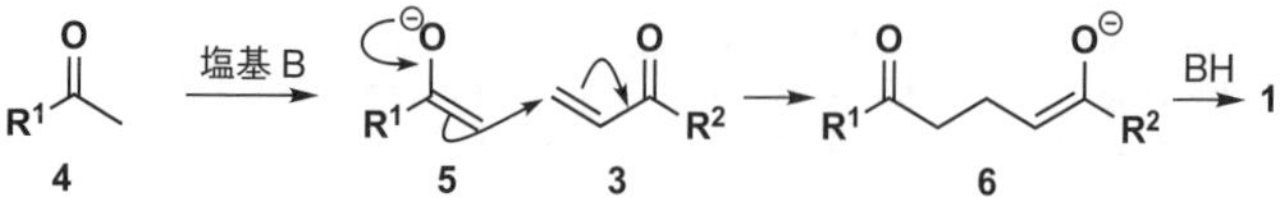

ここで位置選択性の問題が生じる．エノラートはエノンに共役付加（Michael（マイケル）付加）するだけでなく，カルボニル基に直接付加する可能性がある．したがって，どのようなエノラートやエノン（Michael 反応受容体）が直接付加よりも共役付加に適しているかについて考える必要がある．

6章で，酸塩化物やアルデヒドなどの非常に高い求電子性を示すα,β-不飽和カルボニル化合物は直接付加を優先し，エステルやケトンなどの求電子性が低いα,β-不飽和カルボニル化合物は共役付加を受ける傾向があると述べた．このことは本章で述べる反応にもそのままあてはまる．また，同様の考え方をエノラートにも適用すればよい．すなわち，リチウムエノラートなどの非常に求核性の高いエノラートは直接付加を起こしやすく，求核性の低いエナミンや1,3-ジカルボニル化合物のエノラートは共役付加を起こしやすい．

21・1 Michael付加に適したエノールおよびエノラート等価体

1,3-ジカルボニル化合物

化合物**9**の逆合成では，切断***a***または切断***b***の二通りが考えられる．それぞれ，アルデヒドのエノラート等価体**7**を不飽和エステル**8**に付加させる合成法と，エステルのエノラート等価体**11**を不飽和アルデヒド**10**に付加させる合成法に対応する．この場合，不飽和エステル**8**が不飽和アルデヒド**10**よりも共役付加を起こしやすいので，切断***a***が選ばれる．エノラート**7**に対応する反応剤としてはエナミンが優れている．

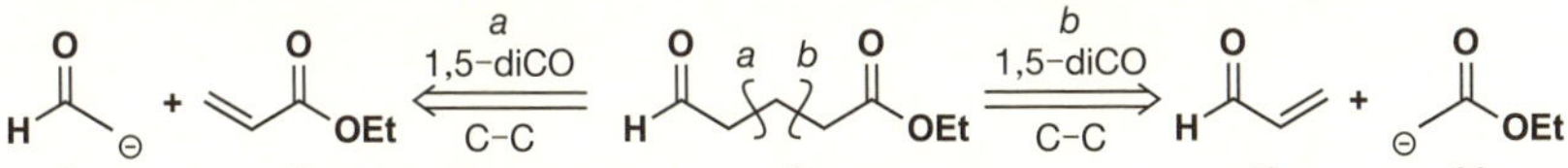

7 **8** **9** **10** **11**

しかし，化合物**9**の構造にほんの少し変化を加えるだけで話は変わってくる．メチル基を二つ導入した化合物**13**を逆合成するときには，上の例で選んだ切断***a***を行うと，存在しえない5価の炭素をもつ不飽和エステル**12**が導かれる．したがって，不飽和アルデヒド**14**をMichael反応受容体として用いる方法を考えなければならない．

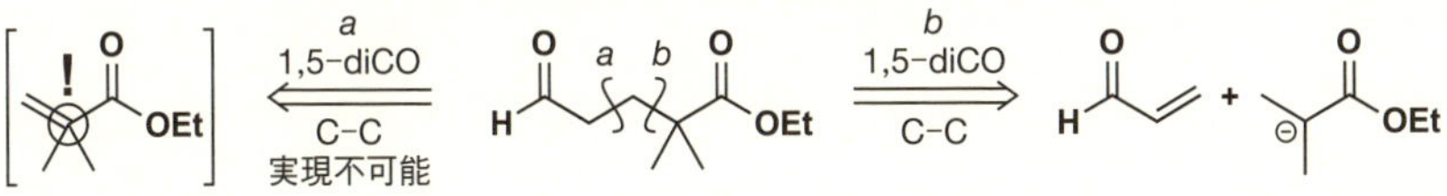

12 **13** **14** **15**

前章でα,β-不飽和カルボニル化合物の合成法について学んだので，エノン**3**は問題なく逆合成できる．**1**の逆合成を突き詰めると，出発物として二つのケトン**4**と**16**が導かれる．ケトン**4**は共役付加が起こりやすくなるようにβ-ケトエステルまたエナミンに変換する必要がある．ケトン**16**からはMannich(マンニッヒ)反応を利用してエノン**3**をつくることができる．

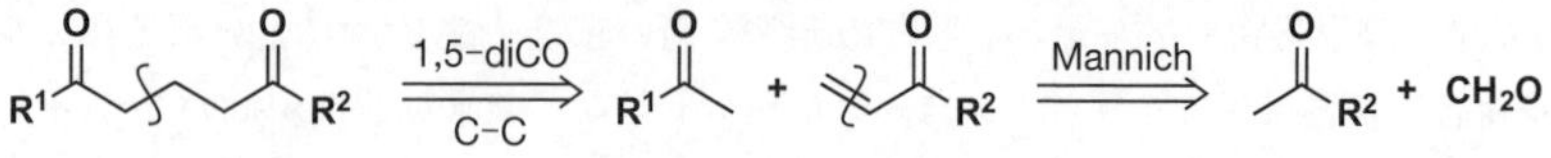

1　4　3　16　17

ケトン **4** から得られる β-ケトエステル **18** と Mannich 塩 **19** を塩基性条件下で反応させると（エステルのアルコキシドを塩基に用いる），脱離反応によりエノン **3** が生成し，**18** 由来の安定なエノラートの共役付加によって **20** が得られる．さらに，**20** からエステルの加水分解と脱炭酸によって 1,5-ジケトン **1** が得られる．

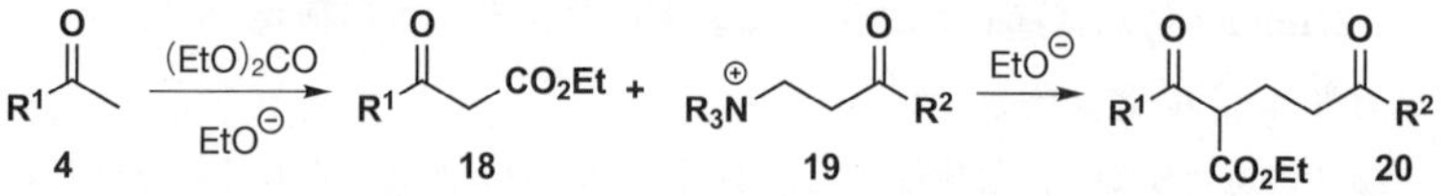

4　18　19　20

1,3-ジカルボニル化合物の共役付加の素晴らしい例として，シクロペンタンジオン **21** のアクロレインへの付加をあげる[1]．この反応は水中で行われ，**23** が収率 100%で得られる．Michael 反応受容体が不飽和アルデヒドであり，さらに第四級炭素を形成するにもかかわらず，酸や塩基を必要とすることなくエノール形 **22** から反応が進行する．

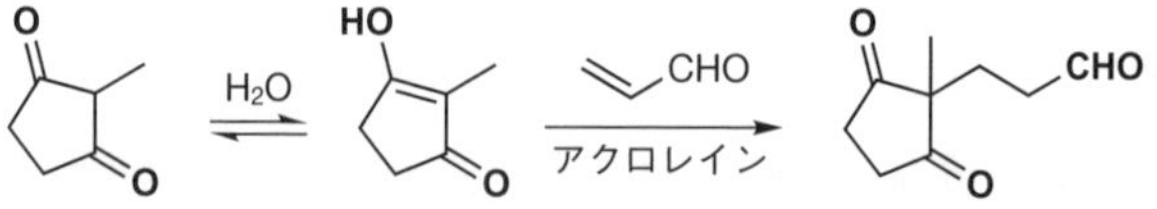

21　22　23 収率 100%

ケトカルボン酸 **24** の逆合成では，側鎖と 6 員環をつなぐ枝分かれ部で切断して入手可能なシクロヘキセノン **25** とエノラートシントン **26** に導くのが最善である．**26** に対応する反応剤としては，マロン酸エステル **27** が最適である．

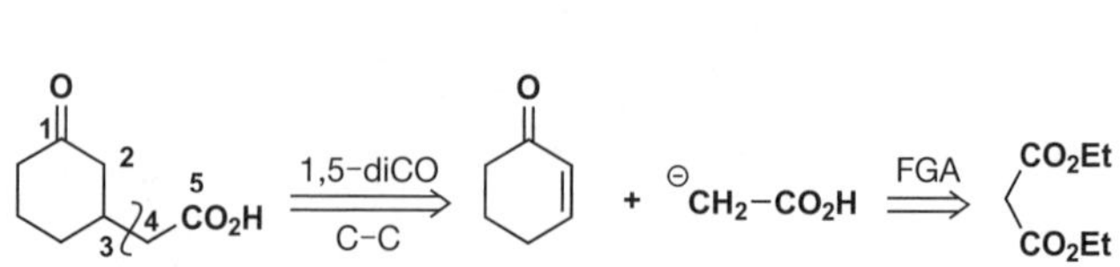

24　25　26　27

エステル交換を避けるためにエトキシドを塩基に用いると，**27** の共役付加はうまくいき，付加体 **29** が収率 90%で得られる[2]．**29** からエステルの加水分解と脱炭酸によって **24** が得られる．

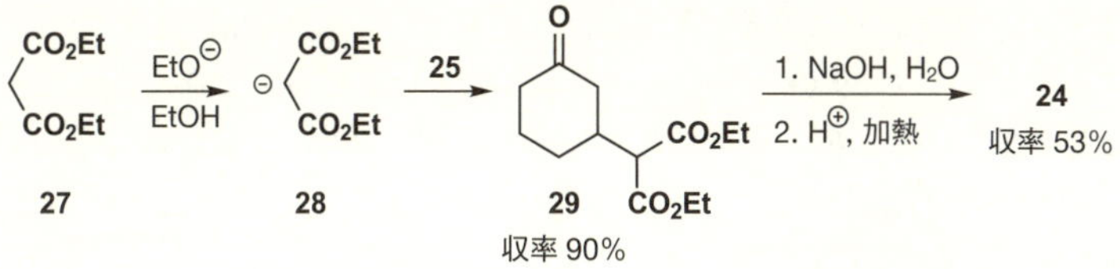

下に示す触媒サイクルが成立すると，この種の Michael 反応は非常に効率よく進行する．マロン酸エステルのアニオン **28** がエノンに共役付加してエノラートアニオン **30** を生成し，このものがマロン酸エステル **27** からプロトンを引抜くと，目的物 **31** が得られると同時にもう 1 分子のアニオン **28** が生成し，再び同じ反応が起こる．

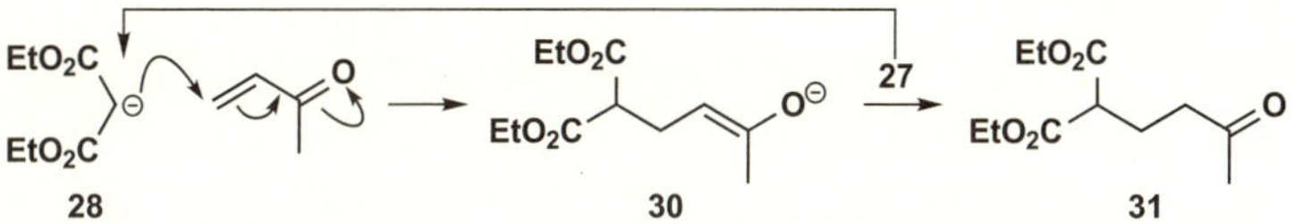

アミノジアセタール **33** は，Stevens[3] によるコクシネリン（coccinelline）**32** の合成で必要とされた中間体である．コクシネリンは，テントウムシが肢関節から分泌する防御物質である．還元的アミノ化をふまえて **33** をケトン **34** に導くと，二つの 1,5-diCO の関係が隠れていたことに気がつく．この関係は，**34** のアセタールを除去して **35** に導くと一目瞭然である．

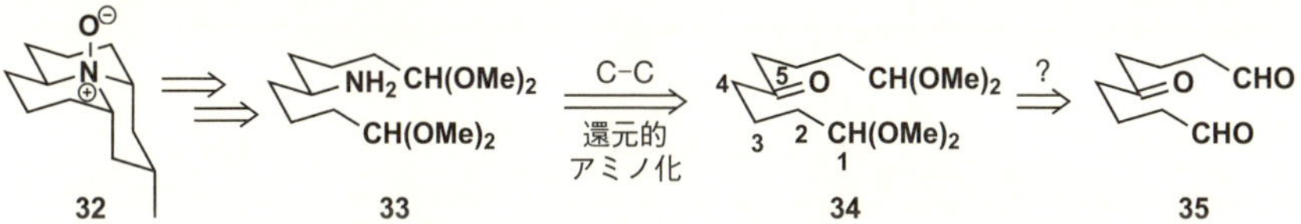

35 は対称ケトンなので，19 章で述べた戦略を用いることができる．FGA によって **35** にエステル基を導入すると，1,3-diCO 結合切断によって二つの同一分子 **37** に逆合成できる．アルデヒドエステル **37** はまだ 1,5-diCO の関係をもち，共役付加が確実に起こるようにマロン酸エステル **38** とアクロレインに導くことができる．

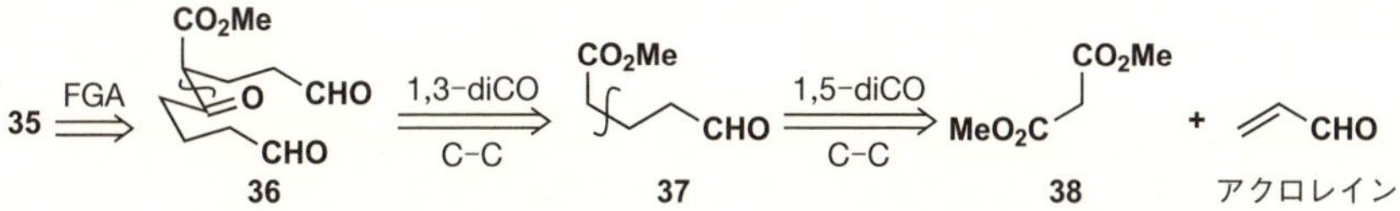

39 までの合成は簡単である．Krapcho（クラプコ）法（NaCl と少量の水存在下，DMSO 中で加熱する）によって 39 の一方のエステルを加水分解することなくもう一方のエステルを脱炭酸* すると 40 が得られる．40 の自己縮合を行った後，再度 Krapcho 法を用いて脱炭酸を行うとケトン 34 が得られる．最後に，8 章で述べた NH_4OAc と $NaB(CN)H_3$ を用いる還元的アミノ化によって 33 が得られる．

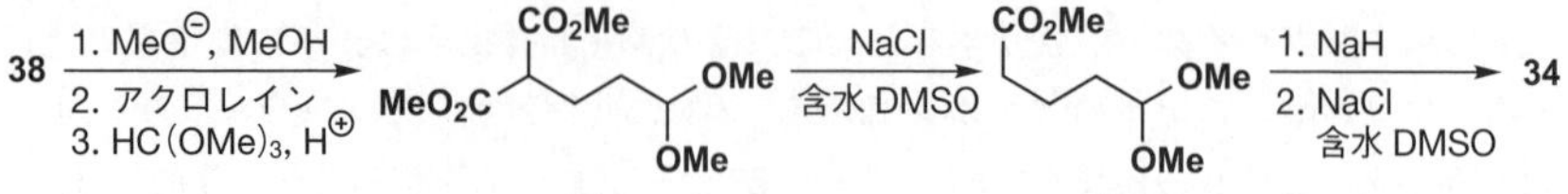

39　　40

エナミン

前章で，エナミンがエノール等価体であると述べたが，エナミンは共役付加に特に有用である．シクロヘキサノン 41 とピロリジンから合成されるエナミンは，アクリル酸エステル 42 に共役付加する．最初に生成する中間体 43 はプロトン交換によりエナミン 44 を生成する[4]．酸加水分解はイミニウム塩 45 を経て起こり，1,5-ジカルボニル化合物 46 が得られる．

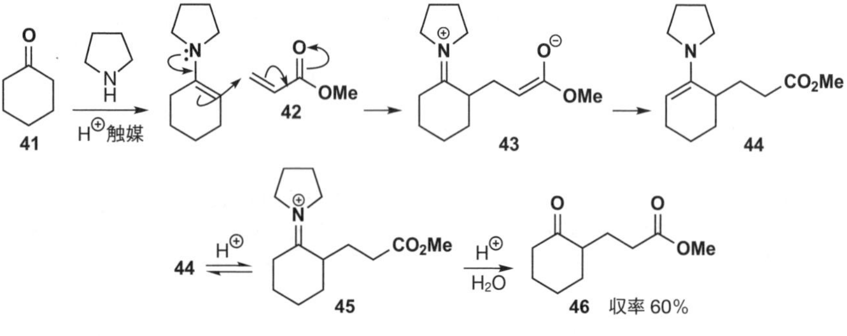

非対称ジケトン 47 は光化学反応の実験で必要とされた化合物である．47 の逆合成では，枝分かれ部での 1,5-diCO 結合切断が優れている．切断 ***a*** によって導かれるエノン 49 は Mannich 反応によって合成できる（20 章）．

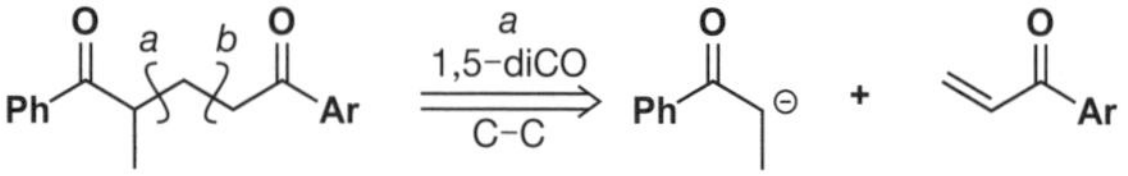

47　　48　　49

*（訳注）実際には，CO_2 だけでなく CO_2Me そのものを除去している．

シントン **48** に対応する反応剤としてエナミン **52** が選ばれ，このものは第二級アミンであるモルホリン **51** を用いて合成できる[5)].

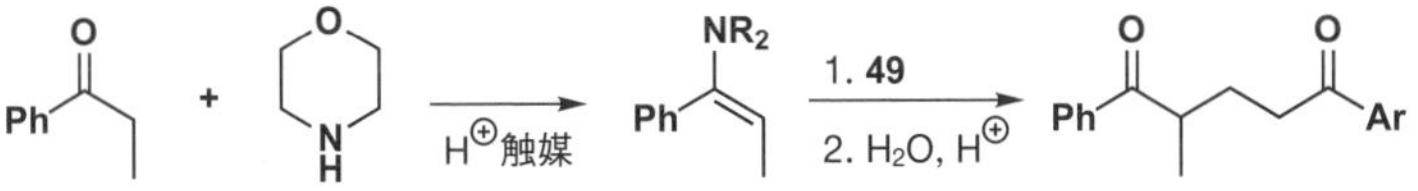

50　**51**　**52**　**47**

Michael 付加に最も優れたエノール等価体としてエノールシリルエーテルがあげられるが，本書の範囲外であるので詳細については “Strategy and Control” を参照してほしい．Lewis 酸存在下，エステル **53** 由来のエノールシリルエーテル **54** をエノン **55** と反応させると，二つの第四級炭素間の結合を形成するにもかかわらず，良好な収率でケトエステル **56** が得られる[6)].

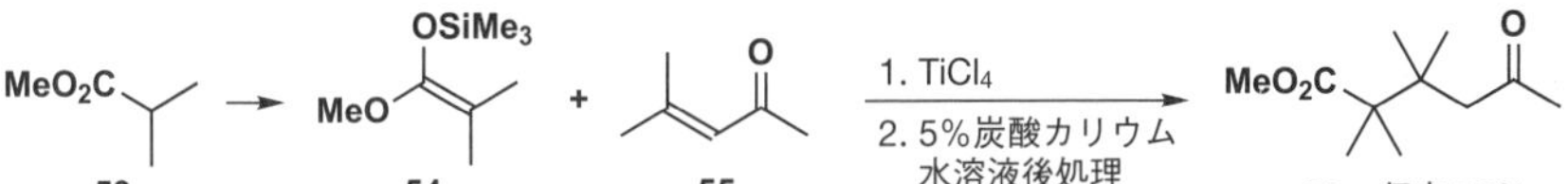

53　**54**　**55**　**56**　収率 72%

21・2　共役付加に適した Michael 反応受容体

直接付加しない化合物

不飽和ニトロ化合物および不飽和ニトリルは，通常エノラートやエノール等価体から直接求核攻撃を受けることはなく，共役付加に最適である．シクロヘキサノンとモルホリンから合成されるエナミン **57** の **58** への付加反応は，ニトロ基がエステル基よりも強く共役付加を誘起することを示している[7)].

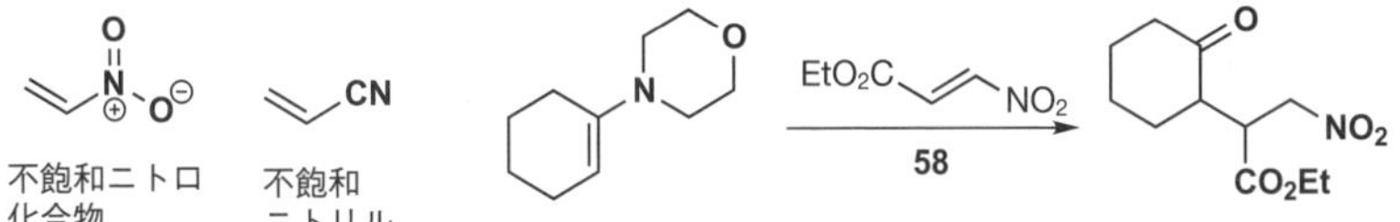

57　**59**

求電子性の低い α,β-不飽和カルボニル化合物

不飽和アルデヒドや酸塩化物は直接付加が起こりやすく，不飽和ケトンやエステルは共役付加に適していることは繰返し述べてきた．ここでは極端な例として，求電子性がさらに低い不飽和アミドを用いた反応をあげる．不飽和アミド **61** はシクロヘキサノンのリチウムエノラート **60** との反応でさえも共役付加を起こす[8)].

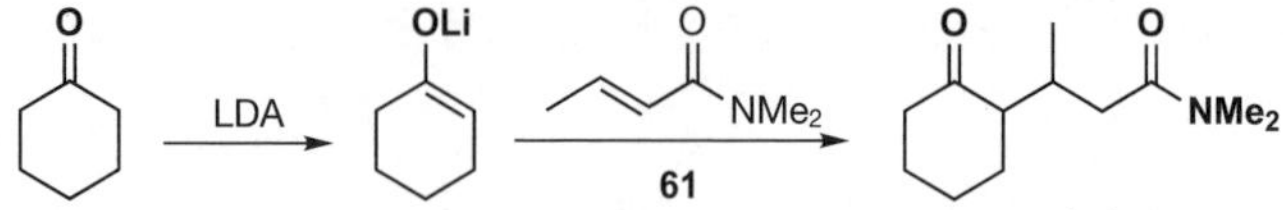

41 60 62 収率 60%

共役付加しやすいように活性化された化合物

β 炭素が無置換の α,β-不飽和カルボニル化合物は，特に共役付加を起こしやすい．エキソメチレンラクトン **63** やエキソメチレンケトン **64**, ビニルケトン **65** などがあてはまる．ビニルケトンは二量化しやすいので（たとえば R がメチル基の場合には **67** が生成する），Mannich 塩基 **66** が用いられることが多い．

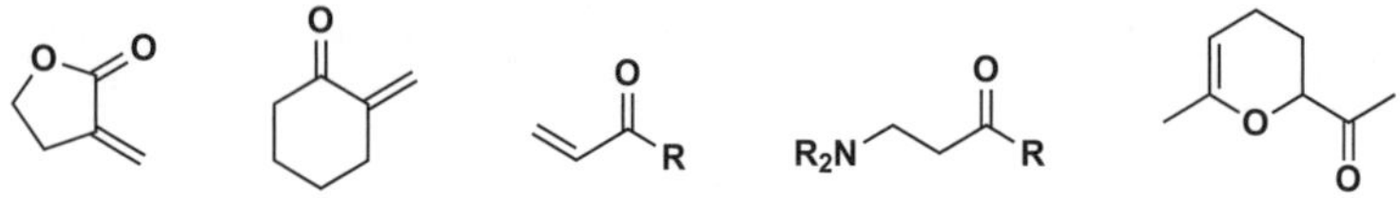

63 64 65 66 67

α 位に除去できる活性化基をもつ化合物

α 位に電子求引基を導入した α,β-不飽和カルボニル化合物は，エノラートの共役付加を促進する．一方，これらの活性化基は C−C 結合を形成した後に容易に除去できなければならない．たとえば **68** の CO_2R 基は加水分解と脱炭酸により，**69** や **70** の硫黄官能基は Raney Ni またはアマルガムによる還元により，**71** の Me_3Si 基はフッ化物イオンにより，**72** の Br 基は亜鉛により除去できる活性化基である．

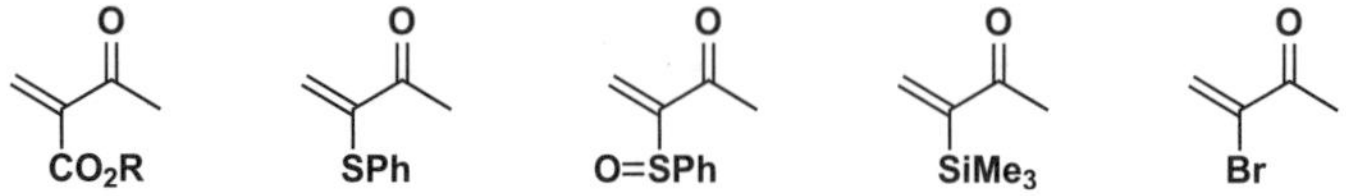

68 69 70 71 72

不飽和ケトン

たいていの α,β-不飽和ケトンは, エノールおよびエノラート等価体を注意深く選ぶと共役付加が可能になる．

21・3 Robinson 環 化

Michael 反応とアルドール反応を組合わせて連続して行う方法は有用であり，特に環化反応を伴う場合には非常に強力な合成法を提供する．ステロイドの合成に必要な **73** のような化合物に見られる環を形成する過程は Robinson（ロビンソン）環化[9] として知られている．エノン **73** は 1,3-diCO および 1,5-diCO の関係をもつトリケトン **74** に導くことができる．**74** は 1,3-diCO 結合切断によって構造を単純化することができないが，枝分かれ部で 1,5-diCO 結合切断すると共役付加に適した対称 1,3-ジケトンに逆合成できる．

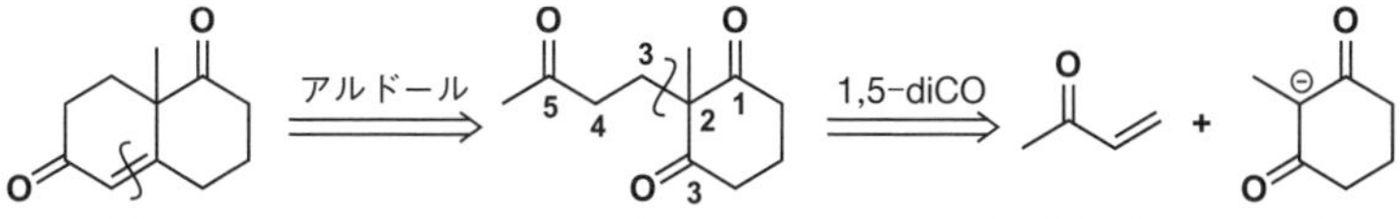

73　**74**　**65**（R = Me）　**75**

エノン **73** の合成は非常に穏和な反応条件下で行われる．前述した **23** の合成と同様，**76** の **65** への共役付加も水中で進行する．触媒量のアミンを用いるとトリケトン **74** の環化が起こり，酸触媒によって **77** の脱水反応が進行する[10]．**73** は一つのフラスコ内で合成することもできる．小過剰のメチルビニルケトン **65**（R = Me）を用い，メタノール中，水酸化カリウムを作用させて **74** とした後，環化と脱水反応はピロリジンによって触媒される[11]．また，エノンの代わりに Mannich 塩 **66** と NaOEt[12] または Mannich 塩基とピリジン/塩酸[13] を用いることもできる．中間体 **77** は通常単離されないが，分子内反応であることから環縮合部の立体化学はシスである[14]．

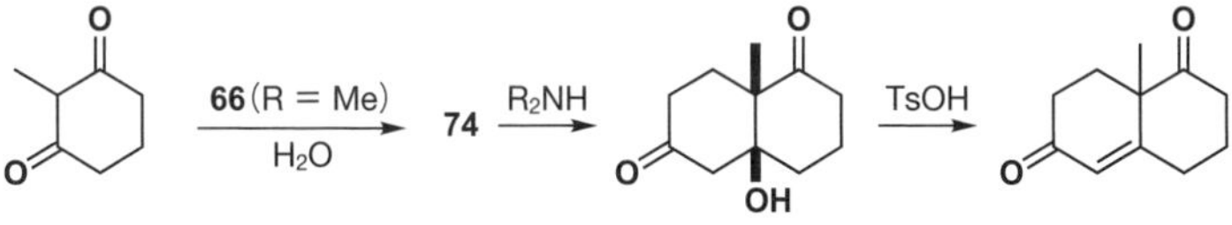

76　**77**　**73**

Robinson 環化で新たに形成される環は，必ずしも既存の環に連結させる必要はない．単純なシクロヘキセノンも，通常活性化基として CO_2Et 基を導入すると Robinson 環化によって合成できる．アルドール反応をふまえてシクロヘキセノン **78** を結合切断した後，次の切断を行う前に CO_2Et 基を導入して **79** に導くと，このものは **80** と **81** に逆合成できる．

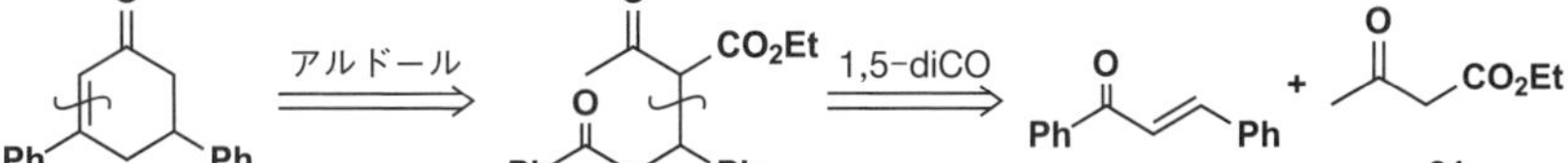

78　**79**　**80**　**81** アセト酢酸エチル

カルコン **80** はアセトフェノンとベンズアルデヒドとのアルドール反応によって容易に合成できる. **81** のエノラートの共役付加と環化反応は塩基性条件下で一挙に進行し, エステル **82** がジアステレオマー混合物として高収率で得られる[15]. **82** からエステルの加水分解と脱炭酸によって **78** が得られる.

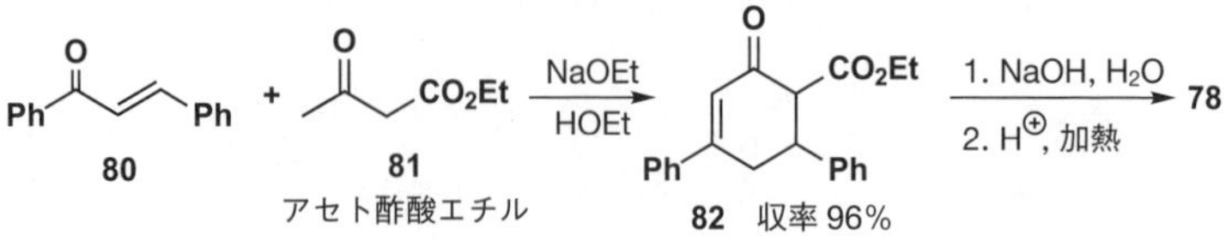

Robinson 環化とよく似た反応として共役付加とアシル化を連続して行う環化があり, ‘ジメドン (dimedone)’ **83** の合成に用いられている. 1,5-ジカルボニル化合物 **84** の逆合成では切断 ***a*** または切断 ***b*** の二通りが考えられるが, エノン **85** がアセトンのアルドール二量体であり (19 章), 容易に入手できることから切断 ***a*** が選ばれる.

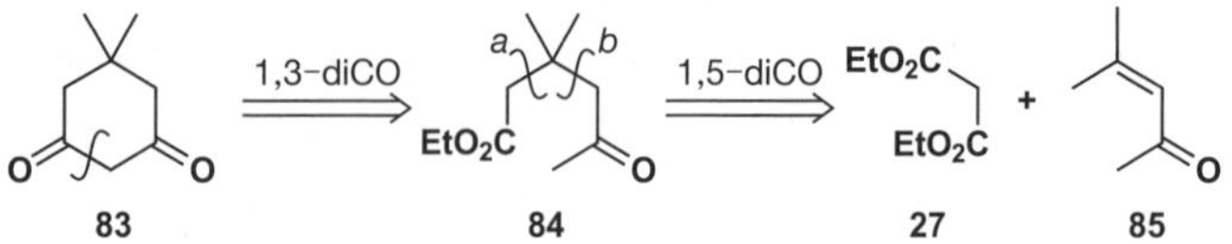

エノン **85** とマロン酸エステルを NaOEt のエタノール溶液中で反応させると, 共役付加とアシル化が一挙に進行し **87** が得られる. **87** からエステルの加水分解と脱炭酸によって収率 67〜85%でジメドン **83** が得られる[16].

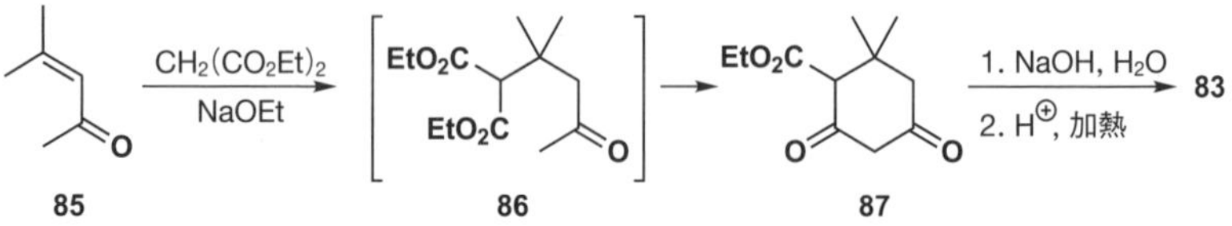

21・4　1,5-ジカルボニル化合物から合成できるヘテロ環

88 に示す骨格をもつカルシウムチャネル拮抗薬は, 高血圧の治療薬として広く用いられている. **88** の二つの C−N 結合を切断すると対称 1,5-ジケトン **89** に導くことができる. **89** は対称なのでどちらの位置で切断しても同じ出発物, エノン **90** とアセト酢酸エステル **91** に逆合成できる. ニフェジピン (nifedipine)[17] **88** (R = Me, Ar = *o*-ニトロフェニル) はこの種のカルシウム拮抗薬のなかで最初に開発されたものの一つである.

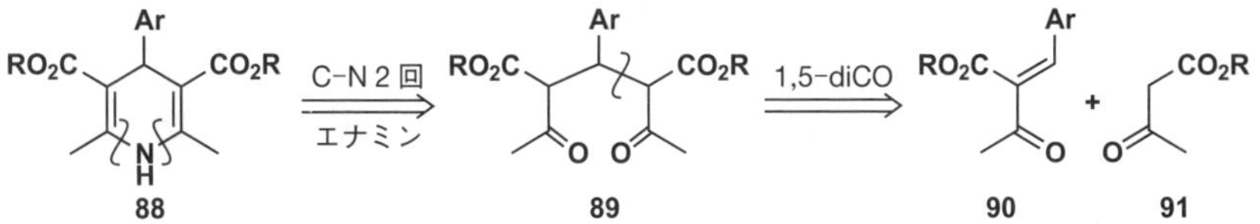

エノン **90** は芳香族アルデヒドとアセト酢酸エステル **91** のアルドール生成物であるので，続くアセト酢酸エステル **91** のエノン **90** への共役付加までを一挙に行えるだろう．いわゆる Hantzsch（ハンチュ）ピリジン合成である[18]．芳香族アルデヒドと 2 分子のアセト酢酸エステル **91** がアンモニア（水酸化アンモニウムや酢酸アンモニウムがよく用いられる）と反応し，**88** が 1 工程で得られる[19]．

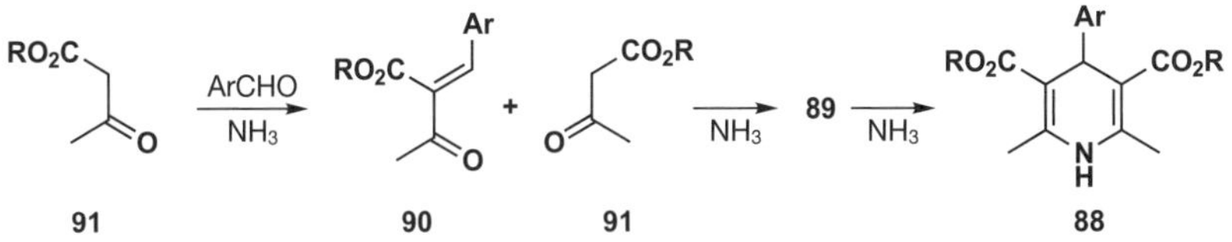

文　　献

1. J. -F. Lavallée and P. Deslongchamps, *Tetrahedron Lett.*, 1988, **29**, 6033.
2. P. D. Bartlett and G. F. Woods, *J. Am. Chem. Soc.*, 1940, **62**, 2933.
3. R. V. Stevens and A. W. M. Lee, *J. Am. Chem. Soc.*, 1979, **101**, 7032.
4. G. Stork, A. Brizzolara, H. Landesman, J. Szmuszkovicz and R. Terrell, *J. Am. Chem. Soc.*, 1963, **85**, 207.
5. J. P. Bays, M. V. Encinas, R. D. Small and J. C. Scaiano, *J. Am. Chem. Soc.*, 1980, **102**, 727.
6. K. Saigo, M. Osaki and T. Mukaiyama, *Chem. Lett.*, 1976, 163.
7. J. W. Patterson and J. McMurry, *J. Chem. Soc., Chem. Commun.*, 1971, 488.
8. G. B. Mpango, K. K. Mahalanabis, Z. Mahdavi-Damghani and V. Snieckus, *Tetrahedron Lett.*, 1980, **21**, 4823.
9. M. E. Jung, *Tetrahedron*, 1976, **32**, 3.
10. Z. G. Hajos and D. R. Parrish, *J. Org. Chem.*, 1974, **39**, 1612；1615.
11. S. Ramachandran and M. S. Newman, *Org. Synth. Coll.*, 1973, **5**, 486.
12. P. Wieland and K. Miescher, *Helv. Chim. Acta*, 1950, **33**, 2215.
13. S. Swaminathan and M. S. Newman, *Tetrahedron*, 1958, **2**, 88.
14. T. A. Spencer, H. S. Neel, D. C. Ward and K. L. Williamson, *J. Org. Chem.*, 1966, **31**, 434；K. L. Williamson, L. R. Sloan, T. Howell and T. A. Spencer, *J. Org. Chem.*, 1966, **31**, 436.
15. R. Connor and D. B. Andrews, *J. Am. Chem. Soc.*, 1934, **56**, 2713.
16. R. L. Shriner and H. R. Todd., *Org. Synth. Coll.*, 1943, **2**, 200.
17. F. Bossert, H. Meyer and E. Wehinger, *Angew. Chem., Int. Ed.*, 1981, **20**, 762.
18. U. Eisner and J. Kuthan, *Chem. Rev.*, 1972, **72**, 1；D. M. Stout and A. I. Meyers, *Chem. Rev.*, 1982, **82**, 223.
19. A. Singer and S. M. McElvain, *Org. Synth. Coll.*, 1943, **2**, 214；B. Loev, M. M. Goodman, K. M. Snader, R. Tedeschi and E. Macko, *J. Med. Chem.*, 1974, **17**, 956.

22 合成戦略 X：脂肪族ニトロ化合物の利用

本章に必要な基礎知識
“ウォーレン有機化学” 26 章 エノラートのアルキル化 を参照

21 章で不飽和ニトロ化合物は共役付加に理想的であると述べた．ニトロ基は隣接するアニオンを非常に安定化するが，通常求電子剤としては機能しない．したがって，ニトロ化合物は自己縮合を起こさない．ニトロ基はカルボニル基よりもずっと‘エノラート’アニオンを安定化する*．ニトロメタン **1** の pK_a（pK_a ～10）は，マロン酸エステル **4** の pK_a（pK_a ～13）よりも小さい．実際，ニトロメタン **1** は水酸化ナトリウム水溶液中では，**2** に示すようにエノラートの場合とよく似た機構で生成する‘エノラート’アニオン **3** として存在する．

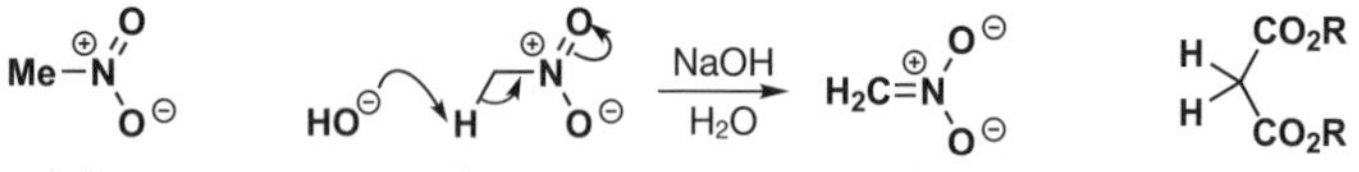

1　2　3　4

脂肪族ニトロ化合物自身が標的分子になることはほとんどない．しかし，ニトロ基は需要の高い二つの官能基へと変換できるので，合成戦略上，重要な官能基である．ニトロ基は還元によってアミン **7** に，また，さまざまな加水分解法によってケトン **5** に変換できる．

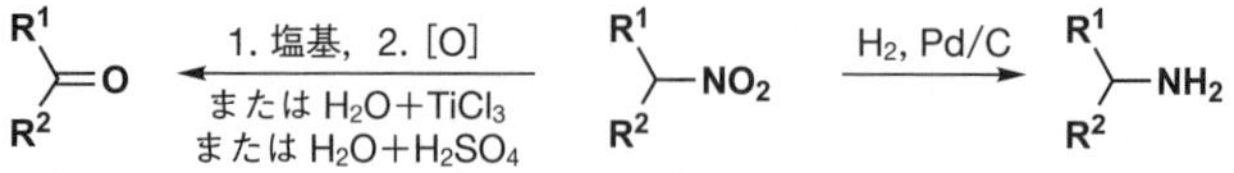

5　6　7

ニトロ基の還元はわかりやすい．ニトロ基の N−O 結合は弱く，接触水素化により還元されてアミンを生成する．一方，‘加水分解’については少し解説しておかなければ

*(訳注)：脂肪族ニトロ化合物からの脱プロトン化で生成するアニオンはエノラートではないので，‘エノラート’となっている．このアニオンはニトロナートとよばれる．

ばならない．Nef(ネフ)反応[1]を含む古典的な方法は非常に過酷な条件下で行われる．**8** の‘エノール’形 **9** の加水分解は強い酸性条件下で起こり，おそらく中間体 **10** を経て，N_2O の発生を伴ってケトン **5** が得られる．

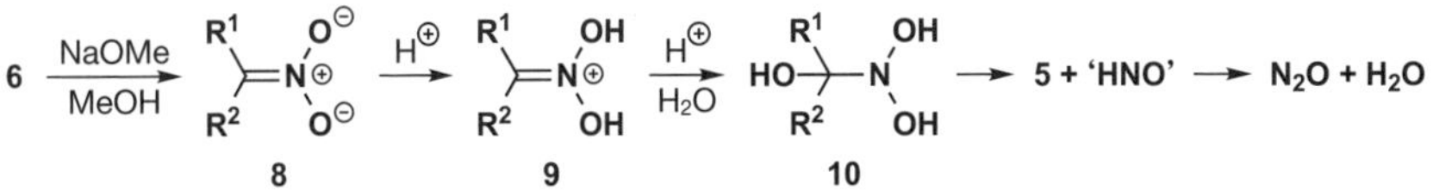

大変奇妙なことに，ケトンへの他の変換法は酸化反応または還元反応を用いる．アニオン **8** の C=N 二重結合はオゾン[2]あるいは $KMnO_4$（過マンガン酸カリウム）[3]で酸化的に開裂できる．一方，N−O 結合の還元によって生成するイミンを加水分解することでケトンが生成する．McMurry(マクマリー)反応[4]に有効な $TiCl_3$ が N−O 結合の還元にも有効であり，きわめて高い収率でケトンが得られる．しかし，最近は Ti(Ⅲ)塩の価格が高騰しているため，この還元反応はあまり有用とはいえなくなってしまった．

ニトロ化合物はアルキル化することもできるし，また共役付加にも適している（21章）ので，これらの反応の生成物からアルデヒド，ケトンおよびアミンを合成できる．下に示すオクタナールの簡便な合成[5]から，ニトロ化合物を用いる合成法が実際に非常にうまくいくことがわかる．ニトロメタン **1** をブロモヘプタンを用いてアルキル化するとニトロオクタン **11** が得られる．アニオン **12** を形成した後，$KMnO_4$ で酸化するとオクタナールが収率 89%で得られる．この反応を利用すると，アルデヒドをハロゲン化アルキルとカルボニルアニオンに逆合成できる．すなわち，ニトロ化合物のアニオン **12** は‘アシルアニオン等価体’であり，この手法は次章で必要となるので覚えておいてほしい．

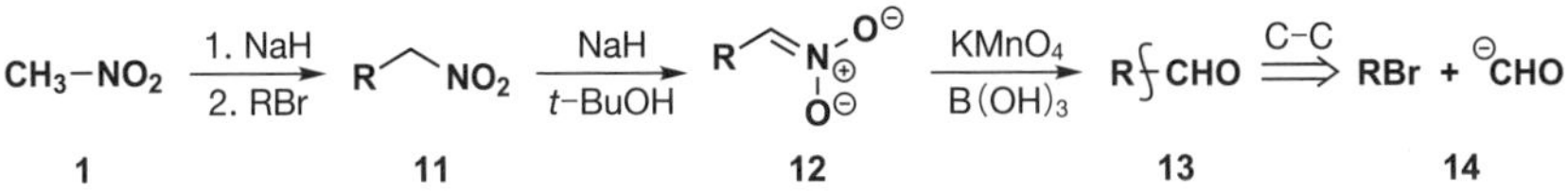

22・1　ニトロ化合物の還元

ニトロ化合物をアルキル化した後，このものを還元してアミンを得る方法は *t*-アルキルアミンの合成に特に有用である．食欲抑制剤 **15** は，アミンをニトロ基に変換して **16** とした後，四置換炭素の隣で切断すると，**17** と入手可能な 2-ニトロプロパン **18** に逆合成できる．

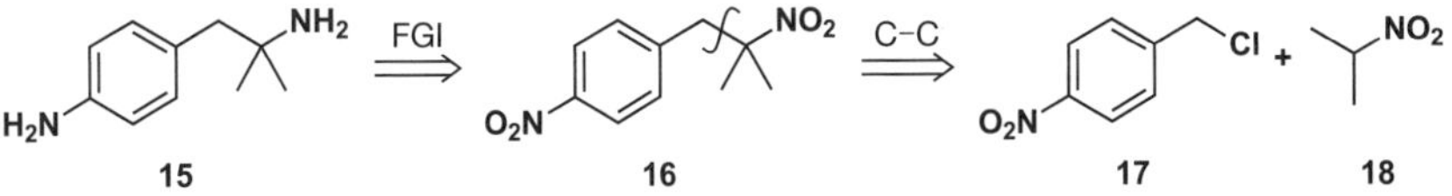

2-ニトロプロパン **18** をハロゲン化ベンジル **17** でアルキル化した後，**16** の二つのニトロ基を Raney（ラネー）Ni を用いて一挙に接触還元すると **15** が得られる[6]．

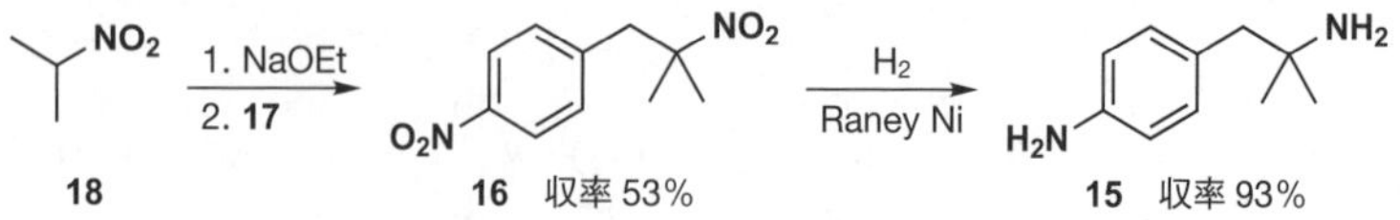

ニトロ基以外の官能基も同時に還元することができる．ポリアミン製造に必要なジアミン **19** は不飽和ニトロ化合物 **20** の還元によって合成される．**20** はニトロメタン **1** のアニオンとアルデヒド **21** との‘アルドール’反応でつくることができる．**21** から導いた **22** は 1,5-diCX の関係をもち，アクリロニトリル **23** が共役付加に最適である（21 章）ことをふまえて逆合成すると，出発物として **23** とイソブチルアルデヒド **24** が得られる．

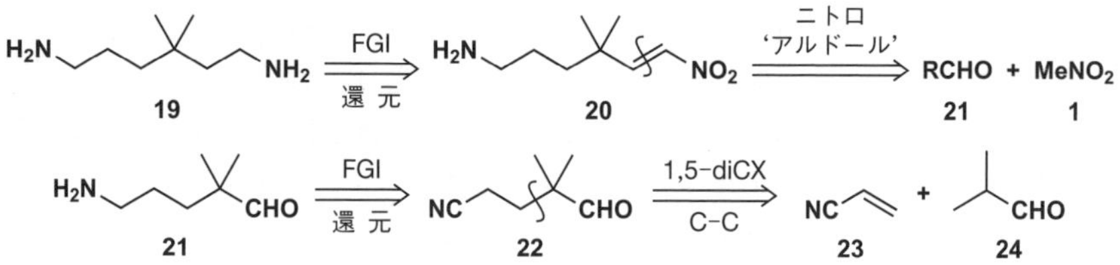

実際の合成では，**21** は分子内環化の危険があるので，合成中間体として単離しようとするのは不適当である．むしろ，シアノ基，ニトロ基，および二重結合を一挙に接触水素化によって還元するほうがよい．嵩高いアルデヒド **24** のアルドール反応は遅いので，**24** の **23** への共役付加は非常に単純な塩基性条件で行うことができる．**22** にニトロメタンのアニオンを付加させると‘ニトロアルドール’生成物 **25** が生成する．これは Henry（ヘンリー）反応ともよばれる．**25** は別途，脱水反応を行う必要があるが，得られた **26** の三つの官能基は良好な収率で一挙に還元される[7]．

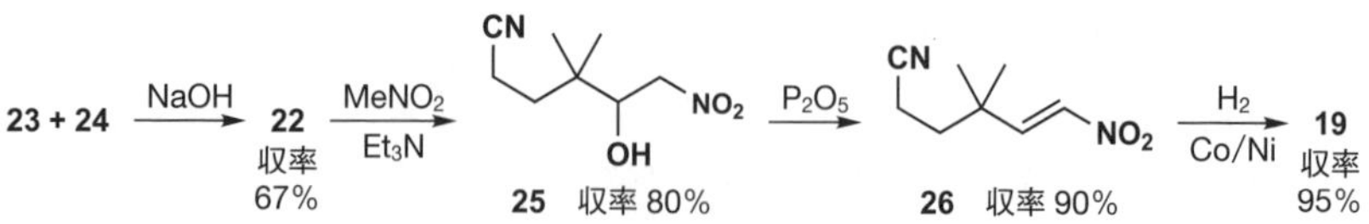

‘ニトロアルドール’生成物はケトンに変換することもできる．光学的に純粋なアルデヒド **27**（グリセルアルデヒドの保護体）を **28** と反応させると‘アルドール’生成物 **29** がジアステレオマー混合物として得られる．ここで保護基 R は非常に嵩高い TIPS 基，$(i\text{-Pr})_3Si$ である．Cu(I)塩と DCC を用いた脱水反応によりニトロアルケン **30** が *E*/*Z* 混合物として得られる．

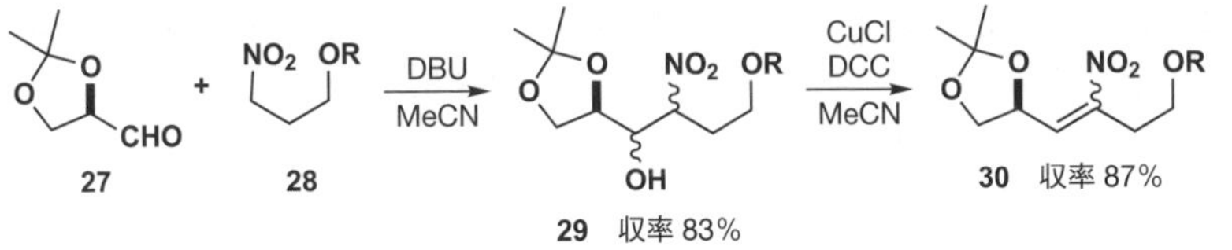

ニトロ化合物 **30** を 0 ℃, 亜鉛/酢酸という穏和な条件で還元すると, オキシム **31** が生成し, このものを単離することなく直接加水分解することでケトン **32** が得られる[8]. ケトン **32** は HMG-CoA 還元酵素阻害薬のプロトタイプとなったコンパクチン (compactin) の合成に用いられた[9].

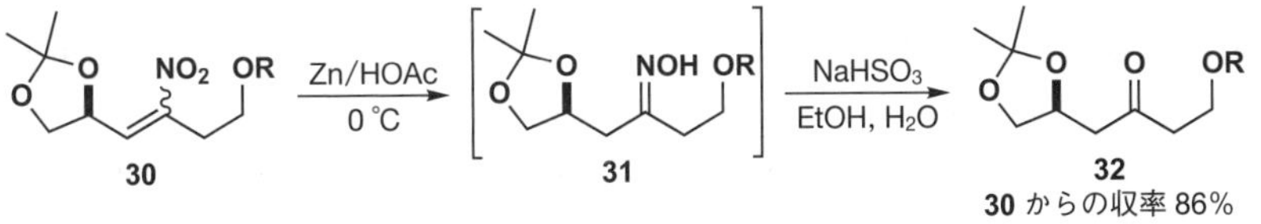

ニトロアルカンは共役付加の求核剤としても優れている. スピロ環アミドケトン **33** は, 臓器移植のための免疫抑制剤の合成で必要とされた化合物である. **33** は対称ケトンであるので, FGA によりエステル基を導入して **34** とした後, 1,3-diCO 結合切断によって対称な化合物 **35** に導くことができる. **35** のアミドを切断すると, さらに対称性の高い化合物 **36** に逆合成できる. この対称性をどのようにいかせばよいだろうか.

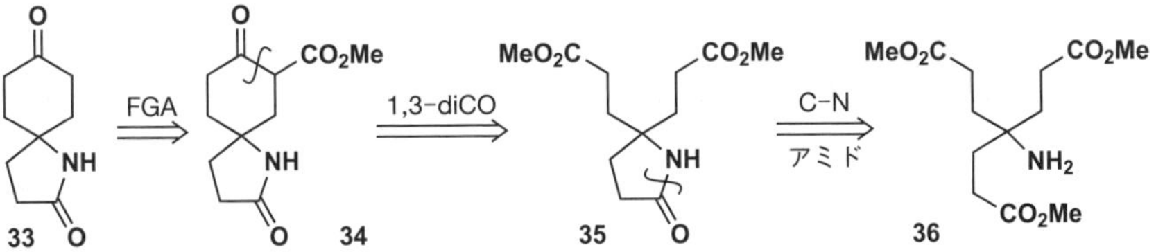

化合物 **36** のアミンをニトロ基に変換して **37** とすると, ニトロメタンのアクリル酸メチルへの共役付加を 3 回行えばよいことがわかる. この逆合成を考えるためには頭をひねらなければならないが, 切断法はこれまでに学んだものばかりである.

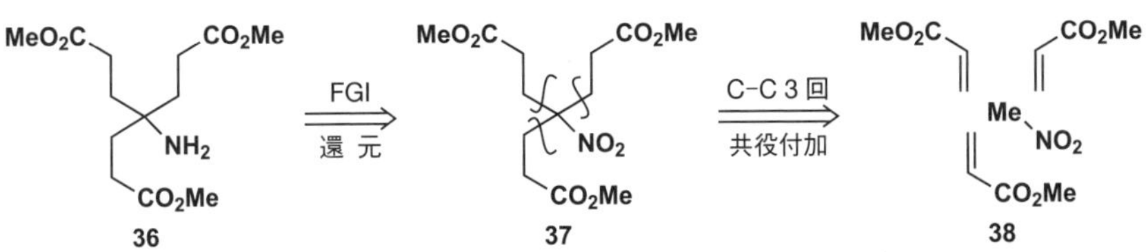

この合成はもちろん非常に短工程である[10]．触媒量（5%）の DBU 存在下，ニトロメタンは 3 当量のアクリル酸メチルに付加して **37** を生成する．**37** のニトロ基を還元すると三つのエステル基のうちの一つと自然に環化してアミド **35** が得られる．後の工程は合成計画どおりに行われた．

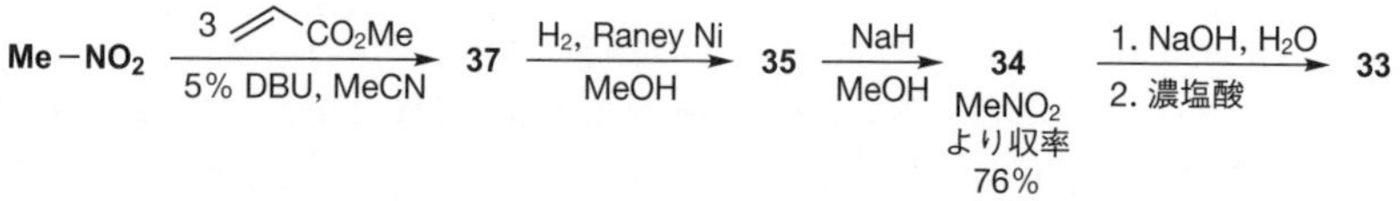

22・2　Diels–Alder 反応

化合物 **30** の合成で述べたように，ニトロアルケンはニトロアルカンとアルデヒドから容易に合成可能であり，さらに Diels–Alder 反応（17 章）の求ジエン体として用いることができる．Diels–Alder 生成物は，通常どおりアミンやケトンに変換できる．中枢性交感神経刺激薬フェンカンファミン（fencamfamin）**39** は Diels–Alder 生成物 **41** に逆合成できる．**41** がシクロペンタジエン **42** とニトロアルケン **43** から合成できるのは一目瞭然である．

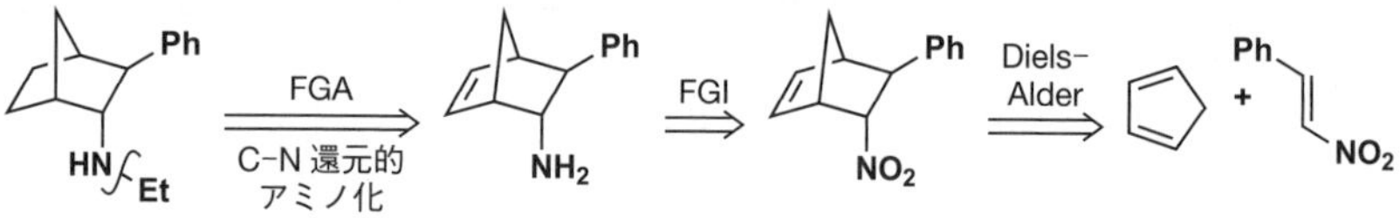

39　**40**　**41**　**42**　**43**

合成は計画どおりに進み，Diels–Alder 生成物 **41** の二重結合とニトロ基を接触水素化によって一挙に還元すると **44** が得られる．続く還元的アミノ化では，イミンの形成後，接触水素化を行うことで **39** が得られる[11]．

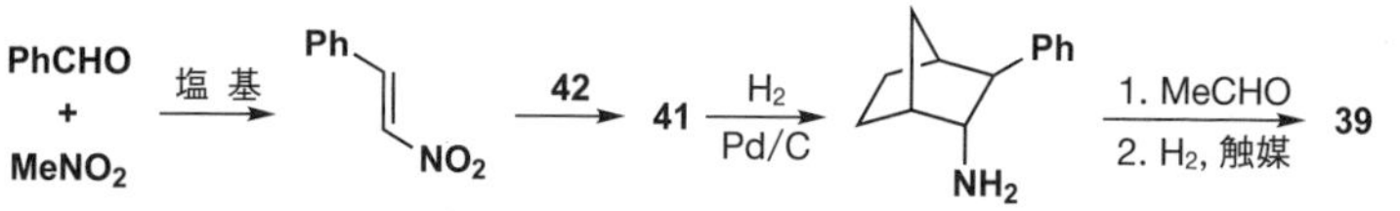

(*E*)–**43**　**44**

さて，ここでケトン **47** が Diels–Alder 反応で合成できるかどうか考えてみよう．**47** を矢印で示すように，Diels–Alder 反応を逆向きにたどって逆合成すると，Diels–Alder

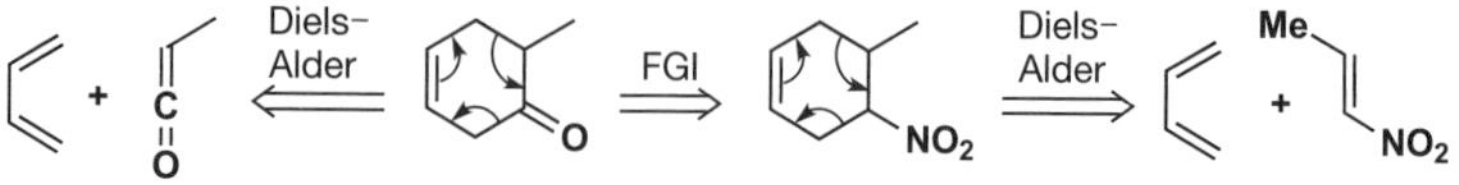

45　**46**　**47**　**48**　**45**　**49**

反応に適したジエン **45** と不向きな求ジエン体 **46** が得られる．**46** はケテンであり，Diels–Alder 反応には使用できない．ケテンの利用法については 33 章で学ぶ．この場面で，ケトンをニトロ基に変換して **48** に導くと，問題が解決する．

この合成は McMurry が行ったものなので，Diels–Alder 生成物 **48** のニトロ基をケトン **47** に変換する工程では McMurry の反応剤（$TiCl_3/H_2O$）が使用されている．**48** の立体化学は重要ではない．どちらのジアステレオマーからも **47** が得られる[2]．

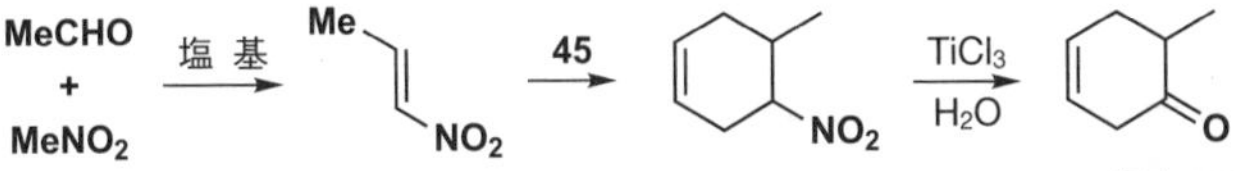

49 **48** **47** 収率 60%

22・3 ニトロ基の合成上の役割についてのまとめ

ニトロ基は非常に汎用性が高く，ニトロ基を用いなければ実現が困難な合成すらある．表 22・1 はニトロ化合物がどのようなシントンに対応するかをまとめたものである．負または正に荷電したシントンはいずれも不自然な極性をもつこと，および Diels–Alder 反応の欄に記載されている第一級エナミンはアミンを保護しなくては調製できないことに，特に注目してほしい．

表 22・1 ニトロ基を利用した反応でのシントンの表記

反応様式	反 応 例	シントン表記	
		還元した場合	ケトンへ変換した場合
アルキル化		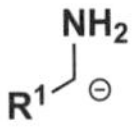	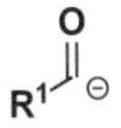
ニトロ‘アルドール’		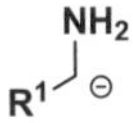	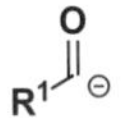
共役付加	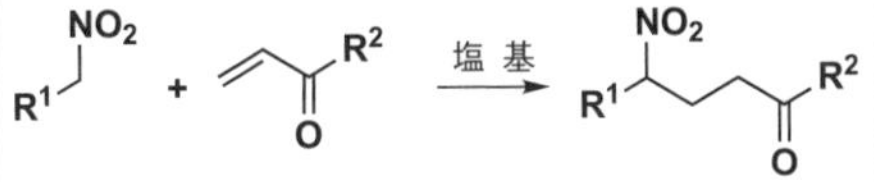	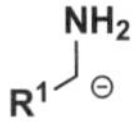	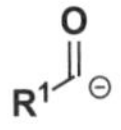
ニトロアルケンへの共役付加	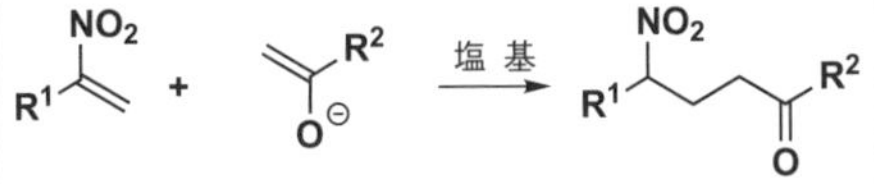	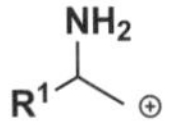	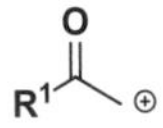
Diels–Alder	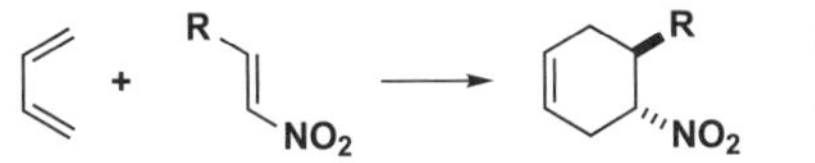	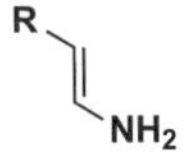	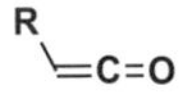

文　献

1. W. E. Noland, *Chem. Rev.*, 1955, **55**, 137.
2. J. E. McMurry, J. Melton and H. Padgett, *J. Org. Chem.*, 1974, **39**, 259.
3. N. Kornblum, A. S. Erickson, W. J. Kelly and B. Henggeler, *J. Org. Chem.*, 1982, **47**, 4534.
4. J. E. McMurry, *Acc. Chem. Res.*, 1974, **7**, 281；J. E. McMurry and J. Melton, *J. Org. Chem.*, 1973, **38**, 4367.
5. B. S. Furniss, A. J. Hannaford, P. W. G. Smith and A. R. Tatchell, *Vogel's Textbook of Practical Organic Chemistry*, Fifth Edition, Longman, Harlow, 1989, p.600.
6. H. B. Hass, E. J. Berry and M. L. Bender, *J. Am. Chem. Soc.*,1949, **71**, 2290；G. B. Bachmann, H. B. Hass and G. O. Platau, *Ibid.*, 1954, **76**, 3972.
7. G. Poidevin, P. Foy and T. Rull, *Bull. Soc. Chim. Fr.*, 1979, II-196.
8. オキシムへの還元：H. H. Baer and W. Rank, *Can. J. Chem.*, 1972, **50**, 1292.
9. A. K. Ghosh and H. Lei, *J. Org. Chem.*, 2002, **67**, 8783.
10. T. Kan, T. Fujimoto, S. Ieda, Y. Asoh, H. Kitaoka and T. Fukuyama, *Org. Lett.*, 2004, **6**, 2729.
11. G. I. Poos, J. Kleis, R. R. Wittekind and J. D. Rosenau, *J. Org. Chem.*, 1961, **26**, 4898；J. Thesing, G. Seitz, R. Hotovy and S. Sommer, *Ger. Pat.*, 1110159 (1961)；*Chem. Abstr.*, 1961, **56**, 2352h.

23 二官能基 C−C 結合切断 IV: 1,2-二官能性化合物

本章に必要な基礎知識
“ウォーレン有機化学” 20章 アルケンへの求電子付加反応 を参照

19章と21章で述べた1,3-diCO および1,5-diCO の関係をもつ化合物の逆合成では，二つのカルボニル基間の結合を切断するときにエノラートを炭素求核剤として用いることができた．本章では二つの官能基が偶数の位置関係にある化合物の逆合成を取上げる．1,2-diCO や1,2-diO の関係をもつ化合物の場合には，エノラートを用いることができない．たとえば単純な例として，1,2-ジケトン **1** または α-ヒドロキシケトン **4** の逆合成を考えてみよう．ここでは，官能基化された二つの炭素の間にC−C結合が一つしかない．そのため，分子の構造の半分はカルボン酸誘導体 **3** またはアルデヒド **5** に導かれるが，もう半分はシントンとして不自然な極性をもつアシルアニオン **2** を用いなければならない．本章では，まず初めにアシルアニオン等価体（d^1 シントンに対応する反応剤）について学び，その後，アシルアニオン等価体の使用そのものを避けるための戦略について述べる．

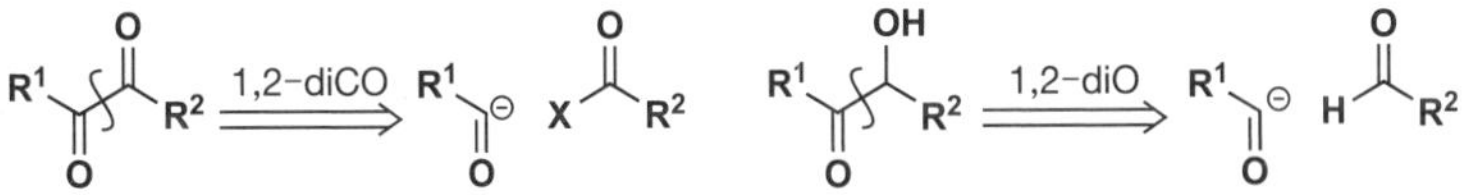

1　**2**　**3**　**4**　**2**　**5**

23・1 アシルアニオン等価体

アシルアニオンに対応する最も単純な反応剤として，数少ない真正のカルボアニオンの一つであるシアン化物イオンがあげられる．シアン化物イオンのアルデヒドへの付加により得られるシアノヒドリン **7** は **6** および **8**〜**10** に示すさまざまな化合物に変換できる．シアン化物イオンは，それぞれの生成物の隣に網かけで示したシントンに対応すると考えることができる．

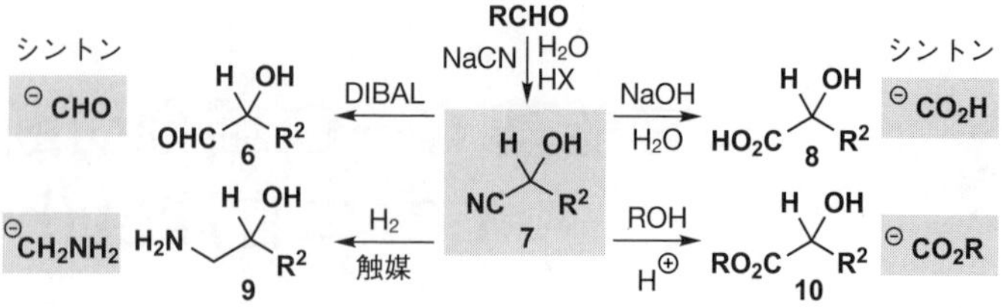

シアン化物イオンは上で述べたように汎用性に優れているが，当然のことながら 1 炭素分しか増炭できない．したがって，他のもっと一般性のあるアシルアニオン等価体が必要となる．16 章ではアルキンの水和によってケトンが合成できることを学んだ．簡単な例としてヒドロキシケトン **11** の合成をあげる．**11** はアルキニルアルコール **12** の水和により得られ，このものはアセトンとアシルアニオン等価体として働くアセチリドイオンに逆合成できる．

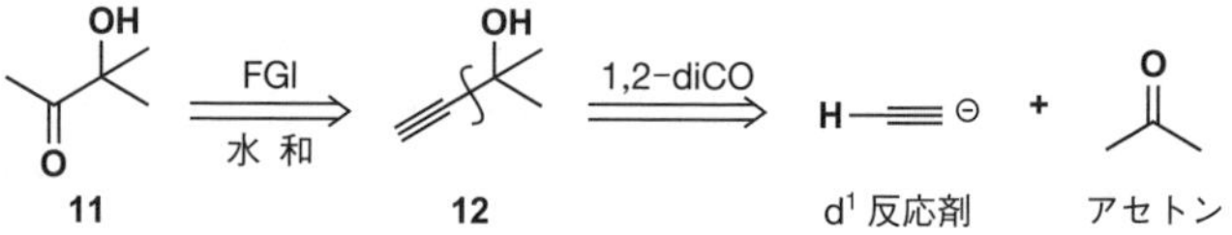

ナトリウムアセチリドがアセトンへ付加するとアルコール **12** が生成し，このものを酸性条件下 Hg(II)触媒を用いて水和すると **11** が得られる[1]．

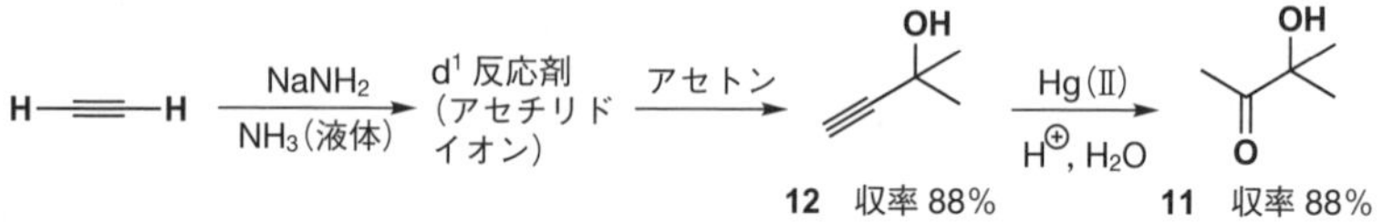

シクロヘキセノン **13** はワタミハナゾウムシのホルモンであるグランジソール（grandisol）の合成で必要とされた化合物である．Robinson 環化（21 章）をふまえて逆合成すると，*i*-PrCHO と幾分不安定そうなエノン **15** に導くことができる．**15** の合成にはもちろん Mannich 反応を用いることができる（X = NR_2）が，ケトン **16** の脱離基 X は何でもよい．

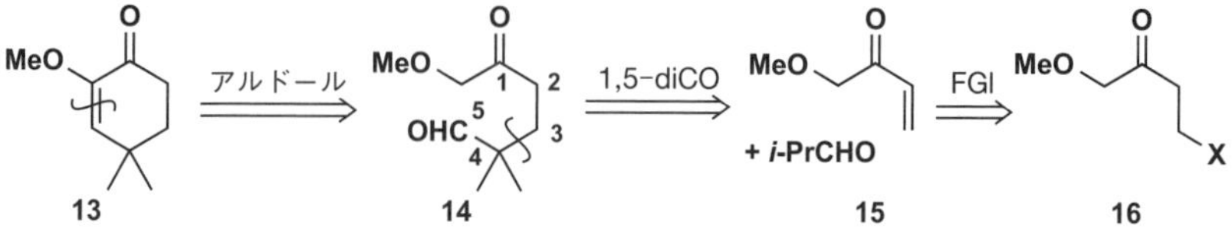

ケトン **16** の脱離基 X を OMe とすると，このものは対称アルキン **17** の水和によって合成することができ，**17** のエーテルはジオール **18** のアルキル化によって導入できる．ジオール **18** はアセチレンとホルムアルデヒドから容易に合成できる．

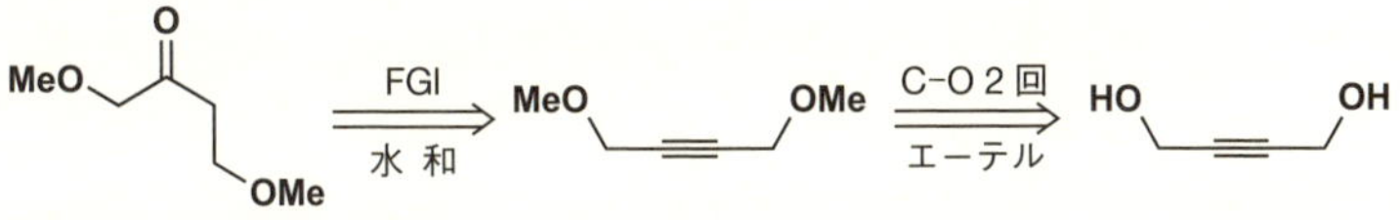

16（X = OMe）　**17**　**18**

実際の合成では，硫酸ジメチルと塩基を用いたアルキル化によりジエーテル **17** とした後，Hg(II)触媒を用いた通常の水和によってケトン **16**（X = OMe）が合成された[2)]．

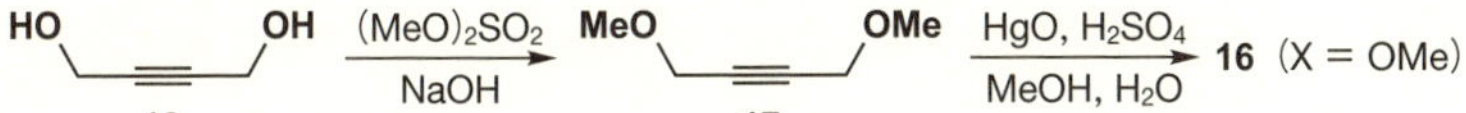

18　**17**

Robinson 環化はエノン **15** を酸性条件で調製した後, *i*-PrCHO とピロリジンから合成したエナミンと反応させることで達成できる[3)]．あるいは，単純に **16**（X = OMe）を塩基性条件で *i*-PrCHO と反応させてもよい[4)]．

i-PrCHO　ピロリジン　エナミン

他のさまざまなアシルアニオン等価体については "Strategy and Control" で詳しく述べられている[5)]．その一例として，軽度のてんかん治療に用いられるフェナグリコドール（phenaglycodol）**19** の合成をあげる．この 1,2-ジオールはさまざまな方法で合成できるが，メチル基二つを除去すると α-ヒドロキシエステル **20** に導くことができる．**20** はシアン化物イオンのケトン **21** への付加によって合成できる．

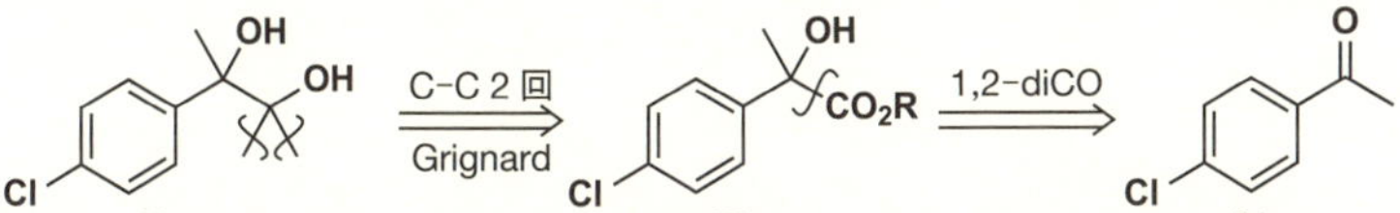

19　**20**　**21**

ケトン **21** は Friedel–Crafts 反応によって **22** から合成され，このものから得られるシアノヒドリンの加水分解はアミド **23** を経て 2 段階で行われた．エチルエステル **20**（R = Et）に対して過剰量の MeMgI を反応させるとジオール **19** が得られた[6)]．

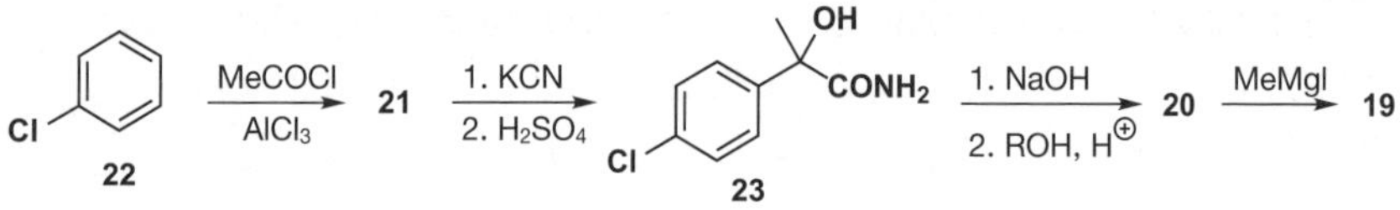

他のアシルアニオン等価体

シアン化物イオン（1 炭素）やアセチリドイオン（2 炭素）は炭素数に制約があるが，もっと汎用性の高いアシルアニオン等価体もある．ジチアン **25** はアルデヒド **24** のチオアセタールであり，BuLi などの強塩基によって二つの硫黄原子間で脱プロトン化される．ジチアンのリチウム化合物 **26** は別のアルデヒドと反応して **27** を生成し，**27** のチオアセタールを Cu(Ⅱ)塩または Hg(Ⅱ)塩などの Lewis 酸を用いて加水分解すると α-ヒドロキシケトン **4** が得られる．下に示した合成を逆方向にたどると，**26** がアシルアニオン等価体であることがわかる．上で述べたシアン化物イオンやアセチリドイオンを用いた例とは異なり，R^1 は H や Me に限定されない．

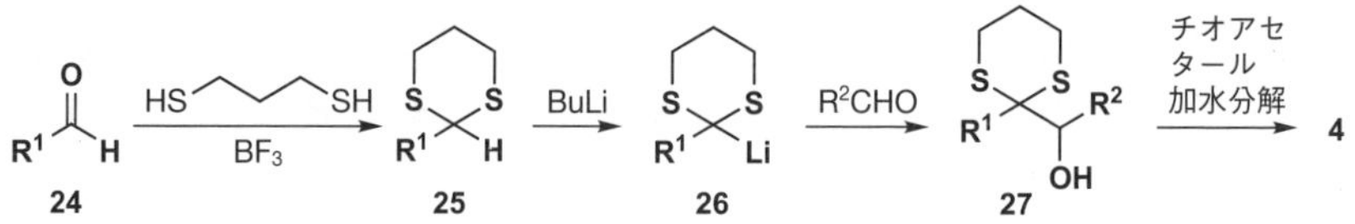

ブルピン酸（vulpinic acid）はエスキモーがオオカミに対して使用する毒に含まれる成分である．α-ケトエステル **30** は Knight と Pattenden によるブルピン酸を含む地衣類由来の天然物群の合成[7] で必要とされた化合物である．**30** はシントン **29** に対応するシアン化物イオンを適当なアシル化剤と反応させるとつくれそうだが，実際の合成では反応剤として **31** に対応するジチアンと **32** に対応する二酸化炭素が選ばれた．

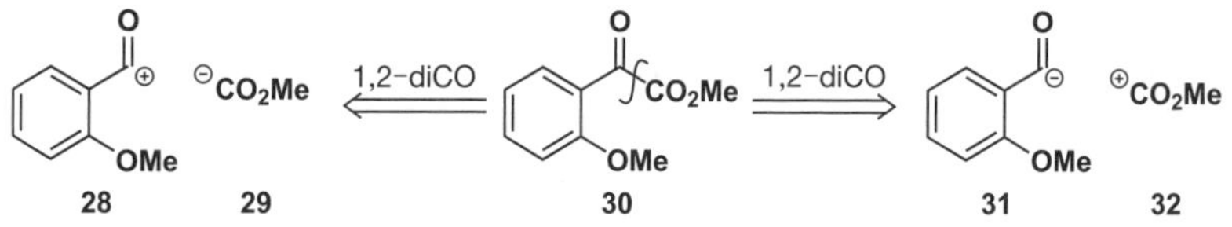

ジチアン **33** を入手可能なアルデヒドから合成した後，二酸化炭素との反応によりアシル化すると **34** が得られた．最後にメチルエステル **35** のジチアンを Cu(Ⅱ)塩を用いて加水分解すると α-ケトエステル **30** が得られた．各工程の収率はすべて非常に高い．ジチアンは合成が容易で，安定であり，取扱いも簡単であるが，脱保護には注意を要する．

Baldwin の有名な環化反応における経験則に関する研究では，別のアシルアニオン等価体が用いられた[8]．ヒドロキシエノン **36** は環化反応の起こりやすさを検討するために必要とされた基質の一つである．**36** はアルドール反応をふまえた結合切断によりα-ヒドロキシケトン **37** に逆合成できる．これまでと同様に **37** を逆合成すると，アシルアニオン **39** をシクロヘキサノンへ付加する必要がある．Baldwin はアシルアニオン等価体としてビニルエーテルのリチウム化合物 **40** を選んだ．

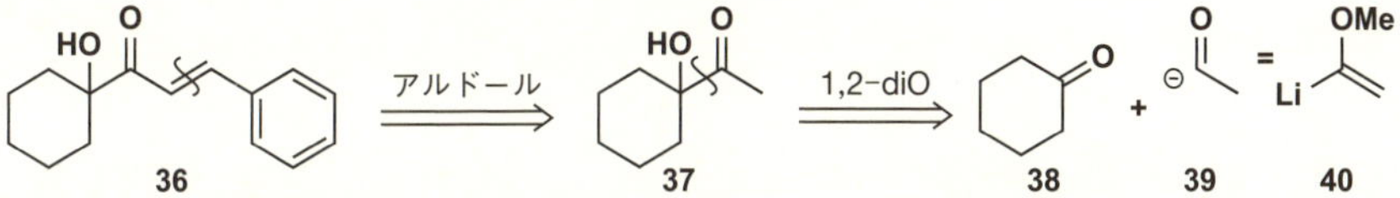

ビニルエーテルのリチウム化合物 **40** はジチアンとは正反対の性質を示す．生成物の加水分解はずっと簡単であるが，**40** の合成とその使用には困難を伴う．脱プロトン化には *t*-BuLi を用いる必要があったが，その後の合成は容易に行われた．**42** の加水分解によってケトン **37** が高収率で得られ，さらにアルドール反応もエノール化できるのは **37** だけであり，アルデヒドはケトンよりも求電子性が高いことから全く問題なく進行した．

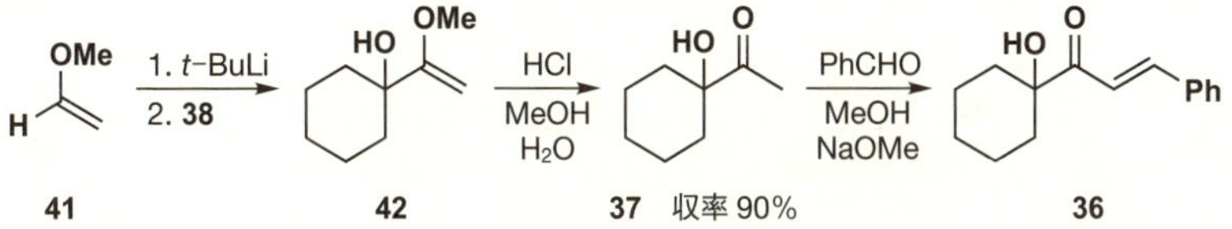

23・2 アルケンからの合成法

ジオール **19** の逆合成で，アルケンのヒドロキシ化を思いついたかもしれないが，それはよい考えである．アルケンはさまざまな求電子剤と反応して 1,2 位に官能基を二つもつ化合物を生成する．本章でこれまでに述べてきた化合物のなかで最も酸化度の低い 1,2-ジオール **43** は，OsO_4 を用いてアルケン **44** をジヒドロキシ化すると簡単に合成できる．アルケン **44** の逆合成として，Wittig 反応をふまえた二重結合の切断がまず最初に考えられる．この結合切断は，**43** の OH 基をもつ二つの炭素原子間の結合の切断に相当し，アルデヒド **45** と **46** が得られる．さらに **46** はハロゲン化アルキル **47** に導くことができる．もちろん，アルケンを合成する方法は他にも多数あり（15 章），それぞれの方法に従って別の逆合成が可能である．

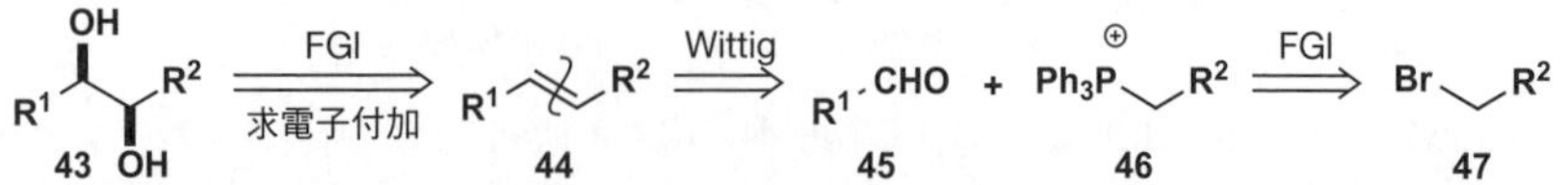

43　44　45　46　47

エポキシドは，**48** などの 1,2 位に官能基を二つもつさまざまな化合物を立体化学を制御しながら合成するために用いられる．アルケン **44** から合成されるエポキシド **49** を用いた反応ではアンチ体 **48** が得られる．これは **43** がシン体として得られているのとは対照的である．アルケンから合成される他の化合物として 1,2-ジブロモアルカンやブロモヒドリンがあり，それぞれ臭素のみ，あるいは臭素と水と反応させることで得られる．

48　49　44

実際の例として Lambert の研究[9] をあげる．ビストシラート **50** は，酢酸中での加溶媒分解において脱離基に隣接する電子求引基が芳香環の隣接基関与に及ぼす影響を検討するために必要とされた化合物である．**50** はジオール **51** から合成できるが，**51** の合成については (*E*)-アルケンをエポキシ化するか，あるいは (*Z*)-アルケンをジヒドロキシ化するかの二つの選択肢があった．(*Z*)-アルケン **52** が Wittig 反応により合成できたので，後者が選ばれた．

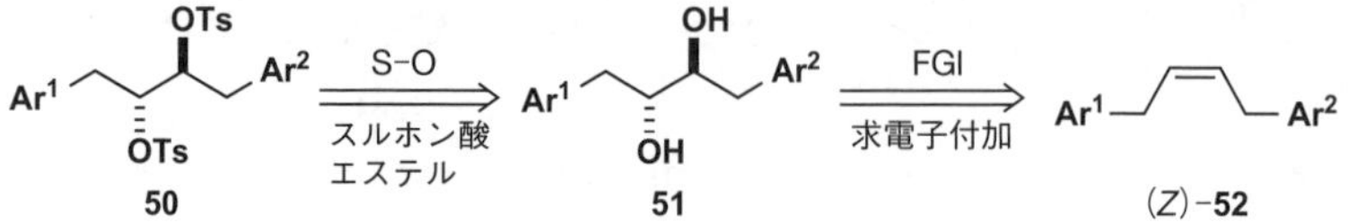

50　51　(*Z*)-52

Wittig 反応の出発物 **54** と **55** は，それぞれ対応するアリール酢酸エステル **53** の還元および **56** の還元と置換反応によって合成できる．実際には，**53** と **56** のどちらからもホスホニウム塩あるいはアルデヒドをつくることができるので，この合成経路は柔軟性に優れている．アルデヒド **54** は，還元剤として DIBAL の代わりに Red Al〔$NaAlH_2(OCH_2CH_2OMe)_2$〕を用いて合成された．

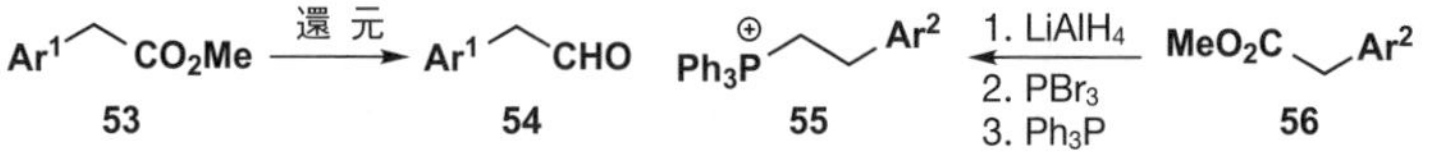

53　54　55　56

ホスホニウム塩 **55** に PhLi を作用させることでイリドが生成し，**54** との Wittig 反応によって立体選択的に (Z)-**52** が得られた．今日では，ジヒドロキシ化にはおそらく再酸化剤共存下触媒量の OsO_4 を使用するであろうが，Lambert は Woodward のジヒドロキシ化反応[10]（1. AgOAc/I_2/HOAc/H_2O, 2. KOH/EtOH）を利用してジオール **51** を合成した．**51** をピリジン中 TsCl と反応させるとビストシラート **50** が得られた．

23・3 カルボニル化合物の α 位官能基化

カルボニル化合物の α 位を官能基化する戦略は，二官能基 C−X 結合切断を取上げた 6 章ですでに利用している．そのときは，ケトンの臭素化を紹介した．ここでは，カルボニル化合物から二酸化セレン SeO_2 を用いた酸化反応やニトロソ化による 1,2-ジカルボニル化合物への変換について述べる．たとえば，アセトフェノン **57** を SeO_2 で酸化するとケトアルデヒド **58**[11] が得られる．1,2-ジカルボニル化合物は不安定であるが，結晶性の高い水和物 **59** は安定であり，**59** を加熱処理することで **58** を再生することができる．**57** のような芳香族ケトンは Friedel-Crafts 反応によって確実に合成できるので，**58** の逆合成では二つのカルボニル基間ではなく，**58*a*** に示す箇所での結合切断が代替合成法となる．

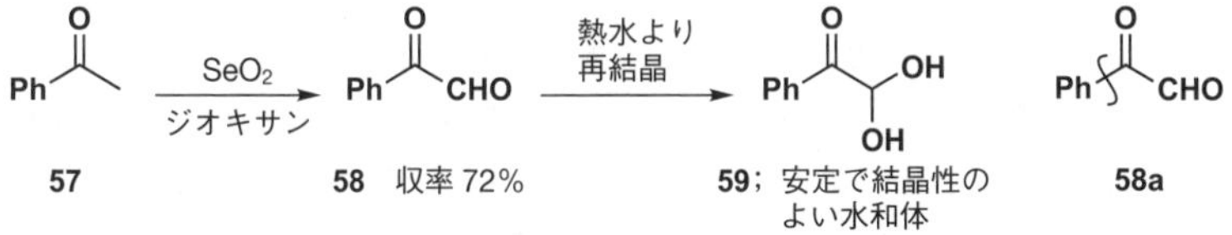

化合物 **60** のエノール形を酸性溶液中でニトロソ化するとニトロソ化合物 **61** が生じ，互変異性によりオキシム **62** が得られる．オキシム **62** を加水分解するとジケトン **63** が得られる．

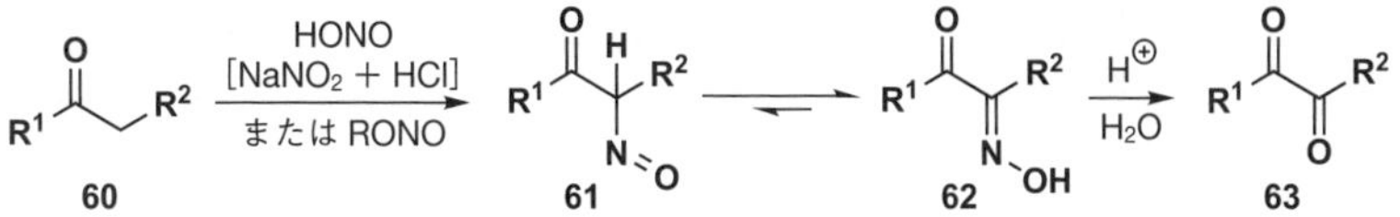

カルボニル化合物の α 位官能基化の例

メタプロテレノール（metaproterenol）**64** は気管支拡張薬として用いられているアドレナリン類縁体である[12]．**64** のアミンはアルデヒド **65** から還元的アミノ化によって導入可能であり，**65** は入手可能なケトン **66** の α 位官能基化によって合成できると考えられる．

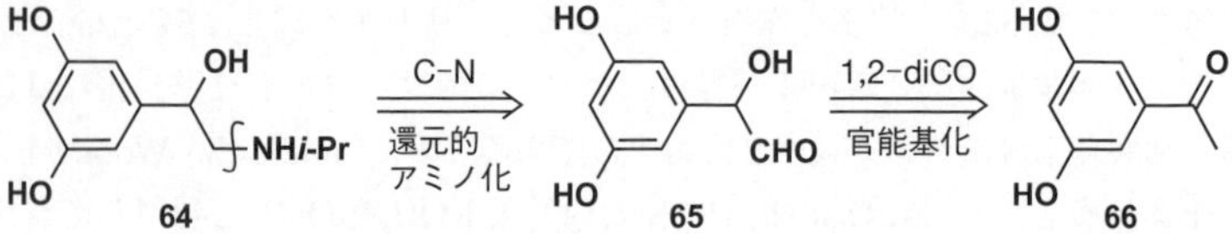

ケトン **66** のフェノール性 OH 基は **67** のようにメチルエーテルとして保護しておく必要があるが，前述した SeO_2 を用いた酸化によってケトアルデヒド **68** が得られる．**68** から **65** を合成しようとするとアルデヒド共存下でケトンを選択的に還元しなくてはならない．しかし，実際には Boehringer 社の研究者たちは **65** を経由しない短工程合成を達成している．還元的アミノ化を接触水素化の条件下で行うと，アルデヒドと *i*-$PrNH_2$ から生成するイミンとケトンの両方が還元され一挙に **69** が得られた．最後に脱保護すると，メタプロテレノール **64** が得られる．**68** のアルデヒドは芳香環と共役したケトンよりも求電子性が高いので，アルデヒドがアミンと反応して還元的アミノ化に必要なイミンが生成する点に着目してほしい．

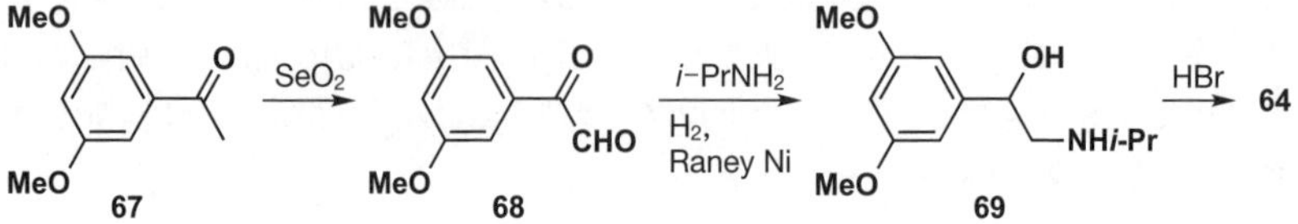

トリエステル **70** は電子豊富のアルケン（a）と電子不足なアルケン（b）とのペリ環状反応の研究で必要とされた化合物である[13]．**70** の α,β-不飽和カルボニルに着目して二重結合を切断すると，エノール化できるエステル **72**（X はたとえば CO_2R のような活性化基）と非常に求電子性の高いケトジエステル **71** に逆合成できる．アリルエステル **72** は間違いなく合成できるが，1,2-diCO の関係を二つもつトリカルボニル化合物 **71** の合成は難題である．

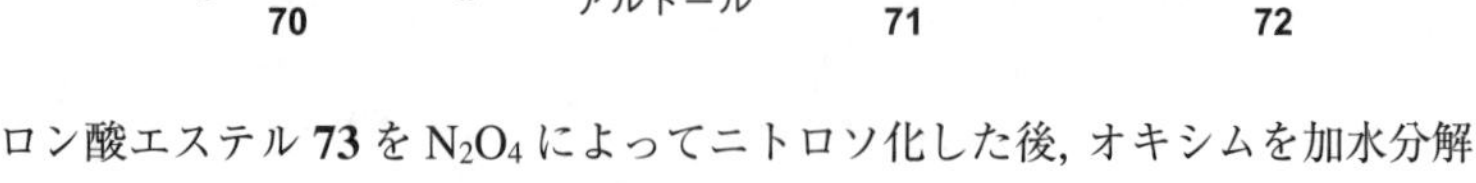

マロン酸エステル **73** を N_2O_4 によってニトロソ化した後，オキシムを加水分解すると **71** が得られる．カップリング反応には，エステルとの反応が起こらないように **72**（X = PPh_3）との Wittig 反応が選ばれた．

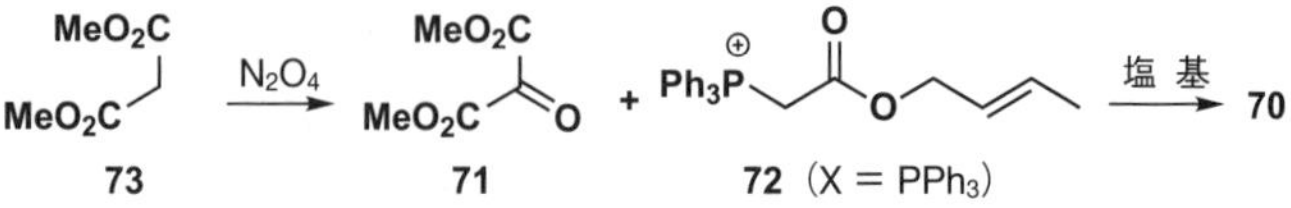

23・4　市販の出発物を用いる戦略

官能基化された炭素同士を結合させて，1,2 位が官能基化された化合物をつくるのは難しいので，**50** や **71** の合成のようにこの方法を選択しないという戦略もありうる．また，代替法として，あらかじめ 1,2 位が官能基化された市販の化合物を出発物とすることができる．簡単な例としてジオール **74** の合成をあげる．**74** には，乳酸 **75** が基本骨格として含まれていることに気づくだろう．したがって **74** の逆合成では，乳酸由来のエステル **76** に対する PhMgBr や PhLi の付加をふまえて，**74*a*** に示すように Ph 基二つを除去すればよい．その際，**76** の OH 基は保護しておく必要がある．

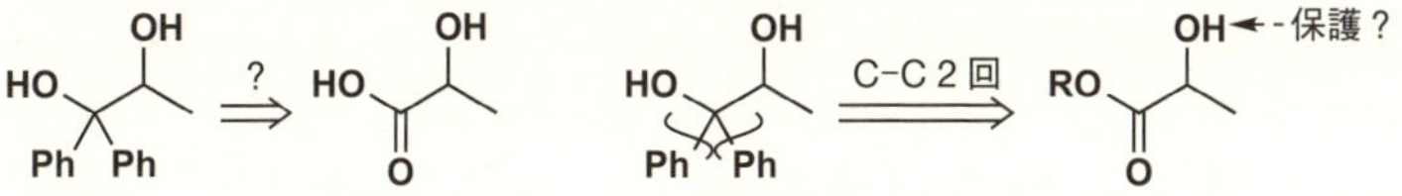

74　**75** 乳酸　**74a**　**76**

実際には，乳酸を加熱すると二量化して OH 基が保護された二重ラクトン **77** が生成する．この‘ラクチド’**77** を過剰量の PhMgBr で処理するとジオール **74** が得られる[14]．

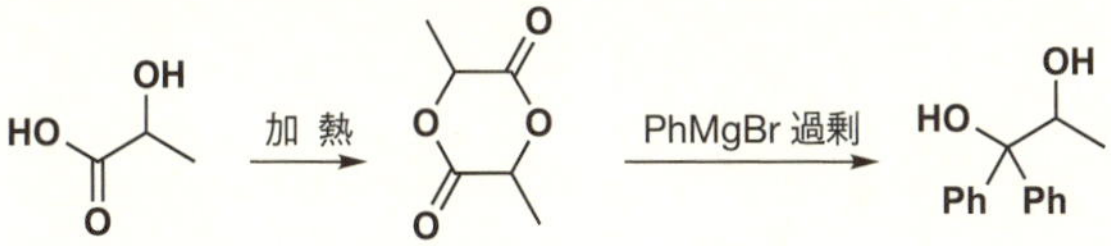

75 乳酸　**77**　**74**

1,2 位が官能基化された市販の化合物には **78** から **90** のように単純なものが数多く存在する．これらの化合物の慣用名は，試薬会社のカタログで探すときに役立つだろう．アミノ酸 **83** はタンパク質の構成成分であり，R としてアルキル，アリールやさまざまな官能基をもつものが入手できる[15]．

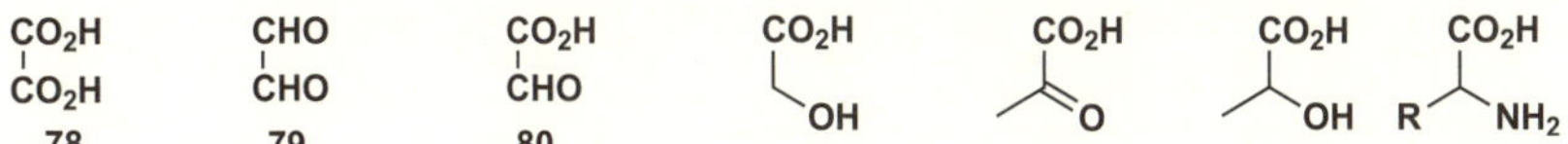

78 シュウ酸　**79** グリオキサール（水溶液）　**80** グルオキシル酸（水和体）　**81** グリコール酸　**82** ピルビン酸　**75** 乳酸　**83** アミノ酸

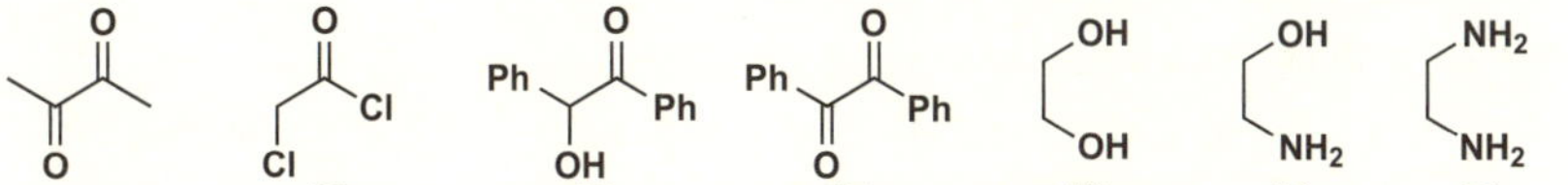

84 ブタンジオン　**85** クロロ酢酸クロリド　**86** ベンゾイン　**87** ベンジル　**88** グリコール　**89** エタノールアミン　**90** エチレンジアミン

本章では化合物 **11** や **50** の合成について述べたが，これらの化合物も有用な出発物となる．エノン **92** はブラテノン（bullatenone）**91** の構造を証明するのに必要とされた化合物である．**92** はエノールエーテル構造をもつので，アルデヒド **93** から合成できる．さらに逆合成を進めると **11** に導くことができる．**11** の合成についてはすでに述べたとおりである．

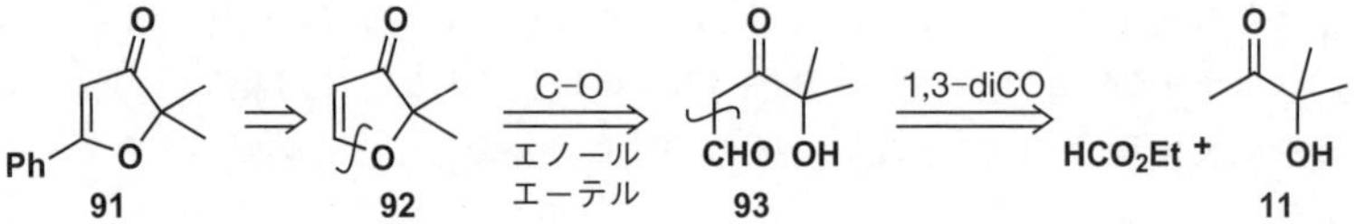

91　**92**　**93**　**11**

最初の工程では特に制御を行う必要はない．エノール化できるのはケトン **11** だけであり，ギ酸エステル HCO_2Et のほうがケトンよりも求電子性が高いからである[16]．生成物はヘミアセタール **94** として単離され，さらに蒸留過程で脱水して **92** が得られる．

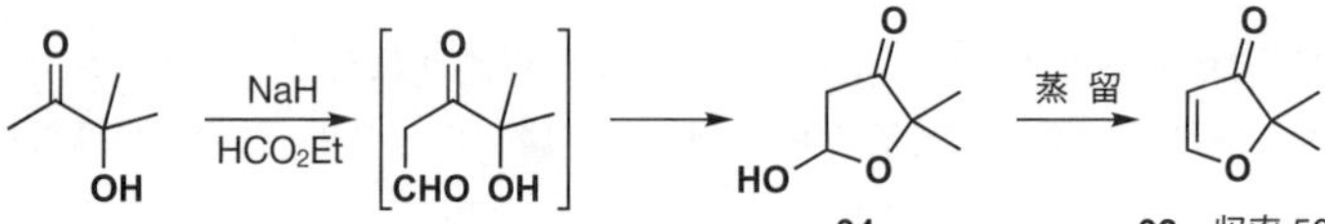

11　**93**　**94**　**92** 収率 50%

23・5 ベンゾイン縮合

α-ヒドロキシケトン **95** が対称性をもっている場合，本章の冒頭で化合物 **4** の逆合成で考えたのと同じ結合切断により，興味深い合成法の可能性が生じる．すなわち，アシルアニオン **96** をアルデヒド **97** から合成できないか，という可能性である．その答えは‘イエス’である．ただし，R がエノール化できる水素をもたないという条件を満たす必要がある．特に R が芳香環の場合には反応がうまくいき，一つのフラスコ内でベンズアルデヒドを触媒量のシアン化物イオンで処理すると **98** が一挙に得られる[17]．

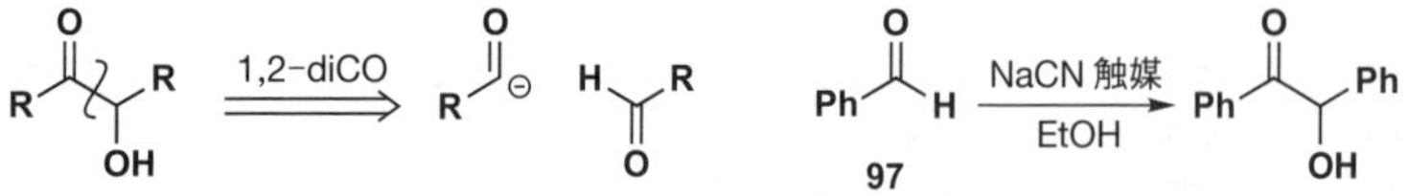

95　**96**　**97**　**97** (R = Ph)　**98** 収率 90%

この反応では，**99** に示すようにシアン化物イオンがアルデヒドに付加して **100** が生成する．**100** はプロトン交換によりシアノ基で安定化されたアニオンを生じ，**101** に示すようにもう 1 分子のベンズアルデヒドに付加する．さらにプロトン交換によって **102** に示すようにシアン化物イオンが脱離して **98** が生成する．シアン化物イオンは触媒として再び反応に利用される．

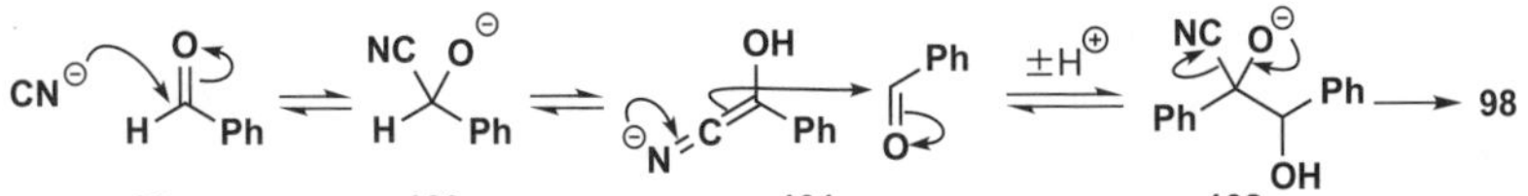

99　100　101　102

この反応はベンゾイン縮合[18]とよばれ，アシルアニオン種の生成とカルボニル求電子剤との反応を一工程で行う最も単純な方法である．1,2-二官能性化合物を合成するための重要な反応の一つであるラジカル反応については次章で述べる．シアン化物イオンを必要としない，もっと新しい反応については 39 章で紹介する．

文　献

1. M. A. Ansell, W. J. Hickinbottom and A. A. Hyatt, *J. Chem. Soc.*, 1955, 1592.
2. G. F. Hennion and F. P. Kupiecki, *J. Org. Chem.*, 1953, **18**, 1601.
3. G. L. Lange, D. J. Wallace and S. So, *J. Org. Chem.*, 1979, **44**, 3066.
4. E. Wenkert, N. F. Golob and R. A. J. Smith, *J. Org. Chem.*, 1973, **38**, 4068; E. Wenkert, D. A. Berges and N. F. Golob, *J. Am. Chem. Soc.*, 1978, **100**, 1263.
5. P. Wyatt and S. Warren, *Organic Synthesis: Strategy and Control*, Wiley, Chichester, 2007, chapter 14.
6. D.Lednicer and L. A. Mitscher, *Organic Chemistry of Drug Synthesis*, vol. 1, John Wiley & Sons, 1977, pp. 219～220; C. H. Boehringer Sohn, *Belg. Pat.*, 1961, 611502; *Chem. Abstr.*, 1962, **57**, 13678i.
7. D. W. Knight and G. Pattenden, *J. Chem. Soc.*, *Perkin Trans. 1*, 1970, 84.
8. J. E. Baldwin, J. Cutting, W. Dupont, L. Kruse, L. Silberman and R. C. Thomas *J. Chem. Soc.*, *Chem. Commun.*, 1976, 736; G. A. Höfle and O. W. Lever, *J. Am. Chem. Soc.*, 1974, **96**, 7126.
9. J. B. Lambert, H. W. Mark and E. S. Magyar, *J. Am. Chem. Soc.*, 1977, **99**, 3059; J. B. Lambert, H. W. Mark, A. G. Holcombe and E. S. Magyar, *Acc. Chem. Res.*, 1979, **12**, 321.
10. R. B. Woodward, F. V. Brutcher, Jr., *J. Am. Chem.* Soc. **1958**, *80*, 209; H. O. House, *Modern Synthetic Reactions*, Second Edition, Benjamin, Menlo Park, 1972, p.439.
11. B. S. Furniss, A. J. Hannaford, P. W. G. Smith and A. R. Tatchell, *Vogel's Textbook of Practical Organic Chemistry*, Fifth Edition, Longman, Harlow, 1989, p. 627.
12. D. Lednicer and L. A. Mitscher, *Organic Chemistry of Drug Synthesis*, vol. 1, John Wiley & Sons, 1977, pp. 64～65; C. H. Boehringer Sohn, *Belg. Pat.*, 1961, 611502; *Chem. Abstr.*, 1962, **57**, 13678i.
13. B. B. Snider, D. M. Roush and T. A. Killinger, *J. Am. Chem. Soc.*, 1979, **101**, 6023.
14. M. S. Kharasch and O. Reinmuth, *Grignard Reactions of non-Metallic Substances*, Prentice-Hall, New York, 1954, p. 688.
15. J. Clayden, N. Greeves, S. Warren and P. Wothers, *Organic Chemistry*, Oxford University Press, Oxford, 2001, chapter 49.
16. P. Margaretha, *Tetrahedron Lett.*, 1971, **12**, 4891; A. B. Smith and P. J. Jerris, *Synth. Commun.*, 1978, **8**, 421; S. W. Baldwin and M. T. Crimmins, *Tetrahedron Lett.*, 1978, **19**, 4197; *J. Am. Chem. Soc.*, 1980, **102**, 1198.
17. B. S. Furniss, A. J. Hannaford, P. W. G. Smith and A. R. Tatchell, *Vogel's Textbook of Practical Organic Chemistry*, Fifth Edition, Longman, Harlow, 1989, p. 1044.
18. W. S. Ide and J. S. Buck, *Org. React.*, 1948, **4**, 269; A. Hassner and K. M. L. Rai, *Comprehensive Organic Synthesis*, eds. B. M. Trost and I. Fleming, Pergamon, Oxford, 1991, vol.1, p.542.

24 合成戦略 XI：ラジカル反応の利用

本章に必要な基礎知識
"ウォーレン有機化学" 39 章 ラジカル反応 を参照

本章では，第三の様式の反応としてラジカル反応を取上げる．これまでイオン反応やペリ環状反応について学んできた．それらに比べるとラジカル反応はさほど重要でないと思われがちだが，合成的に有用ないくつかのラジカル反応を知っておくと便利である．特に，1,2 位に官能基を二つもつ化合物の合成に有用である．

24・1 アリル位およびベンジル位のラジカル置換反応[1)]

アリルアルコール **4** およびベンジルアルコール **6** をイオン反応で合成するには，ケトン **3** や **5** を還元すればよい．これらのケトンはそれぞれアルドール反応や Friedel-Crafts アシル化によって容易につくることができる．アルコール **4** および **6** は，トシル化または臭素化によって求電子剤に変換できる．

1 2 3 4 5 6

ラジカル反応を用いると，対応する炭化水素から直接ハロゲン化アリルやハロゲン化ベンジルを合成できる．すなわち，ラジカル反応によって官能基の手掛かりのない炭素原子に官能基を導入できる．よく用いられる化学種は臭素ラジカル（不対電子をもつ臭素原子）である．**7** に示すように，臭素分子を光照射すると弱い Br−Br 結合が均等開裂し，臭素ラジカルが発生する．臭素ラジカルは **8** に示すようにアリル位やベンジル位の活性化された水素を引抜き，中間体として共役により安定化された炭素ラジカル **9** を生成する．最後にラジカル **9** が臭素分子から臭素原子を引抜いて臭化ベンジル **10** を生成する．重要なのは同時に臭素ラジカルが再生し，二つの段階が何度も繰返されることである．それで，この反応はラジカル連鎖反応とよばれる．

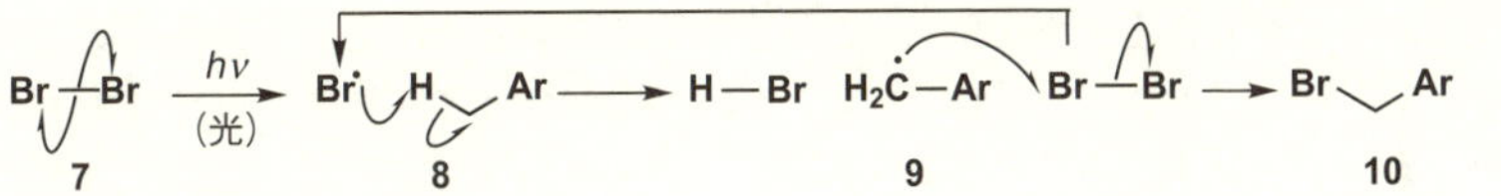

このラジカル反応は必ずしも光照射を必要としない．実際，*p*-ニトロトルエン **11** と臭素を石油エーテル中で還流するだけで，中程度の収率で臭化ベンジル **12** が得られる．また，ラジカル開始剤として過酸化ジベンゾイルを用い，トルエン **13** を塩化スルフリルと反応させると直接塩化ベンジル **14** が合成できる[2]．

ラジカル臭素化では，下に示す化合物 **16** の二臭素化[3] のように臭素分子の代わりにしばしば NBS **15** が用いられる．NBS は低濃度の臭素分子を供給するが，熱によって弱い N−Br 結合が開裂することによってこの反応が始まる．

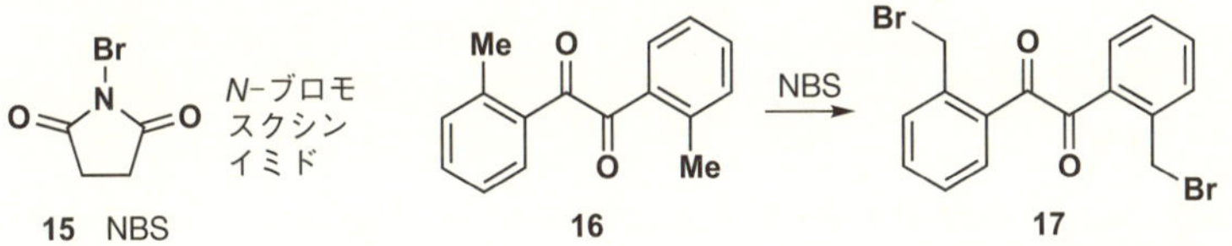

アリル位を臭素化するときには，臭素を用いると二重結合へのラジカル付加が競争することから，通常 NBS が用いられる．たとえば，シクロヘキセン **19** に臭素分子を反応させると二臭素化物 **18** が生成するのに対して，NBS を用いるとアリル型臭化物 **20** が得られる．臭素ラジカルは **19** のアリル位水素を一つ引抜き，アリル型ラジカル中間体 **21** を生じる．不対電子は非局在化しているので，**21** あるいは **21a** のどちらと臭素が反応したのかはわからない[4]．

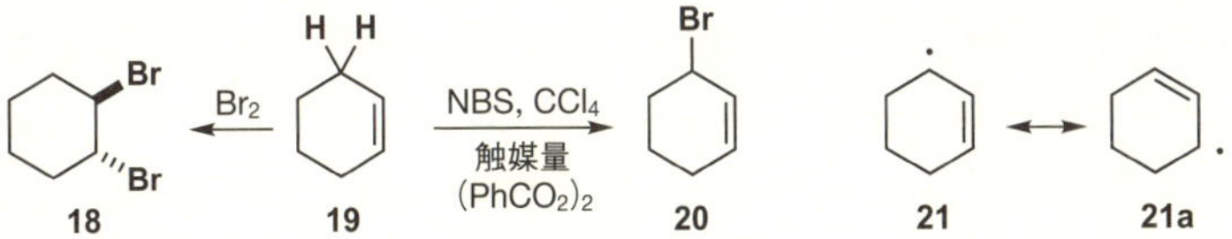

ビオチンの合成

カルボキシ基転移酵素の補酵素として働くビオチン（biotin）**22** の合成において，Confalone は 9 炭素からなる直鎖に着目し，そのうちの 7 炭素はシクロヘプテン **23** からつくることができると考えた[5]．この逆合成で切り離された 2 炭素が適切なヘテロ原子に結合していることに注目してほしい（C-8 は窒素原子，C-9 は硫黄原子と結合している）．

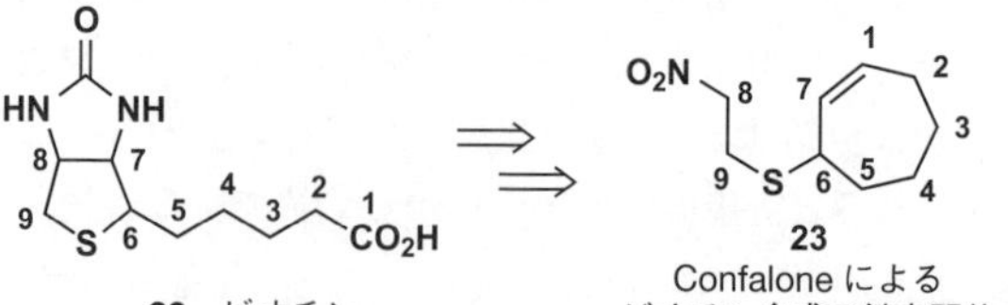

22　ビオチン

23
Confalone による
ビオチン合成の鍵中間体

ニトロ基を選んだ一つの理由は，**23a** に示す共役付加をふまえた結合切断によってニトロエチレン **24** とチオール **25** に導くことができるからである．この時点で，合成の第一段階がシクロヘプテン **27** のアリル位臭素化であることがわかる．逆合成解析において，ラジカル臭素化はアリル位またはベンジル位でだけ起こるので，FGI に分類することができる．

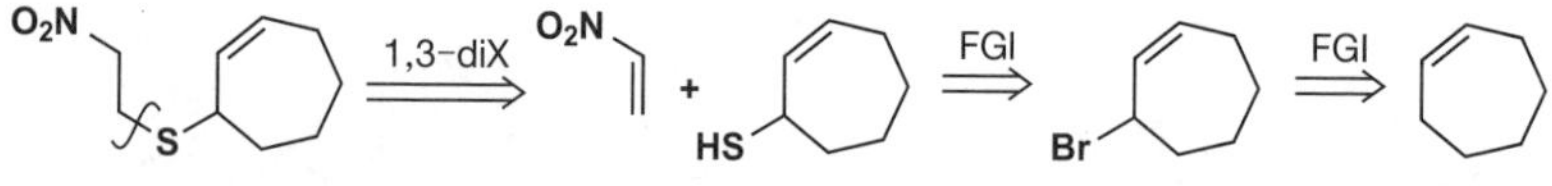

23a　**24**　**25**　**26**　**27**

実際の合成でも，**27** のアリル位臭素化には NBS が用いられた．また硫黄求核剤によるアリル位置換反応は，過度の反応を避けるために保護したチオールを用いる必要があった（5 章）．反応性の高いニトロアルケン **24** は，反応系中で酢酸 2-ニトロエチルから脱離反応によって調製された．

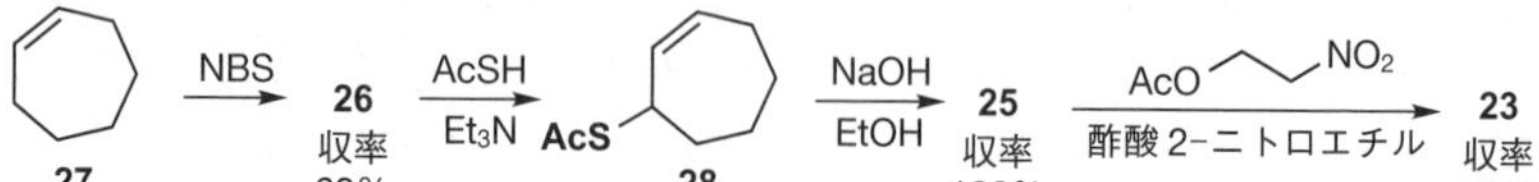

27　**28** 収率 71%

24・2　C−C 結合形成反応

ラジカル反応には，ラジカル重合のように工場で大規模に行われるものがあるが，これらについては本書では取上げない．ラジカル反応は，ピレスロイド（pyrethroid）系防虫剤の製造に必要とされるジエン **29** のような単純な分子の合成にも用いられる．**29** は対称な分子なので，分子の真ん中で切断すると，カチオンやアニオンではなく二つの同一のラジカル **30** に導くことができる．ICI 社による **29** の工業的製造は，イソブテン **31** と塩化メタリル **32** を混ぜて非常に高い温度に加熱して行われている[6]．

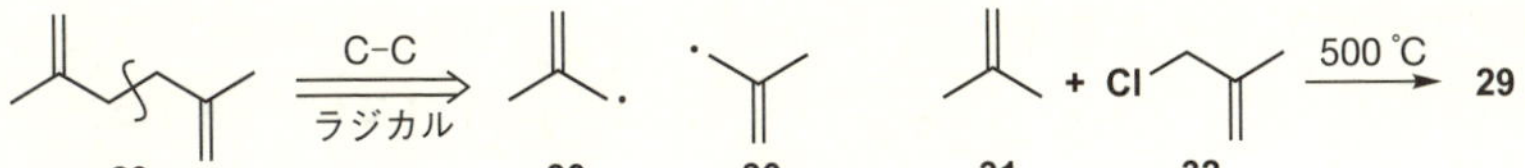

29　**30**　**30**　**31**　**32**

ピナコールカップリング

上と同様に考えると，対称な 1,2−ジオール **33** の場合には，ピナコールカップリングをふまえた逆合成を行うことができる．この場合も，アニオンやカチオンではなく二つの同一のラジカル **34** に導く．これらのラジカルは金属からアルデヒドやケトンへの 1 電子移動によって生じる．たとえば，金属ナトリウムから電子がアセトンに移動するとラジカルアニオン **35** が生じる．**35** が二量化すればジオール **33** が得られるだろう．

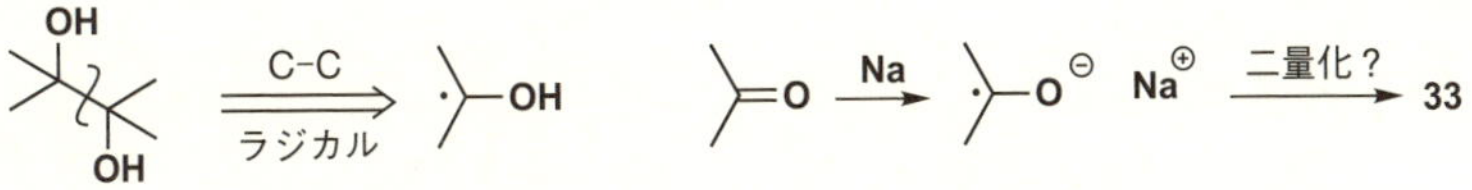

33　**34**　アセトン　**35**

実際には，この反応はマグネシウムアマルガムを用いて行うのが一般的である．この方法により，カップリングに不利なアニオンの生成が抑えられる．**36** に示すように，マグネシウムが 2 分子のラジカルを固定し，速やかに分子内カップリング反応が起こり **37** が生成する．加水分解すると安定な六水和物 **38** が生成し，必要ならば脱水してピナコール **33** を得ることができる．ピナコールはこのジオール化合物の慣用名であるが，現在ではもっぱら反応名として用いられている．

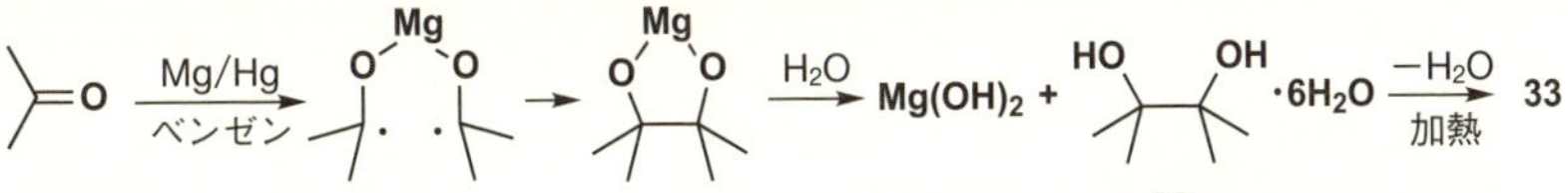

アセトン　**36**　**37**　**38** 収率 48%

類似の電子移動反応として，**40** のようなシリルエーテルの合成[7] に亜鉛粉末と Me_3SiCl を用いる方法や，きわめて高い収率で芳香族アルデヒドの二量体を生成するヨウ化サマリウムを用いる方法などが知られている[8]．これらの反応では，一般にアンチ形異性体 **40** や **42** が主生成物として得られる．

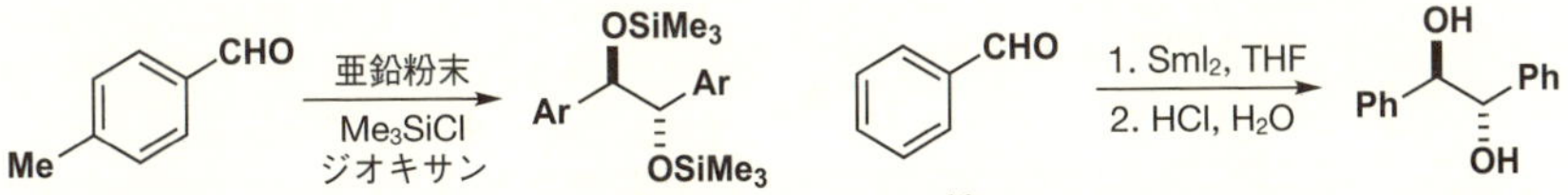

39　**40** 収率 76%　**41**　**42** 収率 95%

ジエノエストロールの合成例

合成女性ホルモンであるジエノエストロール（dienoestrol）**43** は，対称なジオール **44** の脱水によって合成できるだろう[9]．**44** はピナコールカップリングをふまえた結合切断によってケトン **45** に導くことができる．実際，金属マグネシウムを用いたピナコールカップリングによって **44** が高収率で得られ，このものを無水酢酸中塩化アセチルを用いて脱水すると **43** が合成できる．

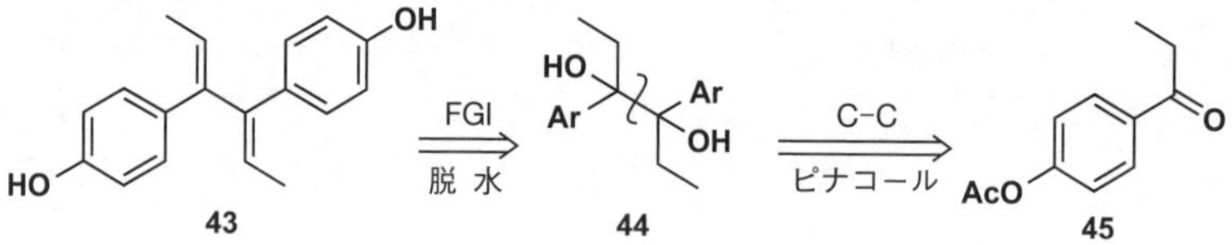

43　44　45

アシロイン縮合

アシロイン縮合は同じようなラジカル二量化反応であるが，この反応の出発物は酸化度が異なるエステルである[10]．一見すると，この反応はピナコールカップリングによく似ている．金属ナトリウムから電子がカルボニル基に供与されてビラジカル **47** が生じる．次に，ラジカル–ラジカルカップリングによって新たに C−C 結合が形成した後，**48** に示すようにエトキシドイオンが脱離して 1,2–ジケトン **49** が生成する．

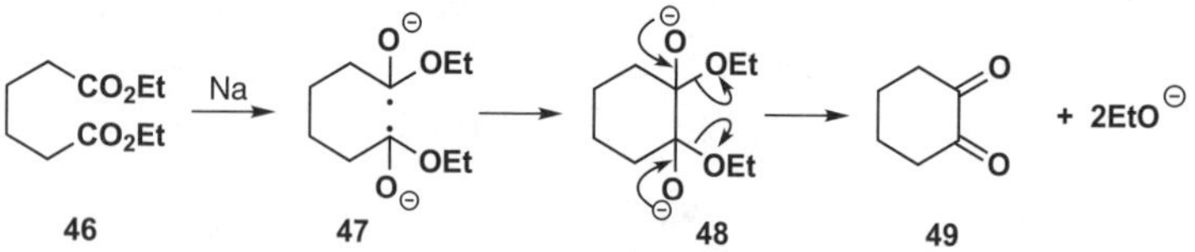

46　47　48　49

これは反応の始まりにすぎない．1,2–ジケトン **49** はジエステル **46** よりもはるかに電子受容能が高いので，電子移動が容易に起こる．新たに生じたビラジカルは，**50** に示すように C=C π 結合を形成してエンジオラート **51** を生成する．**51** は後処理によりエンジオール（enediol）**52** となり，さらにより安定な互変異性体である α–ヒドロキシケトン **53** を生成する．α–ヒドロキシケトンはアシロイン（acyloin）ともよばれ，この縮合反応の名称となっている．

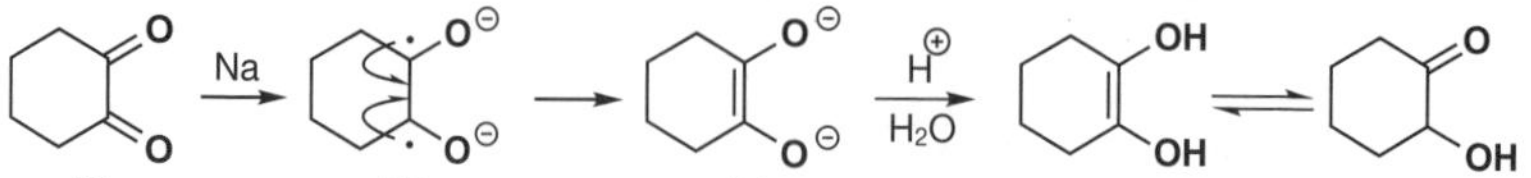

49　50　51　52　53
アシロイン

しかし，これで説明は終わったわけではない．上に示した条件で反応を行うと，中

間体 **48** から生じた 2 分子のエトキシドイオンが分子内 Claisen 縮合をひき起こし，主生成物がケトエステル **55** になってしまう．

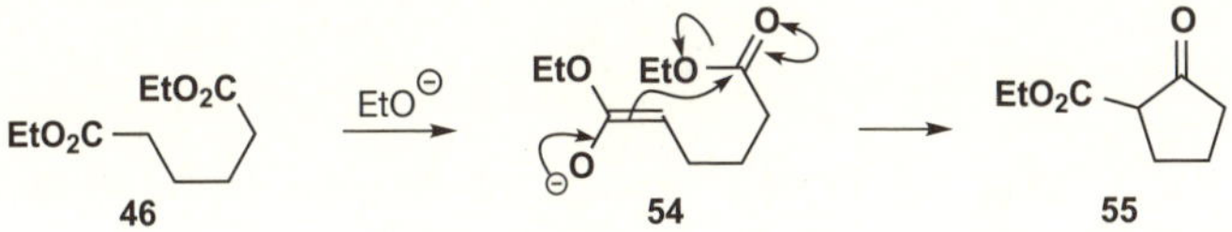

46 **54** **55**

この副反応を防ぐには，Me_3SiCl 共存下で反応を行えばよい[11]．Me_3SiCl の役割は二つある．一つはエンジオラート **51** を有用な合成中間体であるビスシリルエーテル **56** として捕捉することである．もっと重要なもう一つの役割は，塩基性のエトキシドイオンを中性のシリルエーテル $EtOSiMe_3$ として除去することである．

49 **56**

したがって，エノール化が可能なエステルを用いる場合には，Me_3SiCl 共存下で反応を行う．逆に，エノール化できないエステルを用いる場合には，Me_3SiCl を加える必要はない．1,2-ジケトン **57** はテトロン酸（tetronic acid）類の合成で必要とされた化合物である．**57** の一方のケトンの酸化度を下げると，同一の置換基をもつアシロイン **58** が現れる．**58** はエステル **59** のアシロイン縮合生成物である．

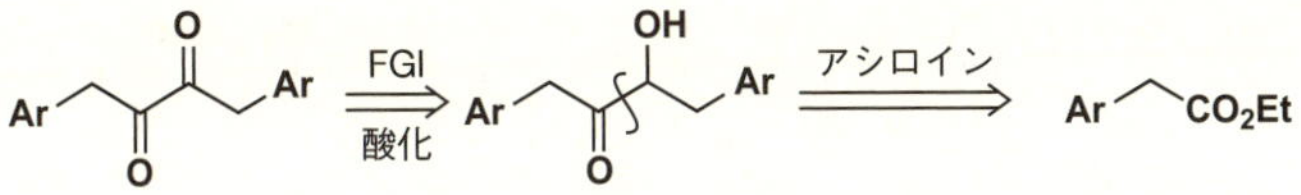

57 **58** **59**

エステル **59** は非常にエノール化しやすいので，Me_3SiCl 共存下での合成法を使わねばならない[12]．

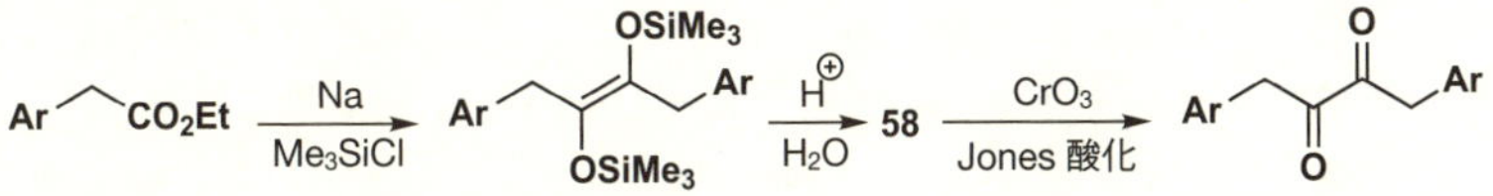

59 **60** **57**

一方，α-ヒドロキシケトン **61** はジエステル **62** のアシロイン縮合生成物である．**62** は α 水素をもたないのでエノール化できない．したがって，Me_3SiCl を用いる必要はない．**62** は単純な C−S 結合の切断によってクロロエステル **63** に導くことができる．

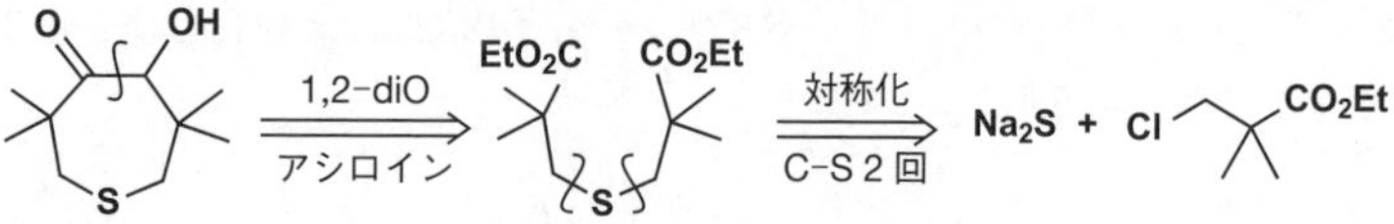

61 62 63

クロロカルボン酸 **65** が入手容易なピバル酸（pivalic acid）**64** から光照射による塩素化によって合成できることに驚くかもしれない．この反応もラジカル反応である．塩素ラジカルは *t*-ブチル基の 9 個の水素のうちの一つを引抜く．他に引抜ける水素はない．**65** の C−Cl 結合の反応性は低いが，スルフィドアニオンとはうまく反応して **66** が生成する．実際，エステル **62** のアシロイン縮合は Me_3SiCl を用いなくてもうまく進行し，良好な収率で **61** が得られる[13]．

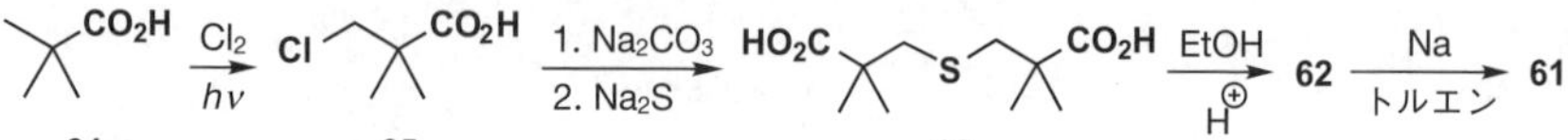

64 65 66

24・3 1,2-二官能性化合物の合成

本章の終わりに，**16** のようなジアリールジケトンの合成法を概説する．α-ヒドロキシケトン **67** やジオール **68** はジケトン **16** に酸化できる[14]．したがって，**67** や **68** が合成できればよいことがわかる．

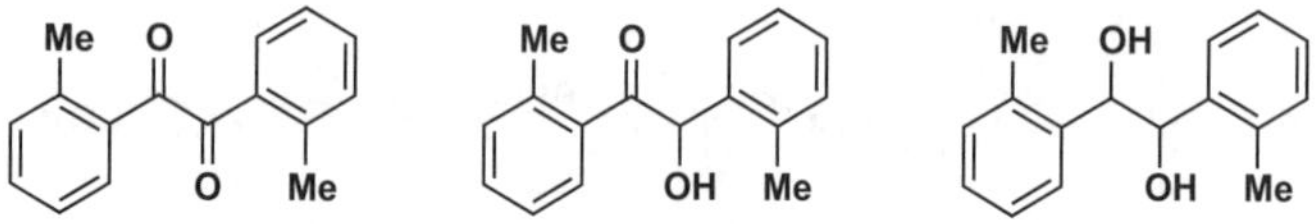

16 67 68

すでに報告されている合成例[3]では，**69** のベンゾイン縮合[15]によって **67** を合成した後，このものを酸化してジケトン **16** を得ている[16]．

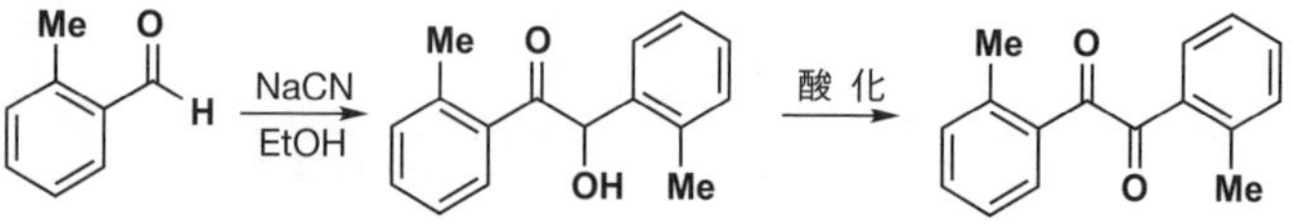

69 67 収率 79% 16

しかし，他の方法で合成できないだろうか．おそらく，**69** のピナコールカップリングで **68** を合成し，ジオールを酸化することを思いつくだろう．この反応では，アリール基は *o*-トリル基に限定されるわけではないので，Ar と一般化して論じることにす

る．Me_3SiCl 共存下でマグネシウムを用いる方法[17]，およびヨウ化サマリウムを用いる方法[8] はいずれも高収率でジオール **70** を生成する．ヨウ化サマリウムを用いる方法は，Sm(Ⅱ) が青，Sm(Ⅲ) が黄色を示すので，色の変化によって反応の進行を追跡できる特徴がある．

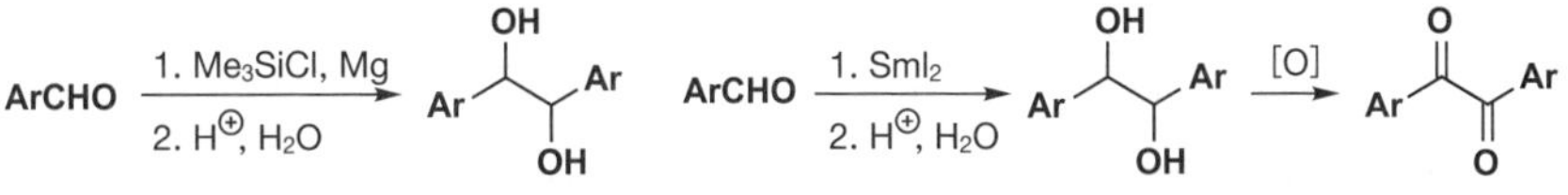

70　収率 90%以上　　**70**　収率 90%以上　　**71**

ジオール **70** はアルケン **73** のジヒドロキシ化でも合成できる．**73** はホスホニウム塩 **72** を用いる Wittig 反応で合成できる．**71** の合成ではアルケン **73** およびジオール **70** の立体化学は最終的に問題とならないので，立体化学制御についての議論は割愛する．

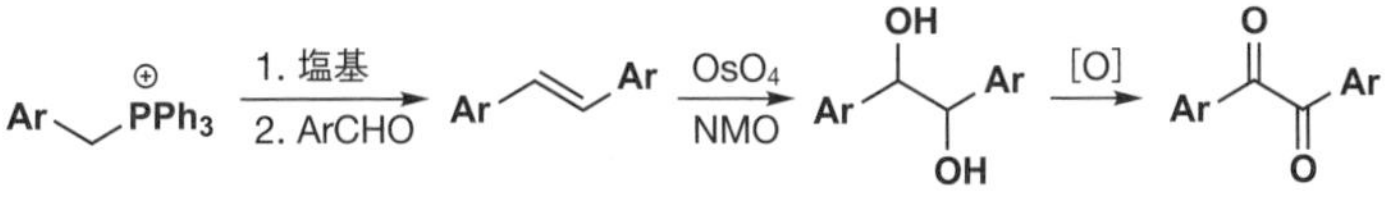

72　**73**　**70**　**71**

また，ジチアン **74** のリチウム化合物などのアシルアニオン等価体の ArCHO への付加も考えられるだろう（23 章）．もちろん他にも方法はたくさんあるが，以上が代表的な方法であろう．

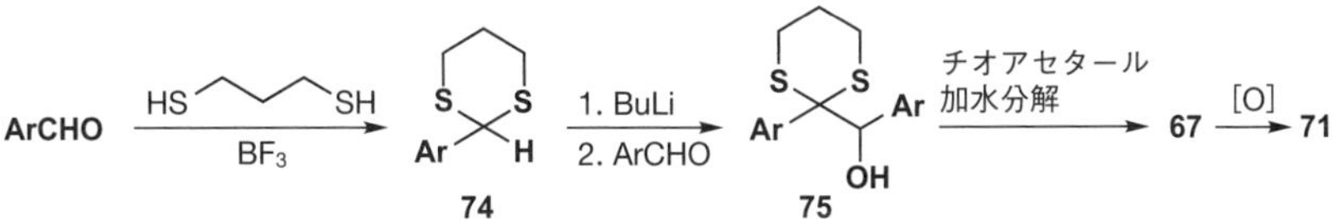

74　**75**

文　献

1. H. O. House, *Modern Synthetic Reactions*, Benjamin, Menlo Park, Second Edition, 1972, pp. 478～491.
2. B. S. Furniss, A. J. Hannaford, P. W. G. Smith and A. R. Tatchell, *Vogel's Textbook of Practical Organic Chemistry*, Fifth Edition, Longman, Harlow, 1989, p.864.
3. M. Verhage, D. A. Hoogwater, J. Reedijk and H. van Bekkum, *Tetrahedron Lett.*, 1979, 1267.
4. B. S. Furniss, A. J. Hannaford, P. W. G. Smith and A. R. Tatchell, *Vogel's Textbook of Practical Organic Chemistry*, Fifth Edition, Longman, Harlow, 1989, p.578.
5. P. N. Confalone, E. D. Lollar, G. Pizzolato and M. R. Uskokovic, *J. Am. Chem. Soc.*, 1978, **100**, 6291；P. N. Confalone, G. Pizzolato, D. L. Confalone and M. R. Uskokovic, *Ibid.*, 1980, **102**, 1954.
6. D. Holland and D. J. Milner, *Chem. Ind.* (*London*), 1979, 707.

7. J.-H. So, M.-K. Park and P. Boudjouk, *J. Org. Chem.*, 1988, **53**, 5871.
8. J. L. Namy, J. Souppe and H. B. Kagan, *Tetrahedron Lett.*, 1983, **24**, 765.
9. E. C. Dodds and R. Robinson, *Proc. Roy. Soc. Ser. B*, 1939, **127**, 148.
10. J. J. Bloomfield, D. C. Owsley and J. M. Nelke, *Org. React.*, 1976, **23**, 259.
11. K. Rühlmann, *Synthesis*, 1971, 236；J. J. Bloomfield, D. C. Owsley, C. Ainsworth and R. E. Robertson, *J. Org. Chem.*, 1975, **40**, 393.
12. P. J. Jerris, P. M. Wovkulich and A. B. Smith, *Tetrahedron Lett.*, 1979, **20**, 4517；P. Ruggli and P. Zeller, *Helv. Chim. Acta*, 1045, **28**, 741；I. Hagedorn, U. Eholzer and A. Lüttringhaus, *Chem. Ber.*, 1960, **93**, 1584.
13. N. Feeder, M. J. Ginnelly, R. V. H. Jones, S. O'Sullivan and S. Warren, *Tetrahedron Lett.*, 1994, **35**, 9095.
14. B. S. Furniss, A. J. Hannaford, P. W. G. Smith and A. R. Tatchell, *Vogel's Textbook of Practical Organic Chemistry*, Fifth Edition, Longman, Harlow, 1989, p.1045.
15. W. S. Ide and J. S. Buck, *Org. React.*, 1948, **4**, 269；表参照.
16. H. Moureu, P. Chovin and R. Sabourin, *Bull. Soc. Chim. Fr.*, 1955, **22**, 1155.
17. T.-H. Chan and E. Vinokur, *Tetrahedron Lett.*, 1972, **13**, 75.

25 二官能基 C−C 結合切断 V: 1,4-二官能性化合物

本章に必要な基礎知識
“ウォーレン有機化学” 26 章 エノラートのアルキル化 を参照

1,4 位に官能基を二つもつ化合物の C−C 結合切断を考えると，一方のシントンが不自然な極性をもつことが問題になる．たとえば 1,4-ジケトン **1** を分子の中央で切断すると，本来の極性をもつシントン **2**（エノラート **4** は安定に存在する）と，不自然な極性をもつ a^2 シントン **3** が得られる．シントン **3** に対応する反応剤としては，6 章で述べた α-ハロケトン **5** などがあげられる．

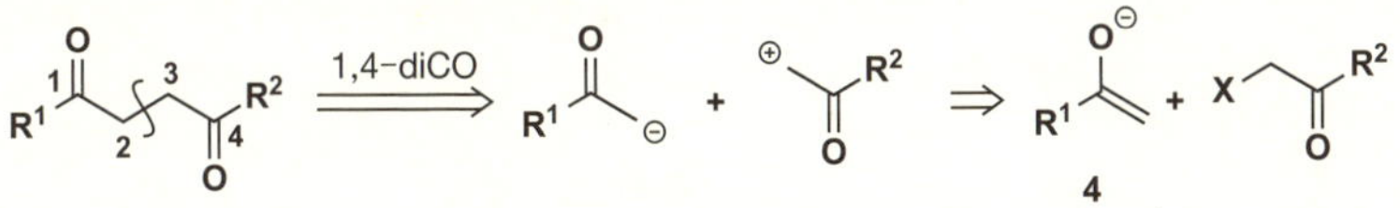

1　**2**　**3**　**4**　**5**

8 に示すように他の位置で結合切断をすれば不自然な極性の問題は解消するだろうか．答えは否である．この逆合成では可能性が二つ生じる．一方の反応剤として本来の極性をもつ a^3 シントン **7** に対応するエノンを用いると，他方は 23 章で述べたシントン **6** に対応するアシルアニオン等価体を用いなければならない．極性を反転して結合切断すると，本来の極性をもつ a^1 シントン **9** に対応するアシル化剤と不自然な極性をもつ d^3 シントンであるホモエノラート **10** が得られる．

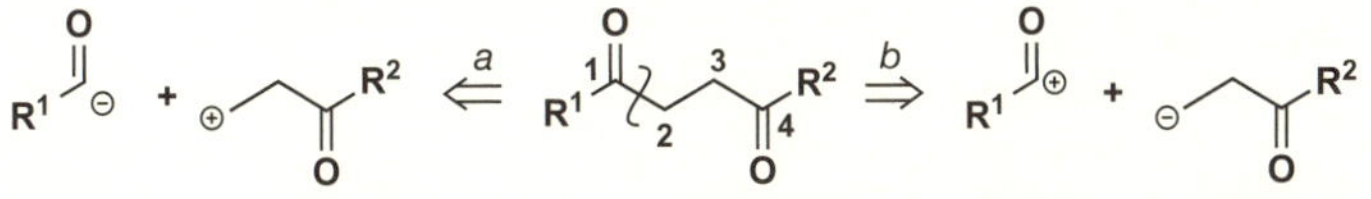

6　**7**　**8**　**9**　**10**

25・1　エノール（エノラート）と a^2 シントンに対応する反応剤の反応

簡単な例としてケトエステル **11** の逆合成をあげる．側鎖の枝分かれ部で結合切断

するとシントン **12** と **13** が得られる．シントン **13** に対応する反応剤はブロモエステル **15** が適当であると考えつくが，シントン **12** に対応するエノラート等価体は注意深く選ばなければならない. 化合物 **15** の Br と CO_2Et に挟まれたメチレン水素は酸性度が高いので，強塩基性の反応剤を用いるべきではない.

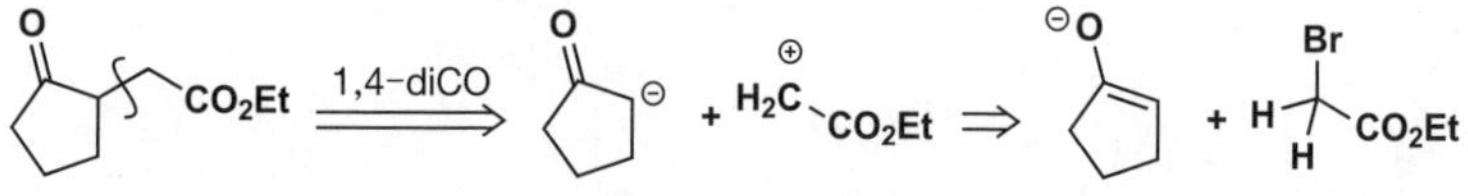

11 **12** **13** **14** **15**

この場合リチウムエノラートは適切でなく，エナミンの利用が優れている．モルホリンから合成されるエナミン **18** はブロモエステル **15** によってきれいにアルキル化され，続く加水分解でケトエステル **11** が生成する[1].

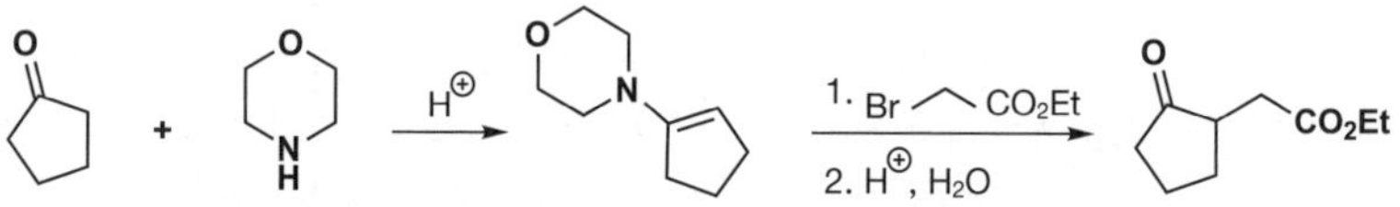

16 **17** モルホリン **18** エナミン **11**

ほかには，β-ケトエステル **19**（19 章における化合物 **41**）を利用する方法も有用である[2]．**19** のエノラートアニオンは安定化されていて強塩基性を示さない.

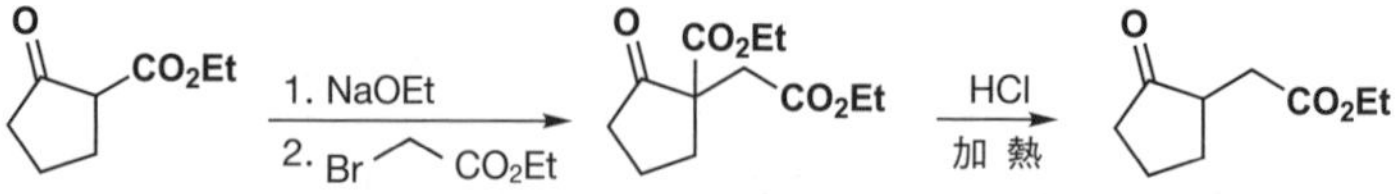

19 **20** **11**

メチレノマイシンの合成

エノン **22** は抗生物質メチレノマイシン（methylenomycin）**21** の鍵合成中間体である．アルドール反応をふまえた結合切断によって二つの官能基が 1,4 の関係にあるジケトエステル **23** が導かれ，このものは枝分かれ部の隣の結合を切断すると入手可能な **24** と **25** に逆合成できる.

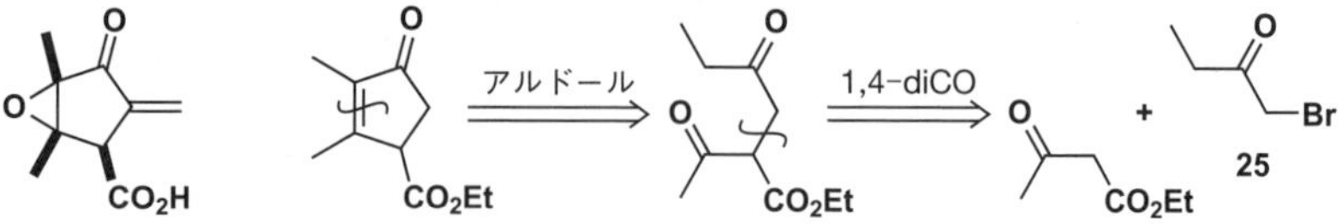

21 **22** **23** **24**

化合物 **23** の環化では副反応が危惧されるが，熱力学支配条件下での環化は，より置換基の多いアルケンを優先して生成する．実際，**22** のみが得られ異性体 **26** は生成しなかった[3)].

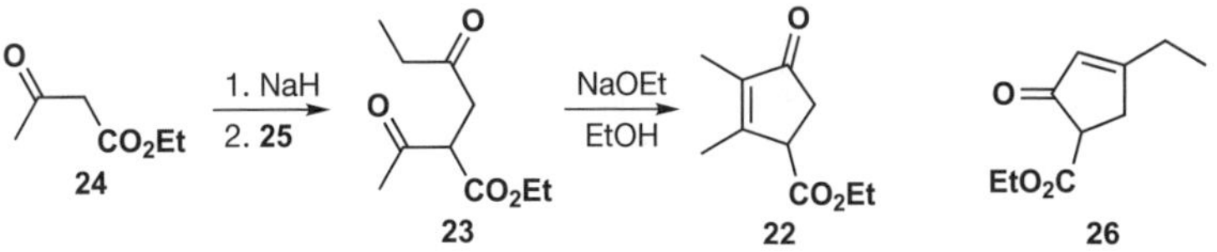

4-ヒドロキシケトン

アルコールの酸化度を含む **27** を同様に逆合成するときには，a^2 シントン **28** に対応する反応剤としてエポキシド **29** を選ぶのがよい．エポキシドとの求核置換反応には，今度はリチウムエノラートのような反応性の高い反応剤を使用できる．

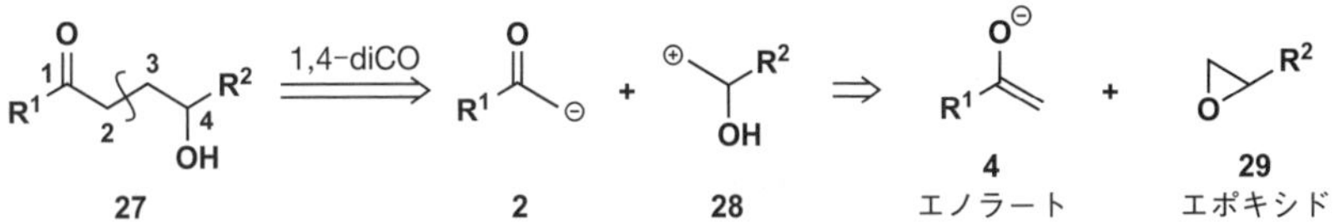

メチルシクロプロピルケトンの有用な合成中間体となる **30** は，FGI によって 4-ヒドロキシケトン **31** に導くことができる．**31** を結合切断するとアセトンのエノラート **32** とエチレンオキシドに逆合成できる．

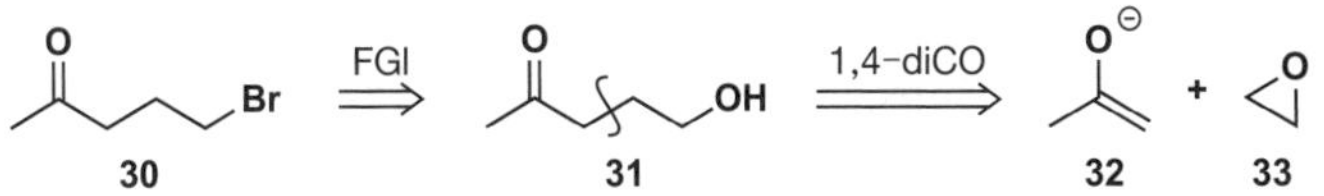

アセトンのリチウムエノラートを求核剤として用いることもできるが，その代わりにアセト酢酸エチル **24** を用いるほうがよい．**24** と **33** から生じる中間体 **34** は，ただちに環化して安定なラクトン **35** となる．**35** を HBr で処理すると，ラクトンの開環後に脱炭酸が進行し **30** を生じる[4)]．穏和な条件で，この二段階反応は進行した．

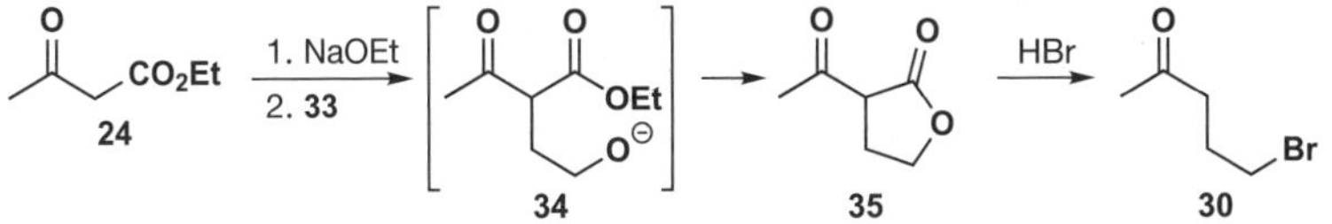

25・2 アシルアニオン等価体の共役付加

23 章でアシルアニオン，すなわち d^1 シントンについて学んだ．**8** に示す 1,4-ジケトンの結合切断には，**36** のようなエノンに共役付加する d^1 反応剤が必要となる．残念ながら d^1 反応剤のうち 1,3-ジチアンは硬い求核剤であるため，カルボニル基に直接付加する可能性が高く，使用しないほうがよい．

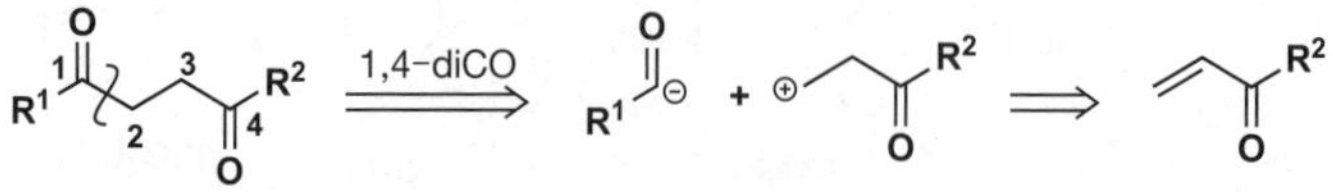

8 **6** **7** **36**

一方，最も単純な 1 炭素 d^1 反応剤であるシアン化物イオンは共役付加を優先するので，標的分子 **1** の R^1 が OH や OR の場合にはこの結合切断が優れている．

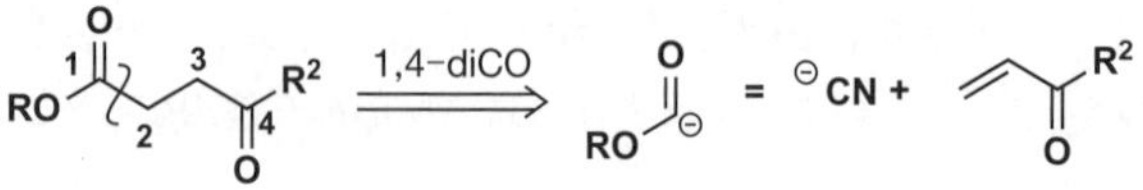

1 (R^1 = OR) **6** **36**

イミド構造をもつ抗てんかん薬フェンスクシミド（phensuximide）**37** は，二つの官能基が 1,4 の関係をもつジカルボン酸 **38** から合成できる．FGI によって一方のカルボキシ基をシアノ基に変換して **39** に導くと，このものは出発物として入手可能なケイ皮酸 **40** に逆合成できる．

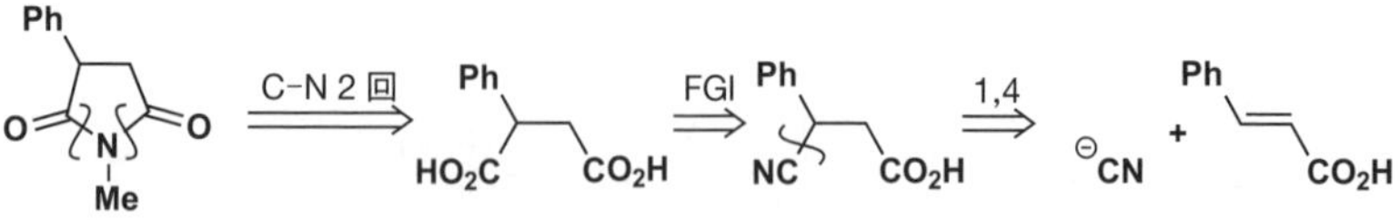

37 **38** **39** **40**

実際の合成ではシアン化物イオンのケイ皮酸への付加は遅いので，第二の電子求引基としてシアノ基を導入する必要があった．シアン化物 **42** を用いると，共役付加がうまく進行した[5]．

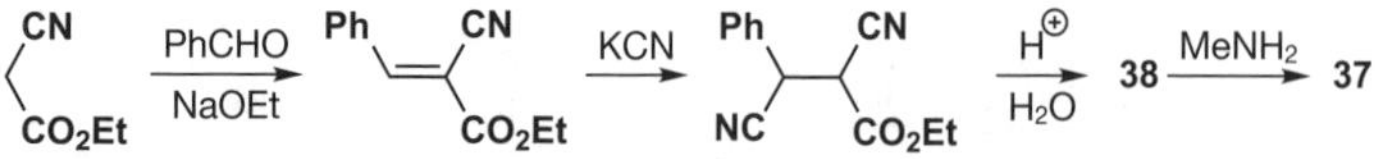

41 **42** **43**

d^1 反応剤としてのニトロアルカン

ニトロアルカンのアニオンは非常に安定であるので，共役付加のよい反応剤である（22 章）．アミンのような弱塩基によっても **44** は脱プロトン化され，**36** に共役付加してニトロケトン **45** が得られる．**45** の還元によって生じるアミノケトン **46** は，この反応条件下で環化してイミンを生成し，このものはさらに還元されてピロリジン **47** に変換される．

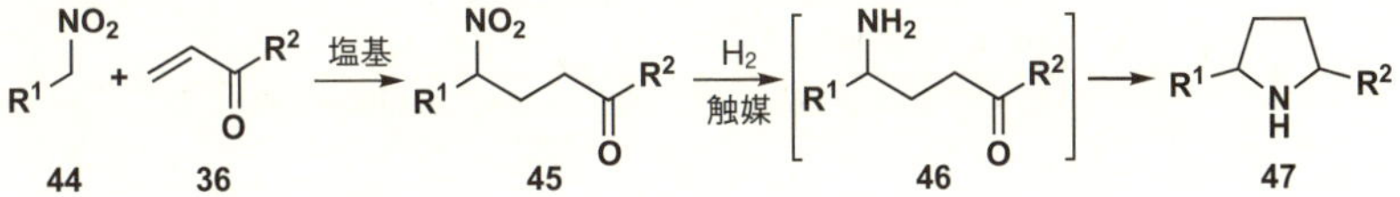

44 **36** **45** **46** **47**

非常に効率的な利用例として，8 章で述べたアリのフェロモンであるモノモリン (monomorine) **48** の合成をあげる．下に示すように二つの C−N 結合を切断すると，アミノジケトン **49** が得られる．FGI によってアミノ基をニトロ基に変換すると，上述したニトロアルカンの共役付加をふまえた 1,4-結合切断に気がつく．

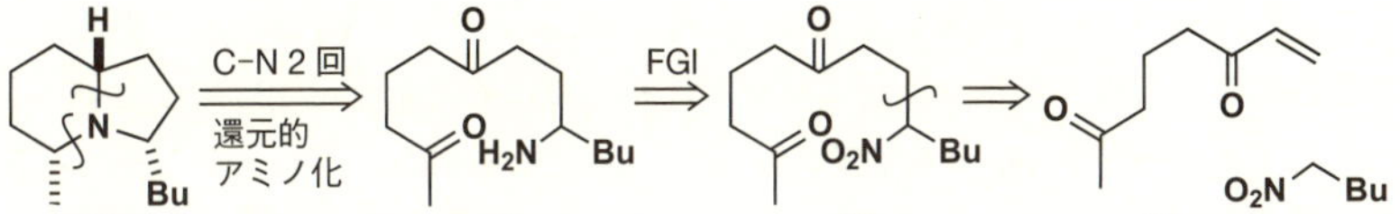

48 **49** **50** **51**

塩基性のテトラメチルグアニジン触媒存在下，アセタール保護したエノン **52** に対し 1-ニトロペンタンを共役付加させると **53** が得られる．接触水素化の条件下で最初の還元的アミノ化が進行して **54** が得られる．この際，水素は環状イミンに対し側鎖ブチル基の逆側から付加する[6]．

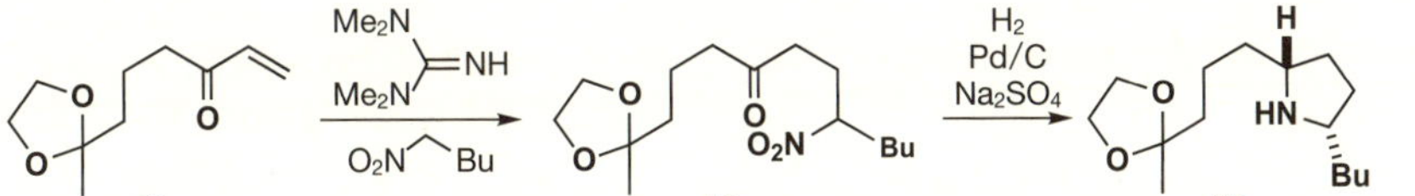

52 **53** **54**

つづいてアセタールを加水分解すると遊離のアミノケトンが生じ，このものから生成するエナミン **55** を弱酸性溶液中 $NaB(CN)H_3$ (8 章) を用いて還元した．**55** の還元も立体選択的に進行し，図示した三つの水素すべてが二環性の構造に対して同じ側を向いた **48** が得られた．

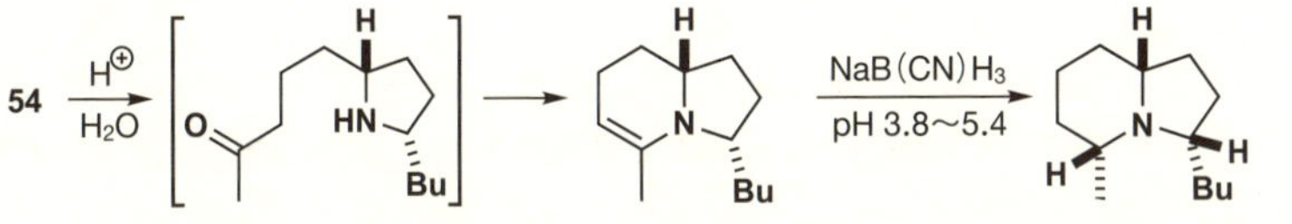

無保護のアミノケトン **55** **48**

ニトロアルカンを 1,4-ジケトンに変換する方法として (22 章)，以下のワンポット合成も有用である．アルミナを反応剤として用いてニトロアルカン **44** を共役付加させた後，過酸化水素水で酸化すればケトン **1** に変換できる[7]．反応の総収率はよく，1-ニトロペンタンとエチルビニルケトンの反応では収率 90%で標的分子が得られる．

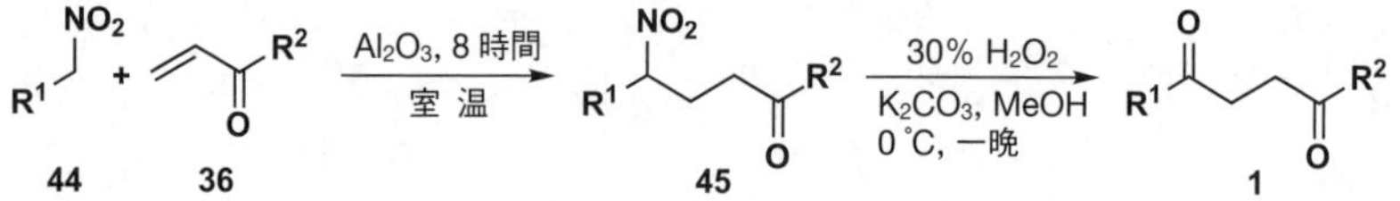

44 **36** **45** **1**

25・3 ホモエノラート（d³ 反応剤）の直接付加

ここでは，逆の極性をもたせて同じ箇所で結合切断することを考えてみよう．受容体シントン **9** に対応する反応剤はアシル化剤であり，さまざまなカルボン酸誘導体を利用できる．一方で，求核的な d³ シントンはホモエノラート **10** となり，少し工夫する必要がある．このアニオンは負電荷が非局在化による安定化を受けていない．もし環化したアルコキシド **56** を利用できるならば，比較的安定なアニオンとして取扱うことができるだろう．たとえば **57** のようにケイ素化剤で捕捉された化合物は，安定な反応剤として有用である．

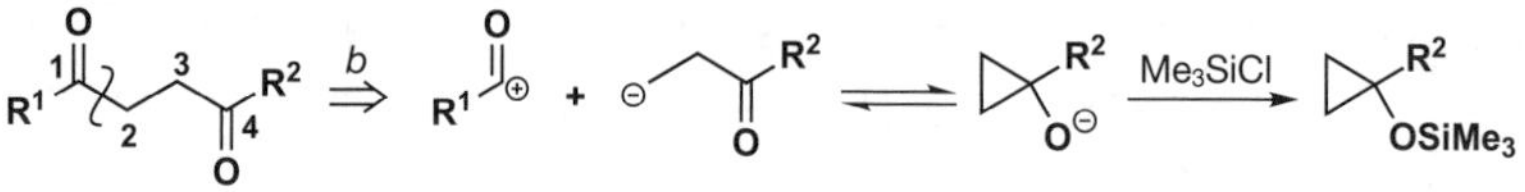

8 **9** **10** **56** **57**

ホモエノラートの最も簡便な調製法として，エノン **58** から共役付加によって容易に合成できる β-ハロカルボニル化合物 **59** を金属亜鉛で処理する方法があげられる．生じる化学種は **60** のように書くことができるが，実際は **61** のように書くほうがよいだろう．ホモエノラートの β 炭素は求核性を示し，エノン **58** の β 位の極性は反転している．

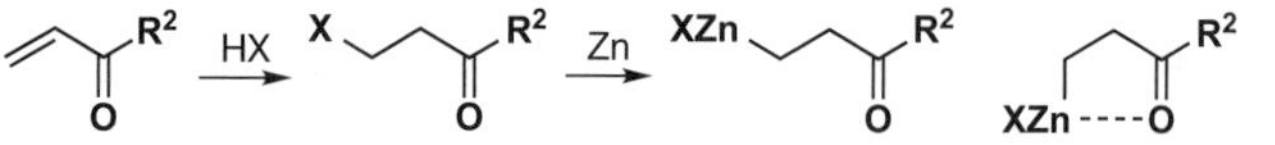

58 **59** **60** **61**

シクロプロパン **63** はよく知られているホモエノラート前駆体である．Me_3SiCl 共存下，クロロプロピオン酸エステル **62** を金属ナトリウムで処理すると **63** が得られ

62 **63** **64** **65**

る[8),9)]. **63** を $ZnCl_2$ で処理するとシクロプロパンが開環し，分子内配位結合をもつ亜鉛ホモエノラート **64** が生成する．これがアシル化剤と反応すると，**65** のような 1,4-ジカルボニル化合物が得られる[10)]．この反応は Pd(0)触媒によって促進される．

求電子剤としてアルデヒドを用いると，Me_3SiCl 共存下でのホモアルドール型反応により保護された γ-ヒドロキシエステル **66** が良好な収率で得られる[10)].

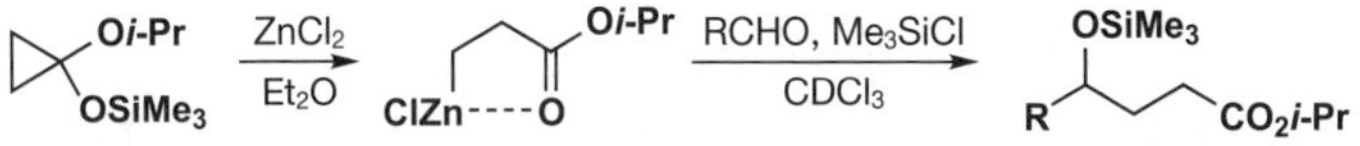

63 (R = *i*-Pr)　**64** (R = *i*-Pr)　**66**

置換ホモエノラート **68** のベンズアルデヒドへの付加反応では，反応剤として (*i*-PrO)$_3$TiCl を用いるとシン形のラクトン **69** が良好な立体選択性で得られる[11)]. ホモエノラートの反応の詳細については，“Strategy and Control” で詳しく述べられている[12)].

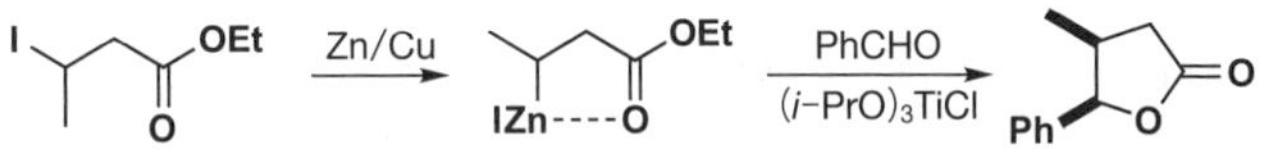

67　**68**　**69** 収率 94%

25・4　1,4-diO の関係をもつ市販の出発物を用いる戦略

1,2-diO 化合物と同じように，市販の 1,4 位が官能基化された化合物を利用することもできる．試薬会社のカタログをみればさまざまな 1,4-diO 化合物の等価体を見つけることができる．ここではその一部を紹介する．単純な二置換ブタン化合物として，ジオール **70**, ジアミン **71**, ジハロゲン化物 **72**, コハク酸 **73** などがあげられる．

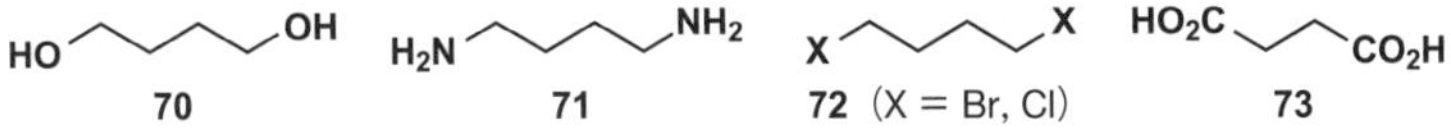

70　**71**　**72** (X = Br, Cl)　**73**

環状化合物にも利用価値の高いものがある．たとえば，ラクトン **74**, コハク酸無水物 **75**, フラン **76** やさまざまなフラン置換体があげられる．朝食に食べるシリアルの製造工程での副産物であるフルフラール **77** やその還元体 **78** も購入可能である．また，マレイン酸無水物 **79** も購入可能である．

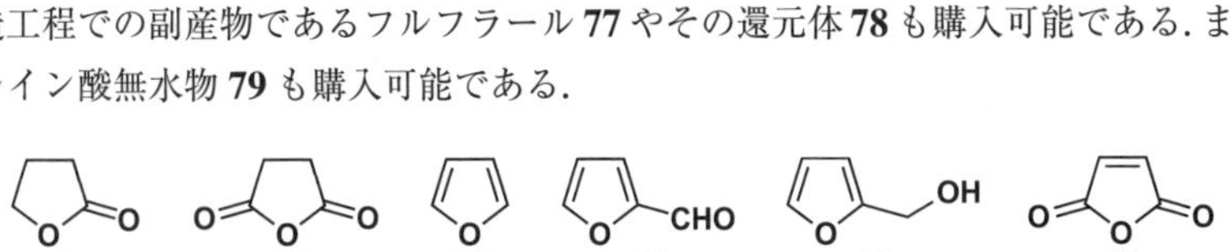

74　**75**　**76**　**77**　**78**　**79**

入手容易な不飽和化合物として *cis*-ブテンジオール **80**，ブチンジオール **81**，フマル酸 **82**，レブリン酸 **83** などがあり，ほかにもさまざまな化合物が入手可能である．

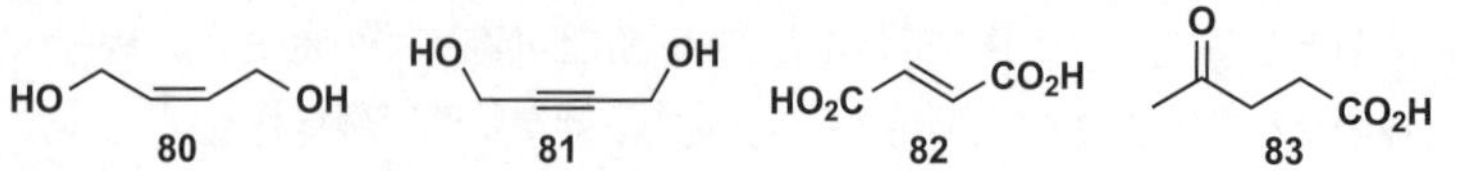

80　**81**　**82**　**83**

市販の化合物を出発物とした興味深い例として，1,7 位に官能基を二つもつ 4-ヘプタノン **85** と **87** の合成をあげる．これらの化合物はいずれも二つの 1,4-diX の関係をもっている[13]．ジハロケトン **85** は，ブチロラクトン **74** のアルドール二量体 **84**（19 章における化合物 **26**）から二酸化炭素の脱離を伴って得られる．**85** に含まれる二つの 1,4-diX の関係が合成中間体 **84** のどの部分に由来するか確認してみよう．

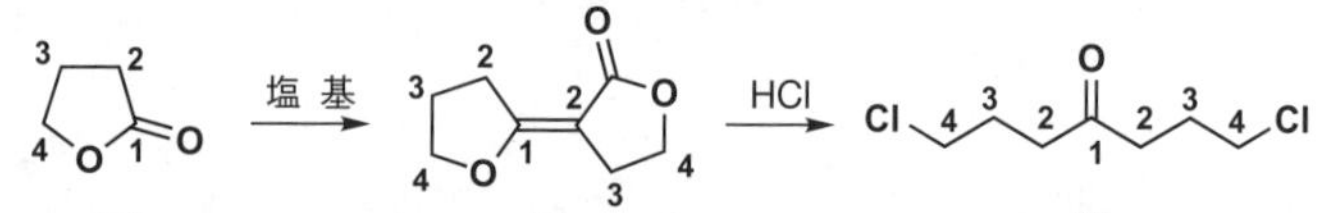

74　**84**　**85**

フルフラール **77** から Wittig 反応によって得られた **86** を酸性メタノールで処理するとケトジエステル **87** が合成できる[14]．**87** の中央のカルボニル炭素原子は，**86** のフランの 1 位炭素原子に相当する．一見難しそうなこの反応の機構を考えてみよう．

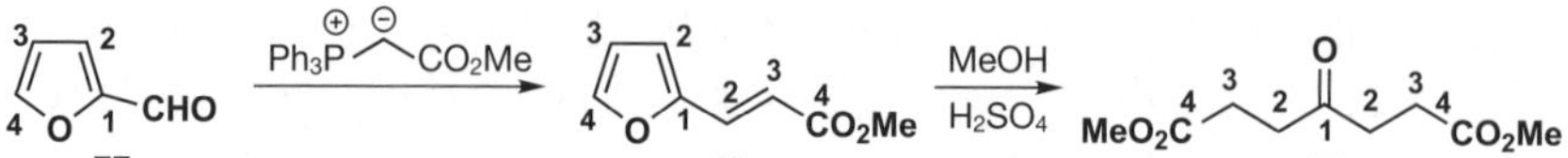

77　**86**　**87**

25・5 FGA に基づく合成戦略

アセチレンとカルボニル求電子剤との反応例（16 章）としてブチンジオール **90** の合成をあげる．二つの異なるアルデヒドを順に反応させ，最後に三重結合を還元すれば非対称 1,4-ジオール **91** が得られる．

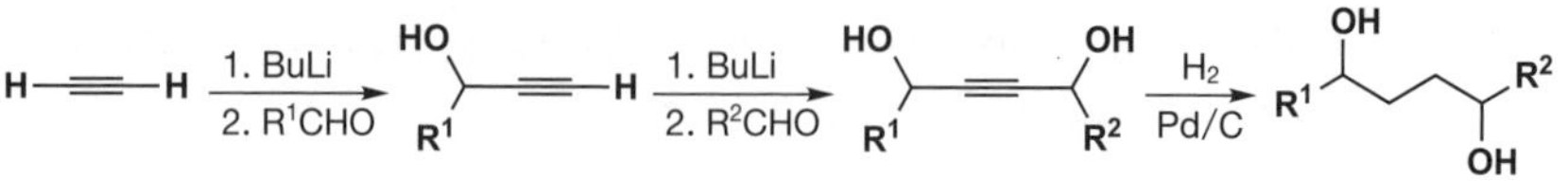

88　**89**　**90**　**91**

アセチレンの両末端にそれぞれアルデヒドと CO_2 を反応させた後，接触水素化を行うとラクトンが得られる．なお，5 員環 **94** への環化は，接触水素化の段階で速やかに進行する[15]．

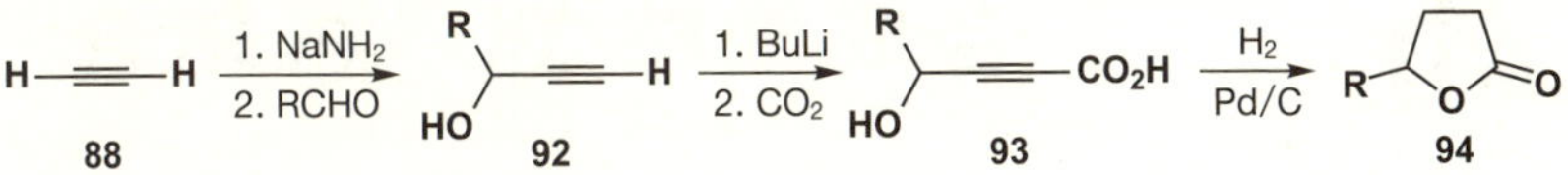

これらの逆合成解析ではアセチレンをエタンの 1,2-ジアニオン等価体 **95** として考えており，極性を判別しにくい特殊な例である．これらは FGA に基づく合成戦略として分類するほうがよいだろう．

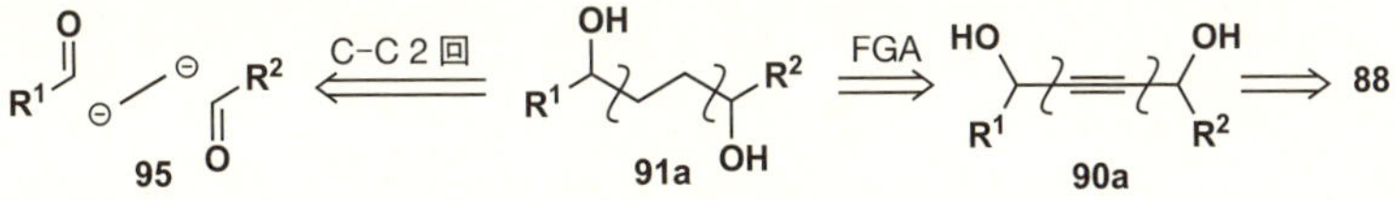

文　献

1. H. Fritz and E. Stock, *Tetrahedron*, 1970, **26**, 5821.
2. R. P. Linstead and E. M. Meade, *J. Chem. Soc.*, 1934, 935.
3. J. Jernow, W. Tautz, P. Rosen and J. F. Blount, *J. Org. Chem.*, 1979, **44**, 4210.
4. T. E. Bellas, R. G. Brownlee and R. M. Silverstein, *Tetrahedron*, 1969, **25**, 5149； G. W. Cannon, R. C. Ellis and J. R. Leal, *Org. Synth. Coll.*, 1963, **4**, 597.
5. C. A. Miller and L. M. Long, *J. Am. Chem. Soc.*, 1951, **73**, 4895.
6. R. V. Stevens and A. W. M. Lee, *J. Chem. Soc., Chem. Commun.*, 1982, 102.
7. R. Ballini, M. Petrini, E. Marcantoni and G. Rosini, *Synthesis*, 1988, 231.
8. E. Nakamura and I. Kuwajima, *J. Am. Chem. Soc.*, 1977, **99**, 7360.
9. K. Rühlmann, *Synthesis*, 1971, 236.
10. E. Nakamura, S. Aoki, K. Sekiya, H. Oshino and I. Kuwajima, *J. Am. Chem. Soc.*, 1987, **109**, 8056.
11. H. Ochiai, T. Nishihara, Y. Tamaru and Z. Yoshida, *J. Org. Chem.*, 1988, **53**, 1343.
12. P. Wyatt and S. Warren, *Organic Synthesis： Strategy and Control*, Wiley, Chichester, 2007 chapter 13.
13. O. E. Curtis, J. M. Sandri, R. E. Crocker and H. Hart, *Org. Synth. Coll.*, 1963, **4**, 278.
14. R. M. Lukes, G. I. Poos and L. H. Sarett, *J. Am. Chem. Soc.*, 1952, **74**, 1401.
15. J. P. Vigneron and V. Bloy, *Tetrahedron Lett.*, 1980, **21**, 1735； J. P. Vigneron and J. M. Blanchard, *Ibid.*, 1739； J. P. Vigneron, R. Méric and M. Dhaenens, *Ibid.*, 2057.

26 合成戦略 XII：再結合

26・1　C=C 結合の酸化的開裂による 1,2-および 1,4-diCO 化合物の合成

1,4-ジカルボニル化合物 **5** を合成するためにエノラート **3** とブロモケトン **4** を用いることは好ましくないと 25 章で述べたことを思い出してほしい．なぜなら，リチウムエノラートは塩基性が強すぎるからである．一方，ハロゲン化アリル **2** とエノラートとの反応では，この問題は生じない．ハロゲン化アリルは S_N2 反応の優れた求電子剤であり酸性水素をもたないので，どのようなエノール（エノラート）等価体とも反応できる．

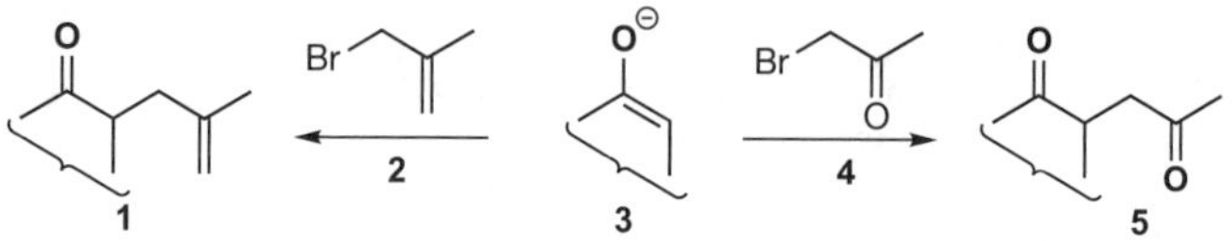

しかし，この反応では **5** よりも 1 炭素多い **1** が生成する．したがって，アルケンを酸化的に開裂して **1** から **5** に変換しなければならない．アルケンの酸化的開裂にはさまざまな方法がある．なかでもオゾン分解は最も代表的である．二置換アルケン **6** のオゾン分解では，オゾニドを還元的に処理するとアルデヒドに，酸化的に処理するとカルボン酸に変換できる[1]．

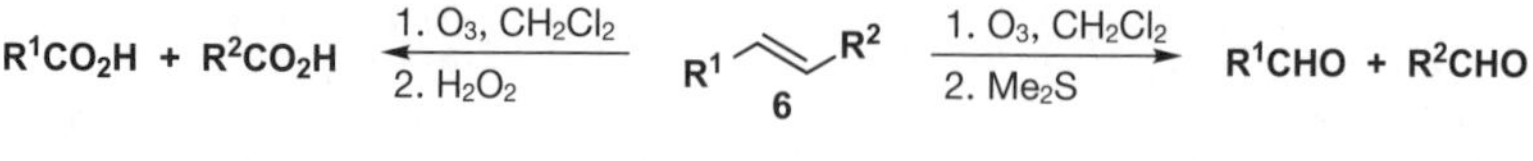

化学量論量の *N*-メチルモルホリン *N*-オキシド（NMO）などの再酸化剤共存下，触媒量の OsO_4 を用いてアルケン **6** をジヒドロキシ化するとジオール **7** が得られる．**7** を $NaIO_4$ または $Pb(OAc)_4$ で処理すると結合開裂が起こり，2 分子のアルデヒドが生

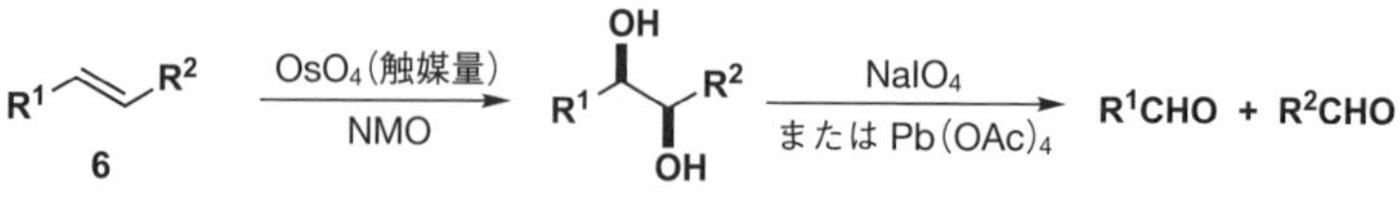

成する．また，$KMnO_4$ あるいは触媒量の OsO_4 と，過剰量の $NaIO_4$ を組合わせて反応を行うとワンポットでアルケンをアルデヒドに変換できる．

化合物 **11** を 25 章で述べた方法に従って逆合成すると，エステル **8** のエノラートとブロモアルデヒド **12** に導くことができる．しかし，上と同様の理由で **12** のような化合物の使用は避けたほうがよい．一方，**11** の O を C に置き換えた **10** に変換すると，優れた求電子剤である臭化アリル **9** に逆合成できる．

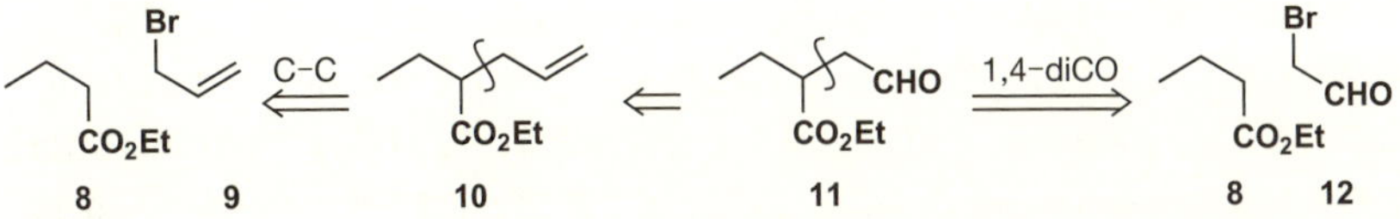

実際の合成では，マロン酸エステルが用いられた[2]．アルキル化を行う順序は，反応性のより高いアルキル化剤を最後に用いるほうが理にかなっている．この場合はアリル化を最後に行い，つづく酸化的開裂にはオゾン分解が選ばれた．

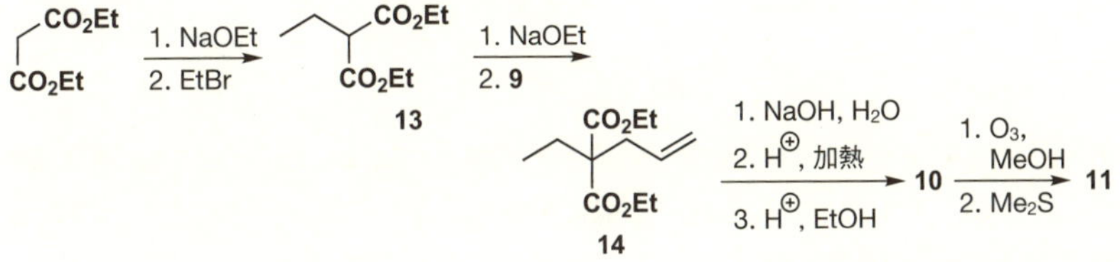

アルケンの酸化的開裂には強力な反応剤を用いるが，それでも他のさまざまな官能基が共存可能できる．Williams によるブレビアナミド B（brevianamide B）の合成[3]では，ヘテロ環化合物 15 をオゾンで処理するとアリル基が酸化され極めて高い収率でアルデヒド **16** に変換されている．なお，**15** のアリル基は，相当するエノラートのアルキル化反応で導入している．

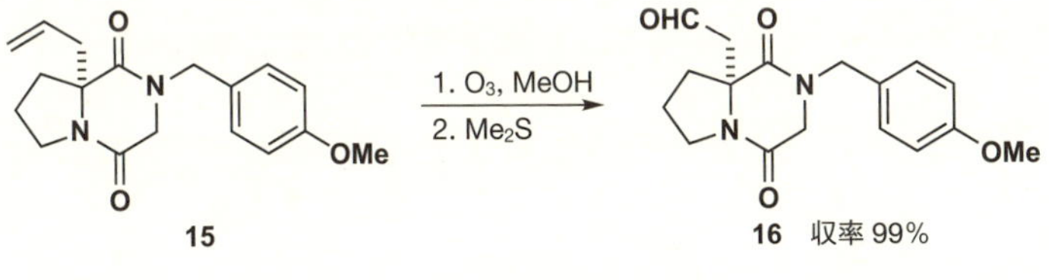

二つの OH 基を保護したトリオール誘導体 **20** は，Evans によるポリエーテル系抗生物質 X-206 の合成[4]で必要とされた中間体である．エポキシド **17** の立体障害のより小さい炭素原子にアリル反応剤を求核攻撃させてエポキシドを開環後，二つの OH 基をアセタール保護し **19** に導いた．その後，オゾン分解と還元で三つ目の OH 基を導入している．これらの二つの例は，アリル基が合成的に有用であることを物語っている．

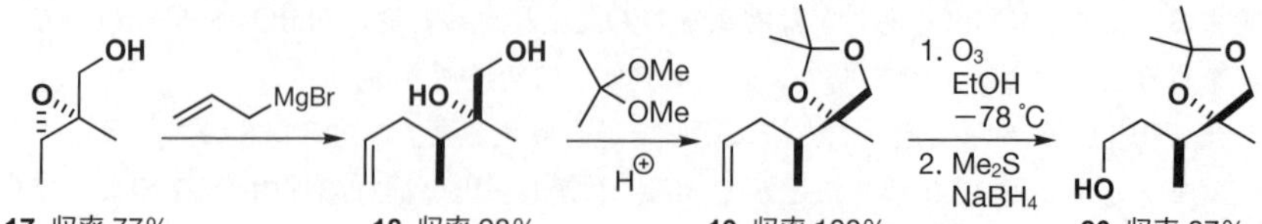

17 収率 77%　18 収率 98%　19 収率 100%　20 収率 87%

ところで，**11** から **10** への逆合成変換をどのように分類すればよいだろうか．この変換は結合切断ではない．むしろ余分な炭素原子を加える操作である．合成前駆体を導くのに役立つ原子団を標的分子に付け加えるこの変換を**再結合**（reconnection）とよぶ．ここで，(Z)-エノン **21** の合成を考えてみよう．**21** は昆虫フェロモンや精油，香料にしばしばみられる構造である．**21** はケトアルデヒド **23** とホスホニウム塩 **22** との Wittig 反応で合成できるだろう．しかし，ケトアルデヒド **23** はアセタール **24** のように保護しなくてはいけないだろう．

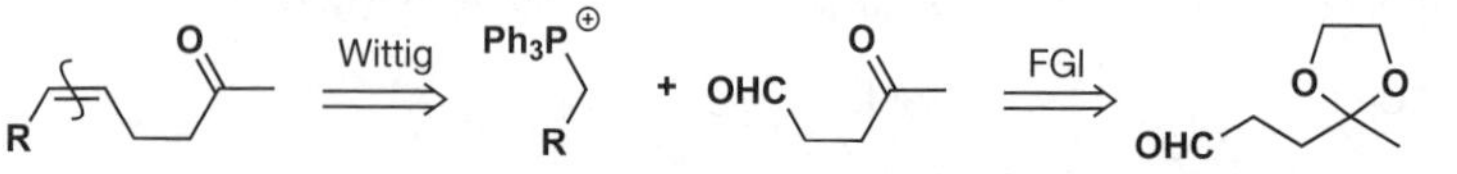

21　22　23　24

アルデヒドでなくケトンのみをどのように保護すればよいだろうか．正解は **20** の合成のように，アルデヒドを生成する前に保護することである．すなわち，再結合によってアセタール **24** をアルケン **25** に導くとこの問題は解決できる．また，ケトン **26** はエノラート **27** の等価体と臭化アリル **9** とのアルキル化で合成できるだろう．

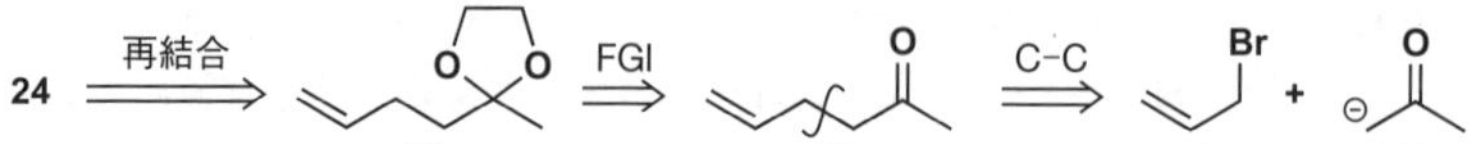

25　26　9　27

その合成は逆合成解析どおりに行われ，アルケン **25** をオゾンで処理した後，過度の酸化が起こらずアルデヒドが確実に生成するようにジメチルスルフィドを用いて還元すると **24** が得られた．Wittig 反応後に **30** を脱保護して **21** が合成できる[5]．

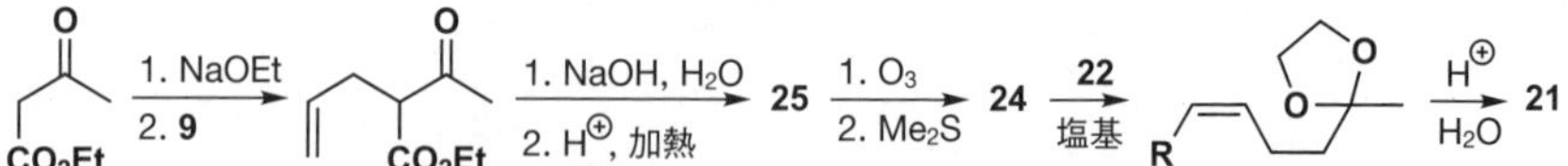

28　29　30

これまで単純なアリル基の酸化的開裂について述べてきた．二重結合の残り半分は開裂によって除去されるので，どのような構造でも問題は生じない．たとえば α,β-不飽和カルボニル化合物 **31** または **34** をオゾン分解すると，1,2-diCO 化合物である **32** や **33** または **35** が生成する．これらのアルケンの合成にはアルドール反応がよく用いられる．その場合ホルムアルデヒドよりも，たとえばベンズアルデヒドを用いるほうがずっと簡単である．

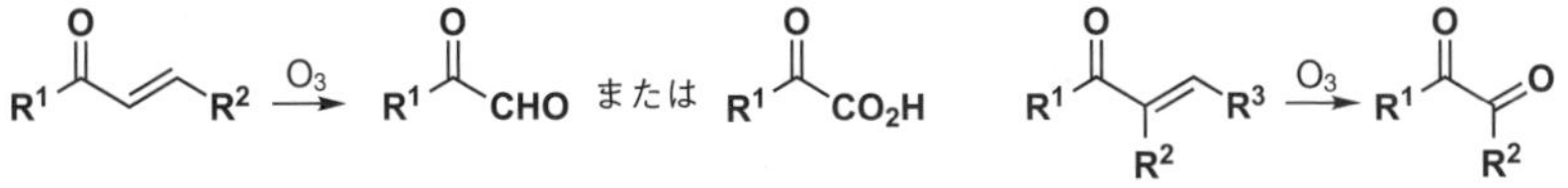

31 32 33 34 35

多環式テトラケトンであるスタウロン（staurone）**36** は **37** から合成された[6]．**37** の構造に含まれる 1,2-diCO の関係は再結合を用いるのにうってつけである．

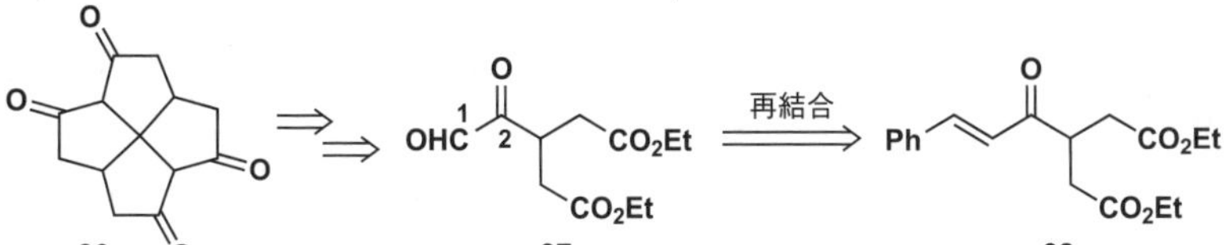

36 37 38

38a に示すようにアルドール反応をふまえて結合切断すると 1,4-diCO の関係を二つもつメチルケトン **39** が導かれる．**39** はアセトンのエノラート **27** の等価体をブロモ酢酸エステル **40** を用いて 2 回アルキル化をすると合成できるだろう．

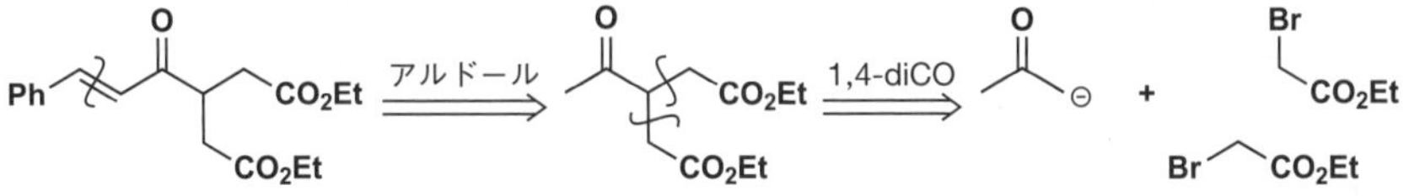

38a 39 27 40（2 当量）

実際の合成ではアセト酢酸ベンジル **41** が用いられた．**41** を 2 回アルキル化してベンジルエステル **42** に変換し，ベンジル基を接触水素化によって選択的に除去した後脱炭酸すると **39** が得られた．**39** とエノール化できないベンズアルデヒドとの縮合反応は全く問題なく進行する（20 章）．最後にオゾン分解を行うと **37** が得られる．

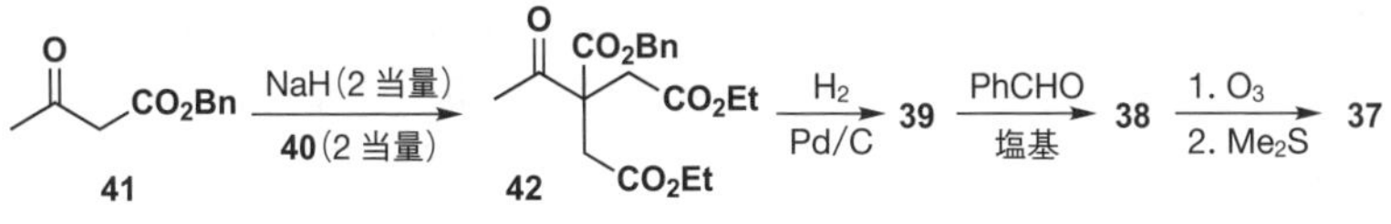

26・2 FGA を活用した合成例

飽和炭化水素 **43** はアリから単離されたフェロモンである．この合成法を考えた場合，官能基が全く存在していないことが最大の問題となる．そのほかに，1,7 の位置関係にある二つの立体中心をどのように制御して合成するかも考える必要がある．

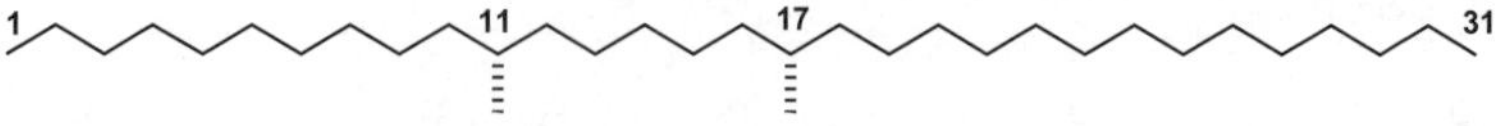

43　(11*R*,17*S*)-11,17-ジメチルヘントリアコンタン

第二の立体化学の問題は，自然界から入手できる光学的に純粋な出発物を 2 種類用意することで解決できそうである．さらに，FGA によって二つの立体中心の間に二重結合を導入した化合物 **44** を思いつくと，Wittig 反応をふまえた結合切断により，たとえば **45** と **46** に逆合成できる．

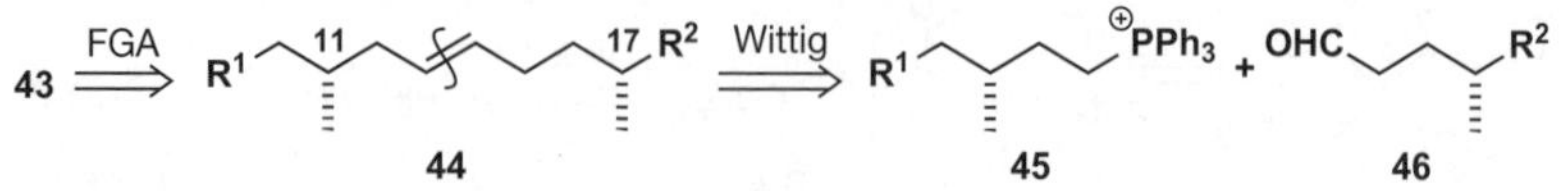

結合切断したどちら側を Wittig 反応剤にするかも考える必要がある．Pempo は，天然のシトロネラ油から得られるテルペン，(*R*)-シトロネラール (citronellal) **47** と (*R*)-シトロネロール (citronellol) **48** を出発物として選んだ[7]．これらは，標的分子 **43** の 11 位の立体中心と同一の絶対配置をもっている．ホスホニウム塩 **49** と適切なアルデヒドとの Wittig 反応により，標的分子の 11 位の立体中心をもつ部分構造をつくることができる．

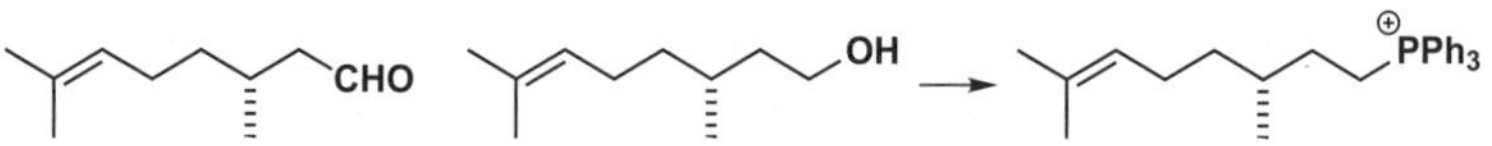

47 (*R*)-シトロネラール　**48** (*R*)-シトロネロール　**49**

しかし，反応相手のアルデヒドとして，絶対配置が逆となっている (*R*)-シトロネラールをそのまま用いることはできない．さらに，アルケン末端を酸化的に除去した後，残りの炭素鎖を導入する必要がある．以下に Pempo の合成を示す．標的分子の左半分は，(*R*)-シトロネロール **48** のアルケン部を酸化的に開裂してアルデヒド **50** に変換した後，Wittig 反応によって残りの 7 炭素を伸長して合成した．主生成物として (Z)-**51** が得られたが，この二重結合はあとで消失するので立体化学は問題ではない．

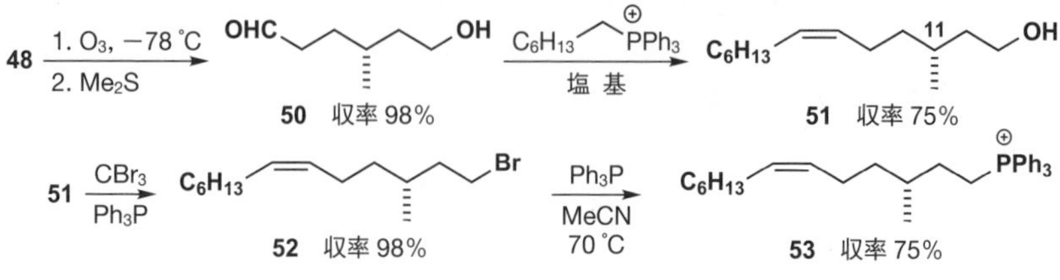

51 から 2 工程でホスホニウム塩 **53** が得られ，標的分子の右半分に相当するアルデヒドとのカップリングの準備が整った.

右半分に相当するアルデヒドの合成は次のとおりである．(*R*)-シトロネラール **47** に直鎖アルキル基をもつ Grignard 反応剤を付加して **54** を得た．生成物は 1：1 のジアステレオマー混合物として得られたが，分離することなくトシラート **55** に変換した後，アルケンをオゾン分解した．こうして得られたアルデヒド **56** と先に合成したホスホニウム塩 **53** との Wittig 反応を行うと，(*Z*)-アルケン **57** が得られた．新たに形成された二重結合も *Z* 配置であったが（逆合成では *E* 体 **44** を想定していた），この立体化学も問題ではない．トシラート **57** を $LiAlH_4$/NaH で還元後，2 箇所のアルケンを接触水素化することでフェロモン **43** が収率 78%で得られた．唯一の低収率の行程は，標的分子の両半分をつなげる 2 回目の Wittig 反応であったが，これ以上の向上は困難であった.

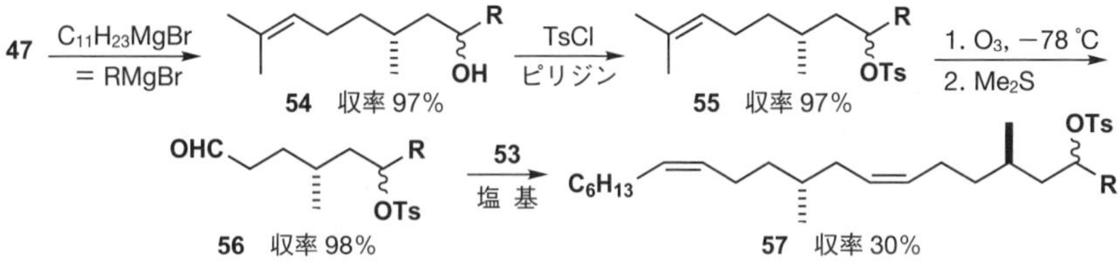

この合成のポイントは，(*R*)-シトロネロールと (*R*)-シトロネラールのアルケン部を酸化的に開裂してそれぞれ左右の両フラグメントとして巧妙に利用していることであり，その結果フェロモンの二つの立体中心を正しく構築できたことにある．次章では，再結合に基づく逆合成が，合成上重要な 1,6-ジカルボニル化合物の合成にも有用であることを学ぶ.

文　献

1. D. G. Lee and T. Chen, *Comp. Org. Synth.*, 1991, **7**, 541.
2. M. T. Edgar, G. R. Pettit and T. H. Smith, *J. Org. Chem.*, 1978, **43**, 4115.
3. R. M. Williams, T. Glinka and E. Kwast, *J. Am. Chem. Soc.*, 1988, **110**, 5927.
4. D. A. Evans, S. L. Bender and J. Morris, *J. Am. Chem. Soc.*, 1988, **110**, 2506.
5. W. G. Taylor, *J. Org. Chem.*, 1979, **44**, 1020.
6. R. Mitschka, J. M. Cook and U. Weiss, *J. Am. Chem. Soc.*, 1978, **100**, 3973.
7. D. Pempo, J. Viala, J.-L. Parrain and M. Santelli, *Tetrahedron*: *Asymmetry*, 1996, **7**, 1951.

27 二官能基 C−C 結合切断 VI: 1,6-ジカルボニル化合物

本章に必要な基礎知識

“ウォーレン有機化学” 37 章 転位反応（Baeyer–Villiger 酸化）を参照

いよいよ二官能基 C−C 結合切断を取扱う最後の章となったが，1,6-ジカルボニル化合物の逆合成は最後を飾るにふさわしいといえよう．1,6-ジカルボニル化合物 **1** の結合切断を前章までと同様に考えてみる．**1** を分子の中央で切断すると，a^3 シントン **2** と d^3 シントン **3** が得られる．a^3 シントン **2** に対応する反応剤としてはエノンを簡単に思い浮かべることができるが，d^3 シントンは不自然な極性をもつので 25 章と同様の問題が生じる．共役付加可能なシントン **3** に対応する反応剤が必要となるが，特殊な例を除いて適切な反応剤がないので，通常この逆合成を考慮するべきではない．また，他の位置で結合切断を行ってもうまくいかないだろう．最大の問題は二つのカルボニル基が離れすぎている点にある．

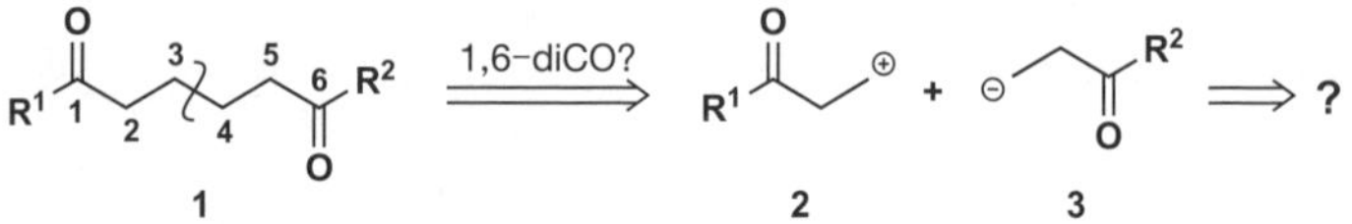

1 **2** **3**

26 章で述べた再結合に基づく逆合成は，1,6-diCO 化合物の非常に優れた合成戦略となる．しかし，前章で取上げた例と大きく異なる点は，切断されるアルケンの両末端を利用することにある. 1,6-ジカルボニル化合物 **1** の C1 と C6 を再結合すると環状分子 **4** に導くことができるが, C1 と C6 との結合は他のどの結合よりも開裂しやすいものでなくてはいけない．結合を弱めるという点では逆になってしまうが，この問題は **4** に二重結合を導入して **5** に逆合成すると解決できる．

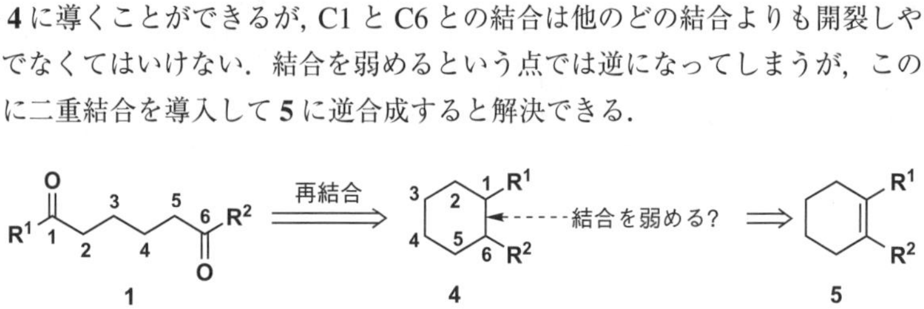

1 **4** **5**

環状アルケンの開裂反応を行っても無駄になる原子は生じない．実際，安価なシクロヘキセン **6** がナイロンの製造工程で必要とされるアジピン酸 **7** の合成に用いられている．アルケンの開裂には，前章で述べた酸化的開裂を用いることができる．Vogel は，シクロヘキサノール **8** を濃硝酸で処理してアジピン酸 **7** を生成する方法を報告している[1]．この反応では，**8** の脱水でアルケン **6** が生じ，つづいて酸化的開裂が起こっている．工業的にはおそらくほかの方法が利用されているだろう．

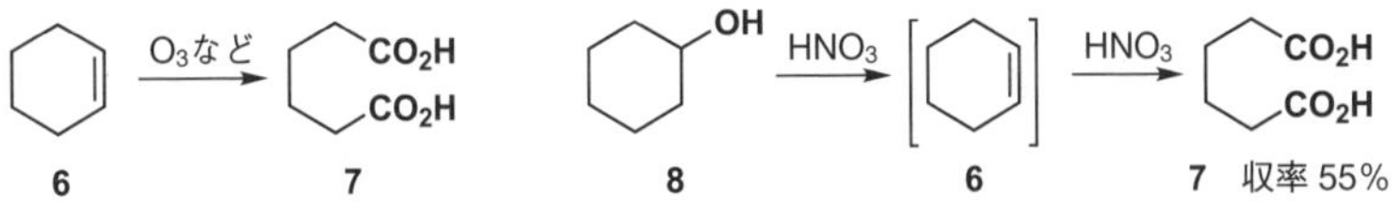

二つの官能基が 1,6 の関係にあるケトカルボン酸は次のように合成できる．シクロヘキサノン **9** に有機リチウム化合物または Grignard 反応剤を付加させて第三級アルコール **10** に変換し，つづく脱水反応で得られたシクロヘキセン **11** を酸化的に開裂すると **12** が生成する．

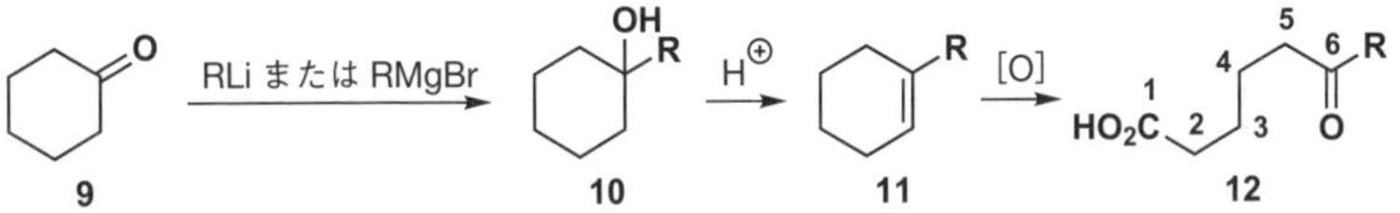

二環性ケトン **13** は単純なエノン **14** からつくることができる．**14** はアルドール反応をふまえた結合切断（α,β-不飽和カルボニル化合物を合成する際の第一選択肢）によってケトアルデヒド **15** に逆合成できる．

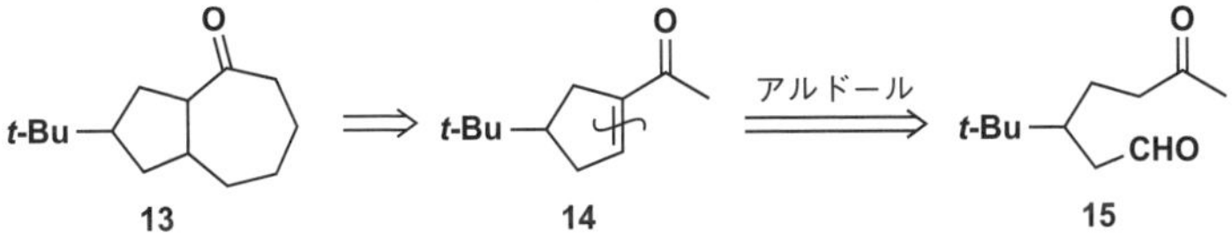

ケトアルデヒド **15** は 1,6-ジカルボニル化合物なので，再結合によってシクロヘキセン **16** に導くことができる．置換基を間違いなく正しい位置にもたせる秘訣は，下に示すように標的分子 **15** と出発物 **16** に 1～6 の番号を書くことである．FGI によって **16** をアルコール **17** とした後，メチル基を除去すると単純なシクロヘキサノン **18** に導くことができる．

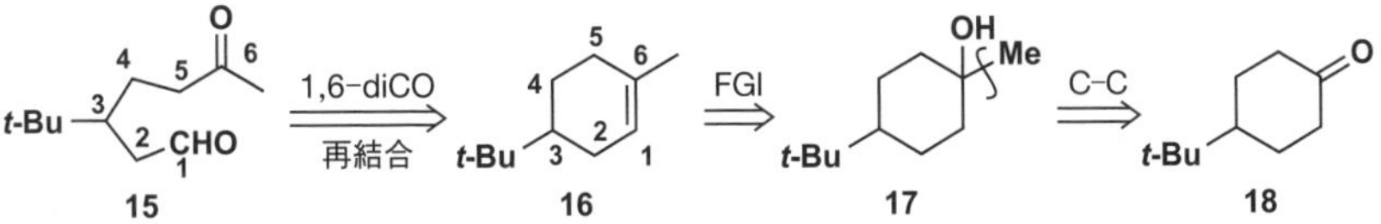

ケトン **18** の合成は次章で述べる．**14** は常法に従って合成できる．**18** にメチルリチウムを付加してアルコール **17** とし，単離することなく直接脱水するとシクロヘキセン **16** が得られる．二重結合をオゾンで処理して酸化的に開裂すると **15** が生成する．分子内アルドール反応は 7 員環形成が不利なため，5 員環化合物 **14** のみを生成する[2]．

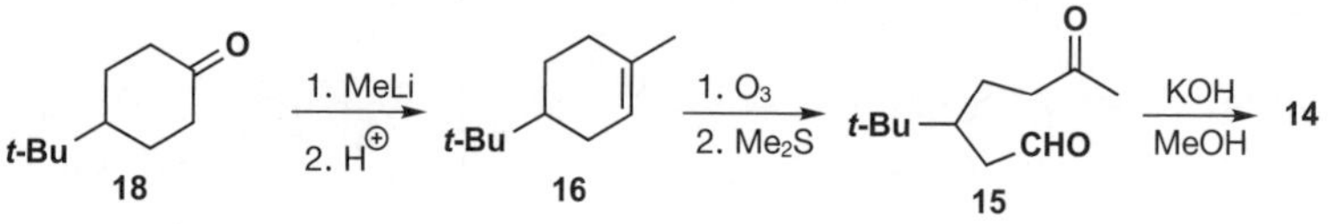

27・1　Diels−Alder 反応による 1,6-ジカルボニル化合物の合成

前述したように，酸化的開裂によって 1,6-ジカルボニル化合物をつくるためには，通常シクロヘキセンを合成しなければならない．Diels−Alder 反応（17 章）はシクロヘキセンを合成する最良の方法の一つである．典型的な例として，ブタジエン **19** とエノン **20** との Diels−Alder 反応によって得られるアルケン **21** のオゾン分解をあげる．生成物 **22** は，二つのカルボキシ基が 1,6 の関係をもっている．Diels−Alder 付加体 **21** は環外にカルボニル基をもつので，開裂生成物 **22** には 1,5-および 1,4-diCO の関係も含まれている．したがって，これらの位置関係に着目してさまざまな合成戦略を立てることができる．

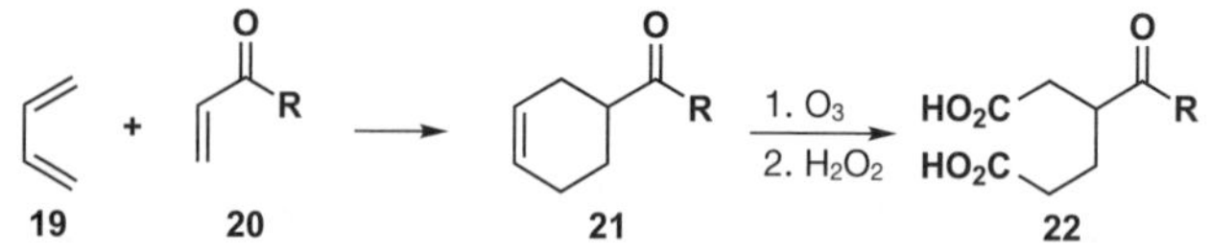

ジエステル **23** は Heathcock による抗生物質ペンタレノラクトン（pentalenolactone）の合成で必要とされた化合物である[3]．二つのエステルを再結合すると，シクロヘキセン **24** に逆合成できる．FGI によって二つのエーテルをそれぞれカルボニル基に変換すると，出発物として Diels−Alder 生成物 **25** に導くことができる．**25** がブタジエン **19** とマレイン酸無水物 **26** から合成できるのは一目瞭然である．

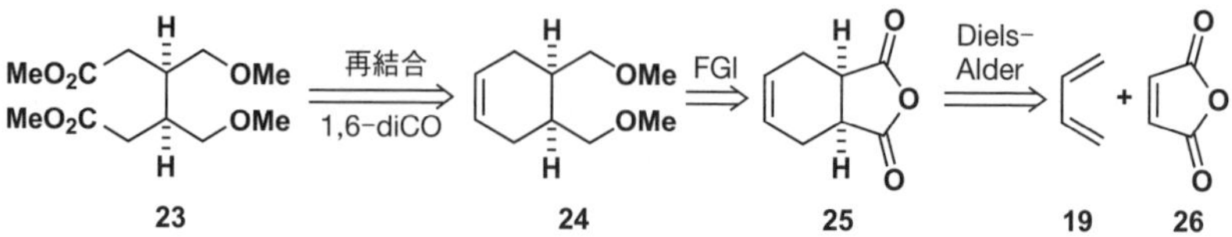

その合成は逆合成解析どおりに行われ，**25** を還元した後すぐにメチル化するとエーテル **24** が生成した．**24** の酸化的開裂を行った後，CH_2N_2 で処理するとエステル **23** が得られた．

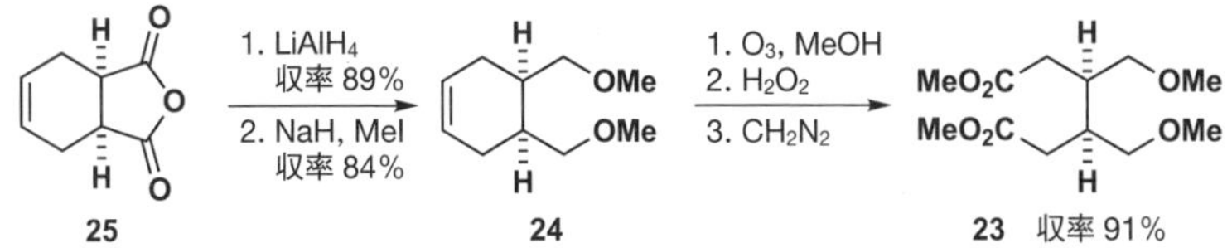

二環性ジラクトン **27** は Eschenmoser によるビタミン B_{12} 合成で四つのヘテロ環すべての合成前駆体として必要とされた化合物である[4]．両ラクトン環を結合切断するとケトン **29** に導くことができる．

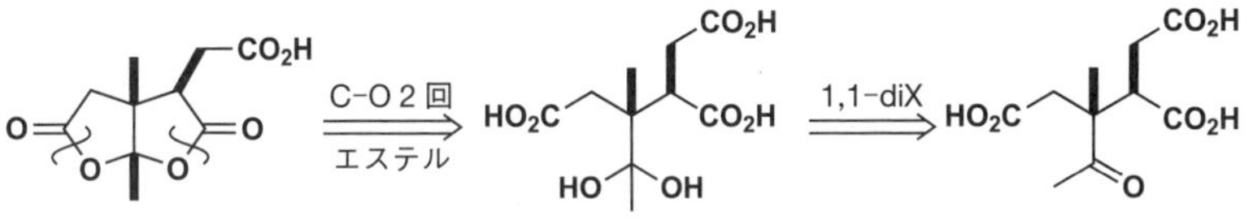

ケトン **29** は 1,4–, 1,5–および 1,6–diCO の関係をもつ化合物である．立体化学に注意して **29a** に示すように書き直すと 1,6 の関係がわかりやすくなる．**29** からの再結合によって得られるシクロヘキセン **30** は，Diels–Alder 反応をふまえた結合切断によって反応性の高い求ジエン体 **31** に導くことができる．化合物 **30** のメチル基とカルボキシ基はシスの関係にあるので，**31** でもこれらはシス配置でなければならない．

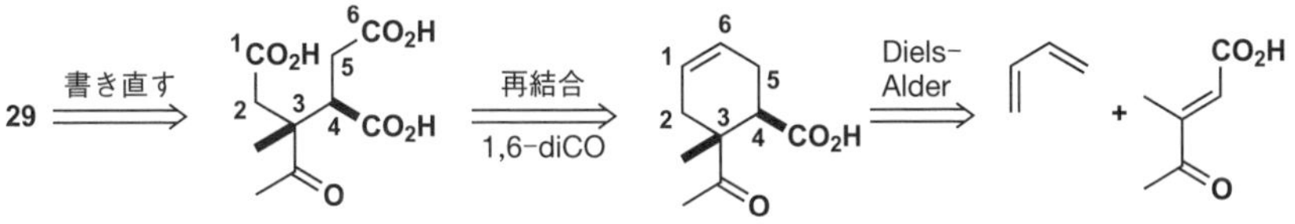

求ジエン体 **31** は二重結合の両末端にカルボニル基をもつので，二通りの逆合成が考えられる．切断 ***a*** によって導かれる化合物は，いずれもエノール化できるので反応の制御が難しいだろう．一方，切断 ***b*** によって導かれるケトンのエノール化では位置選択性の問題が生じるが，この逆合成のほうが優れている．

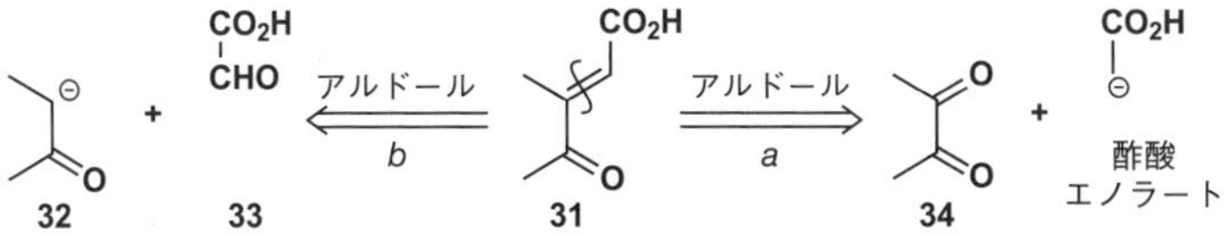

酸性溶液中でアルドール反応を行うと置換基の多いほうのエノールが優先して生成し，すべてのカルボニル基のうち反応性の最も高いアルデヒドと反応して **31** が得られる．ブタジエン **19** と **31** との Diels−Alder 反応によって生成する遊離のカルボン酸 **30** は，光学的に純粋なアミンを用いて分割された．両エナンチオマーはそれぞれビタミン B_{12} の異なる部分構造の合成に用いられた．通常あまり用いられない Cr(VI) 酸化剤でアルケンの開裂を行うと，酸性条件下でただちにアセタール化が起こり **27** が得られた．

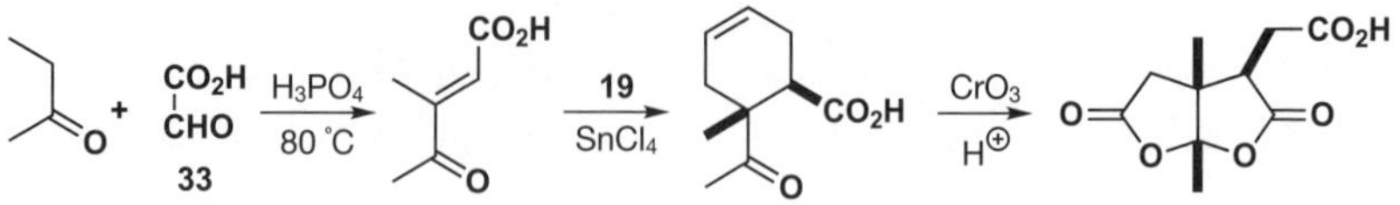

33　　**31**　収率 82%　　**30**　収率 73%　　**27**　収率 75%

27・2　出発物として利用できる他のシクロヘキセン

環状アルケンの開裂反応によって 1,6-ジカルボニル化合物を合成する利点の一つとして，鎖状化合物では困難な立体化学制御が容易となることがあげられる．テルペンの (+)-2-カレン (carene) **35** は，3 員環がシス縮環した化合物であり，それ以外のジアステレオマーは存在しない．アルケンをオゾン分解すると，その立体化学を保持したままケトアルデヒド **36** が得られる．McMurry は **36** から二つの立体中心が同一の配置をもつ **37** に代表される一連の化合物を合成した[5]．

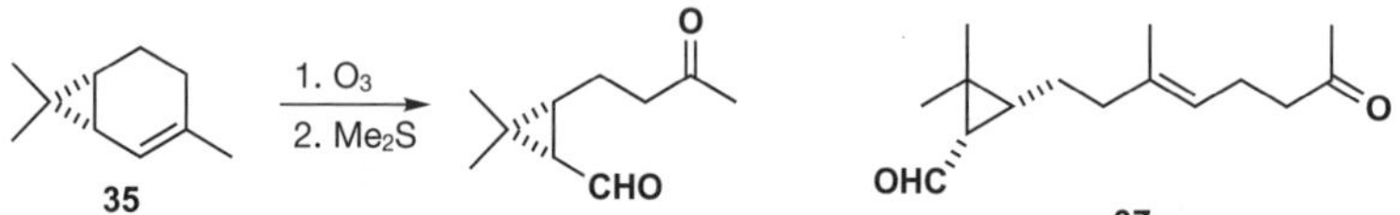

35
(+)-2-カレン　　**36**　収率 99%　　**37**

シクロヘキセンの酸化的開裂によって得られるジカルボニル化合物の分子内アルドール反応を行うと，環縮小したシクロペンテンが得られる．第四級炭素を中心に三つの 5 員環が連結されたテルペンであるスベルゴルジ酸 (subergorgic acid) **41** を岩田が合成した際に，この方法は特に有用であった[6]．これらの化合物はきれいに書き

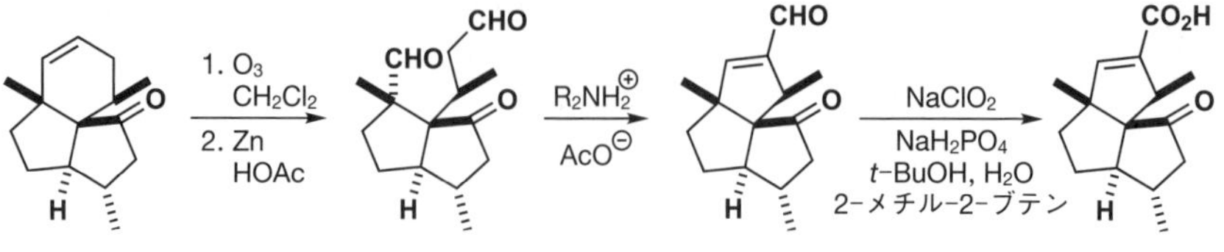

38　　**39**　収率 68%　　**40**　収率 77%　　**41**　収率 98%

表すのが困難なほど立体的に混み合っている．合成したシクロヘキセン **38** をオゾン分解すると不安定なジアルデヒド **39** が得られた．分子内アルドール反応によって **39** を環化すると **40** が生成し，このものを酸化すると **41** が得られた．

27・3 Baeyer–Villiger 酸化による酸化的開裂

シクロヘキサノンを過酸で処理すると酸化的開裂が起こり，7 員環ラクトンが得られる．この反応は **Baeyer–Villiger 酸化**とよばれる．酸素原子の挿入位置はケトンに隣接する炭素原子の性質によって決まり，炭素原子が酸素原子に移動する[7]．ラクトン **43** は 1,6–diO の関係をもっているが，この位置関係は開環したヒドロキシカルボン酸 **44** のほうがずっとわかりやすい．Baeyer–Villiger 酸化は，工業的に広く用いられている[8]．

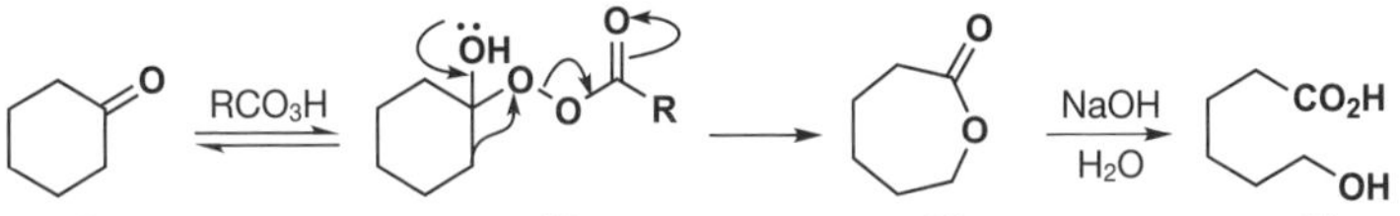

9 **42** **43** **44**

Baeyer–Villiger 酸化をふまえた逆合成では酸素原子を除去するが，注意が必要である．ラクトン **45** および **47** の酸素原子を除去すると，いずれからも同一のシクロヘキサノン **46** が得られる．明らかに，どちらか一方の逆合成は正しくない．実際に **46** から合成できるのは **45** である．**48** に示すように，転位の際に分子の左側に生じる正電荷を安定化する置換基の多いほうの炭素が移動するからである．

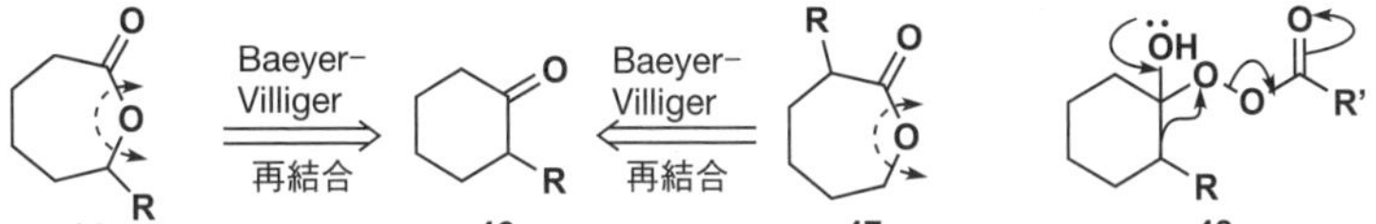

45 **46** **47** **48**

ヒドロキシケトン **49** はフェロモンの合成で必要とされた化合物である．**49** はラクトン **50** から有機リチウム化合物を用いる求核置換反応によって得られる．上で述べた **45** と同様に，**50** は Baeyer–Villiger 酸化をふまえた逆合成ができるラクトンであり，シクロヘキセノン **51** に導くことができる．なお，化合物 **51** はフェノール **52** をすっかり還元すると合成できるだろう（36 章）．

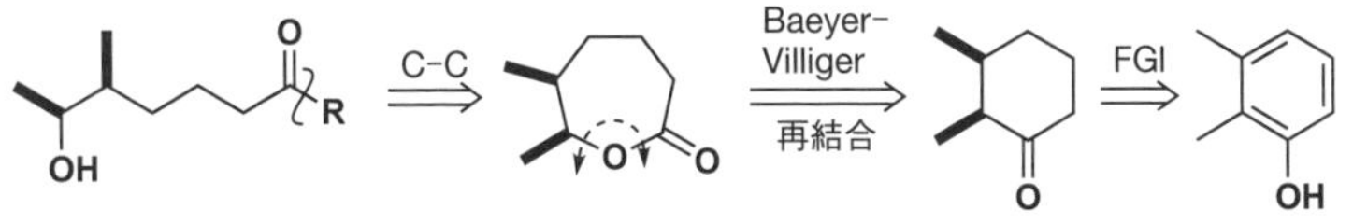

49（R = *n*–オクチル） **50** **51** **52**

フェノール **52** を接触還元するとアルコール **53** がジアステレオマー混合物として得られた．この混合物をそのまま酸化した後に分離すると純粋なケトン **51** が得られた．Baeyer–Villiger 酸化と *n*-オクチルリチウムを用いた開環はうまくいき，ヒドロキシケトン **49** が合成できた[9]．

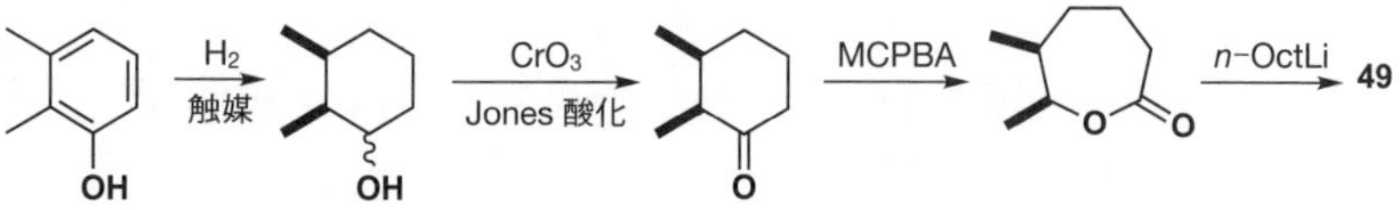

52 **53** **51** **50**

27・4 その他の方法

他の結合切断に基づく逆合成のほうが望ましい場合には，もちろん再結合を行う必要はない．しかし，最初に再結合を試してみる価値はあるだろう．スピロ環ジケトン **54** を 1,3-diCO の関係に着目して結合切断すると 1,6-diCO 化合物 **55** に導くことができる．**55** がアルケン **58** の酸化的開裂によって合成できるのは明白である．しかし，多くの研究者は，この 1,6-diCO の関係にとらわれずに単純な結合切断を行い，シクロペンタノンのエノラート **56** とブロモエステル **57** に逆合成している[10]．

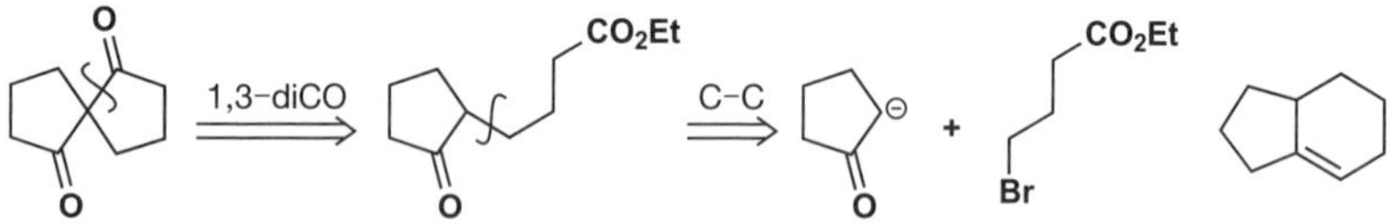

54 **55** **56** **57** **58**

25 章ではラクトン **59** から **57** の合成を，19 章および 25 章ではケトエステル **60** を用いた合成を述べた．**60** を **57** でアルキル化して得られる **61** を濃塩酸と反応させると **55** に対応するカルボン酸が生成する．これをポリリン酸（PPA）で処理すると環化が起こり **54** が得られる．

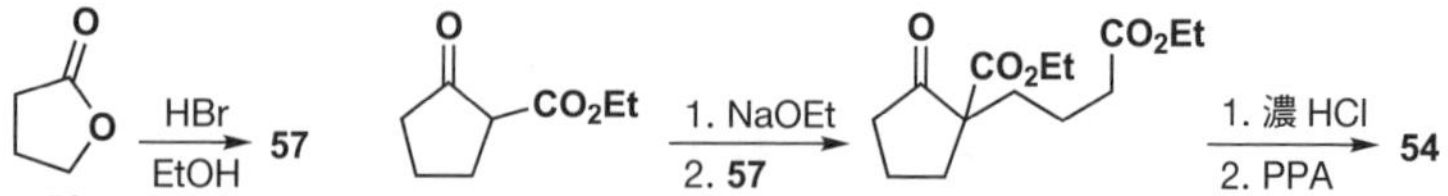

59 **60** **61**

文　献

1. B. S. Furniss, A. J. Hannaford, P. W. G. Smith and A. R. Tatchell, *Vogel's Textbook of Practical*

Organic Chemistry, Fifth Edition, Longman, Harlow, 1989, p.668.
2. H. O. House, C.-C. Yau and D. Vanderveer, *J. Org. Chem.*, 1979, **44**, 3031； H. O. House and M.J. Umen, *J. Org. Chem.*, 1973, **38**, 1000.
3. F. Plavac and C. H. Heathcock, *Tetrahedron Lett.*, 1979, **20**, 2115.
4. A. Eschenmoser and C. E. Wintner, *Science*, 1977, **196**, 1410.
5. J. E. McMurry and G. K. Bosch, *J. Org. Chem.*, 1987, **52**, 4885.
6. C. Iwata, Y. Takemoto, M. Doi and T. Imanishi, *J. Org. Chem.*, 1988, **53**, 1623.
7. C. H. Hassall, *Org. React.*, 1953, **9**, 73； G. R. Crow, *Org. React.*, 1993, **43**, 251.
8. G.-J. ten Brink, I. W. C. E. Arends and R. A. Sheldon, *Chem. Rev.*, 2004, **104**, 4105.
9. G. Magnusson, *Tetrahedron*, 1978, **34**, 1385.
10. W. E. Bachmann and W. S. Struve, *J. Am. Chem. Soc.*, 1941, **63**, 2589； W. Carruthers and A. Orridge, *J. Chem. Soc., Perkin Trans. 1*, 1977, 2411； H. Gerlach and W. Müller, *Helv. Chim. Acta*, 1972, **55**, 2277.

28 一般的な戦略 B：カルボニル基が導く結合切断

本章では，18～27 章で述べたカルボニル基が導く結合切断を，11 章で述べた結合切断の選択における一般的な原理に関連づけておさらいする．ここで，新たな原理にも出会うかもしれないが，最も重要なことは，効率のよい合成計画を立てるために，どのような結合切断の組合わせが逆合成として優れているかを判断できるようになることである．

カルボニル基が導くすべての可能な C−C 結合切断を見つけだせれば，そのなかから適切なものを選ぶことはできるだろう．しかし，ほんの少し複雑な分子の場合でさえも，その操作をすべての組合わせで行うことはとてつもなく大変である．その代わりに，結合切断の操作を一歩一歩前進と後退をしながら行っていくほうがよいだろう．結合切断が理にかなっていれば次の結合切断に進み，不都合ならば一つ前の段階に戻って今度は違う結合切断を考える．Pratt と Raphael による抗腫瘍性化合物ベルノレピン（vernolepin）の合成で用いられたケトジエステル **1** を例にとって考えてみよう[1]．最初の結合切断は簡単である．**1** は α,β−不飽和カルボニル構造をもつので，**1a** に示すアルドール反応をふまえた結合切断によって **2** に導くことができるからである．

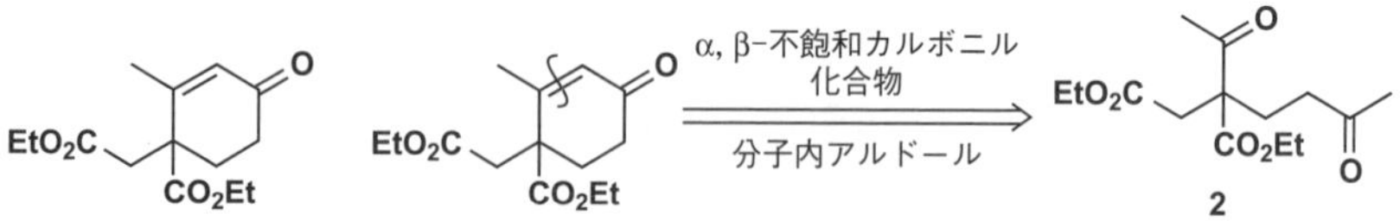

1　**1a**　**2**

化合物 **2** は，1,3−，1,4−，1,5−および 1,6−の関係にあるカルボニル基をもつ．1,3−diCO 結合切断では切断 **2a** または切断 **2b** の 2 通りが考えられ，それぞれ 1 炭素または 2 炭素の断片とエノラート **3** または **4** に導くことができる．しかし，エノラート **3** や **4** を選択的に生成させるのは難しいだろう．また，いずれの結合切断も，**2** の構造をほんの少ししか単純化していないので，この戦略で逆合成を進めるべきでない．

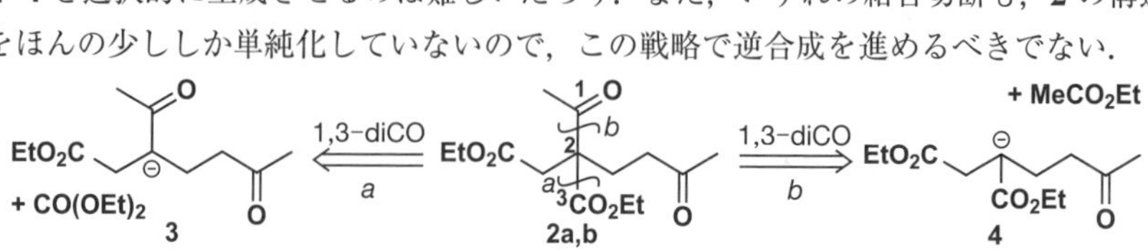

3　**2a,b**　**4**

1,4-diCO 結合切断 **2c** は, 安定な 1,3-ジカルボニル化合物のエノラート **6** と求電子剤として入手可能なブロモ酢酸エステル **5** に導くことができるのでよさそうである. 問題はいかに簡単に **6** を合成できるかである.

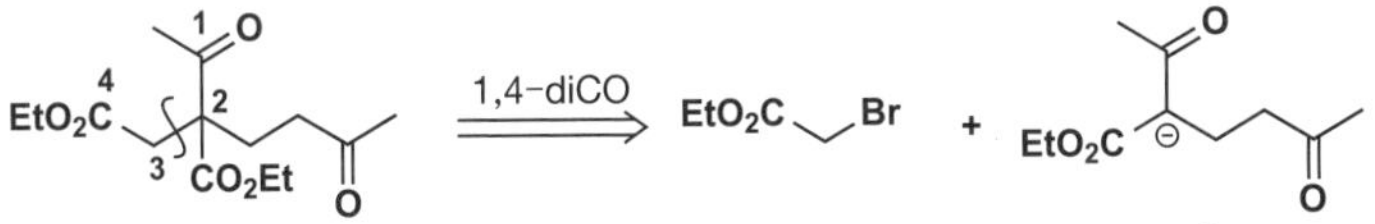

2c　**5**　**6**

1,5-diCO 結合切断 **2d** も安定なエノラート **7** と求電子剤として入手可能なエノン **8** に導くことができるのでよさそうである. この時点では, 切断 **2c** と切断 **2d** のどちらを選んでもほとんど差はなさそうだが, 出発物 **6** と **7** のどちらが合成しやすいかが決め手となるだろう.

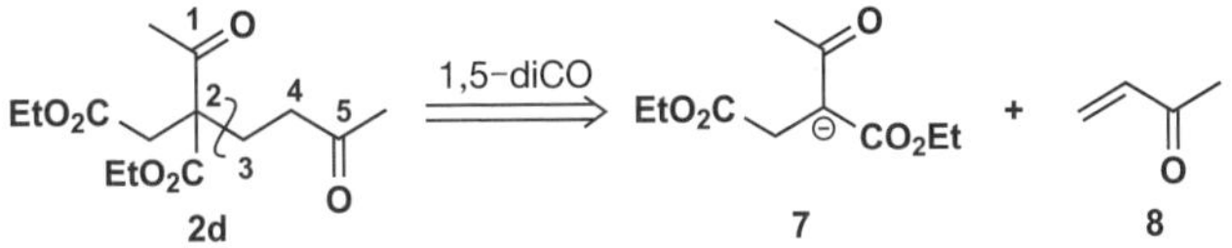

2d　**7**　**8**

最後に, **2e** に示す 1,6-ジカルボニル化合物の再結合をふまえた逆合成について考えてみよう. 再結合によって得られるシクロヘキセン **9** はイソプレン **11** とエノン **10** との Diels–Alder 反応で合成可能であり, **10** は Mannich 反応でアセト酢酸エチルから合成できるだろう.

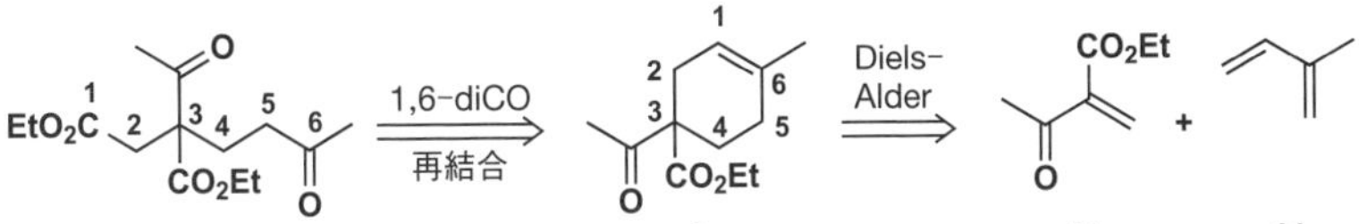

2e　**9**　**10**　**11**

以上のようにうまくいきそうな三つの逆合成を考え出すことができた. しかし, 最初の二つの逆合成は, 反応の順番が逆になっているだけで, 基本的には同じである. ここまできてしまえば, 入手容易な出発物を用いて実際に実験で検討するしかない. Pratt と Raphael は 1,5-diCO 結合切断によって導かれたエノラート **7** を用いて合成に成功した. しかし, おそらく他の方法でもうまく合成できるだろう. 最後の **2** の環化が弱酸と弱塩基を用いるだけで進行している点に注目してほしい.

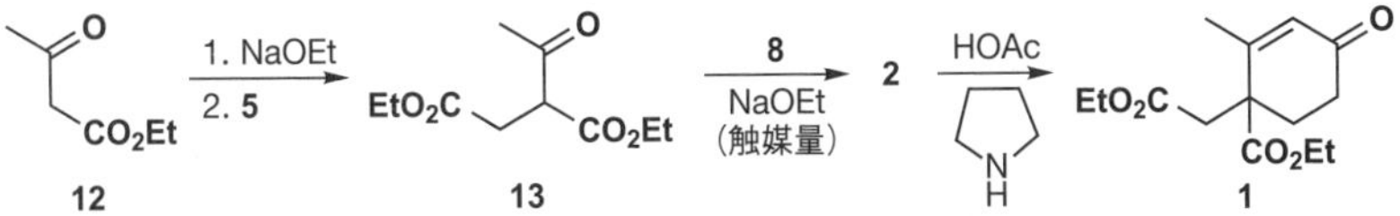

12　**13**　**1**

28・1　ラクトンの合成

標的分子の構造に C−X 結合がある場合は，まずそこを結合切断するのが理にかなっている．そうすると基本となる炭素骨格が明らかとなり，官能基どうしの位置関係も数えやすくなる．たとえば，ラクトン **14** の炭素骨格は **15** であり，**15a** に示すように 1,3−diO および 1,4−diO の関係をもつ．

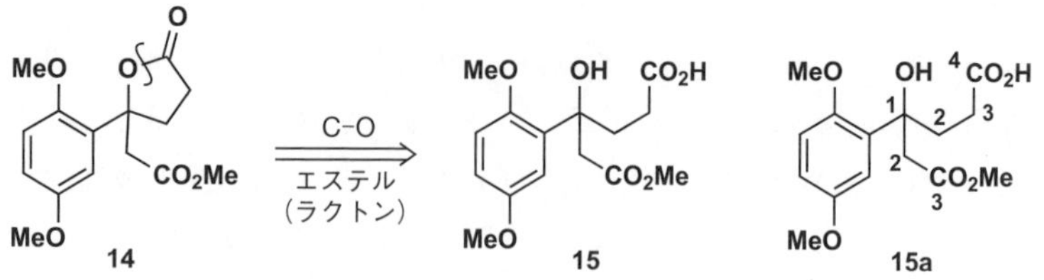

次に枝分かれ部で切断 **15b** または切断 **15c** を行うと，それぞれ単純な芳香族ケトン **16** あるいは **18** に導くことができる．しかし，切断 **15b** では d^3 シントンであるホモエノラート **19** が必要となる．これはなるべく避けるべき方法である．一方，切断 **15c** では単純なエノラート **17** に導けるので，この逆合成のほうが優れている．

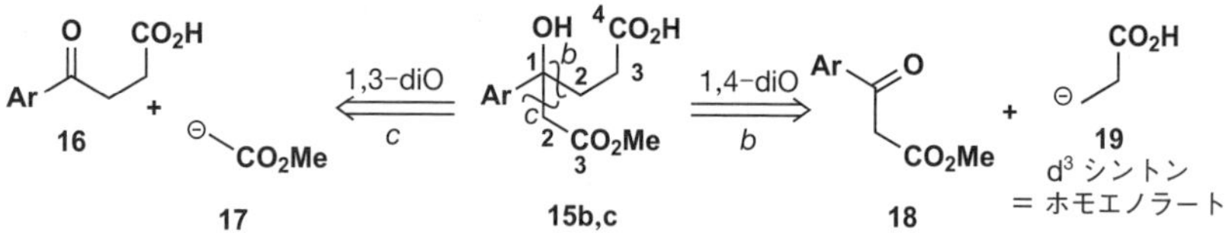

ケト酸 **16** は Friedel−Crafts アシル化で合成できる．コハク酸無水物 **22** は，25 章で述べたように 1,4−diCO 関係をあらかじめもっているので，最適な反応剤となる．この場合，1,4 の関係にあるカルボニル基の外側で結合切断が行われていることに注意してほしい．出発物 **21** はヒドロキノン **20** を硫酸ジメチルでメチル化して合成できる．また，**23** から **15** へ変換する際のエノラートには，ブロモ酢酸メチルから調製した有機亜鉛反応剤（Reformatsky（レフォルマトスキー）反応剤）を用いると反応がうまくいった．**23** のメチルエステル保護基はラクトン化の際に除去された[2]．

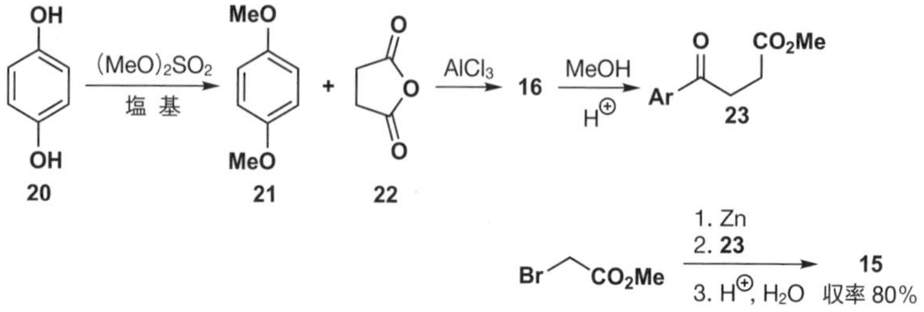

28・2 対称な環状アセタールの合成

ケトアセタール **24** はプロスタグランジンの合成で必要とされた化合物である[3]. **24a** に示す結合切断によってアセタールを除去すると 1,4-diO および 1,5-diO の関係をもつ対称な炭素骨格 **25** に導くことができる. また, 二つの OH 基の間にも 1,4-diO の関係がある.

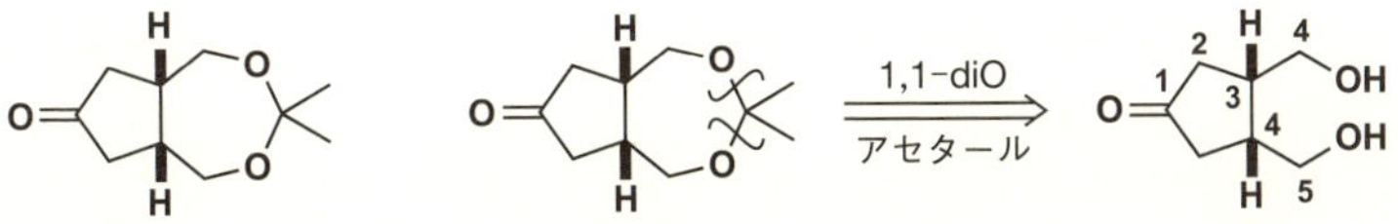

24 **24a** **25**

しかし, **25** のどの C−C 結合を切断しても分子の対称性が崩れてしまうので, あまりよい逆合成が見つからない. 19 章の冒頭で述べた方法を活用するとこの問題をうまく解決できる. FGA によって **25** に官能基 (CO_2Me) を導入して 1,3-diCO の関係を生みだすと, **26** に示す結合切断によって対称性を損なうことなく **27** に導くことができる.

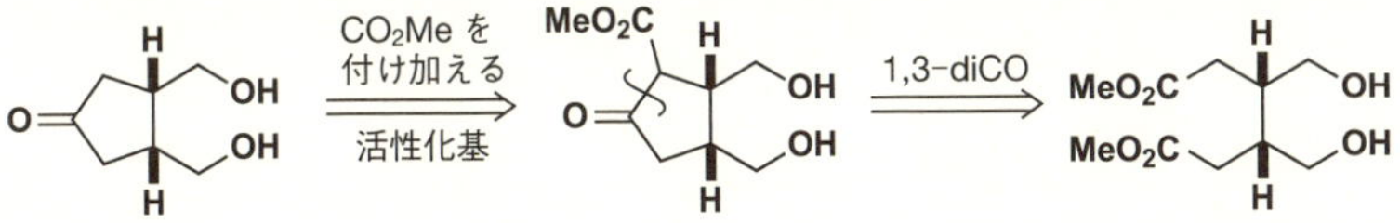

25 **26** **27**

中間体 **27** は, **25** と同様に 1,4-diO および 1,5-diO の関係をもつだけでなく, **27a** に示す 1,6-diCO の関係ももつ. **27** を再結合すると, 対称性を損なうことなく **28** に逆合成できる. **28** のジオールを官能基変換すると Diels-Alder 付加体 **29** が得られる. **29** がブタジエンとマレイン酸無水物 **30** から合成できるのは一目瞭然である.

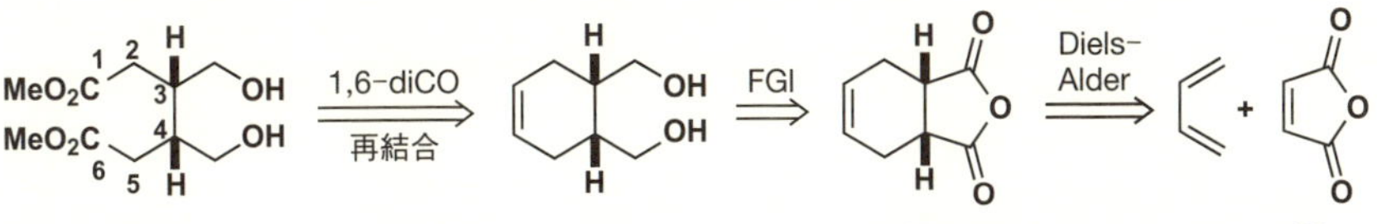

27a **28** **29** **30**

マレイン酸無水物 **30** は (Z)-アルケンであるので, 付加体 **29** もシス縮環している. **29** の還元と保護はアルケンの酸化的開裂の前に行う必要がある. そうしないと, 分子の左右でほぼ等価な酸素官能基をもつ構造となり, それらの区別が難しくなる. ケトエステル **33** を加水分解後, 酸で処理すると脱炭酸が起こり **24** が得られる.

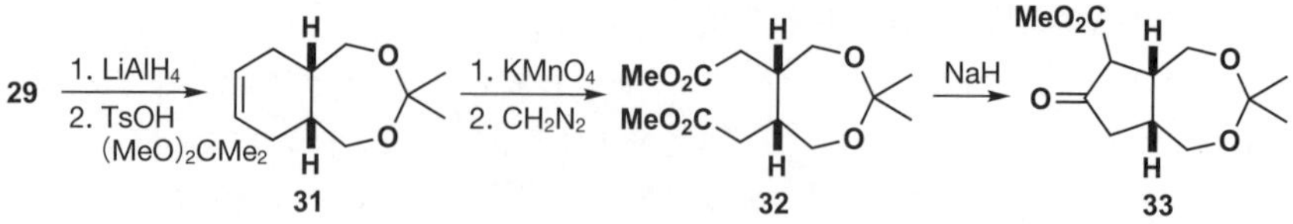

28・3 スピロエノンの合成

Corey はジベレリン酸（gibberellic acid）の合成でスピロエノン **34** を必要とした[4]．エノンに着目すると逆合成は一目瞭然である．**34** は二つのカルボニル基が 1,4 の関係をもつケトアルデヒド **35** に導くことができる．さらに枝分かれ部で結合切断すると，アルデヒド **36** のエノール（エノラート）等価体とブロモケトン **37** が得られる．

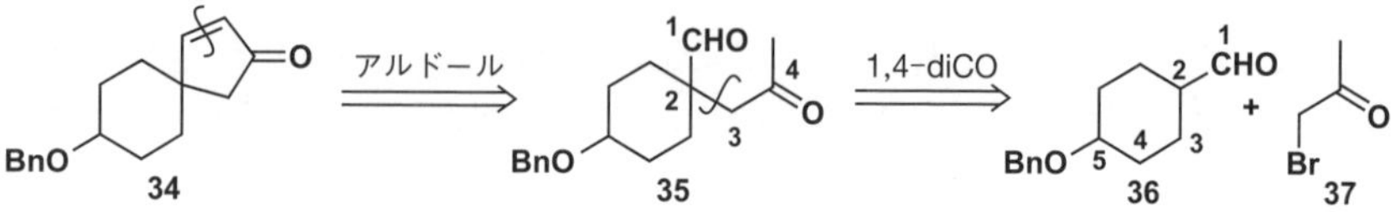

しかし，どのような方法を考えても **36** を合成することは容易ではない．一方，ケトアルデヒド **35** を 26 章で述べた再結合の戦略を念頭において **38** に導くと，このものはアリル型臭化物 **39** とアセト酢酸エチル **40** のエノラートに逆合成できる．

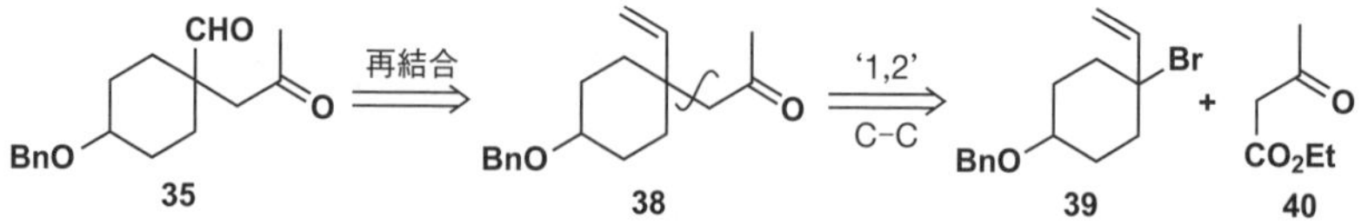

しかし，アリル型臭化物の置換反応はほとんど例外なく立体障害の小さいビニル基の末端で起こるので，この逆合成も望みがないと考えられる．しかし，**38a** に示すように枝分かれ部のもう一方の結合を切断すると，ビニル金属化合物（たとえばビニル銅反応剤）のエノン **41** への共役付加を考えることができる．**41** は，ケトン **42** とアセトン **43** のエノラート等価体とのアルドール反応によって合成できるだろう．

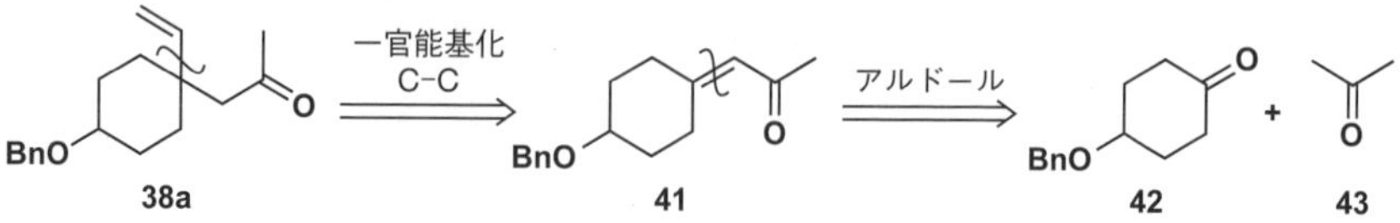

エーテル **42** がヒドロキシケトン **44** から合成できるのは明白である．36 章で述べるが，1,4 位に官能基を二つもつシクロヘキサンをつくるときには，ヒドロキノン **45** などの安価な芳香族化合物を還元する方法が優れている．

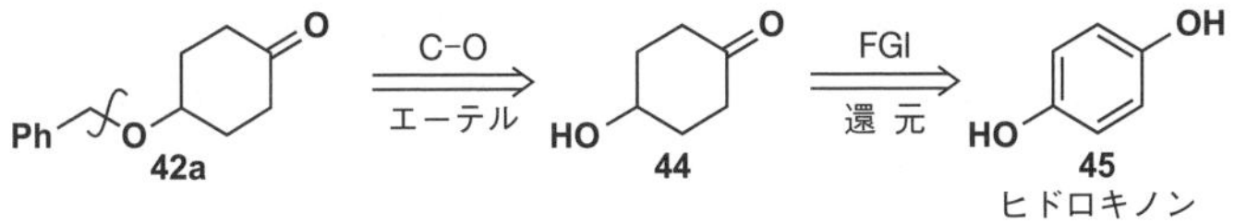

ヒドロキノン **45** からヒドロキシケトン **44** を合成する場合，基本的な官能基選択性（5 章）を考慮しなくてはならない．すなわち，**45** の二つのフェノール性 OH 基を区別して一方をアルキル化し，もう一方を酸化する必要がある．試行錯誤の結果，最初に **45** を完全に還元してジオール **46** に変換した後，ベンジル化する方法が最善であった．この反応では統計的にモノベンジルエーテル **48** が 50%，未反応の出発物 **46** とジベンジルエーテル **47** がそれぞれ 25%ずつ生成すると考えられる（5 章）．幸いなことにこれらは簡単に分離できる．また，**46** はそのまま，**47** は脱ベンジル化すると再利用でき，良好な収率で **48** が得られる．**48** を酸化するとエーテル **42** が得られる．この合成では，ベンジル化は混合物を与えるが，合成の初期段階であり安価な出発物を用いて大量に合成できることから，それほど問題にならない[5]．

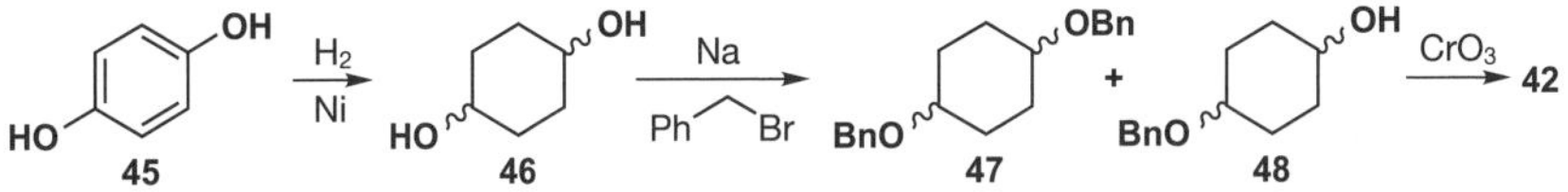

Corey はアルドール反応の代わりに Wittig 型の反応（HWE 反応）を用いてエノン **41** を合成した後，銅触媒共存下でビニル Grignard 反応剤による共役付加を行った．**38** を触媒量の OsO_4 と $NaIO_4$ で酸化して得られたアルデヒド **35** は，平衡条件下できれいに環化し **34** が合成できた．

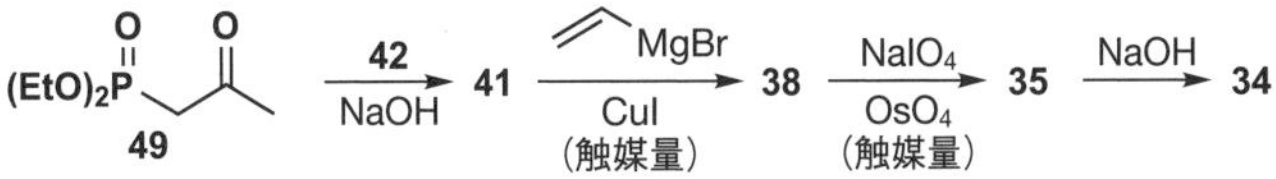

28・4 ピキンドンの合成

本章の締めくくりに，ヘテロ環ジケトン **50** の合成をあげる．**50** は Hoffmann-La Roche 社によって抗精神病薬として開発が進められたピキンドン（piquindone）**51** の合成中間体である[6]．

最初に **50a** に示すヘテロ原子（ピペリジン環内の窒素）の除去を思いつくかもしれない．還元的アミノ化をふまえて逆合成すると，前駆体として **52** から生じるイミンあるいは **53** から誘導されるアミドが想定される．しかし，これらの化合物は四つの異なるカルボニル基をもつことから，官能基選択性の問題が生じるのは明白である．

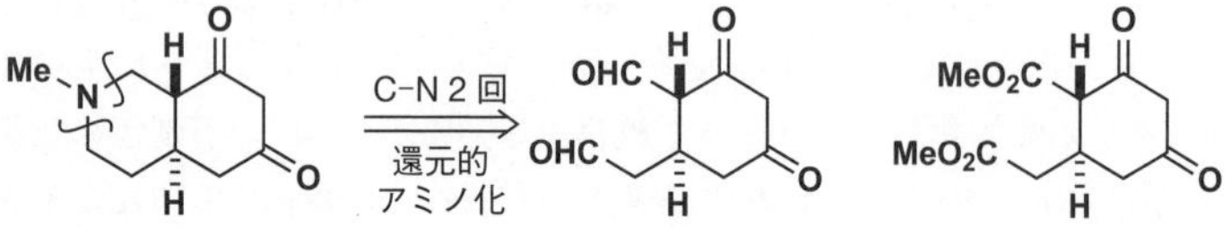

50a **52** **53**

したがって，最初にカルボニル切断を行う逆合成のほうがよいだろう．**50** は 1,3-ジカルボニルの関係をもつので切断法は一目瞭然である．2 通りの切断 **50b** または **50c** によって，前駆体としてそれぞれケトエステル **54** と **55** が得られる．

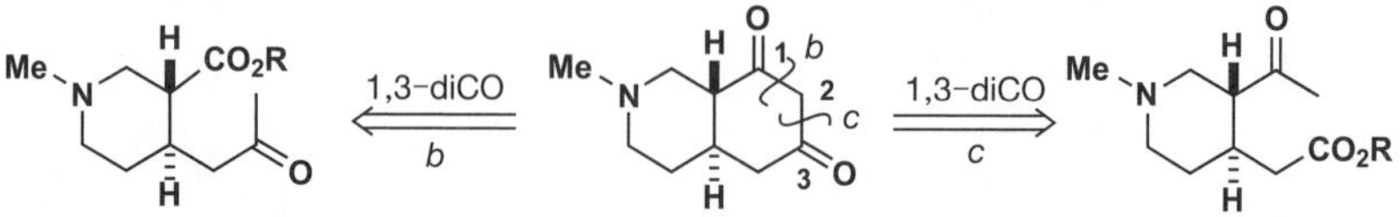

54 **50b,c** **55**

これら二つの中間体 **54** と **55** はいずれも 1,5-diCO の関係をもつので，それぞれ 2 通りの結合切断が可能である．**54b** と **55b** に示すように環結合を切断すると，いずれも構造が単純化されていない出発物 **56** と **59** が得られる．一方，**54a** と **55a** に示す結合切断を行うと，出発物の構造を単純化することができ，それぞれ環状共役エステル **57** とアセトンのエノラート **58** または環状共役エノン **60** と酢酸エステルのエノラート **61** に導くことができる．こちらの逆合成を選んだほうがうまくいきそうである．もう少し後でこれらの合成法を考えることにする．

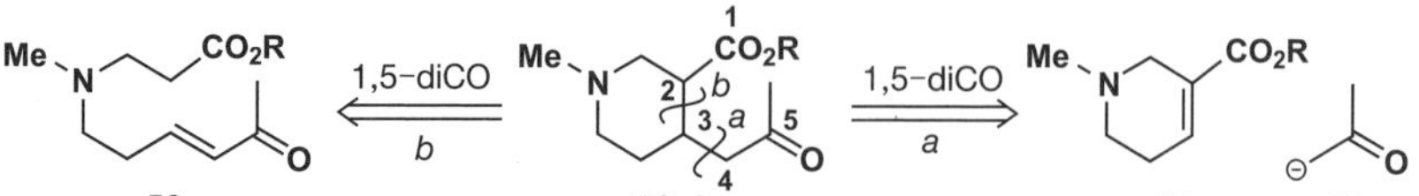

56 **54a,b** **57** **58**

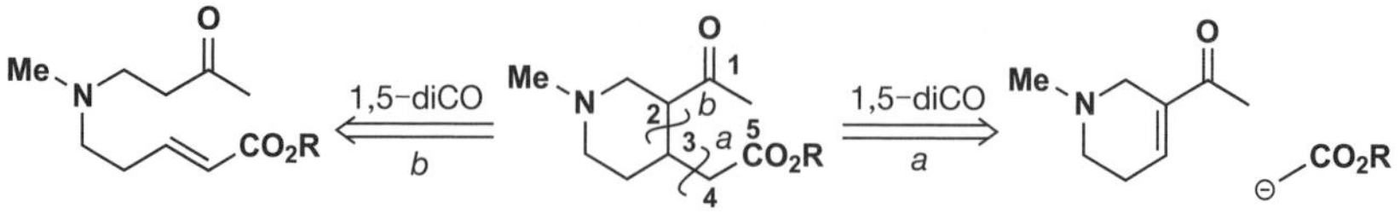

59 **55a,b** **60** **61**

ところで，1,5-diCO の関係は標的分子 **50** にもあり，切断 **50d** と切断 **50e** が考えられる．切断 **50d** では合成が難しそうな 10 員環化合物 **62** が得られるのに対して，切断

50e では合成しやすそうなジケトン **63** に導くことができる．**63** をさらに逆合成すると，上で述べた出発物 **57** や **60** に行きつく．

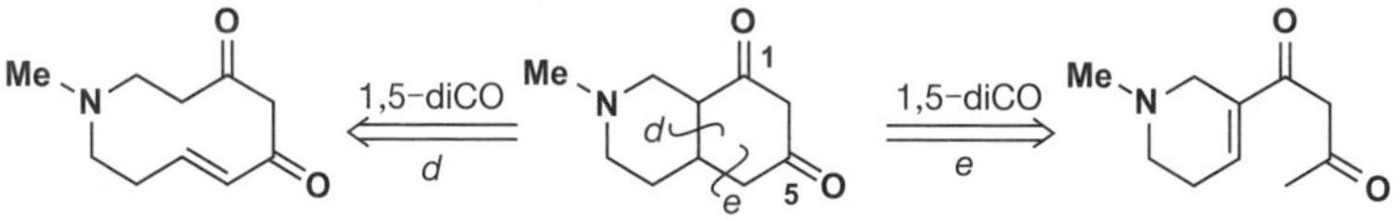

62　50d,e　63

化合物 **57** と **60** の逆合成に話を戻そう．どちらも α,β-不飽和カルボニル基をもつので，アルドール型結合切断によってそれぞれ **64** と **65** に導くことができる．19 章で学んだことを少し思い出してみよう．**64** と **65** はいずれも窒素原子とカルボニル基の間に 1,3-diX の関係をもつ化合物である．19 章で取上げた化合物はカルボニル基として二つのエステルをもっていたが，**64** と **65** はアルデヒドを一つもち，もう一つはエステルまたはケトンである．

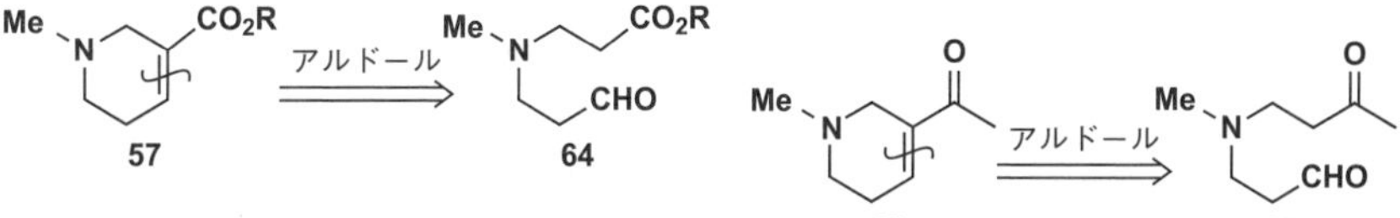

57　64　60　65

環状共役エステル **57** は，化合物 **67**（19 章の化合物 **47**）の還元と脱離反応によってつくることができるだろう．さらに，**57** にアセト酢酸エステルのアニオンを付加できれば，**54** が合成できるはずである．

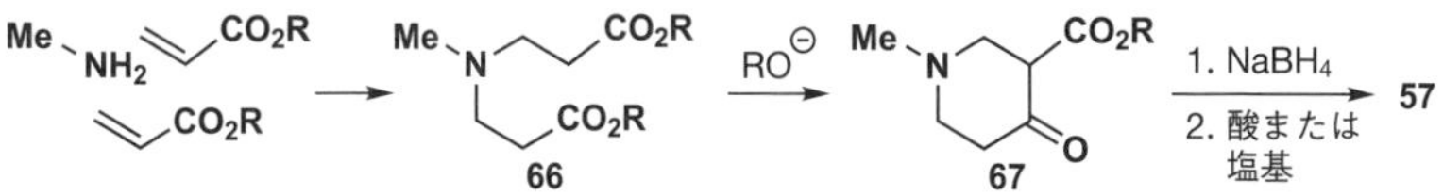

66　67

実際には，メチルエステル **57**（R＝Me）はアルカロイドの一種であるアレコリン（arecoline）として自然界から入手できるのでわざわざ合成する必要はない．詳細は割愛するが，**57** へのアセト酢酸メチルのエノラートの共役付加を経て，ピキンドン **51** を得ることができる．しかし，その収率は非常に低いものであった（12～18%）．おもな原因を究明した結果，**57** が塩基存在下で下に示す転位を起こして芳香族ピリドン **71** を生成することがわかった．

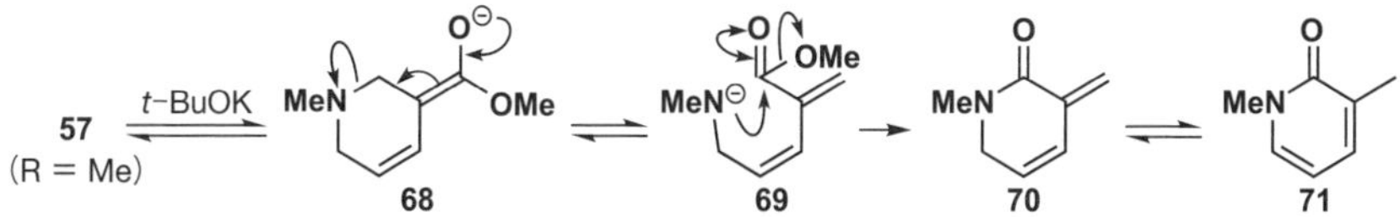

68　69　70　71

共役エノン **60** とマロン酸エステルとの反応を用いると，この問題を解決できる．中間体 **72** やジケトン **50** は単離・構造決定できるが，工業的にはこれらを精製することなく次の反応を行い，ピキンドン **51** を合成するほうが優れている．**51** は選択的なドーパミン受容体拮抗作用を示す化合物である．

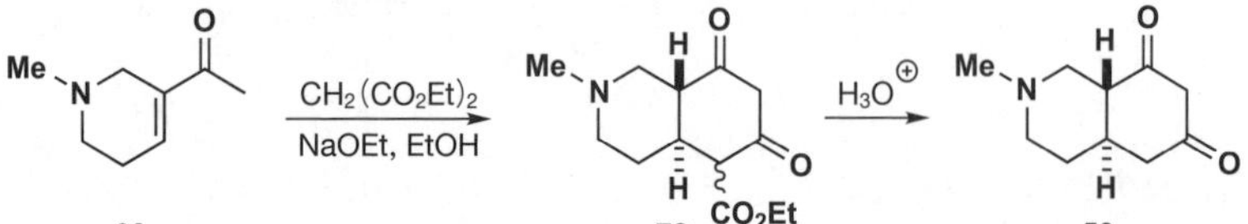

したがって，最後の課題は **60** の合成となる．上で述べた **65** を中間体とする合成法は，すでにかなり以前に報告されている[7]．クロロアセタール **74** を用いて $MeNH_2$ をアルキル化した後，得られた **75** をブテノン **76** に共役付加するとアセタール **77** が生成する．**77** を酸で処理して環化すると **60** が合成できる．しかし，この合成法は収率がきわめて悪かった．一つの理由は，アルキル化の収率が低いためである（8 章）．もう一つの理由は，アセタール **77** の加水分解で生じるアルデヒド **65** の環化反応で副反応が競争したためである．

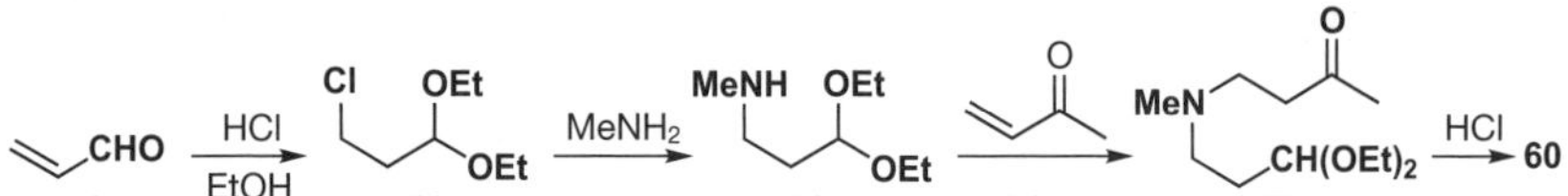

Roche 社の研究者らは，同じ骨格をもつピリジン **78** を使った全く違う方法で **60** を合成した．**78** を保護してアセタール **79** とした後，メチル化すると高収率でピリジニウム塩 **80** が得られた．**80** を還元した後，加水分解することで **60** の合成に成功している．実用的な **51** の合成法の確立は十分な時間をかけて研究する価値があったと論文[6]で述べられている．

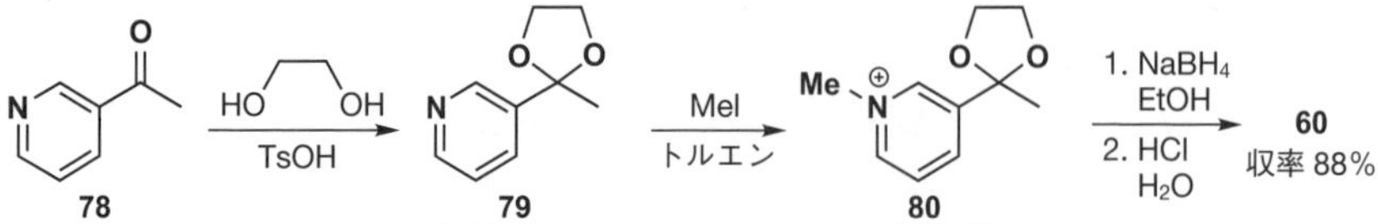

28・5　合成計画を立てる一般的な指針のまとめ

1. すべての官能基を FGI によって適切な酸素官能基（OH，CO など）に変換する．さらに C−X 結合切断を行うことによって炭素骨格を明らかにする．

2. 標的分子に含まれる官能基どうしの位置関係を明確にする．つまり，しっかりと数える．
3. 必要ならば適切な酸化度の官能基に変換した後，18～28 章で述べた反応をふまえて結合切断を行う．
4. よい逆合成が見つかるまで，すべての位置関係について可能な限り結合切断を行う（たとえば環状化合物の場合は，起点となる官能基から環の時計回りおよび反時計回りの両方で位置関係を考える）．
5. 反応が起こりやすくなるように，必要ならば適切な官能基や活性化基を導入する．
6. もし不都合な段階が含まれるようであれば，最初に戻り別の逆合成を考える．

文　献

1. R. A. Pratt and R. A. Raphael, 未発表データ.
2. A. S. Dreiding and A. J. Tomasewski, *J. Am. Chem. Soc.*, 1954, **76**, 540.
3. H. Naki, Y. Arai, N. Hamanaka and M. Hayashi, *Tetrahedron Lett.*, 1979, **20**, 805.
4. E. J. Corey and J. G. Smith, *J. Am. Chem. Soc.*, 1979, **101**, 1038.
5. D. A. Prins, *Helv. Chim. Acta*, 1957, **40**, 1621.
6. D. L. Coffen, U. Hengartner, D. A. Katonak, M. E. Mulligan, D. C. Burdick, G. L. Olsen and L. J. Todaro, *J. Org. Chem.*, 1984, **49**, 5109.
7. A. Wohl and A. Prill, *Liebig's Ann. Chem.*, 1924, **440**, 139.

29 合成戦略 XIII：環形成の基礎 飽和ヘテロ環化合物

本章に必要な基礎知識
“ウォーレン有機化学” 42 章 飽和ヘテロ環化合物と立体電子効果 を参照

29・1 環 化 反 応

本章では分子内反応，特に環化によるヘテロ環化合物の合成について述べる．前章の終盤で，第一級塩化アルキル **74** と $MeNH_2$ との反応では **75** は低収率でしか得られないことを述べた（下図では 28 章と同じ番号を用いている）．問題は生成物 **75** が求核性をもち，$MeNH_2$ と同程度の速度で **74** と反応することにある．この反応は分子間反応であり二分子反応である．

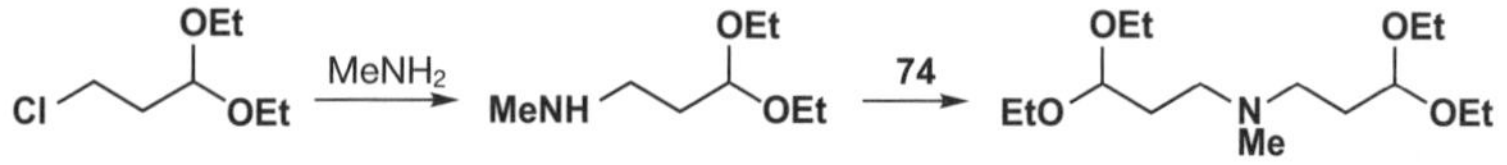

74　　75　　1

アミン **2** を用いる非常によく似た反応で，ピロリジン **3** が唯一の生成物として得られることに驚くかもしれない．**4** に示すように，この反応は分子内環化反応（すなわち一分子反応）であり，二分子反応よりもはるかに有利である．実際のところ，化合物 **2** を遊離のアミンとしてつくることはできない．塩酸塩のような塩として安定に単離することはできるが，塩基で中和すると **2** はすぐに環化して **3** を生成する．

2　　3　　4　　5

本章では，環化反応が分子間反応よりも有利な点について述べる．したがってヘテロ環化合物の合成は簡単に思われるかもしれないが，いくつか注意しておくべきことがある．それは，すべての環化反応が有利に進行するわけではないということである．一般に環状アミンの合成において，環形成速度は形成する環の大きさによって大きく異なる[1)]．5 員環の形成は最も速く，次いで 6 員環，3 員環という順序で環化が速い．一方，4 員環の形成は非常に遅く，7 員環形成もかなり遅い．

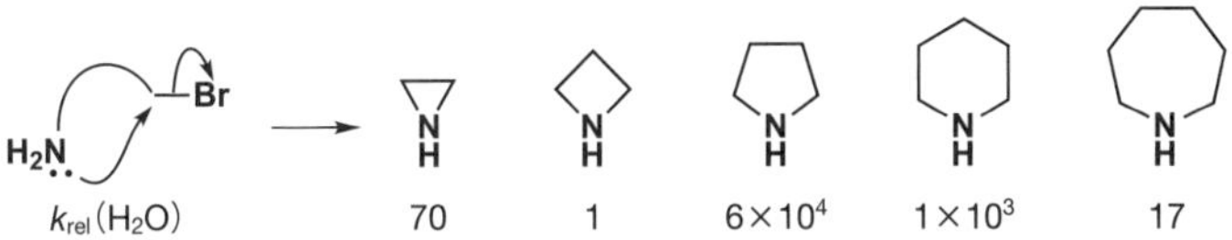

環状化合物の合成では，環化反応の起こりやすさ（速度論的要因）と形成される環構造の安定性（熱力学的要因）を考えなければならない．熱力学的要因を考えた場合，3 員環や 4 員環は環内の結合角が正四面体構造の理想的な結合角である 109° よりも大変小さく，分子に“ひずみ”が生じるので不安定である．5 員環，6 員環および 7 員環はひずみがほとんどないので安定である．なかでも 6 員環はいす形配座をとることができるので最も安定である．ところで，**6** に示す 3 員環を形成する環化は速度論的に有利である．出発物のエネルギー的に最も安定な配座が環化するための配座と似ていて，かつ求核性の窒素原子と求電子性の炭素原子同士が近くにあるからである．一方，4 員環形成は不利である．**9** に示す安定な立体配座からは環化できず，環化するためには **10** に示す重なり形の立体配座をとる必要がある．3 員環および 4 員環形成は，遷移状態が生成物の構造に似てひずんでいるのでエネルギー障壁が大きく不利である．

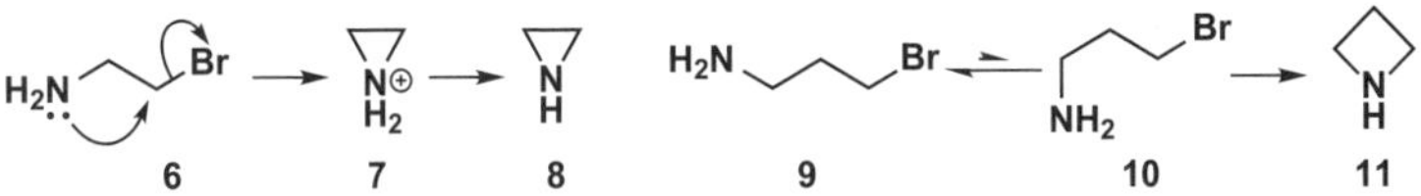

6 **7** **8** **9** **10** **11**

5 員環形成は大変起こりやすい．なぜなら，環化に適した立体配座をとりやすいうえに，生成物や遷移状態の構造にひずみがほとんどないからである．鎖状化合物を分子模型でつくり，主鎖を折りたたんでいくと 1,5 の関係にある原子同士が接近する構造を簡単に見つけることができるはずである．一方，6 員環を形成する鎖状化合物 **12** を折りたたむと，**12a** のように求核部位と求電子部位がすれ違った構造をとる．**13** に示すようないす形配座をとったときにだけ環化が進行する．

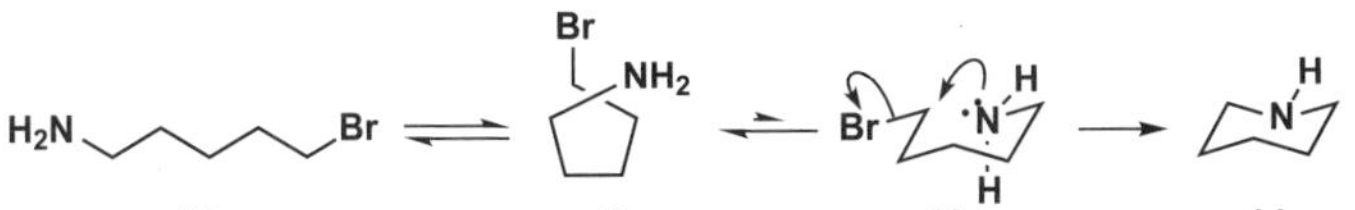

12 **12a** **13** **14**

以上をまとめると，速度論的要因および熱力学的要因が環形成に及ぼす影響は，環の大きさや反応の種類によって著しく異なる．表 29・1 に一般的な指標をまとめておく．

表 29・1　環化における速度論的要因と熱力学的要因

環員数	速度論的要因	熱力学的要因
3	大変好ましい	好ましくない（ひずみ）
4	好ましくない	好ましくない（ひずみ）
5	好ましい	好ましい
6	中程度	大変好ましい
7	中程度	中程度

反応の活性化エネルギーは二つの項，すなわち活性化エンタルピーと活性化エントロピーからなる．5 員環と 6 員環の形成における二つの項の違いを，ヒドロキシ酸 **15** および **17** からそれぞれラクトン **16** および **18** を形成する反応で比較してみよう．エンタルピー的には 6 員環形成のほうが遷移状態でのひずみが小さく安定であるため有利である．しかし，エントロピー的には 5 員環形成のほうが反応する原子同士が接近する確率が高いため有利である．

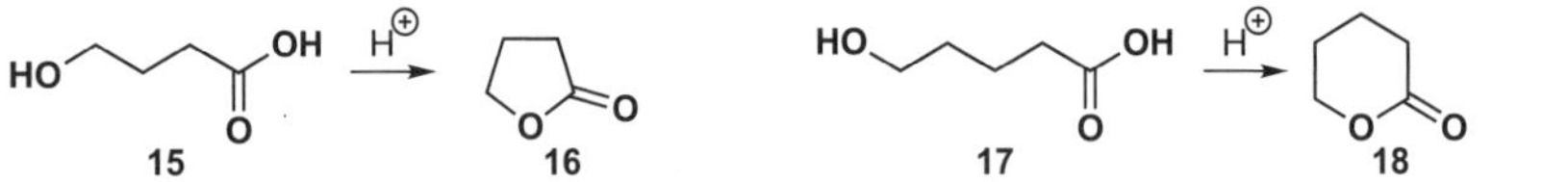

15　**16**　**17**　**18**

$\Delta H^{\ddagger}$ 80 kJ mol^{-1}　$\Delta S^{\ddagger}$ -48 J K^{-1} mol^{-1}　$\Delta H^{\ddagger}$ 58 kJ mol^{-1}　$\Delta S^{\ddagger}$ -108 J K^{-1} mol^{-1}

速度論的に有利なクロロアルコールからの 3 員環（エポキシド）や 5 員環（THF 環）形成では，用いる塩基の種類に違いがみられる．クロロエタノール **19** は **20** に示すように酸素アニオンを経て環化することから，OH 基から完全にプロトンを引抜くことができる特異塩基（specific base）が必要である．対照的に，4-クロロブタノールの環化では一般塩基（general base）が働く．**22** に示すようにプロトンは環化の過程で引抜かれるので，弱塩基で十分である[1),2)]．

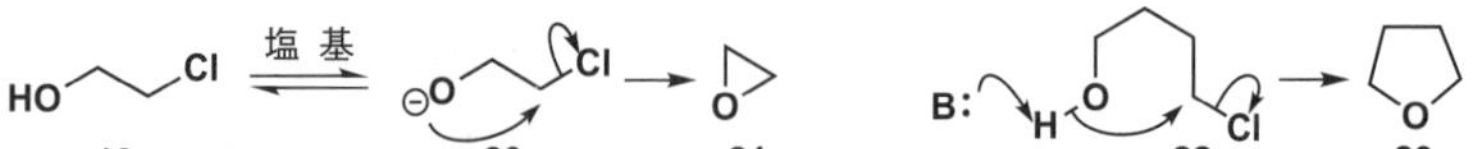

19　**20**　**21**　**22**　**23**

これまでをまとめると，環化反応について次のようなことがいえる．3 員環形成は容易に起こるが，同じ条件で分解（開環反応）が競合することがある．4 員環形成は非常に困難である．5 員環および 6 員環形成は簡単に起こり，出発物を安定に単離することすら難しい場合がある．7 員環は適切な条件で行えば，環形成が進行する．

29・2 3 員 環

MCPBA などの過酸を用いてアルケン **27** からエポキシド **26** を合成する方法は知っているはずだ．**26** はクロロアルコール **25** の環化でも収率よく合成できる．すなわち，α-クロロケトンに Grignard 反応剤を付加させた後，塩基で処理すると環化して **26** が得られる[3]．

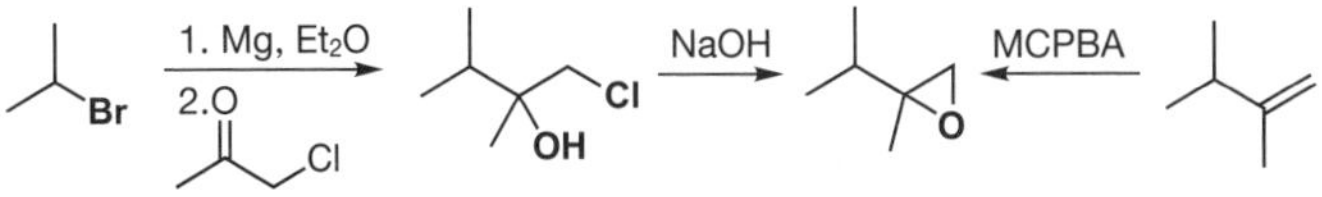

OH 基をアミノ基に置換した化合物を用いると，含窒素ヘテロ 3 員環化合物であるアジリジンが合成できる．アジリジンが活性部位となり抗腫瘍活性および抗菌活性を示す化合物 **30** の合成で，J. P. Michael はアジドイオンを用いて環状スルフィト **28** の開環反応を行った．反応はアリル位で立体配置の反転を伴って進行する．OH 基をメシラート **29** に変換した後，アジドをアミンに還元し，つづいて塩基を作用させるとアジリジン **30** が生成する．この際，もう一度立体配置の反転が起こる[4]．

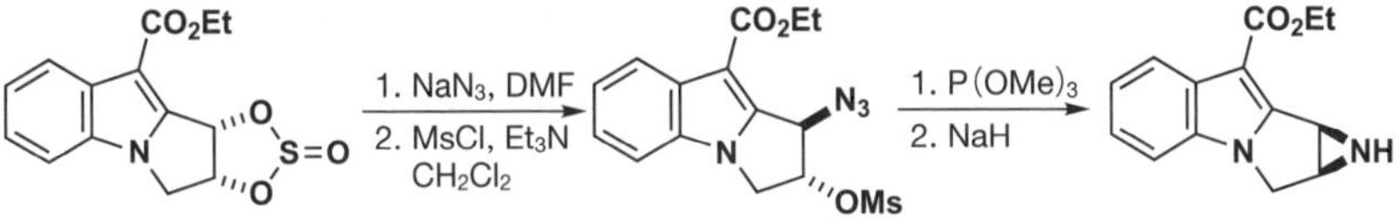

29・3 4 員 環

4 員環形成は最も起こりにくい環化であるが，他の員数の環化などの副反応が起こらないときにはこの分子内反応が進行する．Upjohn 社の鎮痛抗うつ剤タザドレン (tazadolene) **31** は，4 員環アミンであるアゼチジン環をもっている．**31** の C−N 結合に着目して逆合成すると **32**（X は脱離基を示す）を経てエノン **33** に導くことができる．**33** はシクロヘキサノン **34** とベンズアルデヒドからのアルドール生成物である．

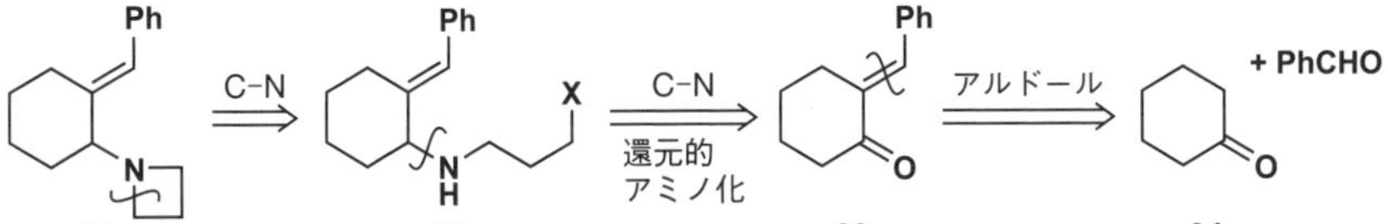

少し驚くかもしれないが，この方法はうまくいく[5]．実際の合成では，エノン **33** ではなく，**34** とモルホリンから合成されるエナミン **35** をアシル化して得られるジケト

ン **36** を用いたほうがよい結果が得られた. **36** と 3-アミノプロパノールからの還元的アミノ化によって得られる **37** を酸性条件下で脱水するとアミン **38** が生成した. $Ph_3P \cdot Br_2$ を用いる光延型の反応で OH 基を臭素原子に置換して **32** (X = Br) とすると, 環化して **31** が得られた.

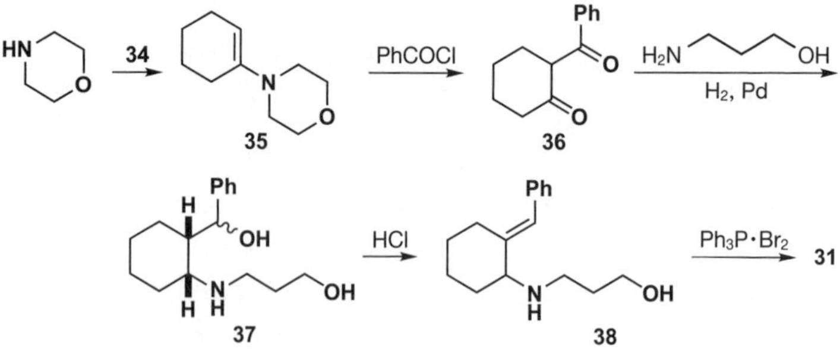

さらに興味深いことに, 次のような方法でも **31** を合成できる. ジケトン **36** に対してベンジルアミンを用いて還元的アミノ化を行うと, C−N 結合形成とケトンの還元, さらに *N*-ベンジル結合の水素化分解が一挙に起こり, つづく脱水によりアミン **40** が得られた. さらに 1,3-ジブロモプロパンと反応させると **32** (X = Br) を経て **31** が生成した.

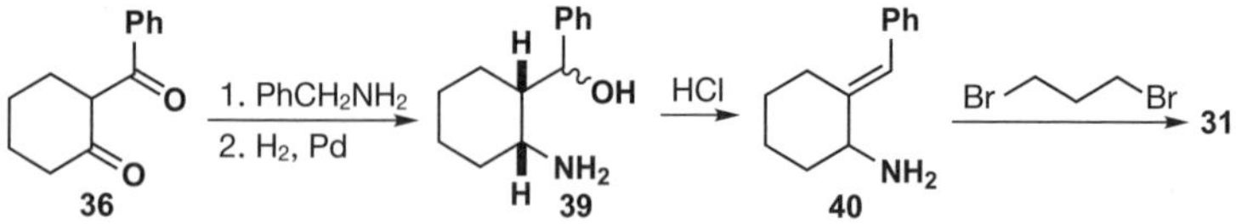

12 章で述べた *syn*-**44** のようにヘテロ 4 員環が別の環とシス縮合した化合物を合成するときには, *syn*-モノトシラート **42** を塩基で処理すると環化は非常にうまくいく[6]. 通常, **10** のような立体配座は不利であるが, この場合には **43** に示す求核部位と求電子部位が環化に適した位置にある立体配座しかとれないからである. これは合成的に重要な方法であり, シス縮合したオキセタン環をもつ抗がん剤タキソール® (TAXOL®) の合成に利用できる.

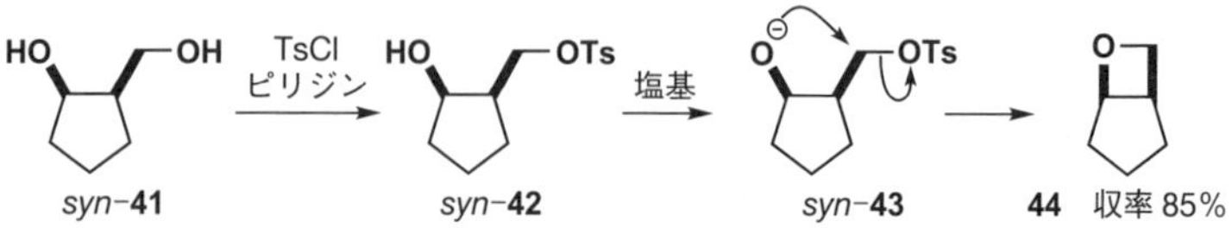

29・4　5 員 環

5 員環形成は最も起こりやすい環化である．ヒドロキシ酸，たとえば **15** のような前駆体は，カルボン酸塩としては安定に存在するが，通常は単離できない．唯一注意しなくてはいけないのは，環化生成物と前駆体の酸化度を一致させるということである．たとえば飽和ヘテロ環である **45** を得るためには，**46**（X は脱離基）のアルキル化反応を用いればよい．また，イミン **47** やエナミン **49** は，アルデヒドまたはケトン **48** から合成できる．

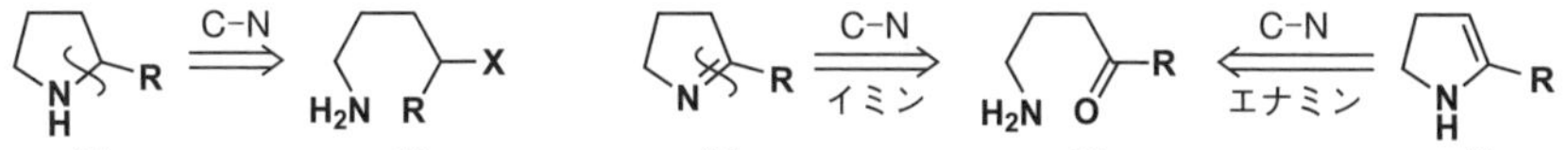

45　46　47　48　49

ラクタム **50** はカルボン酸誘導体 **51** から合成できる．アミノエステル **53** も遊離のアミンの状態では不安定であり，通常は塩酸塩 **52** のように塩として単離する．**52** を塩基で中和して遊離のアミン **53** にすると，ただちに環化が進行してラクタム **50** が得られる．

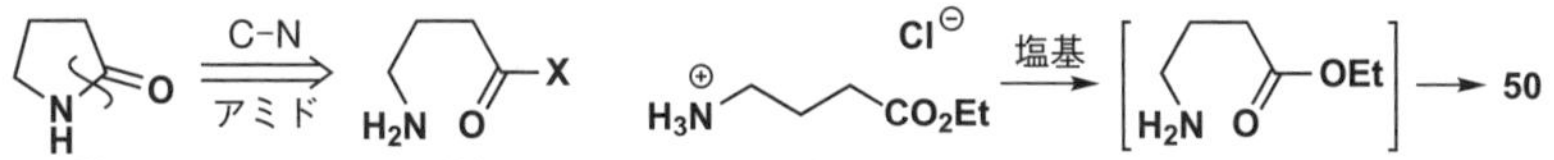

50　51　52　53

次に，含硫黄ヘテロ環化合物の合成を考えてみよう．不飽和ヘテロ環 **54** はヘテロ原子の隣に二重結合をもっていない．すなわち，ビニルスルフィドではなくアリルスルフィドである．アルコールと同じ酸化度で 2 箇所の結合切断を行うと，両端のアリル位にそれぞれ脱離基をもつ **55** が出発物となる．ジオール **56**（16 章で合成を述べた）の OH 基を脱離基に変換した後，Na_2S を用いて環化すると目的のヘテロ環 **54** が得られる[7]．

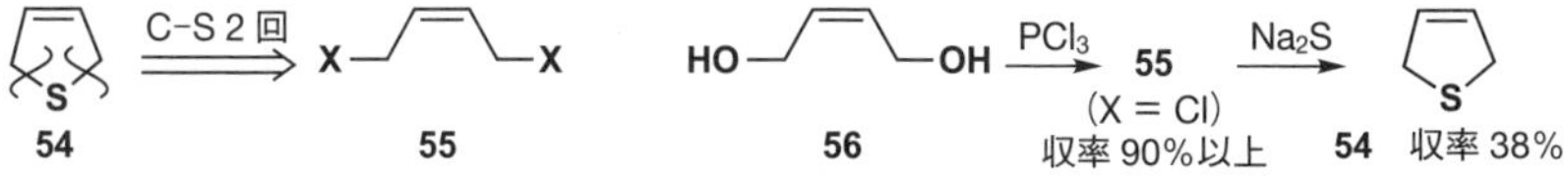

54　55　56　54

Metzner は C_2 対称のスルフィド **57** の合成において，不斉還元により単一エナンチオマーとして得られるジオール **58** を出発物とした[8]．ビスメシラート **59** に変換した後，単離することなく Na_2S と反応させるとチオラン **57** が生成する．1 回目の置換は分子間反応であるが，2 回目は分子内反応なのでもう 1 分子の **59** との反応よりもずっと速く進行する．なお，ここでの 2 回の置換反応はいずれも立体配置反転で進行する．

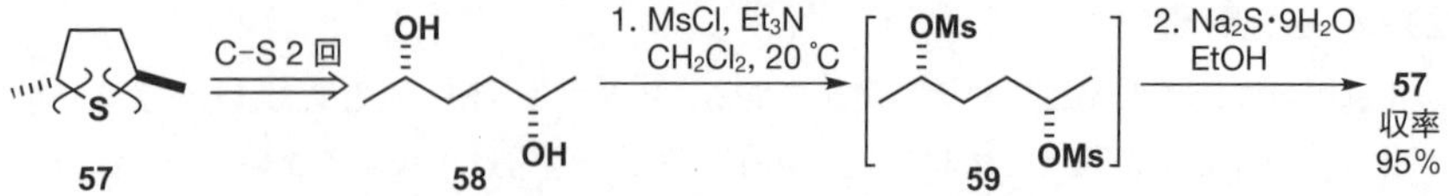

57 58 59

C−C 結合切断と C−X 結合切断を組合わせれば短工程の合成が可能となる．スルフィド **60** は Woodward によるビオチン（biotin）の合成で必要とされた中間体である[9]．二つの C−S 結合を切断すると，ありそうもない非常に反応性の高い化合物 **61** が得られる．一方，最初に **60a** に示す 1,3-diCO 結合切断を行うと，**62** に示す同じような C−S 結合切断によって簡単な出発物に逆合成できる．

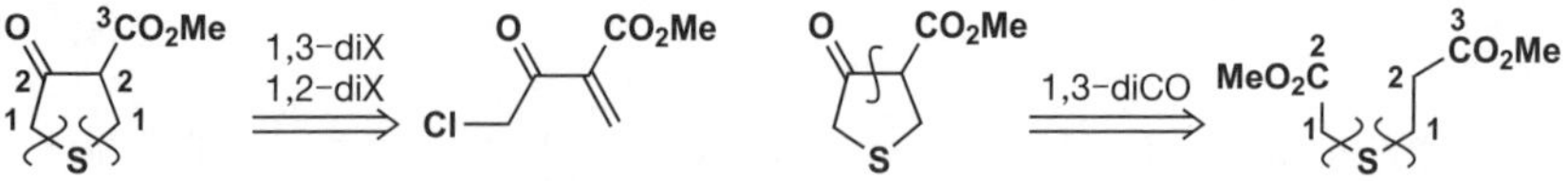

60 61 60a 62

チオ酢酸エステル **63** が入手可能なため，Woodward は共役付加を行うこととした．ジエステル **62** は平衡条件での縮合により環化して **60** が得られた．

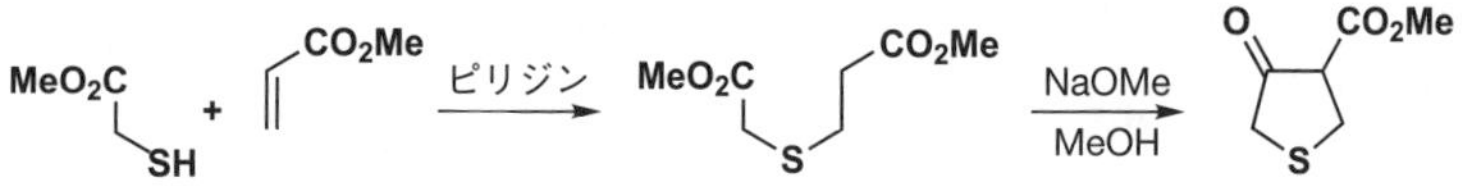

63 64 62 60

窒素原子を二つもつヘテロ環 **66** はマンニコン（mannicone）**65** の合成で必要とされた化合物である．**66** は **65** よりも 2 段階酸化度が高く，C1 はカルボン酸の酸化度をもち C3 はエナミンすなわちケトンの酸化度をもつ．このことに注意して 2 箇所で C−N 結合切断を行うと，ケトエステル **67** とヒドラジン **68** に導くことができる．環内に存在する二つのヘテロ原子が直接結合しているときには，その結合を切断するよりも一般にその 2 原子を含む出発物に逆合成するほうがよい．

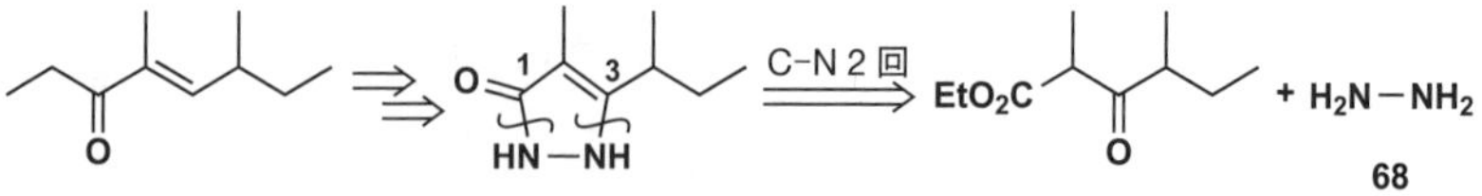

65 マンニコン 66 67 68 ヒドラジン

1,3-diCO の関係をもつジエステル **67** の逆合成では，二通りの結合切断が考えられる．切断 ***b*** では二つの異なるエステル間での縮合を必要とし，反応の制御が困難であると予想される．一方，切断 ***a*** の場合，20 章で説明したように縮合反応は位置選択的に進行するだろう．

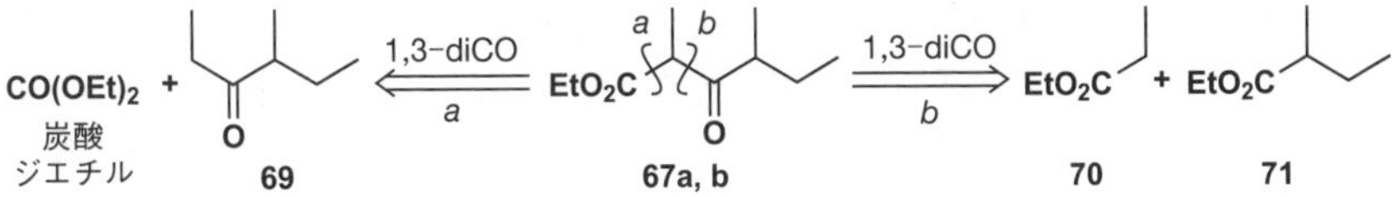

その合成は簡単である[10]．実際に **69** と炭酸ジエステルの縮合は位置選択的に進行する．次に，ヒドラジンと反応し環が形成されるが，どちらのカルボニル基が先に反応するかは重要ではない．環化後，環内のカルボニル基と共役するようにエナミンが形成され **66** が得られる．

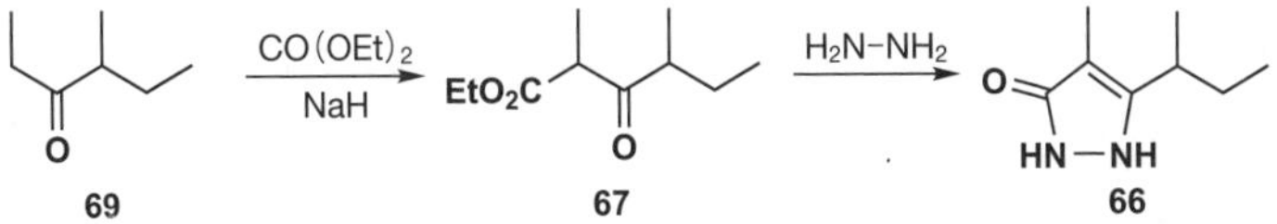

29・5　6 員 環

これまでと同様の方法で 6 員環形成もうまくいく．いくつかの例を見てみよう．まず分子内反応の非常に効果的な利用例としてテトラメチルピペリドン **72** の合成をあげる．アンモニアの共役付加をふまえて窒素原子を除去すると，ジエノン **73** が導かれる．**73** はアルドール反応をふまえた結合切断を 2 回行うと，3 分子のアセトンに逆合成できる．

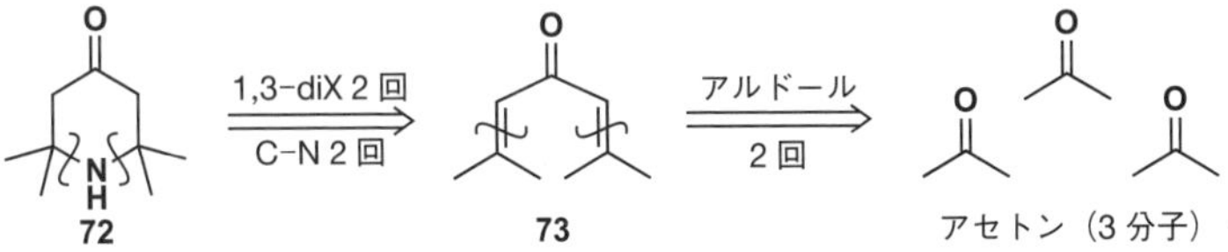

アセトンとアンモニアを穏和な脱水剤である塩化カルシウムと室温で混ぜると，ピペリドン **72** がわずか 1 工程で合成できる[11]．おそらくアセトンは 2 量化そして 3 量化するが重合は起こらない．その理由は，いずれかのエノン中間体がアンモニアと反応した後，最も安定なヘテロ 6 員環 **72** に収束するためだと考えられる．収率は 48% と低いように思われるが，未反応のアセトンの回収量を考慮すると収率は 70% と算出される．この反応では 1 kg のアセトンから 430 g の **72** が合成できる．この製法は安価なうえに大変 “付加価値” が高い．

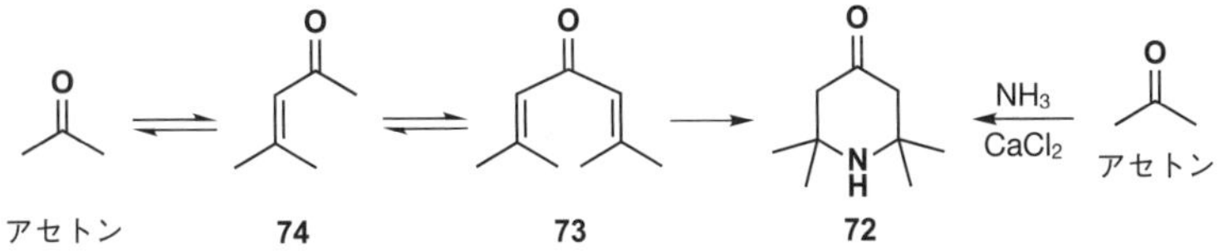

モルホリン誘導体**75**の逆合成を考える場合，最初にアミド結合を切断して**76**に導くのは一目瞭然である．**76**からエーテル結合について1,2-diX結合切断を行うと**77**に導くことができる．これは明らかにエポキシド**78**とアンモニアの反応生成物である．

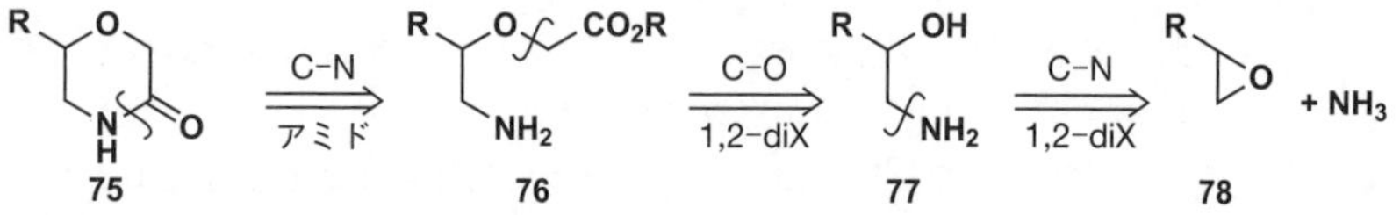

しかし，合成はいつもそう簡単ではない．異なる位置に置換基をもつ**79**を単一エナンチオマーとして合成するとしよう．**75**の場合と同様に逆合成すると**81**が導かれるが，このものをさきほどと同じようにエポキシドを用いてつくることはできない．

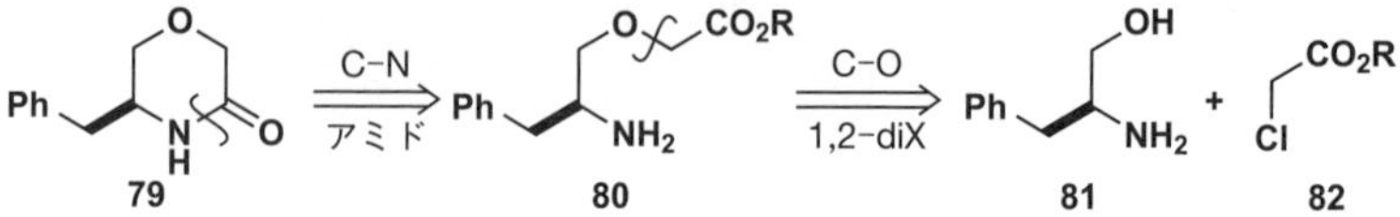

幸いにもフェニルアラニノール**81**はアミノ酸であるフェニルアラニンから簡単につくることができる．実際の合成では，**81**のアミノ基を塩化クロロアセチルを用いてアシル化した後，塩基で処理すると環化して**79**が得られた．

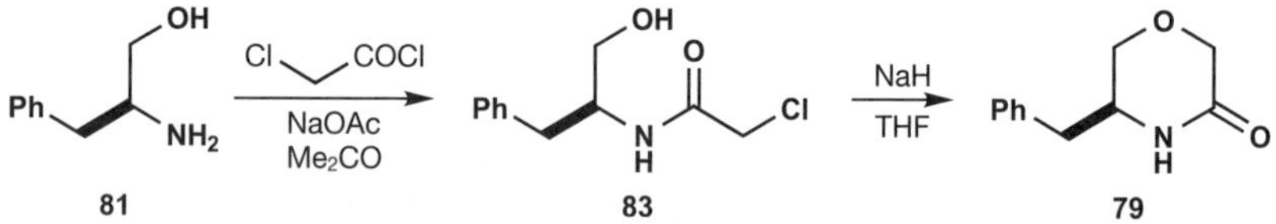

モルホリン誘導体**79**は補酵素類縁体**86**の合成で必要とされた化合物である．Meerwein反応剤を用いてアミド酸素をアルキル化すると活性化されたイミノエーテル**84**が得られ，フェニルヒドラジンと反応させてヒドラゾン塩**85**を合成した．つづいてオルトエステル〔$HC(OMe)_3$〕と縮合させて1炭素を取込みトリアゾリウム塩**86**を得た．この合成の特徴は，フェニルヒドラジンを用いて直接結合した二つの窒素原子を同時に導入していること，および環化により1炭素の挿入が大変うまくいっている点にある[12]．

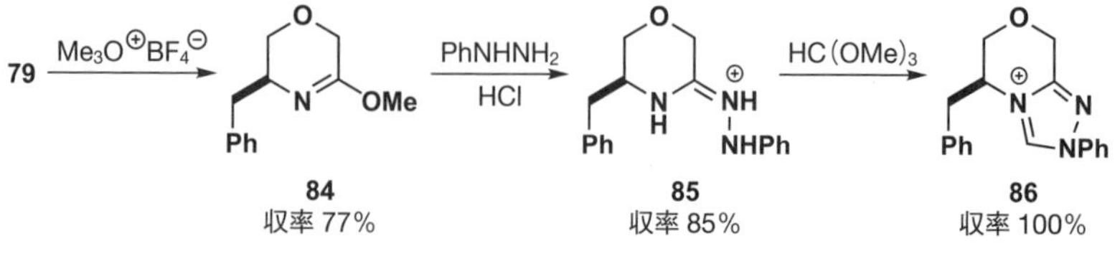

直接結合していない二つの窒素原子をもつ6員環を形成する場合にも，両窒素原子を含む入手可能な出発物を見つけると便利である．核酸塩基のウラシル **87** は尿素 **88** を構造中に含んでいる．**87** から尿素を除去すると，これまで馴染みのないシントン **89** が導かれる．ここでの問題は，どのようにエノンの二重結合に付加させて，さらに二重結合を再生するかである．その答えは，プロピオル酸 **90** を用いることである．**90** と **88** の混合物を酸性溶液中で加熱するとウラシル **87** が収率 65%で得られる[13]．

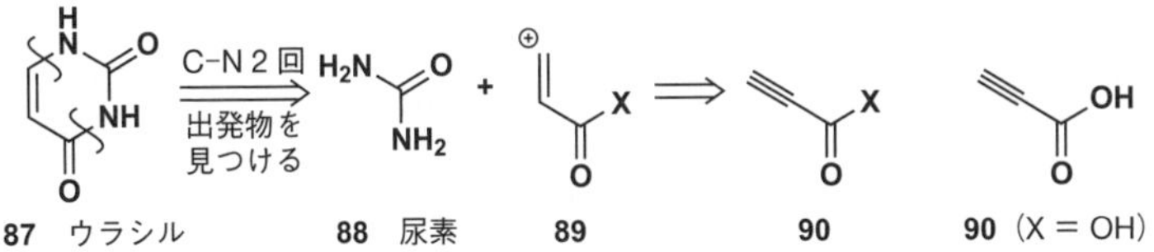

29・6　7 員 環

含窒素ヘテロ7員環のうち特にベンゼン環と縮合した化合物は，医薬品の開発において重要である．精神安定剤として有名なリブリウム（Librium®）**91** およびヴァリウム（Valium®）は二つの窒素原子を含むベンゾジアゼピン骨格をもつ．リブリウムの誘導体探索研究において，Hoffmann-La Roche 社の研究者たちは誘導体 **92** を合成することとした[14]．環内の二つの C−N 結合を切断すると芳香族ケトン由来のオキシム **93** と塩化クロロアセチル **94** に導くことができる（さらに C−N 結合を切断しても，本質的には変わらない）．

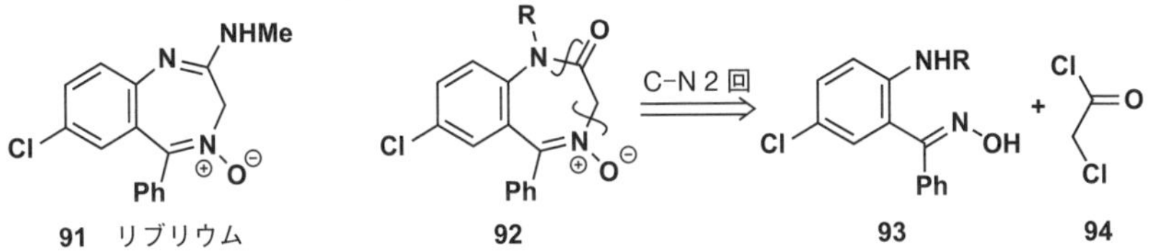

実際にアミノケトン **95** 由来のオキシム **96** を環化することで中間体 **97** が得られる．**97** の環形成では，より求核性の高いアミン窒素が先にアシル化され，より求核性の低いオキシム窒素が環化を起こす．**97** は種々のアルキル化剤と反応し，たとえば硫酸ジメチルでメチル化すると **92** が得られる．

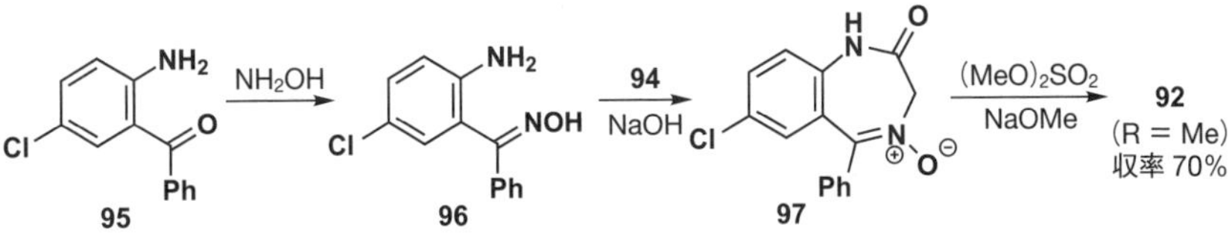

窒素原子を一つしかもたない化合物 **98** の合成はさらに興味深い. **98** は抗 HIV 薬の合成中間体である[14]. 最初にアルドール反応をふまえて二重結合の切断を行い，次に **99** のように芳香環と窒素原子間の C−N 結合を切断する. この切断は，アルデヒド **100** のようなオルト位とパラ位に電子求引基の置換したフッ化アリールの芳香族求核置換反応（S_NAr）[15] を考えれば可能である.

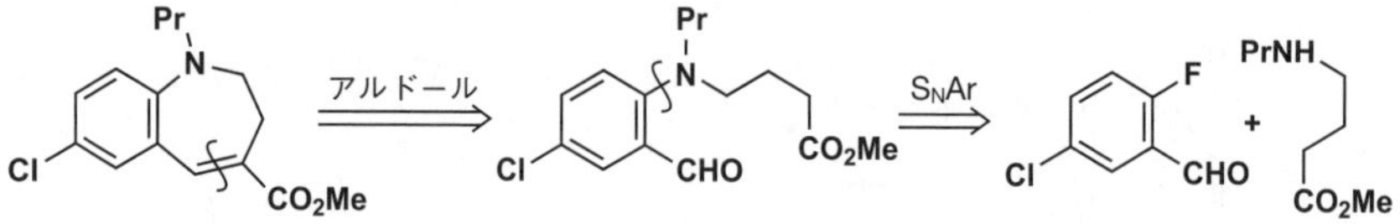

98　　**99**　　**100**　　**101**

101 のような化合物はすぐに環化するため不安定であることをすでに述べた. 武田薬品工業の研究者たちはラクタム **102** を出発物として用いた. ラクタム **102** を NaOH で開環してカルボン酸塩 **103** とし, このものと **100** を反応させた後メチルエステル **99** に変換した. 塩基性条件で **99** を反応させるとアルドール生成物 **98** が合成できる. なお，7 員環形成反応は分子間反応よりも速く進行する.

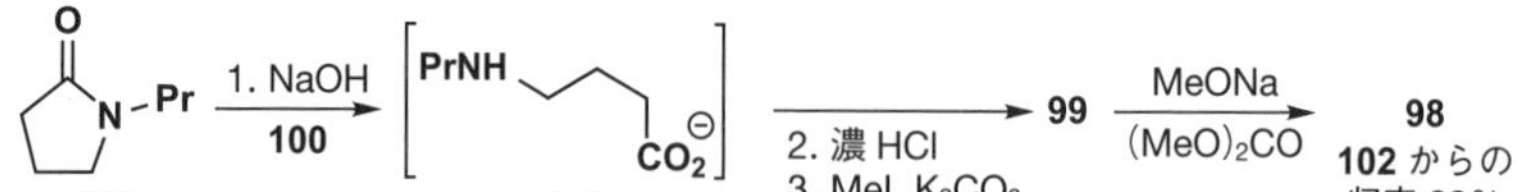

102　　**103**

上と関連した化合物のベンザゼピノン **105** の逆合成では，二通りの C−N 結合切断が考えられる[16]. まず化合物 **104** からのアミド形成が容易に思いつくだろう. もう一つの方法として，化合物 **106** のアルデヒドとアミド窒素との還元的アミノ化が考えられる. この方法は生成物が 7 員環となる場合でもうまくいくことが知られている.

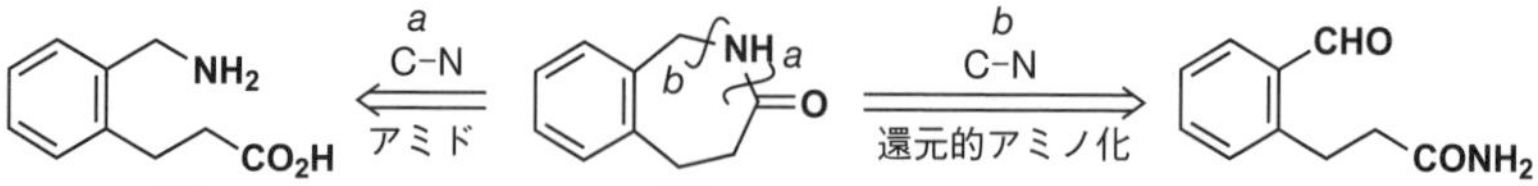

104　　**105**　　**106**

ベンザゼピノン誘導体 **107** は GlaxoSmithKline 社による骨粗鬆症治療薬の合成中間体としてキログラムスケールで必要とされた化合物である[16]. **107** に示す 2 回の C−N 結合切断を行うとジカルボン酸 **108** とアミン **109** に導くことができる. なお，**108** は不斉還元によって単一エナンチオマーとして合成することができた.

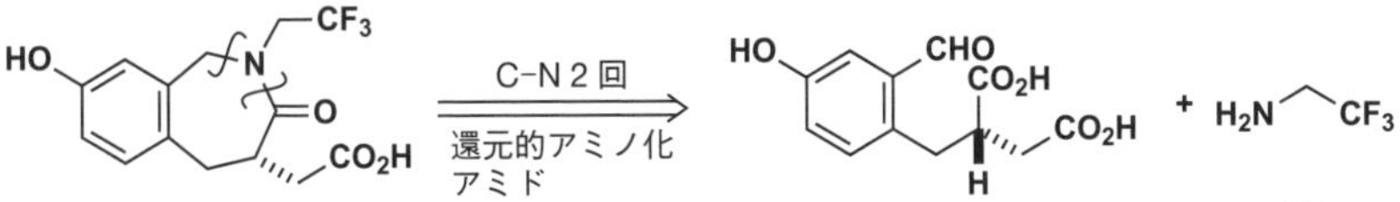

107　108　109

Lewis 酸存在下ジエステル **110** とアミン **109** からイミン **111** の形成, $NaBH(OAc)_3$ を用いた還元により得られるアミンをトルエン還流下環化して **107** が合成できた. 環化には比較的過酷な条件が必要であったが, 7 員環形成反応のほうが分子間反応や 8 員環形成反応よりも速いことが示された.

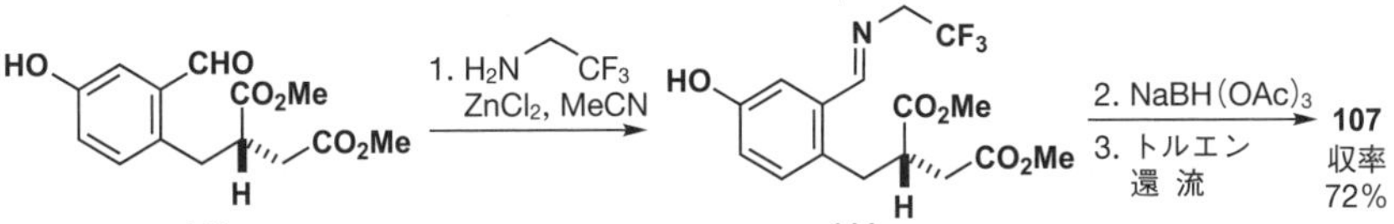

110　111

文　　献

1. A. J. Kirby, *Adv. Phys. Org. Chem.*, 1980, **17**, 183.
2. B. Capon, *Quart Rev.*, 1964, **18**, 64.
3. R. A. Barnes and W. M. Budde, *J. Am. Chem. Soc.*, 1946, **68**, 2339.
4. J. P. Michael, C. B. de Koning, R. L. Petersen and T. V. Stanbury, *Tetrahedron Lett.*, 2001, **42**, 7513.
5. J. Szmuszkovicz, *Eur. Pat.*, 85811; *Chem. Abstr.*, 1984, **100**, 6311.
6. G. Kinast and L.-F. Tietze, *Chem. Ber.*, 1976, **109**, 3626.
7. R. H. Everhardus, R. Gräfing and L. Brandsma, *Recl. Trav. Chim. Pays-Bas*, 1976, **95**, 153; B. A. Trofimov, S. V. Amosova, G. K. Musorin and M. G. Voronkov, *Zh. Org. Khim.*, 1978, **14**, 667; *Chem. Abstr.*, 1978, **88**, 190507.
8. K. Julienne, P. Metzner, V. Henryon and A. Greiner, *J. Org. Chem.*, 1998, **63**, 4532.
9. R. B. Woodward and R. H. Eastman, *J. Am. Chem. Soc.*, 1946, **68**, 2229.
10. L. H. Sternbach and E. Reeder, *J. Org. Chem.*, 1961, **26**, 4936.
11. G. Sosnovsky and M. Konieczny, *Synthesis*, 1976, 735.
12. R. L. Knight and F. J. Leeper, *J. Chem. Soc., Perkin Trans. 1*, 1998, 1891.
13. R. J. De Pasquale, *J. Org. Chem.*, 1977, **42**, 2185.
14. T. Ikemoto, T. Ito, A. Nishiguchi, S. Miura and K. Tomimatsu, *Org. Process Res. Dev.*, 2005, **9**, 168.
15. J. Clayden, N. Greeves, S. Warren and P. Wothers, *Organic Chemistry*, Oxford University Press, Oxford, 2001, chapter 23.
16. M. D. Wallace, M. A. McGuire, M. S. Yu, L. Goldfinger, L. Liu, W. Dai and S. Shilcrat, *Org. Process Res. Dev.*, 2004, **8**, 738.

30　3 員環化合物

本章に必要な基礎知識
“ウォーレン有機化学” 40 章 カルベンの合成と反応 を参照

30～37 章では炭素環の合成について解説する．すなわち，C−X 結合切断よりもC−C 結合切断を中心に利用することが多くなる．本章では，まず 3 員環を取扱い，章を追うごとに員数を増やし 6 員環まで解説する．これらの環化反応の重要な原則は 29 章で述べたことと基本的に同じである．

30・1　エノラートのアルキル化によるシクロプロパン環形成

3 員環は速度論的に生成しやすいが，熱力学的には不安定である．そのため，3 員環が形成したとしても，同じ条件で分解反応が競合することがある．大概のカルボニル縮合は可逆反応なので，一般に 3 員環形成には適していない．しかし，エノラートのアルキル化はたいてい不可逆反応であり，3 員環形成の優れた方法となる．

シクロプロピルケトン **1** は γ-ヒドロキシケトン誘導体 **2** の環化によってつくることができる．そのため，合成が容易なヘテロ 3 員環から炭素 3 員環の合成を立案することができる．このことに注目してほしい．

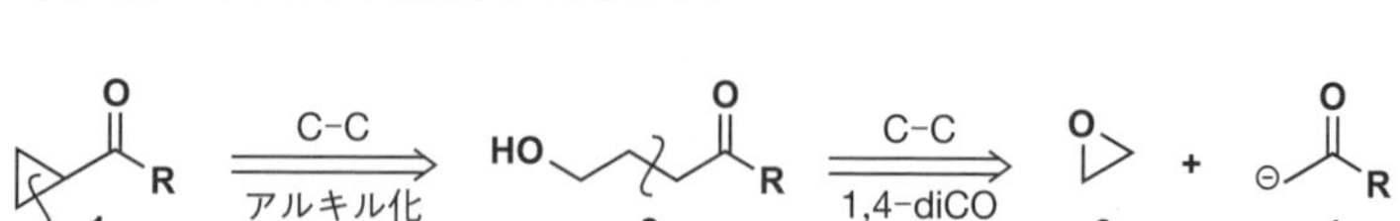

1　**2**　**3**　**4**

25 章で β-ケトエステルから **2** のような化合物の合成を学んだので，ここでも同じ方法を利用するのが理にかなっている．**5** から生成したエノラートによるエチレンオキシド **3** の求核置換反応により，ラクトン **6** が生成する．このものを HCl で処理すると脱炭酸を伴ってクロロケトン **7** がワンポットで合成できる[1]．Vogel はクロロケトンに対して NaOH を塩基として反応させ **1**（R ＝ Me）を収率 82%で合成している[2]．

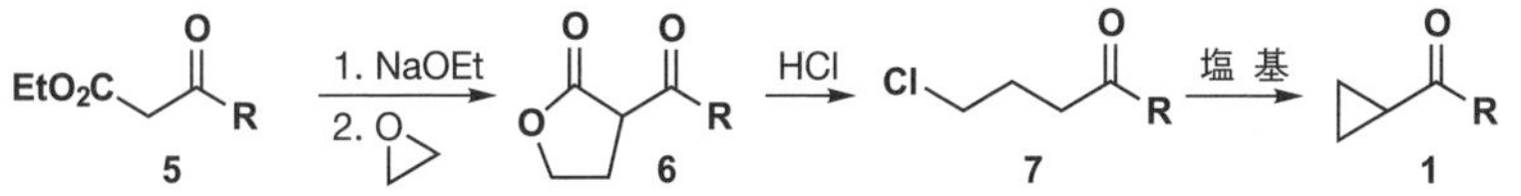

もっと効果的な例としてジメドン（dimedone）**8** から *cis*–菊酸（クリサンテム酸；chrysanthemic acid）**11** の合成を紹介する．*cis*–菊酸は今日広く用いられているピレスロイド系殺虫剤のモデルとなった天然物ピレトリンのカルボン酸成分である．ジメドン **8** の合成は 21 章で述べた．二つのカルボニル基で挟まれた炭素をジメチル化して **9** に変換する．**9** を出発物として **11** の骨格を形成するには，原子配列を少し並べ替える必要がある．**9** に塩基と臭素を作用させると，シス縮合した二環性ジオン **10** が生成する．環縮合部の立体化学は必然的にシスとなることに注意しよう．さらに **10** から 3 段階を経て菊酸の合成が達成された[3]．

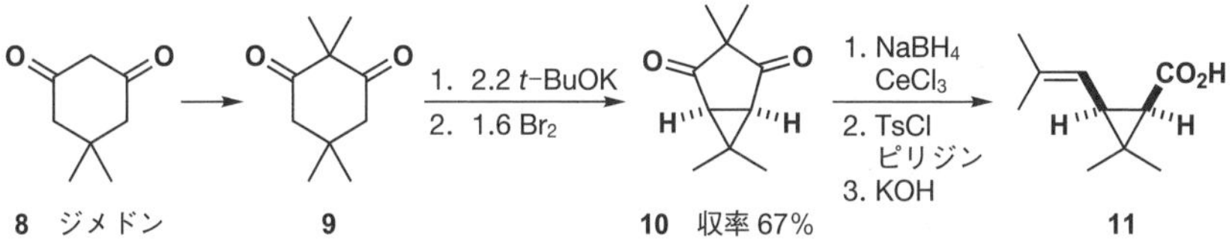

もう少し説明が必要だろう．ジオン **9** を塩基と臭素で処理するとブロモケトンのカリウムエノラートが生じ，**12** に示すように環化して 3 員環 **10** を生成する．このものを $CeCl_3$ 共存下に $NaBH_4$ を用いて −78 °C で還元するとエキソ配置のアルコール **13** が生じ*[1,3),4)]，トシラートに変換して KOH で処理すると **14** に示す環開裂*[2] が起こり **11** を生成する．

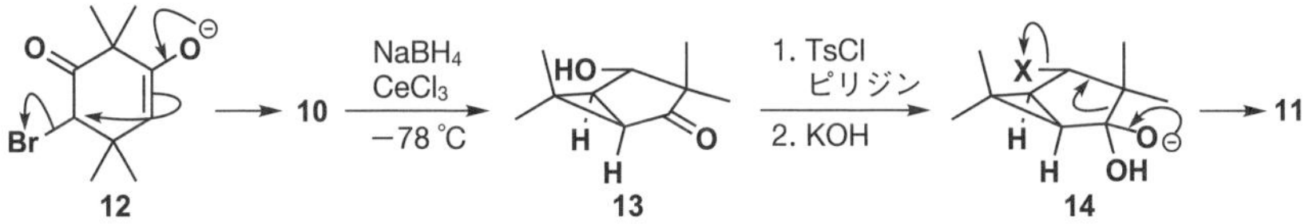

合成ピレスロイドのペルメトリン（permethrin）誘導体 **17** の合成でも環化反応が用いられている[5]．しかし，この環化は一見すると全く望みがなさそうにみえる．なぜなら，出発物 **15** のエステルエノラートは第三級塩化物の炭素上で求核置換反応を起

＊1（訳注） 理由は不明であるが，この反応の立体化学に注目してほしい．3/5 縮合環は折れ曲がった構造をしているので，他のヒドリド還元剤を用いた場合には外側からカルボニル基を攻撃してエンド配置のアルコールを優先的に生成する．しかし，立体障害からエンド配置のアルコールをメシラートやトシラートに変換することはできなかった．

＊2（訳注） この環開裂は Grob 開裂反応とよばれている．

こさなければならないからである．この成功例は，3員環形成がきわめて有利な環化反応であることを物語っている．

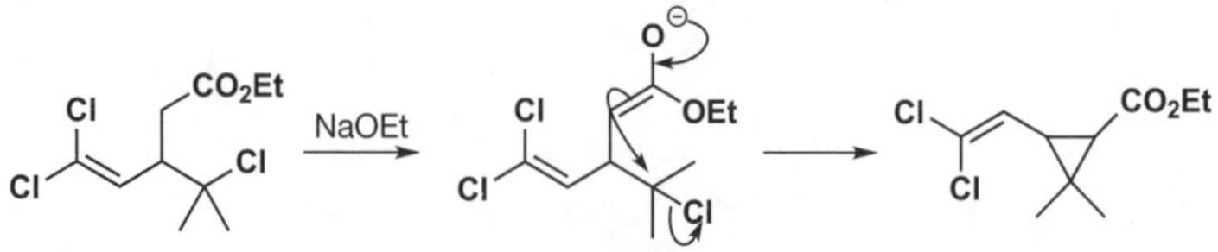

15 **16** **17**

単純な二環性アミン**18**はMerck社が見いだした鎮痛剤の候補化合物である[6]．一方のC−N結合を切断するとアミノアルコール**19**を経てニトリル**20**に導くことができる．したがって，シクロプロパンの2箇所のC−C結合は，ニトリル**23**を出発物としてエピクロロヒドリン**22**の塩素原子が結合した炭素およびエポキシドの置換基の少ないほうの炭素でアルキル化することで形成されると考えられる*．

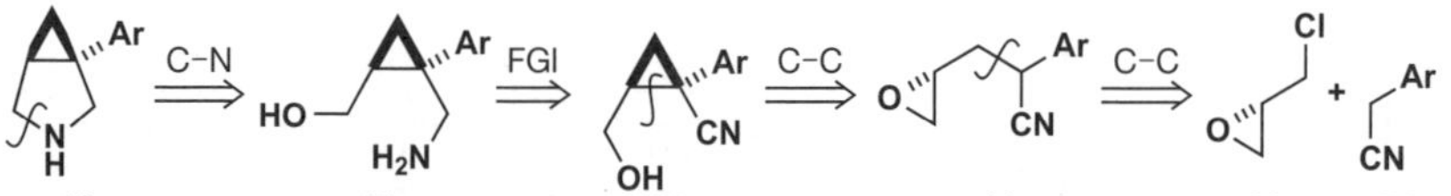

18 **19** **20** **21** **22** **23**

Merck社の研究者は，中間生成物をいっさい単離することなく**18**を合成するプロセスを開発した．**22**と**23**の混合物を塩基で処理すると**22**のエポキシド末端に求核攻撃が起こり，アニオン**24**が生じる．**24**から生成するエポキシドをアリール基とシアノ基で安定化されたカルボアニオンが分子内で求核攻撃することによって，望みの*cis*−シクロプロパン**20**と*trans*−シクロプロパン**25**が85：15のジアステレオマー混合物として得られる．混合物のままボラン還元するとアミノアルコール**19**が生じ，さらにハロゲン化して塩化物**26**が塩酸塩として得られた．この際，**19**および**26**は，そ

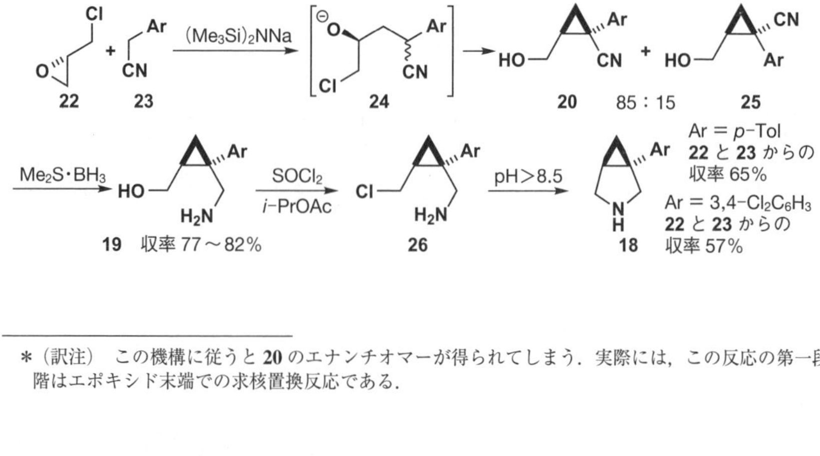

＊（訳注） この機構に従うと**20**のエナンチオマーが得られてしまう．実際には，この反応の第一段階はエポキシド末端での求核置換反応である．

れぞれジアステレオマーの混合物として得られる．反応液の pH を 8.5 以上の塩基性にして **26** の塩酸塩を完全に中和すると，環化して **18** が得られた．多段階からなる合成プロセスであるにもかかわらず，(＋)-ビシファジン（bicifadine：Ar ＝ *p*-トリル）および DOV21947（Ar ＝ 3,4-ジクロロフェニル）を良好な収率で合成できた．なお，最終段階において，反応すべき側鎖が互いにトランス配置にあるジアステレオマーが環化しないのは明白である．そのため，再結晶操作により簡単に除去できる．

30・2　アルケンへのカルベンの付加

ここまでの逆合成では，環化反応を利用して **27a** に示す単純な結合切断を行い，同一分子内にカルボニル基とアルキル化剤をもつ **28** に導いた．しかし，**27b** に示すように一度に二つの結合切断を行ってアルケン **29** とカルベン **30** を導くような全く違う方法でも，シクロプロパン **27** は合成できる．

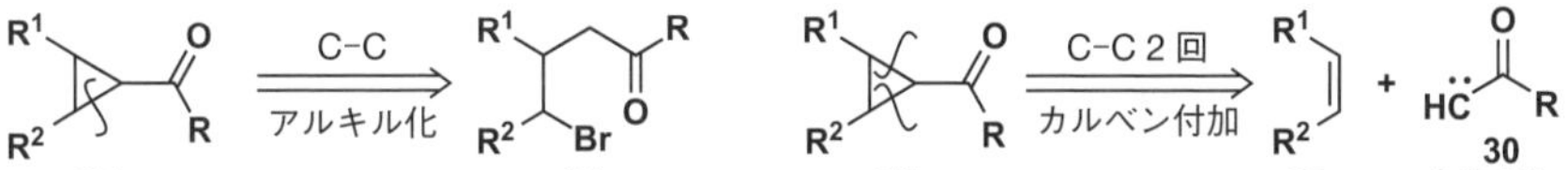

27a　28　27b　29　30

2 価の炭素化学種カルベンは二つの共有結合と 2 個の非結合性電子をもち，炭素原子の最外殻には 6 電子しかもたない．一般にカルベンは求電子性を示し，π 結合と反応して一度に二つの結合を形成できる[7]．カルベンの調製法の一つに，ジアゾケトン **33** などのジアゾ化合物から窒素分子を脱離させる方法がある．熱または光により，きわめて安定な窒素分子が形成されることが引き金となり，その代わりに不安定なカルベン **30** が生成する．ジアゾケトンは，酸塩化物 **31** によるジアゾメタンのアシル化で簡単に合成できる．ジアゾニウム塩 **32** の酸性度の高い CH_2 からプロトンが引抜かれて **33** が生成する．ジアゾケトンは熱または光によってカルベンに分解しアルケンと反応する[8]．

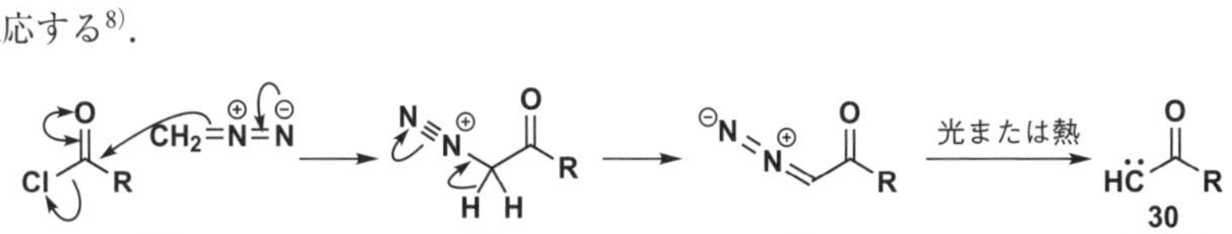

31　32　33　30

アルケンとジアゾケトンの両方の反応性部位を同一分子内にもつ出発物を用いると，逆合成が容易になることがある．たとえば，三環性ケトン **34** の逆合成では，カルボン酸 **36** から合成できるジアゾケトン **35** に導くことができる．しかし，**37** の枝分かれ部で単純に側鎖を切断すると d^4 シントンが必要となる．

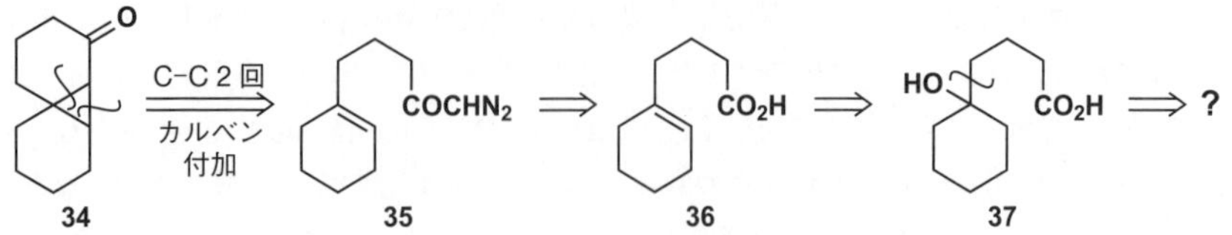

Ruppert と White は d^4 シントンに対応する側鎖を直接導入するのではなく，側鎖の伸長を含む方法で **36** の合成を行った[9),10)]．シクロヘキサノン **38** に Reformatsky 反応剤を反応させて **39** とした後，脱水やマロン酸エステルのアルキル化などを経てカルボン酸 **36** を得た．**36** を塩化オキサリル $(COCl)_2$ で処理した後にジアゾメタンと反応させるとジアゾケトン **35** が生成し，このものに銅触媒を作用させると環化体 **34** が得られた．

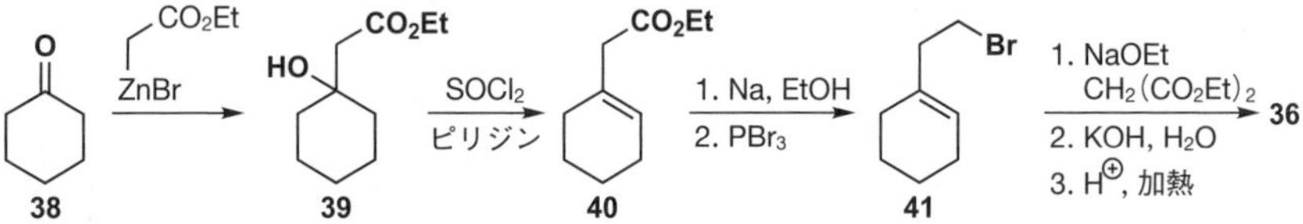

α脱離によるカルベンの生成

β脱離によるアルケンの生成（15章）についてはよく知っているはずだが，α脱離ではカルベンが生成する．クロロホルム **42** を塩基で処理するとジクロロカルベン **44** が発生することはよく知られている．カルボアニオン **43** から塩化物イオンがα脱離すると不安定な中性カルベン **44** を発生し，これはアルケンとすぐに反応する．塩基として NaOH，相間移動触媒としてアンモニウム塩を用いてクロロホルムとシクロヘキセン **45** を反応させるとジクロロシクロプロパン **46** が生成する[11)]．

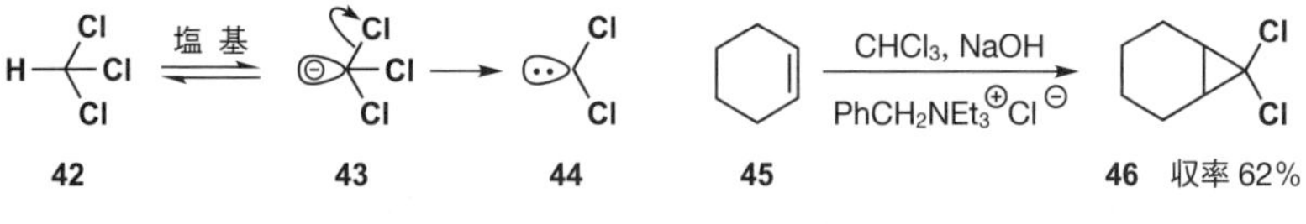

もっと興味深い例としてアリールシクロプロパン **47** の合成をあげる．カルベンの付加をふまえて **47** を結合切断する．カルベンはα脱離により発生するので，HCl を付加した **48** を出発物に用いればよい．たとえば，塩化ベンジル誘導体 **49** からは高収率かつ高いジアステレオ選択性（10：1）で二環性化合物 **47** が得られる．優先して生成するジアステレオマーは図に示すエンド体である．この反応では，嵩高い強塩基 **50** が用いられる[12)]．

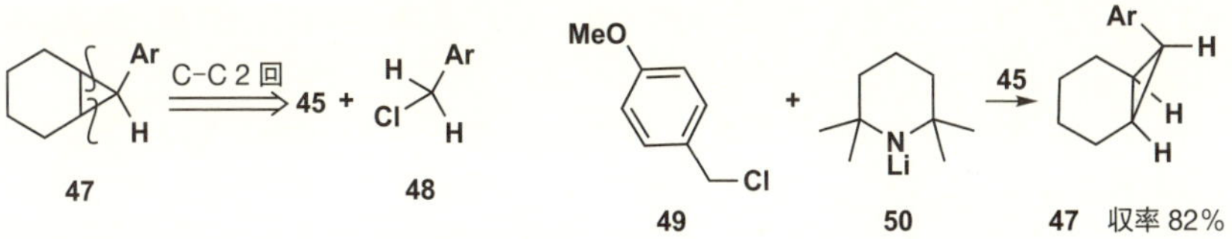

金属カルベン錯体

ロジウムのようにある種の金属は，遊離のカルベンに比べれば格段に安定なカルベン錯体を形成する．ジアゾ化合物に触媒量の酢酸ロジウムを作用させると，カルベン錯体 **53** を経由してシクロプロパン **52** を生成する．カルベン錯体が立体的にすいている末端アルケンとのみ反応することに注目してほしい[13]．この反応の詳細については “Strategy and Control” を参照してほしい．

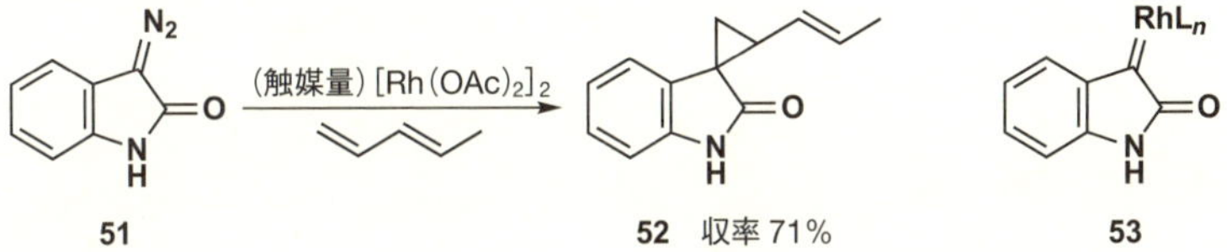

金属カルベノイド

金属カルベン錯体と関連する化学種として，金属カルベノイド*がある．たとえば，ジヨードメタンと亜鉛が反応して生成する亜鉛カルベノイドである．発見当初は，銅で活性化された亜鉛を用いて亜鉛カルベノイドを調製し[14]，シクロヘキセノン **54** のシクロプロパン化を行っていた．この反応の活性種は亜鉛 σ 錯体 **56** である．**57** に示すように α 脱離が起こり遊離のカルベンが発生するように考えられなくもないが，そ

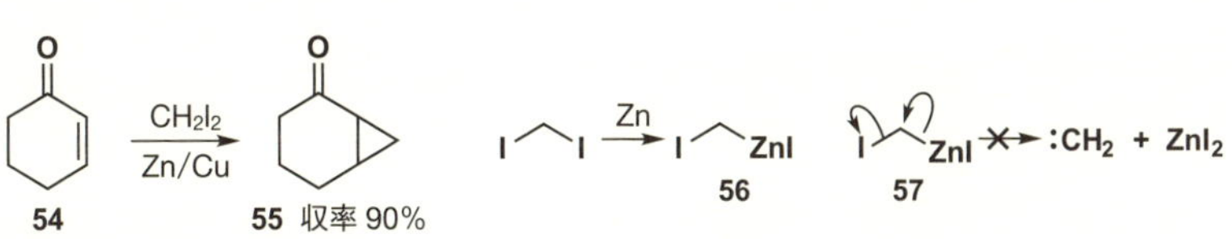

＊（訳注）　金属カルベン錯体とカルベノイドは一般的に同義語のように使われることが多く，明確な区別をしていない場合が多い．本書では，カルベンが形式的二重結合（donation-back donation）により遷移金属に配位している化学種を金属カルベン錯体として取扱い，脱離基と金属（おもに典型金属）が炭素原子にジェミナル位で共有結合しているものを金属カルベノイドとして取扱っている．金属カルベノイドはカルベンの前駆体であり，金属カルベン錯体は誘導体ととらえてもよいだろう．

のようなことは起こらない．このカルベンとよく似ているが異なる活性種（カルベン等価体）は，カルベノイド（carbenoid）とよばれる．

いろいろな調製法があるが，最近では金属源としてジエチル亜鉛を用いる方法がよく使われている．この方法を用いると **58** のような単純なアルケンをシクロプロパン **59** に高収率で変換できる[15]．反応活性種はおそらく **60** である．

58　　**59** 収率 86%　　**60**

亜鉛カルベノイドを用いるシクロプロパン化反応は適用範囲が広く，なかでも **61** のようなアリル型アルコールのシクロプロパン化に優位性を示す．この反応は，Simmons（シモンズ）-Smith（スミス）反応とよばれている[16]．アルコール **63** のシクロプロパン化では，3 員環は OH 基と同じ側に形成されるため **64** が選択的に得られる．これは OH 基が亜鉛カルベノイドの亜鉛に配位してシクロプロパン化が進行するためである．

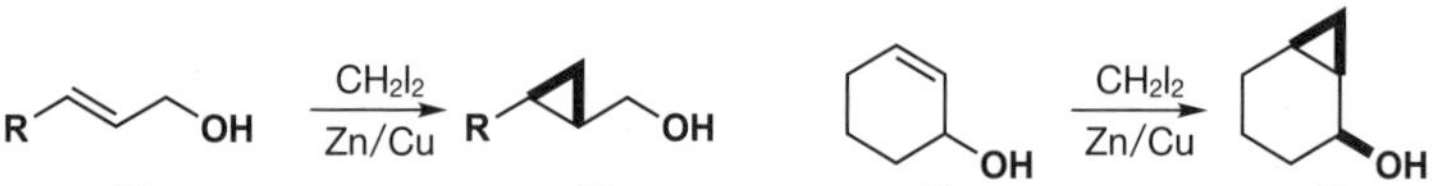

61　　**62**　　**63**　　**64**

抗白血病化合物ステガノン（steganone）の合成において，Magnus, Shultz および Gallagher は，Simmons-Smith 反応を利用してアリル型アルコール **65** からシクロプロパン **66** への変換を行っている．シクロプロパン環のメチレン炭素原子は最終的にステガノンの 8 員環に組込まれている[17]．

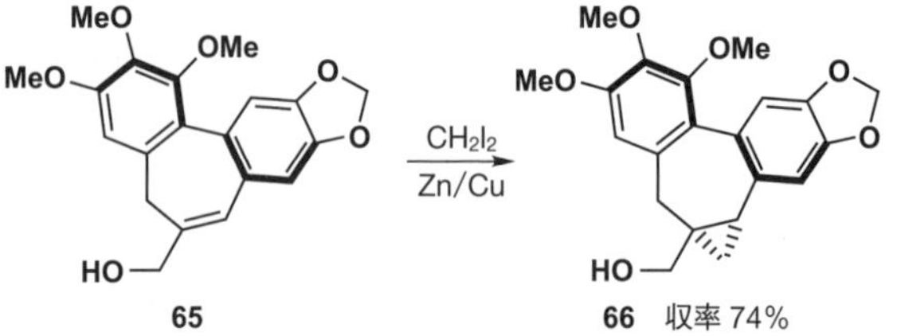

65　　**66** 収率 74%

竹本によるハリコラクトン（halicholactone）の合成では，立体選択的 Simmons-Smith 反応が鍵段階の一つになっている[18]．ジエン **67**（R^1～R^3 は保護基）のシクロ

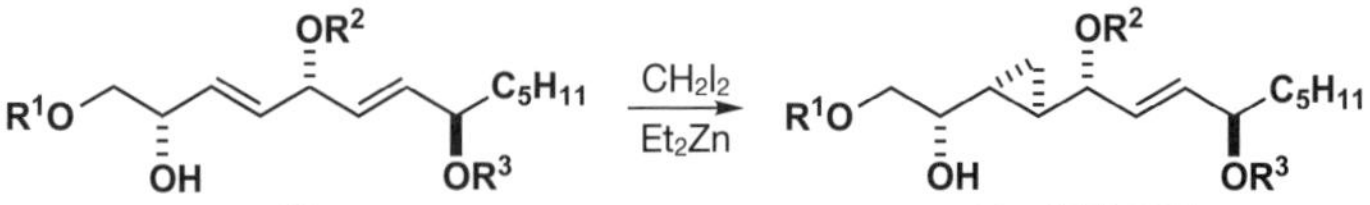

67　　**68** 収率 69%

プロパン化は，ただ1種類の異性体を生成する．**67** のアリル型アルコールだけが反応し，OH基と同じ側にシクロプロパン環をもつ **68** が得られた．

カルベン，金属カルベン錯体，カルベノイドを用いるシクロプロパン化反応は立体特異的である．アルケンの立体配置はシクロプロパン生成物の立体化学に忠実に反映される．つまり，(*E*)-アルケン **67** からは，*trans*-シクロプロパン **68** が立体特異的に得られる．また，アリル型アルコールの Simmons-Smith 反応は立体選択的でもある．**68** のシクロプロパン環は，**67** の二重結合の OH 基側で立体選択的に形成されている．次に立体特異的ではないものの，汎用性の高いアルケンのシクロプロパン化法について説明する．

30・3 スルホニウムイリドの化学

最も単純な硫黄イリドはスルホニウム塩 **69** から塩基による脱プロトン化で生成するスルホニウムイリドである．スルホニウムイリドはカルボニル化合物と反応してエポキシドを生成する[19]．**70** に示すようにイリドがカルボニル基に求核付加して **71** が生じ，続いてジメチルスルフィド **72** が脱離してエポキシド **73** が生成する．**71** の反応機構を，15章の Wittig 反応の機構 **23** と比べてみよう．ホスホニウムイリドが反応する Wittig 反応では，安定な P=O 結合を形成することが駆動力となってアルケンが生成する．一方，S−O 結合は P−O 結合に比べてずっと弱いため，スルホニウムイリドの反応では **71** のように C−O 結合の形成が起こる．なお，反応で生じた **72** を MeI と反応させれば，スルホニウム塩 **69** を再生できる．

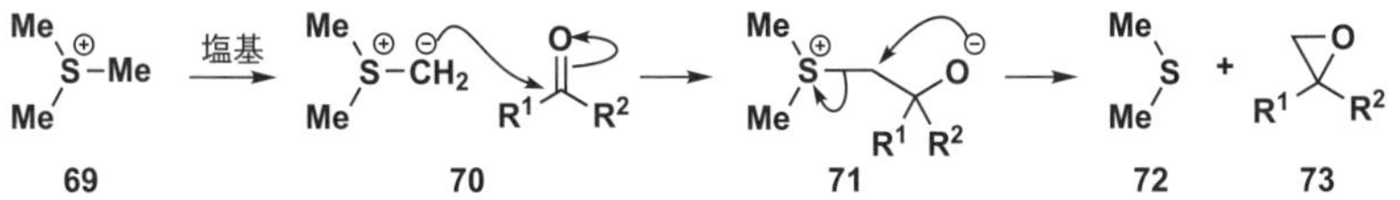

では，同じ反応剤でシクロプロパンは合成できるだろうか．エノン **75** に硫黄イリドを反応させれば，エポキシド **74** かシクロプロパン **76** のどちらかが得られるはずである[20]．一般的な傾向として，**69** から調製したスルホニウムイリドを用いるとエポキシド **74** が生成し，オキソスルホニウムイリド（スルホキソニウムイリドともいう）を用いるとシクロプロパン **76** が生成する．

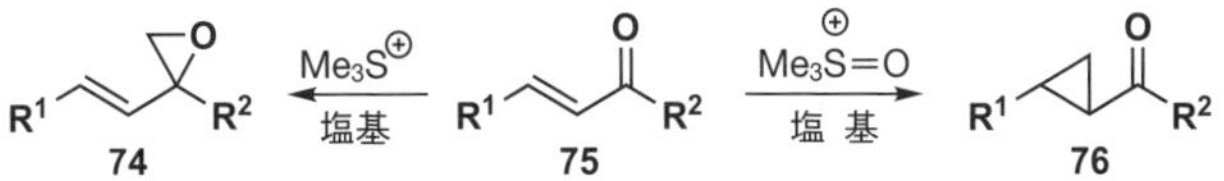

オキソスルホニウムイリド **78** はスルホニウムイリドより安定であり，直接付加よ

りも共役付加を優先する傾向にある（21 章）．共役付加により生じる中間体 **79** からジメチルスルホキシドが脱離してシクロプロパン **76** を生成する．中間体 **79** は寿命が長く，その間にエノンの C=C 結合由来の単結合が回転してアルケンの立体化学が失われる．その結果，この反応ではより安定な *trans*-シクロプロパンが優先して生成する．

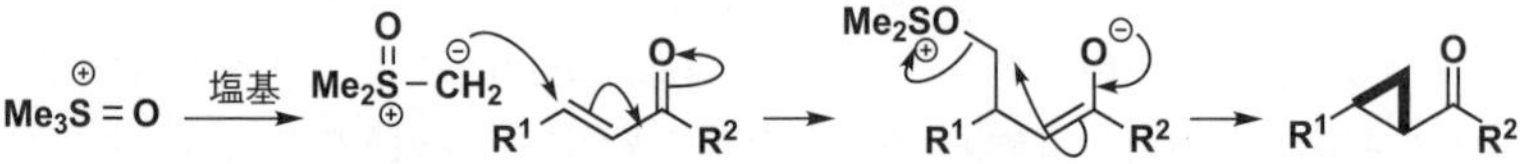

77　**78**　**75**　**79**　**76**

オキソスルホニウムイリドを用いた反応は，際立った選択性を示すことがある．例として Corey と Chaykovsky によるカルボン（carvone，テルペンの一種）**80** の反応を取上げよう[20]．**77** から NaH を用いて調製したイリド **78** は，共役エノンとのみ反応し，孤立したアルケンとは反応しない．イリドの共役付加はイソプロペニル基と反対側の面から起こり，**81** が単一ジアステレオマーとして得られる．なお，*cis*-アルケンの立体化学が保持されてシクロプロパン環が生成しているが，これは 3/6 環縮合部がシスしかとれないためである．

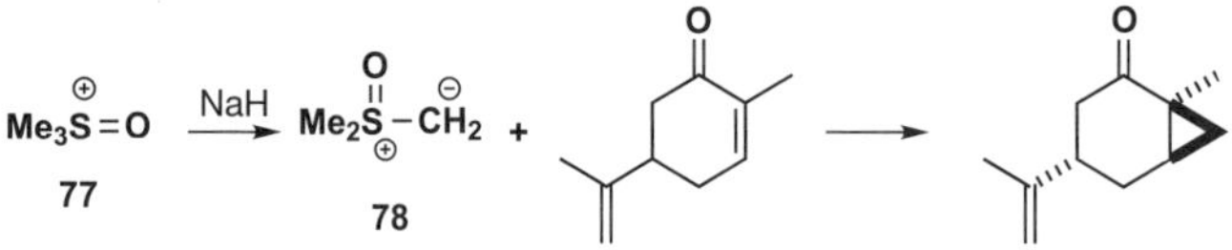

80　カルボン　　**81**　収率 81%

もう少し複雑な例として Wills によるハリコラクトン（halicholactone）の合成を紹介する[21]．ジエン **82** を用いると，この場合も共役アルケンのみが反応して *trans*-シクロプロパン **83** が生成する．この反応の立体選択性は 5：2 であり，副生したジアステレオマーは紙面の裏側にシクロプロパン環をもつ *trans*-シクロプロパンである．Simmons-Smith 反応と違いアリル型アルコールが保護されていることに注意してほしい．出発物のアルケンの立体化学が生成物に反映されているが，この場合も反応が立体特異的に進行したわけではない．この生成物は環化により 9 員環ラクトン **84** に変換することができた（R′ はシクロプロパン環を含む側鎖である）．

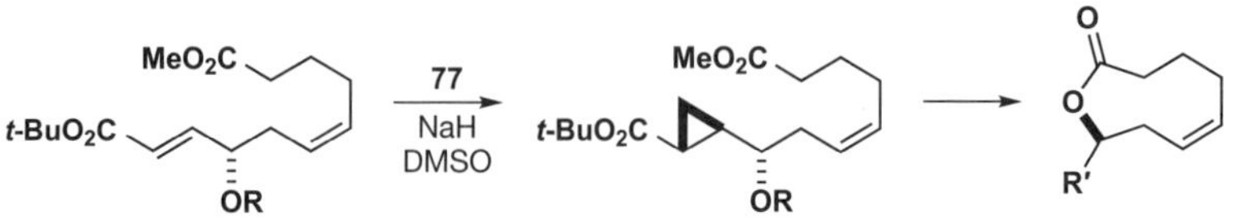

82（R = *p*-MeOC$_6$H$_4$CH$_2$）　　**83**　収率 74%　　**84**

硫黄イリドを用いるシクロプロパン合成もカルベン種を用いるシクロプロパン合成も，結合切断の仕方は同じである．問題となるのは，3 員環中の三つの C−C 結合のうち，どの結合を二つ切断したらよいかということである．どのアルケンが合成しやすいかを考えるのもよいだろう．CH_2I_2 やオキソスルホニウムイリド **78** は入手が容易なので，可能な場合にはたいていメチレン基 CH_2 を除去する結合切断が選ばれている．しかし，ジアゾ化合物や調製の容易なカルベンを考慮した結合切断が優れていることもある．

文　献

1. J. M. Conia, *Angew. Chem., Int. Ed.*, 1968, **7**, 570.
2. B. S. Furniss, A. J. Hannaford, P. W. G. Smith and A. R. Tatchell, *Vogel's Textbook of Practical Organic Chemistry*, Fifth Edition, Longman, Harlow, 1989, p.1089.
3. A. Krief, D. Surleraux and H. Frauenrath, *Tetrahedron Lett.*, 1988, **29**, 6157; A Krief, G. Lorvelec and S. Jeanmart, *Tetrahedron Lett.*, 2000, **41**, 3871.
4. J. Clayden, N. Greeves, S. Warren and P. Wothers, *Organic Chemistry*, Oxford University Press, Oxford, 2001, chapter 33.
5. M. Elliott, A. W. Farnham, N. F. Janes, P. H. Needham, D. A. Pulman and J. H. Stevenson, *Nature (London)*, 1973, **246**, 169; P. D. Klemmensen, H. Kolind-Andersen, H. B. Madsen and A. Svendsen, *J. Org. Chem.*, 1979, **44**, 416.
6. F. Xu, J. A. Murry, B. Simmons, E. Corley, K. Fitch, S. Karady and D. Tschaen, *Org. Lett.*, 2006, **8**, 3885.
7. J. Clayden, N. Greeves, S. Warren and P. Wothers, *Organic Chemistry*, Oxford University Press, Oxford, 2001, chapter 40.
8. S. D. Burke and P. A. Grieco, *Org. React.*, 1979, **26**, 361.
9. J. F. Ruppert and J. D. White, *J. Chem. Soc., Chem. Commun.*, 1976, 976; J. F. Ruppert and J. D. White, *J. Am. Chem. Soc.*, 1981, **103**, 1808.
10. J. W. Cook and C. A. Lawrence, *J. Chem. Soc.*, 1935, 1637.
11. B. S. Furniss, A. J. Hannaford, P. W. G. Smith and A. R. Tatchell, *Vogel's Textbook of Practical Organic Chemistry*, Fifth Edition, Longman, Harlow, 1989, p.1110.
12. R. A. Olofson and C. M. Dougherty, *J. Am. Chem. Soc.*, 1973, **95**, 581.
13. C. Meyers and E. M. Carreira, *Angew. Chem., Int. Ed.*, 2003, **42**, 694.
14. J.-C. Limasset, P. Amice and J. M. Conia, *Bull. Soc. Chim. Fr.*, 1969, 3981.
15. K.-J. Stahl, W. Hertzsch and H. Musso, *Liebig's Ann. Chem.*, 1985, 1474.
16. H. E. Simmons, T. L. Cairns, S. A. Vladuchick and C. M. Hoiness, *Org. React.*, 1973, **20**, 1; A. B. Charette and A. Beauchemin, *Org. React.*, 2001, **58**, 1.
17. P. Magnus, J. Schultz and T. Gallagher, *J. Am. Chem. Soc.*, 1985, **107**, 4984.
18. Y. Takemoto, Y. Baba, G. Saha, S. Nakao, C. Iwata, T. Tanaka and T. Ibuka, *Tetrahedron Lett.*, 2000, **41**, 3653.
19. P. Helquist in *Comprehensive Organic Chemistry*, **4**, 951.
20. E. J. Corey and M. Chaykovsky, *J. Am. Chem. Soc.*, 1965, **87**, 1353.
21. D. J. Critcher, S. Connolly, M. F. Mahon and M. Wills, *J. Chem. Soc., Chem. Commun.*, 1995, 139.

31 合成戦略 XIV: 転位反応の利用

本章に必要な基礎知識
"ウォーレン有機化学" 37 章 転位反応 を参照

標的分子の炭素骨格を構築することが困難な場合，解決策の一つとして転位反応を利用する方法がある．少しだけ構造の違う骨格を型どおりに形成した後，転位反応で必要とする骨格に変換する戦略である．転位反応を利用した骨格形成の例は数多く知られていて，炭素鎖を伸長するだけの方法から反応機構を考えるのも難しいような複雑な骨格変換まで幅広い．

31・1 ジアゾアルカン

前章では，シクロプロパン合成に用いるカルベン前駆体としてジアゾアルカンを取上げた．ジアゾアルカンはまた，カルベンやジアゾニウム塩を経由する転位に利用される有用な反応剤である．

ジアゾアルカンを用いる炭素鎖伸長反応: Arndt–Eistert（アルントアイステルト）反応

カルボン酸から容易に合成できるアシルジアゾアルカン **2** は，カルベン受容体となるアルケンが存在しない場合，加熱，光照射あるいは金属を用いることによってカルベンを生じ，3 に示すように側鎖（R）がカルベン炭素へ移動してケテン **4** を生じる転位反応が起こる．ケテンは求電子性がきわめて高く，エステル **5** のような同族のカルボン酸誘導体に変換できる．生成物の炭素鎖は炭素原子一つ分伸長している．なお，ケテンについては 33 章で詳しく述べる．

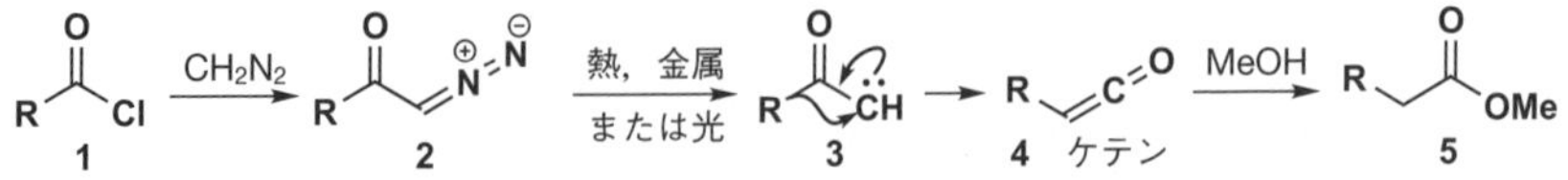

このカルボン酸の 1 炭素伸長法は Arndt–Eistert 反応とよばれる[1]．標的分子に含まれる二つの官能基の位置関係が結合切断を行うのに適切でないときに，主鎖から炭素原子一つを取除くとその逆合成を容易にできることがある．そのため，この反応の有用性は高い．また，他の 1 炭素伸長法としてシアン化物イオンを用いる求核置換反応

も有用である．なお，2 炭素伸長法については前章で述べた．奇妙に思われるかもしれないが，Arndt–Eistert 反応をふまえた逆合成では，**5a** に示すように R とカルボニル基との間の二つの C−C 結合を切断する．これは，再結合（26 章）やメチレン基 CH_2 の除去と同様に考えることができる．

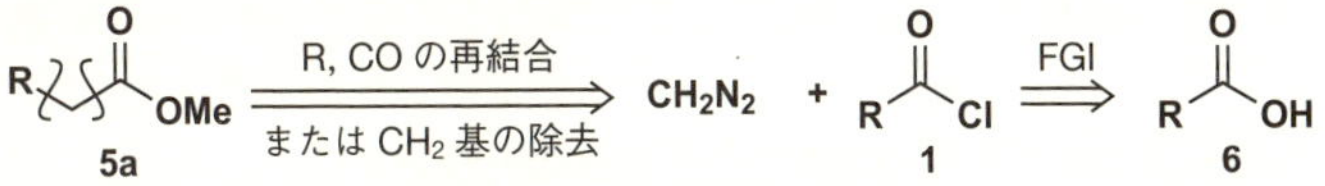

27 章で，Eschenmoser によるビタミン B_{12} の合成で用いられた二環性ジラクトン **7** の逆合成を紹介した[2]．次の段階は，Arndt–Eistert 反応による炭素鎖を伸長したエステル **9** の合成であった．

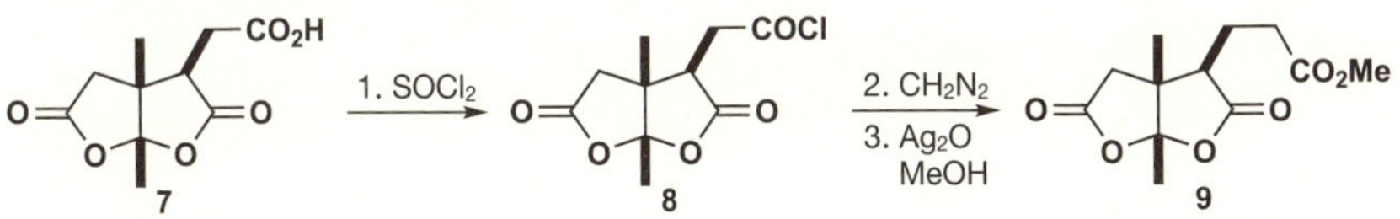

不飽和エステル **10** は第三級アルコール **11** の脱水によって合成できる．**11** は 1,4-diO の関係をもつことから，シクロペンタノン **12** とホモエノラート **13** に導くことができる．しかし，ホモエノラートの使用はできれば避けたい．

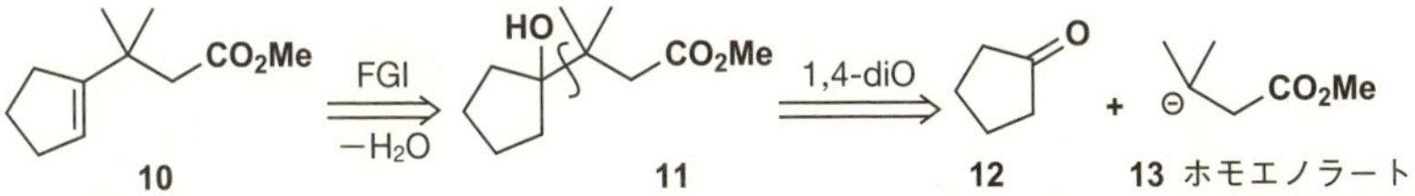

この問題は，**11a** に示す 1 炭素鎖伸長をふまえた結合切断を思いつくと解決する．そうすればホモエノラート **13** でなく，調製の容易なエノラート **15** の等価体を利用することができる．

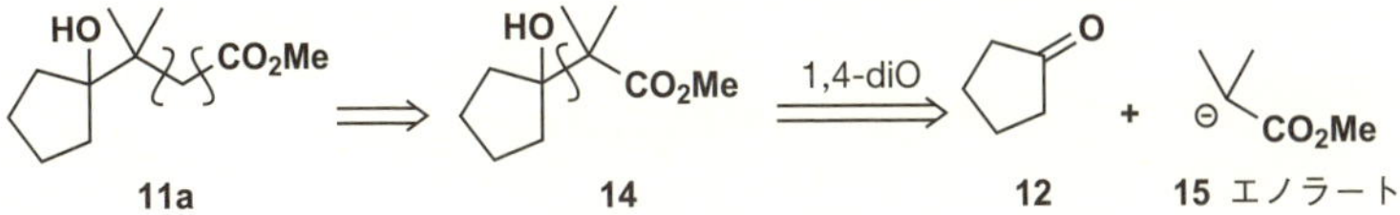

Smith はエノラート等価体として Reformatsky（レフォルマトスキー）反応剤を用いた．合成は計画どおりうまくいって **10** が効率よく得られた[3]．特に炭素鎖伸長反応の収率はきわめて高かった．

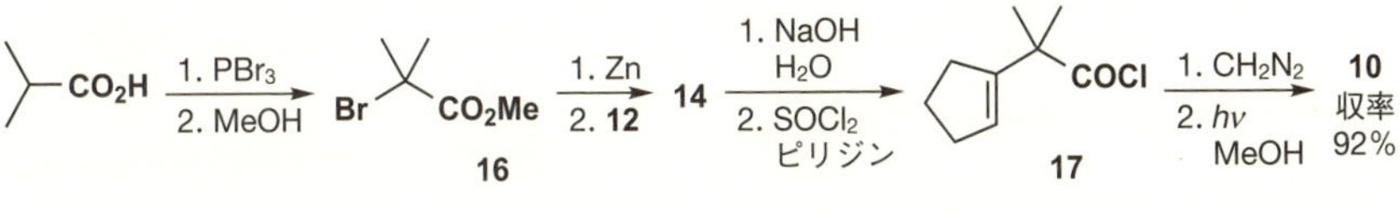

31・2 ジアゾアルカンを用いた環拡大および環縮小

これまで述べてきた単純な炭素鎖伸長と関連する反応として，環拡大反応や環縮小反応がある．これらは，合成が容易な環状化合物を員数の異なるつくりにくい環状化合物に変換する方法を提供する．たとえば，シクロヘキサノンから，β-ケトエステル **20** のようなシクロヘプタノンが合成できる．**20** はエノラートの反応に有利な酸性度の高い水素をもち，有用性が高い．反応剤であるジアゾ酢酸エチル **18** はグリシンエステルから容易に合成できる．**18** がケトンに付加するとオキシアニオンと脱離能の高いジアゾニウムイオンをもつ中間体が生じ，**19** に示すように協奏的な転位が起こって **20** が生成する[4]．環拡大をふまえた逆合成も，炭素鎖伸長の場合と同様に炭素原子の除去を考える．

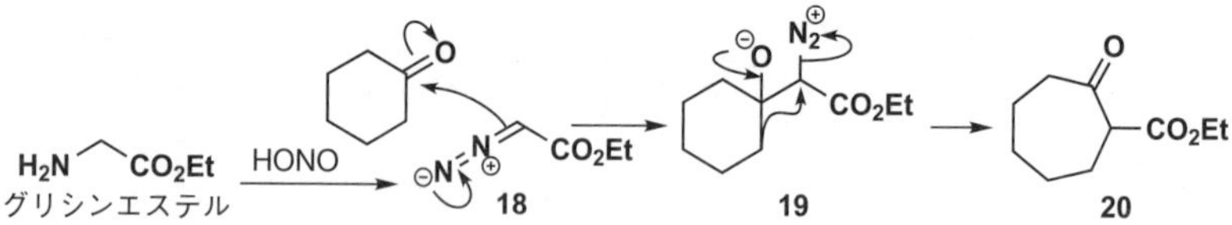

二環性ジケトン **21** は 1,3-diCO の関係をもつので，まずその様式に従って結合切断を行うのが理にかなっている．この切断で得られた **22** は，今度は 1,6-diCO の関係をもつので，再結合（27 章）の戦略を考えるかもしれない．しかし，橋頭位アルケン **23** はひずみが大きすぎて，現実には存在しえない．ここで，7 員環のカルボニル基と側鎖の枝分かれ部との間にある炭素原子を除去することに気づけば，1,5-diCO の関係をもつケトエステル **24** に導くことができる．**24** は共役付加によって合成できる（21 章）．

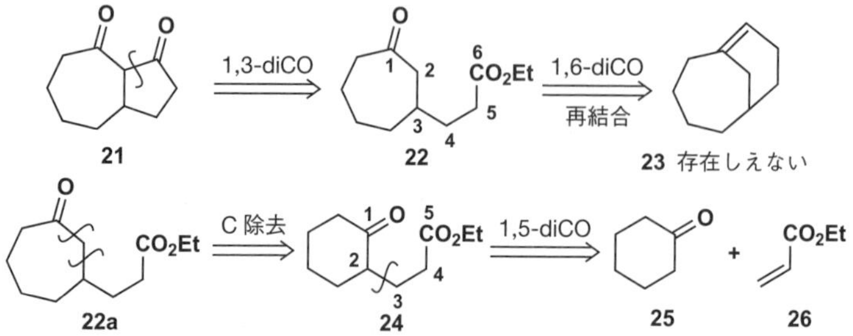

この場合の共役付加にはエナミンが最適である．環拡大はジアゾメタンを用いても行うことができただろうが，もっと優れた方法がある．カルボン酸 **27** とジアゾメタンから容易に調製できるジアゾケトン **28** の分子内反応である．Meerwein 反応剤を用いて転位反応を行うと，置換数の多いほうの炭素原子だけが移動してジケトン **21** が得られる[4]．

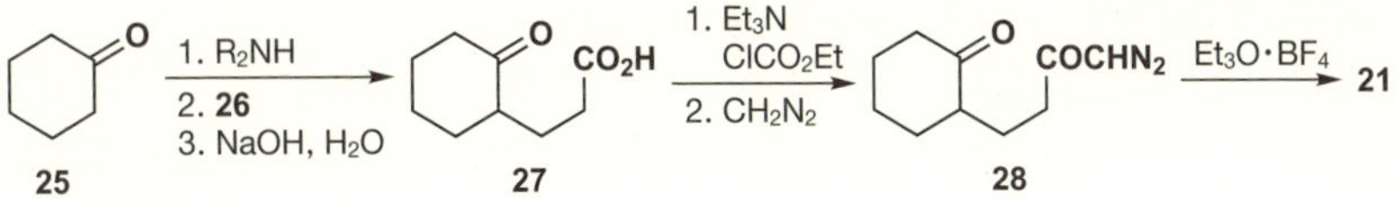

環縮小反応では，環内にジアゾ基をもつ環状ケトンを用いる．この反応の機構は，本章の冒頭で紹介したケテンの生成機構とよく似ている．天然物ジュニオノン (junionone) **29** は環化が難しい 4 員環を含んでいる．Wittig 反応をふまえてアルケンの結合切断を行うと，**29** は単純なアルデヒド **30** に導かれる．環縮小反応を念頭においてカルボニル基を環内に移動させることにより，ジアゾケトン **31** に導くことができる．**31** は単純なシクロペンタノン **32** から合成できるだろう．

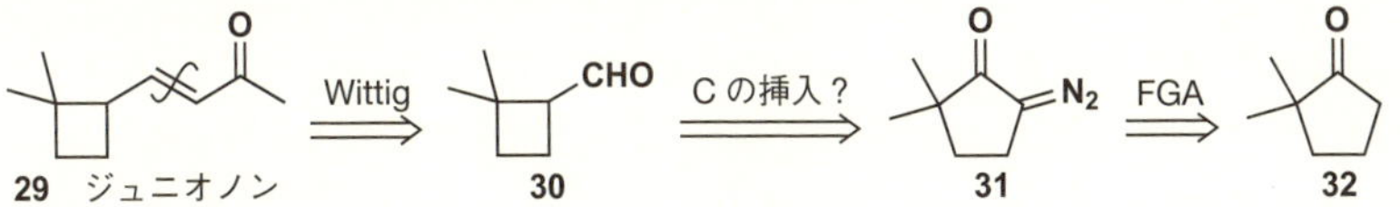

ジアゾ化合物 **31** は，シクロペンタノン **32** に活性化基としてホルミル基を導入して **33**（安定なエノール形が書かれている）とした後，トシルアジド (tosyl azide) TsN_3 と反応させて合成する．**31** を光照射すると転位が起こってケテンが生じ，すぐにメタノールと反応してエステル **34** が生成する．**29** に至るまでの変換は簡単である[5]．5 員環から 4 員環への環縮小はひずみが増大するので普通は起こらないが，この場合には安定な窒素が脱離することによりエネルギー収支を合わせている．

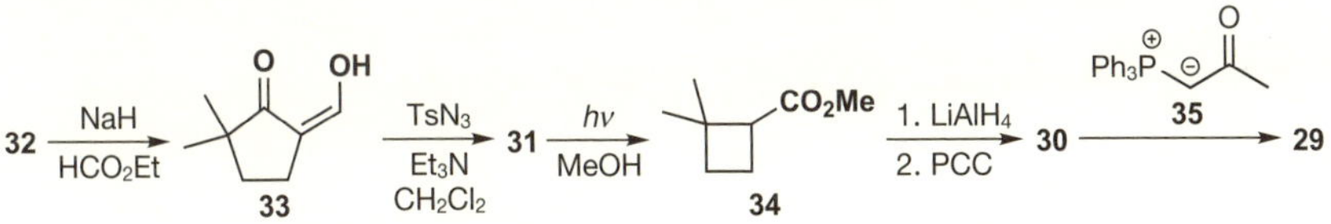

31・3　ピナコール転位

24 章で，ラジカル反応によるカルボニル化合物の二量化を述べた．このとき，金属から電子がカルボニル化合物に移動する．アセトン **36** から得られる典型的な“ピナコール” **37** は重要であり，酸で処理すると転位反応が起こり“ピナコロン”とよばれるカルボニル基の隣に第四級炭素をもつケトン **38** を生成する[6]．**39** に示すように，鍵段階は水の脱離によって生じる第三級カチオン炭素へのメチル基の移動である．この

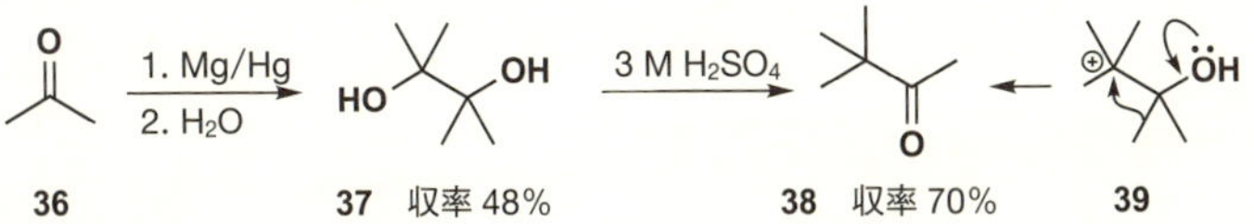

転位では，OH 基の押込みがメチル基の移動を促進する．

対称性をもつ標的分子に限定されるが，ピナコール転位は他の方法ではつくることが困難な α 位に第四級炭素をもつケトンの有力な合成法を提供する[7]．立体的に込み入ったアルケン **40** は，アルコール **41** の脱水によって得られ，**41** は対応するケトン **42** と RLi または RMgX から合成できるだろう．**42** は α 位に第四級炭素をもつケトンなので，ピナコール転位を利用した合成が有力な候補となる．

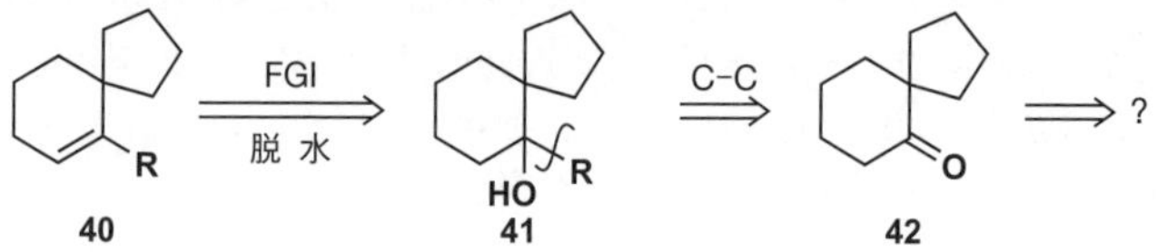

この場合，その出発物が何であるかを最も簡単に見つける方法は，この転位反応を逆にたどってみることである．そうすると，***a*** または ***b*** の二通りの合成経路が見つかる．ジオール **44** はシクロペンタノン **43** のピナコールカップリングによって得られる．一方，ジオール **45** はアルケン **46** のジヒドロキシ化によって合成できる．

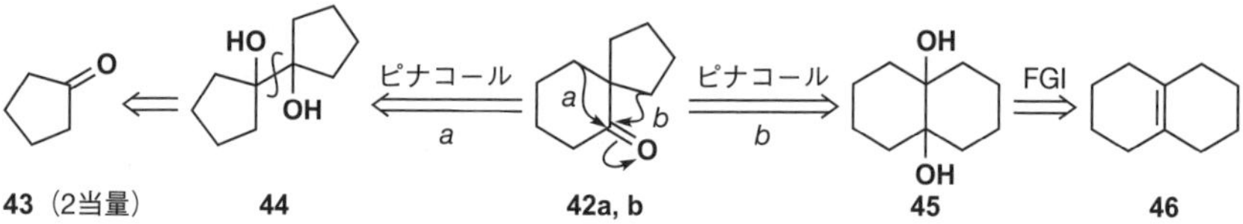

実際の合成では戦略 ***a*** が選ばれた[8]．Corey は，ピナコールカップリングを用いてジオール **44** とし，つづくピナコール転位によりスピロ環ケトン **42** を合成している．

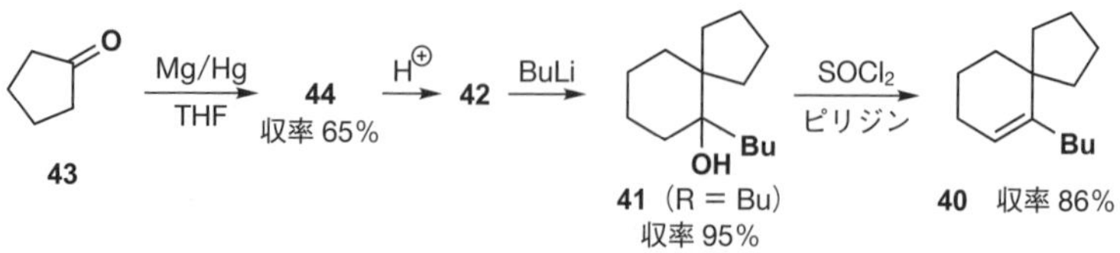

ケトン **42** から 2 工程の変換で得られる生成物 **40** は，コロンビアに生息するカエルから単離された毒素ペルヒドロヒストリオニコトキシン（perhydrohistrionicotoxin）**49** の合成で用いられた中間体である．その合成にはオキシム **47** の Beckmann 転位が用いられている．Beckmann 転位では，オキシムの N−O 結合に対してアンチの置換基だけが移動し，その立体配置が保持されていることに注意してほしい．この合成全体を眺めると，興味深いことに二つの 6 員環がいずれも 5 員環からの環拡大反応により形成されていることがわかる．

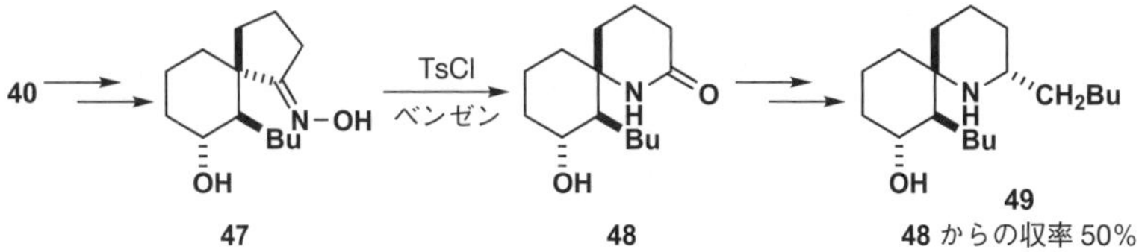

エポキシドの転位

ピナコール転位の有用性は多くの場合，対称性をもつ分子に限定される．この項と次項でこの問題を回避する方法について紹介する．非対称なエポキシドはアルケンから容易に合成できる．これを Lewis 酸で処理すると開環し，可能性のある 2 種類のカチオンのうち，置換基の多いほうのカチオンを優先して生じる[9]．LiBr のような弱い Lewis 酸を用いてもエポキシド **51** は開環し，第三級カルボカチオン **52** を生じる．これが環縮小転位を起こし，アルデヒド **53** を生成する．なお，Rickborn は中間体として臭素化体 **54** を考えるほうが好ましいと述べている[10]．

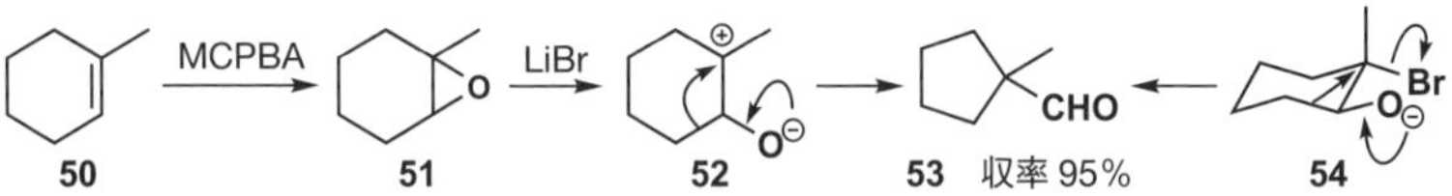

もっと興味深い例を取上げる．天然物 α-ピネン（pinene）**55** 由来のエポキシド **56** は転位により，高収率で不飽和アルデヒド **57** を生成する[11]．まず初めにエポキシドが開環してより置換基の多いカルボカチオンが生じ，**59** に示す転位に続いて **58** に示す環開裂が起こる．ひずんだ 4 員環の環拡大が最優先に起こることに注意してほしい．

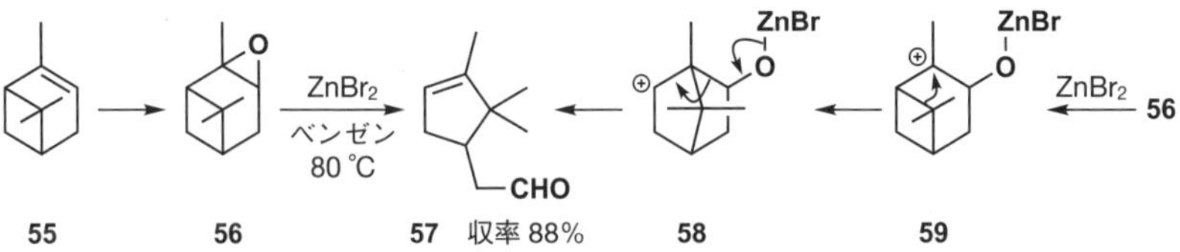

セミピナコール転位

非対称な 1,2-ジオールのピナコール転位では，置換基の多いほうのカルボカチオンが生成する方向に反応が起こり，もう一方のカチオンを経由した転位を起こすことができない．この問題は，より置換基の少ないアルコールを選択的にスルホナートのような脱離基に変換することによって解決できる．ジオール **61** のピナコール転位では，生じた第三級カチオン中心にヒドリドまたはメチル基が移動する．しかし，第二級アルコールを選択的にメシル化して **62** に変換すると，Et_2AlCl 存在下 **64** に示すように R 基の移動を伴って転位が起こりケトン **63** を生成する．自然界からの入手が容易な

(*S*)-乳酸を出発物として用いると，生成物を単一エナンチオマーとして得ることができる[12]．エポキシドの転位やセミピナコール転位をふまえて逆合成を行うときは，ピナコール転位の場合と同様に転位反応を逆にたどればよい．しかし，これらの転位反応を見抜くには練習が必要である．

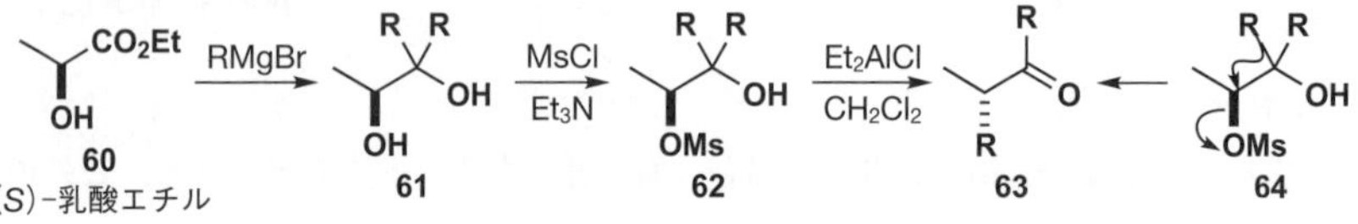

31・4 Favorskii（ファボルスキー）転位

これまで述べてきた転位は，カチオン中間体を生成しないものもあったが，すべて本質的にカチオニックな反応であった．対照的に，ここで取上げる Favorskii 転位はアニオニックな反応である．実際，ほとんどすべての中間体はアニオンである．シクロヘキサノンをハロゲン化すると α-クロロケトン **66** が得られる．これに求核的なアルコキシドイオンを反応させると，環縮小したエステル **67** が得られる．**66** のエノラートは **69** に示すように環化し，不安定なシクロプロパノン **68** を生じる．これはすぐにアルコキシドイオンと反応し，3 員環の中で最も弱い C−C 結合が開裂する．

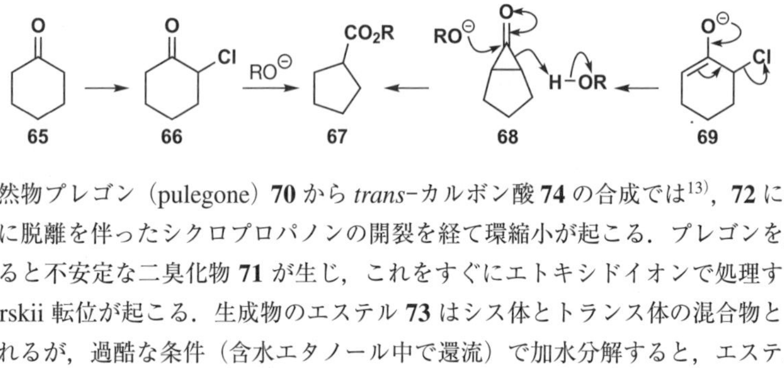

天然物プレゴン（pulegone）**70** から *trans*-カルボン酸 **74** の合成では[13]，**72** に示すように脱離を伴ったシクロプロパノンの開裂を経て環縮小が起こる．プレゴンを臭素化すると不安定な二臭化物 **71** が生じ，これをすぐにエトキシドイオンで処理すると Favorskii 転位が起こる．生成物のエステル **73** はシス体とトランス体の混合物として得られるが，過酷な条件（含水エタノール中で還流）で加水分解すると，エステルの α 位炭素でエピマー化が起こり *trans*-カルボン酸 **74** のみが得られる．

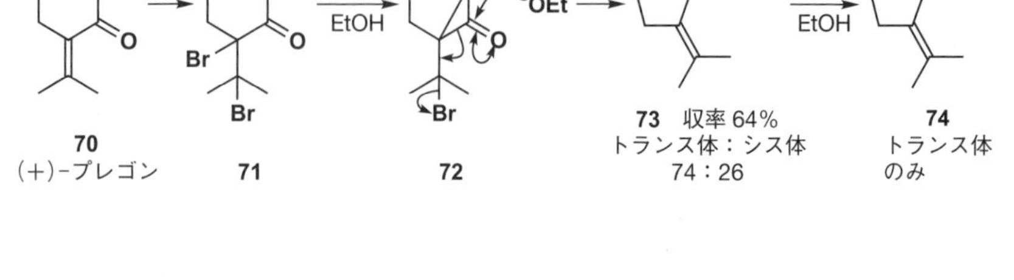

繰返しになるが，このようなエステルの逆合成を行う理にかなった方法は，頭の中で転位反応を逆にたどるしかない．たとえば，**67** の逆合成では **75** に示すように適切な位置にハロゲン原子を導入して Favorskii 転位の反応機構を逆に書くと，単純な出発物 **66** に導くことができる．このとき，これはよい戦略だと思うだろう．もう一つの方法は，**67** の前駆体としてシクロプロパノン **76** を書いてみることだろう．いずれにしても，転位反応を利用した逆合成を想像することは難しく，練習と経験が必要となる．

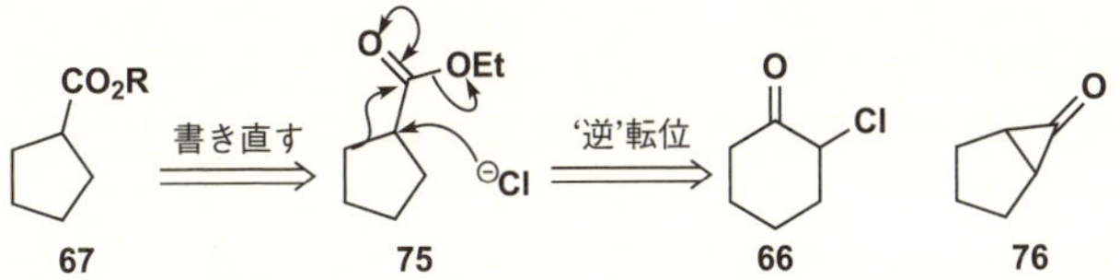

文　献

1. W. E. Bachmann and W. S. Struve, *Org. React.*, 1942, **1**, 38.
2. A. Eschenmoser and C. E. Wintner, *Science*, 1977, **196**, 1410.
3. A. B. Smith, *J. Chem. Soc., Chem. Commun.*, 1974, 695.
4. W. L. Mock and M. E. Hartman, *J. Am. Chem. Soc.*, 1970, **92**, 5767.
5. A. Ghosh, U. K. Banerjee and R. V. Venkateswaran, *Tetrahedron*, 1990, **46**, 3077.
6. B. S. Furniss, A. J. Hannaford, P.W. G. Smith and A. R. Tatchell, *Vogel's Textbook of Practical Organic Chemistry*, Fifth Edition, Longman, Harlow, 1989, pp.527 and 623.
7. A. P. Krapcho, *Synthesis*, 1976, 425; B. Rickborn, *Comprehensive Organic Synthesis*, eds. B. M. Trost and I. Fleming, Pergamon, Oxford, 1991, vol.3, p.721.
8. E. J. Corey, J. F. Arnett and G. N. Widiger, *J. Am. Chem. Soc.*, 1975, **97**, 430.
9. B. Rickborn, *Comprehensive Organic Synthesis*, eds. B. M. Trost and I. Fleming, Pergamon, Oxford, 1991, vol.3, p.733.
10. B. Rickborn and R. M. Gerkin, *J. Am. Chem. Soc.*, 1971, **93**, 1693.
11. J. B. Lewis and G. W. Hedrick, *J. Org. Chem.*, 1965, **30**, 4271.
12. K. Suzuki, E. Katayama and G. Tsuchihashi, *Tetrahedron Lett.*, 1983, **24**, 4997; G. Tsuchihashi, K. Tomooka and K. Suzuki, *Tetrahedron Lett.*, 1984, **25**, 4253.
13. B. S. Furniss, A. J. Hannaford, P. W. G. Smith and A. R. Tatchell, *Vogel's Textbook of Practical Organic Chemistry*, Fifth Edition, Longman, Harlow, 1989, p.1113.

32 4員環化合物：光化学反応の利用

本章に必要な基礎知識
“ウォーレン有機化学”35章 ペリ環状反応Ⅰ：付加環化 を参照

29章で，他の環に比べて4員環形成ははるかに難しいことを述べた．その理由として，4員環は環内の結合角が約90°と大きなひずみがあることと，出発物の最も安定な立体配座が環形成に全く適していないことを説明した．しかし，時には一般的な条件で4員環形成が起こることもある．マロン酸エステル**1**と1,3-ジブロモプロパンとの二重アルキル化では，シクロブタン**2**が生成する．しかし，Perkinは炭素環形成に関する研究において，アセト酢酸エステル**3**の二重アルキル化では3～7員環のうち4員環形成だけがうまくいかないことを明らかにしている[1]．この反応では，シクロブタンの代わりにエノールエーテル**4**が生成する．中間体エノラートの構造を**5**のように書くと，エノラートがシクロブタンではなく6員環化合物**4**を生成するのに適した配座をとっていることが容易にわかる．

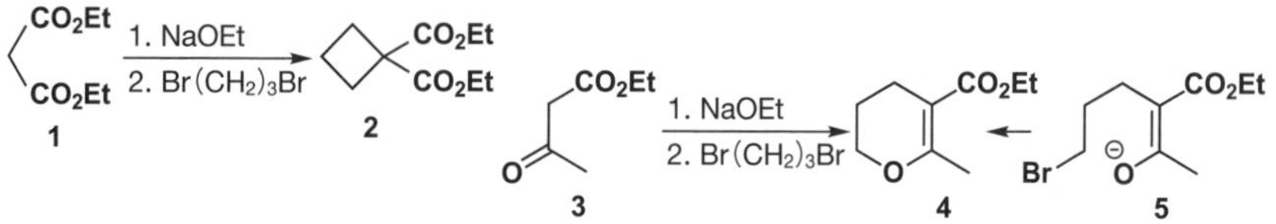

32・1 光化学的付加環化

シクロブタンの合成には，しばしば特殊な反応が用いられる．次章ではアルケンとケテンの熱的付加環化による4員環形成について述べるが，最も良く知られた方法は光化学的付加環化である．17章で述べたが，Diels-Alder反応はジエン**6**と求ジエン

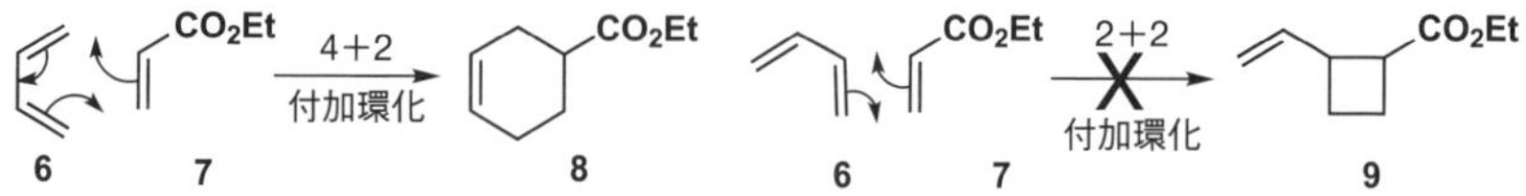

体**7**の混合物を加熱すると容易に起こり6員環**8**が生成する．このとき，代わりに4員環**9**がどうして得られないのだろうか．軌道の対称性に従うと，6π電子が関与する付加環化は熱的に許容であるが，4π電子では熱的に禁制である[2]．

[2+2]付加環化は励起状態の軌道がかかわる光化学的反応である[3]．たいていの場合，一方のアルケン（エノンであることが多い）が光を吸収して励起状態となり，もう一方の基底状態のアルケン（単純なアルケンであることが多い）と反応する．エチレンでさえも**10**に示すような共役エノンと光照射下で反応し，良好な収率でシクロブタン**11**を生成する[4]．**11**の環縮合部の水素原子とメチル基の立体化学は，**10a**に示すように出発物での配置がシスであることに加えて，4/6環縮合部がトランスをとりえないという二つの要因で決まっている[5]．

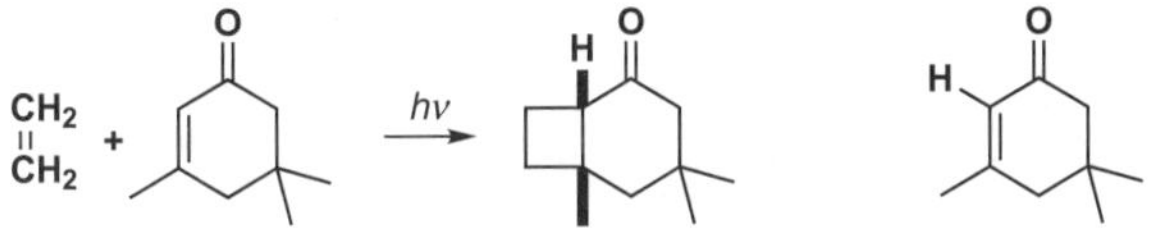

10 **11** 収率85% **10a**

両方のアルケンが官能基化されていても反応は進行することから，化合物**12**の真ん中の環を結合切断して最大限の単純化をはかると，二つの簡単な出発物**13**と**14**に導くことができる．実際に，これらの混合物に光を照射すると良好な収率（70%）で**12**が得られる[6]．**12a**に示すようにB/C環縮合部の立体化学は二つの4員環が縮合するためシスしかとりえない．また，A/B環縮合部の立体化学も上で述べた**11**と同様の理由でシスになる．シス縮合した環どうし（A環とC環）の相対配置は，最も立体障害が小さくなるように決定される．この場合，エンド則は成立しない．この反応では両出発物ともカルボニル基に共役したアルケンであるため，副生成物として**14**の二量体も生成する．

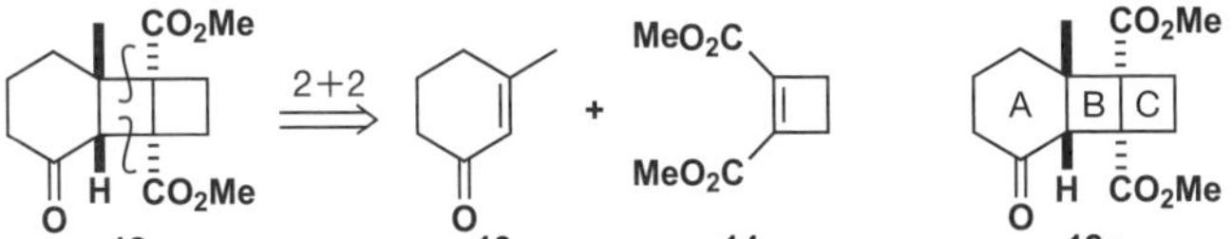

12 **13** **14** **12a**

ほとんどのシクロブタンの逆合成では，[2+2]付加環化をふまえた二通りの結合切断が考えられる．どちらの切断法を選ぶかは，出発物の入手の容易さなどを考えて決めればよい．**11**に類似した化合物**16**の逆合成では，**11**の合成と同様に切断 ***a*** によって

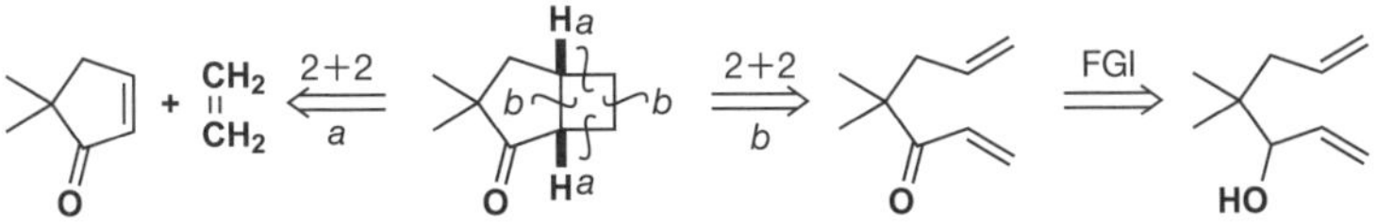

15 **16** **17** **18**

エチレンとエノン **15** に導くことができるが，ここではもう一つの切断 ***b*** について考えてみよう．この経路では分子内の光化学的付加環化を利用するので，出発物はジエノン **17** となる．このものは合成容易なアルコール **18** を酸化すれば得られるだろう[7]．

アルコール **18** はアルデヒド **20** にビニル Grignard 反応剤 **19** を付加すれば合成でき，**20** はイソブチルアルデヒド **21** のアリル化で合成できるだろう．ケトンへの酸化は付加環化の前に行っても後に行ってもよいだろう．

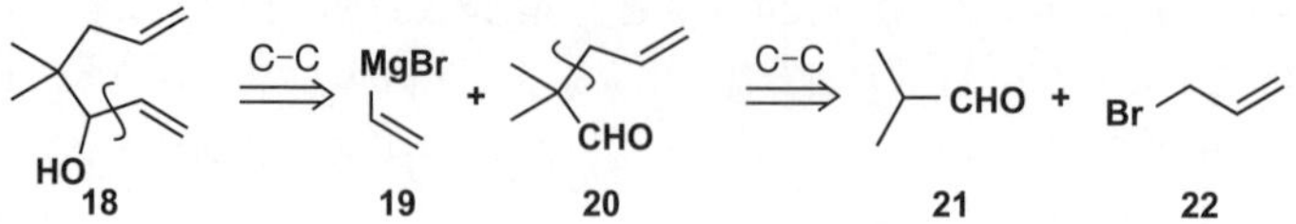

実際の合成では，Claisen 転位（35 章）を利用してアリル化を行い，アルコール **18** の付加環化は触媒量の Cu(I)共存下に行った．生成物は主ジアステレオマー **23** と *exo*-アルコール（図中の OH 基が上を向いた異性体）の混合物であった．しかし，両異性体ともケトン **16** に酸化するので，この立体中心は問題とならない．なお，環縮合部の立体化学はもちろんシスである．

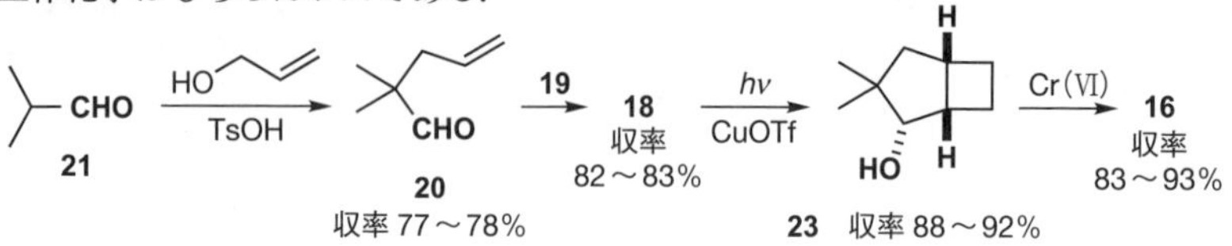

位置選択性

18 の付加環化は分子内反応のため，位置選択性の問題は生じない．一方，分子間反応では付加環化の位置選択性を考える必要がある．たとえば，非対称アルケン **24** と非対称エノン **25** との付加環化では，**26** と **27** が生成する可能性がある．しかし，実際にはほぼ 100%の収率で **27** のみが得られ，**26** は生成しない[8]．

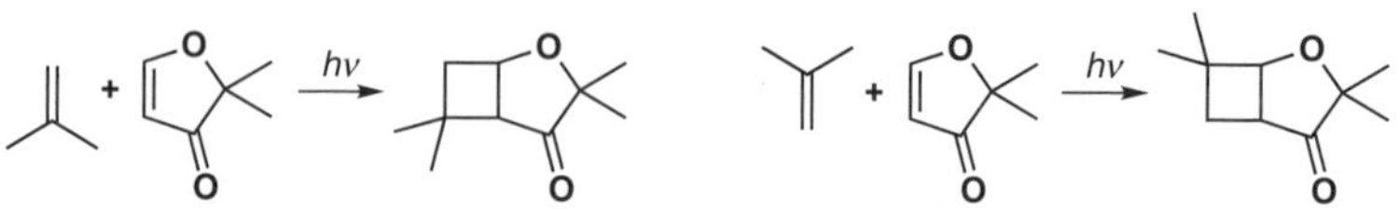

この反応では，立体効果もしくは電子効果のいずれかが大きく関与しているはずである．アルケン **24** は一方の末端が立体的に込んでいるが，エノンではわずかな違いしかないことから電子効果が支配的に働いていると考えられる．**24a** に示すようにアルケン **24** の本来の極性は，CH_2 側の炭素のほうが求核的である．熱的付加環化（実際には起こらないが）を仮定すると，**24a** に示す CH_2 炭素が **25a** に示すエノンの求電子性末端炭素を攻撃することになる．光化学的[2+2]付加環化の位置選択性を予測す

る方法の一つは，エノンの励起状態における極性を基底状態の本来の極性とは逆にして，すなわち **25b** から **25c** のように考えることである．したがって，**25c** に示す求電子性末端と **24a** に示す求核性末端が反応する．アルケンは光励起されていないので，**24a** のように本来の極性で反応する．もちろんこれは極端な考え方かもしれないが，実際の選択性と一致する[9]．

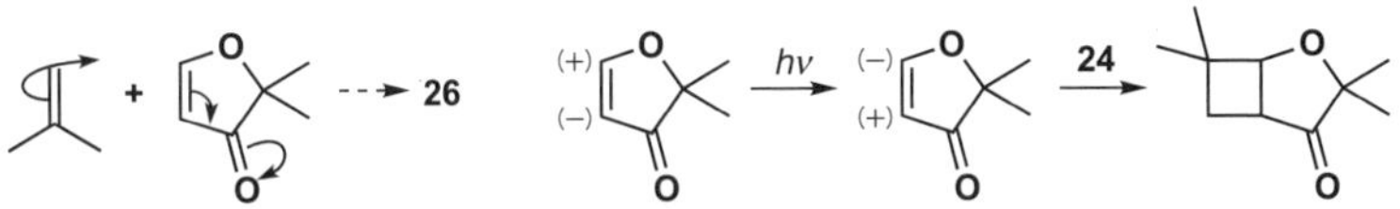

24a **25a** **25b** **25c** **27**

分子内反応でも同じように位置選択性の予測ができる．しかし，**29** から架橋したシクロブタン **28** を生成するためにはひずみエネルギーが大きくなりすぎるため，この場合は位置選択性が逆の付加環化によって縮合環構造 **30** が得られる[10]．

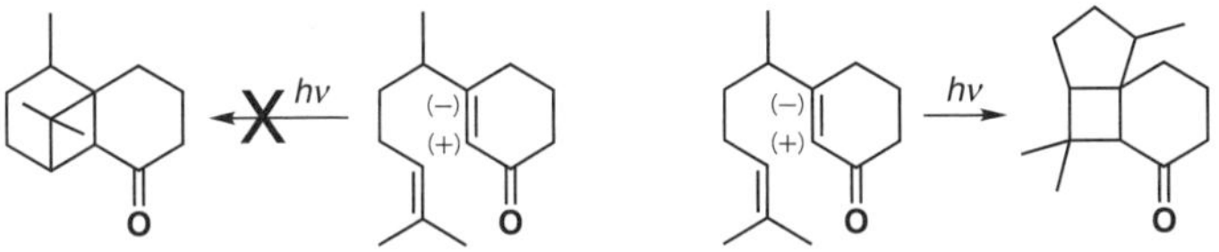

28 **29** **29a** **30**

驚くほどひずんだ化合物が合成できることもある．アレン **31** の光化学的付加環化では，アレンの一方の二重結合が共役アルケンと反応してきわめてひずんだシクロブタン **32** を生成する．**31a** のように反応点どうしを接近させて構造を書くと，**32** がどれだけひずんでいるかがわかるだろう．Hiemstra により合成された 4 環性ラクトン **32** は，ソラノエクレピン A（solanoeclepin A）**33** のシクロブタンコア構造である[11]．**33** はジャガイモの水耕栽培液から単離された天然物であり，ジャガイモシスト線虫のふ化を促進する．

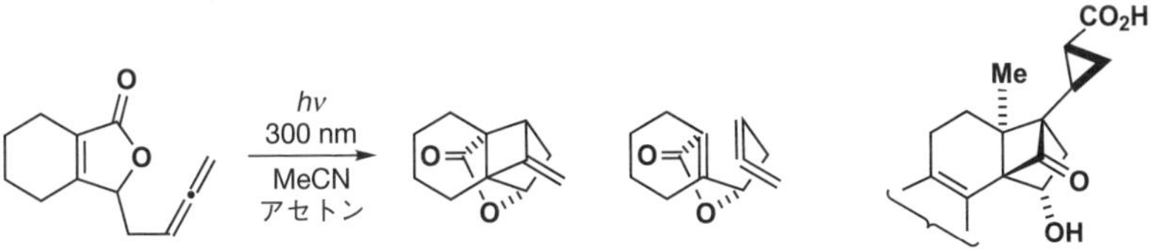

31 **32** 収率 70% **31a** **33** ソラノエクレピン A

32・2 イオン反応による 4 員環の形成

前節で述べた付加環化で用いたシクロブテン **14** は，アジピン酸 **34** からイオン反応を利用して合成できる．**34** の酸塩化物を二重臭素化後メタノールと反応させると **35**

が生じ，このものをNaHで処理すると環化して**14**が得られる[12]．おそらく，一方に生じたエノラートがもう一方の臭素を置換して分子内アルキル化が起こり，さらに生じたエノラートから**36**に示すように脱離が起こって**14**を生成すると考えられる．

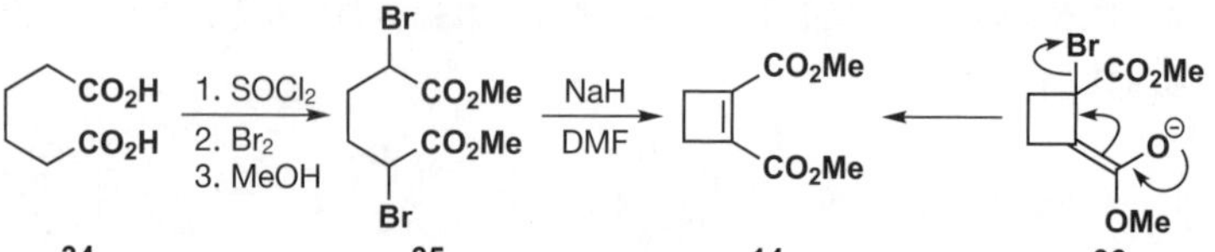

高須，井原は，単純な化合物**37**から**38**のような縮合多環化合物を形成する画期的な合成法を報告している[13]．**38**と**30**の骨格を見比べてみよう．

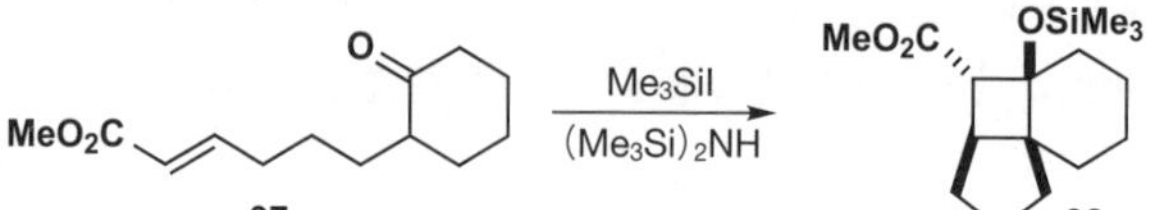

おそらく，**37**のエノールシリルエーテルが**39**に示すように不飽和エステルに共役付加し，生じる中間体エノラートが**40**に示すように分子内環化を起こして**38**を生成すると考えられる．生成物**38**の4/5および4/6環縮合部の立体化学はともにシスしかとれないので，**40**の立体化学も同様になっていなければ反応は進行しない．したがって，この反応の第一段階は可逆反応であると推測される．4員環を形成するにはケトンと不飽和エステルが適切な位置に存在する必要があるため，光化学的付加環化よりは制約が多い．ちなみに，高須，井原は同様の反応の不斉化にも成功している[14]．

次章では，シクロブタン合成法のなかでも最も汎用性が高いと考えられるケテンの熱的［2+2］付加環化について述べる．

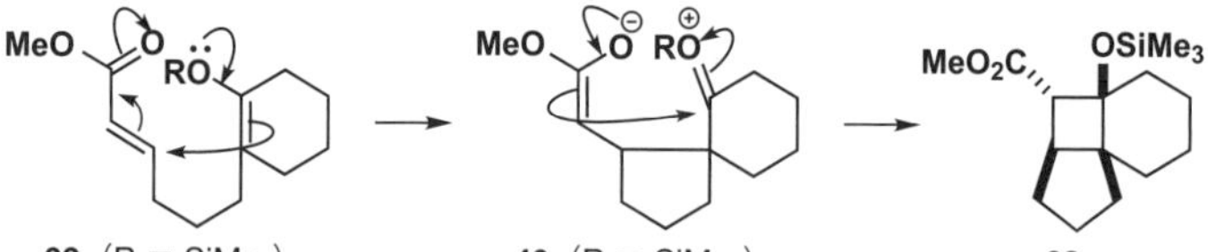

文　献

1. W. H. Perkin, *J. Chem. Soc. Trans.*, 1885, 801；1887, 1；E. Haworth and W. H. Perkin, *J. Chem. Soc. Trans.*, 1894, 591；H. O. House, *Modern Synthetic Reactions*, W. A. Benjamin, Menlo Park, Second Edition, 1972, pp.541～544.
2. I. Fleming, *Frontier Orbitals and Organic Chemical Reactions*, Wiley, London, 1976, pp.86 and 208.
3. M. T. Crimmins, *Comprehensive Organic Synthesis*, eds. B. M. Trost and I. Fleming,

Pergamon, Oxford, 1991, vol.5, p.123.
4. P. G. Bauslaugh, *Synthesis*, 1970, 287; M. T. Crimmins and T. L. Reinhold, *Org. React.*, 1993, **44**, 297.
5. D. C. Owsley and J. J. Bloomfield, *J. Chem. Soc.* (*C*), 1971, 3445.
6. G. L. Lange, M.-A. Huggins and E. Neidert, *Tetrahedron Lett.*, 1976, **17**, 4409.
7. R. G. Salomon and S. Ghosh, *Org. Synth.*, 1984, **62**, 125.
8. S. W. Baldwin and J. M. Wilkinson, *Tetrahedron Lett.*, 1979, **20**, 2657.
9. I. Fleming, *Frontier Orbitals and Organic Chemical Reactions*, Wiley, London, 1976, p.219.
10. M. Fetizon, S, Lazare, C. Pascard and T. Prange, *J. Chem. Soc., Perkin Trans. 1*, 1979, 1407.
11. B. T. B. Hue, J. Dijkink, S. Kuiper, K. K. Larson, F. S. Guziec, Jr., K. Goubitz, J. Fraanje, H. Schenk, J. H. van Maarseveen and H. Hiemstra, *Org. Biomol. Chem.*, 2003, **1**, 4364.
12. R. N. McDonald and R. R. Reitz, *J. Org. Chem.*, 1972, **37**, 2418.
13. K. Takasu, M. Ueno and M. Ihara, *J. Org. Chem.*, 2001, **66**, 4667.
14. K. Takasu, K. Misawa and M. Ihara, *Tetrahedron Lett.*, 2001, **42**, 8489.

33 合成戦略 XV：ケテンの利用

すでに 31 章において，Arndt–Eistert 炭素鎖伸長反応の中間体としてケテンを取上げた．本章では，ケテンの合成上のもっと広範な利用法について述べる．ケテン **1** の独特の sp 炭素は非常に求電子性が高く，求核剤との反応によってエノラートを生じ，**3** に示すように α 炭素がプロトン化されてアシル化体 **4** を生成する．

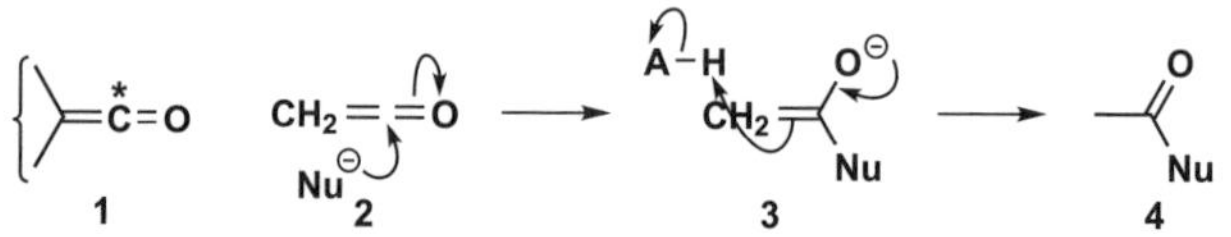

一般にケテンは二量化しやすいので，単離することは難しい．ケテン **2** は二量化してラクトン **5** となるが，ジメチルケテン **6** はジケトン **7** となる．他のケテンも，これらのいずれかの二量体となる．ジフェニルケテンなどいくつかの場合は，ケテンのまま単離されることもある．

ケテンは通常，塩基による酸塩化物 **9** からの HCl の脱離，あるいは亜鉛末による α-クロロ酸塩化物からの Cl_2 の脱離により調製される．なお，この還元反応は超音波により促進される．ケテン **6** を求核剤と反応させるときには，求核剤が共存する溶液中でケテンを発生させる．

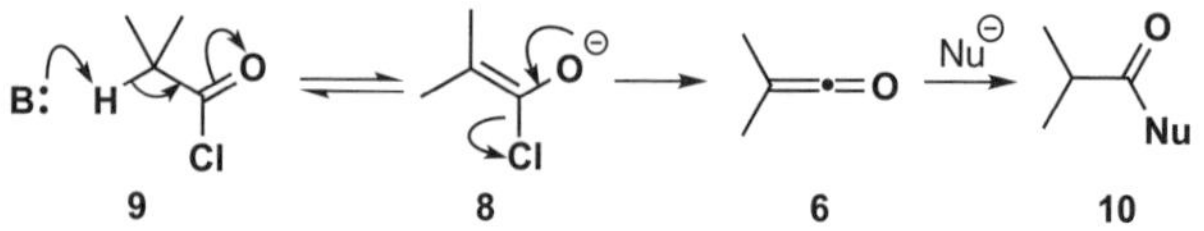

33・1 ケテンの熱的[2+2]付加環化

普通のアルケンとは異なり，ケテンは自身と（上で述べた二量化），あるいは別のア

ルケンと [2+2]付加環化を起こす[1]．ジクロロケテンとシクロペンタジエン **11** との反応によってジクロロケトン **12** が生成するが，この結果は [4+2]付加環化よりも[2+2]付加環化が優先して起こること，そして反応の位置選択性が予測できることを示している．ケテンの sp 炭素はアルケンの最も求核性の高い末端と反応する[2]．二つの反応剤が最も大きな軌道相互作用が得られるように近づく反応機構を **13** に示す．この反応は協奏的付加環化と考えられる．

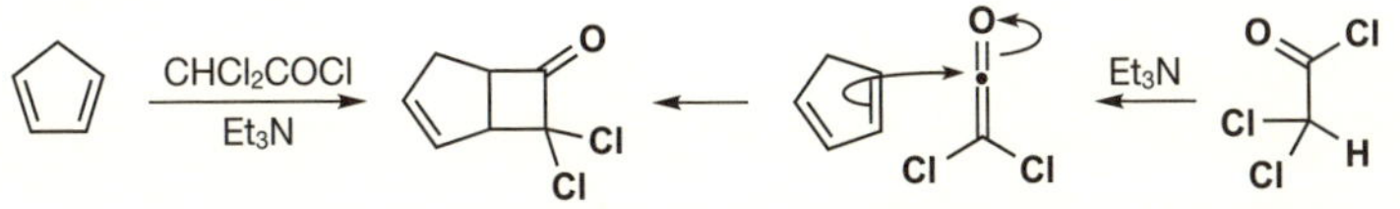

11 **12** **13** **14**

ジクロロケテンと *cis*-あるいは *trans*-シクロオクテンとの反応から，この反応が協奏的であるとわかる．すなわち，*cis*-アルケン **15** からはシス体 **16** が得られ，*trans*-アルケン **17** からはトランス体 **18** が得られるように，それぞれの立体異性体から付加体の別々の立体異性体が立体特異的に生成する．図示してある水素に注目すると，この立体特異性が容易にわかる．非常に反応性の高い *trans*-シクロオクテン **17** は 100% の収率で付加体 **18** を生成するので，付加体 **16** はまったく副生していない[3]．

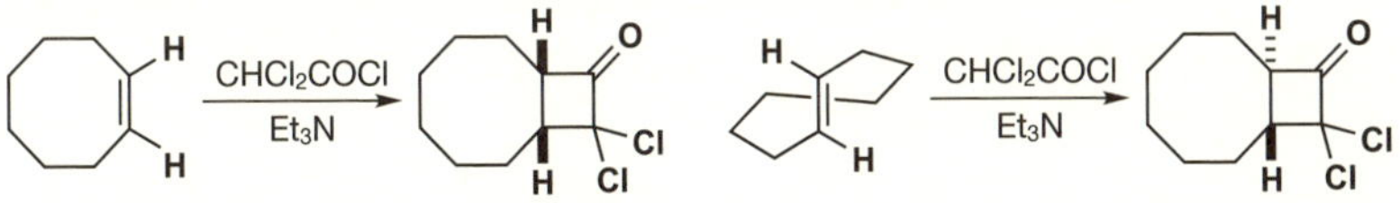

15 **16** 収率 50% **17** **18** 収率 100%

この反応をふまえた逆合成では、もちろんシクロブタノン環の対面する 2 組の C−C 結合のうち 1 組を切断する．それぞれの組の結合切断によって，それぞれ 1 個のケテンと 1 個のアルケンが得られるので，どちらかを選択しなくてはならない．付加体 **12** の逆合成は簡単である．切断 ***a*** によって 2 個の簡単な出発物が導かれるのに対して，切断 ***b*** によって得られる出発物は分子内環化を起こしそうだが合成は難しい．たとえば，環化反応が起こるためには内側の二重結合はシス配置でなければならない．

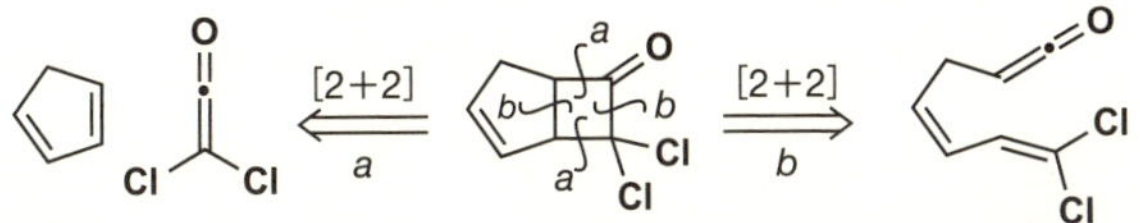

11 **12** **19**

これほど明らかではない場合も多くある．シクロブタノン **22** は，切断 ***a*** によってジフェニルケテンとジエン **21** に逆合成できるし，切断 ***b*** によってケテン **2** とジエン

23 に導くこともできるだろう．いずれのジエンも合成できるが，付加環化の位置選択性が問題である．

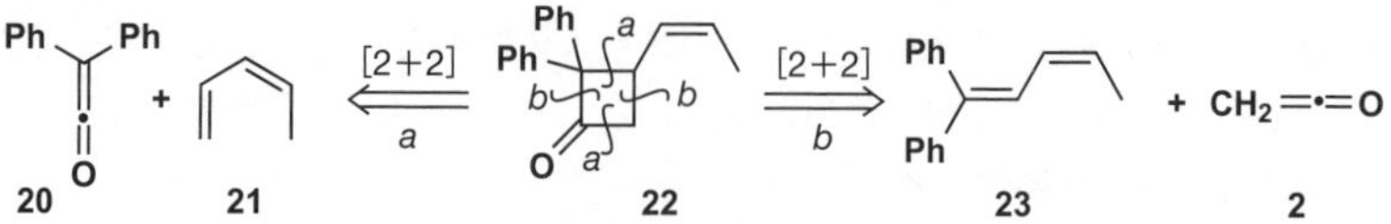

20　21　22　23　2

ジエン **23** は，立体障害の小さいほうの二重結合，あるいは二つのフェニル基で活性化された二重結合の望みとしないほうの炭素で反応するだろう．しかし，ジエン **21** は望みとする位置で反応すると期待できる．反応する二重結合は求核性が高く，立体障害も小さいものであり，位置選択性もよさそうにみえる．実際そのとおりであり，ジフェニルケテン **20** は *cis*-ジエン **21** と反応して，付加体 **22** を収率 99%で生成する[4]．

ケテン[2+2]付加環化生成物の転位反応

これらの付加環化の生成物であるシクロブタノンの変換に，Baeyer-Villiger（バイヤー－ビリガー）酸化や Beckmann（ベックマン）転位が利用されている．付加体 **12** から亜鉛還元により塩素を除去した後，過酸と反応させると転位が起こり，プロスタグランジンの合成[5] に広く用いられているラクトン **25** が得られる．Baeyer-Villiger 酸化では，置換基の多いほうの炭素が転位し，その立体配置が保持されていることに注意してほしい．

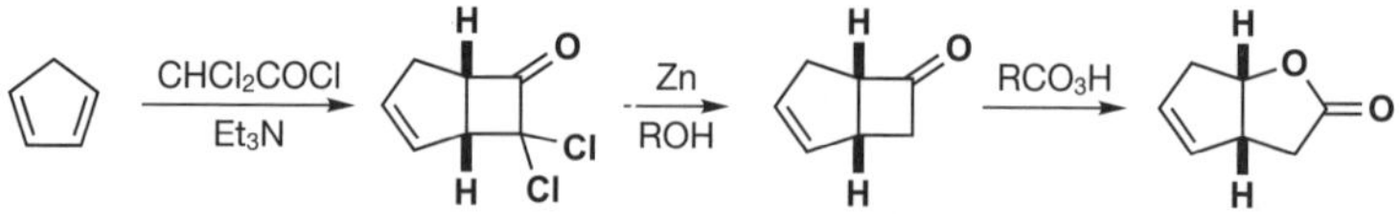

11　12　24　25

[2+2]付加環化と Baeyer-Villiger 酸化における位置選択性を示すもう一つの例として，シクロブタノン **27** を取上げる[6]．ジクロロケテンとシクロヘキセン **26** との付加反応では，単一の異性体 **27** が得られる．この反応で良好な結果を得るためには，亜鉛を用いる脱ハロゲン化によってジクロロケテンを調製する必要がある．**27** は亜鉛によって脱ハロゲン化された後，Baeyer-Villiger 酸化によってラクトン **29** へと変換される．ここでも，置換基の多いほうの炭素が立体配置保持で転位している．

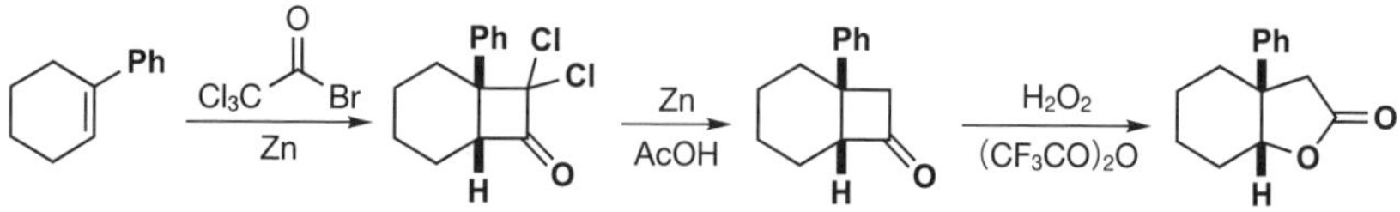

26　27 収率 89%　28　29 収率 93%

同様に，Beckmann 転位がスワインソニン（swainsonine）**33** の合成中間体であるラクタム **32** を合成するのに用いられている．ジクロロケテンとエノールエーテル **30** との立体選択的な付加環化により，シクロブタノン **31** の一方の異性体が得られた（約 95：5 の選択性）．この化合物に対するスルホン化ヒドロキシルアミンを用いる Beckmann 転位と脱塩素化反応により，ラクタム **32** が出発物 **30** から 3 工程で得られた[7]．

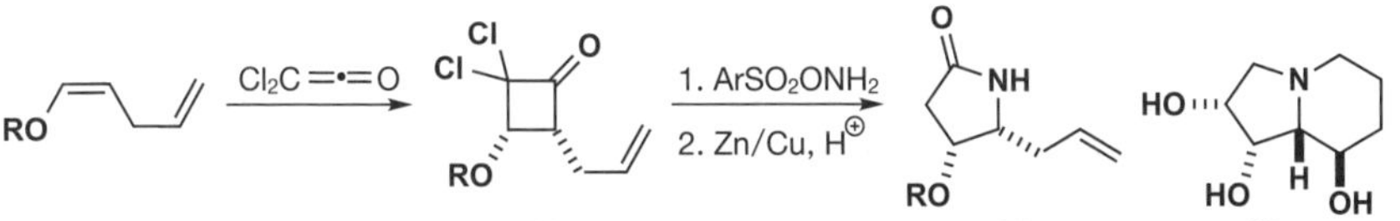

30　**31**　**32**　**33**

アシル化剤としてのケテン二量体

本章の冒頭で，ケテン二量体 **5** について述べた．**5** は環状エノールエーテルであり，優れたアシル化剤である．**34** に示すように求核剤はカルボニル基を攻撃し，アセトアセチル誘導体 **36** のエノラート **35** が生成する．**36** に示す結合切断を行い反応を逆方向にたどると，ケテン二量体がシントン **37** に対応することがわかる．

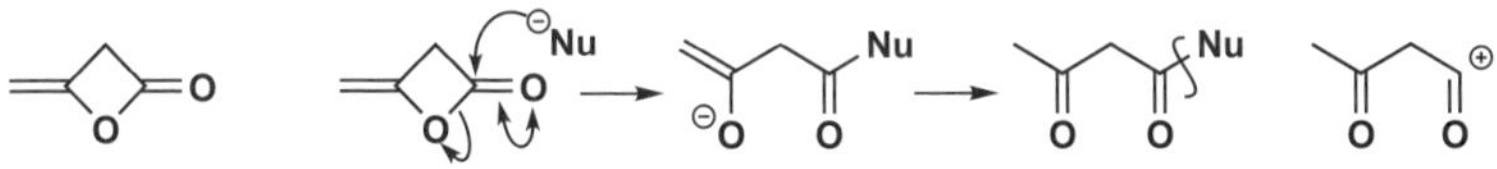

5　**34**　**35**　**36**　**37**

ヘテロ環化合物 **38** は，サイトカラサン（cytochalasan）の合成で必要とされた中間体である[8]．1,3-diCO の関係にある二つのケトン基の間の結合を切断するとアミド **39** が得られる．このものはフェニルアラニンエチルエステル **40** のアセトアセチル誘導体である．

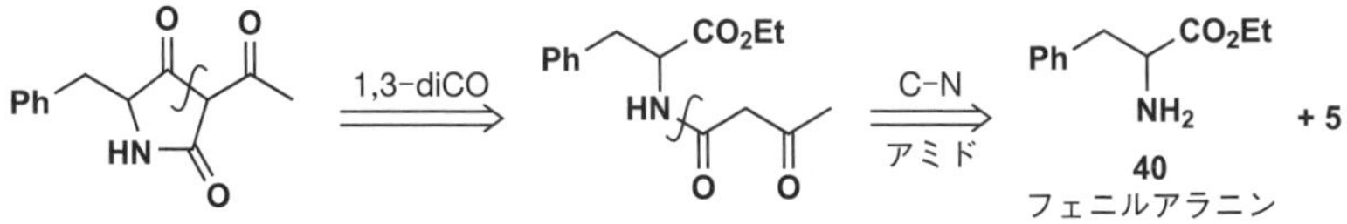

38　**39**　**40** フェニルアラニンエチルエステル

この合成は簡単である．エステル **40** とケテン二量体 **5** との反応は，塩基触媒により進行し，化合物 **39** が得られる．塩基を過剰に用いると 5 員環アミドへの環化が起こり，化合物 **38** が得られる．このものは，実際にはエノール **38a** として存在している．

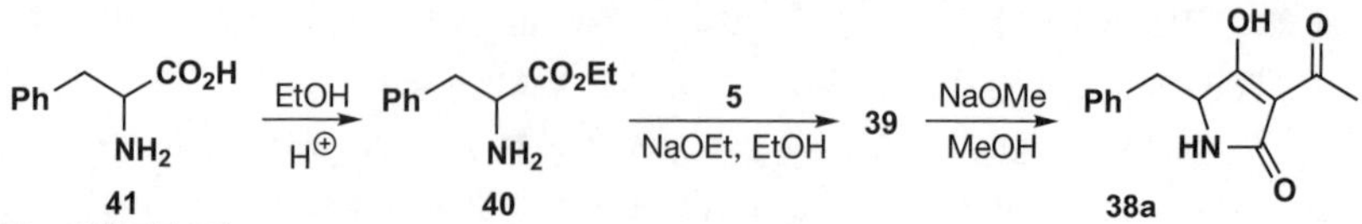

フェニルアラニン

文　献

1. I. Fleming, *Frontier Orbitals and Organic Chemical Reactions*, Wiley, London, 1976, p.143; J. Clayden, N. Greeves, S. Warren and P. Wothers, *Organic Chemistry*, Oxford University Press, Oxford, 2001, chapter 35.
2. R. W. Holder, *J. Chem. Ed.*, 1976, **53**, 81.
3. R. Montaigne and L. Ghosez, *Angew. Chem., Int. Ed.*, 1968, **7**, 221.
4. R. Huisgen and P. Otto, *Tetrahedron Lett.*, 1968, **9**, 4491.
5. E. J. Corey, Z. Arnold and J. Hutton, *Tetrahedron Lett.*, 1970, **11**, 307; M. J. Dimsdale, R. F. Newton, D. K. Rainey, C. F. Webb, T. V. Lee and S. M. Roberts, *J. Chem. Soc., Chem. Commun.*, 1977, 716.
6. P. W. Jeffs, G. Molina, M. W. Cass and N. A. Cortese, *J. Org. Chem.*, 1982, **47**, 3871.
7. J. Ceccon, A. E. Greene and J.-F. Poisson, *Org. Lett.*, 2006, **8**, 4739.
8. T. Schmidlin and C. Tamm, *Helv. Chim. Acta*, 1980, **63**, 121.

34　5 員環化合物

3 員環，4 員環，6 員環化合物と比べると，5 員環化合物は一般的なカルボニル化合物の反応を用いて合成されることが多い．5 員環形成は速度論的にも熱力学的にも分子間反応よりも有利であるため，カルボニル縮合反応において最も閉環しやすい（29 章）．本章では，環化を利用したいくつかの方法を紹介し，5 員環特有の合成法については次章で述べる．

34・1　1,4-ジカルボニル化合物からの 5 員環化合物の合成

シクロペンテノン **1** は，アルドール型結合切断によって 1,4-ジケトン **2** に導くことができる．1,4-ジケトンは 25 章で学んだどの方法でもつくることができるので，ここでは環化反応の位置選択性が問題となる．対称性をもつ化合物 **3**（R = Me）の場合には，化合物 **1**（R = Me）のみが環化により生成する．一方，化合物 **4**（R = Et）の場合には，どちらのケトンがエノラートを形成するかによって，化合物 **5** あるいは **6** へと環化が起こる可能性がある．しかし，この反応は速度支配ではなく熱力学支配である．アルケンの置換基が多い化合物 **6** のほうが熱力学的に安定であるため，**6** が優先して生成する．

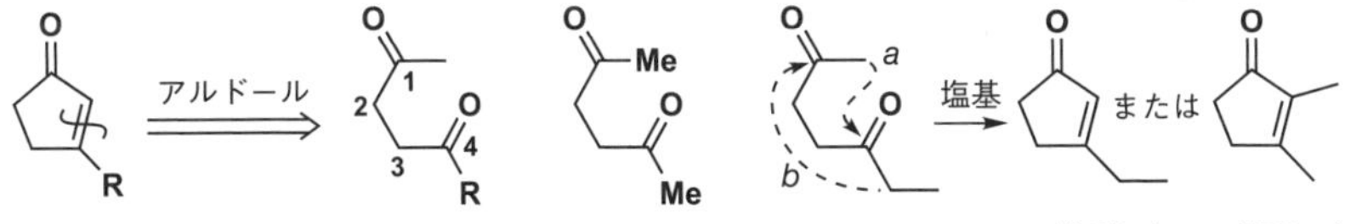

1　**2**　**3**　**4**　**5**（経路 *a*）　**6**（経路 *b*）

シクロペンテノン **7** の合成は簡単である．前駆体ケトアルデヒド **8** のアルデヒドがエノール化できないため，一通りの環化しか起こらないからである．**8** の 1,4-diCO 結合切断による逆合成では，イソブチルアルデヒドのエノラート **10** の等価体と，不自然な極性をもつシントン **9** に対応する反応剤としてたとえばブロモケトン **11** に導くのが最もよいだろう．

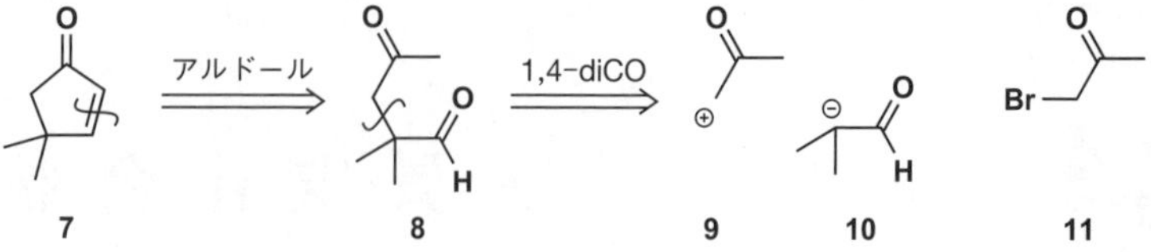

アルケンとの光化学的付加環化反応（32章）においてエノン**7**を必要とした研究者は，実際にはイソブチルアルデヒド**12**からのエナミン**13**と臭化プロパルギル**14**とのアルキル化反応を用いた[1]．得られた化合物**15**に対して水銀触媒によるアルキンの水和でケトアルデヒド**8**とした後，塩基で処理すると環化して目的物**7**が得られた．

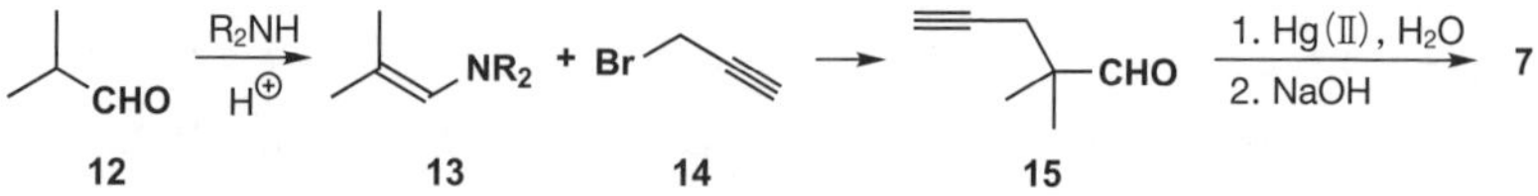

理論上の興味からさまざまな分子についての研究が行われてきたが，シクロペンタジエノン**16**はその一つである．しかし，この化合物はDiels–Alder反応により即座に二量化してしまうことがわかり，十分に研究できなかった．合成できる最も単純なシクロペンタジエノンは，テトラフェニル誘導体**17**である．**17**はアルドール型結合切断により**18**に逆合成されるが，**18**はさらに同じ結合切断を行うことで二つの対称な出発物**19**と**20**に導くことができる．

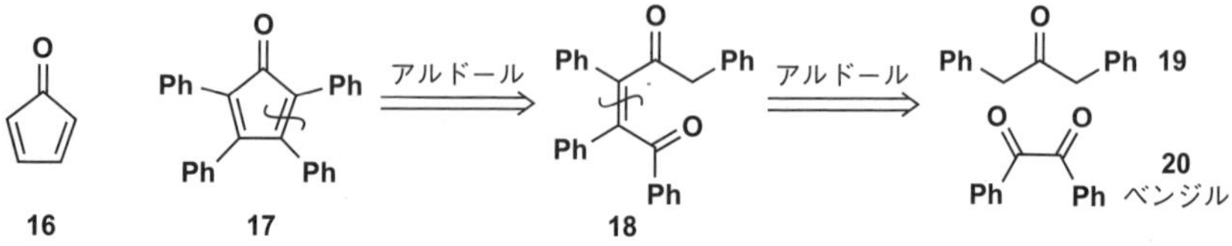

ベンジル（benzil）**20**は，ベンゾイン**21**[2]（23章）の酸化反応により合成できる．**20**とケトン**19**の縮合反応[3]は，塩基触媒により一挙に進行し，中間体**18**を単離することなく目的物**17**が得られる．**16**のような化合物は，環上に4π電子しかもたず反芳香族性であるため不安定である．化合物**17**では四つのフェニル基が安定化に寄与している．化合物**17**は深紫色結晶であることから被占軌道と空軌道のエネルギー差はとても小さいことがわかる．

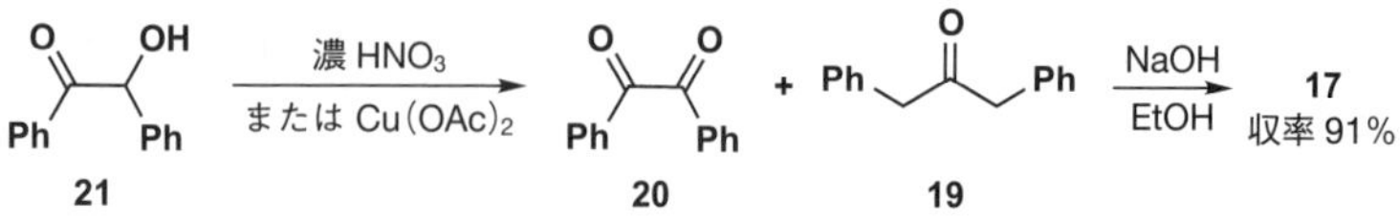

34・2　1,6-ジカルボニル化合物からのシクロペンチルケトンの合成

19 章で，アジピン酸エステル **22** から β-ケトエステル **23** を経由するシクロペンタノン **24** の合成について述べた．同じように，不飽和ケトン **25** は，アルドール反応をふまえた結合切断により，1,6-ジカルボニル化合物 **26** に導くことができる．ここでも環化の位置選択性の問題が生じる．

22　**23**　**24**　**25**　**26**

不飽和カルボニル化合物 **27** と **30** はいずれも 1,6-ジカルボニル化合物 **28** へと結合切断でき，さらに再結合することで天然物リモネン（limonene）**29** に導くことができる．ここで，以下の二つの選択性に関する問題が生じる．どのようにして，リモネンの二つの二重結合のうち，他方を損なうことなく一方のみを切断するか．どのようにして，環化の位置選択性を制御するか．

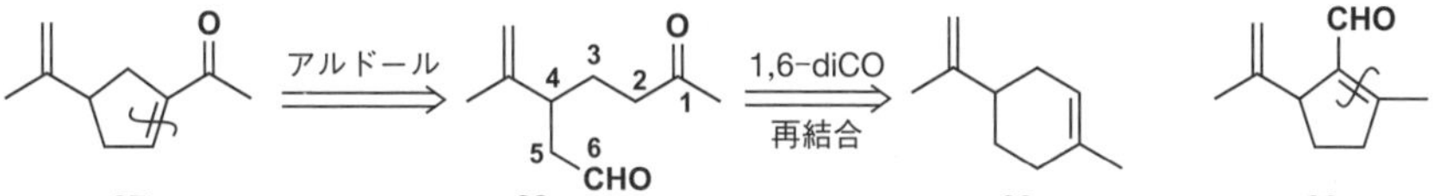

27　**28**　**29**　**30**

29 のエポキシ化は，置換基の多い環内の二重結合で選択的に起こる．エポキシド **31** の開環によりジオール **32** が得られ，さらに過ヨウ素酸塩を用いた酸化的開裂によってケトアルデヒド **28** が生成する．**28** は単離することなく，すぐに環化反応に用いられた[4]．

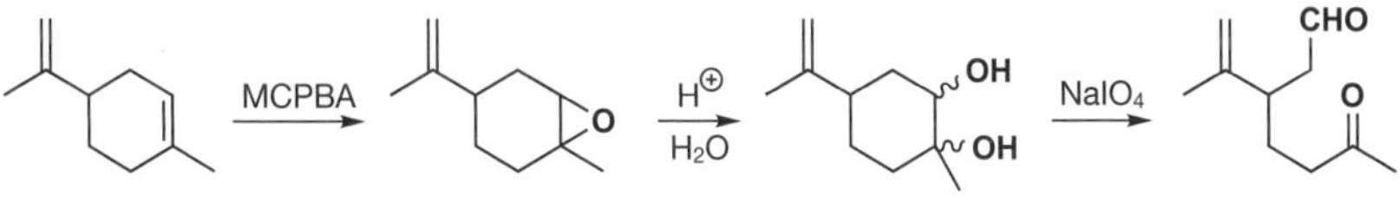

29　**31**　**32**　**28**

では，この環化反応の選択性について考えてみよう．KOH 水溶液のようなプロトン性溶媒中の強い塩基性条件では環化反応は可逆的であり，熱力学支配によって安定

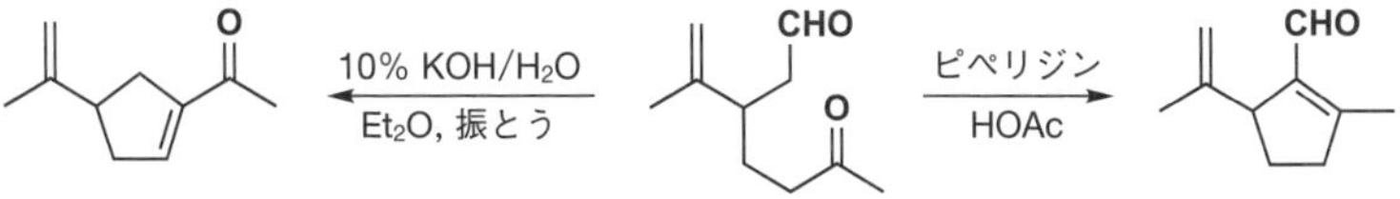

27　中程度の収率　**28**　**30**　収率 59%

なケトン **27** が生成する．一方で，弱塩基のアミンと弱酸の混合物を用いると，反応性の高いアルデヒドのみがエノール化し，速度支配によって化合物 **30** が生成する．

34・3 1,5-ジカルボニル化合物からのシクロペンタン化合物の合成

シリル化を利用するアシロイン縮合の変法により，非常によい収率で 5 員環化合物が得られる．単純なスピロ化合物 **35** の合成は，そのよい例である．Me_3SiCl を用いずにアシロイン縮合を行うと，**35** はわずか 18%の収率でしか得られないが，Me_3SiCl 共存下で反応を行うと，生成物 **33** の収率は 87%にまで向上する[5]．

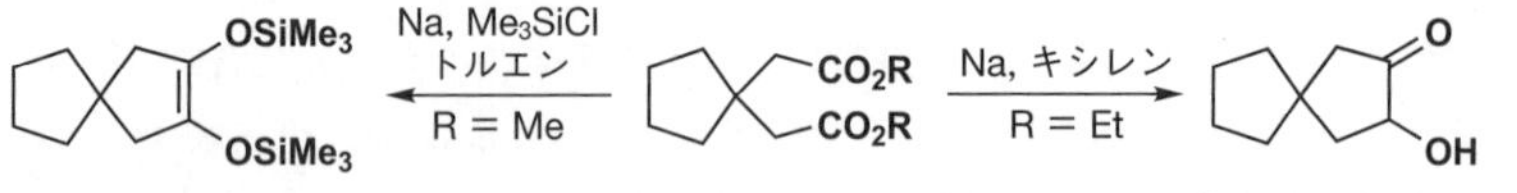

33 収率 87%　**34**　**35** 収率 18%

4 員環のスピロ化合物の場合にも，この反応はうまくいく．理論上の興味がもたれた化合物 **39** の合成では，Me_3SiCl 共存下でアシロイン縮合後，シリルエーテルを酸水溶液で加水分解すると，良好な収率で **38** が得られた[6]．

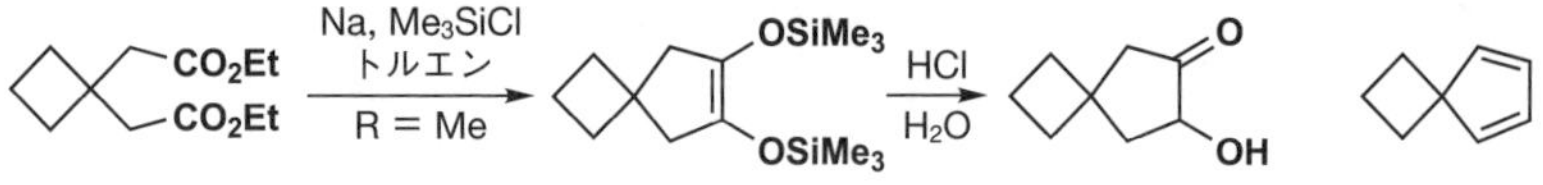

36　**37** 収率 84%　**38** 収率 95%　**39**

しかし，化合物 **40** のように炭素鎖の外側に二重結合が存在している場合には，アシロイン縮合が進行しない．おそらく sp^2 炭素の結合角が 120° であり反応する両端が接近できないためである．その解決策は，アミンの共役付加により生じる化合物 **41** を利用することである．**41** のアシロイン縮合はうまく進行して化合物 **42** が得られ，このものをシリカゲルカラムで処理後，溶出するだけで香気成分コリロン（corylone）**43** が得られる[7]．シリカゲルの酸性条件下，エノールシリルエーテルの加水分解に続いて Me_2NH の脱離が起こっている．

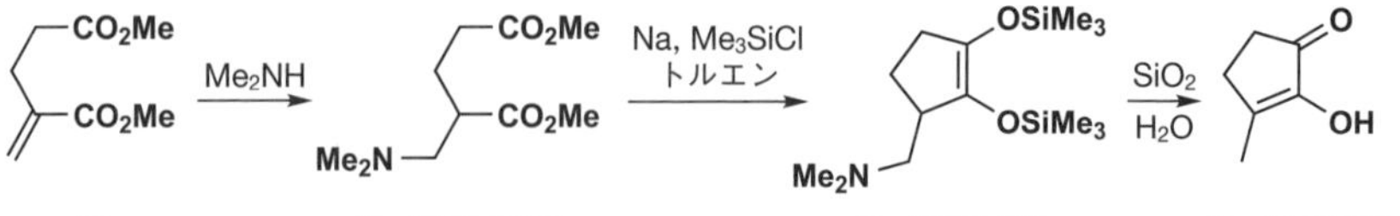

40　**41** 収率 100%　**42** 収率 78%　**43** 収率 70%

34・4 連続した共役付加によるシクロペンタン化合物の合成

21 章で，共役付加と続くアルドール反応によって 6 員環化合物が生成することを述

べた．ここでは，共役付加の後にもう1回共役付加を行うことで5員環化合物が生成することを紹介する．出発物 **45** は，臭化アリル **44** を用いたマロン酸エステルのアルキル化で簡単に合成できる．塩基を用いて **45** と不飽和ケトン **46** を反応させるとシクロペンタン環が生成し，高立体選択的（＞50：1）にトランス化合物 **47** が得られる[8]．

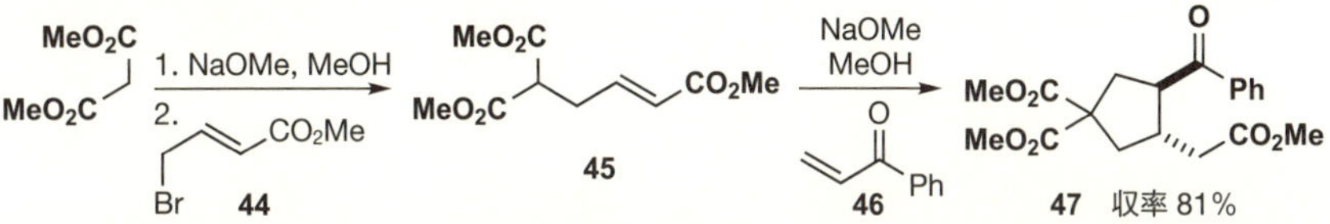

化合物 **45** と **46** から **47** への変換反応は，1回の操作で起こる．ここでは，**45** のアニオン **48** がエノン **46** に共役付加し，さらに生成したエノラート **49** が2回目の共役付加をすることで環化する．このような反応により，これまで見てきたものよりも置換基の多いシクロペンタン化合物が合成できる．

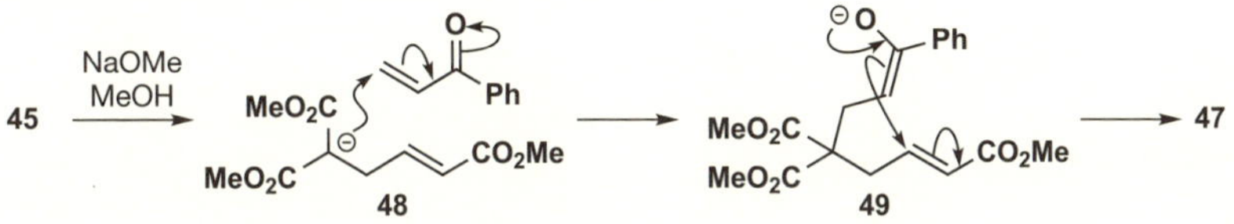

化合物 **47** には 1,5-diCO の関係が二つある．そのため，共役付加による5員環形成をふまえて逆合成を行うと，最初の結合切断箇所として切断 ***a*** または切断 ***b*** の二通りが考えられる．しかし，どちらを最初に切断するかは大して問題ではない．2回目の結合切断がその成否を決める．最初に切断 ***a*** を行うと，化合物 **51** を経て簡単に今回の出発物 **45** と **46** に導くことができる．一方，最初に切断 ***b*** を行った場合には，化合物 **50** での2回目の結合切断は手ごわいものとなる．なお，化合物 **44** の臭素原子と二重結合の間には CH_2 基が一つしかないため，この合成経路では5員環が生成する．二つの CH_2 基がある場合には6員環が生成するが，これについては36章で述べる．

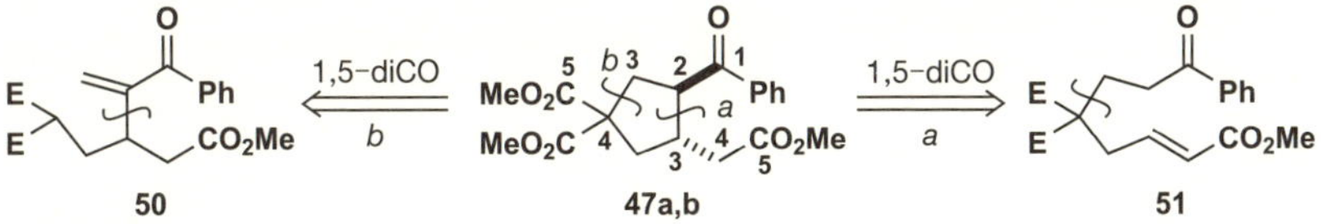

文　献

1. S. Wolff, W. L. Schreiber, A. B. Smith, Ⅲ and W. C. Agosta, *J. Am. Chem. Soc.*, 1972, **94**, 7797；P. D. Magnus and M. S. Nobbs, *Synth. Commun.*, 1980, **10**, 273.
2. B. S. Furniss, A. J. Hannaford, P. W. G. Smith and A. R. Tatchell, *Vogel's Textbook of Practical*

Organic Chemistry, Fifth Edition, Longman, Harlow, 1989, p.1045.
3. B. S. Furniss, A. J. Hannaford, P. W. G. Smith and A. R. Tatchell, *Vogel's Textbook of Practical Organic Chemistry*, Fifth Edition, Longman, Harlow, 1989, p.1101.
4. J. Meinwald and T. H. Jones, *J. Am. Chem. Soc.*, 1978, **100**, 1883; J. Wolinsky and W. Barker, *J. Am. Chem. Soc.*, 1960, **82**, 636; J. Wolinsky, M. R. Slabaugh and T. Gibson, *J. Org. Chem.*, 1964, **29**, 3740.
5. J. J. Bloomfield, D. C. Owsley and J. M. Nelke, *Org. React.*, 1976, **23**, 259.
6. R. D. Miller, M. Schneider and D. L. Dolce, *J. Am. Chem. Soc.*, 1973, **95**, 8468.
7. R. C. Cookson and S. A. Smith, *J. Chem. Soc., Perkin Trans. 1*, 1979, 2447.
8. R. A. Bunce, E. J. Wamsley, J. D. Pierce, A. J. Shellhammer, Jr. and R. E. Drumright, *J. Org. Chem.*, 1987, **52**, 464.

35 合成戦略 XVI: ペリ環状反応の利用 5員環形成のための特別な方法

本章に必要な基礎知識（“ウォーレン有機化学”の以下の章参照）
36章 ペリ環状反応 II: シグマトロピー転位と電子環状反応

これまでに紹介したペリ環状反応は，17章のDiels–Alder反応や33章の［2+2］付加環化のような付加環化反応のみであった．電子環状反応やシグマトロピー転位も合成によく用いられ，いずれも5員環形成の基本となっているので，本章でまとめて紹介する．

35・1 電子環状反応

電子環状反応（electrocyclic reaction）とは，共役π電子系の末端どうしで新しくσ結合を形成する反応，あるいはその逆反応である．この反応では一つのσ結合が生成するか切断される．ヘキサトリエン**1**は，逆旋的（disrotatory）に6員環化合物**2**へと環化するが，ペンタジエニルカチオン**3**が同旋的（conrotatory）に環化してシクロペンテニルカチオン**4**となる反応も興味深い．なお，**1**と**3**では反応に関与するπ電子の数が異なるため，生成物**2**と**4**の立体化学は異なっている[1]．

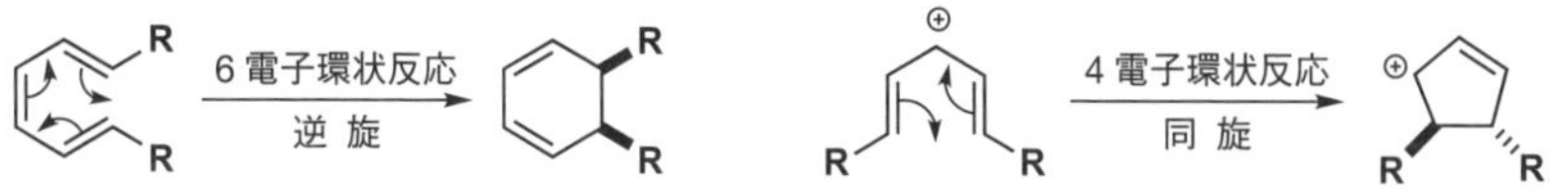

1　2　3　4

Nazarov 環化

Nazarov（ナザロフ）環化[2]は，**3**で示される反応のなかでおそらく最も重要なものである．ジエノン**5**のプロトン化によってカチオン**6**が生じ，環化してアリル型カチオン**7**となる．この環化はおそらく同旋的過程で進行するが，立体化学はシクロペンテノン**9**が生成する際に消失する．

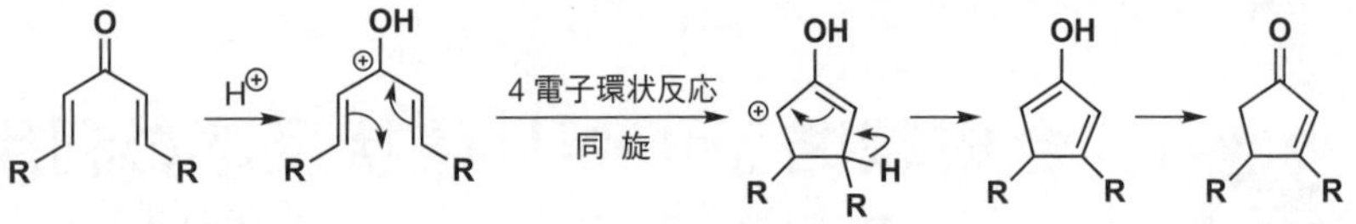

5 6 7 8 9

バラの香りの成分である天然物ダマセノン（damascenone）**10** は，酸により環化してカチオン **11** となる．このカチオンは一方の端からしかプロトンが脱離できないため，化合物 **12** が得られる[3]．Nazarov 環化を利用する逆合成では，**12a** に示したように 5 員環のカルボニル基の反対側の C−C 結合を切断すればよい．

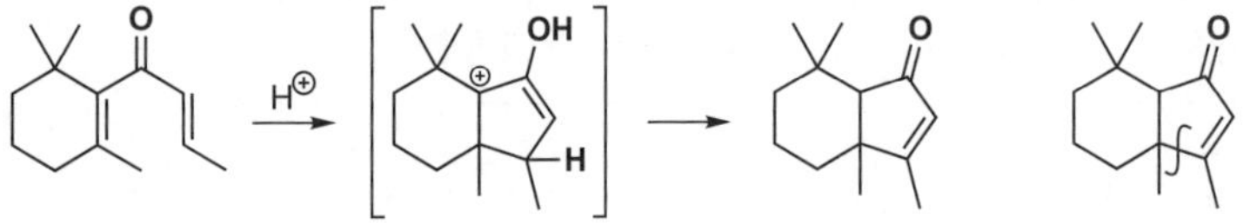

10 11 12 12a

5 員環内に組込まれる二重結合は，ベンゼン環のものであってもよい．化合物 **13** は Nazarov 環化をふまえた結合切断により，芳香族ケトン **14** に導くことができる．**14** は Friedel−Crafts 反応を利用した結合切断により，エーテル **15** とカルボン酸誘導体 **16** に逆合成できる．

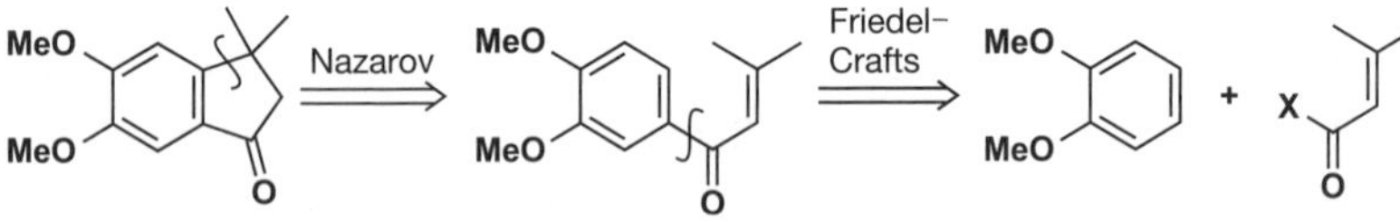

13 14 15 16

まず，酸塩化物 **16**（X ＝ Cl）と Lewis 酸を用いることを考えるだろう．実際にその反応はうまくいくだろうが，カルボン酸 **16**（X ＝ OH）と **15** をポリリン酸中で反応させると，Friedel−Crafts 反応と Nazarov 環化が 1 回の操作で進行する．収率は 70% 程度であるが，短工程の合成となる[4]．

N-トシルピロール **17** のような芳香族ヘテロ環化合物では，酸無水物を用いて反応させるとよい（酸を用いると，ピロールが分解してしまう）．位置選択性はアシル化の段階で決まり[5]，窒素原子の隣で反応した後，Nazarov 環化により **20** が得られる[6]．

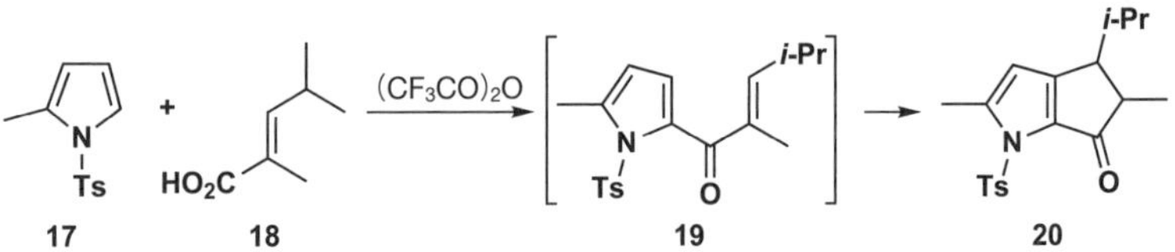

17 18 19 20

$AlCl_3$ のような Lewis 酸を用いたほうがよい場合もある．三環性化合物 **21** の逆合成では，中央の環を切断するのが最もよい．単純なジエノン **22** は Nazarov 環化に最適な出発物である．**22** には二つのエノン部があるが，それぞれ環に含まれているので，二つの環の間の結合を切断してシントン **23** と **24** に導くとよい．

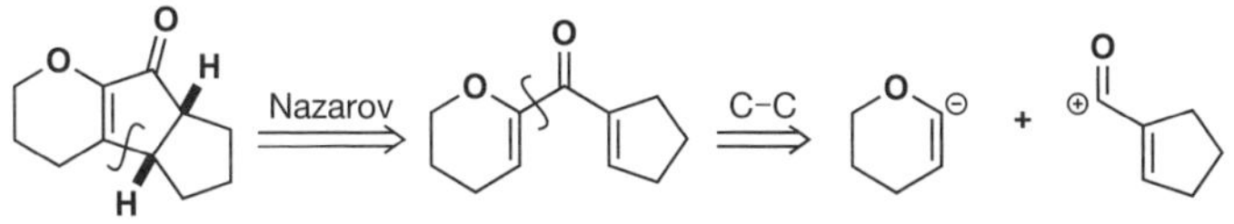

21 22 23 24

この結合切断を選んだのには理由がある．リチウム化合物 **26** はジヒドロピラン **25** から容易に調製できるし，エナール **27** はヘキサンジアールの環化反応の生成物であるからである．**28** を酸化し（アリル型アルコールの酸化には，MnO_2 が適している），$AlCl_3$ と反応させると良好な収率で目的物 **21** が得られる．**21** の構造をもう一度見てみよう．二重結合はエーテル酸素と共役するように残り，5 員環二つが縮合しているために立体化学は必然的にシスとなる[7]．

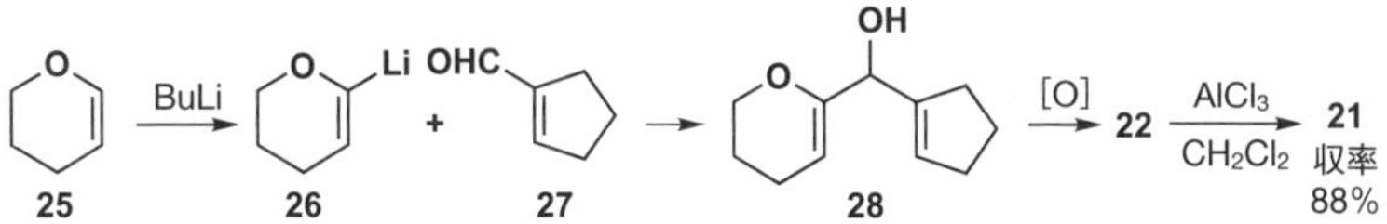

25 26 27 28

35・2 シグマトロピー転位

シグマトロピー転位（sigmatropic rearrangement）は **29** に示す単分子反応であり，分子内で σ 結合がある場所から別の場所へと移動する．この反応の前後では，σ 結合の数は変わらない．出発物 **29a** の元の σ 結合を形成する両端に番号 “1” をつけ，生成物 **30a** にできた新しい σ 結合の位置まで右回りと左回りで数えると，いずれも “3” になる．それゆえ，**29** に示す反応は [3,3] シグマトロピー転位とよばれている．二つの数字の合計は，環状遷移状態 **31** の員数となる[8]．

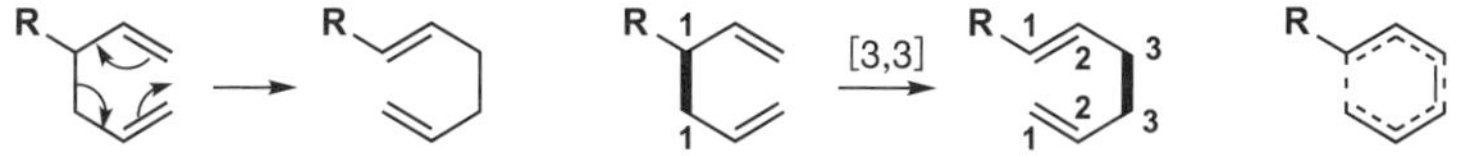

29 30 29a 30a 31

この反応は本来は環を形成しないが，ビニルシクロプロパン–シクロペンテン転位とよばれる 5 員環を形成するために重要なシグマトロピー転位がある．

ビニルシクロプロパン-シクロペンテン転位

ビニルシクロプロパン **32** は，加熱するとシクロペンテン **33** に異性化する[9]．これは，**32a** から **33a** への［1,3］シグマトロピー転位であり，かなりひずんだ 4 員環遷移状態 **34** を経て起こる．かなりの高温が必要であり，一般には 300 ℃ 以上で行われる．反応機構については，議論の余地がある．**32** に示すように協奏的遷移状態を経るとも考えられているし，**32b** に示すように 3 員環の C−C 結合が開裂してビラジカル **35** が生じ，これが再結合して **33** を生成するとも考えられている．

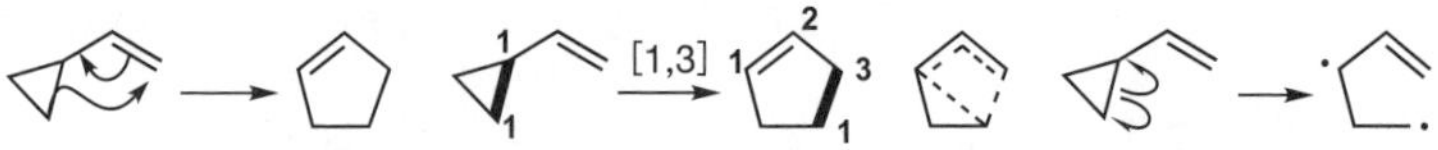

32 **33** **32a** **33a** **34** **32b** **35**

シクロプロパン **36** は高温で異性化し，［1,3］転位により化合物 **37** となる．さらに，共役ジエノール **38** を経由して二重結合がケトンと共役するように移動する．生成物 **39** は，天然物ジザエン（zizaene）の合成[10] に用いられた．

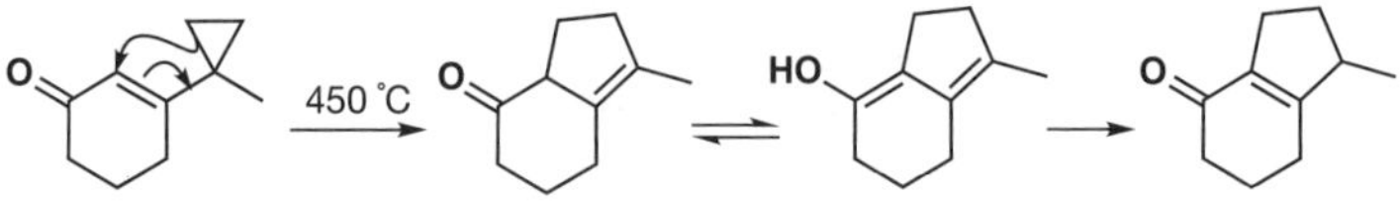

36 **37** **38** **39**

逆合成は難しくみえるが，仮想的な逆反応の機構を書き，単純に転位反応を逆にたどればよい．一般には二つの出発物が考えられる．たとえば，光化学研究に必要とされたシクロペンテン **40** は，**40a** あるいは **40b** のように結合切断できる．化合物 **41** からの逆合成経路はすぐには見つからないが，化合物 **42** はエノンなので，アルデヒド **43** とアセトンのエノラート **44** の等価体に導くことができる．

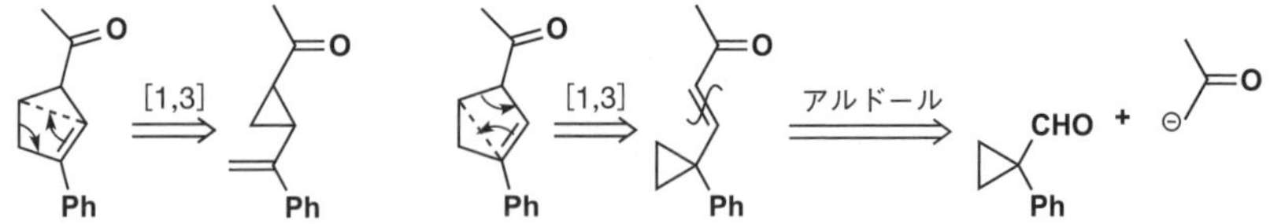

40a **41** **40b** **42** **43** **44**

アルデヒド **43** は，ニトリル **45** のアルキル化と還元（DIBAL を使うことが望ましいが，実際には $LiAlH_4$ が使用されている）によって合成され，さらに HWE 反応によりエステル **46** とした後，ケトン **42** に変換された[11]．最終段階の転位には 400 ℃ の高温が必要であった．

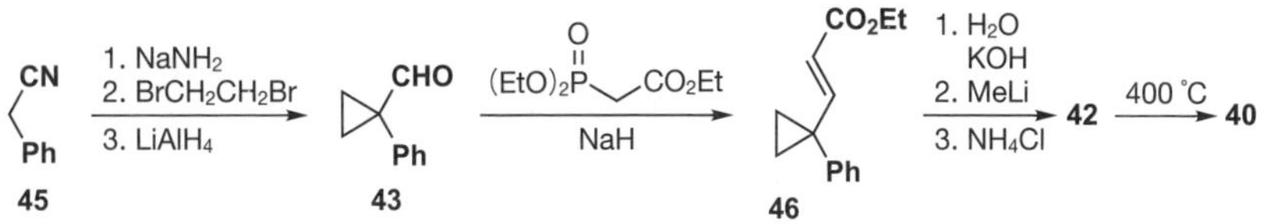

分子中にヘテロ原子を含む場合，［1,3］シグマトロピー転位は Brønsted 酸あるいは Lewis 酸によって触媒される．ヘテロ環 **49** は，ヒガンバナアルカロイドの合成で必要とされた化合物である．**49** はシクロプロピルイミン **48** から酸触媒により合成できる[12]．なお，イミン **48** の合成に必要なアルデヒド **47** は，化合物 **43** と同じように合成できる．

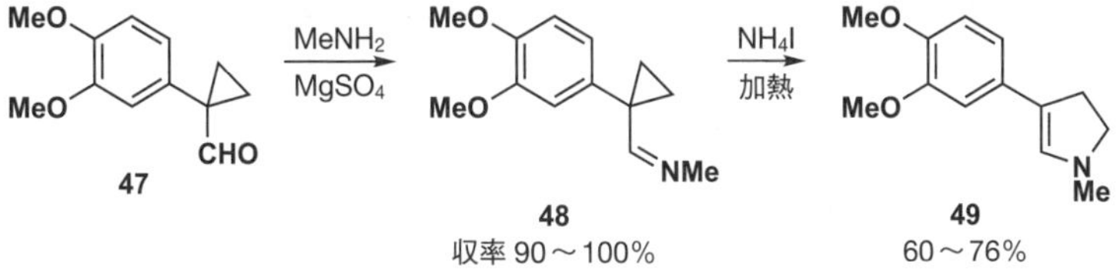

Et_2AlCl のような強い Lewis 酸を用いると，反応は低温で進行する．シクロプロパン **52** は入手可能なジヒドロフラン **50** からロジウム触媒を用いるカルベンの付加反応で合成できる．実際，この転位反応は非常に低温で起こり，三つの 5 員環が縮合したシクロペンテン **53** が得られる[13]．

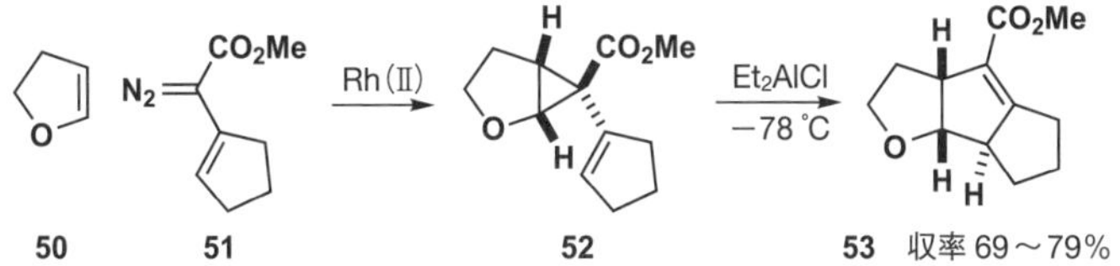

［3,3］シグマトロピー転位

この節の冒頭で，炭素原子だけが転位に関与する［3,3］シグマトロピー転位（**29**→**30**）を紹介した．この転位は Cope（コープ）転位とよばれている．ここでは，もっと有用な Claisen（クライゼン）転位[14]について述べる．脂肪族化合物の Claisen 転位（**54**→**55**）では，C=C π 結合が一つ消失し，その代わりにもっと安定なカルボニル基が生成する．そのため，生成物がアルデヒド（X = H），ケトン（X = R），カルボン酸（X = OH），エステル（X = OR），アミド（X = NR_2）であろうと，転位は問題なく進行する．ところで，本来の Claisen 転位は芳香環をもつ基質 **56** を用いるものである．まず，［3,3］シグマトロピー転位により芳香族性をもたない不安定な中間体 **57** が生成する．次にプロトンが素早く移動して芳香環が再生し，フェノール **58** が生成物となる．

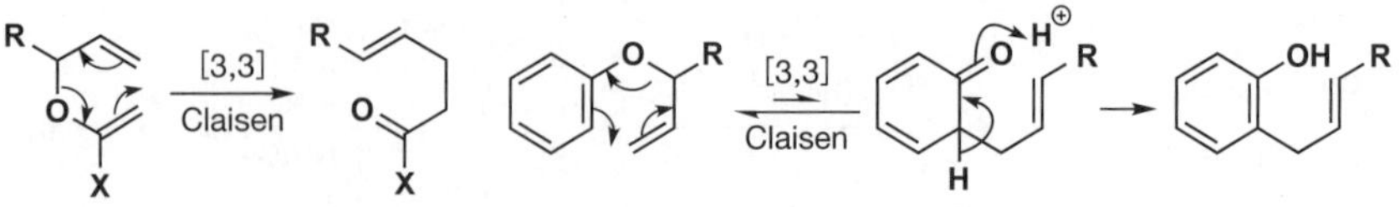

54　55　56　57　58

芳香族 Claisen 転位を利用する逆合成では，この転位反応を逆にたどる．この逆合成はこれまでに説明したものよりは少し簡単である．**59** と **60** に示すように，C−C 結合が一つ切断され新しい C−O 結合が一つ生成するだけである．なお，アリル部分の二重結合を移動することを忘れないようにしよう．出発物を **59a** のように書いて，破線で再結合の様子を示すと，この逆合成は容易に理解できる．あとは，通常のエーテル合成をふまえた結合切断である．

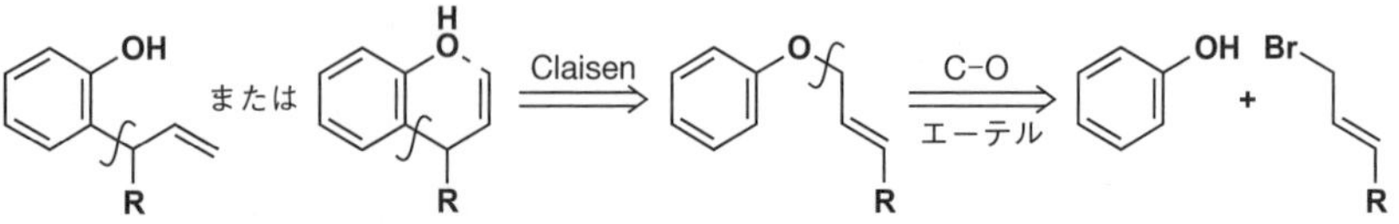

59　59a　60　61　62

アルキル化反応に用いられるアリル型ハロゲン化物の合成は簡単である．アルドール反応または Wittig 反応で化合物 **63** を合成し，エステル化，還元を経て **64** とした後に OH 基を Br 基に変換すればよい．アリル型ハロゲン化物によるフェノール（pK_a 10）のアルキル化は非常に簡単であり，炭酸塩程度の弱い塩基で十分である．**60** の Claisen 転位は加熱するだけで進行する[15]．

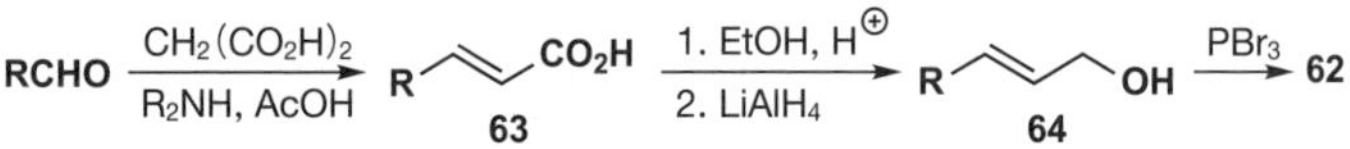

63　64

脂肪族 Claisen 転位は，最終段階での芳香環の再生が起こらないため単純である．しかし，アリルビニルエーテル **67** をつくるには，最初にイオン反応が必要となる．最も簡便な合成法は，酸触媒存在下，アリルアルコール **65** とビニルエーテル化合物からアセタール **66** を形成後，脱離反応を行うものである．実際には転位反応を含むすべての段階は同じ反応条件で起こり[16]，γ,δ−不飽和アルデヒド **68** が得られる．

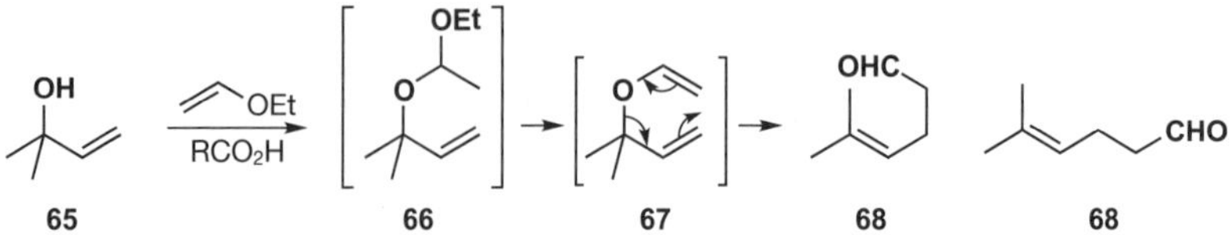

65　66　67　68　68

ある合成に Claisen 転位が有用であるかどうかは，二重結合とカルボニル基の位置関係を見れば簡単にわかる．**69** の合成は大変興味深い例である．単純にエノラートのアルキル化をふまえて逆合成すると，臭化アリル **70** とエノラート **71** に導くことができる．しかし，**70** はアリル系の望みとしない末端で反応するため，アリル系をひっくり返す方法が必要となる．これはまさしく，アリルアルコール **72** を用いる Claisen 転位が利用できる場面である．

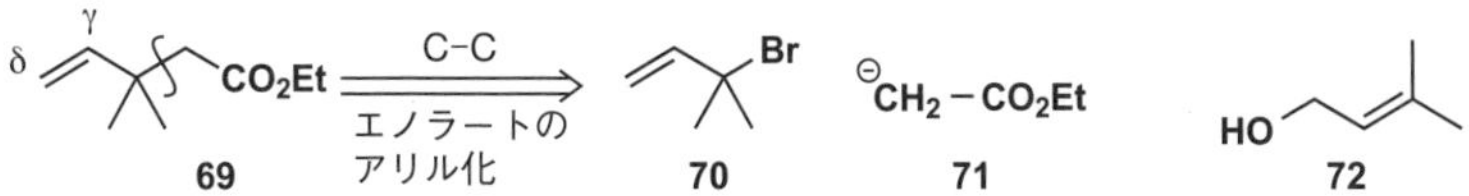

69 **70** **71** **72**

アリルアルコール **65** とビニルエーテル化合物からアルデヒド **68** が得られたように，アリルアルコール **72** からは酸化度の一つ高いオルトエステル $MeC(OEt)_3$ を用いると，ケテンアセタール **74** を経由してエステル **69** が得られる[17]．

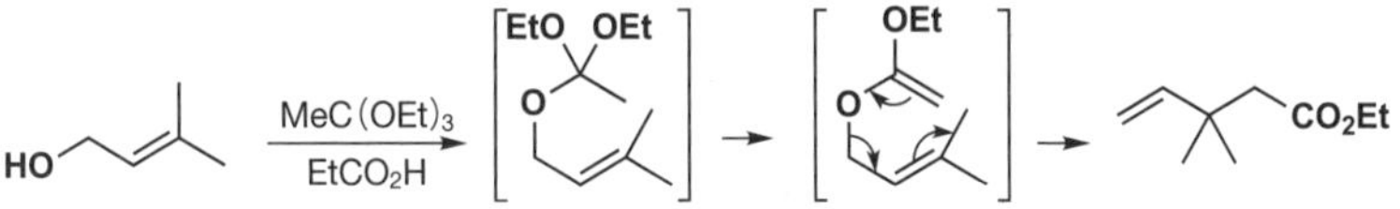

72 **73** **74** **69**

Claisen 転位の立体選択性

Claisen 転位で新たに生成するアルケンの立体化学が問題になる場合には，(*E*)-アルケンが優先して生成する．たとえば，アリルアルコール **75** からは，(*E*)-不飽和アルデヒド **77** だけが得られる．Claisen 転位の遷移状態は **78** のような 6 員環状であり，いす形配座 **79** をとる．エクアトリアル位を好む置換基 R を除いて，残りの置換基はすべて水素である．**79** の右側部分を見れば，すでにいす形配座の中に (*E*)-アルケンの骨格が組込まれていることがわかるだろう．

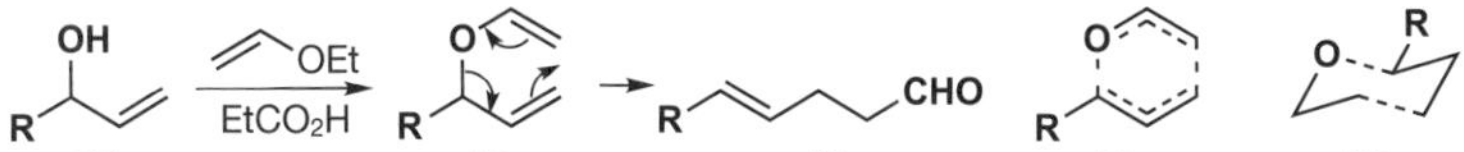

75 **76** **77** **78** **79**

アリルアルコール **82** から Claisen 転位を利用した (*E*)-**84** の合成[18] は，立体選択性を理解するためのよい例である（置換基 R は保護基である）．カルボニル基もフラン環も，この反応を妨害していないことに注目してほしい．新たに生成したアルケン

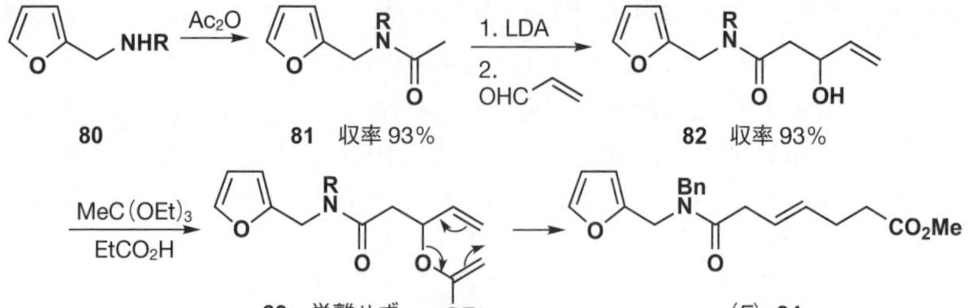

80　81 収率 93%　82 収率 93%　83 単離せず　(E)-84

とフラン環との分子内 Diels–Alder 反応を経てポルフィリンの前駆体であるポルホビリノーゲン（porphobilinogen）の合成が達成されている.

多分岐ポリマーなど新しい有機材料を開発するために，新たな分子が合成されている．四臭化物 **89** もその一例であり，Claisen 転位を利用して合成されている[19]．Wittig 反応により得られたアリルアルコール **85** から，オルト酢酸エチルを用いて Claisen 転位を行うと不飽和エステル **86** が生成する．**86** のヒドロホウ素化で得られるラクトン **87** を還元してジオール **88** とした後，1 工程ですべての酸素原子を臭素原子に置き換えると **89** が得られる．この化合物はテトラアミン化合物に変換され，デンドリマー（高度に枝分かれした樹状高分子）の合成に利用されている．

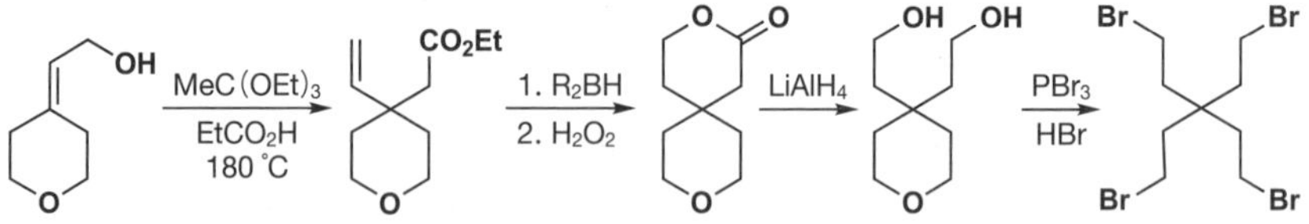

85　86 収率 84%　87 収率 76%　88 収率 82%　89

ビニルエーテル部をつくるのに DMA ジメチルアセタール **91** を用いると，Claisen 転位によって不飽和アミドを合成することができる．アリルアルコール **90** からの Claisen 転位は，**92** に示すように環の上の面で起こるので，アミド **93** は単一ジアステレオマーとして得られる．もう一つの二重結合がエステルと共役するように移動していることに注意しよう．生成物 **93** はテルペンの合成に用いられた[20]．なお，この反応で用いられたアリルアルコール **90** は，次章で述べる芳香族化合物の Birch（バーチ）還元に

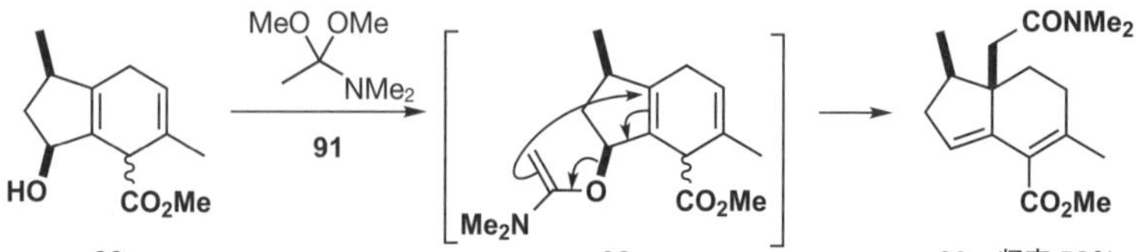

90　92　93 収率 50%

よって合成できる.

文　献

1. I. Fleming, *Frontier Orbitals and Organic Chemical Reactions*, Wiley, London, 1976, p.103.
2. K. L. Habermas, S. E. Denmark and T. K. Jones, *Org. React.*, 1994, **45**, 1; S. E. Denmark, *Comprehensive Organic Synthesis*, eds. B. M. Trost and I. Fleming, Pergamon, Oxford, 1991, vol.5, p.751.
3. G. Ohloff, K. H. Schulte-Elte and E. Demole, *Helv. Chim. Acta*, 1971, **54**, 2913.
4. T. R. Kasturi and S. Parvathi, *J. Chem. Soc., Perkin Trans. 1*, 1980, 448.
5. J. Clayden, N. Greeves, S. Warren and P. Wothers, *Organic Chemistry*, Oxford University Press, Oxford, 2001, chapter 43.
6. C. Song, D. W. Knight and M. A. Whatton, *Org. Lett.*, 2006, **8**, 163.
7. G. Liang, S. N. Gradl and D. Trauner, *Org. Lett.*, 2003, **5**, 4931.
8. J. Clayden, N. Greeves, S. Warren and P. Wothers, *Organic Chemistry*, Oxford University Press, Oxford, 2001, chapter 36; I. Fleming, *Frontier Orbitals and Organic Chemical Reactions*, Wiley, London, 1976, p.98; R. K. Hill, *Comprehensive Organic Synthesis*, eds. B. M. Trost and I. Fleming, Pergamon, Oxford, 1991, vol.5, p.785.
9. T. Hudlicky, T. M. Kutchan and S. M. Naqvi, *Org. React.*, 1985, **33**, 247.
10. E. Piers and J. Banville, *J. Chem. Soc., Chem. Commun.*, 1979, 1138.
11. H.-U. Gonzenbach, I.-M. Tegmo-Larsson, J.-P. Grossclaude and K. Schaffner, *Helv. Chim. Acta*, 1977, **60**, 1091; H. Künzel, H. Wolf and K. Schaffner, *Helv. Chim. Acta*, 1971, **54**, 868; D. I. Schuster and J. D. Roberts, *J. Org. Chem.*, 1962, **27**, 51.
12. C. P. Forbes, G. L. Wenteler and A. Wiechers, *Tetrahedron*, 1978, **34**, 487; R. V. Stevens and M. P. Wentland, *J. Am. Chem. Soc.*, 1968, **90**, 5580; R. V. Stevens, P. M. Lesco and R. Lapalme, *J. Org. Chem.*, 1975, **40**, 3495.
13. H. M. L. Davies, N. Kong and M. R. Churchill, *J. Org. Chem.*, 1998, **63**, 6586.
14. A. Martín Castro, *Chem. Rev.*, 2004, **104**, 2939; P. Wipf, *Comprehensive Organic Synthesis*, eds. B. M. Trost and I. Fleming, Pergamon, Oxford, 1991, vol.5, p.827.
15. D. S. Tarbell, *Org. React.*, 1944, **2**, 1.
16. R. Marbet and G. Saucy, *Helv. Chim. Acta*, 1967, **50**, 2095; A. W. Burgstahler and I. C. Nordin, *J. Am. Chem. Soc.*, 1961, **83**, 198.
17. Y. Nakada, R. Endo, S. Muramatsu, J. Ide and Y. Yura, *Bull. Chem. Soc. Jpn.*, 1979, **52**, 1511.
18. P. A. Jacobi and Y. Li, *J. Am. Chem. Soc.*, 2001, **123**, 9307.
19. K. S. Feldman and K. M. Masters, *J. Org. Chem.*, 1999, **64**, 8945.
20. T.-P. Loh and Q.-Y. Hu, *Org. Lett.*, 2001, **3**, 279.

36　6 員環化合物

炭素 6 員環をつくるための一般的な方法は三つあり，それぞれ特徴的な置換様式をもつ 6 員環化合物を合成できる．一つ目の方法は，カルボニル化合物の縮合反応であり，なかでも Robinson 環化[1]（21 章）は最も有用である．Robinson 環化に基づく逆合成では，**1** に示すアルドール型結合切断を行った後，**2** に示すように共役付加（Michael（マイケル）付加）をふまえて結合切断を行う．ここでの標的分子は共役したシクロヘキセノンである．

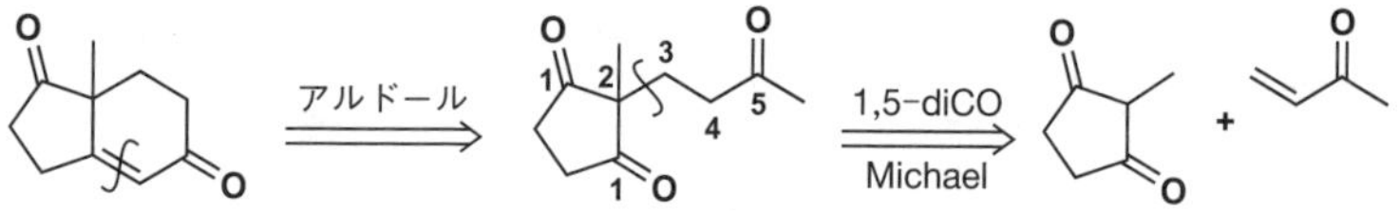

1　　**2**　　**3**　　**4**

二つ目の方法は，Diels–Alder 反応（17 章）である．標的分子 **5** もカルボニル基と二重結合をもつが，二重結合だけが環内にある．カルボニル基は環外にあり，二重結合から離れている．逆合成を行う最も簡単な方法は，**5a** に示すように仮想的な逆反応の機構を書くことである．二重結合から矢印を書き始め，**5a** または **5b** のどちらでも好きな方向に回してみよう．

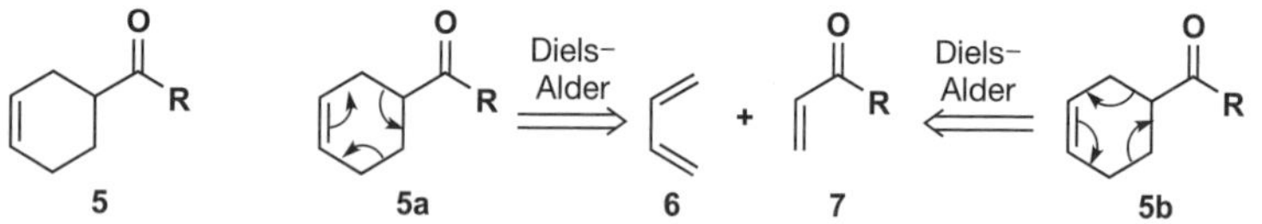

5　　**5a**　　**6**　　**7**　　**5b**

三つ目の方法は，芳香環の完全あるいは部分還元である．試薬会社のカタログには膨大な数の置換ベンゼン誘導体が記載されている．**9** のベンゼン環をすっかり還元すると飽和化合物 **8** が合成できることは明らかだが，部分還元（Birch（バーチ）還元）によって **9** からエノン **11** が合成できることは，それほどわかりやすくはない．Birch 還元について述べるのはこれが初めてである．本章では，Robinson 環化と Diels–Alder 反応について復習した後，Birch 還元について詳しく述べる．

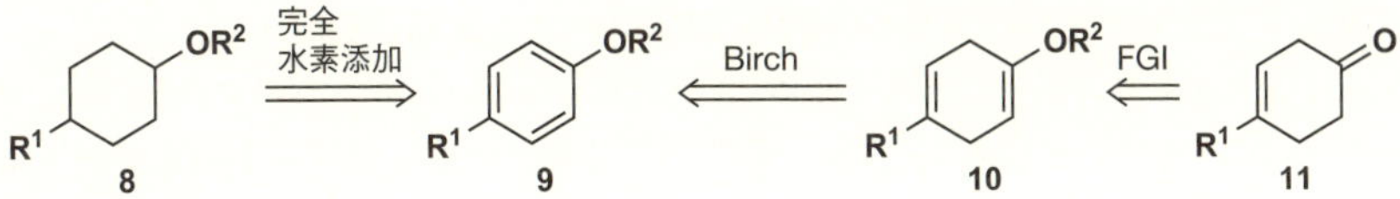

36・1　カルボニル縮合: Robinson 環化

近年, Robinson 環化は著しく進歩している. さまざまな有機触媒が開発され, 一方のエナンチオマーのみを合成できるものもある ("Strategy and Control" 参照). たとえば, シスペンタシン (cispentacin) **12** を用いて **2** を環化すると, 高いエナンチオ選択性でアルドール中間体 **13** が得られる[2].

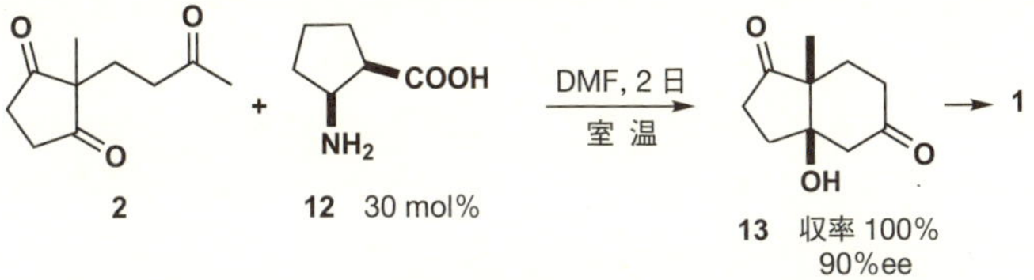

出発物が環状化合物である必要はない. 触媒量のアミンを用いて鎖状のエノン **14** と β-ケトエステル **15** を縮合させると, 化合物 **16** が高収率かつ高い立体選択性 (>97 : 3) で得られる[3]. 化合物 **13** および **16** はいずれも容易に脱水し, それぞれ化合物 **1** または **17** を生成する.

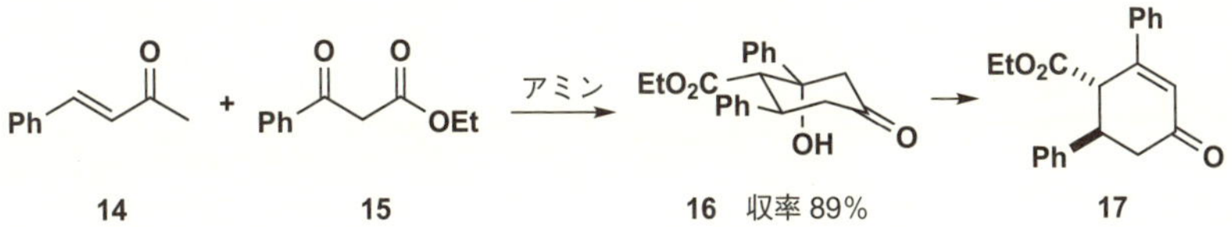

他のイオン反応による環化

Robinson 環化だけが炭素 6 員環を形成するイオン反応ではない. 6 員環形成は容易なので, Nazarov 環化の中間体 (35 章) を捕捉して 6 員環をつくるのは理にかなっている. **18** を Friedel-Crafts 反応をふまえて結合切断すると, ちょっとありそうもないカチオン **19** に導かれるが, **19** がジエノン **20** の Nazarov 環化によって合成できることはすでに述べた.

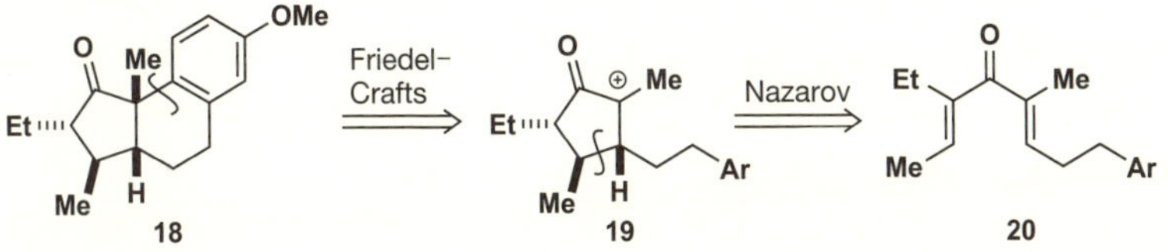

$TiCl_4$ を用いると反応はうまくいく[4]．**21** に示すような環化が同旋的に進行して二つの H がトランスの関係にある中間体 **22** が生成する．つづいて，**22** の 5 員環の下側に結合しているベンゼン環の活性なパラ位で環化反応が起こり，チタンエノラート **23** が生成する．**23** に対するプロトン化は折れ曲がった分子の外側で起こるためエチル基が紙面の向こう側を向き，隣のメチル基とアンチの関係にある **18** が得られる．

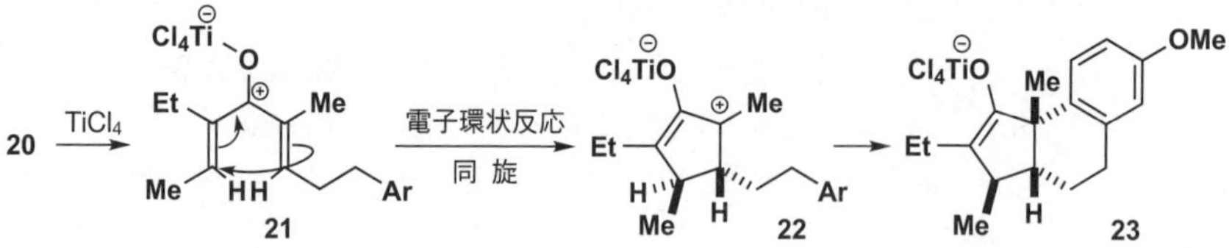

酢酸ゲラニル **24** からジヒドロキシ化とエポキシ化によって得られるアルケン **26** を用いて同じような環化反応を行うと，置換シクロヘキセン **28** を合成できる．Lewis 酸として $ZrCl_4$ を用いると，**27** に示すようにエポキシドの開環と二重結合の π 電子による分子内攻撃が起こり，二つの置換基がエクアトリアル位にあるシン体 **28** が得られる．**27a** に示すいす形配座となるようにアルケンとエポキシドが配列することにより，ジアステレオ選択性が決まる[5]．アルケンの置換基の少ないほうの末端炭素がエポキシドの置換基の多いほうの末端を攻撃する位置選択性にも注意してほしい．この節では，炭素 6 員環をつくるために用いられる非常に多くのイオン反応のなかから二つの例を取上げた．

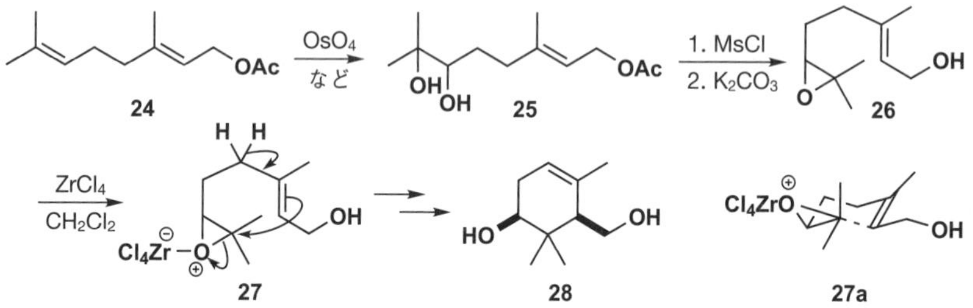

36・2 Diels–Alder 反応

17 章で，Diels–Alder 反応はさまざまな選択性において並外れた制御が可能であり，そのため合成に用いられる反応のなかで最も重要な反応の一つであることを学んだ[6]．**29** は Nicolaou によるコロンビアシン A（columbiasin A）の合成で必要とされた化合物である．**29** はどちらの環にも二重結合をもたず，また適切な位置にカルボニル基もないので，Diels–Alder 反応はあまり有効ではないようにみえる．しかし，

Nicolaou は 29 から A 環のケトンをエノールエーテルに変換して 30 とした後，B 環のベンゼン環をキノンとすることで Diels–Alder 生成物 31 に逆合成できると考えた．

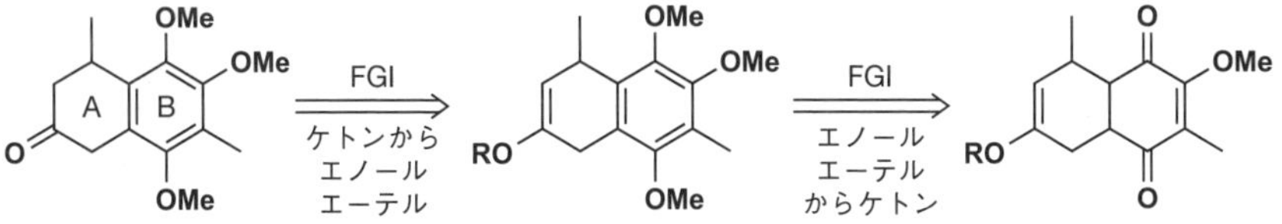

29　30　31

31a に示すように Diels–Alder 反応の機構を逆に書いて結合切断すると，エノールエーテル **32** とキノン **33** に導くことができる．エノールエーテル **32** は単純なエノン **34** の誘導体であり，速度支配のエノラートを適切なケイ素化剤で捕捉することで合成できる．

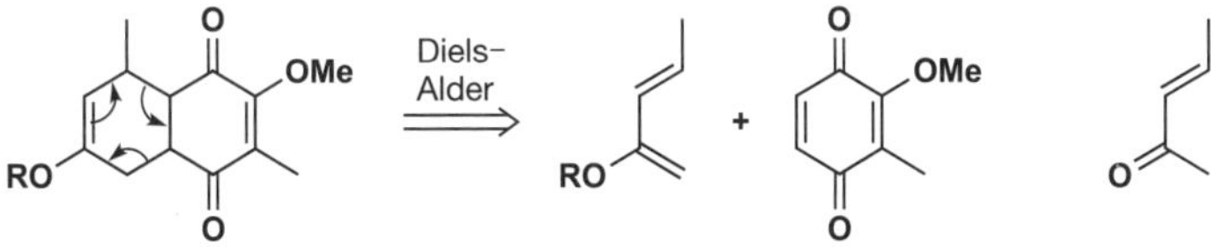

31a　32　33　34

Nicolaou は，エノールエーテル **32** の置換基 R として *t*-BuMe$_2$Si 基を選んだ[7]．**32a** とキノン **33** との Diels–Alder 反応は完璧な位置および立体選択性で進行し，高収率で付加体 **31b** が得られた．立体化学は次の段階で消失するので重要ではないが，位置の制御は重要であり興味深い．キノンの OMe 基が下側のカルボニル基と共役しているので，もう一方のカルボニル基と *t*-BuMe$_2$SiO 基が互いにパラの関係にある **31b** が生成する．同じ理由により，キノンの右側の二重結合は求電子性が低い．これらの小さな要因がこのような大きな影響をもたらすことに注目してほしい．

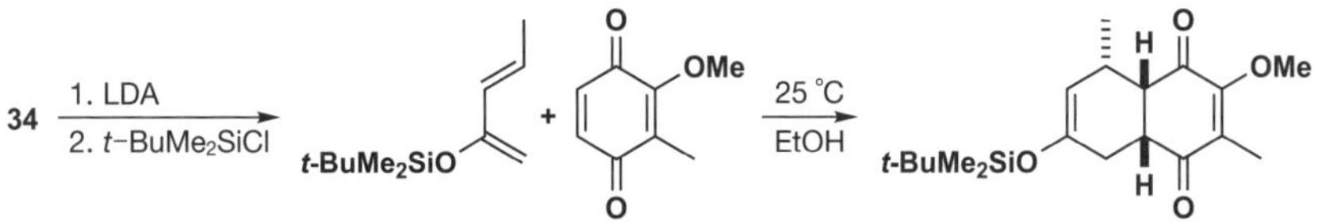

32a　33　31b 収率 83%

29 への芳香族化は，単にエノラート形成とメチル化を行えばよく，**30** が得られた．最後にエノールシリルエーテルを CF_3COOH で加水分解してケトン **29** が合成できた．

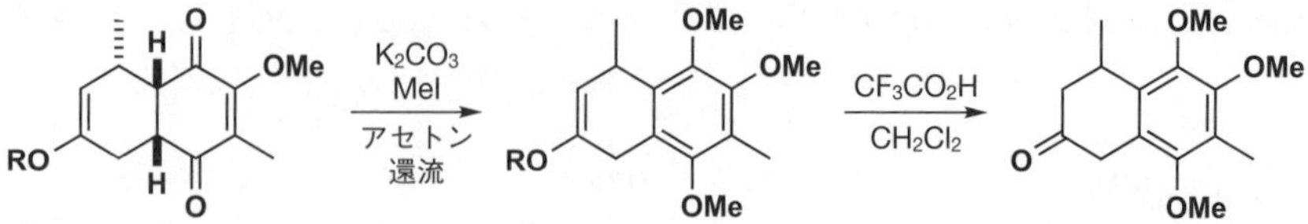

31b **30** 収率 83% **29** 収率 91%

グアナカステペン骨格の合成

グアナカステペン（guanacastepene）は，コスタリカ産の植物内生菌類から単離された抗生物質である．その基本骨格は **35** に示すとおりであり，5 員環，6 員環および 7 員環の炭素環構造を含む．C 環がシクロヘキセン環であるため，Diels–Alder 反応を利用できる可能性がある．実際，Shipe と Sorensen[8] の合成では鍵中間体として化合物 **36** が選ばれたが，このもの自身を Diels–Alder 反応をふまえて逆合成するのはそう簡単ではない．**36** を再結合によりラクトン **37** に導くと，逆合成が容易にならないだろうか．

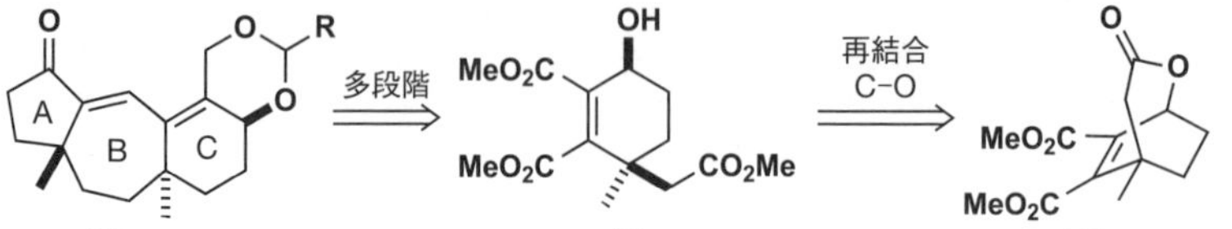

35 **36** **37**

そのとおりである．ラクトン **37** は，ケトン **38** から Baeyer–Villiger 酸化により置換基の多いほうの炭素が立体配置保持で転位することを利用して合成できるので，逆合成を進めることができる．しかし，**38** は環外に Diels–Alder 反応に必要なカルボニル基（二つの CO_2Me 基）をもつが，環内のカルボニル基は足かせとなる．この問題は，ケトンをエノールエーテルに変換すると解決できる．実際，エノールエーテル **39** は Diels–Alder 反応をふまえて逆合成すると，二つの簡単な出発物 **40** と **41** に導くことができる．

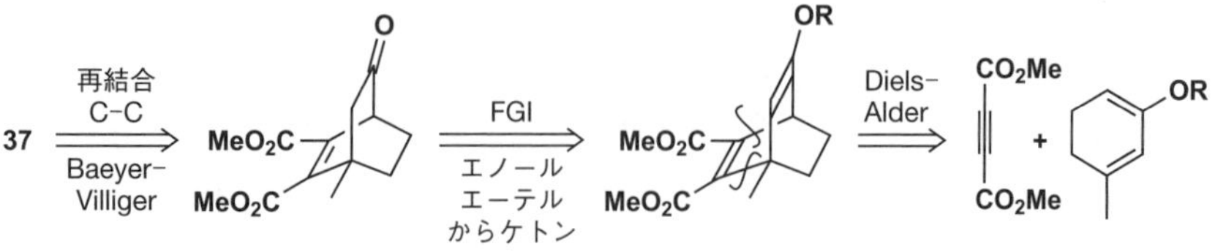

38 **39** **40** **41**

ジエン **41** は，分子内アルドール反応によって容易に合成できるシクロヘキセノン **42** から速度支配のエノラートを生成させた後，Me_3SiCl で処理することによって得られた．**40** と **41** との Diels–Alder 反応によって生成する中間体 **39**（R = $SiMe_3$）を加水分解するとケトン **38** が得られ，Baeyer–Villiger 酸化によってラクトン **37** に変換された．各工程の収率は非常に高く，特に転位反応では位置選択性が完全に制御されていることに注目してほしい．ラクトン **37** を酸性メタノール中で開環すると，C 環が完成した鍵中間体 **36** が得られた．ここでは，**42** にあった 6 員環は消失し，Diels–Alder 反応によって生成した新たな 6 員環と置き換わっている．

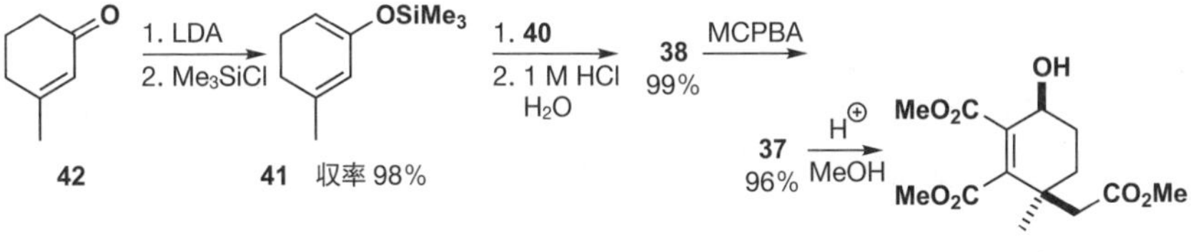

42 **41** 収率 98% **36** 収率 100%

36・3 芳香族化合物の還元

ベンゼン環を完全に水素添加するには高圧と活性な触媒が必要であり，実験室よりは工業生産規模で行うほうが容易である．**43** や **45** のような脂肪族化合物ではわかりにくいが，芳香族化合物等価体 **44** や **46** とすることで都合よく置換基どうしを関係づけられる場合には，この方法を用いるとよい．この方法は通常，標的分子の二つの置換基がパラの関係となっている場合に特に有効である．

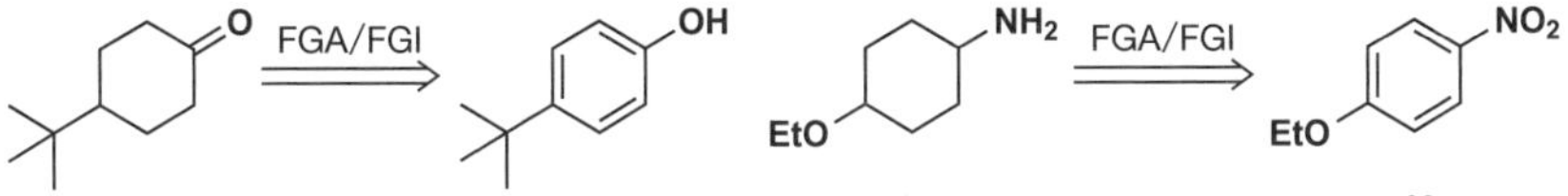

43 **44** **45** **46**

フェノール **44** が Friedel–Crafts 反応により，またアミン **45** が化合物 **46** のニトロ基とベンゼン環の還元により合成できるのは一目瞭然である．OH 基や OEt 基はオルト–パラ配向性であるので，合成は簡単である[9]．

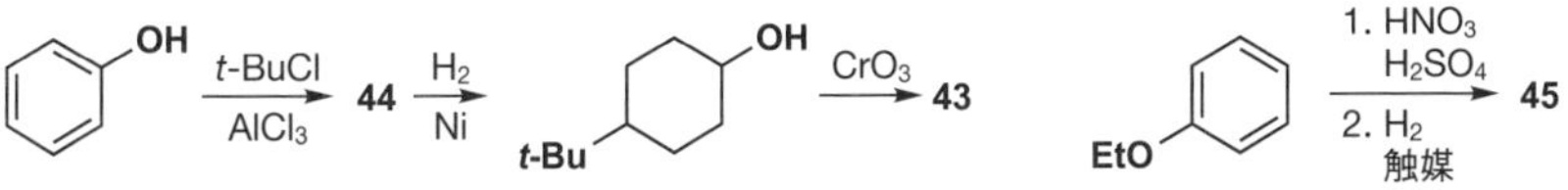

47 **48** **49**

二つの 6 員環をもつ抗けいれん薬ジシクロミン（dicyclomine）**50** は，興味深い例である．エステルの C–O 結合を切断して化合物 **51** とすると，一方の環はベンゼン環にできることがわかる．さらにカルボン酸をニトリル **52** へと変換すると，もう一方の 6 員環はアルキル化によって合成できることがわかる．B 環は第四級炭素中心をもつので，ベンゼン環の還元ではつくることができない．

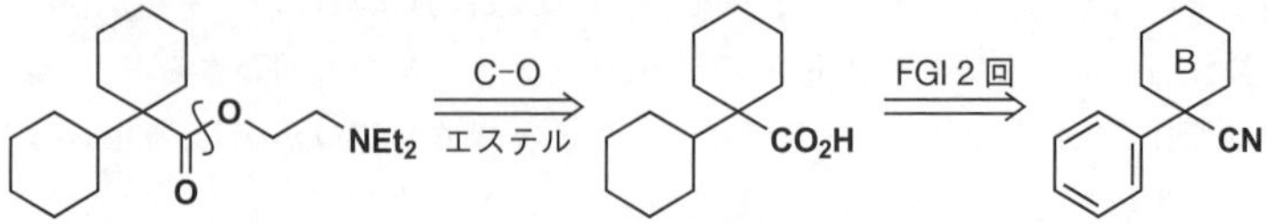

50　ジシクロミン　　　51　　　52

実際の合成は簡単である．ニトリル **53** をアルキル化し，酸性エタノールで直接処理すると，エステル **54** が得られる．さらに，エステル交換反応により望みのエステル **55** に変換できる．ベンゼン環の還元は最終段階で行う[10]．

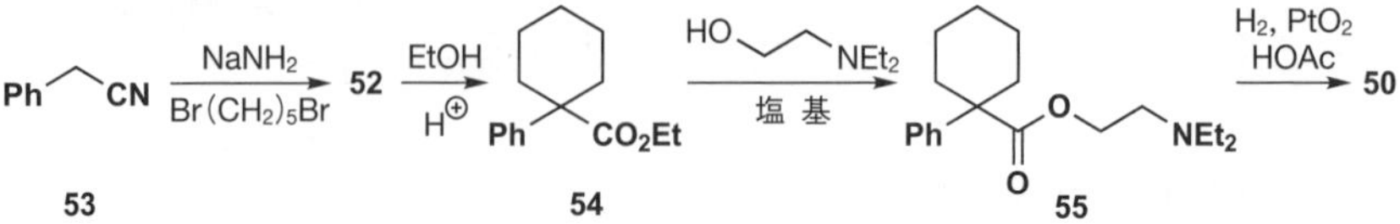

53　　54　　55

ベンゼン環の部分還元（Birch 還元）

アルカリ金属を液体アンモニアに溶解したときに（反応して）生じる溶媒和電子による芳香環の部分還元は Birch 還元[11] とよばれている．典型的な還元条件として，液体アンモニア中ナトリウムまたはメチルアミン中リチウムが用いられている．これらの電子がベンゼン環に付加するとラジカルアニオン **57** が生成する．中間体 **57** のアニオンとラジカルは，できるだけ互いに離れるように位置している．**57** は直ちに溶媒中の弱酸（通常，第三級アルコール）によりプロトン化され，さらに 2 回目の一電子還元とプロトン化が起こり非共役ジエン **58** が生成する．Birch 還元では溶媒和電子がアンモニアと反応して水素と $NaNH_2$ を生じる前に，その青色溶液を使用することが重要である．

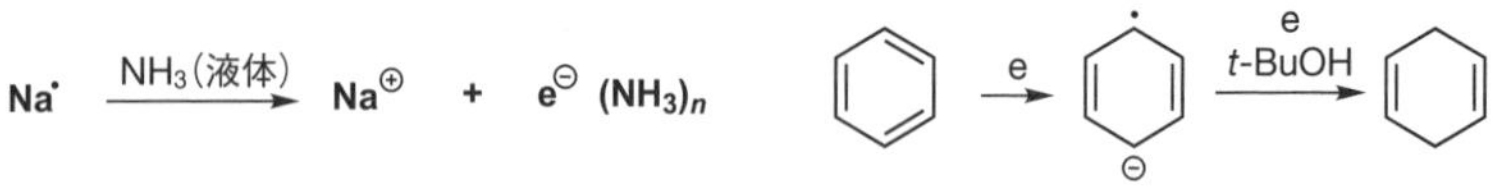

56　　57　　58

電子供与基（典型的には R 基や RO 基）が置換しているベンゼン環を Birch 条件で還元すると，アニオンとラジカルが電子供与基のオルト位とメタ位を占めたラジカルアニオンが生成する．たとえば，アニソール **59** からは **60** を経由してエノールエーテル **61** が得られる．穏和な条件で **61** を加水分解すると非共役エノン **62** が得られるが，過酷な条件を用いると二重結合が異性化して共役エノンが生成する．

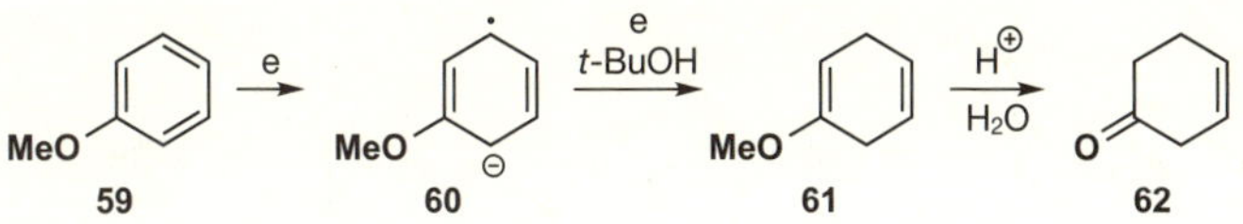

一方，**63** のように電子求引基としてカルボニル基が置換している場合には，アニオンとラジカルがカルボニル基のイプソ位とパラ位を占めたラジカルアニオン **64** が生成し，非共役ジエン **65** が得られる．カルボン酸 **63**（R = H）を用いた場合には，中間体 **64** からカルボン酸のプロトンが引抜かれて，エノラートジアニオン **66** が生成する．次章で述べるが，**66** をハロゲン化アルキルなどの求電子剤と反応させることもできる[12]．

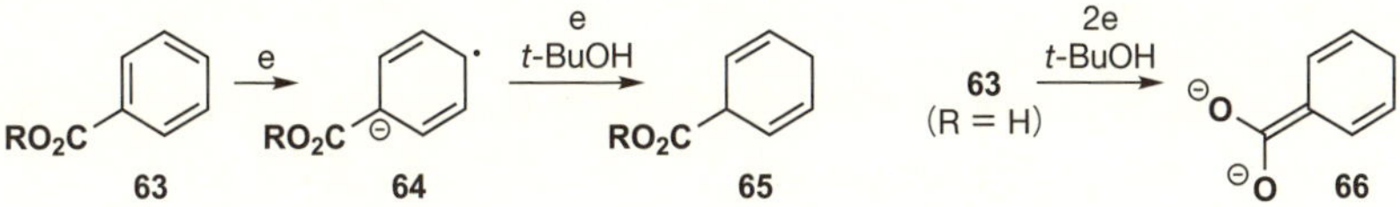

エポキシド **67** がジエン **68** から合成できるのは一目瞭然である．また，**68** は Birch 還元をふまえてインダン **69** に逆合成できる．**69** を還元すると，アニオンとラジカルが二つの等価なアルキル基のオルト位とメタ位を占めたラジカルアニオンを経由して **68** が生成するだろう．異性体 **70** を生成するラジカルアニオンはずっと不安定である．

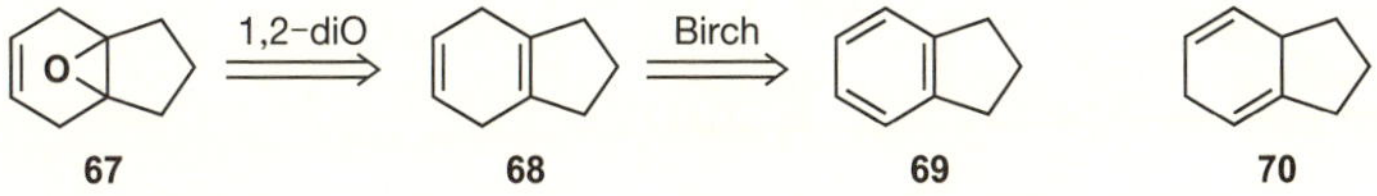

実際，**69** を液体アンモニア中ナトリウムで還元した後，過酸を用いて **68** のより置換基が多くて求核性の高い二重結合をエポキシ化すると標的分子 **67** が得られた[13]．ここでは，モノペルオキシフタル酸 **71** が酸化剤として用いられている．

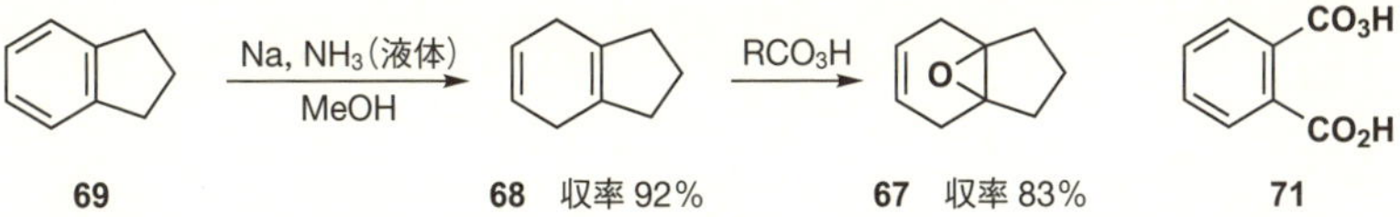

アルカロイド合成

マリチジン（maritidine）**72** は細胞毒性を示すアルカロイドである．非共役エノン **73** は Guillou[14] による **72** の合成で必要とされた化合物である．**73** は還元的アミノ化をふまえて芳香族アルデヒドとアミン **74** に逆合成するのがよさそうである．

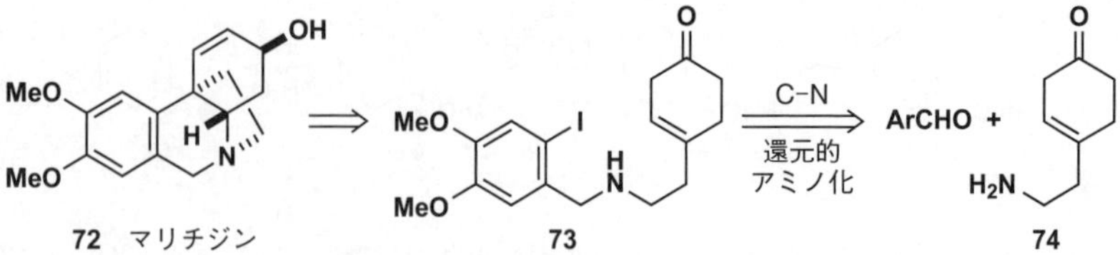

アミン **74** がパラ二置換ベンゼン **76** の Birch 還元により得られるエノールエーテル **75** から合成できるのは明白である．

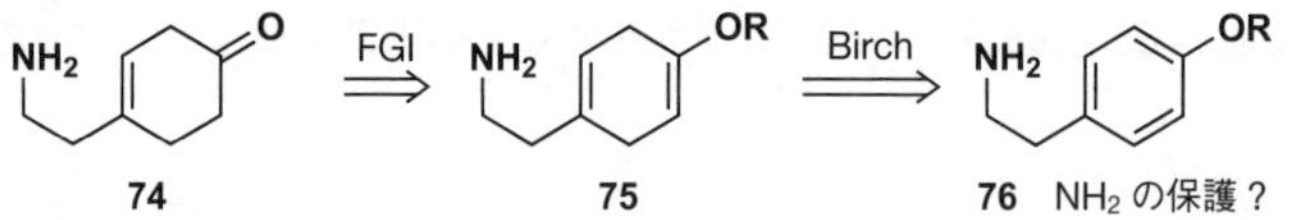

76 (R = Me) の Birch 還元は 1958 年に液体アンモニア中ナトリウムを用いて行われていたが，単離された生成物は共役ケトン **77** であり収率も低いことがわかっていた[15]．Guillou はリチウムとプロトン源として *t*-BuOH を用い，低温で還元することによってこの反応を改良し，化合物 **78** をほぼ定量的に得た[16]．還元的アミノ化はメタノール中，室温で $NaBH_4$ を用いればよく，収率 78% で **73** のエノールエーテル誘導体が得られた．これを用いてマリチジン **72** が合成された．

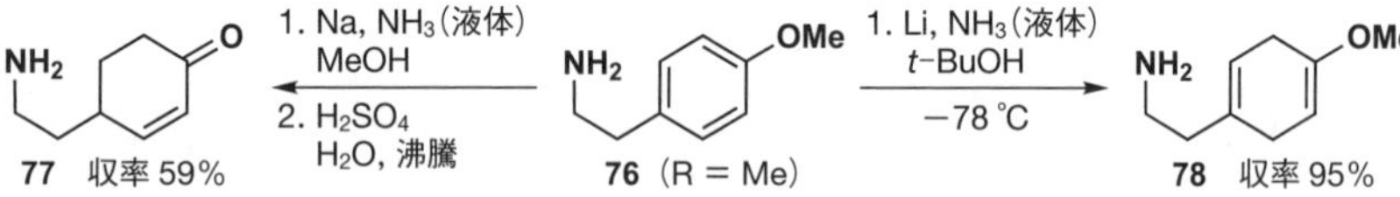

芳香族カルボン酸の還元

前章で，アリルアルコール **79** からの脂肪族 Claisen 転位によってアニサチン (anisatin) の合成中間体が得られることを述べた．ここで，**79** が化合物 **80** の Birch 還元によって合成できることに気づくだろう．**80** の OH 基をケトン基に変換して **81** とした後，Friedel–Crafts 反応をふまえた結合切断を行うと **82** が出発物となる．

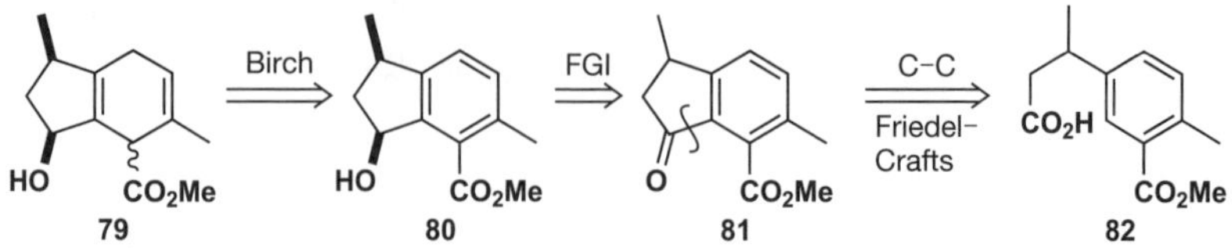

この合成計画はうまくいくようにみえるが，実際には CO_2Me 基がこれらの反応に適していない．そこで，CO_2Me 基をもたないアルコール **86** が合成された．ポリリン

酸（PPA）を用いてメチルエステル **84** の Friedel–Crafts 反応を行うと，直接 **85** に環化させることができる．ほぼ平面 5 員環構造をもつ **85** のカルボニル基の面をメチル基の反対側から還元剤が攻撃して **86** が得られた．

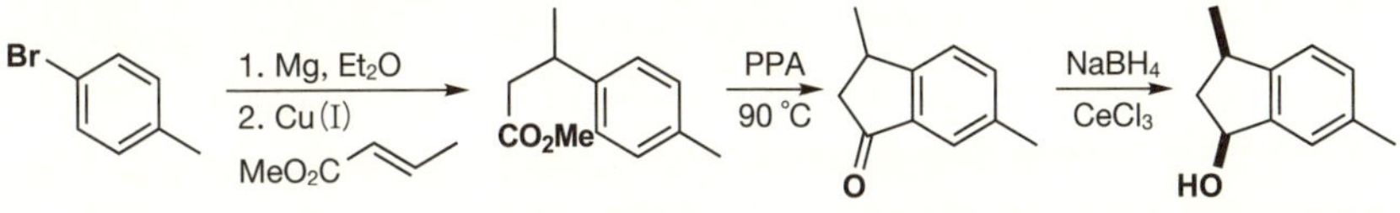

83　**84**　収率 80%　**85**　収率 93%　**86**　収率 96%

次の段階はオルト位選択的なリチオ化であり（“Strategy and Control” 参照），リチオ化体 **87** と CO_2 の反応によってカルボン酸 **88** が得られる．Birch 還元により，二つの二重結合が電子供与基（三つのアルキル基）に隣接し，電子求引基（CO_2H）からは離れた **79** が得られる[17]．以降の合成は，35 章に示したとおりである．

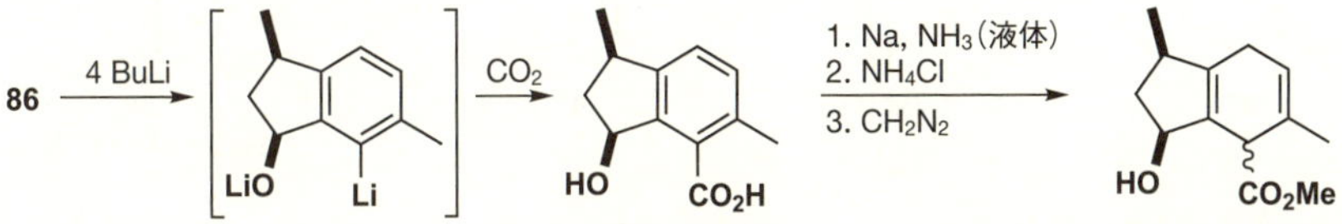

87　**88**　収率 65%　**79**　収率 60%

カルボン酸誘導体の Birch 還元は，最初に生成するエノラート（たとえば **66**）を求核剤として利用するとよりいっそう有益となる[18]．例として，Birch 還元–アリル化と前章で述べた Cope 転位を連結した合成を取上げる．メセンブリン（mesembrine）を含む一群のアルカロイドは，**89** に示す二環性骨格をもつ．定石どおりに逆合成を行い（6 章，8 章），骨格に含まれている窒素原子を除くと炭素骨格 **91** に導けるが，これが Birch 還元の生成物であるとはすぐにはわからない．

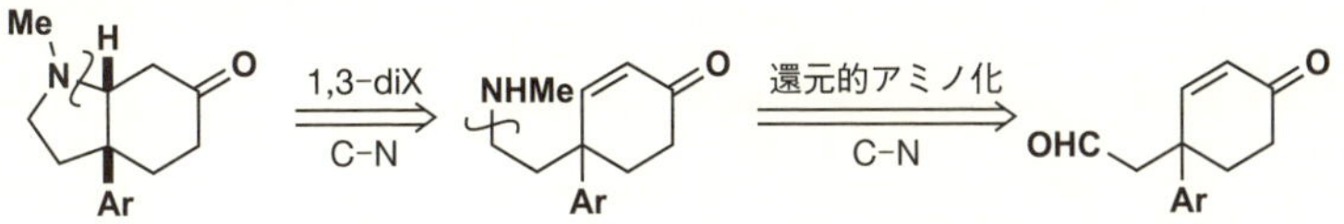

89　**90**　**91**

前駆体となる芳香族前駆体 **92** を 1 当量の *t*-BuOH を用いて Birch 還元し，生じたエノラートアニオン **93** をアリル化すると化合物 **94** が得られる．このものを塩酸で加水分解するとケトン **95** に変換できる．実際の合成では，NR_2 基は光学的に純粋なキラル補助基であり，**95** は単一ジアステレオマーとして得られた[19]．こうして，3 炭素鎖を導入することはできたが，アリル基は望みの位置にはない．

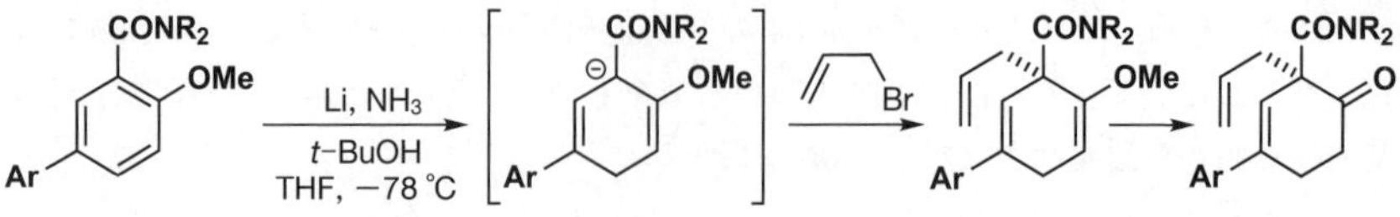

92 93 94 収率 70% 95 収率 95%

95 を 1,2-ジクロロベンゼン中で加熱すると, **95a** に示すように Cope 転位が起こり, アリル基は **96** に示す望みの位置に移動する. この転位が起こるのは, **95** における二重結合とアリール基との共役よりも, **96** における二重結合と二つのカルボニル基との共役のほうが効果的であるからである. オゾン分解によりアルデヒド **97** が得られ, 還元的アミノ化と続く共役付加により 5 員環が形成されて β-ケトアミド **98** が生成する. あとは, **98** から加水分解と脱炭酸によってアミド基を除去すればよい.

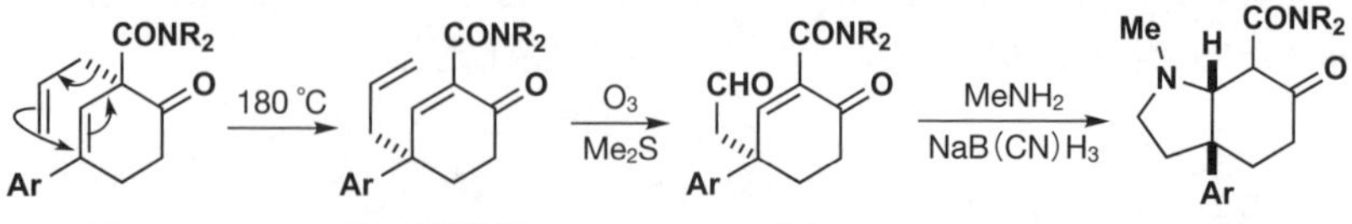

95a 96 収率 80% 97 98

96 からの収率 63%

本章で述べた 6 員環をつくる方法はそれぞれに特徴があり, これらを組合わせて使うと, さまざまな用途に利用できて強力なものになる. 6 員環をつくる方法は他にもあるが, どのような問題に取組む場合にも 6 員環が必要ならば, まずこれらの方法を考慮すべきである.

文　献

1. M. E. Jung, *Tetrahedron*, 1976, **32**, 3; R. E. Gawley, *Synthesis*, 1976, 777.
2. S. G. Davies, R. L. Sheppard, A. D. Smith and J. E. Thomson, *Chem. Commun.*, 2005, 3802.
3. N. Halland, P. S. Aburel and K. A. Jørgensen, *Angew. Chem., Int. Ed.*, 2004, **43**, 1272.
4. C. C. Browder, F. P. Marmsäter and F. G. West, *Org. Lett.*, 2001, **3**, 3033.
5. M. Bovolenta, F. Castronovo, A. Vadalà, G. Zanoni and G. Vidari, *J. Org. Chem.*, 2004, **69**, 8959.
6. W. Oppolzer, *Comprehensive Organic Synthesis*, eds. B. M. Trost and I. Fleming, Pergamon, Oxford, 1991, vol.5, p.315; W. R. Roush, *Ibid.*, vol.5, p.513; E. Ciganek, *Org. React.*, 1984, **32**, 1.
7. K. C. Nicolaou, G. Vassilikogiannakis, W. Mägerlein and R. Kranich, *Angew. Chem., Int. Ed.*, 2001, **40**, 2482.
8. W. D. Shipe and E. J. Sorensen, *Org. Lett.*, 2002, **4**, 2063.
9. S. Winstein and N. J. Holness, *J. Am. Chem. Soc.*, 1955, **77**, 5562; E. L. Eliel, R. J. L. Martin and D. Nasipuri, *Org. Synth. Coll.*, 1973, **5**, 175; R. W. West, *J. Chem. Soc.*, 1925, 494.
10. C. H. Tilford, M. G. van Campen, Jr. and R. S. Shelton, *J. Am. Chem. Soc.*, 1947, **69**, 2902.
11. B. S. Furniss, A. J. Hannaford, P. W. G. Smith and A. R. Tatchell, *Vogel's Textbook of Practical Organic Chemistry*, Fifth Edition, Longman, Harlow, 1989, p.1114; P. W. Rabideau and Z.

Marcinow, *Org. React.*, 1992, **42**, 1；L. N. Mander, *Comprehensive Organic Synthesis*, eds. B. M. Trost and I. Fleming, Pergamon, Oxford, 1991, vol.8, p.489.
12. J. A. Marshall and P. G. M. Wuts, *J. Org. Chem.*, 1978, **43**, 1086.
13. E. Giovannini and H. Wegmüller, *Helv. Chim. Acta*, 1958, **41**, 933.
14. C. Bru, C. Thal and C. Guillou, *Org. Lett.*, 2003, **5**, 1845.
15. C. B. Clarke and A. R. Pinder, *J. Chem. Soc.*, 1958, 1967.
16. C. Guillou, N. Millot, V. Reboul and C. Thal, *Tetrahedron Lett.*, 1996, **37**, 4515.
17. T.-P. Loh and Q.-Y. Hu, *Org. Lett.*, 2001, **3**, 279.
18. A. G. Schultz, *Acc. Chem. Res.*, 1990, **23**, 207.
19. T. Paul, W. P. Malachowski and J. Lee, *Org. Lett.*, 2006, **8**, 4007.

37 一般的な戦略 C：環形成

本章では，29～36 章で述べた環形成に関する考え方を集約し，合成戦略を立てるための一般的な取組み方と関連づける．すでに 11 章や 28 章で確立した指針と同じものを使用するので，目新しい概念は必要ではないが，環状化合物に関する指針を少し追加する．

37・1 選択性の制御のために環化反応を利用する

環化反応は容易である．7 章と 21 章で，一般に分子内反応は分子間反応よりも起こりやすく，鎖状化合物の合成では必要となる選択性の制御が，環化反応ではあまり必要でないことを学んだ．それゆえ，もし選択性の制御が難しい反応を合成戦略に使う必要があるときには，環化反応を利用するとよい．

ケトン **2** は Corey による海洋産アロモン **1**（海洋生物が分泌し，捕食者が利用している物質）の合成で必要とされた中間体である[1]．***2a*** に示す Friedel-Crafts アルキル化をふまえた結合切断を行うと，反応は強力なオルト-パラ配向基である OMe 基のパラ位で起こるので，位置選択性の制御は簡単である．一方，***2b*** に示す Friedel-Crafts アシル化をふまえた結合切断を行った場合には OMe 基のメタ位での反応となるので制御が難しい．したがって，結合 **b** の形成には環化反応を利用するとよく，最初にこの結合切断を行うことにする．

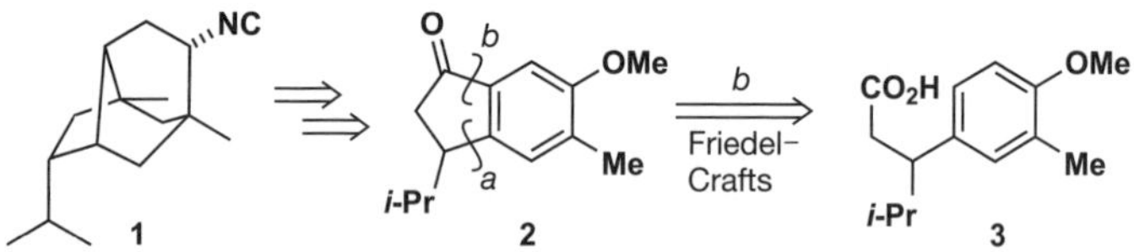

1 **2** **3**

化合物 **3** の枝分かれ部に注目すると，共役付加をふまえて C−C 結合を切断すればよいことがわかる．切断箇所としては切断 ***3a*** あるいは ***3b*** が選択できる．

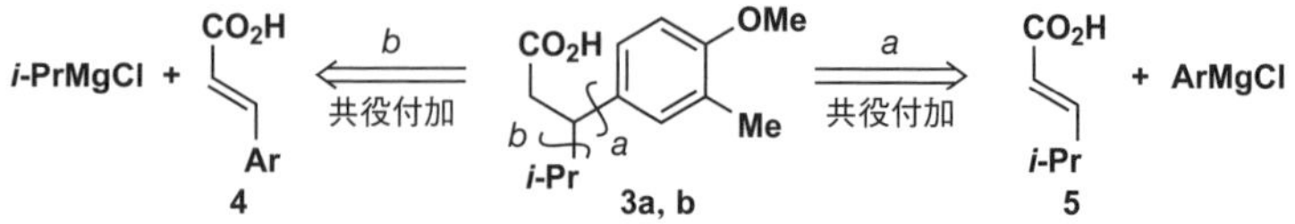

4 **3a, b** **5**

実際の合成は，*o*-クレゾール **6** を出発物とする．メチル化後，Vilsmeier（ヴィルスマイヤー）反応により OMe 基のパラ位が容易に置換されてアルデヒド **8** が得られる．Knoevenagel（クネベナーゲル）反応により不飽和カルボン酸 **4** に変換後，メチルエステル **9** への銅触媒を用いた Grignard 反応剤の共役付加により，すべての炭素骨格がそろう．ポリリン酸（PPA）による環化は，周辺の置換基が少ないメチル基のパラ位で起こる．

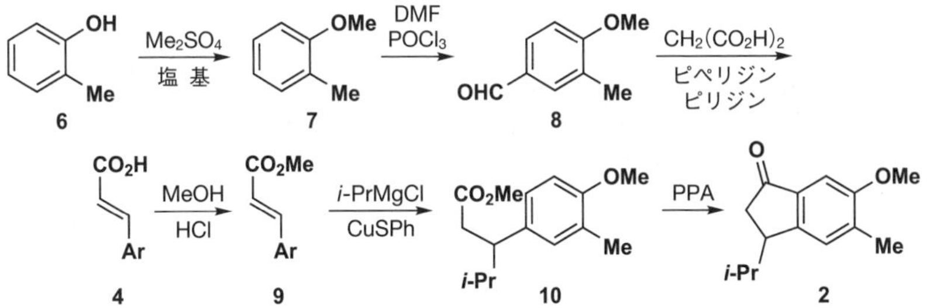

37・2 小員環を先に結合切断する

一般に，小員環（3 員環や 4 員環）は初期の段階で結合切断するほうが望ましく，少なくとも小員環をどのように形成するかについてあらかじめ考えておく必要がある．小員環を形成するための特別な方法に応じて合成戦略が決まる場合が多い．たとえば，3 員環，6 員環および一方がアセタールとして保護された二つのケトン基をもつ化合物 **11** の逆合成では，アルケン **12** に対するカルベンの付加がよい方法にみえる．すると，6 員環部に Birch 還元が利用できることがすぐにわかる．

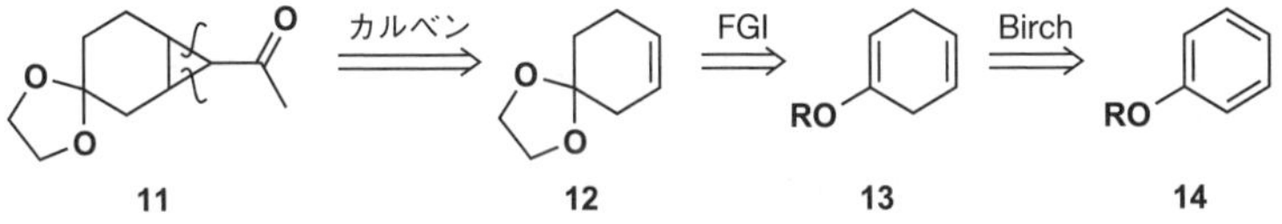

出発物 **14** としてはメチルエーテル体（R = Me）が用いられた．**14** の Birch 還元で生成するエノールエーテル **13** は，直接アセタール **12** に変換できることがわかった．二つ目のケトン基を導入する前に，一つ目のケトンを保護しておくことはきわめて重要である．3 員環の形成には，ジアゾケトンが（銅触媒とともに）用いられた[2]．

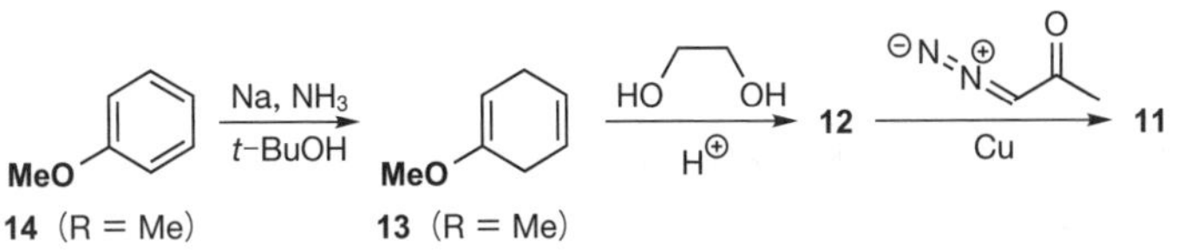

4 員環形成に有用なシントンに対応する反応剤

4 員環，5 員環および 6 員環を含む三環性ケトン **15** は，光化学的[2+2]付加環化（32 章）によって合成されるが，ここでも小員環が合成戦略を決定づける．**15a** および **15b** に示す二通りの結合切断が考えられ，それぞれエノンと孤立した二重結合をもつ出発物 **16** と **17** に導かれる．どちらの場合も，一通りの環化しかありえないので，位置選択性や立体選択性について考える必要はない．

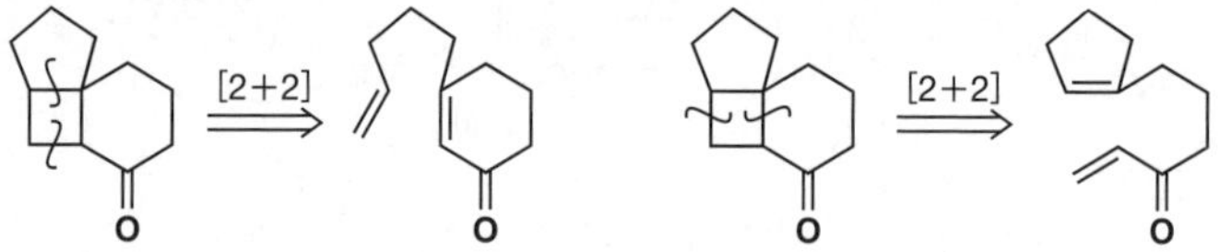

15a　**16**　**15b**　**17**

17 の逆合成は明白ではないが，**16** には短工程の合成を実現するのに役立つ戦略上重要な結合切断箇所がある．ここで，新たな問題が生じる．**16a** に示す結合切断では，どちらの極性を利用するのがよいだろうか．シントン **18** と **20** に対応する反応剤としてはそれぞれ Grignard 反応剤およびハロゲン化アルキルが簡単に思いつくが，シントン **19** や **21** に対してはどうだろう．環と側鎖の連結部は戦略上重要な結合であるので，この戦略にこだわってみよう．

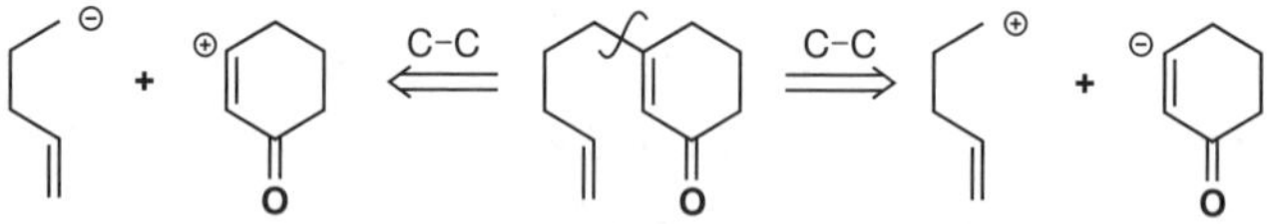

18　**19**　**16a**　**20**　**21**

19 と **21** を比べると，シントン **19** は少なくともエノンの本来の極性をもっている．ただし，共役付加が起こると二重結合は失われてしまうので，正に荷電した位置に脱離基を加えて **22** とする必要があるエノールエーテル **23** は，1,3-ジケトン **24** と適当なアルコールから簡単に合成できるので，一つの候補である．

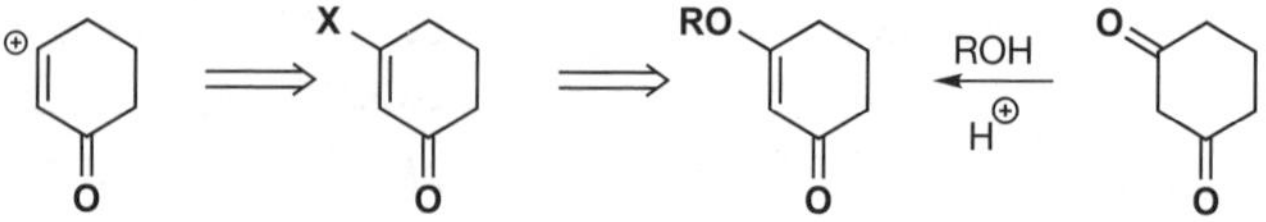

19　**22**　**23**　**24**

24 からエタノールを用いてエノールエーテル **23**（R = Et）を合成した．Grignard 反応剤 **25** による共役付加と脱離はうまくいき，光化学的[2+2]付加環化もきわめて高い収率で進んだ[3),4)]．

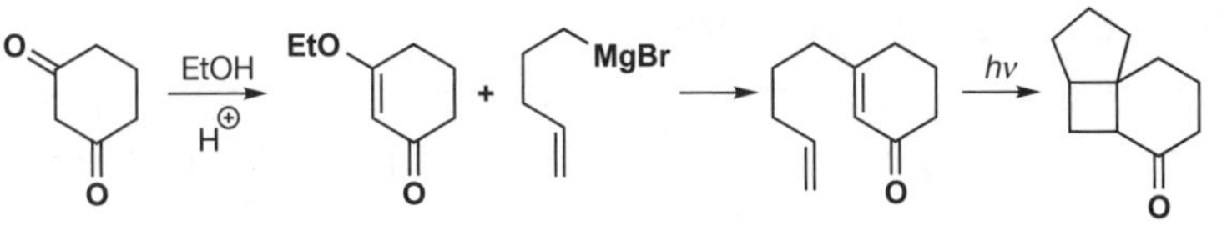

24 **23**(R = Et) **25** **16** **15** 収率 92%

15 の異性体であるケトン **26** の合成は, もっと難易度の高い例である. **15** の場合と同じように **26a** および **26b** に示す二通りの結合切断を行うと, 二つの前駆体エノン **27** と **28** に導かれる. どちらの場合も光化学的[2+2]付加環化の位置選択性はフロンティア軌道論からは'正しくない'が, 分子内反応なのでそれほど気にしなくてもいいだろう.

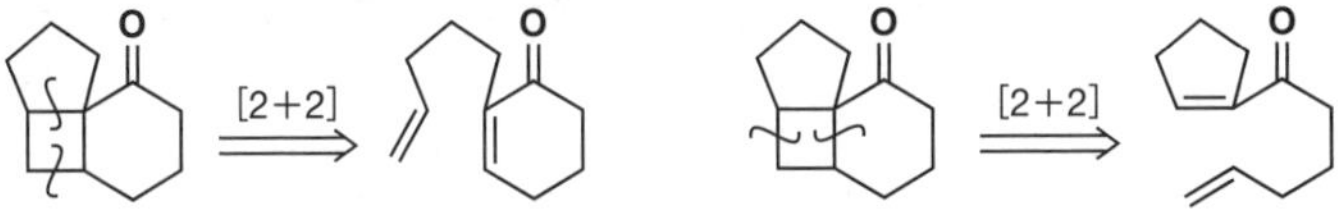

26a **27** **26b** **28**

5 員環化合物 **28** または 6 員環化合物 **27** のどちらを合成するかを選択する必要があるが, 多くの合成経路を考えることができる後者を選択しよう. **27a** に示すように枝分かれ部で結合切断すると, シントン **20** に導くことができる. したがって, 反応剤は対応するハロゲン化アルキルである. 一方, 求核性のシントン **29** は, 二重結合を共役しない位置に移動させるとエノラート **30** に導くことができる. **30** は, Birch 還元生成物 **31** に逆合成される.

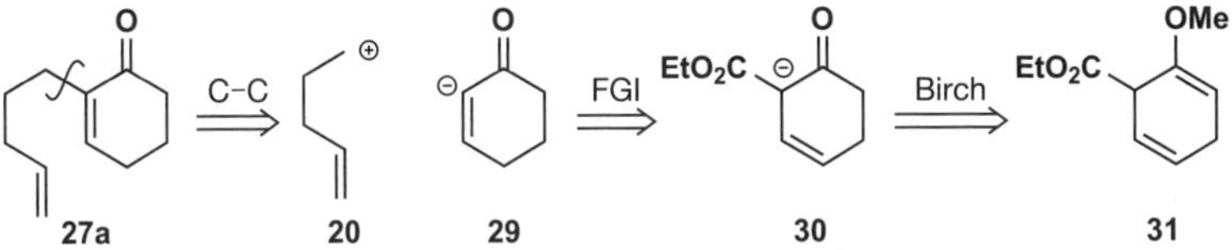

27a **20** **29** **30** **31**

実際の合成[5]では, カルボン酸 **32** を Birch 還元後, 後処理することなくアルキル化した. **34** を塩酸で処理すると, ビニルエーテル部の加水分解と生成した β-ケト酸の脱炭酸, さらに二重結合の共役系への異性化が起こり, エノン **27** が得られた. 期待していたように, 光化学的[2+2]付加環化では, 望みの位置で反応した生成物 **26** が高収率で得られた[4]. この合成戦略は, Mander によるジベレリン酸の合成で用いられた[6].

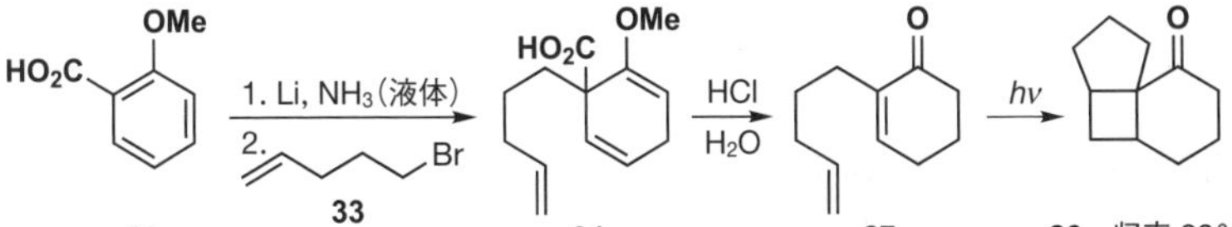

32 **34** **27** **26** 収率 83%

37・3 定石にとらわれない逆合成

一般的な合成戦略の指針は，最初に試みるべき経路を提案してくれるが，標的分子によってはその指針が通用しないこともある．小員環は合成戦略を決定づけるので，初期の段階で結合切断するとよいということをすでに学んだ．ケトン **36** の逆合成では，この指針に従って ***a*** に示す結合切断を最初に行えばよい．3 員環がアルケン **37** に対するカルベンの付加で形成されるのは一目瞭然である．しかし，残念ながらケトン **37** は α-ナフトールの互変異性体なのでつくることができない．したがって，***b*** に示すように Friedel-Crafts アシル化をふまえて 6 員環を最初に切断しなくてはいけない．

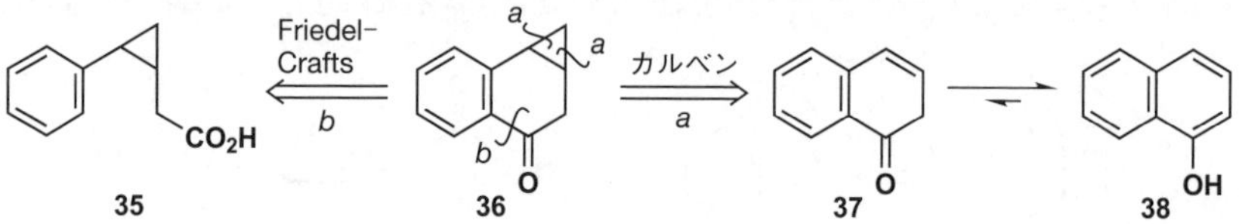

35 36 37 38

35 の逆合成では，たとえば **35a** に示すように，3 員環の三つの結合のうちどの二つを切断することも可能である．しかし，どれもそれほど優れた逆合成とはならない．この場合には，**42** のようなジアゾカルボニル化合物を用いてカルベンを生成するのがよいだろう．すると，3 員環形成の後に炭素鎖を伸長することとなる．

39 35a 40 41 42

したがって，この例では 3 員環形成は合成の最終段階ではなく最初の段階で行う．ジアゾ酢酸エチル **42**（R = Et）のスチレン **41** への付加により，シクロプロパン **40**（R = Et）のシスおよびトランス体の混合物[7] が得られた．シス体のみが環化できるので，カルボン酸 **43** の異性体混合物を分離すると[8]，*cis*-**43** が収率 34%で得られた．Arndt-Eistert 反応（31 章）により炭素鎖伸長を行い *cis*-**35** とした後，酸塩化物を経由して環化させると **36** が高収率で得られた[9]．

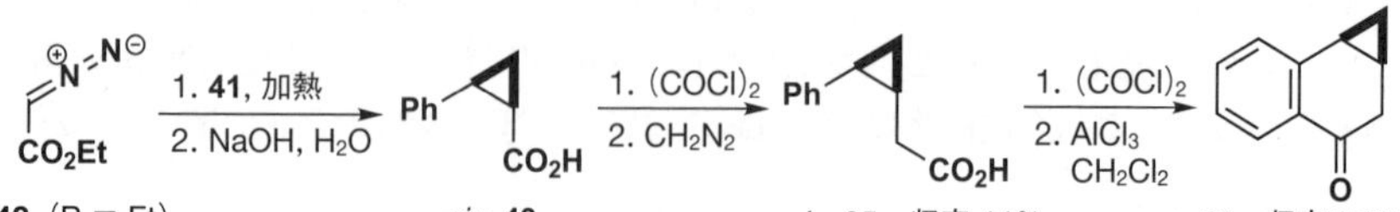

42（R = Et） *cis*-**43** *cis*-**35** 収率 44% **36** 収率 85%

位置選択性のために合成戦略を変更する

ジケトン **44** は Raphael[10] によるストリゴール（strigol，ストリガ属寄生植物の発芽促進物質）の合成で必要とされた化合物である．一見すると，求電子置換反応を利用して芳香族ケトン **45** を経由する合成経路が有望にみえる．しかし，OH 基はオルト配向基であるため位置選択性が合わない．実際，化合物 **46** と **47** の反応の生成物は異性体 **48** であることがわかっていた[11]．

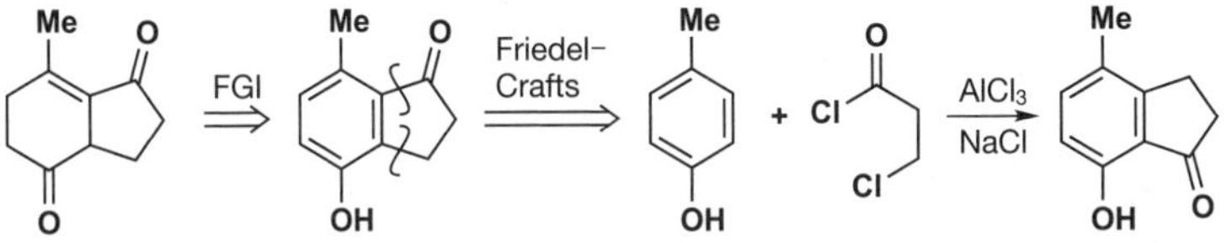

44a に示すようにアルドール反応をふまえて 6 員環を結合切断すると，もっとよい合成戦略が浮かんでくる．1,4-diCO の関係を二つもつトリケトン **49** の逆合成は，エノン **50** および **52** の両方に共役付加[12] できる d^1 シントン **51** に対応する反応剤を用いると理想的なものとなる．

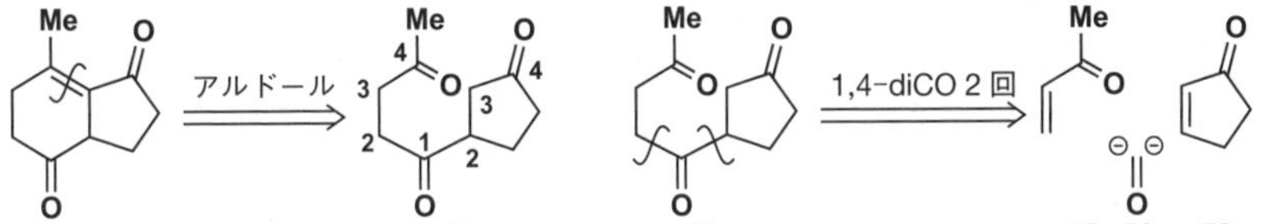

この合成は，d^1 反応剤としてニトロメタン **53** を用いるとうまくいく．最初にエノン **50**，次にエノン **52** に対して共役付加を行うとジケトン **55** が得られ[12]，酸性条件下でのアルドール反応により環化してエノン **56** が生成する．最後に $TiCl_3$ を用いてニトロ基の加水分解（22 章）を行うと，望みとするジケトン **44** が得られる[13]．

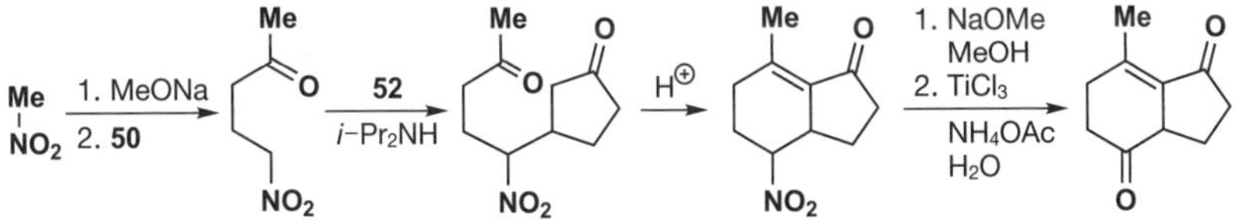

抗がん剤タキソールの合成

タキソール® (TAXOL®，一般名 パクリタキセル) **58** は，西洋イチイ（*Taxus* 属）から得られた抗がん剤であり[14]，二つの 6 員環と一つの 8 員環をもつ炭素環化合物である．Nicolaou は，2 回の C−C 結合切断により二つの単純な 6 員環化合物 **57** と **59** に導けると考えた[15]．

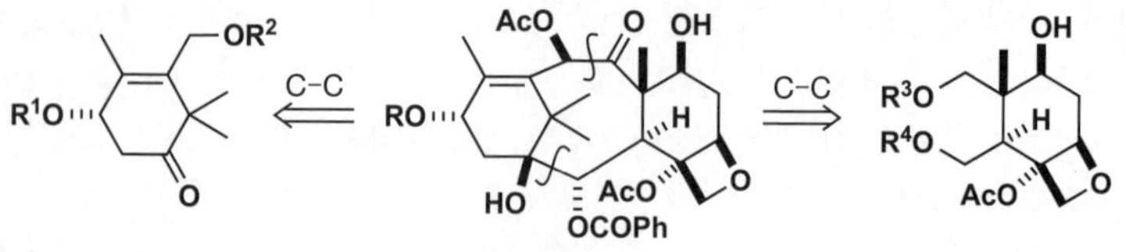

57　**58**　タキソール　**59**

化合物 **57** は，Diels–Alder 生成物のようにみえるが，ケトン基は化合物 **60** のように変換しなくてはならない．さらにアルコキシ基を一つ取除いて化合物 **61** とすると，いっそう簡単になる．ここで Diels–Alder 反応をふまえた結合切断を行うと，既知の求ジエン体 **62** と官能基をもつジエン **63** に導くことができる．

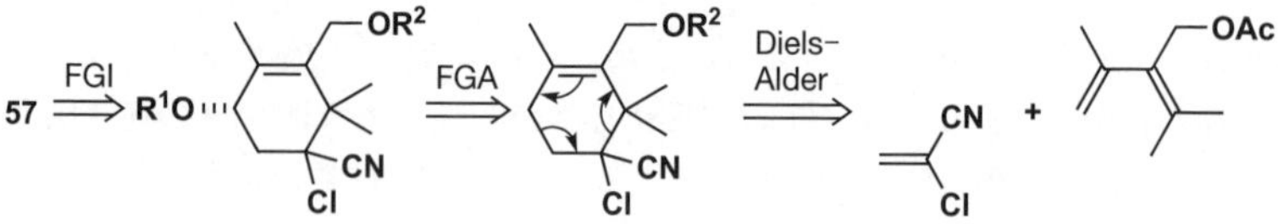

60　**61**　**62**　**63**

Nicolaou は，**63** と構造がよく似たジエン **64** がすでに 1960 年代に合成されていたので[16]，それを利用した．**64** はアルドール反応，Grignard 反応剤の付加および脱離反応を用いて簡単に合成できる．

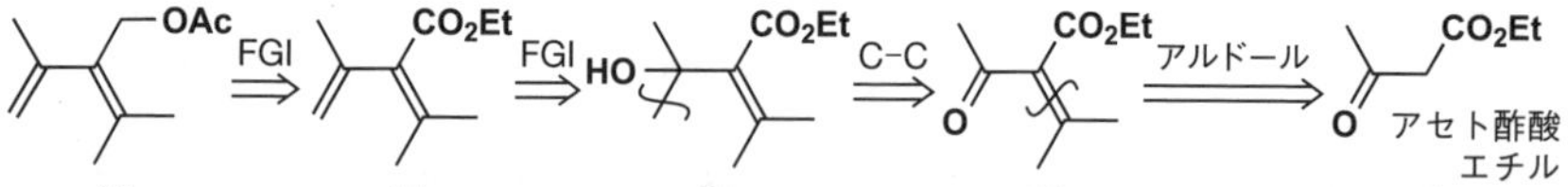

63　**64**　**65**　**66**　アセト酢酸エチル ＋ アセトン

63 の合成は非常にうまくいった．Diels–Alder 反応は，封管中高温に加熱する必要があったが，きわめて高い収率で化合物 **61** が得られた．

アセト酢酸エチル＋アセトン $\xrightarrow[ZnCl_2]{Ac_2O}$ **66** $\xrightarrow[Et_2O]{MeMgCl}$ **65** $\xrightarrow{KHSO_4}$ **64** $\xrightarrow[2.\ Ac_2O]{1.\ LiAlH_4}$

63 $\xrightarrow[135\ ^\circ C]{\mathbf{62}}$ **61**（R^2 = Ac）収率 85%

加水分解後に再度アセチル化するとケトン **67** が得られ，カルボニル基を保護した後に SeO_2 を用いてアリル位を酸化するとエノン **68** が生成した．さらに還元と脱保護

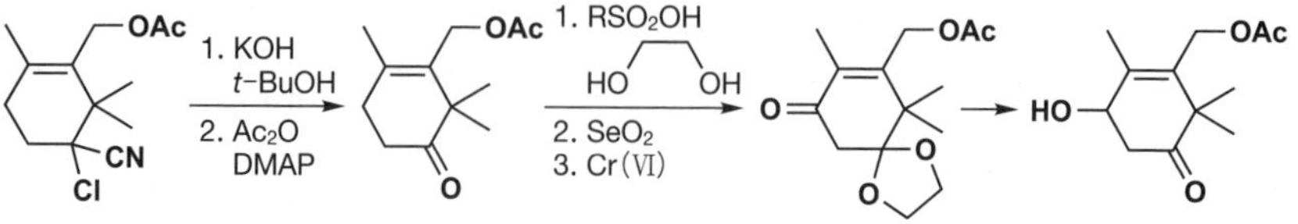

61（R^2 = Ac）　**67**　収率 88%　**68**　収率 69%　**57**（R^1 = H）

により化合物 **57**（R^1 = H）が得られた．もう一方の出発物 **59** も Diels–Alder 反応によって合成された．

サラセニンの合成

見事な戦略の例として，Yin と 3 人の Chang によるサラセニン（sarracenin）**69** の合成[17] にふれないわけにはいかない．サラセニン **69** の環はすべてヘテロ環であるが，この合成の中間体は炭素環のみを含む化合物 **73** である．サラセニンには 1,1–diO の関係が二つあり，どちらからでも結合切断できる．**69** に示すアセタールの結合切断を行うと，アルコールとアルデヒドとヘミアセタールをもつ化合物 **70** が得られる．さらに，**70** に示すヘミアセタールの結合切断を行うと，二つ目のアルデヒドとエノール構造をもつ化合物 **71** に導くことができる．エノールをアルデヒドに書き直すと，環構造をもたないが多くの立体中心をもつ化合物 **72** にたどり着く．これは，**72a** のように書いたほうがわかりやすい．**72a** には 1,5–diCO の関係がいくつもみられるが，通常の共役付加を用いる戦略では立体化学を制御することが難しい．そこで，6 員環についてよく用いられる再結合の戦略が用いられることとなった（36 章）．実際の合成における中間体は，ヘテロ原子で置換された化合物 **73**（X = SMe）であった．

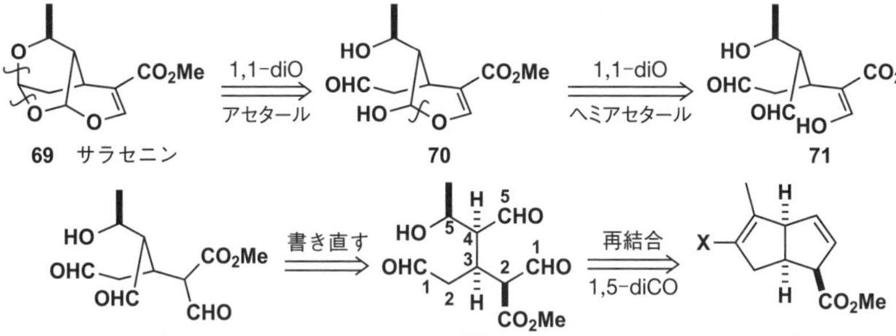

69 サラセニン　**70**　**71**　**72**　**72a**　**73**

中間体 **73**（X = SMe）の合成にも，おもしろい戦略が用いられている．最初の段階は，シクロペンタジエン **77** と求ジエン体 **62** との Diels–Alder 反応である．求ジエン体 **62** は Nicolaou がタキソールの合成に用いたものである．ジエン **77** は，シクロペンタジエン **74** のアニオンとギ酸エチルを反応させて **75** とした後[18]，エノラート **76**

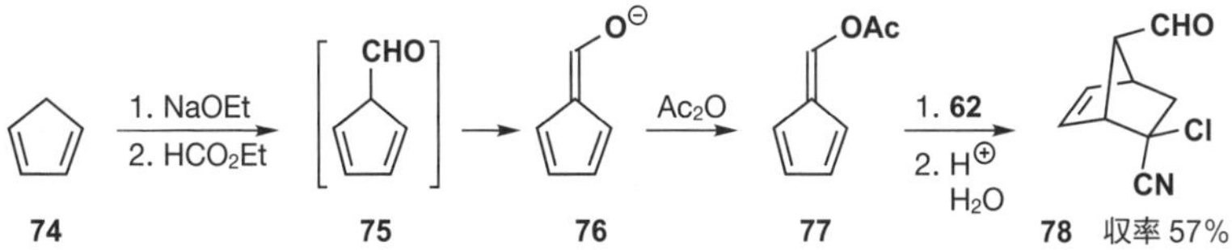

74　**75**　**76**　**77**　**78** 収率 57%

をアセチル化して合成できる．Diels–Alder 生成物のエノールエステル部を加水分解すると，付加体 **78** が得られた[19]．

アルデヒド **78** をアセタール **79** として保護した後，加水分解するとケトン **80** が生成した．**80** から調製したリチウムエノラートのメチル化は立体障害の小さい下の面で起こり，化合物 **81** が得られた．こうして，これからお目にかける素晴らしい変換反応の場面に向けた準備が整ってきた．

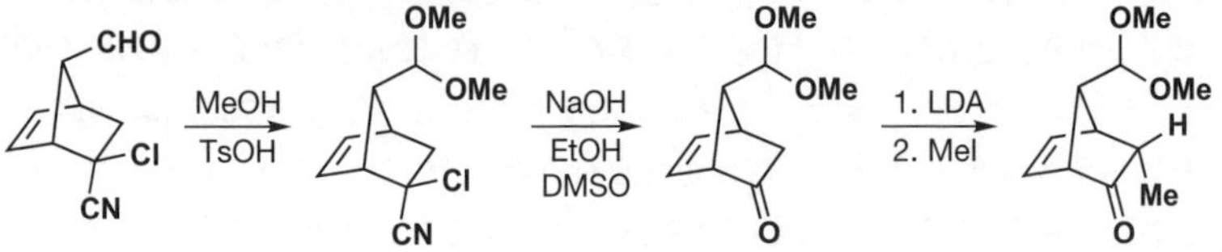

78　**79** 収率 95%　**80** 収率 73%　**81** 収率 94%

ジアゾ化合物の転位を利用した化合物 **81** の環拡大反応によって，化合物 **82** が得られる．**82** のエノラートをスルフェニル化すると化合物 **83** となり，酸性水溶液中でのアセタールの加水分解と環化により，化合物 **84** が得られた．ここで，化合物 **73** の二つの 5 員環が初めて見えてくる．

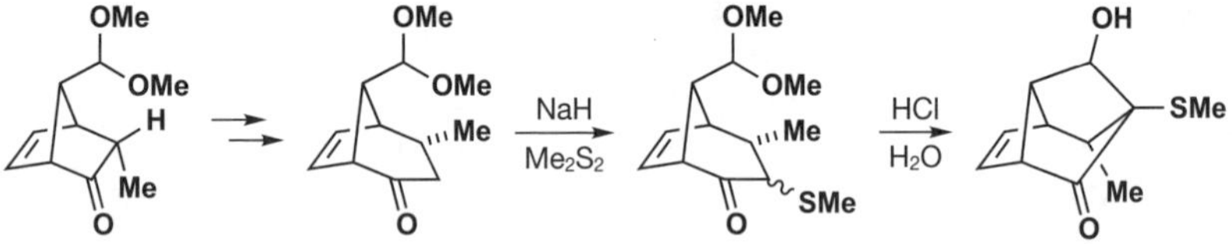

81　**82**　**83** 収率 70%　**84** 収率 85%

OH 基をメシル化後，塩基で処理すると **85** に示すような開裂反応が起こり，一挙に 5/5 縮合環 **86** が生成する．酸で後処理すると二重結合がより安定な位置に異性化し，ジアゾメタンで処理するとメチルエステル **73** が得られた．化合物 **84** には三つの 5 員環と一つの 7 員環が含まれているが，開裂反応により 5 員環一つと 7 員環が開環し，必要な二つの 5 員環が残されることに注目してほしい．一方の 5 員環の C−C 結合の一つは Diels–Alder 反応により形成され，もう一方の 5 員環はジエンに由来している．

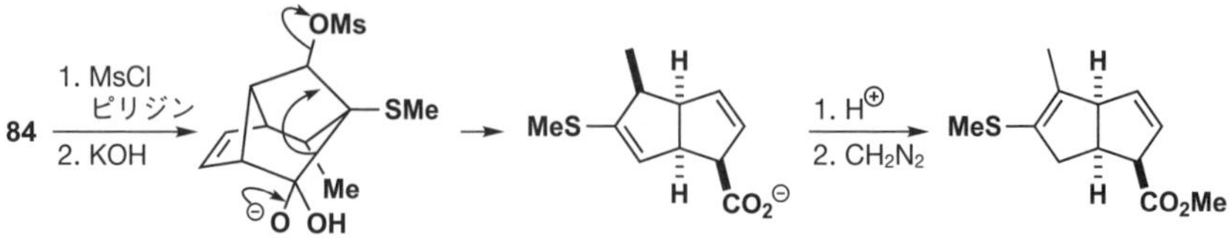

85　**86**　**73**（X = SMe）
84 からの収率 66%

文　献

1. E. J. Corey, M. Behforouz and M. Ishiguro, *J. Am. Chem. Soc.*, 1979, **101**, 1608.
2. G. Stork, D. F. Taber and M. Marx, *Tetrahedron Lett.*, 1978, **19**, 2445; 脚注 3 を参照せよ.
3. J. M. Conia and P. Beslin, *Bull. Soc. Chim. Fr.*, 1969, 483.
4. R. L. Cargill, J. R. Dalton, S. O'Connor and D. G. Michels, *Tetrahedron Lett.*, 1978, **19**, 4465.
5. D. F. Taber, *J. Org. Chem.*, 1976, **41**, 2649.
6. J. M. Hook and L. N. Mander, *J. Org. Chem.*, 1980, **45**, 1722; J. M. Hook, L. N. Mander and R. Urech, *J. Am. Chem. Soc.*, 1980, **102**, 6628.
7. A. Burger and W. L. Yost, *J. Am. Chem. Soc.*, 1948, **70**, 2198.
8. C. Kaiser, J. Weinstock and M. P. Olmstead, *Org. Synth.*, 1979, **50**, 94.
9. M. J. Perkins, N. B. Peynircioglu and B. V. Smith, *J. Chem. Soc., Perkin Trans. 2*, 1978, 1025.
10. G. A. MacAlpine, R. A. Raphael, A. Shaw, A. W. Taylor and H.-J. Wild, *J. Chem. Soc., Chem. Commun.*, 1974, 834.
11. B. R. Davis and I. R. N. McCormick, *J. Chem. Soc., Perkin Trans. 1*, 1979, 3001; T. Tsukada, O. Kanno, T. Yamane, J. Tanaka, T. Yoshida, A. Okuno, T. Shiiki, M. Takahashi, T. Nishi, *Bioorg. Med. Chem.*, 2010, **18**, 5346.
12. W. D. S. Bowering, V. M. Clark, R. S. Thakur and Lord Todd, *Annalen*, 1963, **669**, 106.
13. G. A. MacAlpine, R. A. Raphael, A. Shaw, A. W. Taylor and H.-J. Wild, *J. Chem. Soc., Perkin Trans. 1*, 1976, 410.
14. K. C. Nicolaou and R. K. Guy, *Angew. Chem., Int. Ed.*, 1995, **34**, 2079.
15. K. C. Nicolaou, C.-K. Hwang, E. J. Sorensen and C. F. Clairborne, *J. Chem. Soc., Chem. Commun.*, 1992, 1117.
16. M. A. Kazi, I. H. Khan and M. Y. Khan, *J. Chem. Soc.*, 1964, 1511; I. Alkonyi and D. Szabo, *Chem. Ber.*, 1967, **100**, 2773.
17. M.-Y. Chang, C.-P. Chang, W.-K. Yin and N.-C. Chang, *J. Org. Chem.*, 1997, **62**, 641.
18. K. Haffner, G. Schultz and K. Wagner, *Annalen*, 1964, **678**, 39.
19. E. D. Brown, R. Clarkson, T. J. Leeney and G. E. Robinson, *J. Chem. Soc., Perkin Trans. 1*, 1978, 1507; N.-C. Chang, W.-F. Lu and C.-Y. Tseng, *J. Chem. Soc., Chem. Commun.*, 1988, 182.

38 合成戦略 XVII：立体選択性 B

本章に必要な基礎知識（“ウォーレン有機化学”の以下の章参照）
33 章 環状化合物の立体選択的反応　　34 章 ジアステレオ選択性

本章は，立体化学の制御について基礎となる考え方を紹介した 12 章に続くものである．これまで，Diels–Alder 反応（17 章），光化学的[2+2]付加環化（32 章），熱的[2+2]付加環化（33 章），電子環状反応（35 章）を含むペリ環状反応などの立体特異的反応について述べてきた．そして，Baeyer–Villiger 酸化（27 章，33 章），Arndt–Eistert 反応（31 章），ピナコール転位（31 章）などの転位反応では，移動基の立体配置が保持されることを学んだ．

さらに，多くの立体選択的反応について詳しく述べてきたが，特にアルケンの立体選択的合成法は多岐にわたる．Wittig 反応を用いる合成（15 章），アセチレンからの合成（16 章），熱力学支配によるエノン合成（18 章，19 章），シグマトロピー転位を利用した合成（35 章）などを紹介した．また，(*E*)-または（*Z*)-アルケンは，Diels–Alder 反応（17 章），求電子付加（23 章，30 章），カルベン付加（30 章），4 員環を形成する付加環化（32 章，33 章）によって，三次元的な立体化学に転換できることも学んだ．

このように立体化学制御のための多くの方法を学んだので，立体化学が合成戦略を支配する一般的な合成を取扱うのにちょうどいい頃だろう．これは非常に大きなテーマである．本章ではジアステレオ選択性についてのみ取上げる．ジアステレオ選択性についてのもっと多くの例や単一エナンチオマーの合成については，“Strategy and Control”を参照してほしい．

38・1 多くの立体中心をもつ分子の合成

Prelog–Djerassi（プレローグ ジェラシー）ラクトン

逆合成解析を始めるときに，標的分子に含まれる官能基を認知し構造的特徴（たとえば環構造）や簡単な結合切断を見つけるだけでなく，立体中心の数とそれらの位置関係にも注意してほしい．Prelog-Djerassi ラクトン **1** は，マクロライド抗生物質合成の重要中間体である[1)]．**1** は 6 員環ラクトンと環外にカルボキシ基をもつ．さらに，**1a** に示す四つの立体中心をもち，そのうち三つ（C1～C3）は隣接し，一つ（C5）は離れている．三つの連続した立体中心については，それらが互いに隣接しているので制御することは容易であるといえるが，C5 については困難を伴うだろう．別の見方をすれば，6 員環の立体配座はよく理解されているので 6 員環上の三つの立体中心（C 2,3,5）は制御しやすいといえるが，C1 は難しいだろう．最も明白な結合切断は，**1b** に示すラクトンの開環であるが，前駆体 **2** が鎖状であるのであまり役に立たない．

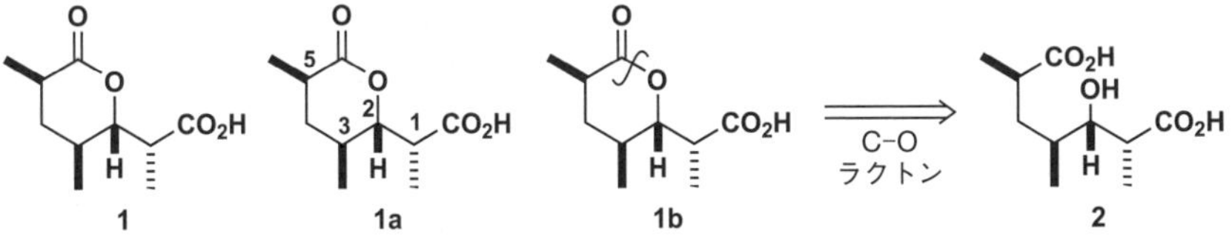

魅力的な合成戦略の一つは，まず C5 と三つの連続した立体中心のうちの一つをもつ化合物を合成し，ついでそのうちの一つを利用して残りの二つの立体中心を生み出すものである．**1c** に示す二つの官能基の間の 1,3-diO の関係に着目した結合切断によって，標的分子 **1** の構造を単純化した中間体 **3** に導くことができる．さらにアルドール反応をふまえた **3** の結合切断を行うと，1,4-diO の関係をもつほぼ対称な化合物 **4** に導くことができる．出発物質として環状酸無水物 **5** を用いると，**4** の二つのカルボニル基を簡単に区別できるだろう[2)]．

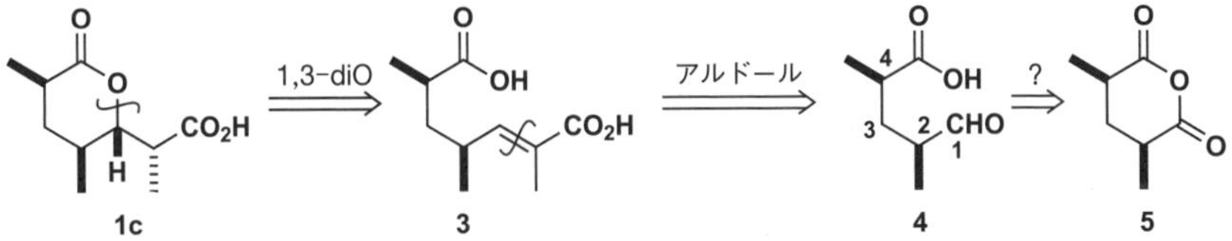

環状酸無水物 **5** は対称な分子（対称面をもち，アキラル）なので，どちらのカルボニル基が反応するかは問題にはならない．エタノールでエステル化して非対称な分子 **6** とした後，酸塩化物 **7** とし，それを還元するとアルデヒド **8** が得られ，次のアルドール反応の準備が整った．

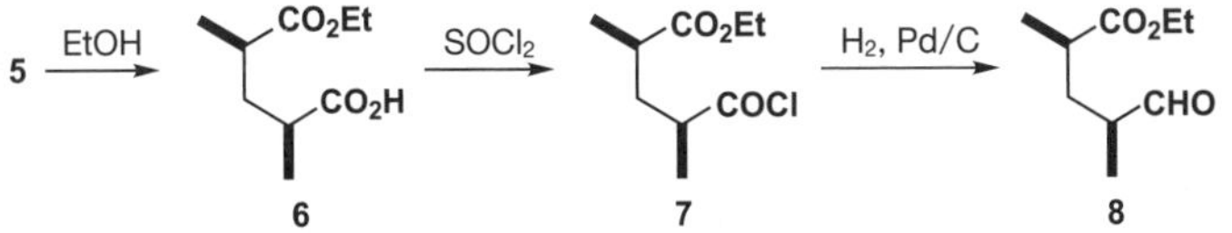

Bartlett と Adams[2] は，アルデヒド **8** からアルドール反応ではなく Wittig 反応を用いてアルケン **3** をきわめて高い収率で得た．そして，詳細については文献[2] を読んでほしいが，**3** からモノエステルを経てアルデヒドに変換後，分子内オキシ水銀化を利用して **1** を合成する反応条件を見いだした．生成物は **1** と C2 位エピマーの混合物であったが，クロマトグラフィーにより分離することができた．

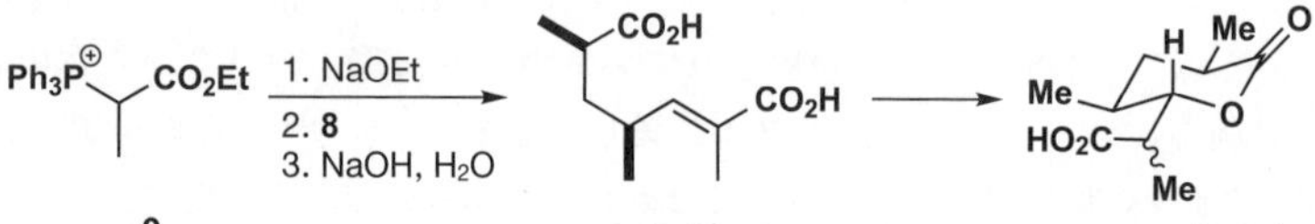

9　　**3**　収率 97%　　**1**：*epi*-**1**（4：1）

この重要な化合物 **1** の合成は数多く行われているが，なかでも **2a** に示す 1,7-diCO の関係にある二つのカルボキシ基の再結合により，7 員環化合物 **10** に導く戦略は興味深い[3]．

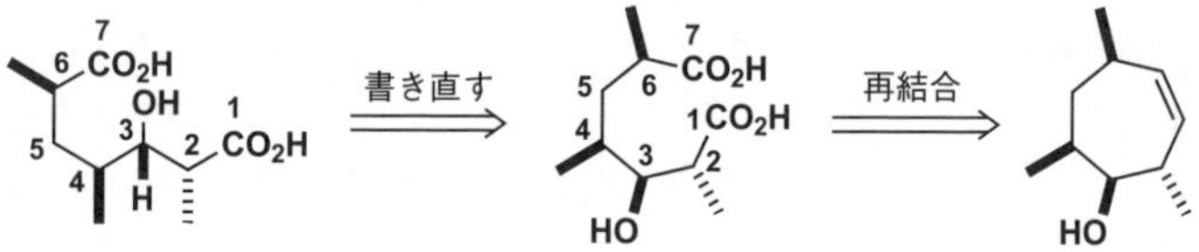

2　　**2a**　　**10**

実際の合成では，C2 位のメチル基はエノン **11** の嵩高い TBDMS 基の反対側からのクプラートの付加によって導入され，リチウムエノラート **12** を Me_3SiCl で捕捉すると化合物 **13** が得られた．シリルエノールエーテルは，オゾン分解，つづいて還元後，シリルエーテルを酸性条件で加水分解するとただちにラクトン化する．最後に第一級アルコールを Jones 酸化すると，化合物 **1** がエノン **11** から収率 12%で得られた．

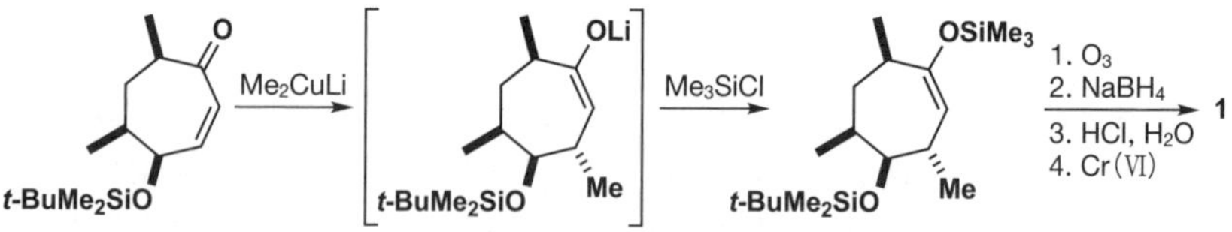

11　　**12**　　**13**

また，ラクトンは Baeyer-Villiger 酸化によってつくることができるので，化合物 **1** の場合にはシクロペンタノン **14** に逆合成できる．一般的に置換基の多いほうの炭素が転位するが（27 章），この場合はどちらになるか予測は難しい．エノラートのアルキル化で容易に導入できるメチル基を除去してケトン **15** に導くと，この問題を簡単に解決できる．ケトン **15** の側鎖をもつほうの炭素が立体配置保持で転位する．ケト

ン **15** は，さまざまな方法で合成できる[4]．ここで紹介した 3 例の詳細を含む多種多様な **1** の合成法に関しては総説を参照してほしい[1]．

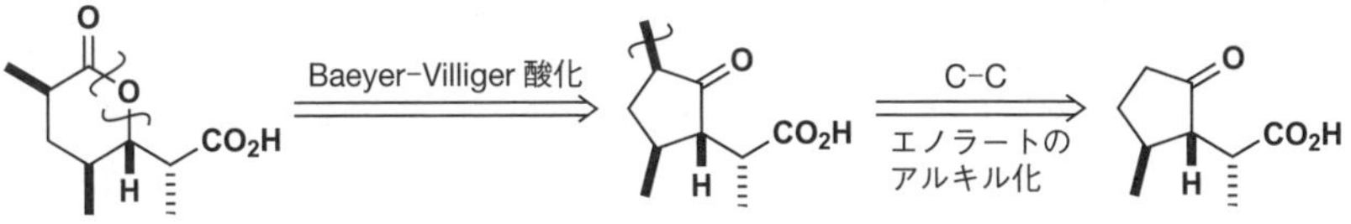

1c **14** **15**

Diels–Alder 反応を利用する合成

アルカロイドの合成で必要とされたジアルデヒド **16** についても，同じような立体化学の問題が生じる．**16** の 1,6-diCO の関係に着目した再結合によって **17** に導いた後，アセタールを除去すると，エノン **19** とブタジエンからの Diels–Alder 付加体 **18** が現れる．ほぼ平面状のエノン **19** には立体中心が一つあり，その炭素に結合した唯一の置換基はメチル基である．実際に Diels–Alder 反応はメチル基の反対側で起こり，望みとする立体異性体が得られる[5]．

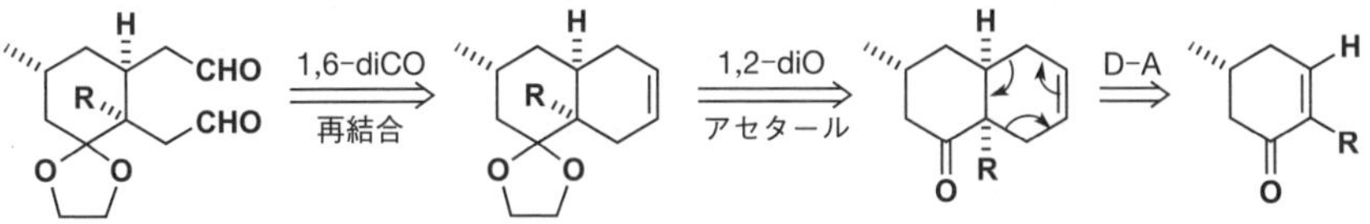

16 **17** **18** **19**

38・2 折れ曲がった分子における立体化学制御

シス縮合小員環（4 員環，5 員環および 6 員環）は，半分開いた本のような折れ曲がった立体配座をとる．4/4 縮合環 **20** は，ほとんど平面の環をもち，**20a** に示すようにちょうど本のようにみえる．**20a** は‘内側’（凹面またはエンド面）と‘外側’（凸面またはエキソ面）に二つの面をもつ．反応剤は，圧倒的に外側から接近しやすく，内側に置換基を導入することは難しい．同様に，5/4 縮合環ケトン **21** はエノラートを生成後，外側でアルキル化される．新しい置換基が環縮合部の水素と同じ側に導入されて **22** が得られることに注意してほしい．

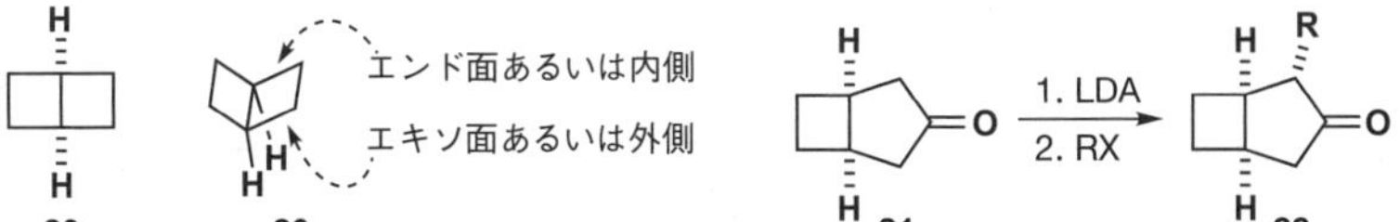

20 **20a** **21** **22**

腫瘍性化合物コリオリン（coriolin）**23** は，三つの縮合 5 員環と二つのエポキシドをもつ．3/5 縮合環と 5/5 縮合環の環縮合部の立体化学がシスであることに注意してほしい．コリオリンの合成は数多く報告されているが，大部分は折れ曲がった前駆体の立体化学を利用している[6]．いくつか例をあげよう．松本の合成は，アルケン **24** のヒドロホウ素化を利用している．ボランのシン付加によって **25** が生成し，ホウ素が立体配置保持で OH 基に置換されてアルコール **26** が得られる．ヒドロホウ素化は分子の外側，すなわち環縮合部の水素と同じ側で起こる[7]．

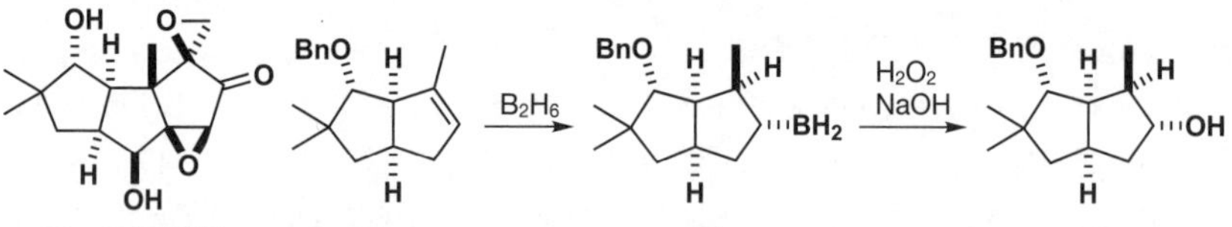

23 コリオリン　**24**　**25**　**26**

池上の合成には，特に興味深い段階がある[8]．ケトン **27** のエノラートのアリル化によってアリル基は折れ曲がった分子の外側に導入され，その結果，もとからあったメチル基が内側に押し込まれた化合物 **28** が得られる．ここでは，平面状のエノラートが中間体である．化合物 **28** からの変換で得られるジエノン **29** は竜田[9] と Danishefsky[10] の鍵合成中間体である．Danishefsky は **29** から位置および立体選択的な求核的エポキシ化と立体選択的還元で得られるアリル型アルコールに対し，VO(acac)$_2$ 共存下 *t*-BuOOH を用いたエポキシ化と酸化を経てコリオリンの合成を達成した．VO 錯体は *t*-BuOOH とアリル型アルコールとキレート構造をとり，OH 基に対してシン側から活性酸素を運搬する．詳細については文献[10] を読んでほしいが，このようにして右側のシス縮合した 5/5 および 5/3 縮合環をつくることができる．

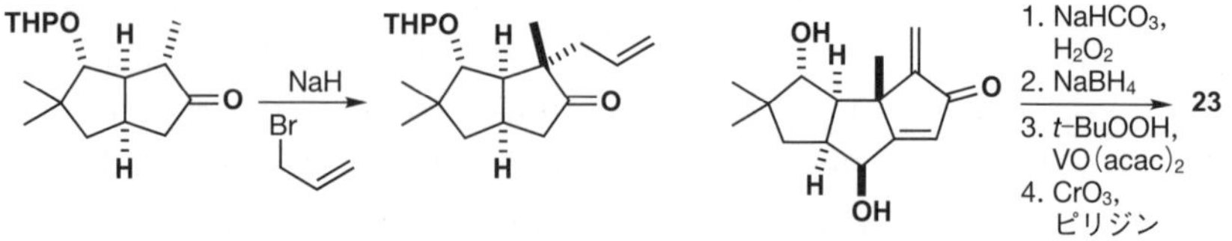

27　**28**　**29**

32 章で三環性化合物 **30**（32 章の化合物 **12**）の合成について述べたが，環縮合部の立体化学については説明しなかった．A/B 環は折れ曲がった構造をしているので，NaBH$_4$ を用いてケトンを還元すると，反応剤はエキソ面，すなわち環縮合部の水素と同じ側から攻撃すると考えられる．実際には，ラクトン **32** が単離された[11]．ラクトン **32** は，OH 基と CO$_2$Me 基が分子の同じ側にある場合にのみ生成する．したがって，化合物 **31** では予想どおりの立体中心が生みだされ，化合物 **30** は次に示す立体構造をとならなければならないことがわかる.

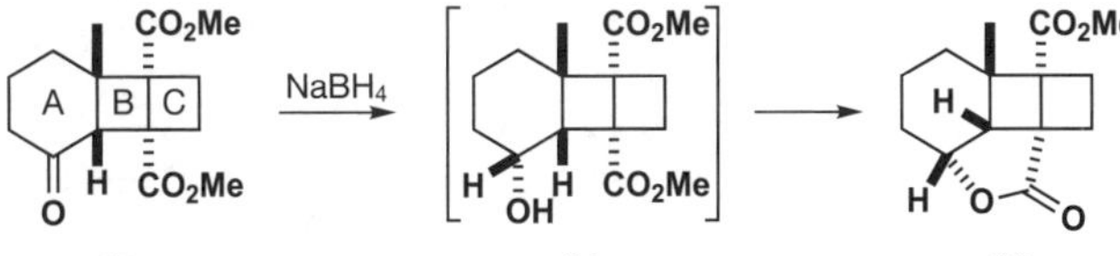

二つの 6 員環が縮合した化合物 **33** については，内側と外側がそれほど明らかではない．しかし，**33a** に示すように両方の環がいす形配座をとるときには，内側と外側が区別される．たとえ環縮合部に置換基が一つしかない化合物 **34** の場合でも，内側と外側は区別されている．

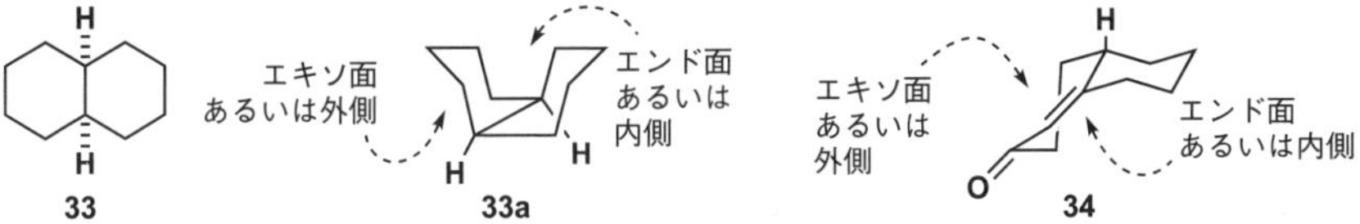

わかりやすい例は，Robinson 環化生成物 **36** の接触水素化である．水素が紙面の手前側からアルケンに付加し，シス縮合環 **35** が生成する．アルケンは触媒表面に配位しなくてはならず，これは紙面の手前のほうがずっと容易であることに注目しよう (**34** の立体配座を見ること)．ここでは，環縮合部のアキシアル位を占めるメチル基は，隣の環構造と比べれば小さい．しかし，反応剤がもう一つの環のアキシアルメチル基が結合した炭素の隣で反応するときには，攻撃は紙面の裏側から起こる．たとえば，水素化ホウ素ナトリウムを用いて **36** を還元すると化合物 **37** が得られる．

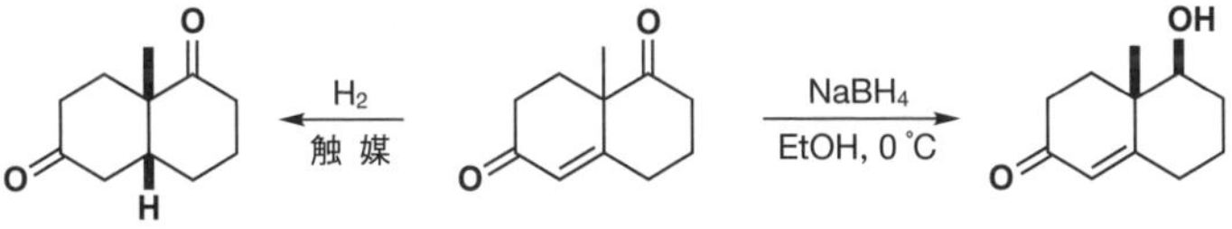

38・3　コパエンの合成

コパエン (copaene) **38** は，二つの 6 員環に 4 員環が閉じ込められた奇妙な構造をもつテルペンである．その合成はとても難しそうにみえる．Heathcock は，逆合成を容易にするためにいくつかの官能基を導入して **39** に導いた[12]．4 員環に着目すると，光化学的[2+2]付加環化をふまえた結合切断が考えられるが，実際の合成はうまくいきそうもない．トランス配置の二重結合を二つもつ 10 員環化合物 **40** が出発物となってしまうからである．

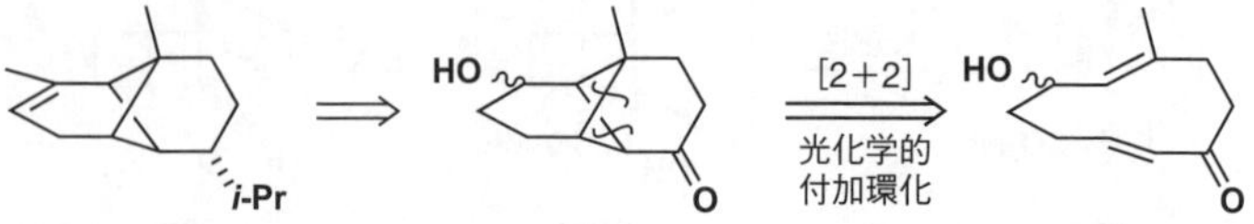

38 α-コパエン **39** **40**

39a に示すように 4 員環の結合を一つだけ切断すると，脱離基 X をもつケトンのエノラート **41** の分子内アルキル化反応が利用できることに気がつく．**41a** に示すように構造を書き直すと，前駆体は合成できそうな *cis*-デカリンとなることがわかる．

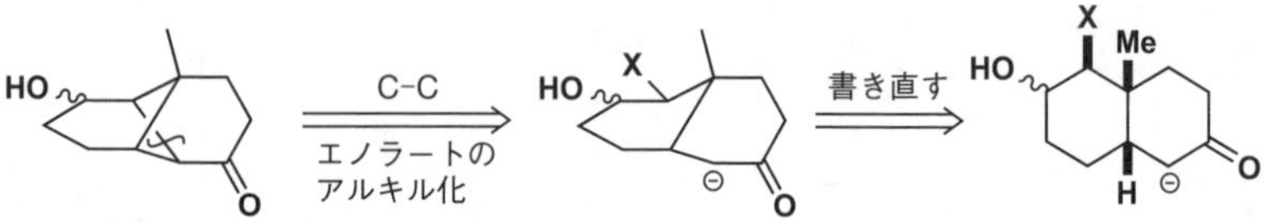

39a **41** **41a**

cis-デカリン **41** の X 基と OH 基は隣り合っているので，エポキシド **42** に逆合成するのがよさそうである．**42** はアルケン **43** からつくることができ，**43** は Robinson 環化生成物 **36** から合成できるに違いない．**36** の C=O 結合と C=C 結合の還元については上で述べた．

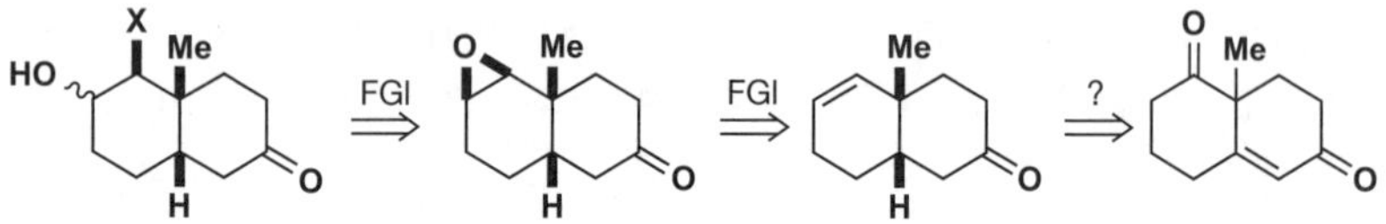

41 **42** **43** **36**

以下に化合物 **37** からの合成を示す．まず，**37** をトシル化して脱離基を導入した．得られた **44** の接触水素化は予想どおり立体選択的に進行した．エクアトリアル位にあるトシル基はほぼアルケンの平面内にあり，反応にはほとんど影響しない．脱離は 1 方向でのみ進行し，Robinson 環化生成物 **36** から数工程で化合物 **43** が得られる．

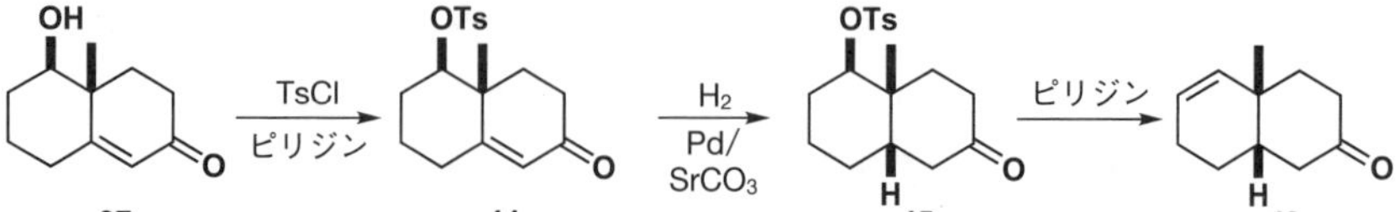

37 **44** **45** **43**

ケトン **43** はエポキシ化の前に保護する必要がある（Baeyer–Villiger 酸化を避ける）．エポキシ化は，折れ曲がった分子 **46** の外側から起こる．

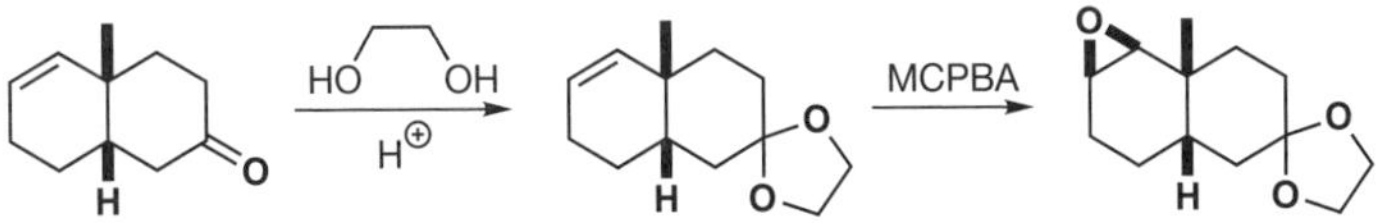

43　**46**　**47**

エポキシドを環化の脱離基として用いることができないのは明らかである．そこで，ベンジルオキシドアニオンで開環してアルコール **48** とした後，トシル化することによって活性化した．保護基を除去した後，**49** のエノラートの環化によって化合物 **50** が生成し，このものからコパエンが合成された．化合物 **49** からは，2 種類のエノラートが生成する可能性がある．もう一方のエノラートが環化すれば別の 4 員環を形成しそうだが，脱離基が遠く離れすぎている．

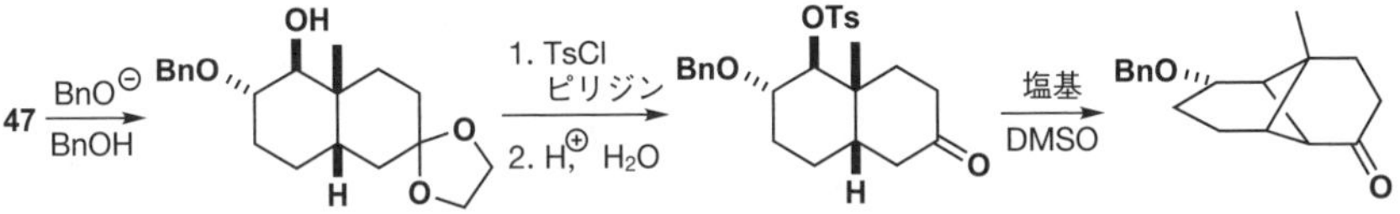

48　**49**　**50**

オキシアニオンは，エポキシドの立体障害の小さい炭素原子を攻撃して開環し，*trans*–ジアキシアル生成物 **48a** を生成する．これは，必然的にエンド面からの攻撃であるが，エポキシドのもう一方の炭素原子への攻撃は，折れ曲がった分子のまさに内側からのものとなり不利である．*cis*–デカリンなので，**48a** は平衡によって OH 基と OBn 基がエクアトリアル位を占める配座異性体 **48b** になる．**51** に示すように，この優先立体配座は環化のためにうってつけである．

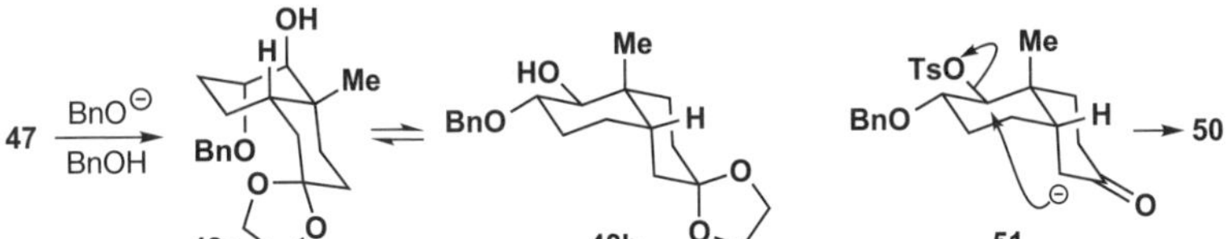

48a　**48b**　**51**

38・4　折れ曲がった分子の立体選択性のまとめ

求電子剤であろうと，求核剤であろうと，反応剤は折れ曲がった分子の外側（エキソ面）から接近しやすい．折れ曲がった分子とは，4 員環，5 員環または 6 員環がシス縮合したものである．二つのアルキル基 R^1 と R^2 をもつケトン **54** の合成のように，

R^1 が内側（エンド面）に必要ならば，最初に R^1 を導入する．つまり，逆合成では，最初に R^2，次に R^1 との結合切断を行う．置換基が一つだけでエンドならば，R^2 は H である（R^2X が HX となることに注意してほしい）．

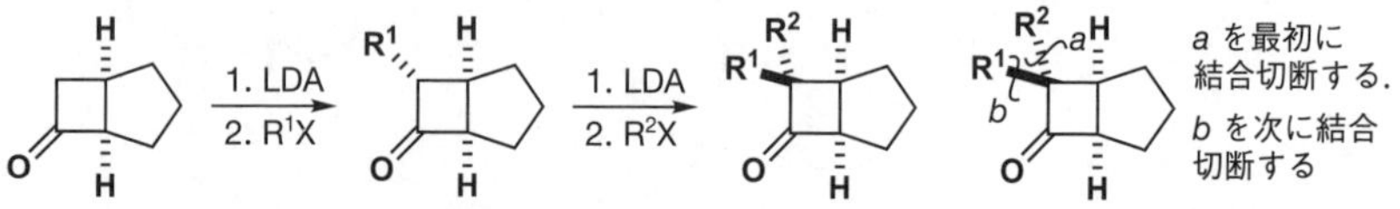

52　53　54　54a,b

38・5 ジュバビオンの合成

ジュバビオン（juvabione）**55** は，バルサムモミが害虫防御物質として産生する幼若ホルモン類似化合物であり，幼虫が成虫に変態するのを阻害する．**55** は一つの 6 員環と二つの隣接した立体中心をもち，そのうち一つは環内に，もう一つは環外にある．α,β-不飽和エステルに着目すると切断法は一目瞭然であり，1,6-diCO の関係をもつトリカルボニル化合物 **56** に導くことができる．**56** を再結合するとジュバビオンとは異なるシクロヘキセン **57** が得られる[13]．しかし，この化合物は間違いなく合成できるが，立体化学を制御するよい方法が見つからない．

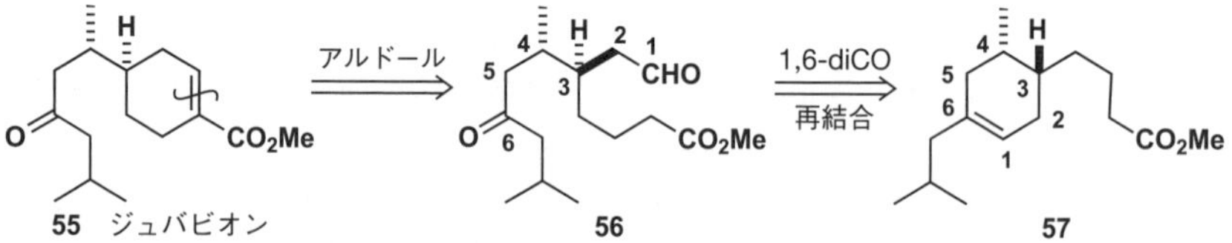

55 ジュバビオン　**56**　**57**

Schlutz と Dittami はもっと思い切った逆合成を考えた[13]．**55a** に示す結合切断によって側鎖のイソブチル基を除去した後，不飽和エステルをカルボニル基の位置が間違っているようにみえるケトン **59** に導くものである．

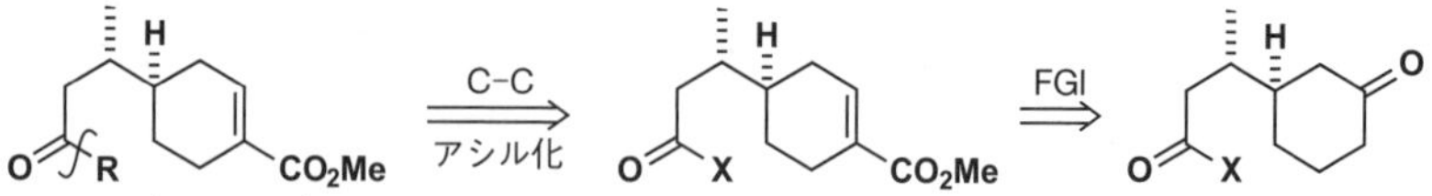

55a（R = *i*-Bu）　**58**　**59**

この逆合成が選ばれた理由は，新たな 1,6-diCO の関係をもつ **59** からの非常に興味深い再結合を見れば明らかである．**59** の酸化度を調節すると，ラクトン **61** へと再結合することができ，このものはケトン **62** の Baeyer-Villiger 酸化生成物である．

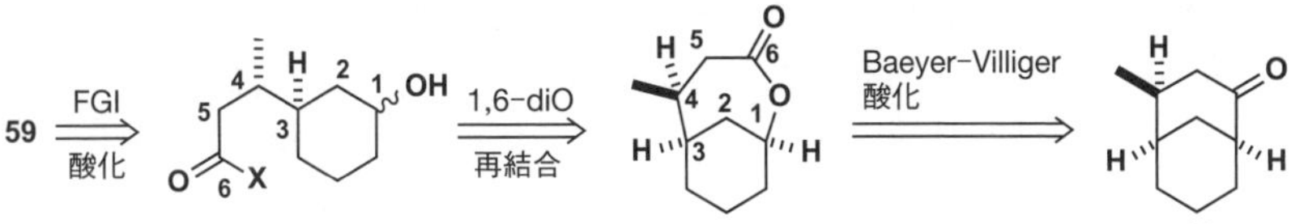

60 61 62

ここでは，三つの立体中心すべてが堅固な骨格 **62a** 上にあるので，立体化学の制御がしやすくなっている．FGA により **62** に二重結合を導入してから，次に Schlutz と Dittami は **63** のアルドール反応をふまえた結合切断を行ったと思うだろう．ジケトン **64** は対称であり，化合物 **63** へとうまく環化するだろう．

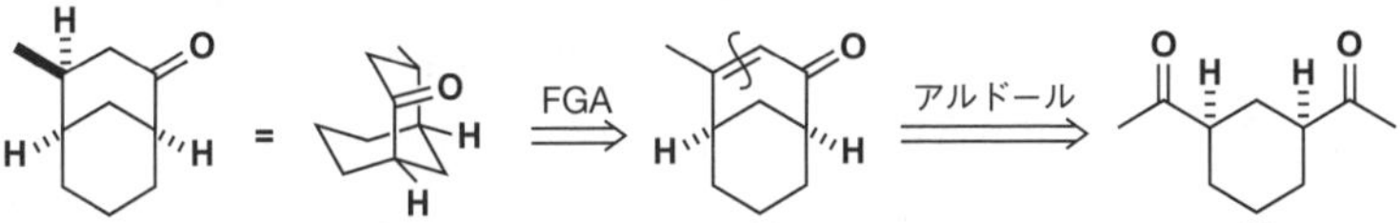

62 62a 63 64

しかし，彼らはこのようにして **63** を合成したのではない．彼らは 37 章で述べたシクロヘキセノンのアルキル化を利用する方法を選んだ．ここでは，エノールエーテル **68** に対して 3 回のアルキル化を行う．1 回は求核剤との反応，2 回は求電子剤との反応である．したがって，**63a** と **66** に示す結合切断により，メチル基の求核付加を挟んで 2 回のアルキル化に用いる C3 側鎖部が切出される．

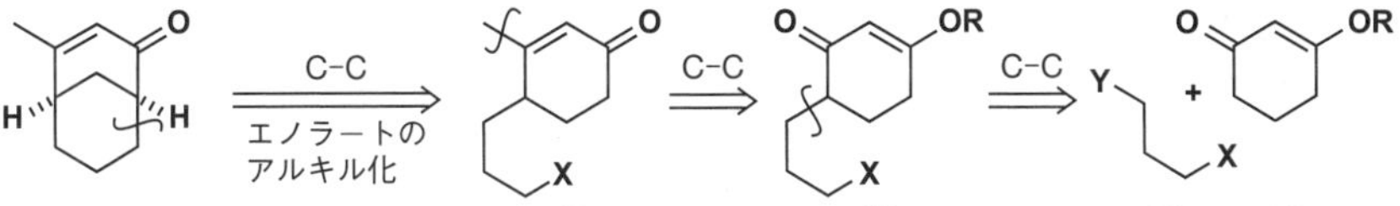

63a 65 66 67 68

最初の段階では，一方の端が他端よりも速く反応するように化合物 **67**（X = Cl, Y = I）を用いた．中間体 **65**（X = Cl）を用いた場合には良好な収率で環化体 **63** を得ることはできなかったが，Cl を優れた脱離基である I に置換すると環化は非常にうまくいった．37 章でこのような反応に用いるエノールエーテルは対称であるべきだと述べたが，エノールエーテル **68** のアルキル化では，MeMgBr の付加と転位を経て異性体 **65** のみが得られることに注意してほしい．

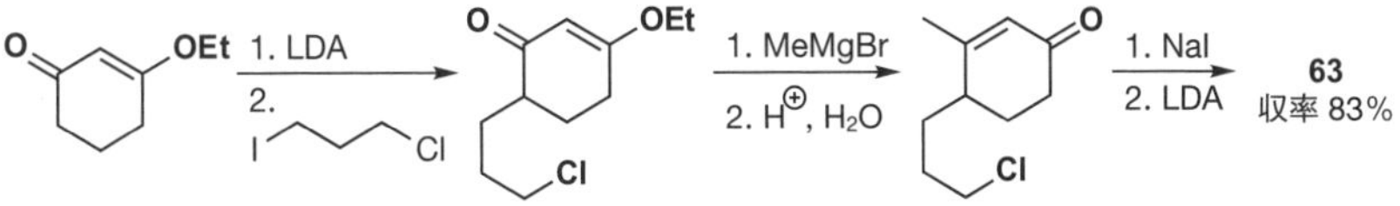

68（R = Et） **66**（X = Cl） **65**（**68** から収率 50%）

化合物 **63** の接触水素化は定量的に進行し，目的のケトン **62** が高い立体選択性（25：1）で得られた．Baeyer–Villiger 酸化の位置選択性（12：1）も高く，ラクトン **61** が異性体よりも優先して得られた．しかし，**61** を直接 **60**（X = *i*–Bu）に変換しようと試みたが，低収率だった．

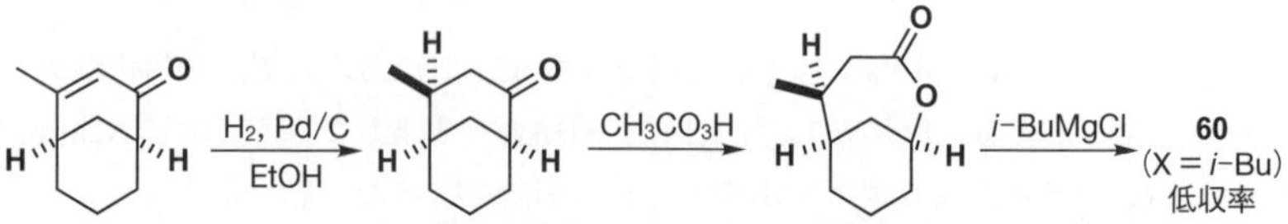

63　　**62**　収率 99%　　**61**　収率 50%

そこでいったん，ラクトン **61** をメタノールで開環した後，OH 基を嵩高い *t*–BuMe$_2$Si 基で保護した．シリルエーテル **69** は *i*–BuMgCl ときれいに反応し，**61** から収率 90%でケトン **70**（R = TBDMS）が得られた．TBDMS 基を除去したケトン **70**（R = H）は，Ficini の合成中間体である[14]．**70**（R = TBDMS）からジュバビオンへの変換は，Ficini の合成をたどる．

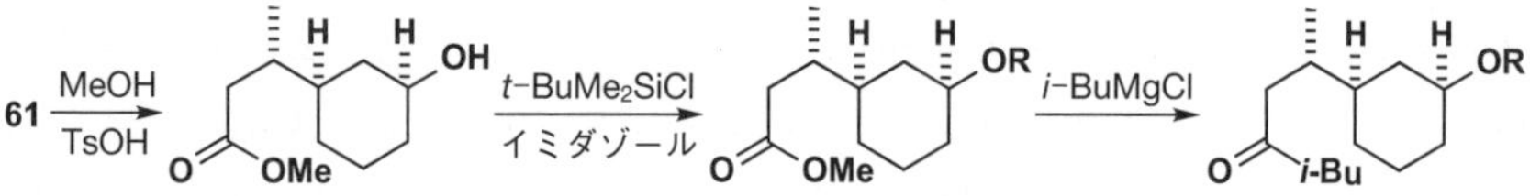

60（X = OMe）　　**69**（R = TBDMS）　　**70**（R = TBDMS）

ケトン **70**（R = TBDMS）をアセタールとして保護した後，フッ化物イオンでシリル基を除去するとアルコール **71** が得られる．**71** は PCC（10 章）によってケトン **72** へ酸化された．

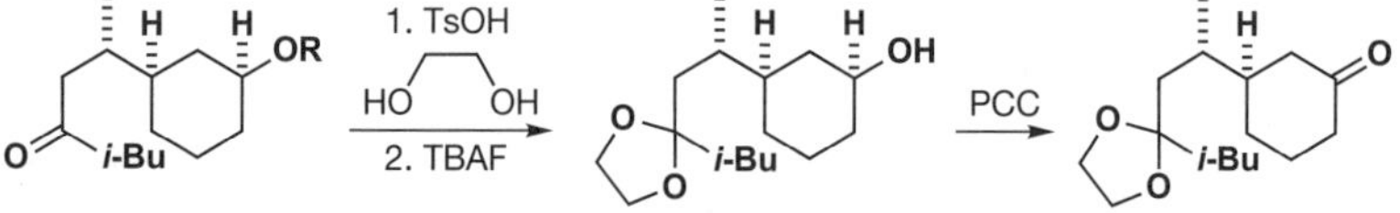

70（R = TBDMS）　　**71**　収率 91%　　**72**　収率 97%

新たなケトン基は，エステル基を立体障害の小さい側に位置選択的に導入するために用いられている（あとで消失する）．ケトンを還元すると，アルコール **73** とそのエ

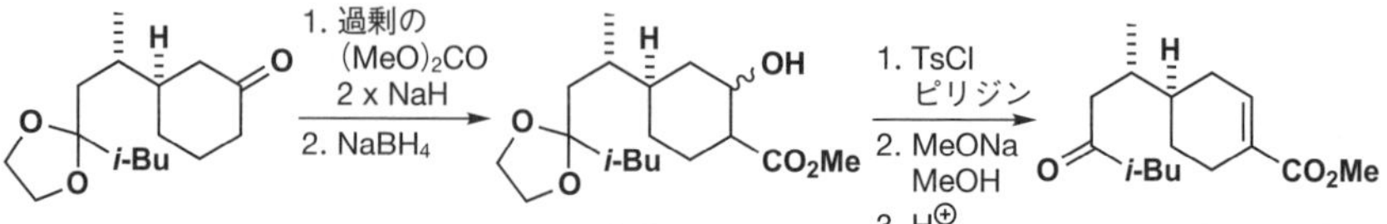

72　　**73**　収率 60%　　**55**　収率 55%

ピマーの混合物が得られる．トシル化と脱離によって共役エステルが得られるが，E1cB 機構によるために OTs 基が結合した炭素の立体化学は重要ではない．最後に脱保護すると，ジュバビオン **55** が得られる．

この合成が長いと感じるのはもっともだが，他のもっと短工程の合成では立体化学が制御されていない．最も短工程の合成[15]では，Diels–Alder 反応と HWE 反応によって素早くエノン **75** が得られるが，還元の立体選択性があまりよくない．

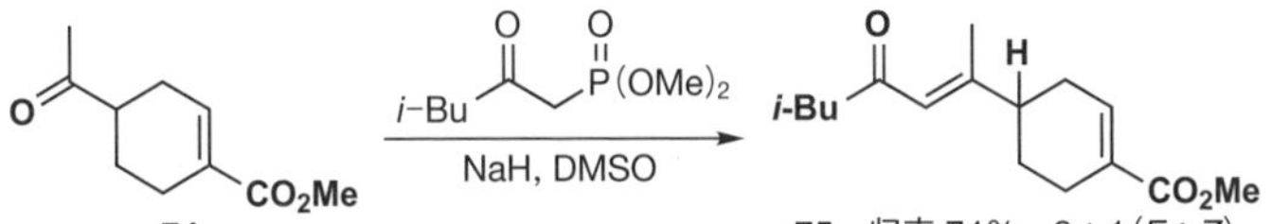

74　**75**

Birch の合成は，最初の段階がうまくいかなかった．ジエン **76** とエノンの Diels–Alder 反応によってジュバビオンの全骨格をもつ化合物が得られたが，エキソ体 **77** とエンド体 **78** の 1：1 混合物であった．また，これらの化合物から最終生成物までも，多くの工程が必要である[16]．

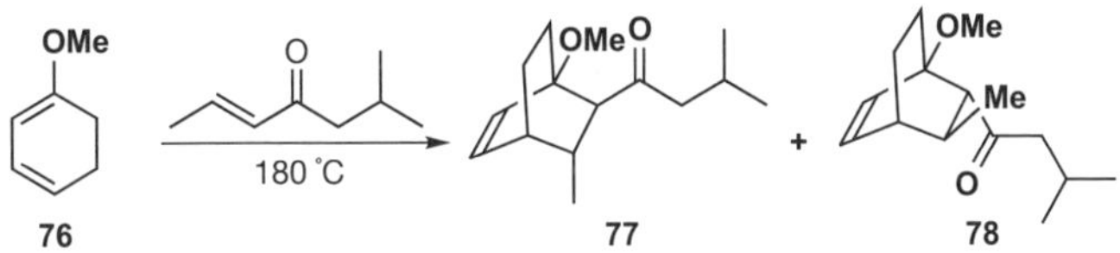

76　**77**　**78**

立体化学は有機合成を立案するうえで，最も難しいが最もおもしろい点でもある．最近，ジアステレオ選択性やエナンチオ選択性の研究が大いに発展してきた．これらのテーマについては，"Strategy and Control"[17] で詳しく述べられている．

文　　献

1. S. F. Martin and D. E. Guinn, *Synthesis*, 1991, 245.
2. P. D. Bartlett and J. L. Adams, *J. Am. Chem. Soc.*, 1980, **102**, 337.
3. J. D. White and Y. Fukuyama, *J. Am. Chem. Soc.*, 1979, **101**, 226.
4. P. Grieco, Y. Ohfune, Y. Yokoyama and W. Owens, *J. Am. Chem. Soc.*, 1979, **101**, 4749；P. M. Wovkulich and M. R. Uskokovic, *J. Org. Chem.*, 1982, **47**, 1600.
5. T. Harayama, M. Takanati and Y. Inubushi, *Tetrahedron Lett.*, 1979, **20**, 4307.
6. J. Mulzer, H.-J. Altenbach, M. Braun, K. Krohn and H. U. Reissig, *Organic Synthesis Highlights*, VCH, Weinheim, 1991, p.323.
7. T. Ito, N. Tomiyoshi, K. Nakamura, S. Azuma, M. Izawa, F. Maruyama, M. Yanagiya, H. Shirahama and T. Matsumoto, *Tetrahedron Lett.*, 1982, **23**, 1721；*Tetrahedron*, 1984, **40**, 241.
8. M. Shibasaki, K. Iseki and S. Ikegami, *Tetrahedron Lett.*, 1980, **21**, 3587；K. Iseki, M. Yamazaki, M. Shibasaki and S. Ikegami, *Tetrahedron*, 1981, **37**, 4411.
9. K. Tatsuta, K. Akimoto and M. Kinoshita, *J. Antibiotics*, 1980, **33**, 100.
10. S. Danishefsky, R. Zamboni, M. Kahn and S. J. Etheredge, *J. Am. Chem. Soc.*, 1980, **102**, 2097

and 1981, **103**, 3460.
11. G. L. Lange, M.-A. Huggins and E. Neiderdt, *Tetrahedron Lett.*, 1976, **17**, 4409.
12. C. H. Heathcock, R. A. Badger and J. W. Patterson, *J. Am. Chem. Soc.*, 1967, **89**, 4133.
13. A. G. Schultz and J. P. Dittami, *J. Org. Chem.*, 1984, **49**, 2615.
14. J. Ficini, J. d'Angelo and J. Nioré, *J. Am. Chem. Soc.*, 1974, **96**, 1213.
15. M. Fujii, T. Aida, M. Yoshikara and A. Ohno, *Bull. Chem. Soc. Jpn.*, 1990, **63**, 1255.
16. A. J. Birch, P. L. Macdonald and V. H. Powell, *Tetrahedron Lett.*, 1969, **10**, 351.
17. P. Wyatt and S. Warren, *Organic Synthesis: Strategy and Control*, Wiley, Chichester, 2007, chapters 20～31.

39 芳香族ヘテロ環化合物

本章に必要な基礎知識（“ウォーレン有機化学”の以下の章参照）
43 章 芳香族ヘテロ環化合物 I：構造と反応
44 章 芳香族ヘテロ環化合物 II：合成

芳香族ヘテロ環化合物には，さまざまな形をしたものがある．たとえば，フラン **1**，イミダゾール **2** およびチアゾール **3** は一つまたは二つのヘテロ原子をもつ 5 員環化合物である．また，ピリジン **4** やピリミジン **5** のような 6 員環化合物もあれば，インドール **6** やイソキノリン **7** のように二つの環が互いに縮合しているものもある．置換基をもつ芳香族ヘテロ環化合物は，医薬，農薬，香料，食品および染料の化学において重要である．この幅広い分野については，事典や成書[1)]が出版されている．現在知られている有機化合物の約半分以上が芳香族ヘテロ環化合物に属している．本章では，芳香族ヘテロ環化合物を合成するために用いられる一般的な戦略について簡単に紹介する．

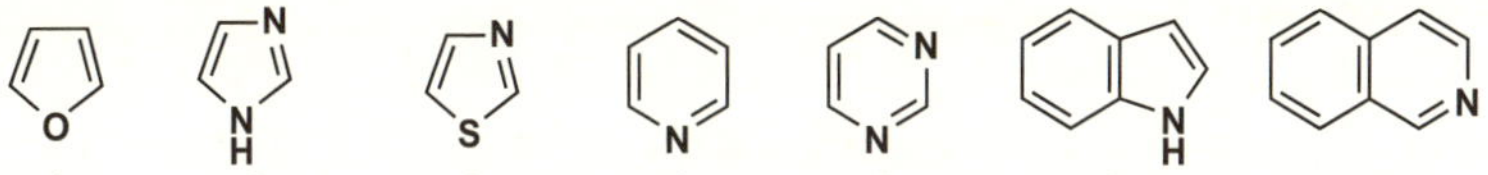

1 フラン　**2** イミダゾール　**3** チアゾール　**4** ピリジン　**5** ピリミジン　**6** インドール　**7** イソキノリン

39・1 炭素－ヘテロ原子結合切断

多くのヘテロ環化合物は炭素とヘテロ原子間の結合形成によって合成される．したがって，合成計画を立てるときには，炭素求電子剤の酸化度を正しく整えることが重要である．ピロール **8** の一方の C－N 結合を切断すると，ケトン基とアミノ基をもつ化合物 **9** が得られる．ピリジン **10** をイミンに着目して逆合成すると化合物 **11** が導かれ，このものもケトン基とアミノ基をもつ．**9** と **11** はいずれも不安定であり，実際の合成中間体にはなりそうもないが，切断箇所は重要である．これらの炭素求電子剤は，アルデヒドまたはケトンの酸化度をもつ．

一方，ピリドン **12** を逆合成すると，アミノ基とカルボキシ基をもつ不安定な化合物 **13** が導かれる．化合物 **8**，**10**，**12** をこれらの中間体から合成することはないが，**12a**, **14** および **15** の黒丸で示す炭素がカルボン酸の酸化度をもつことに気づくことが重要である．

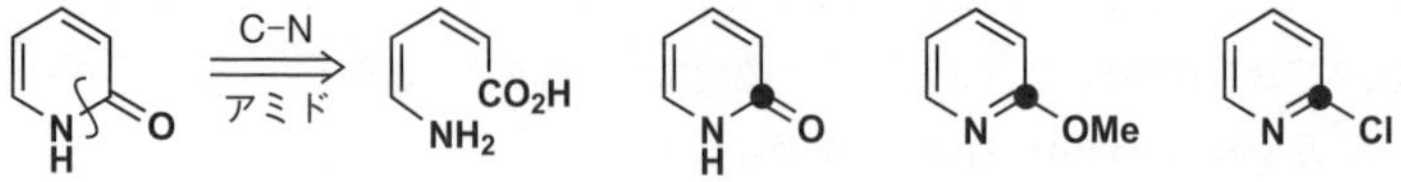

酸化度に注意してさっそくピロール **16** を合成してみよう．両方の C−N 結合を切断すると, 適切な酸化度をもつ中間体である 1,4−ジケトン **17** に導くことができる. このものは 25 章で述べた方法で合成できる. **17** をアンモニアと反応させると **16** が得られる．一方，フラン **18** を合成する場合には余分なヘテロ原子を導入する必要はなく，ジケトン **17** を酸性条件下で環化させるとフラン **18** が得られる．

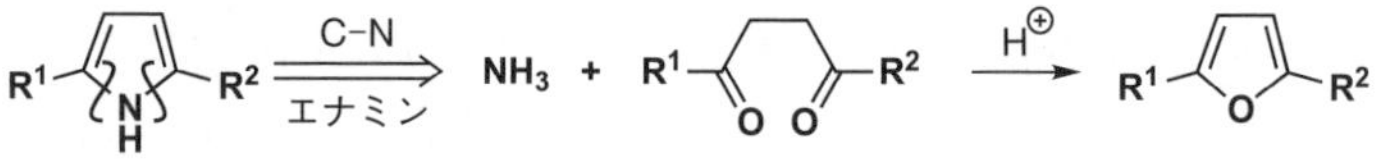

ピロールの合成

簡単な例として，ピロール **19** の合成をあげる．**19** は抗炎症薬クロピラック（clopirac）の合成で必要とされた化合物である．二つの C−N 結合を切断すると，‘アセトニルアセトン’として市販されているジケトン **20** と単純な芳香族アミン **21** に導くことができる．合成は，両者を混ぜ合わせればよい．この方法によって，さまざまな N 置換ピロール誘導体を合成できる[2)]．

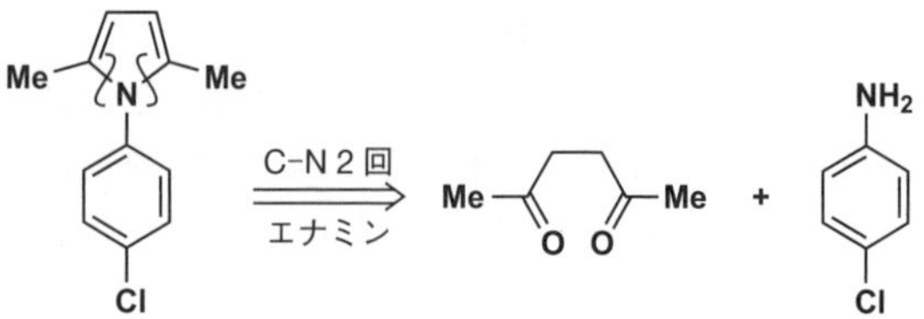

1,4−ジカルボニル化合物が非対称な場合には, 25 章で述べた方法によって合成しなくてはならない．ここでは Yadav が報告している化合物 **22** の合成をあげる[3)]．**22** か

ら導かれる 1,4-ジケトン **23** は，BuCHO に対応する d^1 反応剤を用いるエノン **24** への共役付加をふまえて枝分かれ部で結合切断できる.

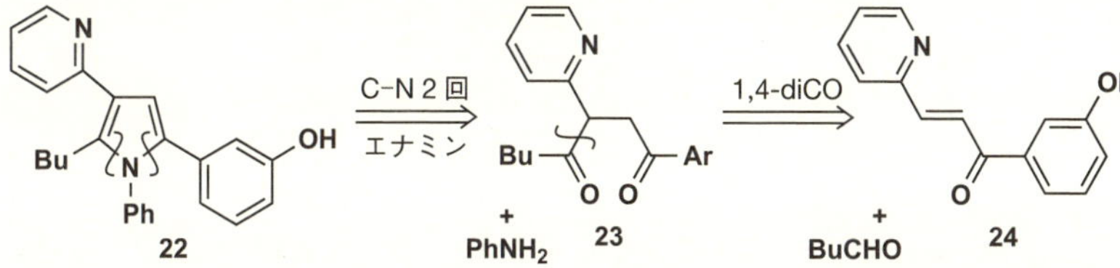

25 章で示したどの d^1 反応剤も用いることができそうだが, 実際の合成では Stetter[4] によって創出されたチアゾリウム塩 **25** を触媒として用いる方法（Stetter（ステッター）反応）が選ばれた．**25** も芳香族ヘテロ環化合物である．Yadav は，1 段階目の反応を促進するためにマイクロ波を照射し, 2 段階目では Lewis 酸触媒として $Bi(OTf)_3$ を用いてイオン液体 ［bmim］［BF_4］ **26**[5] 中で反応を行った．**26** も芳香族ヘテロ環化合物である．**26** のようなジアルキルイミダゾリウム塩は，イミダゾールを 2 回アルキル化するだけで容易に合成できる[6].

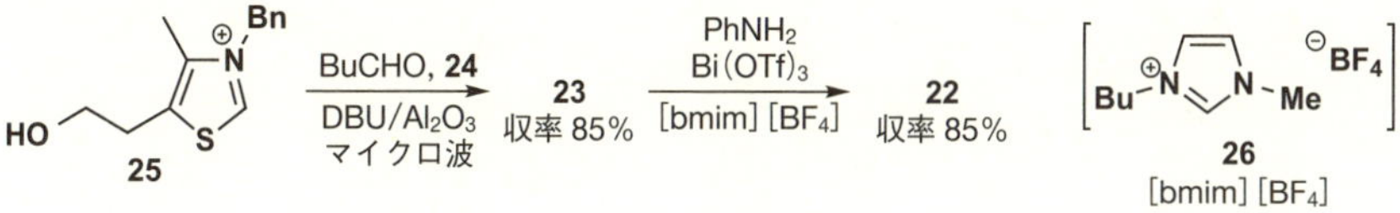

39・2 チアゾール

二つの異なるヘテロ原子をもつ芳香族ヘテロ 5 員環化合物をつくるときには，位置選択性の問題が生じる．非対称なチアゾール **27** のイミンに着目して C−N 結合を切断すると，不安定な第一級エナミン **28** が得られる．さらにチオエステルの C−S 結合を切断すると, アシル化剤 **29** と明らかに不安定なメルカプトエナミン **30** が導かれる．環化を行うためには，**30** は二重結合の同じ側に SH 基と NH_2 基をもたなければならない．別のもっとよい方法を探そう．

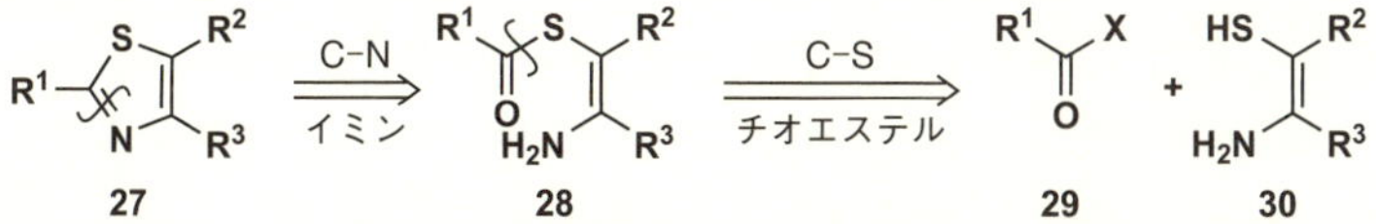

ヘテロ原子が多くなると，それだけ結合切断の選択肢も増える．**27a** に示すようにエナミンに着目して C−N 結合を切断した後，**31** に示す C−S 結合の切断を行うと，無理のない α-ハロケトン **33** と不安定にみえるイミン **32** が導かれる．幸いなことに，イミン **32** はチオアミド **34** の互変異性体である．チオケトンは不安定だが，チオアミ

ドは共役によって安定化されている.

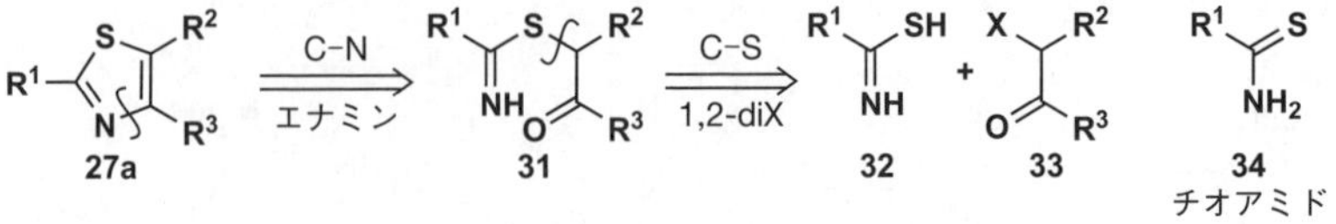

この戦略は，たいていのチアゾール合成に用いられる．位置選択性の問題は，どのように反応剤が結合するかによって決まり，二つの可能性がある．硫黄原子は窒素原子と同じように，ケトンあるいは飽和炭素のいずれも攻撃できる．しかし，硫黄原子が S_N2 反応に特に優れているのに対して，窒素原子はカルボニル基への付加反応を起こしやすい．したがって，化合物 **35** ではなく化合物 **27** が生成物となる．中間体は単離されず，いったん C−S 結合か C−N 結合のいずれかが生成すれば，環化と芳香族化は速い．このことは，芳香族ヘテロ環が芳香族ではないヘテロ環よりもつくりやすいことを示している.

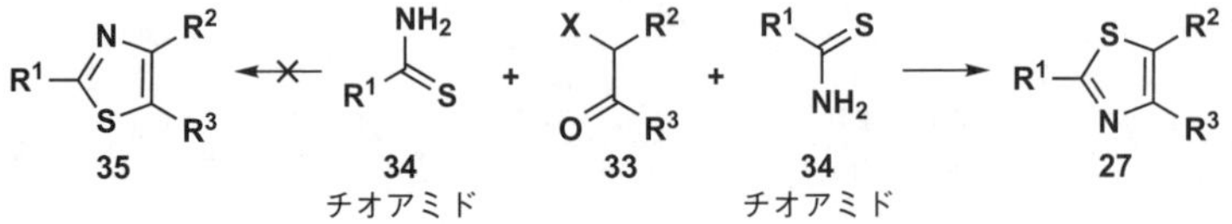

簡単な例として，抗炎症薬フェンチアザック (fentiazac) **36**[7] の合成をあげる．C−S 結合と C−N 結合を同時に切断すると，チオベンズアミド **37** と α-ハロケトン **38** に導くことができる．**38** は，環状酸無水物を用いる Friedel-Crafts 反応（28 章）によって得られるケトン **39** から合成できる.

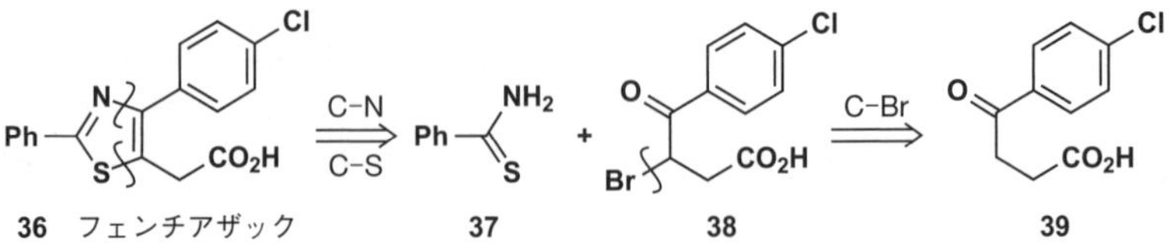

Stetter 反応で用いられるチアゾリウム塩 **25** の合成では，異なった戦略が用いられている．最初の結合切断でベンジル基を除去して **40** に導くのは明白であり，このものは α-クロロケトン **41** とチオホルムアミド **42** に逆合成できる.

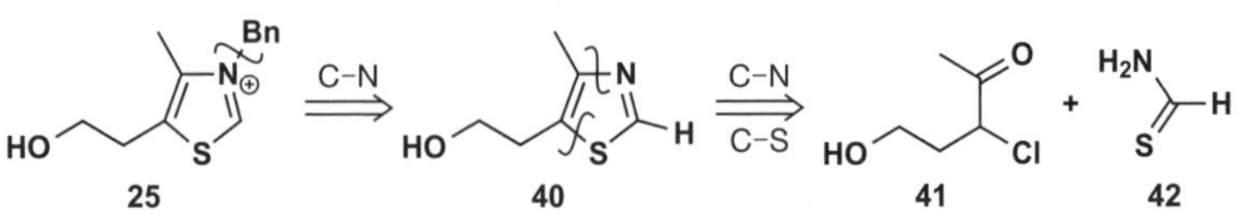

41 はヒドロキシケトン **43** から塩素化によって簡単に合成できると思うかもしれないが，どのようにしてエノール化の位置選択性を制御すればよいだろうか．一つの方法は CO_2Et 基を導入して **44** に導くことである．**44** は C−C 結合切断によりエチレンオキシドとアセト酢酸エチル **45** に逆合成できる．

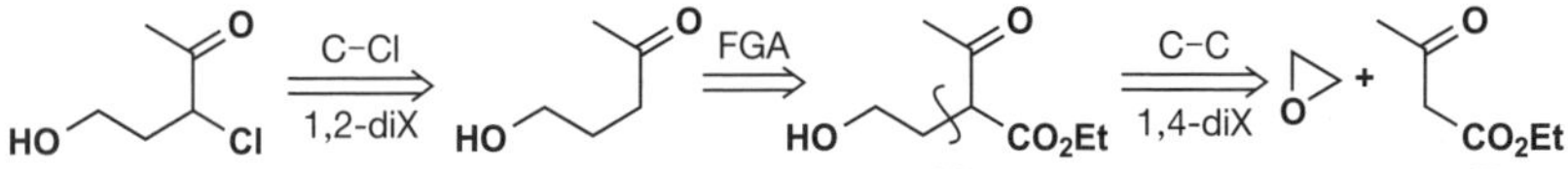

41　**43**　**44**　**45**

エチレンオキシドと **45** との反応については，すでに 25 章で述べた．実際の中間体はラクトン **46** であり，このものを塩素化すると良好な収率で **47** が得られる．**47** を硫酸で処理すると **41** が生成し，中和した後 **42** と反応させるとチアゾール **40** が合成できる[8]．

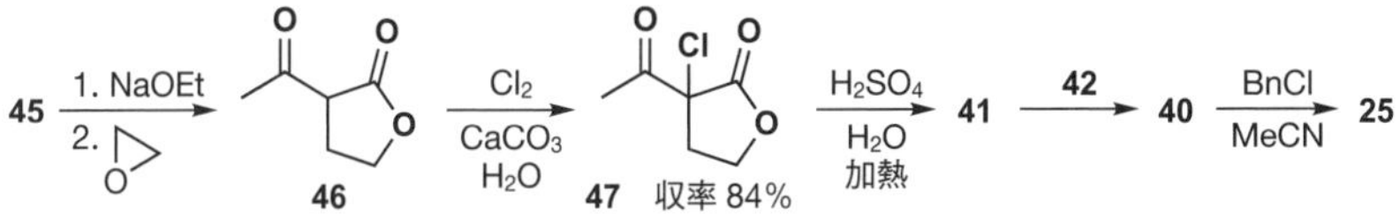

46　**47**　収率 84%

チアゾール **40** は，ビタミン B_1 製造の中間体であるため市販されている．特許に報告されている合成は上の例とはかなり異なり，出発物として二塩化物 **49** を用いている．チオホルムアミド **42** 共存下，**49** をギ酸で処理すると **40** が得られる[9]．

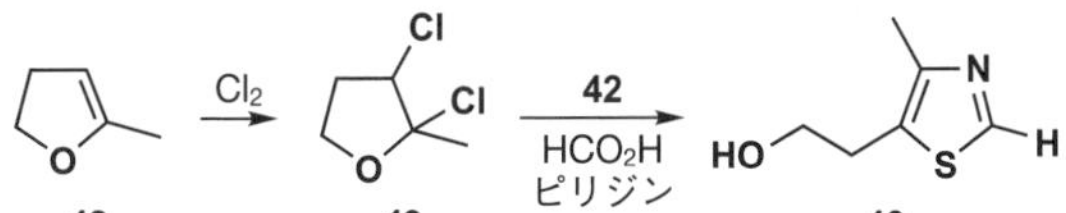

48　**49**　**40**

39・3　6 員環化合物：ピリジン

ピリジン **50** の両方の C−N 結合を切断すると，エンジオン **51** が導かれる．環化が起こるためには **51** の二重結合は Z 配置でなければならないが，(Z)-共役エノンはかなり不安定である．この場合，FGR（functional group removal，官能基除去）によって **51** の二重結合を除去して飽和 1,5-ジケトン **52** とすると合成が容易になる．**52** は 21 章で述べた方法で合成できる．通常，エノラートのエノンへの共役付加が用いられる．

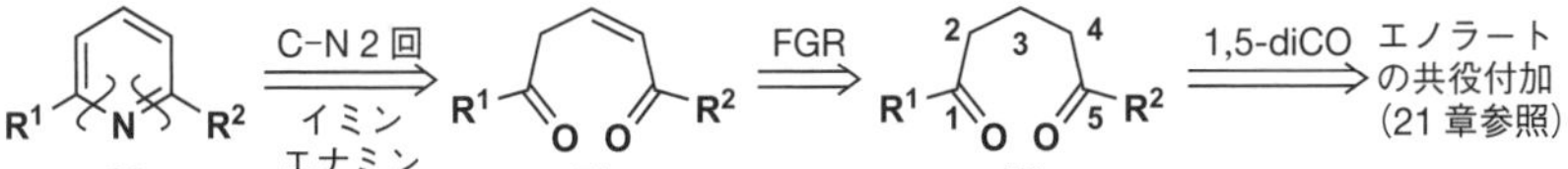

50　**51**　**52**

ジケトン **52** をアンモニアで処理するとジヒドロピリジン **53** が得られる. **53** はさまざまな酸化剤により容易に酸化されてピリジン **50** へと変換される. 生成物が芳香族であるので, **53** の C4 位にある水素は容易に除かれる. 生化学を勉強していれば, この化合物が NADPH に似ていることに気がつくだろう.

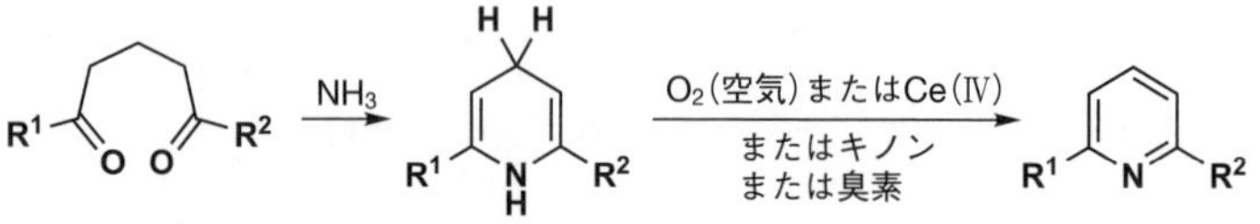

52　**53**　**50**

酸化に手間をかけたくないのならば, アンモニアの代わりにヒドロキシルアミンを用いるとよい. この場合には, 中間体であるジヒドロピリジンが不安定であり, **54** に示すように容易に脱水が起こる. 弱い N−O 結合の開裂を伴って, 二つの H のうち一つがプロトンとして脱離してピリジン **50** と水が生成する.

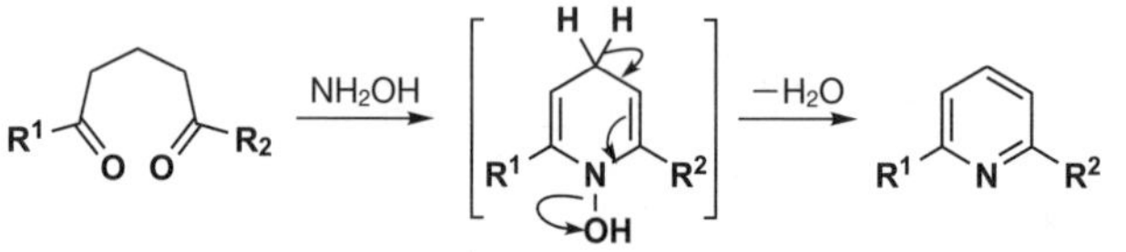

52　**54**　**50**

この合成経路がいかに容易かを示す簡単な例をあげる. 二環性ピリジン **55** は, 二つの C−N 結合を切断した後, FGR によって二重結合を除去するとジケトン **56** に導くことができる. **56** の枝分かれ部で結合切断を行うと, シクロヘキサノンのエノラート等価体とエノン **57** に逆合成できる.

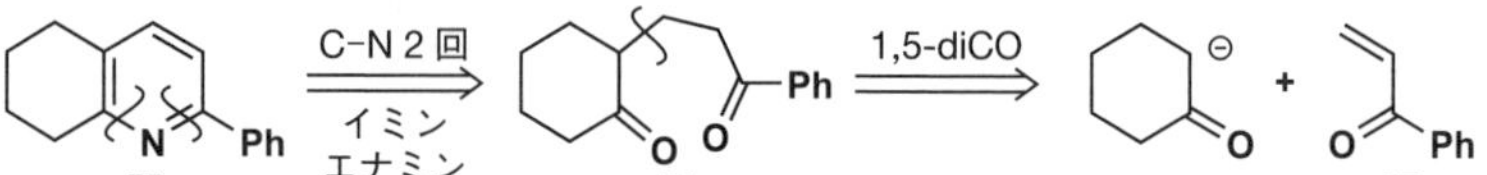

55　**56**　**57**

21 章で述べたように, 化合物 **57** のようなビニルケトンは不安定であるので, 代わりに Mannich(マンニッヒ) 塩基を用いることが多い. この例は大変うまくいく. Mannich 塩基 **58** とシクロヘキサノンを加熱すると 1,5-ジケトン **56** が得られ, **56** をヒドロキシルアミンの塩酸塩と反応させると, ピリジン **55** が得られる. いずれの工程も収率はきわめて高い[10].

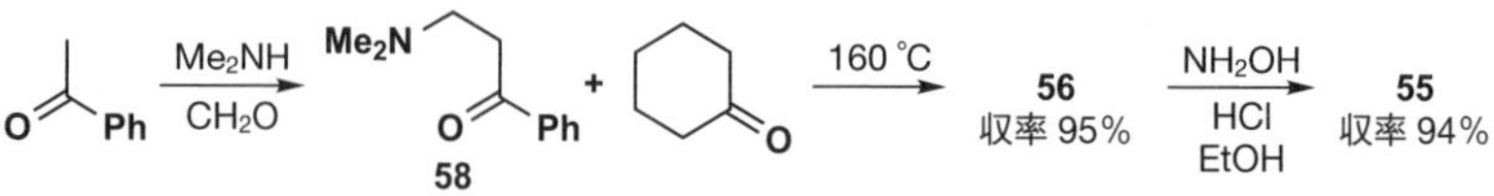

58

ピリドンはフェノール **61** とは異なり，エノール形の互変異性体 **59** ではなくアミド形の互変異性体 **60** として存在する．フェノールのエノール形互変異性体 **61** には芳香族性があるが，ケト形互変異性体 **62** では芳香族性がなくなる．一方，ピリドンでは **60** のアミドの窒素の非共有電子対が非局在化しているため，どちらの互変異性体にも芳香族性がある．C=O 結合が強い分，**60** のほうが **59** よりも安定である．

59 **60** **61** **62**

どちらの互変異性体から逆合成を行っても問題は生じない．化合物 **63** の両方の C−N 結合を切断するとケト酸 **64** が導かれ，さらに二重結合を除去すると単純な 1,5-ジカルボニル化合物 **65** に逆合成できる．実際，**65** をアンモニアと反応させて得られるジヒドロピリジンを酸化すると **63** が合成できる．

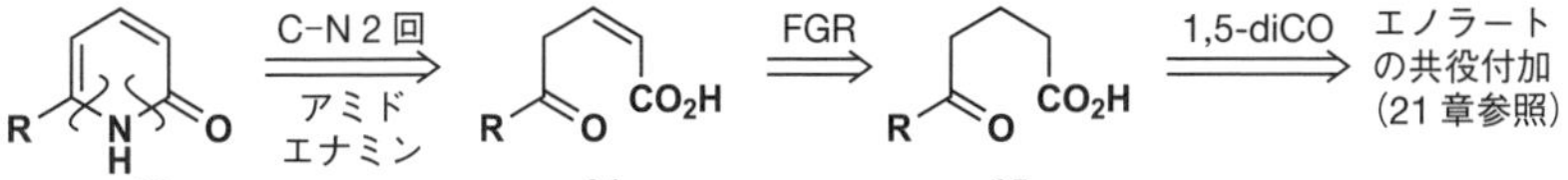

63 **64** **65**

39・4 ピリミジン

ピリミジン **66** は，ピリジンの CH を一つ N で置き換えた芳香族へテロ環化合物であり，二つの窒素原子は 1,3 の関係にある．ピリミジンは，シトシン **67** やチミン **68** などのピリミジン塩基として核酸に含まれているが，それらはピリミドンであることに気づくだろう．重要な新型の抗がん剤であるグリベック®(Gleevec®または Glivec®，イマチニブ）**69** は，ピリジン環がつながったピリミジン構造をもつ．

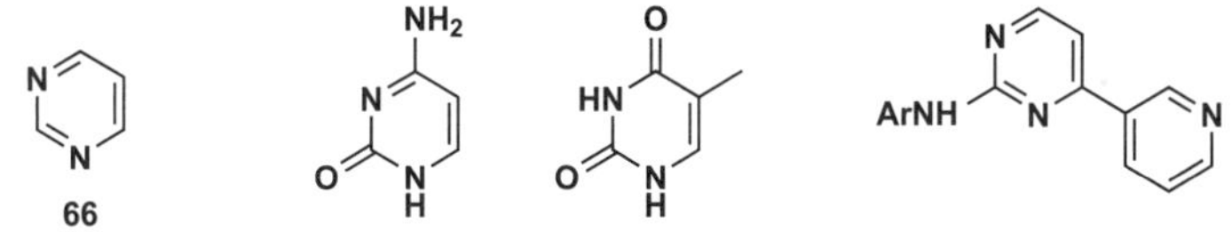

66 ピリミジン　**67** シトシン　**68** チミン　**69** グリベック

アホクス（Aphox®）**70** は，テントウムシを害することなくアブラムシを駆除するために用いられる化合物であり，ピリミジン環を含んでいる．**70** のウレタンを除去するとピリミジン **71** が導かれるが，これはむしろピリミドン **72** と書くべきである．二つの C−N 結合を切断すると，簡単な二つの出発物，すなわち入手可能なジメチルグ

アニジン **73** とアセト酢酸誘導体 **74** に逆合成できる.

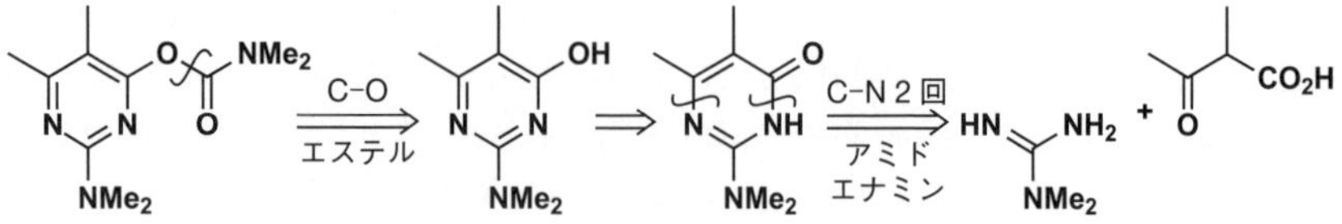

実際の合成[11]ではアセト酢酸エチルが用いられ，このものをメチル化した後グアニジン **73** と環化させるとピリミドン **72** が得られた．さらに，酸素をアシル化することで，アホクスが合成された.

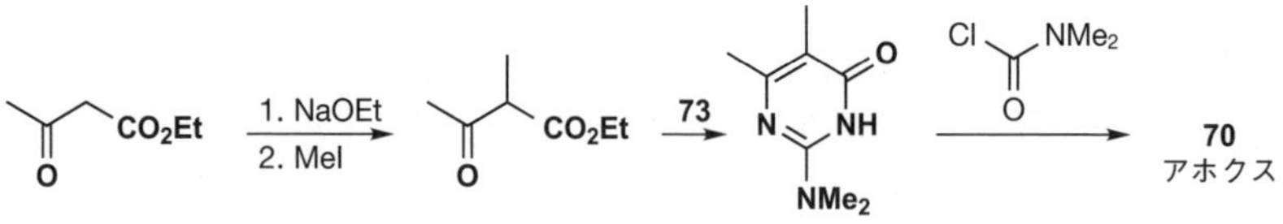

39・5 ベンゼン環が縮合したヘテロ環：インドール

ベンゼン環が縮合したヘテロ環化合物のなかで, 最も重要なものはインドール **75** である．エナミンの形成をふまえた結合切断によって導かれる **76** は，間違いなく環化してインドールを生成するだろう．しかし，どのようにして **76** を合成すればよいだろうか．この困難さゆえに，インドールを合成するために数多くの工夫がなされてきたが，最も重要なものは Fischer(フィッシャー) インドール合成[12]である．ケトンまたはアルデヒドのフェニルヒドラゾン **77** を Brønsted 酸または Lewis 酸で処理すると，インドールが生成する.

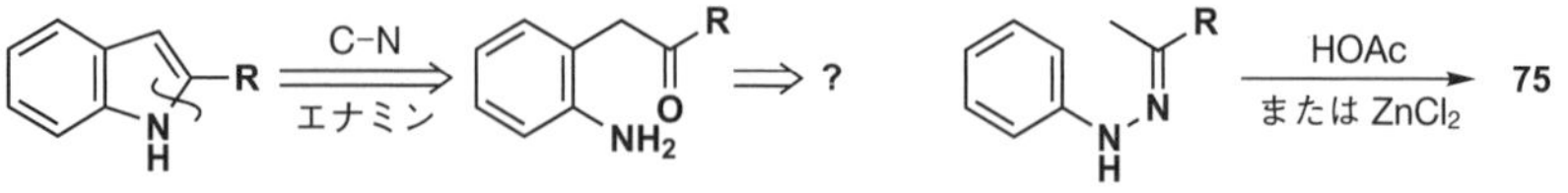

ケトン **78** と $PhNHNH_2$ から得られるフェニルヒドラゾン **77** は，互変異性によりエナミンを生成する. **79** に示すように, エナミンは弱い N−N 結合の開裂を伴う [3,3] シグマトロピー転位により不安定な中間体 **80** を生じ，このものから芳香環が再生して

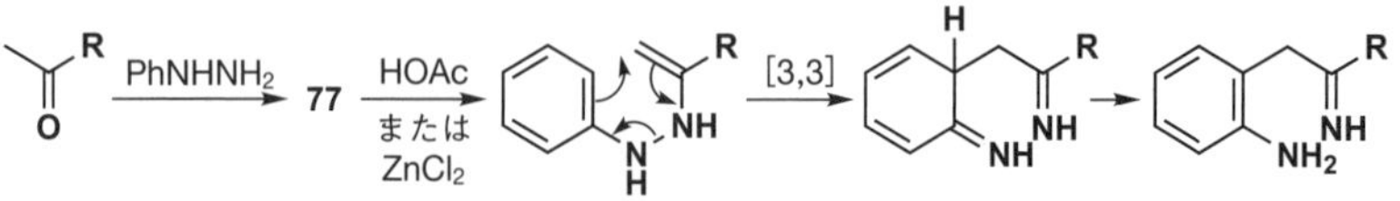

81 が生成する．**81** の NH_2 基のイミンに対する分子内攻撃によって環化した後，アンモニアを放出してインドールが生成する．

Fischer インドール合成をふまえて逆合成を行う最も簡単な方法は，反応で生成する二つの結合（**82** に示す C−C 結合と C−N 結合）のみを切断し，必要なヒドラジン **83** とケトン **78** を書くことである．ここで，選択性に関する二つの問題が生じる．一つは，**83** と **78** から得られるエナミン **84** の黒丸で示す二つのオルト位のどちらが反応するかという問題である．この場合には，**84** のオルト位が等価なので問題は生じない．

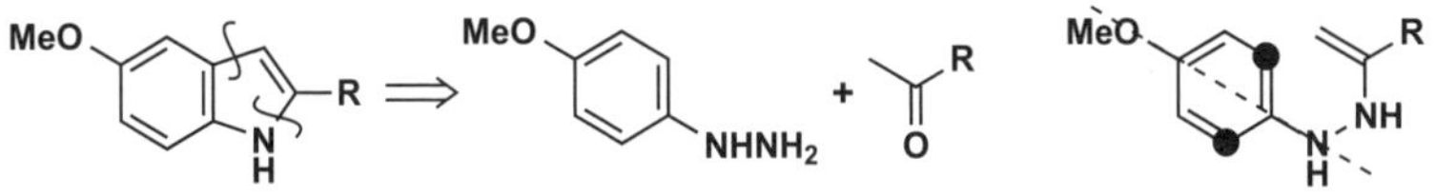

82　**83**　**78**　**84**

もう一つの問題は，ケトンのどちら側がエノール化するか，さらに言えば望みとするエナミン **79** が生成するかである．**86** のようにケトン α 位が等価であるときには，もちろんこの問題は生じない．**84** および **86** が，破線で示す対称面をもつことに注意してほしい．

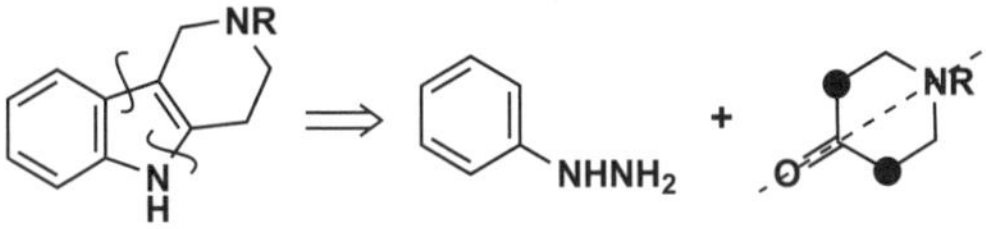

85　フェニルヒドラジン　**86**

39・6　合成の例：インドメタシンの合成

インドメタシン（indomethacin）**87** は，Merck 社の非ステロイド性抗炎症薬である．アミドに着目した結合切断により単純なインドール **88** が得られ，さらに Fischer インドール合成をふまえて逆合成すると二つの出発物 **89** と **90** に導くことができる．ヒドラジン **89** が理想的な対称構造をもち，二つのオルト位が等価であることは明白だが，ケトン **90** は非対称である．

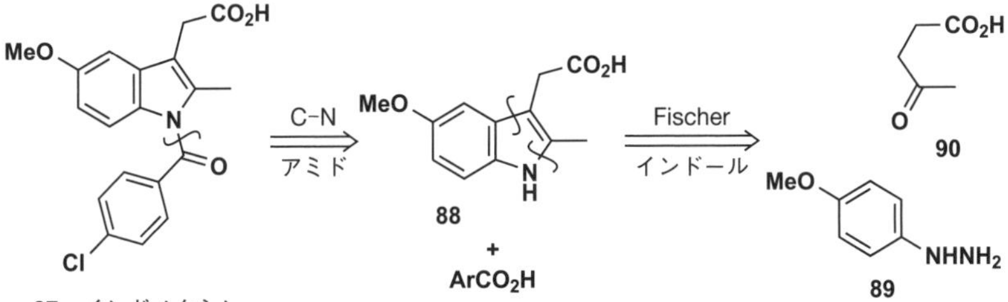

87　インドメタシン　**88**　**90**　**89**

ヒドラジン **89** は対応するアミンをニトロソ化した後，還元することで合成できるし，ケトカルボン酸 **90** はレブリン酸として市販されている．ここで大きな問題が生じる．ヒドラゾン **91** を用いて Fischer インドール合成を行う場合，望みとするエナミン **92** と望みとしないエナミン **93** のどちらが生成するだろうか．Fischer インドール合成は Brønsted 酸（あるいは Lewis 酸）共存下で行われるので，より置換基の多いエナミン **92** が生成すると期待できる．

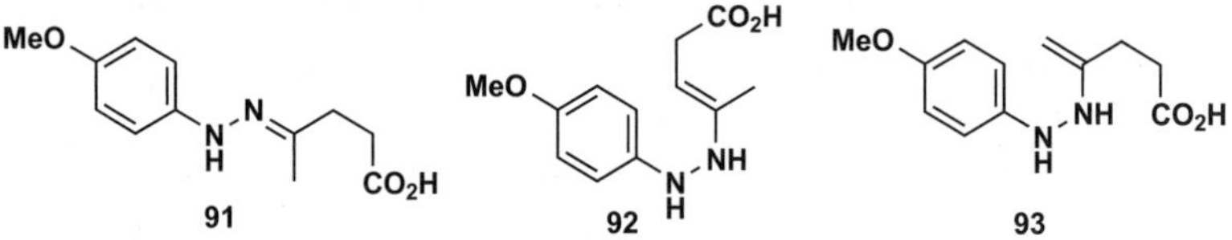

91 **92** **93**

実際そのとおりである．合成では **90** のメチルエステルが用いられ，**94** と **89** から得られるイミン **95** を塩酸共存下エタノール中で加熱するとインドールが生成し，このものを加水分解した後エステル化すると **96** が得られた[13]．酸塩化物 **97** を用いて **96** をアシル化した後，加熱により *t*-ブチル基を除去すると **87** が合成できた[14]．

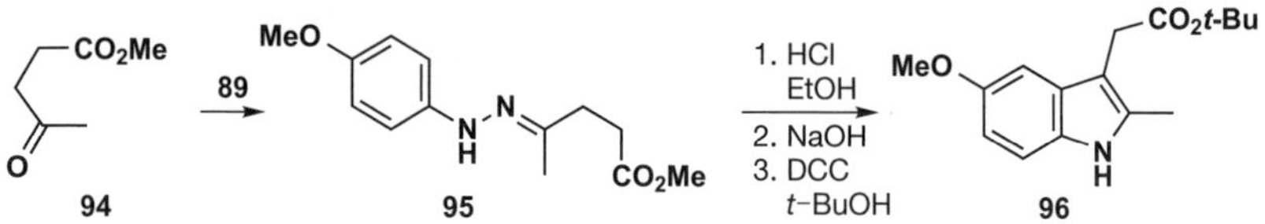

94 **95** **96**

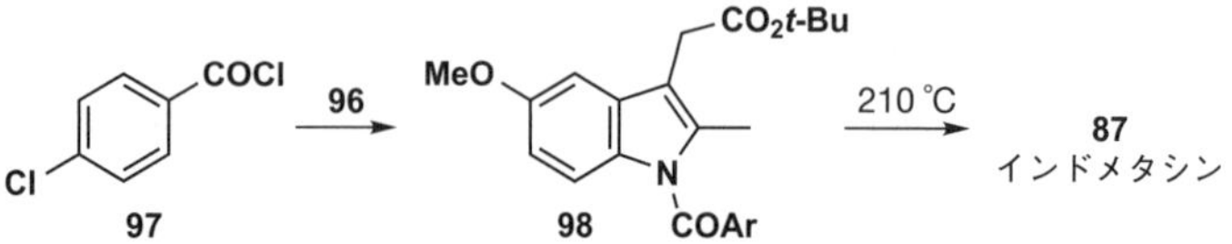

97 **98** **87** インドメタシン

39・7 すでに存在しているヘテロ環への結合形成

これまでは，置換基をもったヘテロ環の合成について述べてきた．たとえば，インドメタシン **87** の例では，ベンゼン環に一つの置換基（OMe）とピロール環に二つの置換基をもつインドール環を合成した．インドール環を形成した後に導入したのは，窒素原子上の置換基だけである．ここでは，ヘテロ環を形成した後に置換基を導入するための反応について述べる．通常，求電子的あるいは求核的な芳香族置換反応が用いられる．ヘテロ 5 員環とヘテロ 6 員環の最も重要な違いは，ピロール，インドールおよびフランでは求電子置換反応がうまくいき，ピリジンやピリミジンでは求核置換反応がうまくいくことである．

ピロール，インドールおよびフランの求電子置換反応

これらの 5 員環化合物は，ヘテロ原子の非共有電子対が環に沿って非局在化しているため，電子豊富である．そのため，求電子剤と容易すぎるくらいに反応し，プロトン酸にも Lewis 酸にも不安定である．したがって，中性条件または弱酸性条件で行うことができる反応を探さなくてはならない．トルメチン（tolmetin）**99** の合成を例にとり，二つのきわめて重要な反応について説明しよう[15]．ケトンに着目して結合切断を行うと，迷うことなく $AlCl_3$ 共存下での酸塩化物 **100** とピロール **101** との Friedel–Crafts アシル化を思いつくだろう．

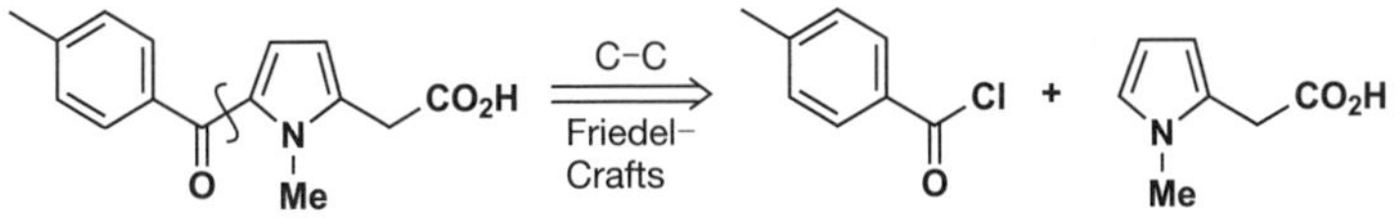

99　トルメチン　　**100**　　**101**

しかし，実際に反応を行うとピロール **101** が分解してしまう．そこで，Friedel–Crafts アシル化の代わりに酸塩化物と $AlCl_3$ をそれぞれ第三級アミドと $POCl_3$ に置き換えた Vilsmeier アシル化を利用する．この反応ではまずアミドが **102** に示すように $POCl_3$ を攻撃し，続いて **103** に示すようにアミドの酸素が脱離して塩素に置き換わった反応活性種イミニウムカチオンを生じる．このイミニウムカチオンは，**104** に示すようにピロール **101** と望みとする位置で反応し，**105** に示すように芳香環が再生してイミニウム塩 **106** を生成する．さらに，**106** を加水分解するとケトン **99** が得られる．この反応は，ベンゼンの求電子置換反応と似ていることに気がつくだろう．

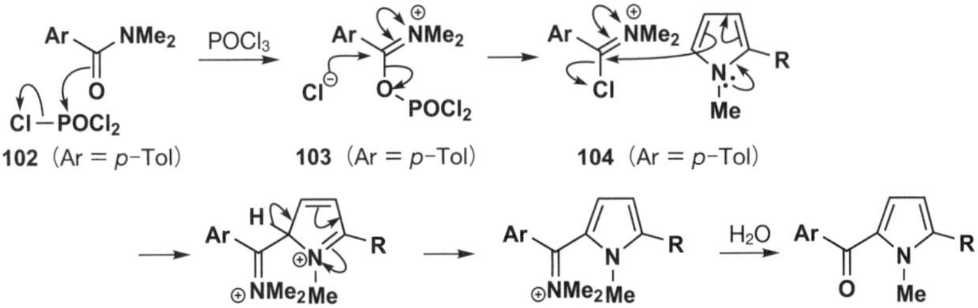

102（Ar = *p*-Tol）　**103**（Ar = *p*-Tol）　**104**（Ar = *p*-Tol）

105（Ar = *p*-Tol）　**106**（Ar = *p*-Tol）　**99**（Ar = *p*-Tol）

ところで，このアシル化反応に用いるアルキル側鎖をもったピロールも合成しなくてはならない．Friedel–Crafts アルキル化を選択することはできないが，ピロールは求核性が十分に高いので Mannich（マンニッヒ）反応が進行する．ホルムアルデヒドをアミンと反応させるとイミニウム塩 **107** を生じ，これは **108** に示すように *N*-メチルピロールと反応すると，**109** に示すように芳香環が再生して置換ピロール **110** を生成する．

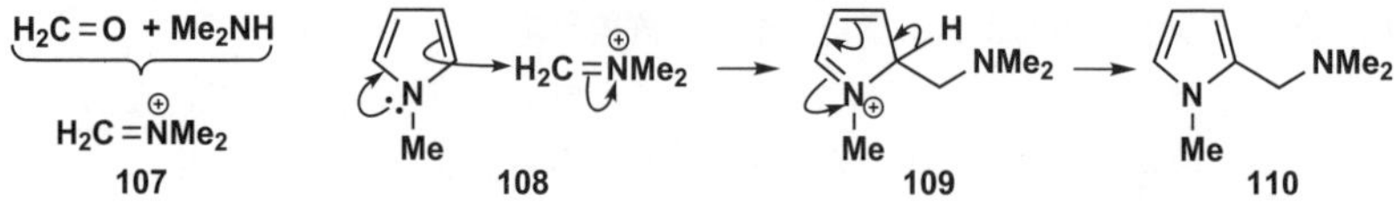

ここで，問題があることに気がつくだろう．アミン **110** は望みとする化合物ではない．しかし，Mannich 生成物の第三級アミノ基は，他の官能基に変換できることが多い．20 章で，Mannich 塩基からアルキル化・脱離によってエノンが合成できることを述べた．ここでは，**110** をアルキル化した後，置換反応によってニトリル **111** を合成し，これが上記のアシル化に用いられた．最後に，ニトリル **112** の加水分解によりトルメチン **99** が合成された．

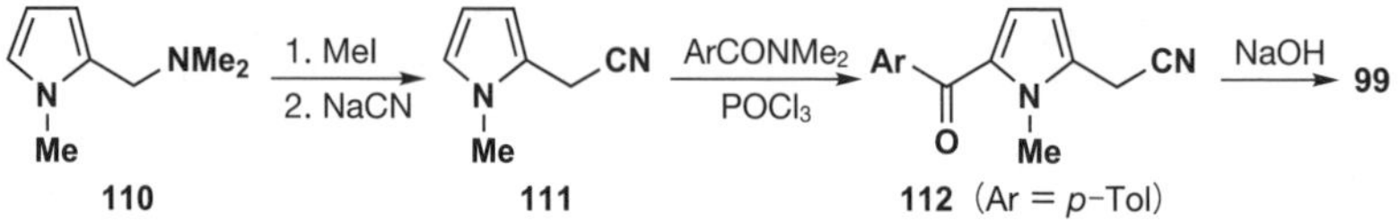

104 と **108** に示したピロールの求電子置換反応が窒素原子の隣で起こっていることに注意してほしい．一方で，インドールと Vilsmeier 塩や Mannich 塩などの求電子剤との反応は，**113** に示すように圧倒的に C3 位優先である[16]．これは，ピロールのような **116** に示す C2 位での反応ではベンゼン環の芳香族性が失われるからだろう．これまでに見てきたように，C2 位の置換基はインドールの合成の際に容易に導入できるので，このことは大して問題にはならない．

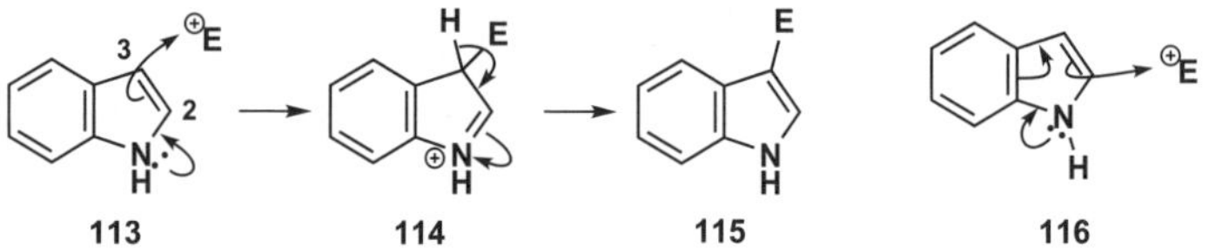

ピリジンやピリミジンの求核置換反応

ピリジンは求電子置換反応にはおよそ不向きなので，これらの反応は避けるべきである．一方，求核置換反応は非常にうまくいく．最も重要な例は，ピリドンを 2-クロロピリジン **119** に変換し，さらにアミン **120** のような望みとする誘導体へと変換するものである．ここでも $POCl_3$ を反応剤として用いる．**117** に示すように酸素がリンを攻撃してよい脱離基をもつ非常に反応性の高い中間体が生じる．これに対して **118** に示すように塩化物イオンが攻撃する．これらの反応はすべて，**118** に示すような付加脱離機構で進行する．この反応が起こるためには，少なくとも一つの窒素原子が環に含まれていることが必要であるが，ピリミジンのように二つの窒素原子があるともっとよい．

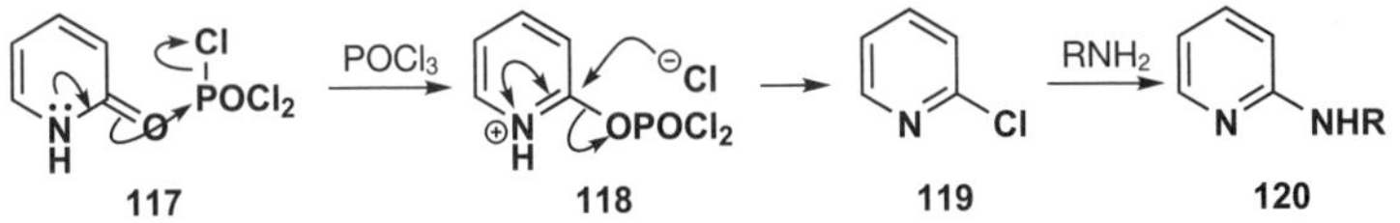

抗がん剤 PKI 166 の合成

本章の締めくくりとして，Novartis 社によって新規抗がん剤として開発が進められた PKI 166（**121**）の合成を取上げよう[17),18)]．**121** はピロールとピリミジンが縮合した二環性芳香族ヘテロ環をもつ化合物である．上で述べた求核置換反応をふまえてピリミジン環からアミンを除去すると **122** が導かれる．さらに，二つの環について **122** および **123** に示すように定石どおり C−N 結合を切断すると，ずっと単純な出発物 **124** が得られる．

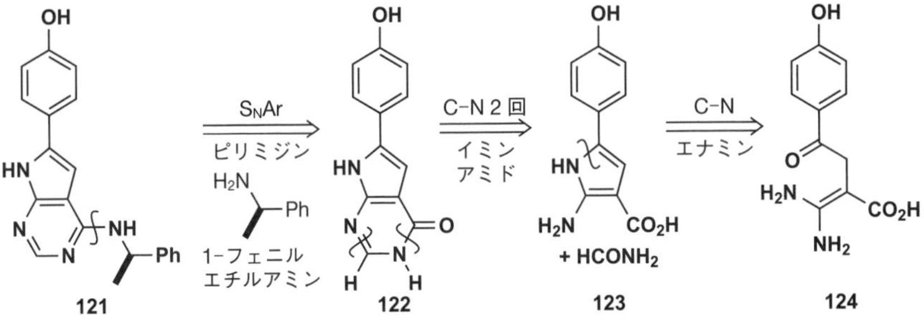

このケト酸は **124a** に示すように 1,4-diCO の関係をもつので，**124b** に示す最も有望な結合切断によって，α-ハロケトン **125** と珍しい二重のエナミン **126** に導くことができる．この反応では，窒素原子がカルボニル基を攻撃し，求核性の炭素が S_N2 反応によって臭素を置換するような選択性が必要である．このような選択性は，反応機構から考えても期待できる．

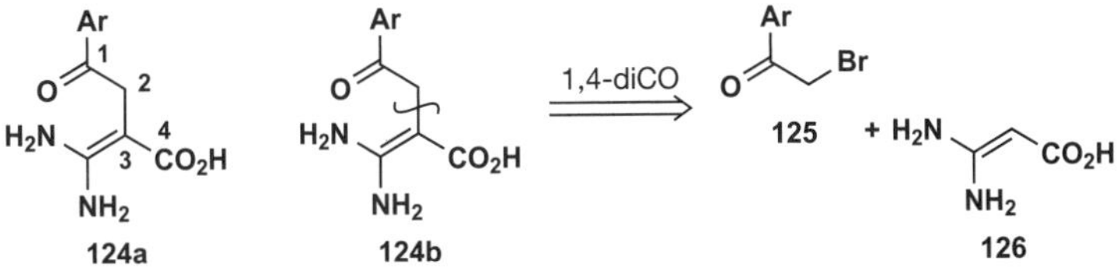

実際の合成では，フェノールをメチルエーテル **127** として保護する必要があり，また二重のエナミン **126** ではなくアミジンエステルを用いると最良の結果が得られた．

合成はきわめて短い．本章では，芳香族ヘテロ環の合成の表面をほんのわずかかじっただけである．環化反応は起こりやすく，芳香族ヘテロ環化合物を生成する環化はそのなかでも最も容易である．これを励ましの言葉としたい．自信をもって逆合成しよう．

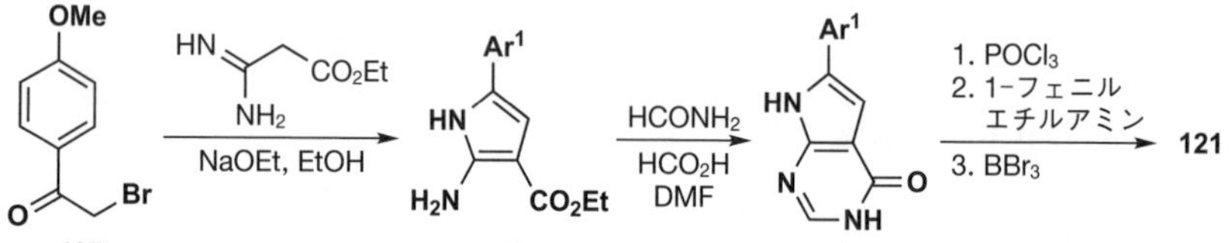

文　献

1. J. A. Joule and K. Mills, *Heterocyclic Chemistry*, Fourth Edition, Blackwell, Oxford, 2000.
2. G. Lambelin, J. Roba, C. Gillet and N. P. Buu-Hoi, *Ger. Pat.*, 2261965, 1973; *Chem. Abstr.*, 1973, **79**, 78604a.
3. J. S. Yadav, B. V. S. Reddy, B. Eeshwaraiah and M. K. Gupta, *Tetrahedron Lett.*, 2004, **45**, 5873; J. S. Yadav, K. Anuradha, B. V. S. Reddy and B. Eeshwaraiah, *Tetrahedron Lett.*, 2003, **44**, 8959.
4. H. Stetter and H. Kuhlmann, *Org. React.*, 1991, **40**, 407.
5. T. Welton, *Chem. Rev.*, 1999, **99**, 2071.
6. J. S. Wilkes, J. A. Levisky, R. A. Wilson and C. L. Hussey, *Inorg. Chem.*, 1982, **21**, 1263; P. J. Dyson, M. C. Grossel, N. Srinivasan, T. Vine, T. Welton, D. J. Williams, A. J. P. White and T. Zigras, *J. Chem. Soc., Dalton Trans.*, 1997, 3465.
7. K. Brown, D. P. Cater, J. F. Cavalla, D. Green, R. A. Newberry and A. B. Wilson, *J. Med. Chem.*, 1974, **17**, 1177.
8. I. A. Bubstov and B. Shapira, *Chem. Abstr.*, 1970, **73**, 56015.
9. T. E. Londergan and W. R. Schmitz, *U.S. Pat.*, 2654760, 1953; *Chem. Abstr.*, 1954, **48**, 12810a.
10. N. S. Gill, K. B. James, F. Lions and K. T. Potts, *J. Am. Chem. Soc.*, 1952, **74**, 4923.
11. F. L. C. Baranyovits and R. Ghosh, *Chem. Ind.* (*London*), 1969, 1018.
12. B. Robinson, *Chem. Rev.*, 1963, **63**, 373; 1969, 69, 227; J. A. Joule in *Science of Synthesis*, ed. E. J. Thomas, 2000, Thieme, Stuttgart, vol. 10, p.361.
13. E. Shaw, *J. Am. Chem. Soc.*, 1955, **77**, 4319.
14. T. Y. Shen, T. B. Windholz, A. Rosegay, B. E. Witzel, A. N. Wilson, J. D. Willett, W. J. Holtz, R. L. Ellis, A. R. Matzuk, S. Lucas, C. H. Stammer, F. W. Holly, L. H. Sarett, E. A. Risley, G. W. Nuss and C. A. Winter, *J. Am. Chem. Soc.*, 1963, **85**, 488.
15. J. R. Carson, *Ger. Pat.*, 2102746, 1971; *Chem. Abstr.*, 1971, **75**, 98436t.
16. J. A. Joule and K. Mills, *Heterocyclic Chemistry*, Fourth Edition, Blackwell, Oxford, 2000, chapter 10.
17. G. Caravatti, J. Brüggen, E. Buchdunger, R. Cozens, P. Furet, N. Lydon and P. Traxler in *ACS Symposium Series*, eds. I. Ojima, G. D. Vite, K.-H. Altmann, 2001, American Chemical Society, Washington, DC, vol. 796, p.231.
18. G. Bold, K.-H. Altmann, J. Frei, M. Lang, P. W. Manley, P. Traxler, B. Wietfeld, J. Brüggen, E. Buchdunger, R. Cozens, S. Ferrari, P. Furet, F. Hofmann, G. Martiny-Baron, J. Mestan, J. Rösel, M. Sills, D. Stover, F. Acemoglu, E. Boss, R. Emmenegger, L. Lässer, E. Masso, R. Roth, C. Schlachter, W. Vetterli, D. Wyss and J. M. Wood, *J. Med. Chem.*, 2000, **43**, 2310.

40 一般的な戦略 D: 高度な戦略

最後の章では，合成戦略におけるいくつかの指針をまとめ，これまで述べてきたさまざまなタイプの化合物に応用する．

40・1 ピラゾールの合成

前章で述べた方法を用いるピラゾール **1** の逆合成は簡単であり，ヒドラジン **2** と 1,3-ジカルボニル化合物 **3** に導くことができる．**3** はケトン **4** のエノール（エノラート）等価体とアシル化剤 **5** に逆合成できる．

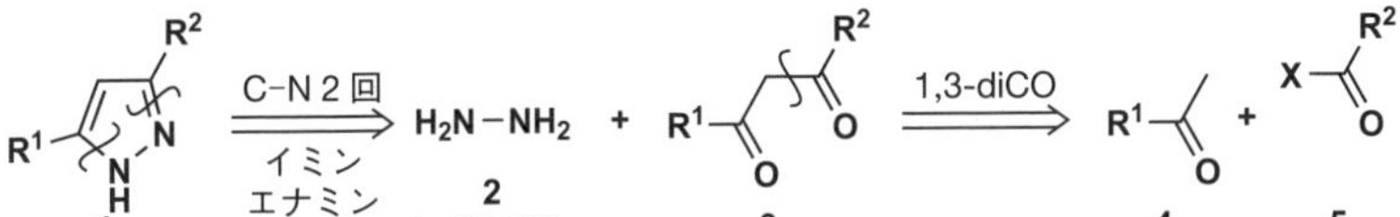

1 **2** **3** **4** **5**

ここで新たに学ぶことは何であろうか．もし 1 回の操作で 2 段階の反応を行うことができれば，時間，原料・反応剤・溶媒および労力を節約できる．いわゆるタンデム反応（tandem reaction）では，不安定な中間体を単離しなくてもよいし，エノラートのアシル化において必要となる余計な副反応の制御を行わなくてもよい．Merck 社の研究者たちは，塩基として LHMDS を溶媒としてトルエンを用いて至難とされていたエノラート **7** の酸塩化物を用いたアシル化* を行った後，得られた中間体 **9** を

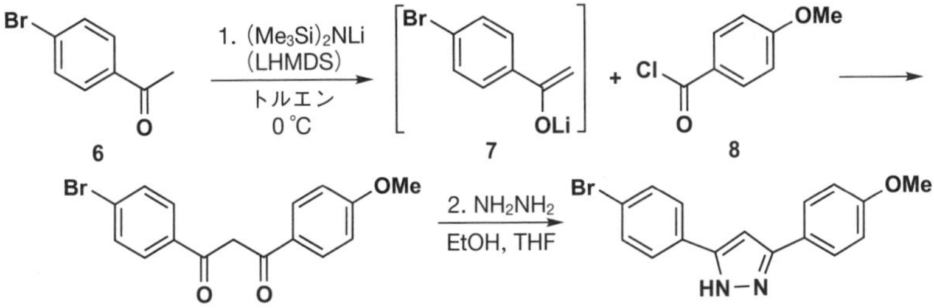

6 **7** **8** **9** **10** 収率 89%

＊（訳注） 他の条件で反応を行うと，1,3-ジケトンのエノラートがもう 1 分子の酸塩化物と反応してトリケトンのエノラートを副生する．

同一のフラスコ内でヒドラジンを用いて捕捉することで安定なピラゾール **10** を合成した[1].

このようなピラゾール化合物を新薬の開発のために合成するときには，多様性指向型合成法,すなわちさまざまな化合物群に対応できる一般的な合成法を用いればよい. そうすることで，数多くの類似化合物を同じ方法で一挙に合成できる．この方法を用いて，21 個の異なる二置換または三置換ピラゾールの合成が試みられたが，うまくいかなかったのは 2 例だけであった. 両方の出発物がいずれも脂肪族化合物となる **13** の合成および三置換ピラゾール **15** の合成を下に示す.

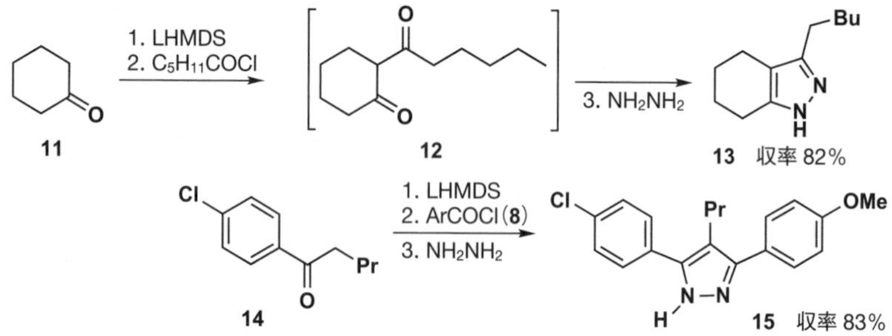

40・2 収束型合成

一つの出発物から順次反応を行って標的分子を得る**直線型合成** (linear synthesis) の収率は低い．たとえば，(i) に示す 10 工程の直線型合成では，各工程の収率が 90%であっても，総収率はたった 35%となる．そもそも，すべての工程の収率が 90%となることは，それほど多くはないだろう．一方，**収束型合成** (convergent synthesis) あるいは**分岐型合成** (branching synthesis) では，いくつかの大きな単位をあらかじめ組立てておき，各単位どうしを結合させて標的分子を得る．この合成戦略を用いると，最長直線工程数を減らせるので，効率がよくなる．枝分かれ部を一つ設けるだけでも，収率の低下を減らすことができる．(ii) に示す合成経路では最長直線工程数は 8 となり，総収率は 43%に上がる.

$$\mathrm{A \to B \to C \to D \to E \to F \to G \to H \to I \to J \to TM} \qquad \text{(i)}$$

$$\left.\begin{matrix}\mathrm{A \to B \to C} \\ \mathrm{D \to E \to F}\end{matrix}\right\} \mathrm{\to G \to H \to I \to J \to K \to TM} \qquad \text{(ii)}$$

総収率をもっと上げることもできる．枝分かれ部を終盤にずらした経路 (iii) では，最長直線工程数はわずか 6 となり，総収率は 53%である．もっと枝分かれ部の多い経路 (iv) や (v) でも多かれ少なかれ改善がみられる．これは魔法ではなくて，ただ“算数を応用”しただけである．標的分子が大きければ大きいほど，収束型合成戦略を用いたほうが合成は容易になる．実際に，この指針をふまえて，逆合成では分子の中央付近や枝分かれ部での結合切断が選ばれる．

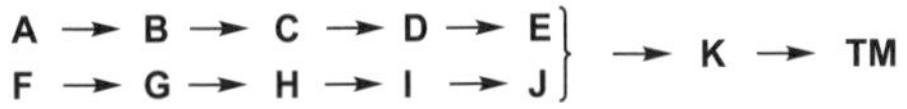

(iii)

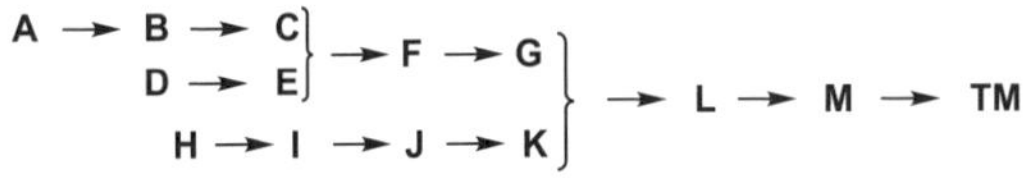

(iv)

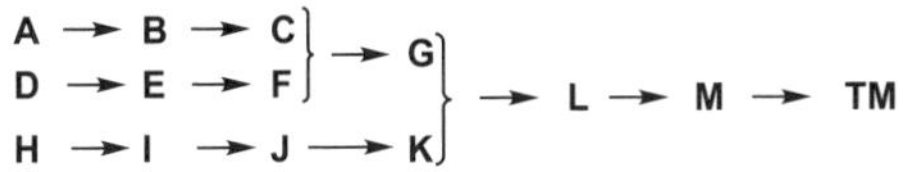

(v)

メトキサチンの合成

メトキサチン (methoxatin) **16** は，ある種の細菌において，メタノールを炭素源として利用できるようにする補酵素である．**16** は中央部のオルトキノンを使ってメタノールを酸化する．生体関連の反応がたいてい可逆であることをふまえて，**16** をずっと安定なベンゼン誘導体 **17** に導くのは理にかなっている．**17** のピロール環やピリジン環に着目して結合切断を行うと直線型合成経路となってしまう．Hendrickson[2)] は中央のベンゼン環を結合切断する逆合成を選んだ．この経路は扱いにくそうにみえるが，Hendrickson はアルケン **18** は容易に環化して **17** を生成するだろうと想定していた．

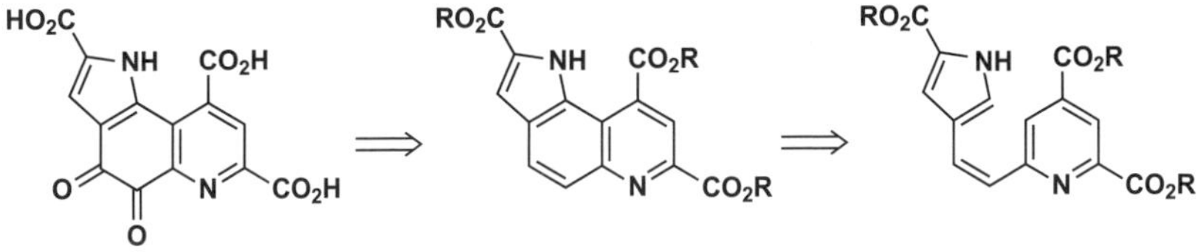

16　メトキサチン　　**17**　　**18**

18a に示す Wittig 反応をふまえた結合切断を行うと，アルデヒドとホスホニウム塩に導くことができる．アルデヒドとしてピロール **19** が選ばれたのは，入手可能な出発物から前駆体となるピロール **25** の合成がすでに知られていたからである．ホスホニウム塩 **20** は既知のピリジン **21** から合成できると期待される．

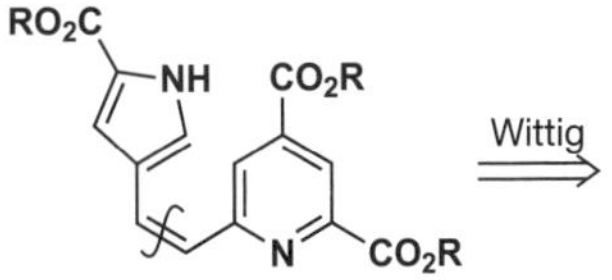

18a

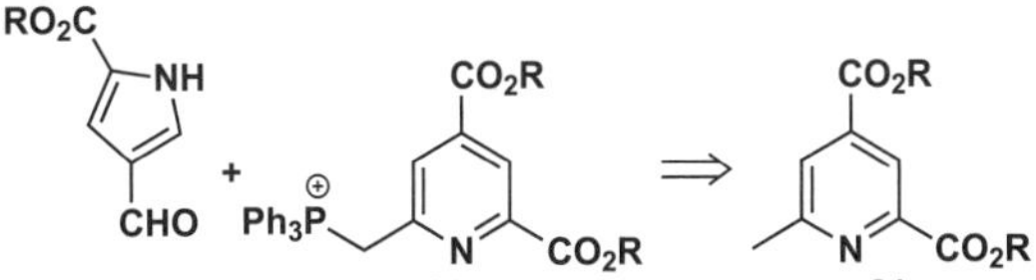

19　**20**　**21**

化合物 **23** の合成は驚くほど簡単で，ピルビン酸 **22** をアンモニアと混合するだけである．収率は低いが，問題にはならないだろう．収率の低い工程があるときには，それを合成経路の最初のほうにもってくると廃棄物やエネルギー消費を減らすことができる．この場合には，多くの結合が一挙に形成されるので，収率が悪いことは我慢できる．**23** をエステル化するとジエステル **21**（R = Me）が得られ，NBS を用いて臭素化（24 章）した後，PPh_3 と反応させるとホスホニウム塩 **20** が得られる．これで，合成経路の枝分かれ部の一方の単位の合成が完了した．

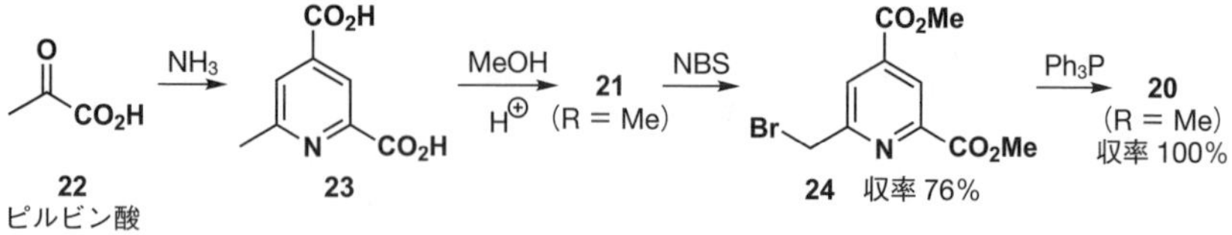

ピロール **19** は，既知の不活性化されたピロール **25** から Friedel–Crafts 反応によって合成された．CO_2Et 基は，ピロール環の C3 位と C5 位を不活性化するので，反応は影響を受けていない C4 位だけで起こる．また，電子求引性の CO_2Et 基は，ピロールの Lewis 酸による分解反応（39 章）を起こりにくくする．ホスホニウム塩 **20** から生成するイリドと **19** との Wittig 反応はうまくいき，良好な収率でアルケンが得られるが，生成物の 95% 以上が (*E*)–**18** であり，このものは環化できない．

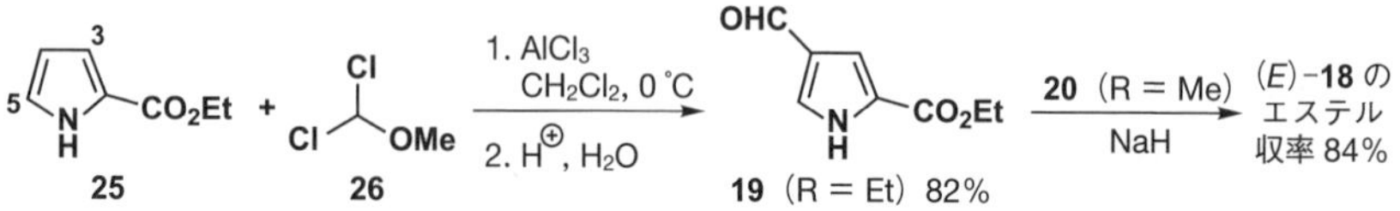

この問題の巧妙な解決策は，光照射下でアルケンの異性化と環化を一挙に行うことであった．(*Z*)–**18** は同旋的な電子環状反応により環化して *trans*–**27** を生成する．さらに，反応を PhSe–SePh の存在下で行うと **27** が酸化されてベンゼン環化合物 **28** が得られる．このように，3 段階が同一容器内で行われた．

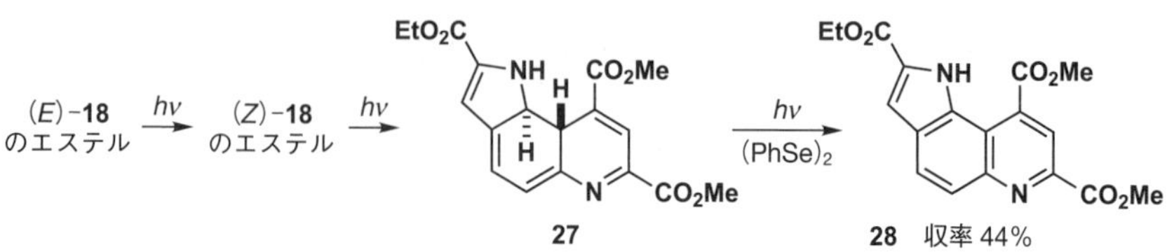

メトキサチン **16** の直線型合成がほぼ同時期に二つ報告された[3),4)]．どちらの合成

も，まず中央のベンゼン環を出発物とし，ピリジン環とピロール環を順に構築しているが，それらの順序は異なる．また，いずれの合成でも，酸化が必要になるベンゼン環にその手がかりとなる官能基をつけている．Corey は，**16** からベンゼン環に OMe 基を一つもつ **29** に導いた後，ピリジン環の結合切断によりインドール **30** と不飽和ケトエステル **31** に逆合成した[3]．**31** は入手可能なケトグルタル酸ジメチル **32** から合成できるだろう．

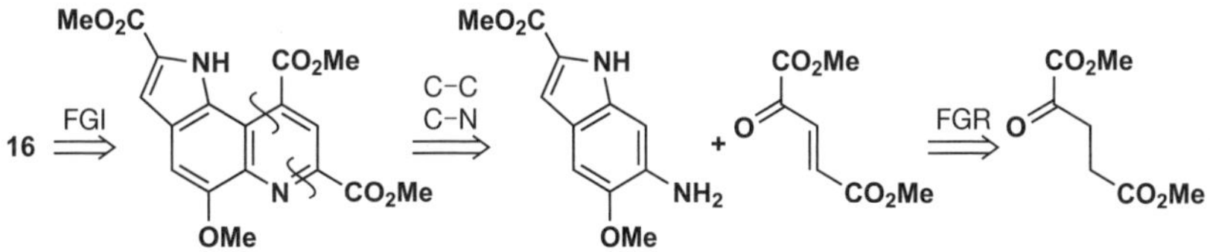

29 **30** **31** **32**

30a に示すように Fischer インドール合成をふまえた結合切断（39 章）を行うと，ピルビン酸メチル **33** と芳香族ヒドラジン **34** が導かれる．**34** は，アミノ基を保護したジアゾニウム塩 **36** から合成しなくてはいけない．Corey は，容易に合成できるアセト酢酸エステル **35** とジアゾニウム塩 **36** との Japp–Klingemann（ヤップ クリンゲマン）反応を利用して，工程数を短縮することにした[5]

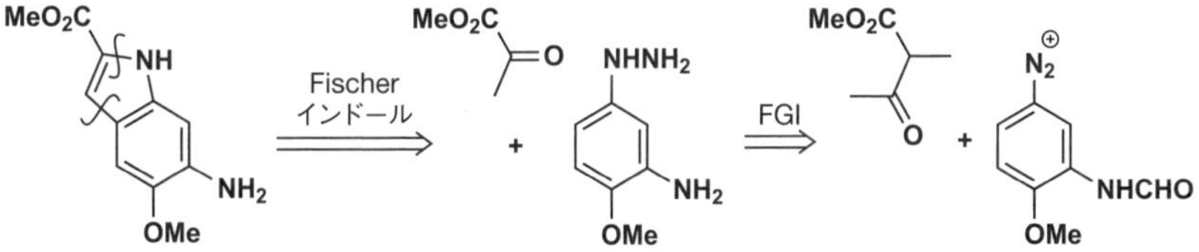

30a **33** **34** **35** **36**

KOH 共存下，**35** のエノラートがジアゾニウム塩 **36** に付加した後，**37** に示すように脱アシル化が起こりヒドラゾン **38** が生成する．**38** をギ酸中で加熱すると，Fischer インドール合成の中間体となるエナミン **39** を経由してインドール **30** の *N*-ホルミル体が得られた．最後に塩酸による加水分解で化合物 **30** が合成できた．この環化でみられた非常に高い位置選択性は，立体障害に起因すると考えられる．一般に芳香環の二つの置換基の間にもう一つ置換基を導入することは難しい．

37 **38** 収率 80% **39**

ケトジエステル **31** は，**32** から臭素化と脱離によって合成された．**31** を **30** と反応させるとヘテロ環化合物 **40** が生成し，乾燥 HCl によって脱水芳香族化することで **29** が得られた．ベンゼン環上に OMe 基をもつ **40** は，Ce(Ⅳ)塩を用いるときわめて容易に酸化されてオルトキノンを生成し，このものからメトキサチン **16** が合成された．この直線型合成は 12 工程を要した．

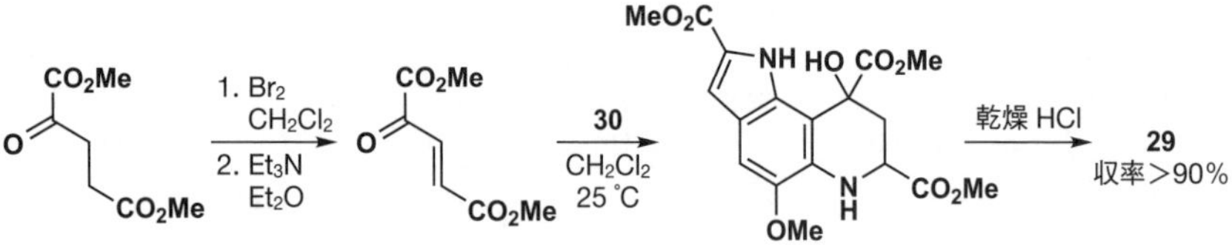

32　　**31** 収率 97%　　**40**

Weinreb は，メトキサチン **16** のオルトキノンに対応する位置に二つの OMe 基をもつ **41** に導き，ピロール環の形成を最後に行うことにした[4]．この合成計画は，Reissert インドール合成に基づいている．**42** のニトロ基を還元してアミンにすると分子内でケトンと縮合するだろう．

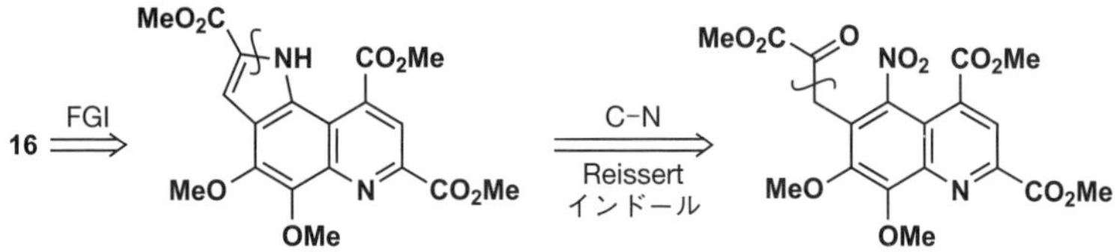

41　　**42**

Reissert インドール合成をふまえた逆合成では，**42** に示す C−C 結合切断を行う．化合物 **43** のメチル基からプロトンが引抜かれて生成するアニオンを安定化するためにニトロ基を利用することが重要である．化合物 **44** のニトロ化では，二つの OMe 基によって活性化されているベンゼン環のうち空いている反応部位は一つだけなので，この位置で反応が起こると予想される．また，ニトロ化はピリジン環（39 章）では起こらないと考えられるが，特にこの場合には CO_2Me 基を二つもつのでなおさらそうである．**44** のピリジン環を切断する位置は，Corey の逆合成で示した **29** の結合切断と同じだが，合成で用いられた反応はまったく異なる．同じ戦略（同じ逆合成）だからといって，特定の反応しか使えないということはない．

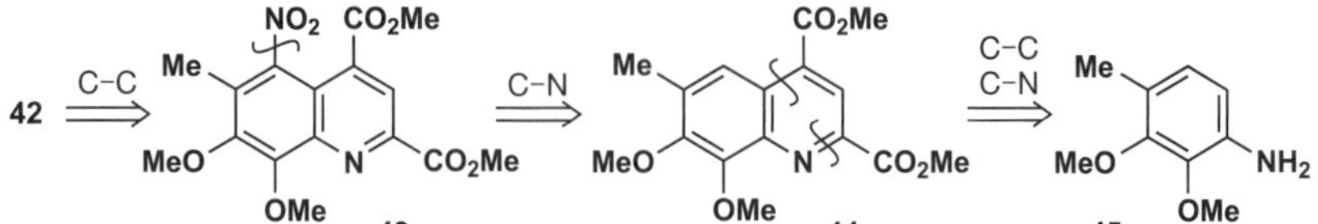

43　　**44**　　**45**

では実際の合成をみてみよう．入手可能な **46** は，2 工程で化合物 **45** に変換され，ついで抱水クロラールとヒドロキシルアミンを用いる興味深い反応によってアミドオキシム **47** が得られた．さらに **47** をポリリン酸[6] を用いて環化するとイサチン **48** が生成した．

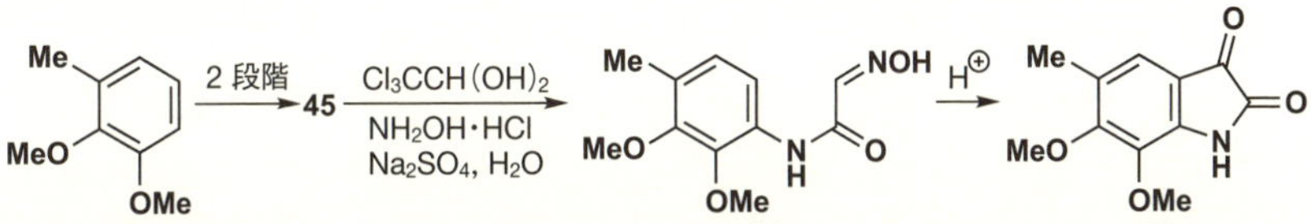

46 **47** **48**

この反応では，望みではない員数の環が生成した．しかし，ピルビン酸 **49** を用いる反応によって望みとするキノリン **50** が生成し，このものを単離することなくエステル化すると **44** が得られた[7]．続くニトロ化は問題なく進行し，**43** が合成できた．

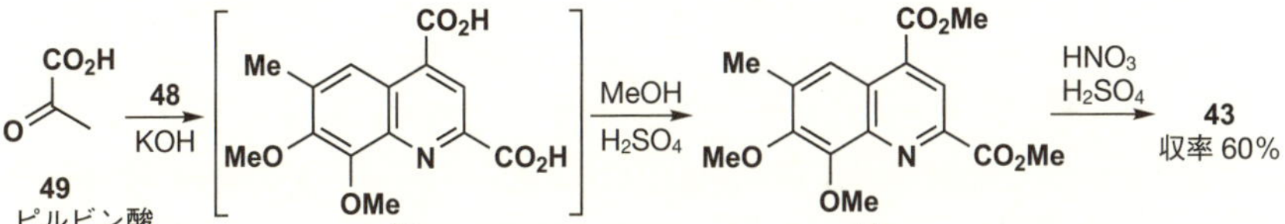

49
ピルビン酸
50
44
48 からの収率 50%
43
収率 60%

Reissert 反応を行うためには，**43** のメチル基をシュウ酸ジメチルと塩基を用いてアシル化して **42** を合成する必要がある．Weinreb は，“さまざまな塩基の存在下，中間体 **42** の合成を試みたが，ことごとく失敗した”と報告している．そこで，化合物 **44** に戻り，NBS を用いてラジカル臭素化（24 章）を行った後，ニトロ化して化合物 **51** を合成した．このものをアセト酢酸メチルのエノラートを用いてアルキル化すると化合物 **52** が得られた．

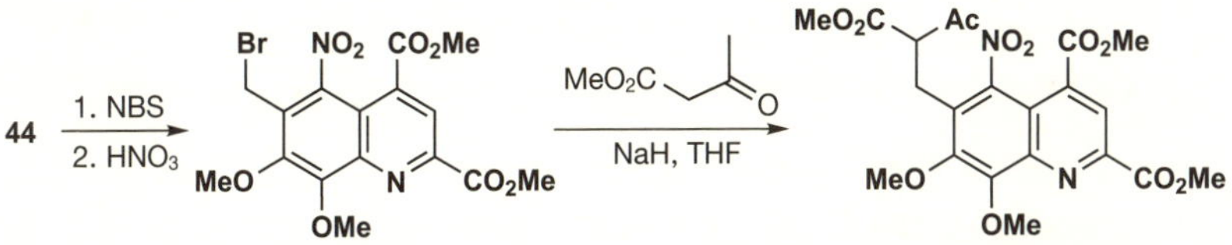

51 収率 54%
52 収率 92%

Corey による **39** の合成で述べた Japp-Klingemann 反応の変法[8] を利用すると **52** からヒドラゾン **53** が得られ，このものを接触還元すると三環性化合物 **41** が生成した．期待したように **41** の酸化は容易に進行したが，AgO と HNO_3 が必要であった．この直線型合成は 12 工程を要した．

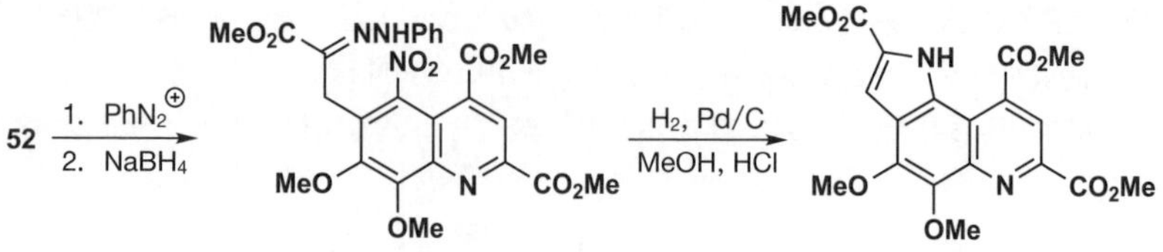

53　収率 70%　　**41**　収率 62%

40・3　工業的合成における収束型合成

工業的合成において，収束型合成戦略はいっそう重要になる．Merck 社の抗 HIV 薬 MIV-150 (**54**) は，実験室の研究段階では *m*-フルオロフェノールとアミン **55** を出発物とする 14 工程の直線型合成により総収率 1%で合成された[9]．

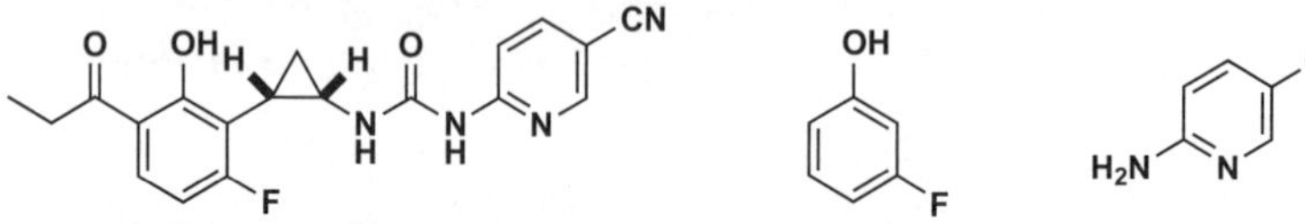

54　Merck 社の MIV-150　　*m*-フルオロフェノール　　**55**

フルオロフェノールから 4 工程で問題なくアセタール **56** は合成できたが，このもののホルミル化と Wittig 反応によるアルケン **57** への変換の収率はわずか 18%であった．また，続くジアゾ酢酸エチルと Cu(I)触媒を用いたシクロプロパン化反応（30 章）における立体選択性は低く，望みとする *cis*-シクロプロパン **58** の収率は満足のいくものではなかった．さらに悪いことに，この合成ではフェノール性 OH 基をメチルエーテルとして保護する必要があるが，合成の最終段階で行うメチル基の除去の収率はわずか 52%であった．これでは，せっかく合成した化合物のほぼ半分が無駄になってしまう．

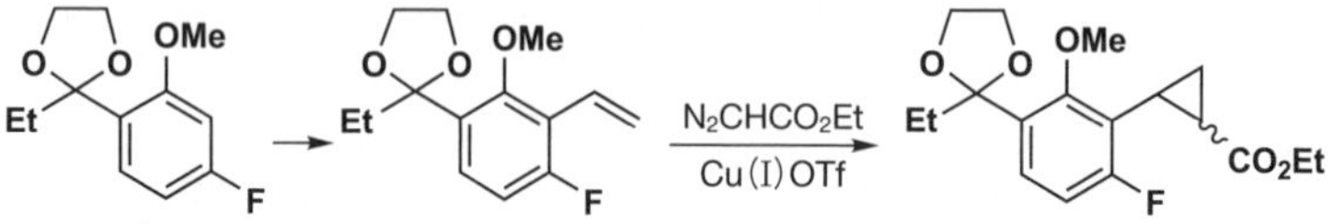

56　　**57**　　**58**　45% *cis*-エステル

そこで，アセタール **56** と光学的に純粋なエナンチオマーである *cis*-シクロプロパン **59** を連結する収束型合成戦略による **54** の合成が行われた．**56** と **59** との結合形成を含む 4 工程の変換を経てイソシアン酸エステル **60** を合成し，このものをアミン **55** と反応させて尿素 **54** を得た．フェノール性 OH 基の保護は依然必要であり最終段階には問題を残すものの，総収率は 27%であり，直線型合成における総収率 1%と比べると大きく改善できた．この合成の化学は本書の範囲外であるので，詳細については "Strategy and Control" を参照してほしい．

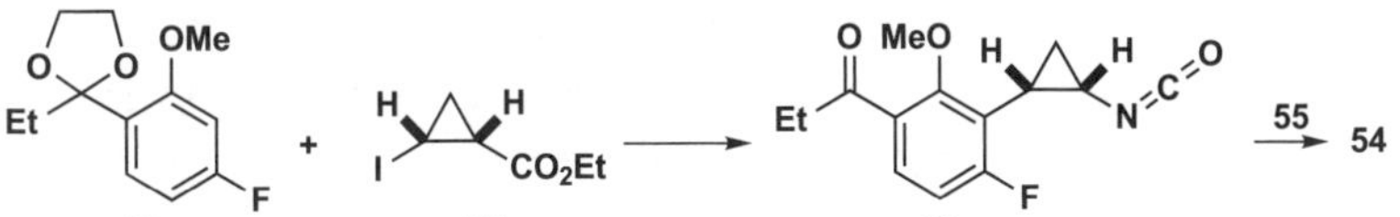

56　59　60

40・4　鍵反応による合成戦略

Diels–Alder 反応

これまでは，出発物の入手のしやすさや立体化学制御の必要性を考慮した合成戦略について述べてきた．もう一つの合成戦略は，鍵反応に注目するものである．鍵反応は，合成経路の基盤に据えることができるほど価値のある反応である．Diels–Alder 反応は，そのような反応のなかでも特に優れている．たいていの場合，Diels–Alder 反応をふまえた結合切断は，標的分子の構造に惑わされずに行うことができる．例として，ミナミアオカメムシ *Nezara viridula* の性フェロモン **61** の合成をあげる．定石どおりに **61** の逆合成を行うと **63** が導かれ，このものが Diels–Alder 生成物であることは一目瞭然である．

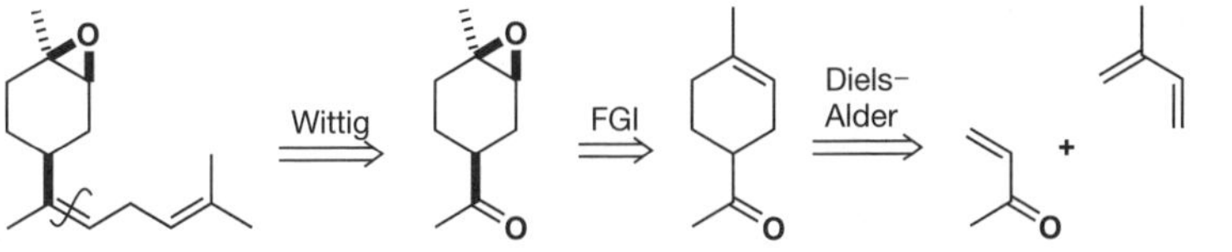

61　62　63　64　65

ケトン **63** のエポキシ化は立体化学の制御が難しいことがわかっていた．そこで，メチルビニルケトン **64** の代わりにアクリル酸エステルを求ジエン体として用いて Diels–Alder 生成物 **66** が合成された．**66** のブロモラクトン化を行うと，5 員環ラクトン **67** と 6 員環ラクトン **68** がそれぞれ 1：1.3 の混合物として収率 86%で得られた．幸いなことに，この混合物をアルキルリチウムで処理すると，**67** と **68** はいずれもラクトンの開環と分子内 S_N2 反応によるエポキシドの形成を経て同一の化合物 **69** を生成した[10]．この反応は，あとで除去しなくてはいけないが，SPh 基のような電子求引基 X をもつ反応剤を用いた場合にだけうまくいく．ケトン **69** に対する MeLi の付加と続く脱離反応により，化合物 **61** が合成された．

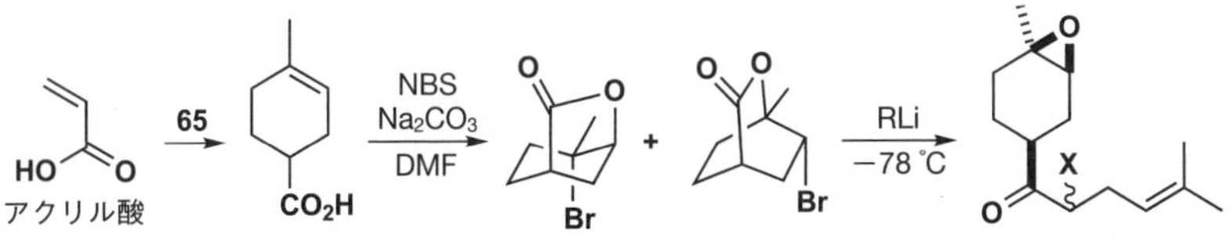

66　67　68　69

ヒガンバナアルカロイドは，ラッパスイセンなどの植物から得られる．最も簡単な構造をもつものには，リコラン類（lycoranes）**70**～**72** があるが，これらは立体化学のみが異なっている．これらは飽和の炭素 6 員環をもっているので，すぐに Diels-Alder 反応を思いつくだろう．

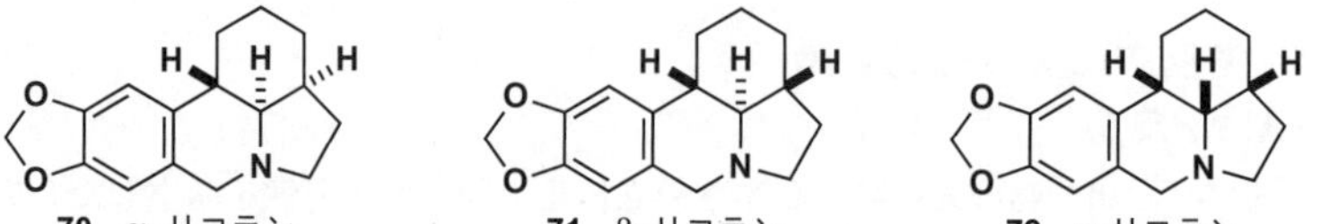

70 α-リコラン　**71** β-リコラン　**72** γ-リコラン

リコラン類の基本骨格を **73** に示す．Mannich 型反応（訳注：Pictet-Spengler 反応とよばれる）をふまえた結合切断を行うと，窒素原子とベンゼン環の間に挟まれた炭素を除去できる．さらに **74** の立体化学に関与しない C−N 結合を切断すると，化合物 **75** が導かれる．Diels-Alder 反応を利用するためには，**76** に示すようにアミノ基を電子求引基であるニトロ基に変換した後，**77** に示すように環内に二重結合を導入する必要がある．ここで Diels-Alder 反応をふまえた結合切断を行うと，簡単なジエン **78** と共役ニトロアルケン **79** に導くことができる．

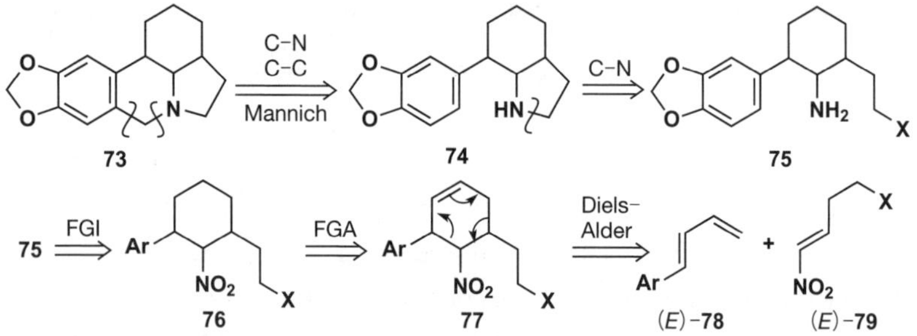

反応は **80** に示すように望みの位置選択性で進行すると考えられる．すなわち求核性を示すジエンの末端が求電子性を示す共役アルケン **79** の末端を攻撃する．しかし，その立体化学が問題となる．*E* 配置の（*E*)-**78** と（*E*)-**79** が最も合成しやすいので，これら二つの化合物の Diels-Alder 反応の結果を考えてみよう．反応は **81** に示すエンド形の遷移状態を経て進行し，付加環化体 **82** が得られるだろう．残念ながら，この立体化学はどのリコラン類とも合わない．

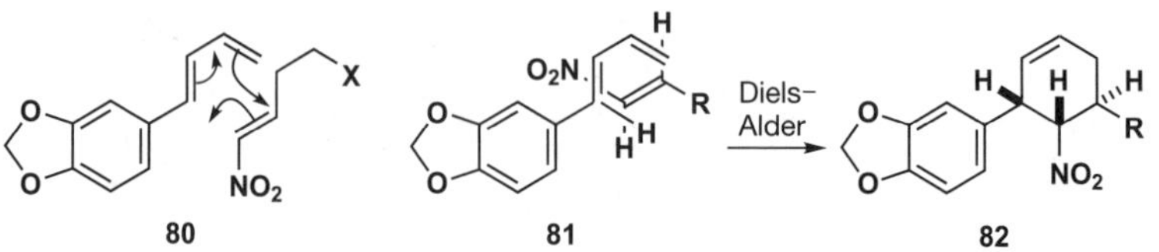

80　**81**　**82**

そこで，代わりの逆合成として **77** とは別の位置に二重結合を導入して **83** に導くと，ジエン **85** と求ジエン体 **84** という上とは異なる組合わせが見つかる．この場合も，合成が容易なのは *E* 配置の（*E*)–**85** と（*E*)–**84** である．これらは **86** に示すエンド形の遷移状態を経て α–リコラン **70** と同じ立体化学をもつ付加環化体 **87** を生成する．Hill[11] による初期の合成でこの戦略が用いられた．また，フマル酸を求ジエン体とする Diels–Alder 反応を用いる別の合成が，入江[12] によって行われている．

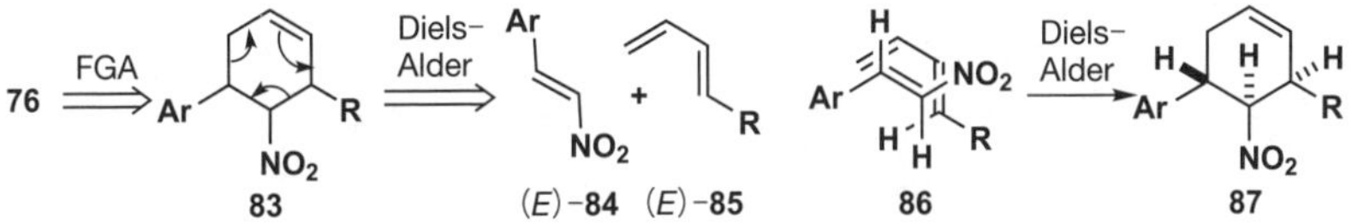

アルドール反応と共役付加

分子を素早く形成する他の重要な反応として，アルドール反応と共役付加があげられる．Diels–Alder 反応や Wittig 反応とともに，これらの反応は有機合成の主役である．リコラン類の別の合成では，これらの反応が用いられている[13),14)]．前述したアミン **74** を FGI によってアミド **88** とした後，同様にして C−N 結合を切断するとアミノ酸 **89** に導くことができる．

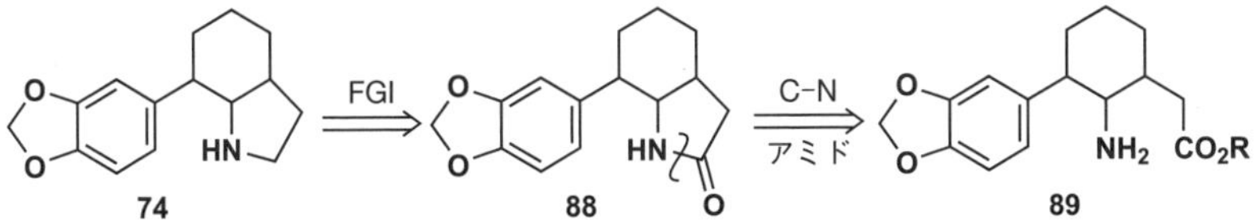

FGI によって **89** から導いたニトロ化合物 **90** は，ニトロアルカンの不飽和エステルへの分子内共役付加をふまえて不飽和エステル **91** に導くことができる．さらに **91** は共役付加をふまえた結合切断によりアリール金属反応剤と不飽和ニトロ化合物 **92** に逆合成できる．**92** のニトロアルケンと不飽和エステルは，それぞれアルドール反応や Wittig 反応によって合成できるが，共役付加の段階で選択性の問題が潜んでいる可能性がある．

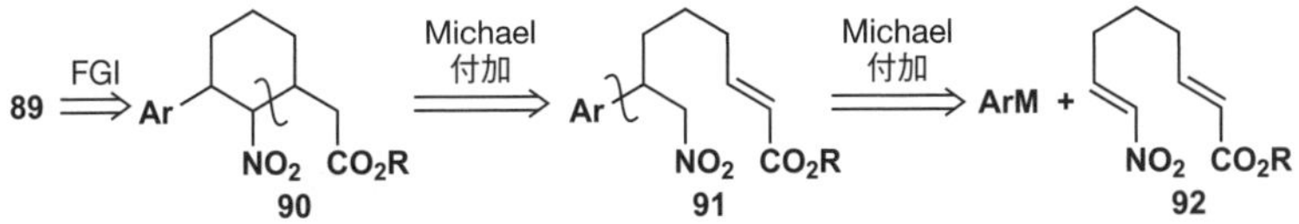

安定なヘミアセタールであるテトラヒドロピラノール（tetrahydropyranol）**93** を用いた Wittig 反応によって不飽和エステル **94** が 9：1 の *E*/*Z* 混合物として得られた．**94** を酸化した後，ニトロアルドール反応と続く脱水により不飽和ニトロ化合物 **97** が得

られた．アリールリチウム反応剤は銅を加えなくても共役付加し，ニトロアルケンとだけ反応して化合物 **98** を生成することがわかった．

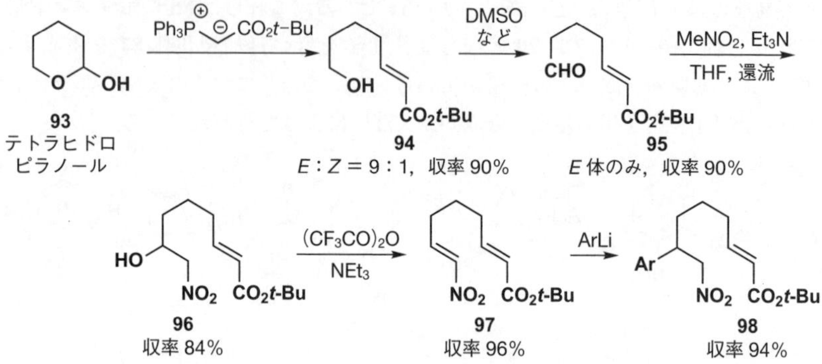

鍵段階であるニトロアルカンから生成するアニオンの不飽和エステルへの分子内共役付加反応についてみてみよう．CsF と触媒量のテトラアルキルアンモニウム塩を用いると，可能な四つのジアステレオマーのうち二つが 1.5：1 の生成比で得られ，この混合物から再結晶によりすべての置換基がエクアトリアル位にあるシクロヘキサン **99** が単離された．ニトロ基を還元して **100** とした後，環化すると β-リコラン **71** と同じ立体化学をもつラクタム **101** が得られた．

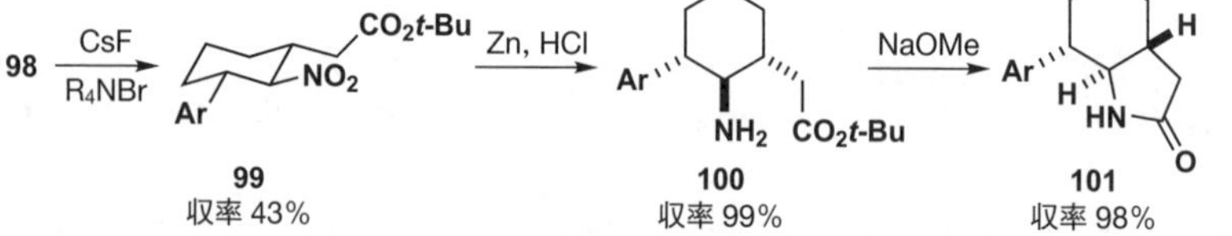

アミドを $LiAlH_4$ により還元して得られるアミン **102*** を *N*-メトキシカルボニル化し，分子内 Vilsmeier 反応（39 章，訳注：Bischler（ビシュラー）–Napieralski（ナピエラルスキー）反応とよばれる）によって中央の環を形成した後に還元すると，β-リコラン **71** が得られた[13]．この合成の特徴は，反応の順番を変えたり，ArLi の付加をキレート制御のもとで行うことにより，3 種のリコラン類すべてを合成できる点にある[14]．

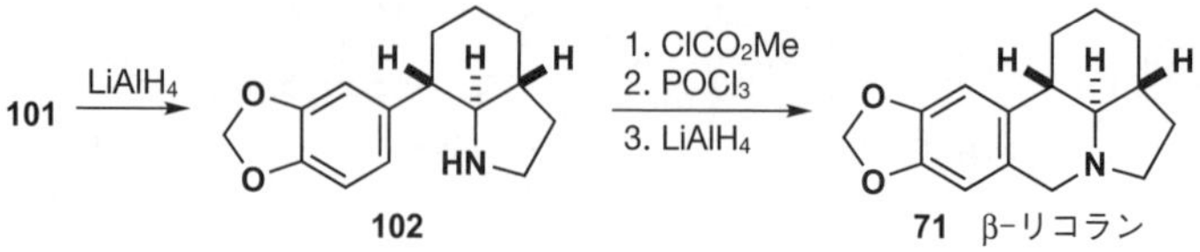

＊（訳注） パラホルムアルデヒドを用いた Pictet–Spengler 反応はうまくいかなかった．

立体化学を制御したγ-リコランの合成

立体化学の制御は，リコラン類のすべての合成において重要な問題であるが，γ-リコラン **72** の合成[15] において，見事に制御された例がある．三つの立体中心の水素はすべて同じ側を向いているので，それらのうち二つは，化合物 **103** または **104** のピロール環の二重結合を立体障害の小さい側から接触水素化することによって導入できるという着想が生まれる．

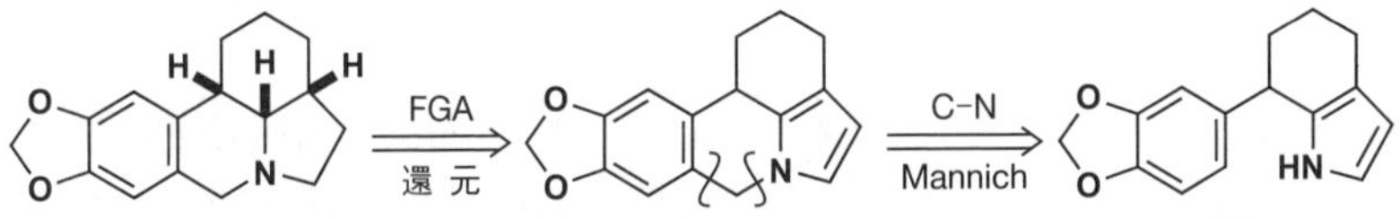

72 γ-リコラン　　**103**　　**104**

この合成経路のもう一つの利点は，ピロールの求電子置換反応によって分子の残りの部分を導入できることである．第二級ベンジルアルコール **105** は触媒量の Lewis 酸を用いると容易に環化して化合物 **104** を生成すると考えられる．これは，**105** から生成するカチオンがかなり安定であり，そして反応が分子内反応だからである．しかし，**106** に示す Friedel–Crafts アルキル化をふまえた結合切断を行うと第一級カルボカチオンが導かれるので，反応はうまくいかないだろう．

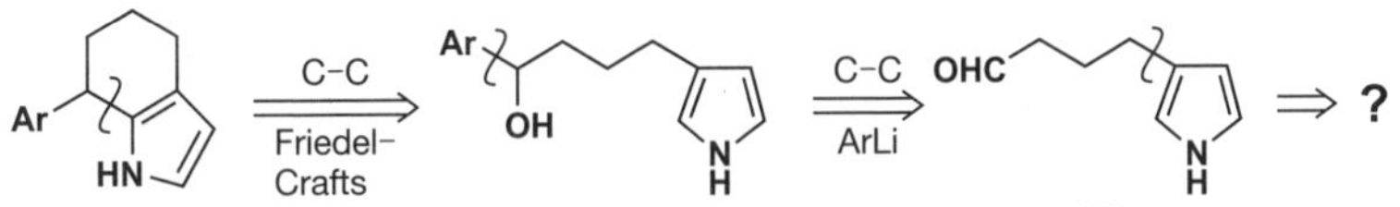

104a　　**105**　　**106**

そこで，実際の合成では求電子剤としてコハク酸無水物が用いられた（5 章）．通常，ピロールは窒素の隣の C2 位で求電子剤と反応するが（39 章），窒素に嵩高い置換基（*i*-Pr_3Si）をもつ **107** を用いると Friedel–Crafts 反応は C3 位で起こりケト酸 **108** が得られた．**108** のケトンをアルコールに還元した後，水素化分解を行うときわめて高い収率で化合物 **109** が得られた．

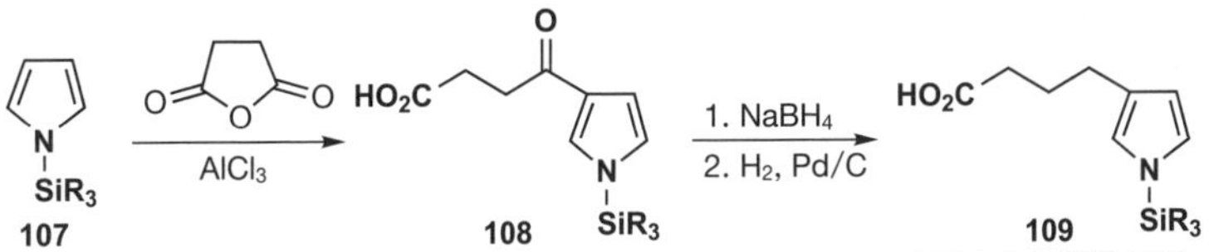

107　　**108**　　**109**

107 からの収率 95%

109 を Weinreb（ワインレブ）アミド（ケトンの合成において，ニトリルの代わりに用いることができる．詳細については "Strategy and Control" で述べられている）に変換した後，ピロールの窒素の保護基を換えて **110** を合成した．**110** をアリール Grignard 反応剤と反応させた後，ケトンを還元すると化合物 **111** が得られた．このものは，環化前駆体として設定したアルコール **105** の窒素が保護されたものである．

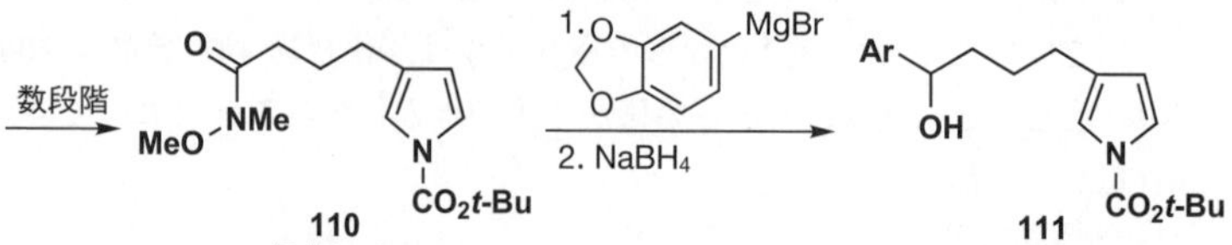

110 収率 84%　**111** 収率 70%

111 をスズ(Ⅱ)トリフラートと反応させると Friedel–Crafts 生成物 **112** が定量的に得られ，環化の効率がよいことを確認できた．酸化白金を用いて **112** の接触水素化を行うと，三つの立体中心の水素すべてがシスの関係にある望みの化合物 **113** が得られた．**113** の窒素原子がすでにカルバマートとして保護されていたので，Mannich 型反応を用いる当初の計画を変更して，$POCl_3$ を用いる分子内 Vilsmeier 反応*（39 章）を行い，**114** が合成された．**114** のアミドを $LiAlH_4$ を用いて還元すると γ–リコラン **72** が得られた．

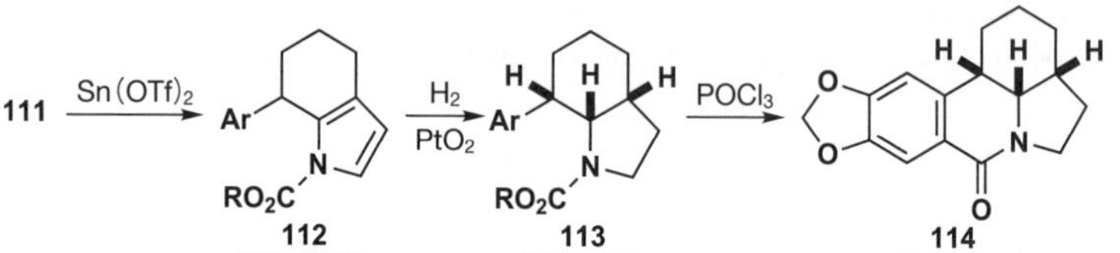

112 収率 100%　**113** 収率 97%　**114** 収率 71%

この合成では，三つの鍵反応が絶妙に働いていることに注目しよう．化合物 **112** の接触水素化の立体選択性は完璧であり，かつ収率も非常に高い．ピロール環上での 2 回の求電子置換反応はいずれも完璧な位置選択性で進行した．すなわち，**107** のアシル化は立体障害によって制御され，**111** のアルキル化は電子的な配向性と分子内反応であることを利用して制御された．

ここで取上げた小さな一群の天然物にいくつもの合成経路があるように，このような比較的簡単な化合物でさえも，さまざまな合成戦略が考えられることを理解してほしい．合成の問題には“正解”などない．世界中の大学や企業の研究者は，同じ化合物について，全く異なった反応に基づく合成経路を考案するだろう．さらに，合成に関連した問題を解決することが，長く用いられる価値ある新しい合成法の開拓につながることがよくある．

* （訳注） この反応条件では *t*–ブチルカルバマート（R = *t*–Bu）が除去されたため，エチルカルバマート（R = Et）に変換してから反応を行っている．

文　献

1. S. T. Heller and S. R. Natarajan, *Org. Lett.*, 2006, **8**, 2675.
2. J. B. Hendrickson and J. G. deVries, *J. Org. Chem.*, 1982, **47**, 1148.
3. E. J. Corey and A. Tramontano, *J. Am. Chem. Soc.*, 1981, **103**, 5599.
4. J. A. Gainor and S. M. Weinreb, *J. Org. Chem.*, 1981, **46**, 4317.
5. B. Heath-Brown and P. G. Philpott, *J. Chem. Soc.*, 1965, 7185; B. Robinson, *Chem. Rev.*, 1969, **69**, 227.
6. C. S. Marvel and G. S. Hiers, *Org. Synth. Coll.*, 1941, **1**, 327.
7. A. E. Senear, H. Sargent, J. F. Mead and J. B. Koepfli, *J. Am. Chem. Soc.*, 1946, **68**, 2695.
8. A. P. Kozikowski and W. C. Floyd, *Tetrahedron Lett.*, 1978, **19**, 19.
9. S. Cai, M. Dimitroff, T. McKennon, M. Reider, L. Robarge, D. Ryckman, X. Shang and J. Therrien, *Org. Process Res. Dev.*, 2004, **8**, 353.
10. S. Kuwahara, D. Itoh, W. S. Leal and O. Kodama, *Tetrahedron Lett.*, 1998, **39**, 1183.
11. R. K. Hill, J. A. Joule and L. J. Loeffler, *J. Am. Chem. Soc.*, 1962, **84**, 4951.
12. H. Tanaka, Y. Nagai, H. Irie, S. Uyeo and A. Kuno, *J. Chem. Soc., Perkin Trans. 1*, 1979, 874.
13. T. Yasuhara, K. Nishimura, M. Yamashita, N. Fukuyama, K. Yamada, O. Muraoka and K. Tomioka, *Org. Lett.*, 2003, **5**, 1123.
14. T. Yasuhara, E. Osafune, K. Nishimura, M. Yamashita, K. Yamada, O. Muraoka and K. Tomioka, *Tetrahedron Lett.*, 2004, **45**, 3043.
15. S. R. Angle and J. P. Boyce, *Tetrahedron Lett.*, 1995, **36**, 6185.

略　　号

Ac	acetyl　アセチル
Ar	aryl　アリール
BHT	butylated hydroxytoluene　ブチル化ヒドロキシトルエン（2,6-di-*t*-butyl-4-methylphenol　2,6-ジ-*t*-ブチル-4-メチルフェノール）
Bn	benzyl　ベンジル
Boc	*t*-butoxycarbonyl　*t*-ブトキシカルボニル
Bu	butyl　ブチル
Cbz	benzyloxycarbonyl　ベンジルオキシカルボニル
dba	dibenzylidene acetone　ジベンジリデンアセトン
DBU	1,8-diazabicyclo[5.4.0]undec-7-ene　1,8-ジアザビシクロ[5.4.0]ウンデカ-7-エン
DCC	*N,N′*-dicyclohexylcarbodiimide　*N,N′*-ジシクロヘキシルカルボジイミド
DEAD	diethyl azodicarboxylate　アゾジカルボン酸ジエチル
DHP	dihydropyran　ジヒドロピラン
DIBAL	diisobutylaluminium hydride　水素化ジイソブチルアルミニウム
DMA	*N,N*-dimethylacetamide　*N,N*-ジメチルアセトアミド
DMAP	4-dimethylaminopyridine　4-ジメチルアミノピリジン
DMF	*N,N*-dimethylformamide　*N,N*-ジメチルホルムアミド
DMSO	dimethyl sulfoxide　ジメチルスルホキシド
Et	ethyl　エチル
FGA	functional group addition　官能基付加
FGI	functional group interconversion　官能基相互変換
Hex	*n*-hexyl　*n*-ヘキシル
LDA	lithium diisopropylamide　リチウムジイソプロピルアミド
LHMDS	lithium hexamethyldisilazide　リチウムヘキサメチルジシラジド
MCPBA	*m*-chloroperbenzoic acid　*m*-クロロ過安息香酸
Me	methyl　メチル
Ms	mesyl　メシル（methanesulfonyl　メタンスルホニル）
NBS	*N*-bromosuccinimide　*N*-ブロモスクシンイミド
NMO	*N*-methylmorpholine *N*-oxide　*N*-メチルモルホリン *N*-オキシド
Nu	nucleophile　求核剤
n-Oct	*n*-octyl　*n*-オクチル
PCC	pyridinium chlorochromate　クロロクロム酸ピリジニウム

PDC	pyridinium dichromate　二クロム酸ピリジニウム
Ph	phenyl　フェニル
PMB	*p*-methoxybenzyl　*p*-メトキシベンジル
PPA	polyphosphoric acid　ポリリン酸
Pr	propyl　プロピル
R	alkyl group　アルキル基
RaNi	Raney nickel　Raney ニッケル
Red Al	sodium bis(2-methoxyethoxy)aluminium hydride　水素化ビス(2-メトキシエトキシ)アルミニウム
TBAF	tetrabutylammonium fluoride　テトラブチルアンモニウムフルオリド
TBDMS	*t*-butyldimethylsilyl　*t*-ブチルジメチルシリル
TES	triethylsilyl　トリエチルシリル
Tf	triflyl　トリフリル（trifluoromethanesulfonyl　トリフルオロメタンスルホニル）
THF	tetrahydrofuran　テトラヒドロフラン
THP	tetrahydropyran　テトラヒドロピラン
TIPS	triisopropylsilyl　トリイソプロピルシリル
TMS	trimethylsilyl　トリメチルシリル
Tol	*p*-tolyl　*p*-トリル
Ts	tosyl　トシル（*p*-toluenesulfonyl　*p*-トルエンスルホニル）
Z	benzyloxycarbonyl　ベンジルオキシカルボニル

索　　引

す〜そ

た

へ

ほ

ま 行

や　行

ら～わ

監 訳 者

柴崎正勝（しばさき まさかつ）
1947年 埼玉県に生まれる
1969年 東京大学薬学部 卒
現 公益財団法人微生物化学研究会
微生物化学研究所 所長
東京大学名誉教授，北海道大学名誉教授
専攻 有機合成化学
薬学博士

橋本俊一（はしもと しゅんいち）
1949年 東京に生まれる
1972年 東京大学薬学部 卒
現 北海道大学大学院薬学研究院 特任教授
北海道大学名誉教授
専攻 有機合成化学
薬学博士

訳 者

金井 求（かない もとむ）
1967年 東京に生まれる
1989年 東京大学薬学部 卒
現 東京大学大学院薬学系研究科 教授
専攻 有機合成化学
博士(理学)

木越英夫（きごし ひでお）
1959年 岐阜県に生まれる
1981年 名古屋大学理学部 卒
現 筑波大学数理物質系 教授
専攻 天然物有機化学
理学博士

高須清誠（たかす きよせい）
1970年 京都に生まれる
1993年 京都大学薬学部 卒
現 京都大学大学院薬学研究科 教授
専攻 有機合成化学
博士(薬学)

松永茂樹（まつなが しげき）
1975年 京都に生まれる
1998年 東京大学薬学部 卒
現 東京大学大学院薬学系研究科 准教授
専攻 有機合成化学，有機金属化学
博士(薬学)

第1版 第1刷 2014年3月25日 発行

ウォーレン 有機合成
—逆合成からのアプローチ—
（原著第2版）

監訳者 柴崎正勝
橋本俊一
発行者 小澤美奈子
発 行 株式会社 東京化学同人
東京都文京区千石3丁目36-7（〒112-0011）
電 話 03-3946-5311 ・ FAX 03-3946-5316
URL：http://www.tkd-pbl.com/

印刷 中央印刷株式会社・製本 株式会社松岳社

ISBN978-4-8079-0818-9 Printed in Japan